AF393362

TECHNIK UND KULTUR

in 10 Bänden und einem Registerband

Band I   Technik und Philosophie
Band II   Technik und Religion
Band III   Technik und Wissenschaft
Band IV   Technik und Medizin
Band V   Technik und Bildung
Band VI   Technik und Natur
Band VII   Technik und Kunst
Band VIII   Technik und Wirtschaft
Band IX   Technik und Staat
Band X   Technik und Gesellschaft

Im Auftrage der Georg-Agricola-Gesellschaft
herausgegeben von
Armin Hermann (Vorsitzender des Wissenschaftlichen Beirats)
und
Wilhelm Dettmering (Vorsitzender der Gesellschaft)

Gesamtredaktion: Charlotte Schönbeck

TECHNIK UND WISSENSCHAFT

Herausgegeben von
Armin Hermann und Charlotte Schönbeck

VDI VERLAG

CIP-Titelaufnahme der Deutschen Bibliothek

Technik und Kultur : in 10 Bänden und einem Registerband /
im Auftr. der Georg-Agricola-Gesellschaft
Hrsg. von Armin Hermann u. Wilhelm Dettmering.
– Düsseldorf : VDI-Verl.
  Teilw. hrsg. von Wilhelm Dettmering und Armin Hermann
NE: Hermann, Armin [Hrsg.]; Dettmering, Wilhelm [Hrsg.]

Bd. 3. Technik und Wissenschaft. – 1991

Technik und Wissenschaft / [im Auftr. der Georg-Agricola-Ges.].
Hrsg. von Armin Hermann und Charlotte Schönbeck.
– Düsseldorf : VDI-Verl., 1991
  (Technik und Kultur ; Bd. 3)
  ISBN 978-3-642-95787-1   ISBN 978-3-642-95786-4 (eBook)
  DOI 10.1007/978-3-642-95786-4
NE: Hermann, Armin [Hrsg.]

Bildredaktion: Guido Huß
Fotoarbeiten: Werner Kissel u. a.

ISBN 978-3-642-95787-1

Zum Gesamtwerk
„Technik und Kultur"

Wir dürften die Vertreibung aus dem Paradies nicht als einen Verlust beklagen: im „Ausschlagen des Paradieses", so meinten Georg Agricola und Paracelsus, eröffne sich dem Menschen vielmehr ein „neues, seligeres Paradies", das er sich selbst auf der Erde schaffen könne durch seine „Kunst". Mit „Kunst" war alles vom Menschen künstlich Hergestellte gemeint, wie die „Windkunst" (oder Windmühle), die „Wasserkunst" und die „Stangenkunst", also auch das, was wir heute mit „Technik" bezeichnen.

Die Gestaltung der Natur galt im 16. und 17. Jahrhundert als ein dem Menschen von Gott erteilter Auftrag: Wir müssen versuchen, schrieb René Descartes 1637, die „Kraft und die Wirkung des Feuers und des Windes" und überhaupt aller uns umgebenden Körper zu verstehen; dann würde es möglich, alle diese Naturkräfte für unsere Zwecke zu benutzen: „So könnten wir Menschen uns zu Herren und Besitzern der Natur machen."

Diese Visionen schienen sich am Ende des 19. Jahrhunderts tatsächlich zu erfüllen. Bezwungen wurden die großen Geißeln der Menschheit, die Cholera, die Pest und die anderen Seuchen, die einst in wenigen Tagen Hunderttausende hingerafft hatten. Die Ernteerträge stiegen, und nur noch die ganz Alten erinnerten sich an die schrecklichen Hungersnöte, die zum Alltage des Menschen gehört hatten wie Sonne und Regen. Mit dem Beginn des neuen Jahrhunderts wurde auch ein Anfang gemacht mit der Befreiung des Menschen von der Fron in den Fabriken. Ohne daß die Arbeiter hätten angestrengter schaffen müssen und ohne Verminderung der Produktion gelang es, die Arbeitszeit herabzusetzen.

Die religiöse Motivierung des technischen Schaffens war im 19. Jahrhundert verlorengegangen; die allgemeine Säkularisierung hatte auch die Arbeitswelt erfaßt. Was blieb, war der Glaube an den ununterbrochenen, durch Wissenschaft und Technik herbeigeführten wirtschaftlichen und gesellschaftlichen Fortschritt. „Man glaubte an diesen Fortschritt schon mehr als an die Bibel", hat Stefan Zweig in seinen Lebenserinnerungen geschrieben, „und sein Evangelium schien unumstößlich bewiesen durch die täglich neuen Wunder der Wissenschaft und der Technik."

Ein gutes Beispiel für diese Fortschrittsgläubigkeit gibt uns Werner von Siemens. Bei der Versammlung der Deutschen Naturforscher und Ärzte 1886 in Berlin sprach Siemens vor 2700 Tagungsteilnehmern von der ihnen allen gemeinsamen Überzeugung, „daß unsere Forschungs- und Erfindungstätigkeit" die Lebensnot der Menschen und ihr Siech- tum mindern, „ihren Lebensgenuß erhöhen, sie besser, glücklicher und mit ihrem Geschick zufriedener machen wird".

Es war eine Illusion zu glauben, daß die Macht, die uns die Technik verleiht, die Menschheit notwendigerweise, das heißt von selbst und ohne unser Zutun, auf eine „höhere Stufe des Daseins" erheben werde. Vielmehr müssen wir alle unsere Anstrengungen darauf konzentrieren, daß die uns durch die Technik zugewachsene Machtfülle nicht miß- braucht wird, sondern daß sie tatsächlich die gesamte Menschheit – und nicht nur privilegierte Teile – auf die apostrophierte „höhere Stufe des Daseins" erhebt. Hier liegt die größte politische Aufgabe, die uns am Ende des 20. Jahrhunderts gestellt ist.

Wie sollen wir es halten mit der Technik? Bei fast jedem gesell- schaftspolitischen Problem – und so auch hier – gibt es ein breites Spektrum von Meinungen. Das eine Extrem ist die blinde Technik- gläubigkeit, wie sie vor allem im fin de siècle geherrscht hatte, und wie sie vereinzelt auch heute noch vorkommen mag. Das andere Extrem ist die unreflektierte Technikfeindlichkeit.

Schon Georg Agricola hat sich mit der Meinung auseinandersetzen müssen, daß der Mensch ganz die Finger lassen solle von der Technik.

In seinem Werk „De re metallica" (1556) nimmt Agricola gleich auf den ersten Seiten Stellung zur Kritik, die sich gegen die Verwendung der Metalle und überhaupt jede technischen Betätigung wendet: „Wenn die Metalle aus dem Gebrauch der Menschen verschwinden, so wird damit jede Möglichkeit genommen, sowohl die Gesundheit zu schützen und zu erhalten als auch ein unserer Kultur entsprechendes Leben zu führen. Denn wenn die Metalle nicht wären, so würden die Menschen das abscheulichste und elendeste Leben unter wilden Tieren führen; sie würden zu den Eicheln und dem Waldobst zurückkehren, würden Kräuter und Wurzeln herausziehen und essen, würden mit den Nägeln Höhlen graben, in denen sie nachts lägen, würden tagsüber in den Wäldern und Feldern nach der Sitte der wilden Tiere umherschweifen."

Mit Agricola sind wir der Meinung, daß ein menschenwürdiges Leben ohne Technik eine Illusion ist. Der Mensch kann der Technik so wenig entfliehen, wie er der Politik entfliehen kann.

Bleiben wir bei diesem Vergleich: In den zwanziger und dreißiger Jahren wollten viele Menschen in Deutschland mit Politik nichts zu tun haben. Die Konsequenz war, daß die Entscheidungen von anderen und in durchaus unerwünschter Weise getroffen wurden. Diesen Fehler dürfen wir heute mit der Technik nicht wiederholen: Wir müssen uns mit ihr entschlossen auseinandersetzen und mit entscheiden, welche Technik und wieviel wir haben wollen und worauf wir uns besser nicht einlassen.

Zur funktionierenden Demokratie gehört das Engagement und die politische Bildung der Bürger. Genauso gehört zur modernen Welt ein Verständnis für die Rolle der Technik.

Genau darum geht es:
Einen verständigeren Gebrauch zu machen von der Technik.

Wir wissen alle noch viel zu wenig von der Bedeutung der Technik für unsere Gesellschaft und unser Denken. Tatsächlich spielte bei der Entwicklung der Menschheitskultur die Technik von Anfang an eine entscheidende Rolle, weshalb auch der französische Philosoph und Nobelpreisträger Henri Bergson den Begriff des „homo faber" geprägt hat. Für Bergson begründet die Fähigkeit, sich mächtige Werkzeuge für die Gestaltung der Welt schaffen zu können, das eigentliche Wesen des Menschen.

Da nun überall die Auseinandersetzung um die Technik voll entbrannt ist – und neben klugen Vorschlägen auch viele törichte und gefährliche zu hören sind –, fühlt sich die Georg-Agricola-Gesellschaft aufgerufen, den ihr gemäßen Beitrag zu dieser Diskussion zu leisten. Zu Beginn der Neuzeit hat sich Georg Agricola, unser Namenspatron, Gedanken über den sinnvollen Gebrauch der Technik gemacht. Mehr als vierhundert Jahre später, zu „Ende der Neuzeit", wie manche sagen, stellt sich die Georg-Agricola-Gesellschaft die Aufgabe, eine Bestandsaufnahme vorzulegen, welche Rolle die Technik bisher in der Entwicklung der Menschheit gespielt hat.

Dabei soll es zwar auch um die auf der Hand liegende wirtschaftliche Bedeutung der Technik gehen und natürlich um die Spannung von Natur und Technik, aber ebenfalls um die weniger bekannten Aspekte. Dazu gehört etwa die zu Beginn dieses Vorwortes angesprochene ursprüngliche religiöse Motivierung des technischen Schaffens oder auch die Rolle, die der Technik in den verschiedenen Ideologien zugewiesen wird. Weitere Beispiele sind die Veränderung der „Bedingungen des Menschseins", etwa durch die modernen Kommunikationsmittel, und die Veränderungen der Gesellschaftsstruktur. Dazu gehört etwa das Entstehen des „vierten Standes" durch die industrielle Revolution und der sozusagen umgekehrte Prozeß, der sich heute vor unseren Augen vollzieht: das Verschwinden des Unterschiedes zwischen dem Arbeiter und dem Angestellten.

Wie läßt sich ein derart komplexes Thema sinnvoll gliedern? Ein Vorbild haben wir in den 1868 ausgearbeiteten „Weltgeschichtlichen Betrachtungen" von Jacob Burckhardt gefunden. Dem Basler Historiker ging es seinerzeit um die Entwicklung von Staat, Religion und Kultur. Nach einer kurzen Betrachtung über Staat, Religion und Kultur behandelt Burckhardt nacheinander die „sechs Bedingtheiten", das heißt den Einfluß des Staates auf die Kultur und umgekehrt der Kultur auf den Staat und so fort.

Dieses anspruchsvolle Programm hat Burckhardt vermöge seiner umfassenden Bildung bewältigen können. Einen Nachfolger aber wird er wohl kaum finden, der aufarbeitet, wie sich das Verhältnis von Staat und Kultur von der Mitte des 19. Jahrhunderts bis heute gestaltet hat. Inzwischen sind viele neue Staatsformen entstanden (und einige zum Glück wieder verschwunden). Auf dem Gebiete der Kultur hat es tiefgreifende Aufspaltungen gegeben, wobei man nur an das Schlagwort von den „zwei Kulturen" zu denken braucht. Mit einer pauschalen Behandlung der „Kultur" ist es heute also nicht mehr getan.

Selbst der Unterbereich „Wissenschaft" ist, was zum Beispiel die „Bedingtheit durch den Staat" betrifft, in ganz unterschiedliche Sektoren zu gliedern. Hatte der Staat dereinst, im Deutschland der Dichter und Denker, Philosophie, klassische Philologie und die Altertumswissenschaften bevorzugt gefördert, so stand um 1850 die Chemie in der Sonne der staatlichen Gunst und um 1950 die Physik. Ganz offensichtlich könnte heute kein einzelner Historiker mehr das Burckhardtsche Programm bewältigen.

Einen Teil dieser großen Aufgabe hat sich nun die Georg-Agricola-Gesellschaft vorgenommen, und zwar den Teil, der sich auf die Technik bezieht. Untersucht werden zehn „gegenseitige Bedingtheiten": (I) Technik und Philosophie, (II) Technik und Religion, (III) Technik und Wissenschaft, (IV) Technik und Medizin, (V) Technik und Bildung, (VI) Technik und Natur, (VII) Technik und Kunst, (VIII) Technik und Wirtschaft, (IX) Technik und Staat, (X) Technik und Gesellschaft.

Diese zehn Themenbände und ein Registerband bilden das Gesamtwerk. Jeder Band ist einzeln für sich verständlich; seinen besonderen Wert freilich erhält er erst durch die Vernetzung mit den übrigen Themen.

Ehe wir nun die Bände nacheinander vorstellen, noch eine abschließende Bemerkung zum Gesamttitel. Das Gesamtwerk haben wir „Technik und Kultur" genannt, weil es zwar nicht ausschließlich, aber doch in der Hauptsache darum geht, die engen Beziehungen und vielfältigen Verschränkungen zu zeigen, in denen die Technik zu allen Bereichen der menschlichen Kultur steht. Wer sich auf diese Weise mit der Technik beschäftigt, dem wird wohl deutlich, daß bei allem Mißbrauch, die vielen von uns die Technik suspekt gemacht hat, diese einen integrierenden Teil unserer Kultur darstellt.

Das Generalthema des vorliegenden Werkes ist die Beziehung zwischen Technik und Kultur. Damit ist bereits stillschweigend eine bestimmte Grenze gezogen: Es kommen hier nur diejenigen Aspekte der Technik zur Sprache, die in einem Zusammenhang mit der Kultur stehen. So sind spezielle ingenieurwissenschaftliche Fragen und im engeren Sinn technikhistorische Gesichtspunkte ebenso ausgeschlossen wie ins Einzelne gehende psychologische oder soziologische Fragestellungen.

Das vordringliche Anliegen dieser Reihe – zu einem tieferen und umfassenderen Verständnis des Phänomens Technik in Gesellschaft und Kultur beizutragen – läßt sich nur verwirklichen, wenn sich die Leitgedanken des Gesamtwerkes auch in der inneren Architektur der einzelnen Bände widerspiegeln: die wechselseitigen Beziehungen und engen Verschränkungen zwischen der Technik und anderen Kulturbereichen sollen in ihrer Entwicklung nachgezeichnet und in ihren systematischen Zusammenhängen bis zur Darstellung der gegenwärtigen Situation herangeführt werden. – Um eine Auswahl aus der Vielfalt der wechselseitigen Einflüsse zu gewinnen, wird in allen Bänden immer wieder folgenden Fragen nachgegangen:

Welche technischen Ideen, Erfindungen und Verfahren haben zu einer grundsätzlichen Änderung in der Denkweise und den Methoden anderer Kulturbereiche geführt? – Man denke dabei nur an die revolutionierende Wirkung des Buchdrucks auf das Bildungswesen, an die Fortschritte der Medizin durch die Erfindung des Mikroskops und die tiefgreifenden Einflüsse von Radio und Fernsehen auf das Verhalten der Menschen.

Welche theoretischen Vorstellungen, Strukturbedingungen oder drängenden Lebensprobleme gaben den Anstoß für technisches Forschen, Erfinden und Konstruieren? – Hierher gehört die Vielfalt technischer Lösungen für bestimmte wirtschaftliche oder politische Aufgaben.

Die verschiedenen Themenkreise und ihre Aufeinanderfolge in den einzelnen Bänden sind so ausgewählt, daß charakteristische Wesenszüge und übergreifende Strukturen der Technik sichtbar werden.

Die gegenwärtige Diskussion über die Technik ist zwar oft emotional und irrational bestimmt, aber sie beruht nicht nur auf Eindrücken und Gefühlen. Sobald dabei Argumente ins Feld geführt werden, interpretiert man Tatsachen und appelliert an die vernünftige Einsicht. In dieser Situation ist die Philosophie gefordert. Sie ist nämlich zuständig, wenn es darum geht, Begriffe zu klären und grundsätzliche theoretische Zusammenhänge der Technik aufzuzeigen. Am Anfang des Gesamtwerkes steht daher der Band

TECHNIK UND PHILOSOPHIE   (Band I)

Dieser Eingangsband beginnt mit der Erörterung des Technikbegriffes. Es folgen Ausführungen zur Bewertung der Technik in der Geschichte der Philosophie, Untersuchungen zum technischen Problemlösen und zur instrumentellen Verfahrensweise sowie Darlegungen zum geschichtlichen Wertwandel, Überlegungen zu den drängenden Fragen der Verantwortung für den technischen Fortschritt und zur möglichen Abschätzung der Technikfolgen. Die Diskussion über die Ambivalenz der Technik, über ihre weltweit kulturgeschichtlichen Auswirkungen, über ihre erhofften und realisierten Leistungen und auch ihre Gefahren schließen diesen Band ab.

Die moderne Technik in der Form, wie wir sie heute kennen, ist nicht denkbar ohne zwei Elemente, durch die die europäische Tradition entscheidend geprägt wurde: das Christentum und die Entstehung der modernen Naturwissenschaften in der Renaissance. So werden in dem Band

TECHNIK UND RELIGION   (Band II)

in einem weitgespannten historischen Zusammenhang die wechselseitigen Beziehungen zwischen technischem Wandel und religiösen Vorstellungen untersucht. Um für die Beiträge dieses Bandes eine gemeinsame Ausgangsbasis zu finden, werden in dem Eingangsartikel die Begriffe Religion, Theologie und Kirche gegeneinander abgegrenzt.

Die folgenden Kapitel des Religionsbandes behandeln den allgemeinen Zusammenhang zwischen der technischen Entwicklung und den großen außerchristlichen Religionen und den christlichen Kirchen bis hin zur Gegenwart. Überlegungen zu esoterischen Strömungen der

Gegenwart und mögliche Modelle einer Religiosität in einer zukünftigen technischen Weltzivilisation beschließen den Band.

Moderne Technik konnte erst entstehen, nachdem das theoretische Denken, die mathematische Methode und das gezielte Experiment in die Naturwissenschaften Einzug gehalten hatten. Die Anwendung naturwissenschaftlicher Methoden und Ausnutzung der Naturgesetze sind die Grundvoraussetzungen technischen Schaffens. In welcher Weise sich die Beziehungen zwischen Technik und Naturwissenschaften in verschiedenen Epochen darstellen, ist ein Hauptthema des Bandes

TECHNIK UND WISSENSCHAFT   (Band III)

Der Wissenschaftsbegriff, dessen Erörterung den Ausgangspunkt der Untersuchungen bildet, wird hier so weit gefaßt, daß er nicht nur Naturwissenschaften und Technikwissenschaften einbezieht, sondern auch die Geisteswissenschaften mit angesprochen sind. Die folgenden Beiträge sind daher zunächst den wechselseitigen Einflüssen von Technik und Geisteswissenschaften gewidmet, Untersuchungen zum Verhältnis von Technik und Rechtswissenschaften bzw. Wirtschaftswissenschaften schließen sich an. Die Entstehung der spezifischen Technikwissenschaften und ihre Verknüpfung mit praktischer technischer Tätigkeit sind Themen in den abschließenden Darstellungen des Bandes.

Innerhalb der Wissenschaft nimmt die Medizin einen so wichtigen Platz ein, daß ihr ein eigener Band gewidmet wird:

TECHNIK UND MEDIZIN   (Band IV)

Aus der immer weiter anwachsenden Vielfalt der technischen Hilfsmittel für die Arbeit des Arztes wurden vor allem diejenigen behandelt, die zu einer grundlegenden Wandlung der medizinischen wissenschaftlichen Auffassungen und Methoden führten.

Die Möglichkeiten des technischen Handelns und der Spielraum realisierbarer Erfindungen hängen ab vom Stand des Wissens und Könnens. Das jeweils erreichte Niveau einer Epoche wird durch die weitgefächerten Bildungseinrichtungen an die nachfolgende Generation weitergegeben. Es ist charakteristisch für das Kulturverständnis jeder Zeit, welche Techniken von ihr tradiert werden und welche technischen Vorstellungen auf Akzeptanz stoßen.

In dem Band

TECHNIK UND BILDUNG   (Band V)

stehen die Beziehungen zwischen technischer Entwicklung und unterschiedlichen Bildungsvorstellungen und Bildungsinstitutionen im Mittelpunkt. Neben der technischen Ausbildung und den Bildungswerten der schöpferischen Tätigkeit von Ingenieuren und Technikern wird dabei insbesondere die Herausforderung der traditionellen Bildungsideale durch moderne Medien und Technologien behandelt.

Die realisierte Technik ist immer Umgestaltung der physischen Welt, Beherrschung und Nutzbarmachung der Natur für die Zwecke des Menschen. Ideen und Pläne des Ingenieurs lassen sich nur in konkreten und materiellen Gebilden verwirklichen, die in letzter Konsequenz – oft unter komplizierten Umformungen, Umwandlungen und Umwegen – aus der unberührten Natur hervorgehen. Technik beruht immer auf dem Zusammenhang – dem Gegensatz oder dem Einvernehmen – mit Vorgängen der Natur. Diesem Themenkreis gelten die Beiträge des Bandes

TECHNIK UND NATUR   (Band VI)

Die Themen reichen von Untersuchungen zur Bionik und Biotechnik bis hin zu den drängenden Umweltproblemen, die heute durch technische Entwicklungen entstehen.

Technisches Entwerfen und Tun ist seit Beginn der Menschheitsgeschichte eng verknüpft mit handwerklichem und künstlerischem Schaffen. Diese Verknüpfungen stehen im Mittelpunkt des folgenden Bandes

TECHNIK UND KUNST   (Band VII)

Die wechselseitigen Beziehungen zwischen Technik und Kunst haben sich im Laufe der Geschichte vielfach gewandelt; sie reichen von einer krassen Gegenüberstellung bis zur Identifikation und einem gemeinsamen Ausdruck für kreatives Tun. Ein Beispiel für diese letzte Sichtweise finden wir bei den Künstleringenieuren der Renaissance. In diesem Band wird ferner untersucht, in welcher Weise technische Hilfsmittel die künstlerische Arbeit unterstützen und die Ausdrucksmittel vervollkommnen oder durch ihre Unzulänglichkeit die Realisierung künstlerischer Ideen hemmen oder unmöglich machen. Die künstlerische Darstellung ist ein besonders sensibler Ausdruck für das

Zeitempfinden – auch in bezug auf die Technik. Die Kunst ist ein untrügliches Indiz für die positiven Erwartungen, aber auch für die Ängste gegenüber der Technik. Deshalb ist ein umfangreiches Kapitel dieses Bandes der Darstellung der Technik in Kunstwerken gewidmet. Hier wird nicht nur aufgezeigt, wie sich die Technik als Thema der Malerei, der Graphik oder Plastik widerspiegelt, sondern es wird auch die Darstellung der Technik in Literatur, Musik und Theater einbezogen. Ausblicke auf die vieldiskutierten Grenzgebiete zwischen Technik und Kunst, wie Computergraphik oder Videokunst, runden das Bild ab.

Die moderne Technik befreit den Menschen von einem großen Teil der körperlichen und sogar der geistigen Arbeit. Die technischen Geräte und Maschinen und die angewandten Verfahrensweisen wirken aber unvermeidbar wieder auf den Menschen zurück. Neben die genannten Merkmale der Technik – ihre enge Verknüpfung mit den Wissenschaften und die Auseinandersetzung mit der Natur – tritt die im umfassendsten Sinn verstandene soziale Dimension als drittes Charakteristikum.

Die Einwirkungen der Technik auf das Leben des Menschen und ihr Einfluß auf die unterschiedlichen Strukturen der Gesellschaft sind außerordentlich vielschichtig und weitreichend. Diesen umfassenden Themenkreis behandeln die letzten drei Bände des Gesamtwerkes.

Die enge Verbindung zwischen wirtschaftlicher Entwicklung und der Entstehung neuer Techniken und Industrien, aber auch die Suche nach neuen technischen Lösungen für wirtschaftliche Probleme bilden die zentralen Fragen des Bandes

TECHNIK UND WIRTSCHAFT   (Band VIII)

Technische Entscheidungen sind oft von politischen Gegebenheiten abhängig, und politische Probleme haben ihren Ursprung in der Anwendung neuer Techniken. In wie vielfältiger Weise das staatliche System auf die technische Entwicklung eines Landes einwirkt und wie sehr die wirtschaftliche und militärische Leistungsfähigkeit eines Staatsbildes von seinem technischen Stand abhängig ist, behandelt der Band

TECHNIK UND STAAT   (Band IX)

Alle Verflechtungen zwischen der Technik und anderen Kulturbereichen, die bisher aufgezeigt worden sind, haben eine soziale Dimension. Diese steht im Mittelpunkt des abschließenden Bandes

TECHNIK UND GESELLSCHAFT (Band X)

Hier kommen die wesentlichen Gesichtspunkte der vorangegangenen Bände unter allgemeinen, gesellschaftlichen Aspekten noch einmal zur Sprache. Die zusammenfassenden Betrachtungen über das Verhältnis von Technik und Mensch bilden den natürlichen Abschluß des Gesamtwerkes.

Ganz gleich, wie man das Thema „Technik und Kultur“ strukturiert, es gibt immer enorme Überschneidungen. Das gilt auch für das vorliegende Werk. So wird zum Beispiel die Frage nach der Verantwortung für die Folgen der Technik vor allem aus philosophischer Sicht thematisiert, aber auch unter medizinischen, pädagogischen, politischen und ökologischen Gesichtspunkten behandelt. Und die Veränderungen durch neue Medien und Computertechnik sind nicht nur für das Bildungswesen, sondern auch für die wirtschaftliche Entwicklung des Arbeitsmarktes und die Einflüsse auf das Leben der Familie ein wichtiger Gesichtspunkt. Querverweise machen bei wichtigen Themen auf den sachlichen Zusammenhang zwischen verschiedenen Beiträgen und Bänden aufmerksam.

Das Gesamtwerk „Technik und Kultur“ erstrebt in erster Linie eine Bestandsaufnahme der Forschung. Dabei wurden von den Autoren die wesentlichen Veröffentlichungen auf den verschiedenen Gebieten herangezogen. In vielen Beiträgen werden aktuelle Forschungsprobleme dargestellt, und es wird auf neue Fragestellungen und zukünftige Aufgaben hingewiesen. Im Registerband XI sind alle Querverweise, Literaturübersichten, ein ausführliches Personen- und Sachwortregister und Bildnachweise zusammengestellt.

Die von der Georg-Agricola-Gesellschaft verpflichteten Autoren sind nach ihrer Sachkompetenz ausgesucht und haben zu komplexeren Problemen nicht immer eine einhellige Meinung. Differenzierte und naturgemäß auch heterogene Darstellungen machen dies deutlich. Das ist aber kein Mangel, sondern geradezu unerläßlich, wenn der Leser zu einer eigenen, fundierten Beurteilung der Technik kommen will. Und diese ist notwendig, wenn die von der Technik aufgeworfenen drängenden Probleme unserer Zeit gelöst werden sollen.

Düsseldorf, im November 1989 Georg-Agricola-Gesellschaft

Wilhelm Dettmering
Armin Hermann
Charlotte Schönbeck

Benutzerhinweise

Querverweise: Da es sich bei den Beziehungen zwischen Technik und Kultur um ein sehr komplexes Phänomen handelt, wird eine Thematik gelegentlich mehrfach unter verschiedenen Aspekten behandelt. Um dieses Beziehungsgeflecht aufzubereiten, wurden Querverweise eingeführt. Für Analogstellen in Beiträgen, die bereits fertiggestellt sind, wird dabei zunächst auf die Nummer des Bandes, danach auf das Kapitel und die Nummer des Beitrages verwiesen. Beispielsweise bezieht sich der Querverweis [V-3.1] auf den 1. Beitrag im 3. Kapitel des Bandes V. Sind dagegen die Manuskripte eines Beitrages, auf den verwiesen wird, noch nicht abgeschlossen, wird nur auf den entsprechenden Band bzw. das Kapitel in einem Band aufmerksam gemacht. Eine Übersicht aller vollständigen Querverweise aus den zehn Inhaltsbänden ist im Registerband enthalten.

Literaturnachweise: Belegstellen für die in einem Beitrag auftretenden Zitate sind im Anschluß an jeden Beitrag zusammengestellt.

Literaturanhang: Auf Überblicksartikel und weiterführende Literatur zur Thematik eines Beitrages wird im Literaturanhang am Ende jeden Bandes hingewiesen. Zusätzlich zu den in den Literaturnachweisen aufgeführten Angaben werden hier zu einzelnen Gesichtspunkten der Beiträge Hinweise und Vergleichsliteratur zu finden sein.

Registerband: Dieser Band wird für alle Bände die Inhaltverzeichnisse, die Literaturanhänge und die Zusammenstellung aller vollständigen Querverweise enthalten. Zur Orientierung im Gesamtwerk dienen ein ausführliches Personenregister, ein Sachwortverzeichnis und der Bildquellennachweis.

Inhalt

Einleitung

Charlotte Schönbeck

Die Entwicklung von Wissenschaft und Technik hat uns nicht nur Entdeckungen, Erfindungen, Maschinen, Instrumente, revolutionierende Ideen und Theorien in ungeahnter Zahl und mit bisher nicht gekannten Anwendungen beschert, sie ließ sogar die Hoffnung entstehen, daß für die Menschen hier der Zauberschlüssel liege, um den Weg ins verlorene Paradies zurückzuerobern. Hieraus erklärt es sich, daß Francis Bacon das letzte Ziel der Erkenntnis darin sah, den Menschen wieder in die Souveränität und Macht einzusetzen, die „er am ersten Schöpfungstage hatte". Auf diesem Weg zu einem neuen Paradies ist die moderne Industriegesellschaft zwar schon viele Schritte gegangen, aber ihre Erwartungen auf paradiesische Zustände haben sich nicht erfüllt. Im Gegenteil: Grenzen und Gefahren der Entwicklung von Technik und Wissenschaft zeigen sich heute deutlicher als je und stellen die Lebensmöglichkeiten in der Zukunft in Frage.

Aber trotz der enttäuschten Hoffnungen und der schwierigen anstehenden Probleme ist doch eines unbestreitbar: Von den menschlichen Kräften, die unsere heutige Welt geprägt haben, waren keine stärker als Wissenschaft und Technik. Allein schon die Existenz von mindestens zwei Dritteln der Menschheit ist nur möglich durch Anwendung von Wissenschaft und Technik auf die Erzeugung von Nahrungsmitteln und die Ausrottung bzw. Bekämpfung von Krankheiten. Die durchschnittliche Lebenserwartung ist gegenüber früheren Jahrhunderten um ein Vielfaches gestiegen und hat zu einer völligen Umorientierung im Lebensempfinden geführt. Ein Mensch, der eine Lebenserwartung von sechzig oder mehr Jahren hat, stellt sich materiell und geistig völlig anders ein als jemand, der nur mit zwanzig oder dreißig Lebensjahren rechnen kann. Der Mensch von heute denkt naturgemäß mehr an sein diesseitiges Leben als an dessen Ende.

Wir leben nicht mehr in einer natürlich gewachsenen Landschaft sondern in einer Kulturlandschaft, deren Aussehen von der zunehmend auf wissenschaftlicher Grundlage betriebenen Land- und Forstwirtschaft bestimmt wird, die ohne technische Hilfsmittel nicht auskommt. Wissenschaft und Technik umgeben den Menschen in einem Ausmaß, das er sich selten bewußt macht: In seiner Umgebung gibt es kaum einen Gegenstand, der nicht durch technische Arbeitsvorgänge entstanden wäre. Ähnliches gilt auch für das Verständnis des Menschen von seiner Umgebung und für sein „Bild der Welt". Was der Mensch nämlich von der Welt weiß, das ist zum großen Teil Ergebnis von Wissenschaft und Technik. Und auch sein Wollen und seine Entschlüsse orientieren oder reiben sich an Objekten und Produkten von wissenschaftlicher und technischer Arbeit. Selbst die Bildung, die uns in Schule, Ausbildung oder Hochschule mitgegeben wird, ist hauptsächlich das Ergebnis wissenschaftlichen Forschens und technischen Handelns früherer Generationen.

Werden wir mit unvorhergesehenen Unglücksfällen konfrontiert – seien es Unfälle oder Krankheiten –, dann erwarten wir Hilfe von der wissenschaftlichen Medizin und ihren technischen Möglichkeiten. Auch bei der Nachricht von Naturkatastrophen oder drohenden Naturereignissen fordern wir Aufklärung oder Vorwarnung von wissenschaftlichen Instituten, Erdbebenwarten oder meteorologischen Stationen. Nicht nur extreme Situationen – Kriegsgefahr durch technische Möglichkeiten ist jedem so gegenwärtig, daß man sie nicht extra hervorheben muß – sondern auch der normale Alltag zeigen, wie sehr Wissenschaft und Technik das Zusammenleben in der Gesellschaft formen. Man denke dabei nur an die schnelle Kommunikation entfernter Regionen durch moderne Verkehrsmittel oder umfassende Nachrichtentechnik.

Zunächst trifft dies alles nur für einen Teil der heutigen Welt zu, nämlich für die Länder, in denen sich die westliche Zivilisation voll etabliert hat. Aber das ist nur eine vordergründige Betrachtungsweise. Das Schicksal der „Dritten Welt" hängt gerade in der Zukunft davon ab, wie weit es gelingen wird, für deren weitere Entwicklung die Erkenntnisse der Wissenschaftler und Ingenieure in einer für diese Länder geeigneten Weise nutzbar zu machen. Westliche Wissenschaft und Technik werden den Weg von immer mehr Kulturen und Völkergemeinschaften bestimmen.

Schon diese Andeutungen genügen, um den tiefgreifenden Einfluß von Wissenschaft und Technik in seinem ganzen Ausmaß deutlich zu machen. Dabei war bisher immer von „Technik und Wissenschaft" gemeinsam die Rede, sie wurden in einem Atemzug wie ein unzertrennliches Begriffspaar genannt. Wie Technik und Wissenschaft zueinander stehen, wie sich die Beziehungen beider entwickelt haben und wie diese immer engere Verbindung beider bestimmend für unser Leben geworden ist, das behandelt der vorliegende Band.

Unsere Skizze ist allerdings so grob, daß bisher immer nur *eine* Seite der Wissenschaft zu Wort kam, nämlich das Wissen des Menschen von der belebten und unbelebten Natur, also die Naturwissenschaften und deren Auswirkungen in der abendländischen Technik. Aber neben dem Naturwissen steht das Wissen des Menschen von sich selbst und von seinen Beziehungen in der Gemeinschaft: die Geistes- und die Sozialwissenschaften. Ihre Einflüsse auf unser Leben fallen bei oberflächlicher Betrachtung nicht so ins Auge wie die der Naturwissenschaften. Auch haben sich die Geistes- und Sozialwissenschaften erst sehr viel später etabliert als die Naturwissenschaften. Ein Grund liegt sicher in dem andersartigen und weniger distanziertem Verhältnis dieses Wissens zu seinem Gegenstand, dem Menschen. Es ist einleuchtend, daß die Strukturen und Charakteristika dieser Wissenschaften andere sein müssen als wir sie von den Naturwissenschaften gewohnt sind. Je mehr sich nun der Mensch aus dem Naturzusammenhang löst und in der von ihm gestalteten Welt lebt, um so größere Bedeutung werden die Aussagen dieser Wissenschaften bekommen. Der Mensch wird von den Geisteswissenschaften gerade *nicht* als Teil der Natur erfaßt – unter diesem Gesichtspunkt ist er Gegenstand der Naturwissenschaften – sondern als geistiges Wesen, als Träger der Kultur. Als Kulturwesen läßt sich der Mensch niemals isoliert betrachten, er ist immer nur zu verstehen als Teil einer ganz bestimmten geschichtlichen Epoche. Wissenschaftliche Erkenntnis über den Menschen bedeutet also immer, daß man seine Lebensäußerungen und sein Denken innerhalb seiner eigenen, historisch bedingten Gesellschaftsordnung sehen muß. Geisteswissenschaften beschäftigen sich daher in erster Linie mit den großen Ordnungen des menschlichen Lebens, wie sie sich im Staat, der Wirtschaft, dem Recht, der Bildung und den Gesellschafts- und Sozialstrukturen zeigen. Hieraus ergeben sich die Hauptzweige der geisteswissenschaftlichen und der sozialwissenschaftlichen Disziplinen.

Erst die *gemeinsame* Betrachtung von Natur- und Geisteswissenschaften wird der umfassenden Bedeutung von „Wissenschaft" für die Gestalt unseres heutigen Lebens gerecht. Würde beispielsweise alles naturwissenschaftliche und technische Wissen plötzlich ausgelöscht werden, dann wäre der Menschheit die Grundlage ihrer Existenz sofort entzogen, ein totaler Zusammenbruch wäre die Folge. Verschwände alles geisteswissenschaftliche Wissen, dann wäre zwar im Augenblick nicht gleich das Fundament der äußeren Existenz zerstört, aber die gesellschaftlichen Ordnungen des Zusammenlebens, die sozialen Strukturen, der Staat, das Wirtschaftsgefüge und das Rechtsverständnis müßten sich in Kürze auflösen. Durch diesen gesellschaftlichen Verfall und der zwangsläufig folgenden Anarchie würden dann ebenfalls die Grundlagen menschlichen Lebens vernichtet. In der unterschiedlichen – aber gleichwichtigen – Bedeutung der Natur- und Geisteswissenschaften liegt ein wesentlicher Grund, im Folgenden immer von einer Auffassung von Wissenschaft auszugehen, die alles umfaßt: Natur-, Geistes- und Sozialwissenschaften.

Selbstverständlich und üblich ist diese weite Begriffsfassung von Wissenschaft nicht. Man braucht nur an das Schlagwort der „Zwei Kulturen" denken, mit dem 1959 Charles Percy Snow die verschiedenen Denkweisen in den Natur- und Geisteswissenschaften mit dem dazu gehörigen „Standes"-bewußtsein der Gelehrten charakterisiert hat. Diese zwei Kulturwelten sind keine Erscheinung der Vergangenheit, sie existieren in der Realität heute noch und begegnen uns in Schulen und Universitäten, auf dem Buchmarkt oder dem Fernsehangebot auf Schritt und Tritt.

Seit kurzem aber wird die Forderung nach einer „neuen Wissenschaft", nach einer „Wissenschaft für die Zukunft" gestellt, und es zeichnet sich ein Weg ab, der ein Zusammenrücken von technisch-naturwissenschaftlicher und geisteswissenschaftlicher Kulturwelt bedeutet:

Die Gesamtheit der Wissenschaft besteht heute nicht mehr aus wenigen Kerngebieten, sondern aus einem komplizierten, sich immer mehr auffächernden Netz von Fachdisziplinen, die sich vielfach überlappen und deren Grenzen sich verändern. Für die aktuellen Fragestellungen der Forschung erscheinen die scharfen Trennlinien zwischen Natur- und Geisteswissenschaften oft künstlich. Und die Probleme, vor die wir durch moderne Technologien und neue Industriezweige gestellt werden, lassen sich im abgeschlossenen Raum einzelner Wissenschaftsdisziplinen gar nicht mehr lösen. Umweltprobleme, Energie- und Nahrungsversorgung, Gentechnik, Informationstechnologie, Klimaveränderungen und Bevölkerungswachstum stehen als Beispiele für die vielfältig vernetzten Aufgaben mit weitreichenden räumlichen und zeitlichen sozialen Folgen, die nicht mehr in die historischen engen Wissenschaftsschubladen passen. Diese Probleme fordern von den Natur- und Geisteswissenschaften eine *interdisziplinäre* Zusammenarbeit in Forschung und Lehre, ein Denken in großen Zusammenhängen. Dabei muß der Ingenieur und Techniker die Folgen seiner Tätigkeit abschätzen und die sozialen Wirkungen für die Gesellschaft mitbedenken, andererseits müssen die Geisteswissenschaftler und Soziologen motiviert werden, sich möglichst sachkundig zu machen, wenn sie in Entscheidungen über weittragende technische Projekte eingebunden sind. Den maßgebenden Gremien zur Nutzung der Kernenergie, für Richtlinien über Umweltmaßnahmen oder Erlasse zur Verbesserung der Luftqualität gehören neben Fachleuten auch Politiker, Juristen und Vertreter verschiedener geisteswissenschaftlicher Berufe an. Gerade an die Geisteswissenschaften richtet sich heute vielfach die Erwartung, daß sie bei den Ziel- und Wertvorstellungen der wichtigen Probleme vermitteln können, daß sie also durch eine literarisch verständliche „Übersetzung" des technischen Sachverhaltes die Beurteilung seiner Folgen und Auswirkungen erleichtern helfen. Die Diskussion darüber steht allerdings erst am Anfang, neue fachübergreifende und ethisch orientierte Ausbildungsformen in Natur-, Geistes- und Sozialwissenschaften werden noch gesucht.

Diese Ansätze, die sich aus den drängenden Problemen unserer Industriegesellschaft und aus der Gesamtheit der Wissenschaftsdisziplinen selbst abzeichnen, sind – neben der gleichwichtigen Bedeutung von Natur- und Geisteswissenschaften für die Gestaltung unserer Welt – der ausschlaggebende Grund, um in diesem Band „Technik und Wissenschaft" von einem *ganzheitlichen* Wissenschaftsbegriff auszugehen. Und damit ist auch das Ziel dieser Untersuchung deutlich, und die Schwerpunkte für den Aufbau des Bandes sind festgelegt: Bei der Darstellung der komplexen Beziehungen von Technik und Wissenschaft von ihren Anfängen bis zur gegenwärtigen Situation sollen Gemeinsamkeiten und Verbindungen zwischen den „beiden Kulturen" sichtbar werden.

Das Eingangskapitel „Was ist Wissenschaft?" von Alwin Diemer und Gert König zeigt zunächst den Wandel des Wissenschaftsbegriffes von der Antike bis zur Gegenwart. Wissenschaft, das sind aber nicht nur die fertigen, gedruckten Ergebnisse wissenschaftlicher Arbeit, sondern dazu gehört ebenfalls der Entstehungsprozeß der Forschung. Diesem „Leben der Wissenschaft" und den für die Zukunft wichtigen Fragen einer Ethik in der Wissenschaft ist der zweite Teil dieses Beitrages gewidmet.

Durch unsere Entscheidung, unter Wissenschaft die Gesamtheit aller Wissenschaften zu verstehen, wird das Thema des Bandes so umfangreich und komplex, daß es in dem gesteckten Rahmen nicht möglich ist, eine *vollständige* Darstellung der Wechselbeziehungen für *alle* Wissensgebiete zu geben; eine repräsentative Auswahl muß getroffen werden, bei der die ganzheitliche Grundidee nicht geschmälert wird.

Durch die Konzeption des Gesamtwerkes sind die Beziehungen einiger Wissenschaftsgebiete zur Technik in die Thematik anderer Bände eingeordnet, so ist beispielsweise dem Fragenkreis „Technik und Philosophie" ein eigener Band gewidmet. Die Religionswissenschaften werden im Band „Technik und Religion" angesprochen und die Auswirkungen der modernen Technik auf die medizinische Wissenschaft werden im Band „Technik und Medizin" aufgenommen. Einige Fragen der Sozialwissenschaften gehören eng zur Thematik der Bände „Technik und Bildung" und „Technik und Gesellschaft" und werden daher auch dort behandelt.

Der Schwerpunkt des vorliegenden Bandes liegt auf den wechselseitigen Beziehungen der Technik zu den Geistes-, den Natur- und zu den Technikwissenschaften. Auch dieser Themenkreis ist für den hier gesteckten Rahmen noch zu umfangreich, so daß sowohl unter den Wissenschaftsdisziplinen wie auch innerhalb der angesprochenen Fragenkreise weitere Beschränkungen notwendig werden: Für eine Gruppe verwandter Wissenschaften wird nur *eine* Disziplin als repräsentatives Beispiel herausgegriffen, um typische Züge im Verhältnis zur technischen Entwicklung aufzuzeigen. Die Biologie steht beispielsweise für die Gesamtheit der beschreibenden Naturwissenschaften, und die Archäologie ist die Vertreterin der historischen Hilfswissenschaften.

Für eine Abgrenzung innerhalb der einzelnen Beiträge sind folgende Gesichtspunkte ausschlaggebend: Einerseits wird in einem Artikel hervorgehoben, welche technischen Hilfsmittel die historische Entwicklung der angesprochenen Wissenschaft geprägt haben. Und dabei kommt es nur darauf an, diejenigen technischen Erfindungen und Verfahren zu betrachten, die zu einem *grundsätzlichen* Wandel in den wesentlichen Anschauungen der entsprechenden Wissenschaft geführt haben; die Vielzahl der Verfeinerungen, Abwandlungen und Fortentwicklungen tritt in den Hintergrund. – Das Mikroskop ist zum Beispiel eine technische Meisterleistung, die zu einer fundamentalen Neuorientierung sowohl in der Medizin wie in der Biologie führte. – Andererseits wird besonders der Frage nachgegangen, wodurch eine Wissenschaft im Laufe ihrer Geschichte motivierend, stimulierend oder auch hemmend auf die Entwicklung der Technik gewirkt hat. Durch diese beiden Fragestellungen lassen sich die wechselseitigen Beziehungen zwischen Technik und der einzelnen Wissenschaft wie ein roter Faden verfolgen und vergleichen.

Das Kapitel „Technik und Geisteswissenschaften" beginnt mit dem Beitrag von Christoph J. Scriba und Bertram Maurer über „Technik und Mathematik". Die Mathematik hat zwar starke Bezüge zu den Naturwissenschaften, ist aber als die eigentliche „Idealwissenschaft" ebenso eng mit der Philosophie und den Geisteswissenschaften verknüpft. Gerade um die allgemein umfassenden Ideen der Mathematik, der „mathesis universalis", zu unterstreichen, findet sie ihren Platz vor den übrigen Geisteswissenschaften. In diesem Artikel wird deutlich, wie weit die Beziehungen zwischen Mathematik und technischen Problemen in die Antike zurückreichen, sich in der Renaissance verstärken und seit der industriellen Revolution untrennbar mit der Entwicklung der Technik verknüpft sind. In den letzten Jahrzehnten haben die technischen Hilfsmittel der elektronischen Rechenanlagen für viele Gebiete der Mathematik ungeahnte Möglichkeiten eröffnet und auch neue Teilbereiche geschaffen. Die revolutionierenden Einflüsse des Computers reichen weit über die Grenzen der Mathematik hinaus und verändern ganze Strukturen unserer Kultur- und Gesellschaftsvorstellungen. [II-2.3; III-2.6; IV; V-4.4; X]

Die drei folgenden Beiträge sind den historischen Wissenschaften gewidmet. In den Untersuchungen von Ernst Pernicka über „Technik und Archäologie", einer der historischen Hilfswissenschaften, werden vor allem die modernen naturwissenschaftlichen und technischen Methoden vorgestellt, die zu Veränderungen in den bisherigen traditionellen Forschungsergebnissen geführt haben. Das Aufeinandertreffen der klassischen, mehr kunsthistorisch orientierten Richtung der Archäologie und der neuen Zugänge von der technisch-experimentellen Seite her, wird hier deutlich.

Wie technische Hilfsmittel zu Veränderungen in den Geschichtswissenschaften geführt haben, beschreiben die Ausführungen von Heinrich Best und Manfred Thaller „Technische Hilfsmittel in den Geschichtswissenschaften". Den Schwerpunkt bilden hierbei die in den Sozialwissenschaften entwickelten Methoden der statistischen Auswertung historischer Daten mit Hilfe von elektronischen Rechenanlagen, die neue historische Aussagen über das Verhalten von ganzen Bevölkerungsgruppen ermöglichen. Diese in den letzten Jahren lebhaft unter den Historikern diskutierten Möglichkeiten sind kein Ersatz für die traditionelle historische Forschungsarbeit, aber eine notwendige Erweiterung und Ergänzung.

Die Frage, ob Technik nur Hilfsdienste für die Geschichtswissenschaften geleistet hat oder ob sie selbst auch eines ihrer Themen ist, läßt sich etwas salopp schnell beantworten: Die traditionelle Zunft der Historiker hat von der Technik über Jahrhunderte keine Notiz genommen, nur technische Sensationen oder Katastrophen werden als historische Randbemerkungen notiert. Seit Anfang dieses Jahrhunderts beginnt sich das langsam zu ändern. Dieser Wandel läßt sich sehr deutlich an der Entwicklung der Technikgeschichte – einer Brücke

zwischen den Geisteswissenschaften und den Technikwissenschaften –
und ihrer Stellung innerhalb der anderen historischen Wissenschaften
erkennen. Den Weg der Technikgeschichte beschreibt Rolf-Jürgen
Gleitsmann in seinem Aufsatz „Technik und Geschichtswissenschaft".
Die prägende Kraft der Industrialisierung und des technischen Wandels wird für die zukünftige historische Forschung wohl zu einem
wichtigen Thema werden.

Daß Technik zwar kein Gewicht in der offiziellen Geschichtsschreibung hatte, aber doch für die Menschen in der Vergangenheit immer
wieder Anlaß zu Hoffnung und Befürchtung war, wird in Literatur
und Kunst immer wieder offenbar. Sie sind ein empfindlicher Seismo-
graph für die Einstellung zur Technik in jeder Epoche. Diese wichtigen Hinweise und Hintergründe werden nicht im Rahmen dieses
Bandes – beispielsweise in Beiträge über Literaturwissenschaften oder
Kunstwissenschaften – untersucht, sondern in den größeren Rahmen
des Bandes „Technik und Kunst" [VII] aufgenommen und dort ausführlich diskutiert.

Auch die Auswirkungen technischer Entwicklungen auf Themen
und Methoden der Staats- und Gesellschaftswissenschaften werden
nicht hier angesprochen, sondern fügen sich besser in die Konzeption
der Bände „Technik und Staat" [IX] und „Technik und Gesellschaften" [X] ein.

Bei den Einflüssen des Wirtschaftslebens und seiner theoretischen
Grundlagen durch technische Innovationen oder industrielle Um-
strukturierungen lassen sich die Themen der praktischen Entscheidungen gut von den volkswirtschaftlichen Theorien trennen. Hans-
Joachim Braun stellt diese daher hier in seinem Beitrag „Technik
und Wirtschaftswissenschaften" ausführlich in ihren Wechselbeziehungen zur technischen Entwicklung dar. Die unterschiedlichen
Wirtschaftszweige mit ihren speziellen Bindungen und Verknüpfungen zur Technik sind dann dem Band „Technik und Wirtschaft" [VII]
vorbehalten.

In ähnlicher Weise ist auch eine Trennung zwischen Theorie und
Praxis bei Einwirkungen von Technik auf die Rechtsauffassung möglich. In der abschließenden Untersuchung dieses Kapitels über Geisteswissenschaften zeigt Udo Kornblum („Technik und Rechtswissenschaft"), wie sich die Verfahren der Fahndung, Urteilsfindung und des
Strafvollzuges im Laufe der Geschichte immer wieder technischer
Mittel bedient haben. Die Entwicklung der modernen Kriminaltechnik ist ein eindrucksvolles Beispiel dafür. Die Veränderung der Methoden in der Rechtswissenschaft durch Einsatz elektronischer Rechenan-

lagen steht erst am Anfang, wird aber hier bereits in ihrer Tragweite angedeutet. Die Technik selbst ist seit der Renaissancezeit im Patentrecht ein wichtiges Thema der Rechtswissenschaft. In welcher Weise man im Laufe der Geschichte einen rechtlichen Schutz technischer Erfindungen erreicht hat, ist ein zentraler Punkt in diesem Beitrag.

Neue Technologien und ihre Folgen für die *Gesellschaft* führen oft zu neuen Situationen für die Rechtsprechung und verlangen Entscheidungen in der Gesetzgebung. Hierher gehören beispielsweise Fragen des Verkehrsrechts, der Sicherheitsvorkehrungen am Arbeitsplatz, der Genehmigungsverfahren für Kernkraftwerke oder die Rechtsgrundlagen für Umweltvergehen. Diese sehr komplexen Probleme werden im Band „Technik und Gesellschaft" unter dem Gesichtspunkt der Wandlung sozialer Strukturen durch technische Entwicklungen erörtert.

In den zahlreichen Diskussionen über die „zwei Kulturen" spürt man auf der Seite der Geisteswissenschaftler oft Unklarheit über Ziele und Methoden der Naturwissenschaften. Da es ein wichtiges Anliegen des dritten Kapitels „Technik und Naturwissenschaften" ist, typische Entwicklungsstränge der Naturwissenschaften in ihrem Verhältnis zur Technik gerade für die „Nichtfachleute" deutlich zu machen, steht der Beitrag von Armin Hermann „Was wollen die Naturwissenschaften?" am Anfang dieses Kapitels. Mit Nachdruck wird hier betont, daß die spezifisch experimentellen, mathematischen und theoretischen Methoden der Naturwissenschaften *einerseits* das Ziel haben, Naturgesetze zu finden und in mathematischer Sprache zu formulieren, aber *andererseits* auch nach der praktischen – und das heißt meistens der technischen – Anwendbarkeit der naturwissenschaftlichen Erkenntnisse suchen. Diese Zielsetzung gilt in ausdrücklicher Weise für die Physik.

Bis zur Mitte des 17. Jahrhunderts verstand man unter Physik die Wissenschaft von der gesamten Natur und allem Naturgegebenen, sie war die „philosophia naturalis" und umfaßte auch die Astronomie, Geologie, Chemie, Biologie und die Lehre vom Menschen. Alle Gebiete der Physik, für die schon eine mathematische Beschreibung möglich war, zählten dagegen zur Mathematik, Beispiele sind die Mechanik, Optik oder Chronologie. Erst im 18. Jahrhundert verengt sich der Begriff „Physik" auf die heute übliche Bedeutung; Physik wird – nach dem Erscheinen von Isaac Newtons „philosophiac naturalis principia mathematica" – *die* Vertreterin der exakten Naturwissenschaften schlechthin. Und Chemie, Mineralogie und die anderen beschreibenden Naturwissenschaften entwickeln sich zu eigenständigen Disziplinen.

Um die Beziehungen zwischen Technik und Naturwissenschaften in ihrer historischen Entwicklung bis zur Aufklärung nachzuvollziehen, stellen die drei folgenden Beiträge von Fritz Krafft („Technik und Naturwissenschaften in Antike und Mittelalter"), Charlotte Schönbeck („Renaissance-Naturwissenschaften und Technik zwischen Tradition und Neubeginn") und Andreas Kleinert („Technik und Naturwissenschaften im 17. und 18. Jahrhundert") zwar die physikalischen Fragen besonders heraus, beschreiben aber diese Wechselwirkungen auch in anderen Gebieten der Naturwissenschaften.

Nach der Auffächerung in eine Vielzahl eigenständiger Gebiete verläuft die Entwicklung der Wechselwirkungen mit der Technik recht unterschiedlich. Wie sich der Weg der Chemie von der Alchimie bis zu einer exakten Wissenschaft im 19. Jahrhundert gestaltet, und auf welche Weise diese Entwicklung mit der Entstehung der chemischen Industrie verknüpft ist, zeigt Otto Krätz in dem Beitrag „Anfänge der technischen Chemie".

Für die Gruppe der beschreibenden Naturwissenschaften werden die vielfältigen Verflechtungen mit der Technik am Beispiel der Biologie in dem Artikel „Naturkunde und Biologie in ihrer Wechselwirkung zur Technik" von Brigitte Hoppe behandelt. Wir haben gerade die Biologie gewählt, weil die Entwicklung der Pflanzen- und Tierkunde zu ihrer *wissenschaftlichen* Form durch die Themen des Bandes „Technik und Natur" [VI] eine abgerundete und umfassende Behandlung des heute so wichtigen Fragenkreises erfährt.

Im 19. Jahrhundert führt die industrielle Revolution nicht nur zu einer Vielzahl neuer Technologien und Industriezweige, sondern zur gleichen Zeit kommt es zur Entstehung vieler neuer naturwissenschaftlicher Spezialgebiete. Die komplexen Beziehungen dieser Zeit zwischen Technik und Naturwissenschaften vollständig zu beschreiben, ist in dem hier gesteckten Rahmen nicht möglich. Um trotzdem ein charakteristisches Hauptmerkmal dieser Beziehungen verfolgen zu können, gehen Walter Botsch und Armin Hermann in dem Beitrag „Naturwissenschaft und Technik in den letzten hundert Jahren" am Beispiel der Physik vor allem zwei Fragen nach: Welche neuen naturwissenschaftlichen Ergebnisse können technisch angewandt werden und führen zur Entstehung neuer Industriezweige? Welche zunächst in der Praxis erprobten neuen Technologien und industriellen Arbeitsverfahren fördern bei ihrer Suche nach einer wissenschaftlichen Begründung der praktischen Kenntnisse die Entstehung neuer Wissenschaftszweige?

Durch diese Untersuchung wird sehr deutlich, wodurch sich die heutige Situation auszeichnet: In der engen und intensiven – fast untrennbaren – Beziehung zwischen wissenschaftlicher Forschung und technischer Anwendung liegt die Stoßkraft der technischen Entwicklung.

Ist also Technik nichts anderes als angewandte Naturwissenschaft? Oder gibt es unverkennbare eigene Merkmale? Diesen Fragen wendet sich das Kapitel „Technik und Technikwissenschaften" in dem Eingangsbeitrag von Gerhard Zweckbronner („Was wollen die Technikwissenschaften?") zu. Die hier klar gezogenen Abgrenzungen zwischen Naturwissenschaften und Technik und die skizzierten Arbeitsmethoden der Technikwissenschaften sind die Grundlage der folgenden Artikel.

Obwohl sich die eigentlichen Technikwissenschaften erst im 19. Jahrhundert zu großer Eigenständigkeit entwickeln, gibt es doch schon früher einige wenige theoretische Ansätze. Kurt Mauel trägt in dem Beitrag „Technisches Wissen in Antike und Mittelalter" erste Kenntnisse über Gesetzmäßigkeiten technischer Vorgänge zusammen, die dann später in der Statik, der Hydraulik oder der Lehre der Wärmekraftmaschinen aufgehen.

Einen bemerkenswerten Versuch, Technik als Wissenschaft zu etablieren, hat es im 18. und 19. Jahrhundert im Rahmen der Kameralwissenschaften in Deutschland gegeben. Ulrich Troitzsch beschreibt diese Initiative des Göttinger Gelehrten Johann Beckmann in seinem Beitrag „Technologie als Wissenschaft im 18. und frühen 19. Jahrhundert".

Die eigentliche Entstehung der Technikwissenschaften, die unterschiedlichen Forschungsrichtungen, die Einrichtung entsprechender Hochschulen und praktischer Forschungsmöglichkeiten in der Industrie sind Schwerpunkte in der Darstellung von Gerhard Zweckbronner über „Technische Wissenschaften im Industrialisierungsprozeß bis zum Beginn des 20. Jahrhunderts". Eng verknüpft sind diese Themen mit der oft diskutierten Frage, ob die industrielle Revolution die Technikwissenschaften hervorgebracht hat oder ob von den neuen Technikwissenschaften der Anstoß zum Industrialisierungsprozeß ausgegangen ist. Mit der wachsenden Bedeutung von Technikwissenschaften und Industrie wuchs der Wunsch, die gleiche Anerkennung zu genießen wie die etablierten Wissenschaften an den traditionellen Universitäten und auch als Berufszweig den entsprechend hohen sozialen Status in der Gesellschaft einzunehmen. Diese bildungspolitischen und sozialen Aspekte werden im Band „Technik und Bildung" aufgegriffen. [V-3.5; V-3.6.2]

Welche großen „inneren" Veränderungen in den Technikwissenschaften notwendig waren, um den gegenwärtigen Problemen in Technik und Wissenschaft gewachsen zu sein, steht im Mittelpunkt des Schlußbeitrages über „Technikwissenschaften im Wandel" von Heinz Blenke. Der historische Weg der Technikwissenschaften ist einerseits der einer notwendigen immer stärkeren Differenzierung, Abgrenzung und Auffächerung der einzelnen Disziplinen innerhalb der Technikwissenschaften. Aber es zeigt sich trotz aller Spezialisierung der einzelnen Fachrichtungen, daß es *gemeinsame* Strukturen und Bemühungen gerade in den Grenzbereichen gibt, ja daß sich sogar unter der Anforderung komplexer Aufgaben „Grundwissenschaften" bilden, die notwendiges interdisziplinäres Grundwissen für eine Gruppe einzelner Wissenschaften bereitstellen. Am Beispiel der Verfahrenstechnik wird das hier sehr nachdrücklich herausgearbeitet.

Diese neuen Ansätze zeigen deutlich, daß eine Problemlösung in größeren Zusammenhängen – über die Grenzen der Einzeldisziplinen hinaus – in der Entwicklung der Natur- und Technikwissenschaften selbst angelegt ist. Und damit wird der Ausgangspunkt dieses Bandes, von einem ganzheitlichen Wissenschaftsbegriff auszugehen und nach den Gemeinsamkeiten und Brücken unter den Wissenschaften bei ihrer Anbindung an die Technik zu suchen, durch den Weg bestätigt, der sich *in der* Entwicklung der Technikwissenschaften *selbst* für die Zukunft abzeichnet. Die Notwendigkeit des wissenschaftlichen Denkens in größeren Zusammenhängen wird nicht an den Grenzen von Technik-und Naturwissenschaften stehen bleiben, sondern auch Forderungen an das ethische Verhalten und das Verantwortungsbewußtsein von Wissenschaftlern und Ingenieuren stellen.

WAS IST WISSENSCHAFT?

Was ist Wissenschaft?

Alwin Diemer

Gert König

Das „Faktum" der Wissenschaft ist, wie schon Ernst Cassirer (1874–1945) hervorgehoben hat, ein geschichtlich sich entwickelndes Faktum: Daher soll das „ist" der Titelfrage nicht im Sinne einer Beschränkung auf die Antwort(en), die die Gegenwart auf sie gibt, verstanden werden. Hierdurch wird nun aber ein Dilemma verschärft, das die Titelfrage enthält: Wird sie im Sinne einer „quaestio facti", einer Feststellungs- bzw. Tatsachenfrage gelesen, dann kann ihre Beantwortung nur darin bestehen, alle Bestimmungen von „Wissenschaft" aufzulisten, die überhaupt – in Vergangenheit und Gegenwart – vorgenommen wurden. Das würde dann aber ohne Auswahlkriterium höchstens zu einem „Chaos von Meinungen über Wissenschaft", und nicht zu „einer" Wissenschaftsbestimmung selbst führen. Wird sie aber im Sinne einer „quaestio juris", einer Rechts- bzw. Gültigkeitsfrage gelesen, dann würde ihre Beantwortung im Extremfalle schließlich nur in der Angabe *einer* Norm bestehen, die – dogmatisch aufgestellt – alle anderen möglichen Normen und Wissenschaftsbegriffe von vornherein ausschalten würde. Tatsächlich ist – in Vergangenheit und Gegenwart – immer wieder so verfahren worden und tatsächlich hat es dann auch nie sehr lange gedauert, bis das Unbefriedigende eines solchen Vorgehens eingesehen wurde: Wer den Namen der „Wissenschaft" beispielsweise nur für die Produkte generalisierender Auffassung verwenden *will*, wie Heinrich Rickert sagt, ist natürlich nicht zu widerlegen, weil derlei terminologische Festsetzungen „überhaupt jenseits von wahr und falsch" liegen. Daß dies aber eine besonders glückliche Terminologie ist, die dann zum Beispiel die Werke großer Historiker nicht zur „Wissenschaft" zu rechnen gestattet, wird man dann nicht behaupten können: „Man sollte sich vielmehr bemühen, einen Begriff von Wissenschaft zu bilden, der das umfaßt, was allgemein Wissenschaft *genannt* wird, und zu diesem Zwecke vor allem die *Tatsache* berücksichtigen, daß die Wissenschaften nicht überall dieselbe Form des naturwissenschaftlichen (. . .) Verfahrens zeigen"[1].

Das aufgezeigte Dilemma scheint nun aber nicht notwendig. Es entsteht nur dann, wenn man fordert, daß zwischen beiden Fragen im Sinne eines „Entweder-Oder" entschieden werden muß. Aber ist dies der Fall? Uns scheint es adäquater, *weder* ausschließlich beschreibend-aufzählend, *noch* ausschließlich vorschreibend-konstruktiv zu verfahren; denn natürlich benötigt einerseits auch jede Deskription ein kritisch relevanzbegründetes Auswahlprinzip, und andererseits kann eine „Präskription" natürlich auch pluralistisch ausgelegt sein.

Daher soll im Folgenden die Titelfrage *doppelt* gestellt bzw. versucht werden, sie in zweifacher Weise zu beantworten: Es geht zunächst darum, die Frage: „*Was* ist Wissenschaft?", im Sinne von: „Was heißt bzw. hieß (alles) Wissenschaft?" durch Angabe der uns am wichtigsten erscheinenden Stadien bei der Entwicklung „des" Wissenschaftsbegriffs zu eruieren und anschließend um Beantwortung der Frage: „Was *ist* Wissenschaft?". Und dies geschieht nicht im Sinne der Beantwortung einer „Wesensfrage", sondern durch Aufzeigen wissenschaftsrelevanter Verfahren und Methoden sowie im Charakterisieren des „Lebens der Wissenschaft" durch Skizzierung des Wissenschaftsbetriebs. Abschließend sollen Probleme genannt werden, die im Zusammenhang mit dem stehen, was als „Wissenschafts-Nomologie" bezeichnet werden kann, insbesondere mit der „Wissenschaftsethik" als neuem Ziel der Wissenschaftstheorie.

Der Wandel des Wissenschaftsbegriffes von der Antike
bis zur Gegenwart

Chronologisch-typologisch bzw. idealtypisch lassen sich grundsätzlich zwei Wissenschaftskonzeptionen unterscheiden: die durch Aristoteles (384–322) begründete und im wesentlichen bis Immanuel Kant (1724–1804) durchgehaltene bzw. bei ihm kulminierende *klassische Vorstellung*. Sie bestimmt Wissenschaft als ein systematisch-architektonisch gegliedertes und zusammenhängendes Ganzes von Erkenntnissen, die sich aus unmittelbar einsichtigen Prinzipien ebenso einsichtig *herleiten* lassen[2], also als ein kategorisch-deduktives System absoluter Wahrheiten bzw. Erkenntnisse. Die andere Konzeption ist die sich seit Beginn des 19. Jahrhunderts entwickelnde *moderne,* die in der Wissenschaft ein hypothetisch-deduktives System problematisch-konditioneller Sätze erkennt. Während in der klassischen Konzeption Wissenschaft auf allgemeinsten und absoluten Prinzipien beruht, die gewissermaßen wissenschaftstranszendent sind und die realisiert ist, wenn die Ableitung den Bedingungen der klassischen Logik genügt – was heißt, daß es vom Empirischen nur „Historie", nicht aber eigentliche Wissenschaft gibt –, kann die moderne Konzeption durch zehn bzw.

elf „Kriterien-Tendenzen" gekennzeichnet werden. Die lassen sich durch die Stichwörter: Reflexionscharakter, Positivierung, Entmetaphysierung, Autonomisierung, Operationalisierung, Problematisierung, Konditionalisierung, Hypothesierung, Propositionalisierung, Intersubjektivierung und abstrahierende Theoretisierung skizzieren. Den Prozeß der Wandlung vom klassischen zum modernen Begriff kann man in ideengeschichtlicher Perspektive als eine Entwicklung zur Enthabitualisierung bzw. Objektivierung, Verselbständigung und Differenzierung wissenschaftlichen Wissens verstehen. Gemeinsame Invariante beider bzw. aller sich innerhalb beider Konzeptionen ausprägenden Wissenschaftsbegriffe – und mögen sie noch so unterschiedlich sein – ist das, was man als „Ex-struktur" bezeichnen kann: Gleichgültig, wie „Wissenschaft" konzipiert bzw. definiert wird, wesentlich dabei ist immer, daß Mittelbarkeiten, Ableitungen, Begründungen, Rechtfertigungen, Legitimationen oder ähnliches vorliegen. Die Ex-struktur stellt sozusagen die Vermittlung zweier Vor-Gegebenheiten dar: der Prinzipien bzw. Axiome einerseits und der „Ausgangsbasis" der Probleme, die es zu lösen, zu erklären oder zu verstehen gilt, andererseits.

Wenn man die klassische Konzeption als „Finitismus" kennzeichnet – man denke an den Ausschluß des sogenannten Aktual-Unendlichen bei Aristoteles – und die moderne Konzeption als „Infinitismus" benennt – nach Karl Popper (geb. 1902) hat „Das Spiel der Wissenschaft" (. . .) „grundsätzlich kein Ende" – so erkennt man leicht, daß zum Beispiel ein „moderner" Denker wie Edmund Husserl (1859– 1938) nicht unbedingt auch in allen Teilen ein Anhänger der modernen Wissenschaftskonzeption zu sein braucht und umgekehrt ein „klassischer" Denker wie Kant nicht unbedingt auch als Vertreter der klassischen Konzeption angesehen werden muß: So bestimmt nämlich Husserl[3] das „eigene Wesen der Naturwissenschaft" als ein „ins Unendliche Hypothese und ins Unendliche Bewährung zu sein" und vertritt gleichwohl doch die These, daß die Idee einer Universalwissenschaft aus absoluter Begründung und Rechtfertigung nichts anderes sei, als die Idee, welche in allen Wissenschaften und in ihrem Streben nach Universalität die ständig leitende sei. Dabei kommt es nicht darauf an, wie es auch mit ihrer tatsächlichen Verwirklichung stehen möge, denn „Wissenschaft (. . .) sucht Wahrheiten, die ein für allemal und für jedermann gültig sind und gültig bleiben" und Nicholas Rescher (geb. 1928) formuliert „Kants Prinzip": „Die Beantwortung unserer tatsächlichen (wissenschaftlichen) Fragen ebnet immer den Weg zu weiteren noch unbeantworteten Fragen", um die Idee einer „erotetischen Vollständigkeit" – einer Vollständigkeit der Fragen – als illusionär zu erweisen [4].

Klassischer und moderner Wissenschaftsbegriff lassen sich auch als Positionen des „Certismus" (von lat. certitudo = Gewißheit) bzw. „Fallibilismus" (von lat. falli = irren) einander gegenüberstellen. Dies bedeutet jedoch nicht, daß das aristotelische: „Dies also ist unsere Lehre: wir meinen, daß es nicht nur Wissen gibt, sondern auch einen Anfang des Wissens" [5] sich über René Descartes' (1596–1650) Suche nach einem „fundamentum inconcussum", einem unerschütterlichen Fundament, nicht auch bis in die Gegenwart als Position von Letztbegründungsversuchen findet. Ebenso wie sich Poppers Position: „Unsere Wissenschaft ist kein System von gesicherten Sätzen, auch kein System, das in stetem Fortschritt einem Zustand der Endgültigkeit zustrebt. Unsere Wissenschaft ist kein Wissen (episteme): weder Wahrheit noch Wahrscheinlichkeit kann sie erreichen" [6] in skeptischen Entwürfen früherer Zeiten entdecken läßt. Dies ist nicht verwunderlich, wenn sogar die Mathematik – die „Leitwissenschaft" der griechischen Antike über Kants: „Ich behaupte aber, daß in jeder besonderen Naturlehre nur so viel *eigentliche* Wissenschaft angetroffen werden könne, als darin *Mathematik* anzutreffen ist" [7] bis zu Einsteins Standpunkt. „(. . .) ihre Sätze sind absolut sicher und unbestreitbar, während die aller anderen Wissenschaften bis zu einem gewissen Grad umstritten und stets in Gefahr sind, durch neu entdeckte Tatsachen umgestoßen zu werden" [8] heute, nachdem alle Begründungsprogramme gescheitert sind, nicht mehr als eine „Insel der Sicherheit im Meer unserer im übrigen fehlbaren Erkenntnis" erscheint, wie es Hans Albert (geb. 1921) ausgedrückt hat. Die Periodisierung, nach der es besonders das 19. Jahrhundert gewesen ist, das den Umbruch eingeleitet hat, ist freilich zu relativieren. Man kann dies anhand von „Bildern der Wissenschaft" illustrieren, wie sie auch in der Gegenwart verwendet worden sind. Preist nämlich beispielsweise Moritz Schlick (1882–1936), der Begründer des „Wiener Kreises" – der „Geburtsstätte" der Wissenschaftstheorie des 20. Jahrhunderts – noch das Bemühen all derjenigen, die nach dem „Felsen suchen, der vor allem Bauen da ist und selber nicht wankt", als einem absolut sicheren Erkenntnisfundament, so hatte doch schon Max Planck (1858–1947) darauf hingewiesen, daß, wenn man den Aufbau (sogar) der exakten Wissenschaft einer genaueren Prüfung unterzieht, sehr bald gewahr wird, „daß das Gebäude eine gefährlich schwache Stelle besitzt," und diese Stelle das Fundament ist. Der Begründer der Naturphilosophie im 20. Jahrhundert Wilhelm Ostwald (1853–1932) hatte schon den Fortschritt der

Wissenschaft 1902 mit dem Bauen einer „Brücke über den Sumpf"
verglichen, wobei die unaufhörliche Fortentwicklung der unaufhörli-
chen Anstellung von Belastungsproben gleichkomme, durch welche
die schadhaften Stellen immer wieder entdeckt und ausgebessert werden, und komme es einmal vor, daß die ganze Brücke bricht und die
ganze Theorie ins Wasser falle, so müsse man eben mit dem Brückenbau von vorn anfangen – was den Vorteil habe, daß man gelernt habe,
den Fehler zu vermeiden, der die vorige Brücke so gebrechlich gemacht habe. Und Popper vergleicht die Wissenschaft mit einem Pfei-
lerbau, dessen Pfeiler sich von oben her in den Sumpf senken, aber
nicht deshalb höre man auf, die Pfeiler tiefer hineinzutreiben, weil
man auf eine feste Schicht gestoßen sei, sondern man hoffe eben, daß
sie das Gebäude tragen würden und beschließe, sich *vorläufig* mit der
Festigkeit der Pfeiler zu begnügen und Otto Neurath (1882–1945),
der Theoretiker und Organisator des Logischen Empirismus sowie
Promoter des Programms der „Einheitswissenschaft" kennzeichnet
diese als niemals fertiges Resultat. – Als Einheitswissenschaft gilt dabei
eine Menge kohärenter Sätze, die alle gleichermaßen Feststellungen
über physikalische, d.h. in Raum und Zeit existierende, beobachtbare
Tatbestände treffen. – Nach Neurath handelt es sich beim wissenschaftlichen Prozeß vielmehr um einen Schiffsumbau auf offener See,
ohne das Schiff jemals in einem Dock zerlegen zu können und aus
besten Bestandteilen neu errichten zu können; eine Metapher, die
Hilary Putnam (geb. 1926) in zweifacher Weise erweitert. Zum einen
möchte er nicht nur die Wissenschaft, sondern auch Ethik, Philosophie, ja die ganze Kultur in einem Boot „ansiedeln", da ja alle Teile
der Kultur voneinander abhängen. Zum anderen möchte er statt von
einem einzelnen Boot lieber von einer Flotte von Booten sprechen,
woraus sich gemeinsame wie auch individuelle Verantwortlichkeiten
ergeben. – Wenn Neurath nun 1932 auch meinte, daß lediglich die
metaphysischen Anteile beim Schiffsbau restlos verschwinden könnten, so ist nun gerade durch die von Thomas Samuel Kuhn (geb. 1922)
ausgelöste „antipositivistische Wende in der Wissenschaftstheorie" (K.
Bayertz) – die Wissenschaft als historischen Prozeß begreift und es
dadurch der Wissenschaftsgeschichte ermöglichte, gewissermaßen in
die Wissenschaftstheorie „hineinzusintern" – auch wieder gegenwärtig eine „Metaphysierung" der Wissenschaftstheorie zu beobachten.
Und insofern ist die für das 19. Jahrhundert aufgezeigte Entmetaphy-
sierungstendenz heute zu relativieren bzw. umzukehren.

Die Entdeckung „der Möglichkeit von Wissenschaft überhaupt" ist
den Griechen zuzuschreiben. Sie beginnt mit Thales von Milet (um

Darstellung des Pythagoras aus dem 12. Jahrhundert an dem Königsportal der Kathedrale von Chartres. Als einer der sieben Weisen des Altertums verkörpert er – zusammen mit allegorischen Figuren der sieben freien Künste – die vita contemplativa, das geistige Leben dieser Zeit.

625–547), Pythagoras von Samos (um 570–um 480) und den Pythagoreern, insbesondere Archytas von Tarent (428–365) und erreicht dann in der Zeit Platons (428/27–348/47) ihren ersten Kulminationspunkt bei Euklid von Alexandria (um 300 v. Chr.), dessen Lehrbuch über Geometrie, die „Elemente", das mathematische Wissen seiner Zeit zusammenträgt und über 2000 Jahre lang zur Grundlage für den geometrischen Unterricht in Schulen und Hochschulen wurde. Erst am Ende des 19. Jahrhunderts wird es durch neue Untersuchungen über die Grundlagen der Geometrie besonders David Hilberts (1862–1943) abgelöst. Wie Kurt von Fritz hervorgehoben hat, findet sich nirgends ein Zeichen dafür, daß die Babylonier oder die Ägypter jemals den Versuch unternommen haben, alle mathematischen Sätze streng logisch von ersten Prinzipien abzuleiten: Von *Beweisen* ist in den erhaltenen altorientalischen Dokumenten nichts zu finden, es handelt sich im Gegenteil um „Rezepte" zur Lösung spezieller Problemstellungen. Die Thales zugeschriebenen Sätze sind dagegen keine „praktischen", sondern *theoretische* Sätze, die als solche „zugleich *generelle* Sätze, nämlich Sätze über alle möglichen – d.h. konstruierbaren – geometrischen Figuren" darstellen und als solche „von jener „zweckfreien" Betrachtungsweise" zeugen, „welche die Idee der Wissenschaft in ihrer „griechischen" Realisierung dann in so charakteristischen Weise bestimmt hat"[9]. Die Entdeckung der Möglichkeit theoretischer Sätze könnte daher, wie Jürgen Mittelstraß vermutet, aus einer Reflexion über das Funktionieren jener „Rezepte", nach denen innerhalb der babylonischen Geometrie spezielle Aufgaben gelöst wurden, hervorgegangen sein. Für die Pythagoreer ist ein $\mu\alpha\vartheta\dot\eta\mu\alpha\tau\alpha$ (mathemata) ein geordnetes System von Sätzen und Beweisen, ein Sprachgebrauch, der aber nicht der platonische ist, der unter $\mu\dot\alpha\vartheta\eta\mu\alpha$ (mathema) jeden beliebigen Gegenstand versteht, sofern er sich nur lehren bzw. lernen läßt. Für Platon sind auch $\tau\dot\epsilon\chi\nu\eta$ (techne) und $\mu\dot\alpha\vartheta\eta\mu\alpha$ wie auch $\tau\dot\epsilon\chi\nu\eta$ und $\dot\epsilon\pi\iota\sigma\tau\dot\eta\mu\eta$ (episteme) oft vertauschbar, die Aristoteles dann streng voneinander abhebt. Für Platon gibt es keine Wissenschaft von den Gegenständen der wahrnehmbaren Welt und selbst den mathematischen Einzelwissenschaften spricht er keine eigentlich wissenschaftliche Qualität zu, da sie über ihre Voraussetzungen nicht Rechenschaft abzulegen vermögen: „Es mag paradox klingen, aber der Grund für diese Auffassung Platons liegt gerade in dem, was wir für den Kern neuzeitlicher Wissenschaft halten, nämlich in der hypothetisch-deduktiven Methode. Platon hat – wohl als erster in der Wissenschaftsgeschichte – das Verfahren mathematischen Beweisens richtig beschrieben"[10], eben in jener berühmten Stelle des

„Staats" [11], an der er darauf hinweist, daß „Geometriker, Rechenmeister und ähnliche" allen ihren Untersuchungen bestimmte Voraussetzungen zugrunde legen, indem sie es einfach annehmen, als ob sie über diese Dinge im klaren wären. Das ist ein Sachverhalt, den über 2000 Jahre später der große mathematische Grundlagenforscher Bertrand Russell (1872–1970) wohl auch mit meinte, wenn er die Mathematik als die Wissenschaft bzw. das Gebiet bezeichnete, auf dem wir nie wissen, wovon wir eigentlich reden und ob das, was wir sagen, auch wahr ist. Übt nun die Mathematik bei Platon bei der Bestimmung der wahren Wissenschaft von der Ideenlehre lediglich eine Orientierungsfunktion aus, ohne selbst den Status einer solchen Wissenschaft zuerkannt zu bekommen, so entwirft Aristoteles demgegenüber in den ersten Kapiteln seiner „Analytica posteriora" eine beweisende Wissenschaft, die – nach Mittelstraß – gleichsam das Modell jeder zukünftigen strengen Wissenschaft sein soll. In der Normierung, wie sie Heinrich Scholz (1884–1956) angegeben hat, ist eine Wissenschaft im aristotelischen Sinne eine Folge von Sätzen über die Elemente eines und desselben Bereiches mit folgenden zwei Eigenschaften: Die Sätze dieser Folge zerfallen vollständig disjunktiv in die beiden Klassen der Grundsätze und der Lehrsätze und die in den Sätzen dieser Folge auftretenden Begriffe zerfallen vollständig disjunktiv in die beiden Klassen der Grundbegriffe und der abgeleiteten Begriffe. Die Grundsätze müssen unmittelbar verständlich sein und sind daher unbeweisbar und sie müssen hinlänglich sein in dem Sinne, daß außer ihnen nur noch die Regeln der Logik für die Ableitung der Lehrsätze erforderlich sind und ihnen muß Notwendigkeit zukommen. Auch die Grundbegriffe müssen unmittelbar verständlich sein und sind daher undefinierbar und sie müssen hinlänglich sein in dem Sinne, daß außer ihnen nur noch gewisse Verknüpfungsoperationen für die Konstruktion der abgeleiteten Begriffe notwendig sind. Und da Wissen jedenfalls heißt, das Allgemeine erkennen, gibt es vom Einzelnen keine Wissenschaft. Es ist diese These, die es lange verhinderte, daß die „Historie" als Erzählung solcher Einzelheiten in den Kreis der Wissenschaften aufgenommen werden konnte. Noch für Arthur Schopenhauer (1788–1860) darf „bloß die Geschichte" nicht in jene Reihe treten, da ihr „der Grundcharakter der Wissenschaft (fehlt), die Subordination des Gewußten, statt deren sie bloße Koordination desselben aufzuweisen hat (. . .). Denn nirgends erkennt sie das Einzelne mittels des Allgemeinen, sondern muß das Einzelne unmittelbar fassen und so gleichsam auf dem Boden der Erfahrung fortkriechen (. . .). Sie wäre demnach eine Wissenschaft von Individuen; welches einen Wider-

Aristoteles am Schreibpult. Buch-illustration aus einer Ausgabe der naturwissenschaftlichen Schriften des Aristoteles, die 1457 in Rom erschienen ist.

spruch besagt"[12] – eine Bestimmung, der erst Heinrich Rickert von allgemeinerer Position aus grundsätzlich widersprochen hat.

Bei Aristoteles findet sich aber neben dem gekennzeichneten „propositionellen" – also auf Sätze sich beziehenden – Wissenschaftsbegriff auch der „habituelle", den man ebenfalls in der Folgezeit bis weit in die Neuzeit findet. In einer für die Wissenschaftsgeschichte grundlegenden Konzeption, der Geburtsstelle für die fünf später „habitus intellectuales" bezeichneten Einstellungen gibt Aristoteles in der „Nikomachischen Ethik" folgende an: $voῦς$ (nous), $\sigma o\varphi ία$ (sophia), $\dot{\varepsilon}\pi\iota\sigma\tau\acute{\eta}\mu\eta$ (episteme) als das „theoretische Verhalten" beschreibend, denen später die lateinischen intellectus, sapientia und scientia zugeordnet werden; sowie $\varphi\varrho\acute{o}\nu\eta\sigma\iota\varsigma$ (phronesis) bzw. prudentia als „praktisches Verhalten" und $\tau\acute{\varepsilon}\chi\nu\eta$ (techne) bzw. ars als poietisches (werkendes) Verhalten; nur das geistige, theoretische Verhalten ruht in sich, während die beiden anderen aus sich hinausgehen, das Wirken in die Tat und Handlung, das Werken, die „Kunst" auf das entsprechende Werk. Dabei besteht zwischen den beiden ersten und der scientia bzw. Wissenschaft ein Unterschied, der für die Konzeption der Wissenschaftsidee bis heute bestimmend geblieben ist: Gemeinsam ist intellectus bzw. sapientia, daß sie unmittelbare „Einsicht" in das Absolute, die Axiome usw. ausmachen, seien diese Prinzipien nun die allgemeinen Wesensideen, die Gesetze oder auch das Absolute, also Gott selbst. Die scientia als Wissenschaft ist demgegenüber immer von mittelbarem Charakter. Sie vollzieht die Ableitungen und Begründungen für die klassische Wissenschaftskonzeption eben im Ausgang von diesen Prinzipien. Seit Aristoteles über die Scholastik bis heute heißt es darum: „Scientia est cognitio ex principiis, intellectus cognitio principiorum" bzw. Wissenschaft ist Erkenntnis aus Prinzipien, Intellekt Erkenntnis der Prinzipien. Gerade dies ist Voraussetzung für später immer wieder auftretende Spannungen zwischen Philosophie und Wissenschaft – bis hin zu Martin Heideggers (1889–1976) oft so mißverstandenem 1951 in einer Freiburger Vorlesung „Was heißt Denken?" ausgesprochenem Satz: „Die Wissenschaft denkt nicht", was ja nicht als Vorwurf, sondern nur als „eine Feststellung der inneren Struktur der Wissenschaft" gehört werden sollte: „zu ihrem Wesen gehört, daß sie einerseits auf das, was die Philosophie denkt, angewiesen ist, andererseits selbst aber diese zu-Denkende vergißt und nicht beachtet"[13].

Die vielfältigen Begriffsverschlingungen der genannten fünf Begriffe können hier natürlich nicht analysiert und dargestellt werden. Wichtig für die Entstehung der neuzeitlichen Wissenschaft scheint aber u. a. zu sein, daß sich das technische bzw. praktische Interesse mit dem theoretischen Interesse verbindet und so, verbunden mit einem neuen Naturverständnis, das ermöglichte, was durch die antike-scholastische Tradition sozusagen „von innen" verhindert wurde: das Entstehen der (neuzeitlichen) Naturwissenschaft. [III-3.3]

Durch die rege Übersetzertätigkeit in der Renaissance lagen um 1580 alle bekannten Schriften des Aristoteles in übertragener Form vor. Der aufkommende Buchdruck sorgte für die schnelle Verbreitung seines Gesamtwerkes und schaffte die Grundlage zur kritischen Auseinandersetzung mit aristotelischem Gedankengut. Die Abbildung zeigt das reich verzierte Frontispiz vom 2. Band einer Aristotelesausgabe in einer Übersetzung ins Lateinische von Girolamo da Cremona.

Hiermit eng zusammen gehört die Wandlung der Mechanik als
μηχανικὴ τέχνη (mechanike techne) bzw. ars mechanica in Antike und
Mittelalter, als einem wesentlichen Zweig der Technik, während sie in
der Neuzeit zu einer Disziplin der Naturwissenschaft Physik wurde.
Vor Galileo Galileis (1564–1642) und Francis Bacons (1561–1626)
Eintreten nicht nur für die bloße Naturbeobachtung, sondern auch für
das Experiment als unter „künstlichen" Bedingungen hergestellte
reproduzierbare planmäßige Beobachtung und damit auch für
„künstlich" erzeugte Phänomene, bestand zwischen beiden Bereichen
eine unüberbrückbare Kluft: Physik als Wissenschaft konnte „von
Natur" – eben als φυσικὴ ἐπιστήμη (physike episteme) – nur das
„natürliche Verhalten" der Körper in der Welt beschreiben, während
die „Mechanik" als mathematische „Kunst" oder technische Praxis die
durch „künstliche" Einwirkungen gewissermaßen erzwungenen Bewegungen mit List und jedenfalls „widernatürlich" untersuchte. Dies
ist ein Naturbegriff, der noch Goethe gegen Isaac Newtons (1643–
1727) Farbenlehre polemisieren ließ, da es Goethe als sinnlos erschien,
mit künstlichen Mitteln etwas über einen (organischen) Naturzusammenhang zu erfahren.

Ingenieure, Handwerker und Künstler, Humanisten und Gelehrte
wirken zusammen als „soziale Träger" bei den Ursprüngen der neuzeitlichen Wissenschaft, wie u. a. Edgar Zilsel (1891–1944) [14] gezeigt
hat. Es kommt zu einer Umorientierung der Wissenschaftsidee, die
„auch die Veränderung der bislang in sich geschlossenen Gelehrtenre-
publik zur wissenschaftlichen Öffentlichkeit von Forschung" zur
Folge hat. „Gleichzeitig entsteht dadurch ein selbständiger Kulturbe-
reich der Wissenschaft neben Kunst, Religion und Staat, wie auch eine
Selbstdifferenzierung der Wissenschaften gegeneinander angesichts
der möglichen Vielfalt von Forschungsinteressen und der durch die
(neue, G. K.) Erfahrung eröffneten unendlichen Vielfalt von For-
schungsthemen" [15]. Freilich muß auch gesehen werden, daß schon der
Pädagoge und Enzykopädist Vincenz von Beauvais (1190–1264) ars
und scientia identifiziert, wobei dann später die Systemidee –, primär
als Element der ars und nicht der scientia – unter praktisch-pädagogi-
schem Interesse in die Wissenschaft eingeht, was schließlich bei Kant
zu der später so berühmt gewordenen Definition führte: „Eine jede
Lehre, wenn sie ein *System,* d. i. ein nach Principien geordnetes Ganze
der Erkenntniß, sein soll, heißt Wissenschaft" und: „*Eigentliche* Wissenschaft kann nur diejenige genannt werden, deren Gewißheit apo-
diktisch ist" [16]. Dies ist eine Bestimmung, die sich als Höhepunkt des
klassischen Wissenschaftsbegriffs vielleicht noch ausgeprägter in der

„Allgemeine(n) Encyclopädie und Methodologie der Wissenschaften" (1810) des Kantianers Carl Christian Erhard Schmid (1761–1812) findet. Er differenziert dann freilich noch zwischen „Wissenschaft als Ideal" und „menschlicher Wissenschaft". Dabei wird die erstere bestimmt als „die absolut vollkommenste Erkenntniß, das ist, die absolut vollkommenste Erkenntnißart des absolut vollkommenen Objekts, oder die absolute Einheit aller Erkenntniß" und demnach „absolut *vollständig*", „absolut *wahr*", „absolut *unveränderlich*", „absolut *gründlich*", „absolut *systematisch*" und „absolut *nothwendig*" ist, wogegen „menschliche Wissenschaft" als „das Ideal der höchsten Vollkommenheit der Erkenntniß" fungiert, „deren der Mensch, als beschränkte und sinnliche Intelligenz, theilhaftig werden kann" [17].

Wenn er dabei ,Encyklopädie' als das „Band" bestimmt, „welches alle Wissenschaften innig verknüpft", so gebraucht er damit eine Charakterisierung, die sozusagen später als Wissenschaftsdefinition in Bernard Bolzanos (1781–1848) ,Wissenschaftslehre' von 1837 aufgeführt wird: *Wissenschaft* in der eigentlichen „objectiven" Bedeutung bedeutet jeder „Inbegriff von Wahrheiten einer gewissen Art, der so beschaffen ist, daß es der uns bekannte und merkwürdige Theil derselben verdient, (...) in einem eigenen Buche vorgetragen zu werden", und zwar dergestalt niedergeschrieben, daß diese Wahrheiten „nöthigenfalls auch noch mit so vielen anderen, zu ihrem Verständnisse oder Beweise dienlichen Sätzen in Verbindung zu bringen" sind, „daß sie die größte Faßlichkeit und Ueberzeugungskraft erhalten" [18]. Aber schon lange vorher, spätestens vom „Vater der Enzyklopädie", Marcus Terentius Varro (116–17) als Mittler zwischen griechischer Kultur und abendländischer Bildung an, ist diese Bestimmung wirksam.

Im 4./5. Jahrhundert wird sie von Martianus Capella – dem Begründer des „Lehrplans des Abendlandes" – weitergeführt in seiner maßgebenden Darstellung der sogenannten „sieben freien Künste". Dieser Kanon, der im Mittelalter durch die Bearbeitung von Ancius Manlius Torquatus Severinus Boethius (480–525) und Cassiodorus (um 485– um 580) seine Fixierung in ein vorbereitendes „Trivium" („Dreiweg"), das die Disziplinen Grammatik, Rhetorik und Dialektik bzw. Logik enthielt, und ein weiterführendes „Quadrivium" („Vierweg") das Arithmetik, Geometrie, Astronomie und Musik umfaßte, erhielt, wies den „Artes" durch ihre straffe Gliederung und durch ihre Unterordnung unter Philosophie und Theologie „den für weite Bereiche des Mittelalters gültigen Platz im Gefüge der Wissenschaften" zu, wobei sie „durch Aufnahme in den Studienplan der Klöster zu unverzichtbaren Bestandteilen abendländischen Wissens wurden" [19]. Die vielfach

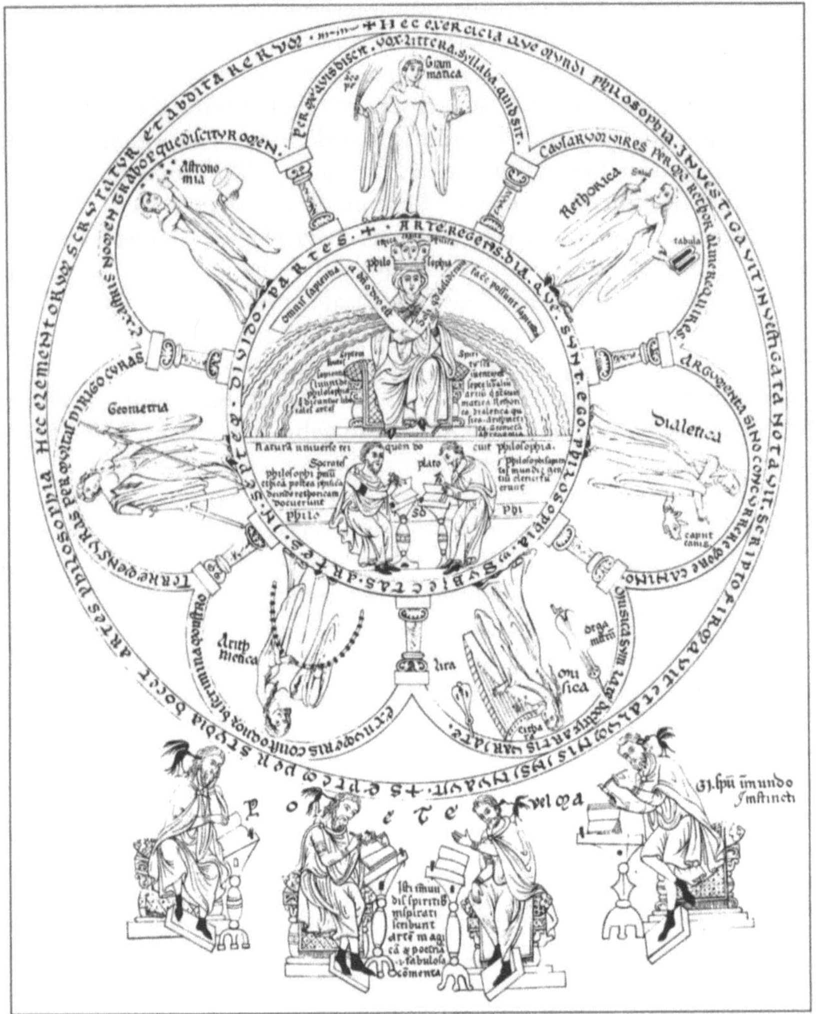

Bekannte allegorische Darstellung der sieben freien Künste in einer Miniatur aus Herrard von Landsbergs „Hortus deliciarum" aus der zweiten Hälfte des 12. Jahrhunderts.

bis heute sehr unterschätzte enzyklopädische Gelehrsamkeit des Mittelalters, wie sie sich im „Didascalion" des Hugo von St. Viktor (1096–1141) und in der größten Enzyklopädie des Mittelalters, dem „Speculum maius" des Vinzenz von Beauvais (1190?–1264?) zum Ausdruck kommt, wird dann in der Neuzeit durch eine Reihe berühmter Sammelwerke fortgesetzt. Hierzu gehören die Arbeiten von Johann Heinrich Alsted (1588–1638), Louis Moréris (1643–1680) erstes großes Lexikon Europas in einer lebenden Sprache (Französisch statt Lateinisch), Pierre Bayles (1647–1706) „Dictionnaire historique et critique", das schon am Beginn der modernen enzyklopädischen Literatur steht, Johann Heinrich Zedlers (1706–1763) 64 Bände umfassendes „Großes vollständiges Universal-Lexikon aller Wissenschaften und Künste, welche bisher durch menschlichen Verstand und Witz erfunden und verbessert worden". [III-2.1; III-3.2; V-3.1]

Es folgt die berühmte „Encyclopédie ou Dictionnaire raisonné des Sciences, des Arts et des Métiers" der Aufklärer Jean le Rond d'Alembert (1717–1783) und Denis Diderot (1713–1784), die 1751–80 in 35 Bänden erscheint und als methodisches Sachwörterbuch „von jeder Wissenschaft und Kunst, gehöre sie zu den freien oder zu den technischen, die allgemeinen Grundsätze enthalten, auf denen sie beruhen, und die wesentlichen Besonderheiten, die ihren Umfang und Inhalt bedingen"[20] sollte. Das größte wissenschaftliche Unternehmen dieser Art im deutschen Sprachraum des 19. Jahrhunderts/war die Torso gebliebene „Allgemeine Encyclopädie der Wissenschaften und Künste" des Johann Samuel Ersch (1766–1828) und Johann Gottfried Gruber (1774–1851), von der 167 Bände bis 1890 erschienen. Genannt werden soll für das 20. Jahrhundert nur noch die ebenfalls Torso gebliebene, ursprünglich von Neurath als „offene" Enzyklopädie geplante – weil die „Einheitswissenschaft" nie das Stadium der Abgeschlossenheit erreichen könne, sollte auch das Unternehmen nie abgeschlossen werden, sondern „wie eine Zwiebel aus vielen Schalen" bestehen – „International Encyclopedia for Unified Science" mit den vier vorgesehenen Sektionen: Grundlagen der Einheitswissenschaft, methodologische Probleme, aktueller Stand der Einzelwissenschaften und Anwendung von Resultaten und Methoden der Wissenschaften auf Medizin, Jurisprudenz, Ingenieurwesen usw., die auf 260 Monographien geplant war, wovon jedoch nur 19 erschienen. Als „Mosaik der Wissenschaft" sollte sie nicht nur die empiristische Forschungsweise als allgemeines Ideal propagieren, sondern auch das empiristische Verfahren in seiner Konkretheit darstellen und durch die Wissenschaftslogik Querverbindungen von Wissenschaft zu Wissenschaft herstellen. In Neuraths Plan kommt am eindruckvollsten das zum Ausdruck, was man vielleicht den „Geist der modernen Wissenschaftskonzeption" nennen könnte. Neurath hebt nämlich ausdrücklich hervor, daß man mit dieser Enzyklopädie „keine endgültige feste Basis, kein System vor sich" habe, sondern „daß man immer forschend sich bemühen muß und die unerwartetsten Überraschungen bei späterer Nachprüfung viel verwendeter Grundanschauungen erleben kann". Dieser „Enzyklopädismus" sei „der Anschauung entgegengesetzt, die irgendwelche ausgezeichnete Lehren und Sätze zum Ausgangspunkt nimmt und die Wissenschaft gewissermaßen als etwas Gegebenes betrachtet, das man sukzessive entdeckt, wie ein fremdes Land; wir können nicht mit einer gegebenen „Grenze" unseres Strebens rechnen, können weder „verifizieren" noch „falsifizieren", sondern immer nur zwischen mehreren Satzgesamtheiten wählen"[21]. [V-3.1]

Werfen wir noch einen Blick auf die Systematisierungen des Wissens bzw. auf einflußreiche Wissenschaftsklassifikationen. Mit Benno Erdmann (1851–1921) ist nämlich festzustellen, daß die Frage nach dem Begriff und der Bedeutung einer einzelnen Wissenschaft sich nur durch den Versuch einer systematischen Gruppierung aller Wissensgebiete eruieren läßt, freilich ist auch jede Wissenschaftsklassifizierung durch Interessen, Vorlieben und Vor-Urteilen des Klassifizierenden bestimmt. Dies ist besonders für die sogenannten Geistes- oder Kulturwissenschaften relevant. Wie die vorhergehenden Ausführungen erkennen lassen, dürfte jeder Versuch, *eine* „Einheitswissenschaft" zu erstellen, immer nur „reduktionistische Monster" erzeugen, die – gleichsam auf einem Prokrustesbett – bereichswissenschaftliche spezifische Eigenheiten, wie sie sich nun einmal in der Geschichte ausprägen, nivellieren. Das gleiche gilt für die Klassifikationsversuche.

Am Anfang steht hier das platonische dreigliedrige Wissenschaftsschema, „das wegen seiner Einfachheit und Orientierungsleistung bis ins 20. Jahrhundert hinein rezipiert wurde: Wissen vom Denken – Wissen von der Natur – Wissen vom Menschen und seiner Welt"[22]. Scholtz macht mit Recht darauf aufmerksam, daß es durchaus sinnvoll ist, vom Ursprung (auch) der Geisteswissenschaften in der griechischen Antike zu sprechen: Das dritte Systemglied heißt ja in der Schule Platons Ethik, und deshalb konnten die Geisteswissenschaften, die diese dritte Systemstelle einnehmen, „ethische" oder „moralische" oder „historisch-ethische Wissenschaften" genannt werden. Die Berufung hinsichtlich des Ursprungs kann aber auch aristotelisch begründet werden, denn auch bei diesem gibt es eine Wissenschaft von der unendlichen Welt, die sich als „praktische Wissenschaft" mit dem Verhalten des einzelnen (Ethik) bzw. mit der Institution der Polis (als Politik) befaßt. Eine solche Tradition ist dort wirksam, wo man von den Geisteswissenschaften als den „moralisch-politischen Wissenschaften" spricht. Beide Einteilungen lassen sich mit Wilhelm Wundt in folgender Weise verknüpfen:

Ebenso wie von einer („zweiten") Geburt der Naturwissenschaften in der Neuzeit gesprochen werden kann, so – zeitlich jedoch früher!

Die Einteilung der Wissenschaften nach Platon und nach Aristoteles.

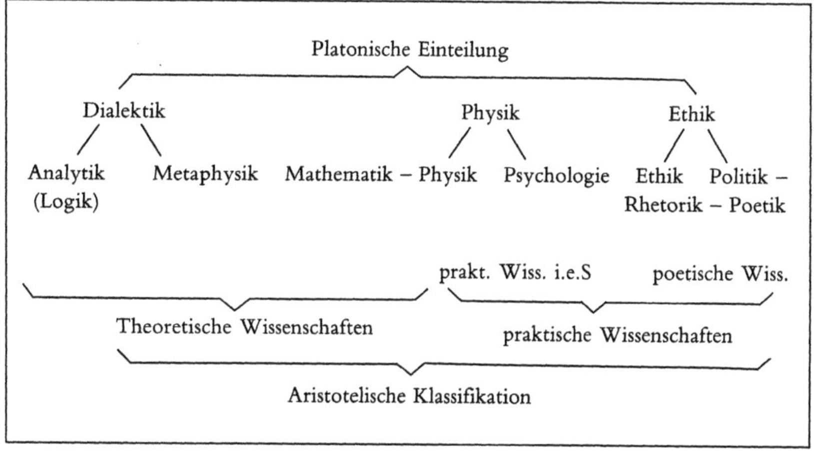

– von der der Geisteswissenschaften, denn „das sind zuerst und vor allem die sprachlichen Disziplinen im Kreis der Artes liberales, also Grammatik, Dialektik und Rhetorik ... Dics Trivium wird im Humanismus erweitert – Poetik, Moral und Historie kommen hinzu – und erhält ein neues Gewicht und einen anderen Charakter: Die Logik wird zurückgedrängt, man betreibt Sprachstudium und Lektüre der antiken Klassiker. Man studiert die griechischen Quellen, verbessert das Latein und auch die philologischen Methoden"[23]. Bei den „Humanistae" betreibt man ein „Studium humanitatis" bzw. der „Humaniora" – nicht als „Magd der Theologie" oder bloß als Vorbereitung auf die „höheren Fakultäten", sondern um seiner selbst willen im Hinblick auf Bildung, praktische Lebensklugheit, ethisches und politisches Handeln. Die Geisteswissenschaften drängen also die theologische Weltdeutung zurück und sind sozusagen die ersten säkularen Wissenschaften. Sie „läuten" also gleichsam die Neuzeit „ein" und ebnen den Naturwissenschaften allererst den Weg. [V-3.1]

Der oben gekennzeichnete Objektivierungsprozeß kommt besonders gut durch den Unterschied zwischen der auf den menschlichen Vermögen Gedächtnis, Phantasie und Verstand basierenden Einteilung Bacons in Historische Wissenschaften (Menschheitsgeschichte und Geschichte der Natur), Poesie und Philosophie (Natürliche Theologie, Kosmologie als Naturbeschreibung und -erklärung und Anthropologie) und der auf Claude-Henri de Saint-Simon (1760–1825) basierenden streng lincar auf die Objekte der Wissenschaften bezogenen Klassifikation Auguste Comtes (1798–1857)[24] zum Ausdruck. Nach abnehmender Einfachheit, Allgemeinheit und Unabhängigkeit der zu erforschenden Erscheinungen gliedert sich seine „allgemeine Hierarchie der Wissenschaften" in Mathematik, Wissenschaft von den anorganischen Körpern (Astronomie – Physik – Chemie), Wissenschaft von den organischen Körpern (Physiologie, Biologie) und Soziologie, wobei er im Sinne des Positivismus das Gebiet der Geisteswissenschaften nicht berücksichtigt. Etwas später aber schlägt der Physiker André Marie Ampère (1775–1836) eine Einteilung vor, die die Geisteswissenschaften als „noologische" den Naturwissenschaften als „kosmologische" gegenüberstellt: Zu den ersteren gehören u. a. Philosophie, Ästhetik, Sprachwissenschaften, Pädagogik, Geschichte, Soziale Ökonomik, Jurisprudenz und Politik, zu den letzteren zählt man Mathematik, Physik, Biologie und Medizin. Vorher geht aber noch eine Ordnung, die in vielfacher Hinsicht interessant ist, weil sich in ihr die oben aufgezeigten Tendenzen zum Teil verschlingen, aber auch differenziert werden. Lorenz Oken (1779–1851) legt sie seinem enzyclopädischen Blatt „Isis" zugrunde:

I. Natur.	II. Sinn.	III. Geist.
a. Wissenschaft.	a. Wissenschaft.	a. Wissenschaft.
1. Mathematik.	1. Grammatik.	1. Philosophie.
Astronomie.		Logik.
2. Physik, Naturphilosophie.	2. Aesthetik.	Moral.
Physische Geographie.	Poesie — Romane.	Recht.
Meteorologie, Chemie.	Rhethorik — Prose.	2. Theologie.
b. Geschichte.	b. Geschichte.	b. Geschichte.
3. Naturgeschichte.	3. Philologie.	3. Geschichte.
Mineralogie, Bergbau.	Mythologie.	Chronologie.
Botanik, Gärtnerey.		Numismatik.
Zoologie.	Archaeologie.	Reisen.
		Geographie.
c. Kunst.	c. Kunst.	c. Kunst.
4. Medicin.	4. Künste.	4. Staat.
Anatomie, vergleichende.	Musik — Dramatik.	Erziehung.
Physiologie.	Malen.	Rechtenkunde.
Pathologie.	Bilden.	Verwaltung.
Therapie, Arzneifunde.	Bauen.	Statistik.
Chirurgie.	Handwerken.	Steuerwesen.
Pharmacie.	Wirthen. — Forst, Jagd.	Politik.
	Handel.	
	Krieg.	

Die Aufgliederung und Differenzierung der Wissenschaften im 17. und 18. Jahrhundert und auch die Gegenüberstellung und gleichzeitige Verquickung von Natur- und Geisteswissenschaften zeigt sich sehr deutlich in der heute kaum noch bekannten Übersicht von Lorenz Oken (1779–1851).

Es kann freilich auch eine dritte These vom Ursprung der Geisteswissenschaften vertreten werden, daß sie sich als Reaktion auf die neuzeitlichen Naturwissenschaften ausbildeten – also erst im 18. und besonders im 19. Jahrhundert als „Antwort auf einen Epochenbruch". Diese These kann als Mentalitätswandel um die Mitte des 18. Jahrhunderts ausgemacht werden, als das Ideal der mechanistischen Naturphilosophie als allgemeingültiges Modell nicht mehr allgemein akzeptiert wurde. So argumentiert zum Beispiel der durch seine „Histoire Naturelle" (1749) außerordentlich einflußreiche Georges-Louis Leclerc Buffon (1707–1788): Wenn auch die mathematischen Wahrheiten

„allezeit richtig und bindig" seien, so seien sie in der Tat doch „abstrakt, geistig und willkürlich". Als bloße Konstrukte seien sie unfähig, die Wirklichkeit richtig zu deuten. Die an der Empirie orientierte Erkenntnis dagegen beruhe auf „Begebenheiten", die sich tatsächlich ereignet hätten und um sie zu begreifen, müsse man eben eine ähnliche Reihe von Ereignissen verstehend beobachten. Wissenschaft bedeute dann das Beschreiben und Verstehen solcher „Begebenheiten". Sie sei dann dem Wesen nach geschichtlich [25].

Um die Wissenschaftlichkeit der Historie zu begründen, entwickelt dann Johann Martin Chladenius 1752 eine „Allgemeine Geschichtswissenschaft" mit einer Lehre vom „Sehepunkt", ohne den historische Erkenntnis nicht zu haben ist, wodurch die Relativität historischer Urteilsbildung kein Einwand mehr gegen historische Wahrheitsfindung sein konnte, sondern deren Voraussetzung. Dies ist eine Einsicht, die sich viel später auch im „Perspektivismus" der Naturwissenschaften wiederfindet. Das Argument, daß infolge des unterschiedlichen Gegenstandsbereiches die abstrakten oder „dogmatischen" Wissenschaften sich von den historischen oder „individualistischen" in der Methodik unterscheiden, wird viel später erst von Heinrich Rickert (1863–1936) gebraucht, um das generalisierende Verfahren der Naturwissenschaft dem individualisierenden der Geschichte bzw. Kulturwissenschaft gegenüberzustellen und damit einen methodologischen Klassifizierungsgrund anzugeben. Dabei „konstituiert" dann die Methode den Gegenstandsbereich: „Die Wirklichkeit wird Natur, wenn wir sie betrachten mit Rücksicht auf das Allgemeine, sie wird Geschichte, wenn wir sie betrachten mit Rücksicht auf das Besondere und Individuelle" [26]. Ebenso wie Wilhelm Windelband (1848–1915), der etwas früher zwischen „nomothetischem" (d.h. gesetzeerstellendem) und „idiographischem" (d.h. einzelnesbeschreibendem) Denken bzw. zwischen Gesetzes- und Ereigniswissenschaften unterschieden hatte und dabei betonte, daß „die idiographischen Wissenschaften auf Schritt und Tritt der allgemeinen Sätze (bedürfen), welche sie in völlig korrekter Begründung nur den nomothetischen Disziplinen entnehmen können" [27], weist Rickert darauf hin, daß auch die Geschichte kausale Zusammenhänge zu untersuchen hat. Beide Formen sind ihm ausdrücklich „Extreme (...) zwischen denen die wissenschaftliche Arbeit sich in der *Mitte* bewegt", so daß es falsch ist, hier von einem dualistischen bzw. „dichotomischen" Wissenschaftsmodell zu sprechen. Anders bei Wilhelm Diltheys (1833–1911) berühmtem, ebenfalls 1894 formuliertem und bis heute diskutiertem Ausspruch: „Die Natur erklären wir, das Seelenleben verstehen wir" [28].

Problematisch bleibt immer, ob mit derlei orientierten Versuchen nicht ganz wesentliche Wissenschaftsbereiche ausgegrenzt werden. Wo wären zum Beispiel die Ingenieurwissenschaften hierbei anzutreffen? So ist es vielleicht adäquater, von einer Typologisierung auf der Grundlage eines einheitlichen Wissenschaftsbegriffs auszugehen und „Metrische Gegebenheiten", „Verhalten", „Sinngebilde" und „Technische Werke" gegeneinanderzusetzen und entsprechende Wissenschaftsbereiche zu unterscheiden.

Als Wissenschaft in einem weiten Sinne des Wortes, der neben den Naturwissenschaften auch die Kulturwissenschaften, die reine Logik und die reine Mathematik umfaßt, könnte mit Stefan Körner definiert werden: „Wissenschaft ist jede intersubjektiv überprüfbare Untersuchung von Tatbeständen und die auf ihr beruhende, systematische Beschreibung und – wenn möglich – Erklärung der untersuchten Tatbestände"[29].

Das Leben der Wissenschaft

Die Vielfalt von Wissenschaftsbegriffen und -klassifikationen spiegelt sich natürlich ebenso in der Vielfalt der propagierten bzw. konkret angewandten Methoden im „Leben" einer Wissenschaft wider. Warnte zum Beispiel Bacon[30] vor dem „Sprung von der sinnlichen Wahrnehmung und von Einzelnen zu höchst allgemeinen Grundsätzen", und empfahl er demgegenüber als „wahren Weg" denjenigen, der „allmählich und stufenweise höher" steigt, „bis er erst ganz zuletzt zu den allgemeinsten, höchsten gelangt", so ist es gerade dieses, später besonders von John Stuart Mill (1806–1873) ausgebildete „Stufen-" oder „Leitermodell", wonach vermittels „Induktion" aus einer Menge von Einzelbeobachtungen allgemeine Sätze gebildet werden, was von Einstein abgelehnt wurde. Einstein setzte ihm sein, wie man es bezeichnen könnte, „Sprungmodell"[31] entgegen: Ausgehend von der Ebene der Mannigfaltigkeit der unmittelbaren (Sinnes)Erlebnisse wird hierbei durch einen spekulativen Sprung ein Axiomensystem „erraten", aus dem dann erst sekundär durch logische Deduktion Sätze abgeleitet werden, die an der Erfahrung geprüft werden. Ein etwas allgemeineres Modell wird vom „kritischen Rationalismus" entworfen: „Die Wissenschaft schreitet weder durch Ableitung sicherer Wahrheiten aus evidenten Intuitionen mit Hilfe deduktiver Verfahren, noch durch Ableitung solcher Erkenntnisse aus evidenten Wahrnehmungen unter Verwendung induktiver Verfahren fort, sondern vielmehr durch Spekulation und rationale Argumentation, durch Konstruktion und Kritik, und in beiden Hinsichten können metaphysische Konzeptionen Bedeutung gewinnen: durch Lieferung kontra-intuitiver und kontra-induktiver Ideen, um unsere Denk- und Wahrnehmungsgewohnheiten zu brechen"[32]. Daß im „Lebensprozeß" einer Wissenschaft also metaphysische Konzeptionen gerade der „Motor" sein können – „Von Thales bis Einstein, von den griechischen Atomisten bis zu Descartes' Spekulationen über die Materie, von Gilberts, Newtons, Leibniz' und Boscovics Spekulationen über Kräfte bis zu denen von Faraday und Einstein über Felder und Kräften waren metaphysische Ideen wegweisend"[33] – dies ist ein Ergebnis, das in Abkehr vom Wissenschaftsmodell der sog. Logischen Empiristen des Wiener Kreises – bei dem eben nicht der Forschungsprozeß selbst, sondern die Ergebnisse als möglichst vollendetes, ideales logisches System von Aussagen im Mittelpunkt des Interesses standen, – vor allem durch die Vertreter der sog. „neuen Wissenschaftsphilosophie" gewonnen wurde. Wissenschaftsgeschichtliche Untersuchungen zeigten, daß neben die wichtige logische Analyse wissenschaftlicher Begriffe und Theoriensysteme auch deren Entwicklungsprozesse, das Problem des wissenschaftlichen Wandels und ähnliches zu treten hat. Besonders Kuhns Analyse der „Struktur wissenschaftlicher Revolutionen"[34] wurde hierbei wegweisend. Indem Kuhn zwei Stadien, das der „normalen Wissenschaft" und das der Wissenschaft im revolutionären Zustand unterschied, und das eine, als das „normale" einer absoluten dogmatischen Paradigmentreue dem „anomalen", in dem gerade ein Paradigmawechsel vollzogen wird, gegenüberstellte und Paradigmata als Konstellationen von Gruppenpositionen von Wissenschaftlern verstand, eröffnete er den Weg zur Einbeziehung soziologischer und psychologischer Methoden zum Verständnis des Wissenschaftsprozesses. Auch die Beobachtung individueller Vorlieben für besondere „Themata" (Holton), „Denkstile" (Fleck), „Enzyklopädien" (Neurath) oder „wissenschaftliche Forschungsprogramme" (Lakatos) wurden nun relevant. Das wohl umfangreichste Programm einer „Anthropologie der Erkenntnis" wurde bisher wohl von Yehuda Elkana (geb. 1934) vorgelegt[35]. Er unterscheidet beim Wachstum wissenschaftlichen Wissens die drei Faktoren: den *Wissenskorpus* als den zu jedem Zeitpunkt erreichten Wissensstand mit seinen Methoden, Lösungen, offenen Problemen, Theoriengeflechten „und einer darin eingelassenen Metaphysik"; die sozial determinierten *Wissensvorstellungen,* die die Anschauungen über die Aufgabe der Wissenschaft, die Natur der Wahrheit, die zulässigen Wissensquellen, also auch die Konsensbildungen über Zulässigkeit von „Lösungen" enthalten, schließlich die in Ideologien enthaltenen *Werte* und Normen, die nicht direkt von den Wissensvorstellungen (images of knowledge) abhängen.

Neuerlich hat Helmut Spinner[36] ein „WNPR-Parameter-Modell der Wissenschaft" vorgelegt, das als „Vierpunkt-Orientierungsschema" auch prozeßorientiert ist: „Ausgehend von zugrunde gelegten Werten (*Wertorientierung* der Wissenschaft), welche zwecks Verdeutlichung und Durchsetzung in Normen und Regeln gefaßt sind (*Regelorientierung*), mittels denen der Forschungsprozeß gesteuert wird (*Prozeßorientierung*), um bestimmte Ergebnisse zu erzeugen (*Resultatorientierung*), versucht die Wissenschaft jene sich selber als allgemeine Zielvorgabe vorausgesetzten Wertpositionen auf eine ganz besondere, eben „wissenschaftliche" Art und Weise zu verwirklichen".

Von daher ist es sicherlich gerechtfertigt, in der aktuellen Situation als „einheitlichen", allen wissenschaftlichen Bereichen zugrundeliegenden Wissenschaftsbegriff den freilich dreifach differenzierten Wissenschaftsbegriff als in sich geschachtelte *soziokulturelle, operative* (wissenschaftliche Forschung als Produktion neuen Wissens) und, als „Kern", die *propositionale* (Wissenschaft als System von in einem Begründungszusammenhang stehenden Sätzen) Wissenschaft vorzuschlagen. Als „Leitmodell" könnte dann folgendes Funktionsschema des Wissenschaftsbetriebs gelten:

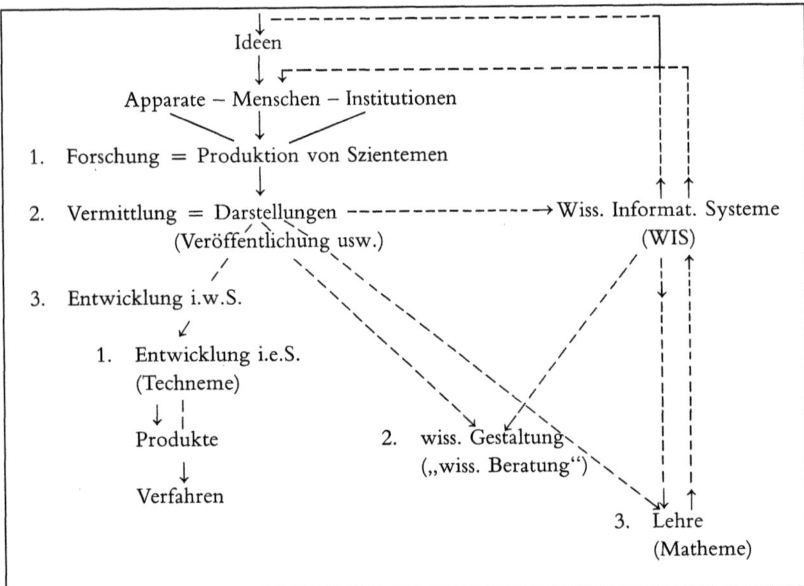

Funktionsschema des Wissenschaftsbetriebes (Alwin Diemer)

Wissenschafts-Nomologie

Neben die bekannten Wissenschaftskriterien [37]: Ableitungsrichtigkeit – Widerspruchsfreiheit, Genauigkeit – intersubjektive Verständlichkeit, Feststellbarkeit des Wahrheitswertes – intersubjektive Prüfbarkeit, Grad der Überprüftheit oder der Bestätigung, Bedeutsamkeit, Einfachheit und „Reichhaltigkeit" tritt – eben durch die Analyse auch des „Sozialgeschehens" Wissenschaft – besonders durch die Untersuchungen Robert K. Mertons (geb. 1910) immer mehr die Reflexion auf Vorschriften, Verbote und Grundsätze, die als „Ethos" der Wissenschaft bezeichnet werden. „Das Ethos der Wissenschaft ist nicht kodifiziert, es läßt sich jedoch aus dem moralischen Konsensus der Wissenschaftler erschließen, wie er im täglichen Umgang, in den zahllosen Schriften über den Geist der Wissenschaft oder in der moralischen Empörung angesichts von Verstößen gegen dieses Ethos zum Ausdruck kommt" [38]. Mertons klassischer Katalog enthält folgende Normen: Universalismus, Kommunismus, Uneigennützigkeit bzw. Desinteressiertheit und organisierten Skeptizismus. Dabei meint „*Universalismus*" die Unabhängigkeit wissenschaftlicher Behauptungen von den individuellen oder sozialen Merkmalen ihrer Verfechter, also Ausschluß von Rasse, Nationalität, Religion, Klasse, Geschlecht usw. bei der Diskussion dieser Behauptungen. Das beinhaltet als Leitprinzip auch Demokratisierung, denn „unpersönliche Leistungskriterien und nicht Statusfixierungen kennzeichnen (wenigstens das Ideal einer, G. K.) offenen, demokratischen Gesellschaft" [39]. „*Kommunismus*" ist hier die „Tatsache", daß die substanziellen Erkenntnisse der Wissenschaft als Produkte gesellschaftlicher Zusammenarbeit ein gemeinsames Gut darstellen, auf das der individuelle Produzent nur noch sehr beschränkte Eigentumsansprüche erheben darf. „*Uneigennützigkeit*" bzw. Desinteressiertheit zielt auf das Ziel, Wissenschaft um der Wissenschaft willen zu betreiben, was auch Täuschungsmanöver jeder Art wenn nicht gänzlich ausschließt, so doch unter Sanktionen stellt. Diese Forderung hat ihre „feste" Basis im öffentlichen, nachprüfbaren Charakter von Wissenschaft. „*Organisierter Skeptizismus*" schließlich bedeutet (zumindest) die zeitweilige Außerkraftsetzung bestimmter Urteile und Ansichten: „Der Wissenschaftler nimmt keine Rücksicht auf die Trennung zwischen dem Heiligen und dem Profanen, zwischen dem, was unkritischen Respekt verlangt, und dem, was objektiv analysiert werden darf" [40], das bedeutet also Ausschluß von Dogmatismus, Erschwerung von Konformismus und Begünstigung von Dissens in Sachfragen.

Aber ist das „realistisch" oder widerspricht es nicht gerade dem von Kuhn aufgezeigten „natürlichen" Dogmatismus eines „Normalwissenschaftlers"? Und ist angesichts der Gefahren zum Beispiel der Gentechnologie nicht doch eine Grenze von „Heiligem" und Profanem zu fordern? Könnte dergestalt wissenschaftliches Ethos gar nur zum „moralischem Pathos zum Zwecke gesellschaftlich akzeptabler öffentlicher Wissenschaftsdarstellung" (Spinner) degenerieren? Spätestens an dieser Stelle wird deutlich, daß Ziel der Wissenschaftstheorie auch und in besonders wichtiger Hinsicht die Ausarbeitung einer Ethik der Wissenschaft sein muß, einer Ethik, der nicht mehr die (von Max Weber zweifellos nicht als bloße Dichotomie aufgefaßte) Differenzierung von „Gesinnungsethik" und „Verantwortungsethik" genügt. [41] [I-3.4; I-3.6]

Mit Georg Picht (1913–1982) kann man darauf hinweisen, daß die Wissenschaft des 20. Jahrhunderts zwar der Emanzipation von der Philosophie ihre Erfolge und ihre Struktur verdankt, daß sich aber gleichzeitig herausstellt, „daß diese Wissenschaft in ihrem heutigen Zustand eben deshalb nicht verantwortungsfähig ist, weil sie im Zuge ihrer Emanzipation von der Philosophie jene Bereiche möglicher wissenschaftlicher Erkenntnis aus dem Auge verloren hat, die erst sichtbar werden, wenn die Wissenschaft ihre eigenen Weltbezüge zum Gegenstand wissenschaftlicher Erkenntnis macht. Von der Philosophie hat sich die Wissenschaft emanzipiert, aber die Probleme der Philosophie ist sie nicht losgeworden" [42]. In einer Zeit, in der einerseits durch den langen Weg von der „reinen" Wissenschaft zur „angewandten" Wissenschaft die Verantwortung des Wissenschaftlers bis ins Nichtmehrwahrnehmbare „dissipiert" bzw. sich „zerstreut", andererseits aber — zum Beispiel in der Genforschung — dieser Weg in einigen Bereichen immer kürzer wird, kann Freiheit *zur* (reinen) Wissenschaft doch sicherlich nicht mehr Freiheit *von* Verantwortung implizieren, so daß es eigentlich „weder eine freie Wissenschaft noch eine freie Technik" geben kann, da sie „beide stets im Dienste der Menschen als Bestandteil der Natur zu stehen" haben [43].

Literaturnachweise

1 *Rickert*, Heinrich: Kulturwissenschaft und Naturwissenschaft. Nach der 6./7. Auflage 1926 hrsg. v. Vollhardt, Friedrich. Stuttgart 1986, S. 79
2 *Baumgartner*, Hans-Michael: Wissenschaft. In: Krings, Hermann/Baumgartner, Hans Michael/Wild, Christoph (Hrsg.): Handbuch philosophischer Grundbegriffe. Bd. 3. München 1974, S. 1740–1764

3 *Husserl*, Edmund: Die Krisis der europäischen Wissenschaften und die transzendentale Phänomenologie. Hrsg. v. Biemel, Walter. Reprint d. 2. Aufl. Haag 1976, S. 41; Husserl, Edmund: Cartesianische Meditationen und Pariser Vorträge. Hrsg. v. Strasser, S. Reprint d. 2. Aufl. Haag 1973, S. 52 f.

4 *Rescher*, Nicholas: Die Grenzen der Wissenschaft. Aus dem Englischen von Kai Puntel. Stuttgart 1985, S. 87, S. 189

5 *Aristoteles:* Zweite Analytik. Buch α, 72 b. Hrsg. v. Gohlke, Paul. Paderborn 1953, S. 20

6 *Popper*, Karl R.: Logik der Forschung, Tübingen ^{8}1984, S. 223

7 *Kant*, Immanuel: Metaphysische Anfangsgründe der Naturwissenschaft. In: Werke. Hrsg. v. Weischedel, Wilhelm. Bd. 5. Darmstadt 1983, S. 14

8 *Einstein*, Albert: Geometrie und Erfahrung. In: Mein Weltbild, hrsg. v. Seelig, Carl. Frankfurt a. M. 1955, S. 119

9 *Mittelstraß*, Jürgen: Neuzeit und Aufklärung. Berlin/New York 1970, S. 23; ders.: Die Möglichkeit von Wissenschaft. Frankfurt a. M. 1974

10 *Böhme*, Gernot: Alternativen der Wissenschaft. Frankfurt a. M. 1980, S. 84

11 *Platon:* „Staat". Übers. v. Horneffer, August. Eingel. v. Hildebrandt, Kurt. VI, 510 c−d. Stuttgart 1973, S. 223 f.

12 *Schopenhauer*, Arthur: Die Welt als Wille und Vorstellung. In: Werke. Hrsg. v. Löhneysen, Wolfgang Frhr. von. Bd. 2., 3. Buch. Kap. 38. Darmstadt 1976, S. 564

13 *Wisser*, Richard (Hrsg.): Martin Heidegger im Gespräch. Freiburg/München 1970, S. 72

14 *Zilsel*, Edgar: Die sozialen Ursprünge der neuzeitlichen Wissenschaft. Hrsg. v. Krohn, Wolfgang. Frankfurt a.M. 1976, S. 49 ff.

15 Vgl. 2, S. 1744

16 Vgl. 7, Vorrede

17 *Schmid*, Carl Christian Erhard: Allgemeine Encyclopädie und Methodologie der Wissenschaften. Jena 1810, S. 18 f., S. 24 f.

18 *Bolzano*, Bernard: Wissenschaftslehre. In: Winter, Eduard/Berg, Jan/Kambartel, Friedrich/Loužil, Jaromir/Rootselaar, Bob van (Hrsg.): Bolzano Gesamtausgabe. Reihe 1: Schriften. Bd. 11. Teil 1: Wissenschaftslehre. Hrsg. v. Berg, Jan. §§ 1−45. Stuttgart 1985, S. 33 f.

19 *Mazal*, Otto: Wissenschaft im Mittelalter. Ein Überblick. In: Mazal, Otto/Irblich, Eva/Németh, Istran: Wissenschaft im Mittelalter. Graz ^{2}1980, S. 21

20 Vgl. 19, Einleitung

21 *Neurath*, Otto: Wissenschaftliche Weltauffassung, Sozialismus und Logischer Empirismus. Hrsg. Rainer Hegselmann. Frankfurt a.M. 1979, S. 130

22 *Scholtz*, Gunter: Epochen und Ziele der Geisteswissenschaften. Ein historischer Überblick in aktueller Absicht. In: Ermert, Karl/Gürtler, Sabine (Hrsg.): Was sind und zu welchem Ende brauchen wir Geisteswissenschaften? Geisteswissenschaften zwischen Krise und neuem Selbstbewußtsein. Loccumer Protokolle 18/1988, S. 47−77

23 Vgl. 22

24 *Kedrow*, B. M.: Klassifizierung der Wissenschaften. (dtsch.) 2 Bde. Köln 1975/76

25 *Reill*, Peter Hans: Die Geschichtswissenschaft um die Mitte des 18. Jhs. In:

Vierhaus, Rudolf (Hrsg.): Wissenschaften im Zeitalter der Aufklärung. Göttingen 1985, S. 171

26 Vgl. 1, S. 77

27 *Windelband,* Wilhelm: Geschichte und Naturwissenschaft. In: Präludien. Bd. 2. Tübingen 1921, S. 156

28 *Dilthey,* Wilhelm: Ideen über eine beschreibende und zergliedernde Psychologie. In: Dilthey, Wilhelm: Gesammelte Schriften. Bd. 5: Die geistige Welt. 1. Hälfte. Abhandlungen zur Grundlegung d. Geisteswissenschaften. Hrsg. v. Misch, Georg. Stuttgart/Göttingen [6]1974, S. 144

29 *Körner,* Stefan: Artikel: Wissenschaft. In: Speck, J. (Hrsg.): Handbuch wissenschaftstheoretischer Begriffe. Bd. 3. Göttingen 1980, S. 726

30 *Bacon,* Francis: Neues Organ der Wissenschaften. Hrsg. v. Brück, Anton Theobald. ND Darmstadt 1962, S. 28 f.

31 *Holton,* Gerald: Wie man eine Theorie konstruiert: Einsteins Modell. In: Thematische Analyse der Wissenschaft. Frankfurt a. M. 1981, S. 372 ff.

32 *Albert,* Hans: Traktat über kritische Vernunft. Tübingen 1968, S. 47

33 Vgl. 6, S. XXI

34 *Kuhn,* Thomas S.: Die Struktur wissenschaftlicher Revolutionen. (dtsch.) Frankfurt a. M. [2]1976

35 *Elkana,* Yehuda: Anthropologie der Erkenntnis. (dtsch.) Frankfurt a. M. 1986

36 *Spinner,* Helmut F.: Das „wissenschaftliche Ethos" als Sonderethik des Wissens. Tübingen 1985, S. 31

37 *Wohlgenannt,* Rudolf: Was ist Wissenschaft? Braunschweig 1969

38 *Merton,* Robert K.: Entwicklung und Wandel von Forschungsinteressen. (dtsch.) Frankfurt a. M. 1985, S. 88

39 Vgl. 38, S. 93

40 Vgl. 38, S. 99

41 Vgl. 36; *Lenk,* Hans: Verantwortlichkeiten des Ingenieurs. Ansätze zu einer differenzierten Typologie des Verantwortungsbegriffs im Hinblick auf die Technik. In: Revue int. de Philosophie, No. 161 (1987), S. 250–277; Lenk, Hans: Zur Frage der Verantwortung des Wissenschaftlers. In: Braun, Edmund (Hrsg.): Wissenschaft und Ethik. Bern/Frankfurt/M./New York 1986, S. 117–143; *Frey,* Christofer: Zur Diskussion um die Wissenschaftsethik. In: Der Staat. Zeitschrift f. Staatslehre, Öffentliches Recht u. Verfassungsgeschichte. Bd. 28 (1989), H. 3, S. 405–413

42 *Picht,* Georg: Struktur und Verantwortung der Wissenschaft im 20. Jahrhundert. In: Picht, Georg: Wahrheit – Vernunft – Verantwortung. Philosophische Studien. Stuttgart 1969, S. 370 f.

43 *Krafft,* Fritz: Das Selbstverständnis der Physik im Wandel der Zeit. Vorlesungen zum Historischen Erfahrungsraum physikalischen Erkennens. Weinheim 1982, S. 74

TECHNIK UND GEISTESWISSENSCHAFTEN

Technik und Mathematik

Christoph J. Scriba
Bertram Maurer

Die Abschnitte vom Altertum bis zur Renaissance wurden von Christoph J. Scriba, die Beiträge vom Barock bis zur Gegenwart von Bertram Maurer verfaßt.

Zum Titelblatt: Verbindung von technisch-naturwissenschaftlicher Ausbildung mit geisteswissenschaftlichen Fächern gehörte zum Bildungskonzept der Technischen Hochschulen. So gab es seit 1870 an der Technischen Hochschule in Stuttgart nach Art der philosophischen Fakultäten an den Universitäten eine eigene Abteilung mit Vorlesungen über literarisch-historische, philosophisch-pädagogische, geographische und ökonomisch-rechtskundliche Vorlesungen. Als Sinnbild für die Verknüpfung von Geisteswissenschaften und Technik in den Bildungszielen der Technischen Hochschulen wurden vor dem Haupteingang der Stuttgarter Schule die Denkmäler von Robert Mayer und Friedrich Theodor Vischer aufgestellt.
Federzeichnung von 1890.

Wo sich die Anfänge menschlicher Zivilisation und Kultur im schriftlosen Dunkel verlieren, wäre es müßig, nach dem Verhältnis von Technik und Mathematik zu fragen, ginge man dabei von den heutigen Begriffen aus. Weder gab es eine Wissenschaft von der Mathematik noch einen abgegrenzten Bereich von Technik. Was wir ausmachen können in der bruchstückhaften Überlieferung, aus der die Fachleute den Beginn der Menschheitsentwicklung zu rekonstruieren versuchen, sind zunächst nur Elemente mathematischen Empfindens und Denkens auf der einen, einfachste Beispiele handwerklichen Schaffens auf der anderen Seite. Wenn wir heute solche Elemente isolieren und sie als technisch oder mathematisch erkennen, so dürfen wir doch nicht vergessen, daß es eines langen Prozesses bedurfte, bis der Mensch lernte, sie begrifflich zu unterscheiden. Was immer der erste Töpfer, der ein Gefäß bewußt mit einem geometrischen Ornament verzierte, oder jener, der als erster eines abends die Anzahl der mit seinen Händen geformten Schüsseln zu bestimmen versuchte, bei dieser Tätigkeit empfunden oder gedacht haben mag – es war ihnen ebenso wenig bewußt, daß damit etwas Mathematisches in ihr Tun eingeflossen war, wie sie die Verwendung eines Holzes anstelle der Hand bei der Formung des Lehms als etwas Technisches hätten begreifen können. Und selbst, als in den frühen Hochkulturen ein reicher Schatz mathematischer Regeln und Vorschriften zur Verfügung stand und die technischen Möglichkeiten des Menschen gewaltig angewachsen waren, ist es wohl erst die Sicht des historischen Betrachters, die das eine als der Mathematik, das andere als der Technik zugehörig sieht und entsprechend klassifiziert.

Ägypten – Mathematik und Pyramidenbau

Die großen Städte der Indus-Kultur im 3. Jahrtausend v. Chr. mit ihren sich rechtwinklig kreuzenden Straßen, mit großen Wasserbekken und einem hervorragenden Kanalisationssystem sind Zeugnisse einer durchorganisierten Verwaltung und einer hochentwickelten Technik. Planung und Ausführung solcher Ingenieurleistungen sind ohne Grundkenntnisse in der Mathematik, das heißt ohne die Beherrschung eines Zahlsystems und der Rechenregeln, ohne die Kenntnis einfacher geometrischer Beziehungen und ihrer Anwendungen in der Bautechnik undenkbar. Genaueres wissen wir über Art und Inhalt solcher Rechnungen aus den ägyptischen und babylonischen Kulturen. Wie die Indus-Kultur entstanden auch sie in großen Stromtälern als Stadtkulturen. Aus dem 2. Jahrtausend v. Chr. kennen wir einige ägyptische und zahlreiche babylonische Aufgabentexte. Sie lassen erkennen, in welcher Weise mathematische Überlegungen in die Ausführung großer Bauvorhaben eingingen.

In ägyptischen Papyri wird etwa nach dem Materialbedarf zur Herstellung einer Baurampe gefragt, nach der Zahl der dafür benötigten Arbeitskräfte, nach der Menge der erforderlichen Verpflegung. Es werden die elementaren ebenen geometrischen Figuren, also Rechteck, Dreieck, gleichschenkliges Trapez und Kreis behandelt; die Kreisfläche errechneten die Ägypter gemäß $F = (8/9 \cdot d)^2$, was für π den Wert $256/81 = 3{,}1605$ ergibt, wobei mit d der Durchmesser des Kreises gemeint ist. – Körperinhalte treten häufig bei Mengenangaben auf, da man sowohl quaderförmige wie zylindrische Behälter kannte. Grundvorstellung für die Inhaltsberechnung ist offenbar die Zerlegung des Quaders oder Zylinders in Schichten gleicher Höhe – ähnlich kommt bei der Flächenberechnung geometrischer Figuren auch ein Streifenmaß vor. Schwierigkeiten bereiteten dabei natürlich Körper mit uneinheitlichem Querschnitt – wer dächte nicht bei Ägypten sofort an die Pyramide? Zweieinhalbmillionen Kubikmeter Steine wurden allein in der Cheopspyramide verbaut! Konnten die Baumeister dieses Volumen aus den Maßen von Grundriß und Höhe exakt berechnen? Wir wissen es nicht. Sie besaßen eine genaue Formel zur Festlegung der Neigung der Seitenflächen, indem sie angaben, um wieviel ‚Seqed‘ die Wandung auf eine Elle Höhe zurückweicht. Dieser Rücksprung bestimmt also den Böschungswinkel und tritt damit an die Stelle einer trigonometrischen Funktion. In der – wie erwähnt – geringen Anzahl ägyptischer Texte kommt eine Formel für den Rauminhalt einer Pyramide dagegen nicht vor; ihre Herleitung ist schwierig, sie soll erstmals

Demokrit und Eudoxos im 5. bzw. 4. Jahrhundert v. Chr. gelungen sein, berichten griechische Quellen. Daher gilt die im Moskauer Papyrus, der zu Beginn des 2. Jahrtausends entstand, enthaltene Formel für den Rauminhalt eines Pyramiden*stumpfes* als Glanzstück ägyptischer Volumenformeln: Gegeben sind die Quadratseite a = 4 „an der Unterseite" und b = 2 „an der Oberseite" des Pyramidenstumpfes und seine Höhe h = 6; die folgende Rechnung zeigt, daß das Volumen V richtig als

$$V = (a^2 + ab + b^2) \cdot h/3$$

ermittelt wurde. Da auch sonst häufig Mittelbildungen auftreten, liegt die Vermutung nahe, am Anfang der Berechnungsversuche des quadratischen Pyramidenstumpfes habe die Näherungsformel

$$V = (a^2 + b^2) \cdot h/2$$

gestanden, die als zu ungenau erkannt wurde. Die Verbesserung durch einen dritten Summanden a · b mag ein Versuch gewesen sein, doch ob man wußte, daß man damit die exakte Formel gefunden hatte, muß offen bleiben – durch Anwendung auf zwei aneinander anschließende Pyramidenstümpfe hätte man es überprüfen können. [II-2.2]

Solche Höchstleistungen konnten nur einzelne vollbringen, die sicher führende Köpfe in der Verwaltung Ägyptens waren, königliche Schreiber vermutlich an der Spitze der Beamtenhierarchie. Papyrus Anastasi I gewährt einen Einblick in die Aufgaben, die diese Beamten wahrzunehmen hatten, hält doch darin ein Schreiber seinem Kollegen seine Unfähigkeit mit folgenden Worten vor [1]:

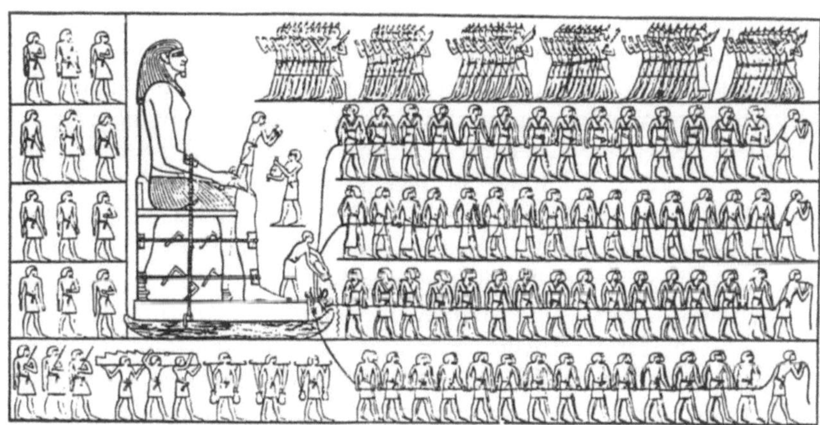

„Siehe, du kommst und füllst mich mit deinem Amte an. (Da will) ich dir darlegen, was dein Wesen ist, wenn du sagst: ‚ich bin der Befehlsschreiber des Heeres‘.

Man gibt dir einen See auf, den du graben sollst. Da kommst du zu mir, um dich nach dem Proviant für die Soldaten zu erkundigen und sagst: ‚rechne ihn mir aus‘. Du läßt dein Amt im Stich und es fällt auf meinen Nacken, daß ich dir seine Ausübung lehren muß.

Komm, daß ich dir etwas sage, noch hinzu zu dem, was du gesagt hast. Ich mache dich verlegen (?), wenn ich dir einen Befehl deines Herrn eröffne. . . .

Denn sieh, du bist ja der erfahrene Schreiber, der an der Spitze des Heeres steht. Es soll (also) eine Rampe gemacht werden, 730 Ellen [a] lang und 55 Ellen breit, die 120 Kästen enthält und mit Rohr und Balken gefüllt [b] ist; oben 60 Ellen hoch, in der Mitte 30 Ellen, mit einem (. . .) von 15 Ellen [c] und sein (. . .) hat 5 Ellen. Man erkundigt sich nun bei den Generälen nach dem Bedarf an Ziegeln für sie und die Schreiber sind allesamt versammelt, ohne daß einer unter ihnen etwas weiß. Sie vertrauen alle auf dich und sagen: ‚du bist ein erfahrener Schreiber, mein Freund; so entscheide das schnell für uns. Sieh, du hast einen berühmten Namen; möge man einen in dieser Stätte finden, der die übrigen dreißig [d] groß mache. Lasse es nicht geschehen, daß man von dir sage: ‚es gibt (auch) Dinge, die du nicht weißt‘. Antworte uns, wieviel Ziegel man braucht. (. . .)

Ein Schreiber ist von dem Kronprinzen nach Raka gekommen, um das Herz des siegreichen Horus zu erfreuen und um den wütenden Löwen zu besänftigen (?) [e] und es besagt: Ein Obelisk ist neu gemacht geworden, auf den der Name seiner Majestät eingegraben ist; er ist im Schaft 110 Ellen hoch, an der Basis mißt er 10 Ellen und der Block (?) an seinem Ende hat auf jeder Seite 7 Ellen. Die Verjüngung (?) beträgt 1 Elle und 1 Finger; seine Pyramide [f] ist 1 Elle hoch und sein (. . .) mißt 2 Finger. Rechne du nun danach aus (?), damit du jeden Mann, der zum Schleppen nötig ist, verabfolgest und schicke sie zum roten Berge [g]. Sieh, man wartet schon auf sie. Sei dem Kronprinzen, dem Kinde der Sonne behilflich. Entscheide für uns, wieviel Leute gebraucht werden, um ihn zu ziehen. Mache nicht, daß man zum zweiten Male schicken muß, denn das Denkmal liegt (fertig) im Steinbruch. Antworte schnell und zögere nicht.“

Man sieht: Technik und Mathematik gehören eng zusammen, denn derjenige, der für die Anlage des Sees und den Bau der Rampe verantwortlich ist, muß auch die dazu erforderlichen Berechnungsverfahren beherrschen oder, soweit sie noch nicht vorliegen, entwickeln.

---

a) Die Elle hat 51 cm.

b) Um Ziegel zu sparen, ließ man in der Rampe große Kammern frei, die mit Sand ausgefüllt wurden; große Ziegelmauern erhielten Einlagen von Schilfmatten und Balken.

c) Wahrscheinlich ist gemeint, daß der Fuß der schrägen Seitenmauern hinten um 15 Ellen vorspringt.

d) Die Fragenden. Sie gehören demnach alle zu dem oft genannten Kollegium der Dreißig?

e) Das ist nur übertriebene Weiterbildung der Briefformel „um das Herz zu erfreuen“ d. h. etwas mitzuteilen. Gemeint ist: der Kronprinz hat an den König geschrieben, daß der Obelisk zum Abholen fertig sei.

f) Die abgeschrägte Spitze des Obelisken; die Zahl ihrer Höhe ist wohl zu gering.

g) Der Sandsteinbruch bei Kairo.

Mesopotamien – praktische Mathematik

Ähnlich wie am Nil sieht es zur gleichen Zeit in Mesopotamien, im Land zwischen Euphrat und Tigris aus. Da man dort nicht auf Papyrus sondern auf Tontafeln schrieb, die sich in viel größerer Zahl erhalten haben, kennen wir eine Fülle von Berechnungsaufgaben aus dem täglichen Leben. Wieder nimmt die Bautechnik einen beachtlichen Platz darin ein. Quaderförmige Ausgrabungen, keilförmige Brükkenpfeiler, Dämme und Kanäle mit rechteckigem oder trapezförmigem Querschnitt sind zu berechnen, der in Silber oder in Getreide ausgezahlte Lohn für einen Erdaushub, gestaffelt nach der Tiefe des Grabens, oder für den Transport von Ziegeln verschiedener Größe wird gesucht. Auch nach Mischungsverhältnissen wird gefragt, wenn zum Beispiel ein Becher aus einer Mischung von Gold und Kupfer im Verhältnis 1 : 9 hergestellt werden soll. Da mußte also der Handwerker nicht nur die chemische Schmelztechnik beherrschen, sondern auch die Rechentechniken, wollte er den Auftrag wie gewünscht ausführen. Wenn auch die geometrischen Kenntnisse der Babylonier diejenigen der Ägypter überstiegen – wie überhaupt ihre Mathematik etwas weiter entwickelt war –, so ist doch auch bei ihnen die Inhaltsformel

für die Pyramide nicht nachgewiesen. Für den Pyramidenstumpf
kommen die beiden oben genannten Formeln vor, die exakte allerdings in einer auch aus der griechischen Literatur (Heron) bekannten
anderen Schreibweise:

$$V = \left[\left(\frac{a+b}{2}\right)^2 + \frac{1}{3}\left(\frac{a-b}{2}\right)^2\right] \cdot h,$$

und natürlich immer nur als Rechenanweisung mit konkreten Zahlen-
werten formuliert, nicht in abstrakter algebraischer Schreibweise.
Dennoch spricht man von einer babylonischen Algebra, weil diese
Rechenanweisungen offensichtlich als Regeln kanonisiert waren und
die Babylonier befähigten, quadratische und gelegentlich sogar Gleichungen höherer Ordnung nach einheitlichen Verfahren aufzulösen.
Aber den grundlegenden Unterschied zwischen dem Charakter der
babylonischen und ägyptischen Mathematik im Vergleich zur griechischen kann das nicht verwischen. Kurt Vogel hat ihn mit folgenden
Worten beschrieben [2]:

„Freilich war das, was die Baylonier erarbeitet hatten, nur das *Material,* in das die Griechen erst den *Geist* abendländischer Wissenschaft
einhauchten, indem sie die prinzipiellen Fragestellungen, den Beweis,
das System in den Vordergrund stellten; sie waren sich auch dessen
bewußt, daß sie alles, was sie von den fremden Völkern empfingen, zu
größerer Schönheit und Vollendung erhoben haben."

Das klassische Griechenland – Trennung von Theorie und Praxis

Die Griechen haben mit der Entwicklung eines wissenschaftlichen
Bewußtseins eine ganz neue Situation geschaffen. Durch die theoretische Auseinandersetzung mit der Welt und die Reflexion über das
eigene Tun wurden sie zu den Begründern wahrer Wissenschaft.
Kehrseite dieser gewaltigen geistigen Leistung war das Auseinander-
fallen von Denken und Tun, von Theorie und Praxis. Es bildete sich
die Tendenz aus, handwerkliche Tätigkeit gering zu achten und den
Metöken, das heißt den Fremden, und den Sklaven zu überlassen. Von
Ausnahmen abgesehen, wurde die Theorie nicht mit dem praktischen
technischen Schaffen verbunden. Es kam nicht zur Ausbildung eines
umfassenden Maschinenwesens, sieht man ab von Kriegsgerät und
Hebezeugen zum Bewegen großer Lasten. Dagegen wurden die theoretischen Wissenschaften, darunter die Mathematik, in kürzester Zeit
zu hoher Blüte entwickelt. Nicht praktische Notdurft, sondern theo-

retischer Erkenntnisdrang war der Motor dieses geistigen Forschens. Die altbekannten, zum Teil von den Babyloniern und Ägyptern übernommenen Regeln des Messens und Rechnens wurden einer kritischen Durchsicht unterzogen, auf ihre Grundlage zurückgeführt und in ein logisches System gebracht. [III-3.2; III-4.2]

Gegen Ende der klassischen Zeit, um 330 v. Chr., faßte Euklid die damalige theoretische Mathematik in seinen berühmten „Elementen" systematisch zusammen.

Ein weiteres Anzeichen für die fehlende gesellschaftliche Wertschätzung der Baumeister und Ingenieure in hellenischer und hellenistischer Zeit sind die spärlichen Nachrichten über die Schöpfer bedeutender Bauwerke und technischer Meisterleistungen. Während uns in Ägypten durch Inschriften die Namen großer Baumeister und hoher Verwaltungsbeamter überliefert sind, während in Mesopotamien wenigstens die Herrscher als Auftraggeber überragender Vorhaben sich dieser Leistungen rühmten, kennen wir in Griechenland nicht einmal die Namen, geschweige denn Einzelheiten über Leben und Schaffen der Ingenieure und Techniker. So erwähnt zum Beispiel Herodot (nach 490 v. Chr.—nach 430 v. Chr.) nur ganz nebenbei den Baumeister Eupalinos (6. Jahrhundert v. Chr.) aus Megara, der unter der Herrschaft des mächtigen Tyrannen und Seeräubers Polycrates (gest. 522 v. Chr.) einen tausend Meter langen Tunnel von zwei Seiten her durch den Berg Kastro trieb, um die Stadt Samos mit frischem Quellwasser zu versorgen. Zusammen mit dem mit hundertfünfzig Säulen ausgestatteten Hera-Tempel und der vierhundert Meter langen und vierzig Meter tiefen Hafenmole von Samos bezeichnete Herodot diese Wasserleitung als eines der drei großartigsten hellenischen Baudenkmale. Einem Zufallsfund einer Liste berühmter Persönlichkeiten auf einem Papyrusfragment aus alexandrinischer Zeit verdankt man etliche aus anderen Überlieferungen nicht bekannte Namen von Architekten und Mechanikern. Denn nach sieben Gesetzgebern, Malern und Bildhauern werden auch sieben Baumeister und sieben Ingenieure genannt, die letzteren mit folgenden Worten [3]:

„Mechaniker: Epikrates aus Heraklea, der die Geschütze in Rhodos baute – Polyeidos, der die Helepolis (Belagerungsmaschine) in Byzanz und das Vierrad in Rhodos baute – Harpalos unter Xerxes, der Überbrücker des Hellespontos – Diades unter König Alexander, der Belagerer von Tyros und der übrigen Städte – Styppax, der den Start in Olympia baute – Abdaraxos, der Mechaniker in Alexandreia – Dorion, der Erfinder des Lysipolemos (Maschine zur Beendigung des Kriegs)."

Vier davon waren bis zur Auffindung dieser Liste, der „Laterculi Alexandrini", ganz unbekannt. Wo aber die Namen kaum, Einzelheiten über Ausbildung, Leben und Schaffen überhaupt nicht überliefert sind, läßt sich nichts Schlüssiges aussagen darüber, in welchem Umfang diese Ingenieure, die wohl vorwiegend dem 5. bis 3. Jahrhundert v. Chr. angehören, bei ihrem Schaffen von der Mathematik Gebrauch machen. [V-3.1]

Das hellenistische Griechenland – Archimedes und der Brückenschlag zur Technik

Etwas besser sind wir über jene Alexandriner informiert, die sich intensiv mit allerlei Mechanismen beschäftigen. Nur selten erfüllten diese praktische Aufgaben, oft waren es Spielereien, manchmal wurden die Mechanismen für kultische Zwecke eingesetzt. Wie die Mehrzahl der Gelehrten, so haben auch manche dieser Mechaniker im Zentrum der damaligen Wissenschaft, in Alexandria, gewirkt oder sich mindestens für einige Zeit dort aufgehalten. Man darf wohl annehmen, daß hier die zuvor erwähnte strikte Trennung zwischen theoretischen Untersuchungen und praktischer Tätigkeit nicht den Gedankenaustausch zwischen den Theoretikern und den Praktikern verhinderte, wissen wir doch, daß einzelne Vertreter auf beiden Gebieten tätig waren. Herausragendes Beispiel dafür ist Archimedes (287?–212), zugleich einer der größten Mathematiker aller Zeiten und Konstrukteur gewaltiger Kriegsmaschinen zur Verteidigung seiner Heimatstadt Syrakus gegen die römischen Belagerer. Während wir aber die Mehrzahl seiner mathematischen Werke kennen, verbirgt sich seine Leistung als Ingenieur und Mechaniker unter einem Schleier von Legenden und Anekdoten. Keine einzige Schrift über angewandte technische Probleme ist von ihm überliefert – bezeichnend für die Einstellung der griechischen Oberschicht zur Beschäftigung mit praktischen Fragen. Und in der einzigen Schrift, in der Archimedes mathematische Probleme mit Hilfe mechanischer Überlegungen löst, in der – übrigens erst zu Beginn des 20. Jahrhunderts wieder aufgefundenen – „Methodenlehre", sagt er deutlich, dieses Verfahren habe nur heuristischen Wert als plausible Hilfsüberlegung und verlange eine spätere Bestätigung der Resultate im Sinne strenger euklidischer Beweisführung. Sehr charakteristisch ist auch, wie der alexandrinische Mechaniker Heron im ersten nachchristlichen Jahrhundert seine Lehre vom Geschützbau einleitet. Als erstes wird das Ideal eines von der stoischen

Mit der Ermordung des Archimedes (212 v. Chr.) durch einen römischen Soldaten verlor die antike Welt einen ihrer größten Mathematiker, Physiker und Ingenieure. – Lange Zeit hielt man dieses bekannte Mosaik für eine römische Arbeit aus Herkulaneum. Heute ist man überwiegend der Meinung, daß es erst in der Renaissance angefertigt wurde.

Philosophie geleiteten Lebenswandels beschworen, dann die Bedeutung theoretischer Untersuchungen betont, danach schließlich die Mechanik als das Hilfsmittel vorgestellt, das die erstrebte Lebensweise zu garantieren vermag: „Der größte und notwendigste Teil der Weltweisheit ist der, welcher von der Seelenruhe handelt, über welche bei den Philosophen die meisten Untersuchungen angestellt worden sind und bis heute angestellt werden, und ich glaube auch, daß die theoretischen Untersuchungen darüber nie ein Ende finden werden. Die Mechanik aber schritt über die theoretische Lehre von der Seelenruhe hinweg und lehrte allen Menschen die Wissenschaft: durch einen einzigen, minimalen Teil von ihr, der von dem sogenannten Geschützbau handelt, in Seelenruhe zu leben. Denn durch ihn wird man in die Lage gesetzt, sich weder im Friedenszustande durch Angriffe innerer oder äußerer Feinde, noch bei Kriegsausbruch zu beunruhigen, infolge der von ihm mitgeteilten Lehre von den Maschinen. Daher muß man sich nur zu jeder Zeit dieses Teiles der Mechanik befleißigen und jede Vorsorge dafür treffen. Gerade im tiefen Frieden kann man erwarten, er werde sich noch mehr befestigen, wenn man sich mit dem Geschützbau beschäftigt. Dann werden sie nicht nur in diesem Bewußtsein die Seelenruhe bewahren, sondern auch solche, die böse Absichten haben, im Hinblick auf die Beschäftigung mit dieser Technik keinen Angriff wagen[4]." [II-3.2; III-4.2]

Doch kehren wir noch einmal zu Archimedes zurück. Wenn auch Zeugnisse fehlen, denen sich entnehmen ließe, wie er im einzelnen mathematisches und technisches Wissen miteinander verknüpfte, so können wir uns doch im großen und ganzen ein Bild davon machen. Zweifellos war Archimedes als theoretischer Mathematiker in der Antike einzigartig; viele seiner Ergebnisse blieben bis zum 17. Jahrhundert unübertroffen. Die Möglichkeit des Brückenschlags zur Technik deutet sich am ehesten in seinen Untersuchungen zur Mechanik und Hydrostatik an. Die Mechanik war nicht von ungefähr jener Wissenszweig, sieht man einmal von der Astronomie ab, in dem zuerst mathematisches Denken Triumphe feiern konnte. War sie doch – im Gegensatz zur heutigen Auffassung – keine Naturwissenschaft. Von der Natur, der Physis, handelte die Physik; in ihren Bereich gehörten die natürlichen Bewegungen, das heißt jene Veränderungen und Bewegungen, die – so hatte es Aristoteles (384–322) gelehrt – gemäß der Natur des Bewegten verlaufen. Die Mechanik dagegen studierte die einfachen Maschinen, mit deren Hilfe man die Natur überlisten konnte: Schiefe Ebene, Hebel, Schraube, Welle mit Rad und Flaschenzug, sowie die aus diesen zusammengesetzten mechanischen Gerätschaften. Im Gegensatz zur Physik ließ sich die Mechanik mit mathematischen Methoden behandeln.

Archimedes war derjenige, der mit dem Studium des Hebelgesetzes und der Untersuchung von Gleichgewichtszuständen verschiedenartiger Körper dafür die Grundlage legte. Ob auch seine Untersuchungen auf dem Gebiet der Hydrostatik in direkter Verbindung mit eigenen technischen Erfindungen standen, ist unbekannt. Der Legende nach kam ihm die Erkenntnis, daß ein Körper eine seinem Volumen gleiche Menge Wasser verdrängt, als er im Bade saß, weshalb er seinen berühmten Nacktlauf durch die Straßen von Syrakus machte. Anlaß seines Nachdenkens war das Problem gewesen, das Verhältnis von Gold und Silber in einer für den König hergestellten Krone zu ermitteln. Aus Gewicht und Volumen aber konnte er die Zusammensetzung der Legierung errechnen. Die Schrift über die Stabilität schwimmender Körper beschäftigt sich vor allem mit dem durch Rotation einer Parabel um ihre Achse entstehenden Paraboloid. Da sein Querschnitt demjenigen eines Schiffskörpers ähnelt, hat man vermutet, Archimedes könne bei der Durchführung dieser Untersuchung auf lange Sicht an Anwendungen im Schiffsbau gedacht haben. Doch war Archimedes auch hier seiner Zeit weit voraus: erst Leonhard Euler hat im 18. Jahrhundert die Schiffstheorie um ein entscheidendes Stück weiterentwickelt. [III-3.2; III-4.2]

Näher bei der damaligen Praxis blieben die Schriften Herons von Alexandria, der wahrscheinlich im 1. Jahrhundert nach Christus lebte. Im Gegensatz zu Archimedes ist von ihm auch eine ganze Reihe von technischen Schriften überliefert. Diese handeln von mit Luft-, Dampf- oder Wasserdruck getriebenen Geräten, von kleinen, zur Unterhaltung gedachten Automaten, von den Elementen der Mechanik und deren Anwendung in Maschinen und Werkzeugen sowie von den Kriegsgeräten. Diesen Schriften stehen die viel stärker mathematisch ausgerichteten oder gar rein mathematischen Werke Herons gegenüber, nämlich die Untersuchungen über Spiegel und Reflexion, über Vermessungsprobleme, über Lehrsätze aus der Ebenen und Räumlichen Geometrie und über einfache angewandte geometrische Aufgaben. Die Arbeiten von Heron, der als Mathematiker keine besondere Bedeutung hat, repräsentieren viel eher als die von Archimedes den durchschnittlichen Stand praktischer Anwendungen mathematischer Lehrsätze und Faustregeln in der Alltagstechnik. Heron bringt elementare Regeln, die in ihrem Charakter an die babylonischen Vorschriften erinnern und die Vermutung nahe legen, daß sie in der Praxis jahrhundertelang tradiert wurden. Das soll nicht ausschließen, daß

Heron nicht auch einiges von dem, was er in seinen mathematischen Schriften behandelte, selbst gefunden oder weiter entwickelt hat. [II-2.2; III-4.2]

Rom und das griechische Erbe

Zur umfassenden Beurteilung des Verhältnisses von Technik und Mathematik in der Antike genügt es aber nicht, die eben betrachtete Art von Anwendungen der Mathematik zu erörtern. Denn seit Platon (427–347) dem mathematischen Denken eine Mittlerfunktion zwischen der Welt der Ideen und der sinnlichen, erfahrbaren Welt zugewiesen hatte, fiel der Mathematik im Denken der Griechen auch eine ordnende und normgebende Funktion zu. So wie der Demiurg im „Timaios" Platons die Weltseele aus den beiden geometrischen Zahlenfolgen 1, 2, 4, 8 und 1, 3, 9, 27 zusammengefügt hatte und sie damit zum Urbild einer harmonisch geordneten Welt machte, so lieferte fortan die Mathematik in der Form von Zahlen und Zahlenverhältnissen die Begründung ästhetischer Prinzipien der Architektur. Das mag – parallel zum An- und Abschwellen platonischer Strömungen in der antiken Geistesgeschichte – zu verschiedenen Zeiten verschieden stark ausgeprägt gewesen sein, darf aber schon deshalb nicht übergangen werden, weil es für die Architekturtheoretiker der Renaissance von ausschlaggebender Bedeutung wurde. [III-3.3]

Kernstück dieser Überlieferung ist das schon aus der römischen Welt stammende Werk „De architectura" des Baumeisters und Ingenieurs Marcus Vitruvius Pollio (1. Jahrhundert v. Chr.), geschrieben zwischen 31 und 27 v. Chr. Vitruvs dem Kaiser Augustus gewidmetes Werk behandelt neben Hoch- und Tiefbau auch die Konstruktion von Uhren, den Bau von Maschinen und Wurfgeschützen. – Das verwundert nicht, da der Verfasser in einer technischen Abteilung des Heeres, bei den Fabri (Pionieren) für die Fahrzeuge und Waffen, für den Brückenbau und für verwandte technische Aufgaben zuständig gewesen war. In vielem aber stützte sich Vitruvius auf heute nicht mehr erhaltene griechische Quellen und behandelte demzufolge Fragen, die zu seiner Zeit nicht mehr aktuell waren. Andererseits geht er auf manches aktuelle Problem seiner Zeit, so zum Beispiel auf die verschiedenen Möglichkeiten des Ziegelbaus, auf den Gewölbebau und auf andere dringende Aufgaben des römischen Städtebaus nicht oder nur am Rande ein. Was nun die Mathematik angeht, so wird sie zu Beginn des ersten Buches angesprochen, wo der Verfasser von seinem

Gegenstand und der Ausbildung der Baumeister und Ingenieure spricht[5]: [III-4.2]

,,Des Architekten Wissen umfaßt mehrfache wissenschaftliche und mannigfaltige elementare Kenntnisse. Seiner Prüfung und Beurteilung unterliegen alle Werke, die von den übrigen Künsten geschaffen werden. Dieses (Wissen) erwächst aus fabrica (Hand-werk) und ratiocinatio (geistiger Arbeit). Fabrica ist die fortgesetzte und immer wieder (berufsmäßig) überlegt geübte Ausübung einer praktischen Tätigkeit, die zum Ziel eine Formgebung hat, die mit den Händen aus Werkstoff, je nachdem aus welchem Stoff das Werk besteht, durchgeführt wird. Ratiocinatio ist, was bei handwerklich hergestellten Dingen aufzeigen und deutlich machen kann, in welchem Verhältnis ihnen

handwerkliche Geschicklichkeit und planvolle Berechnung inne-
wohnt. (. . .)

Denn weder kann Begabung ohne Schulung noch Schulung ohne
Begabung einen vollendeten Meister hervorbringen. Und er muß im
schriftlichen Ausdruck gewandt sein, des Zeichenstiftes kundig, in der
Geometrie ausgebildet sein, mancherlei geschichtliche Ereignisse kennen, fleißig Philosophen gehört haben, etwas von Musik verstehen,
nicht unbewandert in der Heilkunde sein, juristische Entscheidungen
kennen, Kenntnisse in der Sternkunde und vom gesetzmäßigen Ablauf
der Himmelserscheinungen besitzen. (. . .)

Ferner wird, wenn man die Optik beherrscht, von bestimmten
Stellen des Himmels das Licht richtig in die Gebäude geleitet. Durch
die Arithmetik aber werden die Gesamtkosten der Gebäude errechnet,
die Maßeinteilungen entwickelt, und die schwierigen Fragen der sym-
metrischen Verhältnisse werden auf geometrische Weise und mit geometrischen Methoden gelöst."

Das Mittelalter und die artes mechanicae

Daß der Architekt des Zeichnens kundig, in der Geometrie geschult,
in der Optik wohl bewandert und im Rechnen geübt sein muß, wie
es Vitruvius fordert, wird man nach dem früher Gesagten für selbstverständlich halten. Doch die geforderten Kenntnisse in der Arithmetik wie jene in der Musik, wo die Harmonien durch einfache Zahlen-
verhältnisse bestimmt sind, dienen noch einem höheren Zweck: sie
werden benötigt für die Festlegung der Maßverhältnisse bei der Planung von Gebäuden. Bauten müssen nämlich Festigkeit, Zweckmäßigkeit und Schönheit aufweisen, stellt Vitruvius fest, und fährt
dann fort: „Eurythmia ist das anmutige Aussehen und der in der
Zusammensetzung der Glieder symmetrische Anblick. Sie wird erzielt, wenn die Glieder des Bauwerks in zusammenstimmendem Verhältnis von Höhe zur Breite und von Breite zur Länge stehen, überhaupt alle Teile der ihnen zukommenden Symmetrie entsprechen [6]."
Mit dieser Forderung nach der Verwirklichung symmetrischer, har-
monischer Verhältnisse in seinen Bauten ist dem Architekten eine
gewaltige Aufgabe gestellt. Denn so wie der Demiurg Platons mit
seinen Zahlenfolgen die musikalischen Harmonien Oktave (Verhältnis
1:2), Quinte (2:3) und Quarte (3:4) als strukturierende Norm bei der
Weltschöpfung verwendete und daher nicht ein ungeordnetes Chaos,
sondern einen harmonisch aufgebauten Kosmos geschaffen hatte, so

mußte jetzt auch der Architekt seine Schöpfungen in Übereinstimmung mit dem göttlichen Weltenplan entwerfen. Solche Gedanken hat der Neuplatonismus weiter ausgeführt, unter dessen Einfluß ja auch der als Quadrivium bekannt gewordene Kanon der vier mathematischen Wissenschaften Arithmetik, Geometrie, Musik und Astronomie entstand. Schon Platon (428/27–348/47) hatte das Studium der vier „Künste" Arithmetik, Geometrie, Astronomie und Harmonik in dieser Reihenfolge für notwendig gehalten als Vorbereitung für die höchste Philosophie, die Erkenntnis der Ideen. Der Römer Boethius (um 480–525) scheint dann zu Beginn des 6. Jahrhunderts den Terminus ‚Quadrivium' eingeführt zu haben; später hat man ergänzend als ‚Trivium' die drei sprachlich ausgerichteten Fächer Grammatik, Rethorik und Logik (Dialektik) hinzugenommen. Zusammen bildeten diese – Grundlagenfächer wie wir heute sagen würden – die ‚septem artes liberalis', die sieben freien Künste. An den mittelalterlichen Universitäten fiel die dem eigentlichen Fachstudium vorangehende Grundausbildung der Artistenfakultät zu – Name wie Lehrgegenstand leiten sich von jenen artes ab. Die platonischen/neuplatonischen Vorstellungen eines harmonisch geordneten Kosmos ließen sich relativ mühelos mit der christlichen Lehre in Einklang bringen: „Denn Du hast alles geordnet nach Maß, Zahl und Gewicht" [7] – wurde immer wieder zitiert. Das verlieh den artes die Kraft, auch die dunklen Jahrhunderte des frühen Mittelalters zu überstehen, bis in den Kloster- und Domschulen und vom 12. Jahrhundert an in den Universitäten das Quadrivium wieder mit größerem Verständnis gelehrt, studiert und schließlich auch inhaltlich erweitert wurde. [III-1; II-4.1; III-3.2; V-3.1]

Das Mittelalter hat aber auch die handwerkliche Arbeit wieder höher eingeschätzt als die Antike. In den meisten Regeln christlicher Mönchsorden wurde der handwerklichen Tätigkeit eine wichtige Rolle zugeteilt. Was bei Augustinus (354–430) und bei Isidor von Sevilla (um 560–636) schon angedeutet ist, wird dann um 1130 von dem in Paris lehrenden Hugo von St. Viktor (1096–1141) klar formuliert: Die Ergänzung der sieben theoretischen, freien Künste durch sieben mechanische Künste. Auch diese bewußte Analogie dokumentiert die gestiegene Wertschätzung praktischer Arbeit. Hugo klassifizierte die artes mechanicae wie folgt:

Weberei (unter Einschluß aller textilen Arbeiten),
Waffenschmiede (einschließlich der Bearbeitung von Metall,
    Stein, Holz und des Bauhandwerks),
Schiffahrt (und Handel),

Ackerbau (mit Viehzucht und Hauswirtschaft),
Jagd (und Fischerei sowie Nahrungsmittelgewebe),
Heilkunde (und Arzneimittelkunde) und
Schauspielkunst (mit Spiel und Sport).

Noch nimmt sich das alles sehr bescheiden aus im Vergleich mit den herausragenden Leistungen antiker Architektur und Ingenieurkunst. Noch ist es auch zu früh, die Frage zu stellen, inwiefern auf dieser niedrigen Stufe von Technik Mathematik zur Anwendung kam, gibt es doch kaum schriftliche Nachrichten über die handwerklichen Tätigkeiten dieser Zeit. Theophilus Presbyter, wohl ein deutscher Benediktiner des 11. Jahrhunderts, lieferte in seinen „Diversarum artium schedula" eine der wenigen Beschreibungen mittelalterlicher Technologie; er erläutert viele praktische Verfahren, doch erfährt man nichts Konkretes über irgendwelche Anwendungen von Mathematik. [II-4.5; V-3.1]

Renaissance – Instrumentenbau und neue Blüte mathematischer Künste

Das Bild ändert sich erst in der Renaissance, und von der Änderung sind die beiden Aspekte des Verhältnisses von Technik und Mathematik betroffen, von denen schon die Rede war. Hatte die Scholastik die Philosophie und Wissenschaftslehre des Aristoteles aufgegriffen und mit dem christlichen Gedankengut zu verschmelzen versucht, so knüpften Renaissance und Humanismus wieder an Platon an. Die Gründung der Platonischen Akademie in Florenz durch Cosimo de'Medici (1389–1464), an der Marsilio Ficino (1433–1499) unterrichtete und 1483 seine „Theologia Platonica" herausgab, war wohl das sichtbarste Zeichen für diesen geistigen Umschwung. Ein Beispiel aus der Architektur mag ihn illustrieren. Als der italienische Humanist, Künstler und Gelehrte Leon Battista Alberti (1404–1472) um die Mitte des 15. Jahrhunderts das erste Lehrbuch der Architektur der Renaissance schrieb („De re aedificatoria", 1485 gedruckt – zwei Jahre vor der ersten Vitruv-Ausgabe), stellte er zwar als für Kirchen am geeignetsten den Zentralbau vor, forderte aber für rechteckige Formen, daß die Seitenverhältnisse in den Maßen 4:3; 3:2 oder 2:1 angelegt werden und verwirklichte seine Forderung bei der Gestaltung der Fassade von S. Maria Novella in Florenz, damit zum ersten Mal in der Renaissance an einem repräsentativen Bau wieder das klassische Ideal der Eurhythmia verwirklichend.

Die sieben mechanischen Künste nach Hugo von St. Viktor: die Weberei, die Waffenschmiedekunst, die Schiffahrt, der Ackerbau mit Viehzucht und Hauswirtschaft, die Jagd, die Heilkunst und die Heilmittelkunde und schließlich die Schauspielkunst. — Holzschnitte aus Rodericus Zamorensis: „Spiegel des menschlichen Lebens", Augsburg um 1477.

Während aber diese harmonische und zahlensymbolische Funktion der Mathematik in der Renaissance noch einmal wie von einer Welle nach oben gespült wurde und dann in die Bedeutungslosigkeit versank, begann der unaufhaltsame Aufstieg der Mathematik als theoretisches Werkzeug der Technik. Mit dem Entstehen eines städtischen Bürgertums seit dem späten Mittelalter waren Handel und Handwerk zu neuer Blüte gelangt. Die jetzt einsetzende Durchdringung von praktischer handwerklicher Tätigkeit mit theoretisch-wissenschaftlicher Denkweise hat Friedrich Klemm mit folgenden Worten beschrieben [8]: „Das gehobene Handwerkertum suchte nach wissenschaftlicher Begründung seines Schaffens. Kunst, Kunsthandwerk und Technik verbanden sich mit der Wissenschaft. Man wollte eine technische und künstlerische Beherrschung der Natur durch den Menschen unter Anwendung eines, allerdings noch bescheidenen, Maßes wissenschaftlicher Erkenntnisse. Die Kunst bediente sich der Wissenschaft, um die von ihr erstrebte Naturwahrheit zu erzielen. Und das Handwerk suchte durch theoretische Betrachtung aus den Gebieten der Mathematik, Mechanik und Metallkunde Vorteile für sein Schaffen zu gewinnen. So vermochten die wiedergewonnenen Schriften der Antike aus den Bereichen der Mathematik, Naturwissenschaft und Technik auch die Technik zu beeinflussen, man denke etwa an die aristotelischen mechanischen Probleme, an Archimedes, Vitruv, Heron oder Pappus." [III-3.3]

Zu den Bereichen der Technik, in denen vermehrt mathematische Kenntnisse angewandt wurden, gehörte der vor allem in den süddeutschen Städten in Verbindung mit dem Kunsthandwerk aufstrebende wissenschaftliche Instrumentenbau. Astronomische, geodätische und nautische Meßinstrumente, Zirkel und Reißzeuge, Kalibrierstäbe und Geschützrichtaufsätze, Waagen, Meßlatten und Visierstäbe, Sonnen- und Räderuhren, Planetarien und Automaten gingen aus seinen Werkstätten hervor. Alle diese Erzeugnisse stellten höchste Anforderungen an die Präzision, erforderten also von den Meistern neben technischer Findigkeit gründliche Kenntnis geometrischer Konstruktionsverfahren und mathematischer Berechnungsmethoden. Eine Übersicht in deutscher Sprache über viele dieser Verfahren und Instrumente gab erstmals „der Mathematischen Künst liebhaber" Walther Ryff (Rivius; gest. 1548) in dem 1547 in Nürnberg erschienenen Werk „Der fürnembsten notwendigsten der gantzen Architectur angehörigen mathematischen und mechanischen Künst eygentlicher Bericht". Die mit Holzschnitten reich verzierte Ausgabe erlebte weitere Auflagen 1558, 1582 und 1589. Der Nürnberger Arzt und Humanist Ryff, der ein Jahr

später auch die erste deutsche Vitruv-Ausgabe herausbrachte, hatte
sein Werk in drei ‚Bücher‘ gegliedert: Die neue Perspectiva, Geometrische Büchsenmeisterey, Geometrische Messung; er gab darin auch
Auszüge aus mathematisch-technischen Schriften, die kurz zuvor im
Ausland erschienen waren, wie zum Beispiel aus Orontius Finaeus’
(1494–1555) „Protomathesis“ (Paris 1532) oder aus Niccolò Tartaglias
(1499–1557) „Nova Scientia“ (Venedig 1537). Richtete sich das erste
Buch vorwiegend an den Architekten, so das zweite an den Geschütz-
meister und Kriegsingenieur, das dritte an den Feldmesser. Man hat
Ryffs Werk als das erste mathematisch-technische Lehrbuch in deut-
scher Sprache bezeichnet. Es steht hier stellvertretend für eine ganze
Reihe von Büchern, die in der Folgezeit erschienen; es soll damit
illustriert werden, wie fruchtbar sich das Zusammenwirken der von
Willibald Pirkheimer (1470–1530) in Nürnberg versammelten Hu-
manisten, Mathematiker, Künstler und Techniker auswirkte – zu diesem Kreis gehörten Dürer, Camerarius, Osiander, Hartmann, Rivius,
Werner, Schoner (Schoener) und später auch Jamnitzer und Johann
Praetorius (Richter). [V-3.1]

Die Verfeinerung und Erweiterung der Erkenntnisse und Anforderungen, wie sie sich zum Beispiel in der Vielfalt der Instrumente
äußert, hatte als natürliche Folge eine zunehmende Spezialisierung, die
sich nicht nur in den Berufen sondern auch in der Wissenschaftssyste-
matik der Zeit auswirkte. Das alte Quadrivium konnte auf die Dauer
nicht mehr genügen. Zum letzten Mal hatte es der Freiburger Kartäu-
ser Gregor Reisch (um 1475–1523) in der gegen 1500 verfaßten und
allein in den ersten zwanzig Jahren des 16. Jahrhunderts achtmal aufge-
legten „Margarita philosophica“ noch in traditioneller Weise ausführlich behandelt, doch dieses umfassende Lehrbuch war für die Studenten der Artistenfakultät an den Universitäten geschrieben und atmete
noch weithin den Geist der Scholastik.

Barock – Zeitalter der Maschine

Im 17. Jahrhundert machte die Mathematik einen beachtlichen Ent-
wicklungssprung. Er folgte nicht zuletzt aus der Faszination, die die
Technik auf die Wissenschaftler ausübte. Die Gelehrten wollten von
der Technik lernen und für die Technik arbeiten. Aus dieser Hochachtung vor den technischen Errungenschaften von Mittelalter und Renaissance, insbesondere dem Instrumenten-, Uhren- und Automaten-
bau, lebte die gesamte Philosophie des 17. Jahrhunderts: Sie holten sich

ihre Problemstellungen aus den Werkstätten, wie es etwa Galileo Galilei (1564–1642) in den Discorsi beschrieb[9]. Sie begannen experimentell, also mit technischen Mitteln, Wissenschaft zu betreiben. Oder sie dachten sich die Wissenschaft selbst als einen Mechanismus: Francis Bacon (1561–1626) entwarf in seinem „Novum organum" ein Forschungsprogramm, das ermöglichen sollte, „die Arbeit des Geistes (. . .) wie durch Maschinen zu bewerkstelligen"[10]. Oder sie versuchten schließlich der Mechanik der Denkgesetze auf den Grund zu gehen, wie etwa René Descartes (1596–1650) und Gottfried Wilhelm Leibniz (1646–1716). [I-1.2]

Solch mechanistisches Denken wählte sich nicht zufällig die Uhr zur Lieblings-Metapher für die Welt. Die Welt erschien als ein großer Mechanismus, und die Mathematik galt als das beste Instrument zu ihrer Beschreibung. Es handelte sich um eine Mathematik, in deren Mittelpunkt die Bewegung stand. Kinematik, also Bewegungslehre, war ihr Hauptgegenstand seit sich mit der Vorstellung vom gesetzmäßigen Ablauf der Naturprozesse die Astronomie, die Mechanik und in ihr ein neuer Zweig, eben die Kinematik, in den Vordergrund geschoben hatten. [II-4.1]

Bewegungsbetont waren aber auch ihre Begriffe und Methoden, etwa der Funktionsbegriff, denn bei den Bewegungsproblemen ging es immer um auf einander bezogene variable Größen, also funktionale Zusammenhänge. Freilich wurden Funktionen – die Bezeichnung wurde erstmals 1673 von Leibniz verwendet – damals zunächst stets als konkrete Kurven verstanden. Erst im 18. Jahrhundert bildete sich daraus ein abstrakter und allgemeiner Funktionsbegriff[11].

Die Differential- und Integralrechnung entstand aus den Problemen der Dynamik, bei Leibniz nicht ganz so unmittelbar wie bei Isaac Newton (1642–1727). Sie ist ohne funktionales Denken nicht vorstellbar.

Das dynamische Denken beeinflußte auch den Stil der mathematischen Forschung und ihrer Begründungsansprüche. Der Begriffsrigorismus, wie wir ihn aus der griechischen Mathematik kennen, war einem pragmatischen, fast ingenieursmäßigen Vorgehen gewichen, das auf rasche Ergebnisse aus war und die Begriffsbildung stets nur so weit absicherte, wie sie durch die Probleme unmittelbar erzwungen wurde. Noch Leonhard Euler (1707–1783) ließ die Differentiale sorglos Null werden.

Aus dieser Zeit stammen auch die ersten Rechenmaschinen, ihr Ziel war natürlich die Rechenvereinfachung, insbesondere für die Astronomen. Wilhelm Schickard (1592–1635), selbst Astronom, konstruierte

1623 die erste Maschine, die „dasselbe, was Du im Kopf machst", „auf mechanischem Wege"[12] leistet, wie er in einem Brief an Kepler schrieb. Wegen des Dreißigjährigen Krieges wurde seine Erfindung allerdings nicht bekannt. Auch die Versuche von Pascal und Leibniz ließen sich nicht praktisch nutzen. Nichtsdestoweniger zogen diese Versuche zur Mechanisierung von Denkvorgängen, ebenso wie die Uhr, ein spezifisch philosophisches Interesse auf sich, wurde doch gerade an solchen Rechenmechanismen das logische Denken als Mechanismus sinnfällig.

Ähnlich verhielt es sich auch mit den neuen mathematischen Methoden, die vor allem von Leibniz, Newton, den Bernoullis und Euler entwickelt wurden. Dem utilitaristischen Geist der Zeit entsprechend lag diesen Pionieren viel daran, die Nützlichkeit der neuen Mathematik an technisch-wissenschaftlichen Problemen zu demonstrieren. Allerdings waren die Ergebnisse für die praktische Technik nicht – noch nicht – verwertbar. Die Fragestellungen aus der Praxis förderten den Ausbau der Mechanik, und deren Probleme befruchteten die Entwicklung der Analysis. Die wissenschaftlichen Resultate, die so entwickelt wurden, hatten aber meist noch keine Auswirkungen auf die ursprünglichen praktischen Probleme. Das hatte verschiedene Gründe: Ein Haupthindernis lag in den Verständigungsschwierigkeiten zwischen Wissenschaftlern und Praktikern. Den Praktikern fehlten die mathematischen Voraussetzungen, um die Gedanken der Wissenschaftler umsetzen zu können, und die Wissenschaftler kannten die technischen Möglichkeiten der Praktiker nicht. So waren die Leibnizschen Ideen zur Verbesserung der Windmühlen im Harz eigentlich brauchbar, aber sie scheiterten daran, daß er seine Vorstellungen nicht so aufzeichnen konnte, daß sie den „Mühlenärzten" verständlich waren[13].

Andererseits verhinderten die Idealisierungen, die eine wissenschaftliche Behandlung überhaupt erst ermöglicht hatten, oft die praktische Anwendung. So konnten die Artilleristen, die über allerhand mathematische Kenntnisse verfügten, trotz intensiver Bemühungen die Wurfparabel für die Berechnung von Schußweiten nicht nutzen, weil die Flugbahnen von Geschossen durch Luftwiderstand und Drall entscheidend bestimmt werden, und gerade von diesen und anderen Faktoren hatte die Parabeltheorie abstrahiert.

Die stürmische Entwicklung der Mathematik brachte also kurzfristig wenig Nutzen für die Technik, dennoch galt die Mathematik zurecht als praktische Wissenschaft: Das herausragende Beispiel für eine gelungene wechselseitige Befruchtung von Mathematik und

In diesem Brief erläutert Gottfried Wilhelm Leibniz dem Herzog Rudolf August von Braunschweig das dyadische Zahlensystem. Nach Leibniz Vorstellung ist dies einerseits ein Sinnbild für die göttliche Schöpfung und hat andererseits große wissenschaftliche Bedeutung. Diese zweite Voraussage sollte sich in großem Maße bewahrheiten: das dyadische Zahlensystem ist die Grundlage aller Rechenvorgänge in Computern und EDV-Anlagen.

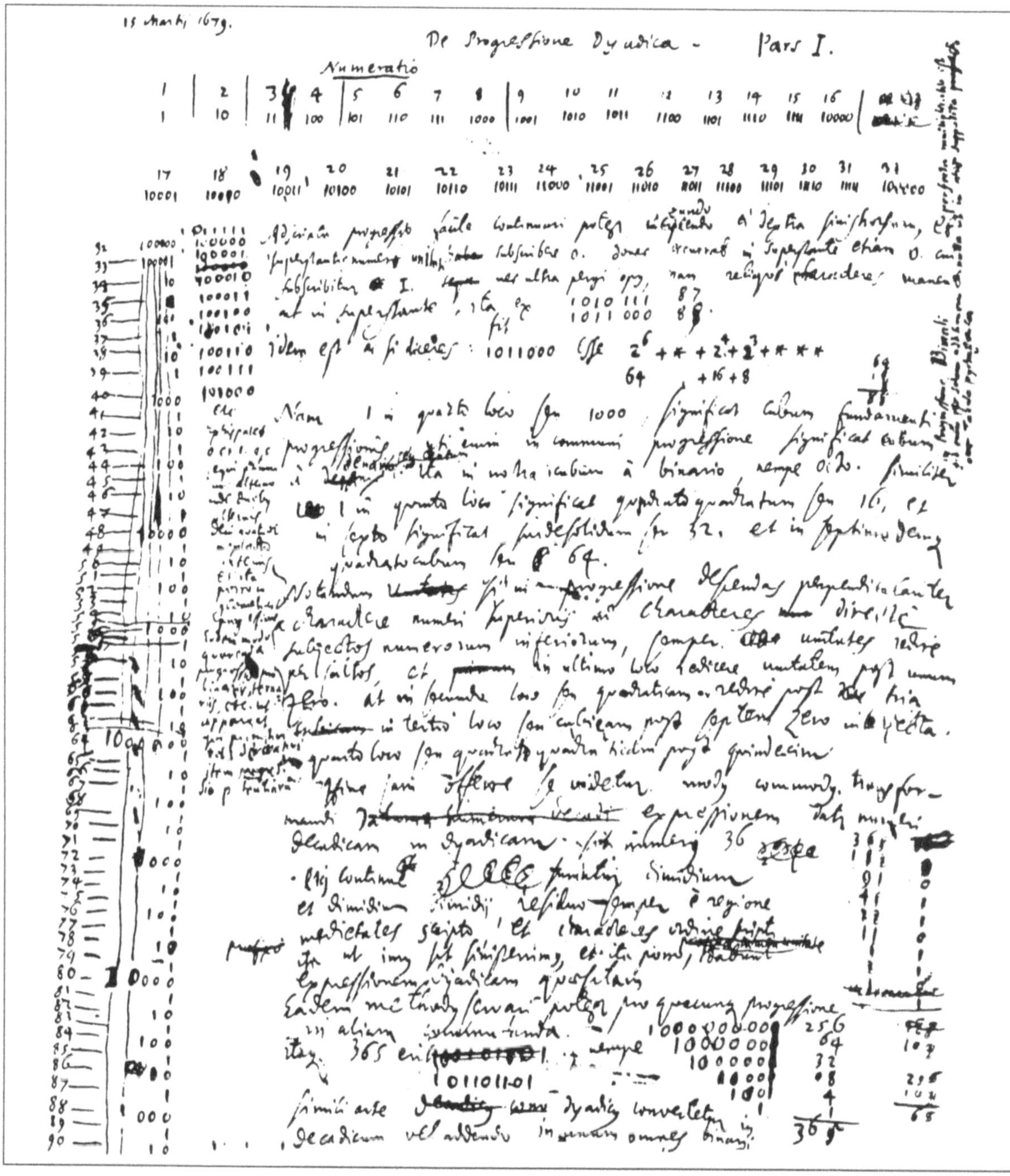

15 Martii, 1679.

De Progressione Dyadica – Pars I.

Numeratio

1	2	3	4	5	6	7	8	9	10	11	12	13	14	15	16
1	10	11	100	101	110	111	1000	1001	1010	1011	1100	1101	1110	1111	10000

17	18	19	20	21	22	23	24	25	26	27	28	29	30	31	32
10001	10010	10011	10100	10101	10110	10111	11000	11001	11010	11011	11100	11101	11110	11111	100000

[Es folgt der handschriftliche lateinische Text von Leibniz, großenteils nur schwer lesbar.]

Technik im 17. Jahrhundert war die Zykloiden-Penduluhr von Christiaan Huygens (1629–1695), die er 1673 im „Horologium oscillatorium" beschrieb. Der Mathematiker stellte sich einem technischen Problem seiner Zeit, der Konstruktion eines präziseren Zeitmessers. Sein Ansatzpunkt war die Idee, ein Pendel als Taktgeber zu benutzen. Seine mathematischen Untersuchungen zeigten ihm, daß das Kreispendel dazu nicht brauchbar war, weil dessen Schwingungsdauer vom Pendelausschlag abhängt. Er benötigte ein Pendel, dessen Schwerpunkt auf einer Zykloidenbahn schwingt. Um eine solche Schwingung zu erzeugen, hängte Huygens die Pendelschnur zwischen zwei Zykloidenbacken auf, an die sich die Pendelschnur anschmiegt und dadurch so verkürzt wird, daß der Pendelschwerpunkt ebenfalls auf einer Zykloiden schwingt. Die Untersuchung der Abwicklung von Kurven hatte ihn zu diesem Ergebnis geführt und er bemerkte auch bereits die mathematische Fruchtbarkeit solcher Untersuchungen: „Ich verfolgte diese Aufgabe weiter, als es im vorliegenden Falle erforderlich war, weil mir die Theorie elegant und neu zu sein schien." Am Ende seiner Untersuchung steht sowohl der „handwerksmäßige Aufbau" [14] einer Uhr mit verbesserter Ganggenauigkeit (Fehler kleiner als 10 Sekunden pro Tag) und eine neue mathematische Theorie (Evoluten-Evolventen). Eine Theorie, die im übrigen ihre Haupt-Anwendung in der mathematischen Optik fand.

Solche fruchtbaren Beziehungen zwischen der mathematischen Forschung und der Technik waren damals die große Ausnahme. Die Anwendung der Mathematik auf praktische Fragen beschränkte sich ansonsten auf elementare Arithmetik und Geometrie. Eines der frühen Anwendungsfelder war das Militärwesen. So wurde bereits in der Renaissance von Mathematikern wie Niccolò Tartaglia oder Walther Ryff die Artillerie als mathematische Disziplin betrachtet.

Im 17. Jahrhundert begann sich die diffuse Gruppe solcher mathematischer Praktiker des Militärwesens, die bereits im Mittelalter zuweilen als „ingenii" bezeichnet wurden, zu dem Berufsstand des „Ingenieurs" zu verdichten. Christoff Weigel nahm ihn in seiner 1698 erschienenen „Abbildung der gemein-Nützlichen Haupt-Stände" auf: „Was der Baumeister bei einer Stadt, das ist der Ingenieur in dem Krieg, und so wenig man Jenes entraten kann, so hoch ist man auch dieses benötigt" [15]. Zum Aufgabenbereich des Ingenieurs stellte Weigel fest, „daß ein Ingenieur der Geometrie Erd- und Feldmeßkunst / so wohl als auch in Bau- und Krieges-Sachen gründliche Wissenschaft haben / in selbigen anbey auch wohl erfahren seyn und nicht nur die Risse auf das Papier zu bringen / sondern auch alles in dem Feld selbst

*Christiaan Huyghens Schnittzeich-
nung einer Penduluhr nach dem
Bogen der Zykloide vom Dezember 1659. Sie ist aufgenommen in
Huyghens ,,Oevres completes'', die
1668 in Haag erschienen sind.*

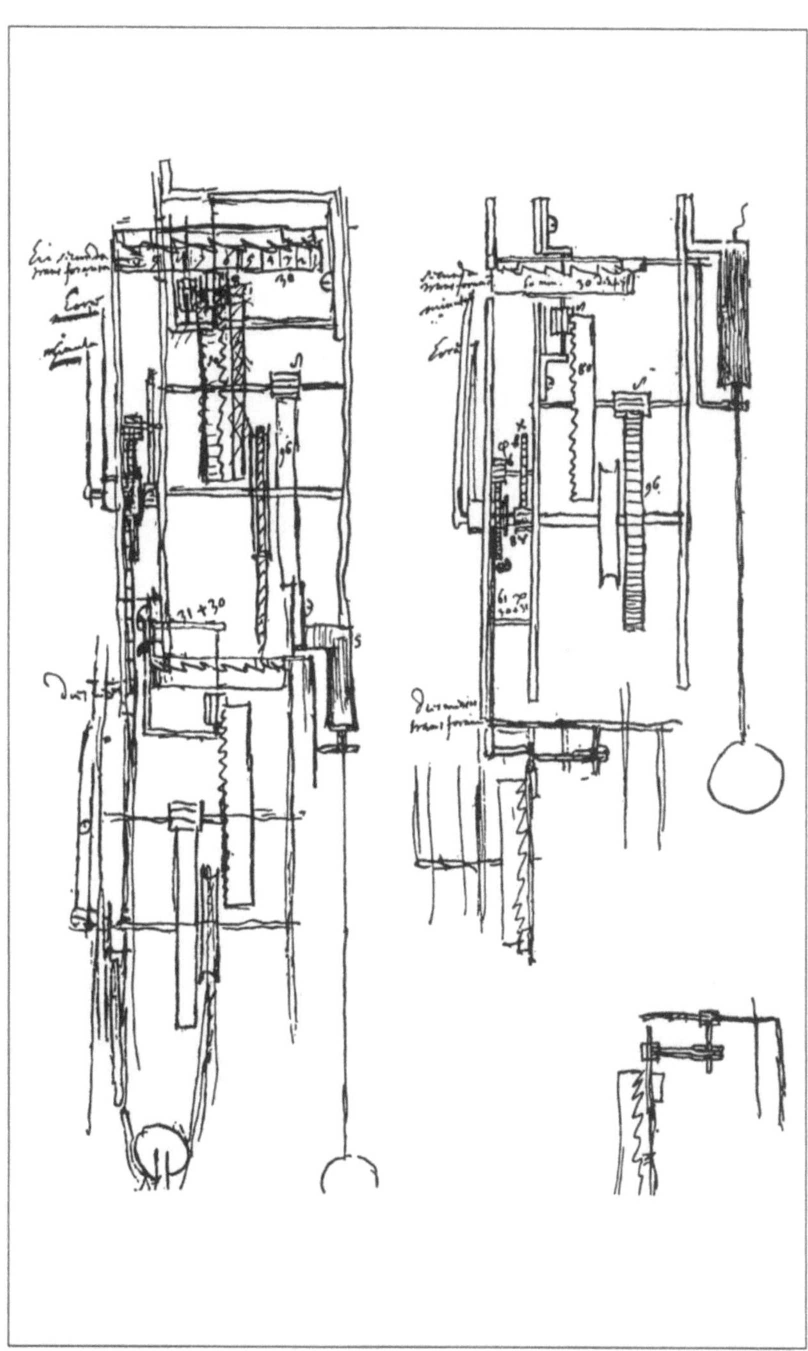

auszustecken [und] anzuordnen (. . .) wissen müsse"[16]. Das zweite
große Arbeitsgebiet des Ingenieurs war neben der Artillerie die Konstruktion und der Bau von Befestigungsanlagen. Auch hierbei spielte
die Geometrie eine Hauptrolle, erinnert sei nur an die typische regelmäßige Sternform der Festungen, wie wir sie aus dieser Zeit kennen.
Sie stand seit der Renaissance, als Antwort auf die Suche nach der
idealen Befestigung hoch im Kurs[17]. Diese Frühformen der Inge-
nieurswissenschaften dienten zugleich auch als eine Art „gelehrten
Sports der jungen Herren von vornehmer Geburt", nämlich die Produktion von „diversen sinnreichen und ergötzlichen, fortifikatorischen ‚Deseins‘ "[18]. Der Architekt und Mathematiker Leonhard Christoph Sturm (1669–1719) zählte in seiner „Anleitung zur Kriegsbaukunst", die 1702 in Nürnberg erschien, allein mehr als 80 verschiedene
Befestigungs-Manieren auf[19].

Die praktische Anwendung der Mathematik – wenn auch auf bescheidenem Niveau – beschränkte sich allerdings nicht auf den militärischen Bereich. In der Barockzeit begannen sich auch die anderen
technischen Disziplinen zunehmend als Teilgebiete der Mathematik zu
begreifen, dies zeigt ein Blick auf die Titelblätter oder in die Inhalts-
verzeichnisse einschlägiger Werke.

Der Ulmer Ingenieur und Stadtbaumeister Johann Faulhaber
(1580–1635) zeigte auf dem Frontispiz seiner „Ingenieurs-Schul" einen Schulraum mit allegorischen Figuren. In der ersten Auflage von
1630 repräsentieren 12 Frauen mit passenden Instrumenten unter Anleitung der Sapientia die mathematischen Wissenschaften: in der ersten
Reihe Geometria, Topographia, Geographia und Arithmetica, in der
zweiten Reihe Musica, Gnomonica, Trigonometria und Optica, in der
letzten schließlich Architectonica, Astronomia, Logarithmographia
und Mechanica. Hier ist schon mehr von Mathematik als von Technik
die Rede. Sieben Jahre später ist in der zweiten Auflage[20] die Einteilung deutlich verfeinert und die Zahl der Teilgebiete hat sich dadurch
auf achtzehn erhöht: zur Arithmetica ist die Algebra hinzugekommen,
zur Geometria die Stereometria und die Geodaesia, an Stelle der
Architectonica sind die „Drillingsschwestern Architectura Militaris,
Navalis und Civilis getreten und die Pyrobolia, die Feuerwerkskunst,
mit dem Modell einer Kanone ist neu aufgenommen.

Die „Kurtzgefaßte Mathesis"[21] des Altdorfer Professors Johann
Christoph Sturm (1635–1703), die posthum 1717 in deutscher Sprache herausgegeben wurde, nennt sich nicht mehr Ingenieursschule,
sondern versteht sich als „Erste Anleitung zu Mathematischen Wissenschaften, in Tabellen verfasset". Dafür ist den Bezeichnungen der

*Welche wissenschaftlichen Hilfs-
mittel für die Ausbildung des Ingenieurs im Barock als notwendig
angesehen wurden, zeigt diese allegorische Darstellung der verschiedenen wissenschaftlichen Disziplinen
als Schulmädchen in Johann Faul-
habers „Ingenieurs Schul" aus dem
Jahr 1630.*

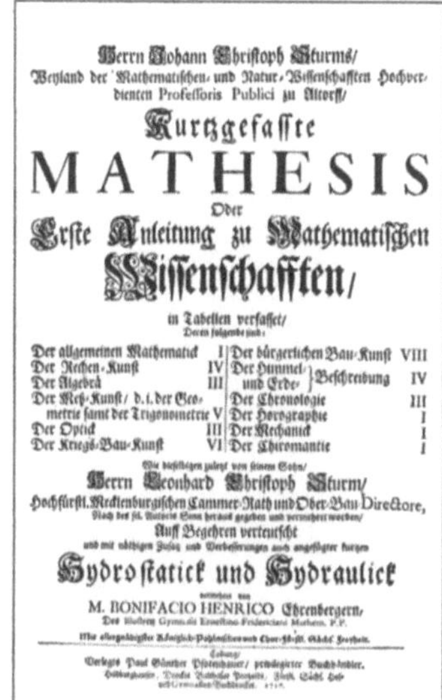

Titelblatt von Johann Christoph
Sturms „Kurtzgefasste Mathesis"
aus dem Jahr 1717.

Teilgebiete der technische Inhalt jetzt eher zu entnehmen: Allgemeine
Mathematik, Rechenkunst, Algebra, Meßkunst (Geometrie samt Trigonometrie), Optik, Kriegsbaukunst, Bürgerliche Baukunst, Him-
mel- und Erdbeschreibung, Chronologie, Horographie (Lehre von
den Sonnenuhren); Mechanik und – man höre und staune – Chiro-
mantie (Handlesekunst)!

Aufklärung – Zeitalter der Vernunft

Einen gewissen Abschluß erreichte die Klassifikation der Mathematischen Wissenschaften mit einem umfangreichen Werk von Christian
Wolff (1679–1754): „Anfangs-Gründe aller Mathematischen Wissenschaften". Es erschien 1710 und war für fünf Jahrzehnte das beliebteste
und meistgelesene Lehrbuch, hier wird nach der siebten (!) Auflage
von 1750–1757 zitiert. Der Aufklärungsphilosoph und Professor in
Halle, Wolff, gliederte die mathematischen Wissenschaften in neun-
zehn Kapitel, doch trotz der hohen Zahl hat sich die Musik inzwischen
endgültig verabschiedet und ist von den mathematischen zu den schönen Künsten hinübergewandert. Wolff rechnet die folgenden neun-
zehn Gebiete zur Mathematik: Rechenkunst, Geometrie, Trigonometrie, Baukunst, Artillerie, Fortification, Mechanik, Hydrostatick,
Aerometrie, Hydraulick, Optick, Catoptrick, Dioptrick, Perspective,
sphärische Trigonometrie, Astronomie, Chronologie, Geographie
und Gnomonick [22].

Ganz deutlich schlägt sich darin das von der Aufklärung bestimmte
Wissenschaftsverständnis nieder – die Wissenschaften werden in erster
Linie als angewandte Disziplinen gesehen, betrieben zur Unterstützung der Praxis und mit dem Ziel des unmittelbaren Nutzens für die
Menschheit. Dabei wiesen die Aufklärer der Mathematik eine zentrale
Rolle zu. Christian Wolff etwa bezeichnete in seinem „Mathematischen Lexicon" aus dem Jahre 1716 die Mathematik als das Mittel „zu
der vollkommensten Erkänntnis aller möglicher Dinge in der Welt"
und schloß daraus, daß wir „durch die Mathematik die Herrschaft
über die Natur" erlangen [23].

Eine solche Verherrlichung der Mathematik brachte die Gefahr mit
sich, die Grenzen mathematischer Möglichkeiten zu übersehen. Eine
Versuchung, der nicht nur Universitäts- und Akademie-Mathemati-
ker erlagen, sondern auch die praxisnäheren Ingenieure. Die Verabso-
lutierung der Geometrie in den fortifikatorischen Gesellschaftsspielen
wurden bereits erwähnt. Es gab damals auch etliche Artilleristen, die

noch an parabelförmige Geschoßbahnen glaubten, obwohl sie mit den Ergebnissen der Schußversuche nicht in Einklang zu bringen waren. Oder es setzten sich in Deutschland die Langrohrgeschütze durch, deren Qualität als „wissenschaftlich" bewiesen galt, obwohl man die Überlegenheit der kurzen, schwedischen Geschütze vor Augen hatte. [IX]

Aus solchen Mißgriffen speiste sich der öffentliche Spott über die Mathematiker und die Wissenschaftler überhaupt. So etwas wie eine bürgerliche Öffentlichkeit hat sich in dieser Zeit erst herausgebildet, und einer der Hauptgegenstände ihres Raisonnements war die Gelehrtenkritik. Ihre Kritik konzentrierte sich auf alle Formen der Praxisferne, die die Verselbständigung von Gelehrsamkeit hervorbringen kann. Gelehrtensatiren standen hoch im Kurs: Swift's „Gullivers Travels" und Voltaires „Candide" sind die bekanntesten, aber in England verfaßte damals fast jeder namhafte Schriftsteller eine Satire über Wissenschaftler[24].

Die Bemühungen um die Anwendung der Mathematik hatten zunächst zu einer Aufspaltung des Anwendungsbereichs in verschiedene Einzeldisziplinen geführt; dabei war Christian Wolff eine der treibenden Kräfte.

Bei den Hauptanwendungsgebieten, insbesondere der Mechanik, kristallisierten sich bald zwei unterschiedliche Zugänge zur Untersuchung der Probleme heraus. Bereits im 18. Jahrhundert etablierten sich unter dem Dach der Mechanik zwei getrennte Disziplinen, die theoretische Mechanik und die technische Mechanik. Die theoretische Mechanik konzentrierte sich darauf, Naturvorgänge streng und systematisch mit mathematischen Mitteln zu beschreiben, Anwendungen wurden von ihr nur aufgegriffen, wenn sie sich anboten. Die technische Mechanik ging dagegen immer von praktischen, technischen Problemen aus und versuchte, sie mit Hilfsmitteln jeder Art ohne methodische Rücksichten zu lösen.

Bei Euler werden beide Richtungen deutlich. Er hat ebenso wie die Bernoullis Beiträge zu beiden Gebieten geliefert. Zur technischen Mechanik kann man zum Beispiel die Turbinentheorie, die Schiffstheorie und die Hydrodynamik zählen. Unmittelbar praxisorientiert sind auch die „Neuen Grundsätze der Artillerie"; ihr Verfasser ist zwar der englische Mathematiker und Militäringenieur Bernhard Robbins (1707−1751), aber Euler hat das Buch aus dem Englischen übersetzt und mit einem ausführlichen Kommentar versehen. Bemerkenswert ist auch die Linsenformel für die Herstellung von achromatischen Linsensystemen, weil sie als einzige von Eulers praktisch orientierten

Arbeiten bereits im 18. Jahrhundert angewandt wurde. Zwar erwies sich die Linsenformel später als korrekturbedürftig, sie lieferte aber dennoch für die praktischen Verhältnisse ausreichend genaue Näherungen.

Das meistzitierte Beispiel für die technischen Arbeiten Eulers darf hier nicht fehlen. Friedrich der Große (1712–1786) wollte sich im Park von Sanssouci in Potsdam nach dem Vorbild von Versailles eine Springbrunnenanlage errichten lassen. Die Berechnungen für die dazu nötigen Pumpwerke sollte Euler durchführen. Die nach Eulers Angaben erbaute Anlage lieferte allerdings keinen Tropfen Wasser, was ihm den hemmungslosen Spott des Königs eintrug [25].

Trotz solcher Mißgriffe sind eher das hohe mathematische Niveau und – bei vielen Arbeiten – die lateinische Sprache dafür verantwortlich, daß die zeitgenössischen Techniker so wenig Notiz von den Eulerschen Untersuchungen nahmen. Anfangs unseres Jahrhunderts bemerkte Ernst Brauer zur Turbinentheorie: „Die Theorie Eulers ist so vollständig, daß ein gebildeter Ingenieur unserer Tage wohl imstande sein würde, eine Turbine danach richtig zu berechnen. Die Techniker seiner Zeit waren aber nicht oder nicht genügend gebildet, um eine solche Arbeit zu verstehen, während den Mathematikern wohl meist die Fähigkeit oder die Neigung fehlte, den mathematischen Gedanken in Stahl und Eisen zu übersetzen" [26]. Ein anderer – bereits genannter – Grund für den geringen praktischen Nutzen seiner Ergebnisse sind die Idealisierungen, dies gilt zum Beispiel für seine Elastizitätstheorie, bei der keine Materialkonstanten berücksichtigt wurden, und vor allem für die Theorie der Schiffe, in der er die Wechselwirkung zwischen Wasser und Schiff unterschätzte [27].

In Fragen der Elastizität, der Reibung, der Hydraulik und der Ballistik setzte daher eine mathematische Behandlung zunächst genaue empirische Untersuchungen voraus. Und die Theorien bedurften der Ergänzung durch empirisch zu bestimmende Materialkonstanten. Daher waren die Beiträge der praxisnäheren Ingenieure für die Entwicklung der technischen Mechanik von entscheidender Bedeutung.

Seit der Zeit von Sébastien de Vauban (1633–1707) wurde in Frankreich das Wort Ingenieur im Sinne eines Titels verwendet, zur Standesbezeichnung der wissenschaftlich gebildeten, im Staatsdienst stehenden Techniker. Im Gegensatz zu den bürgerlichen Baumeistern und Architekten, die immer noch größtenteils durch praktische Weiterbildung aus dem Handwerker- und Künstlerstand hervorgingen, erhielten die französischen „Genieoffiziere" eine wissenschaftliche, vorwiegend mathematisch orientierte Ausbildung, zum Beispiel an

der 1747 gegründeten „Ecole des Ponts et Chaussées". Ähnliche Funktion aber geringere Bedeutung hatten die Ritterakademien in
Deutschland[28]. [V-3.5]

Aus dem Kreis dieser Ingenieure stammte auch der Autor des ersten
größeren Lehrbuchs der technischen Mechanik. Der französische Ar-
tillerie-Ingenieur Bélidor hatte unter anderem 1725 seinen „Cours de
Mathématique à l'usage de l'artillerie et du genie" (deutsch 1746; 1759;
1773) veröffentlicht. Das Buch hatte bald in ganz Europa glänzenden
Erfolg. Von 1737 bis 1753 erschien seine „Architectura hydraulica", in
der er vielfach die Infinitesimalrechnung zur Lösung hydraulischer
Probleme anwandte.

Während also die technische Mathematik im Militärwesen eine
sichere Bastion hatte und in den staatlichen Straßen- und Brückenbau
eindrang, stieß sie im Bauwesen auf Ablehnung. Die Baumeister
meinten, sich auf ihre gefestigte Tradition verlassen zu können. Sie
arbeiteten zwar nicht ohne mathematische Mittel, aber sie beschränkten sich bei der Dimensionierung von Gebäudeteilen auf Verhältniszahlen, die das statische Gefühl und ästhetische Prinzipien zusammen-
faßten, also auf die Methoden der Renaissance. Es verwundert daher
nicht, daß die Untersuchung der Tragfähigkeit und Bruchfestigkeit
von Balken nicht von den Baufachleuten, sondern von Physikern, wie
Galileo Galilei (1564–1642), Edme Mariotte (1620–1684), Charles
Augustin Coulomb (1736–1806) und Mechanikern wie Jakob Leupold (1674–1727) vorgenommen wurde.

Bei der Zurückhaltung der Baufachleute gegenüber der Mathematisierung der Technik ist es um so bemerkenswerter, daß Papst Bene-
dikt XIV 1742/43 zur Renovierung der Peterskuppel drei Mathematiker (Le Seur, Jacquier und Boscovich) mit statischen Untersuchungen
beauftragte. Die drei kamen zu dem Ergebnis, daß der Gewölbeschub
zu groß sei und daher zusätzliche Zugringe eingebaut werden müßten.
Verblüffenderweise wurde schließlich dieser Vorschlag realisiert. Das
Vertrauen in die Mathematik war bei aller Reserviertheit also offenbar
schon so groß, daß man die wesentlich weitergehenden Vorschläge der
Baupraktiker, die bis zum Abtragen der Laterne reichten, für nicht
erforderlich hielt. Hans Straub bezeichnet in seiner „Geschichte der
Bauingenieurskunst" das Gutachten der Drei als „einen Wendepunkt
in der Geschichte des Bauingenieurwesens", weil hier in moderner,
baustatischer Art der Fragestellung, „durch Rechnung direkt die Ab-
messung eines Baugliedes (des Zugrings) ermittelt werden" soll[29].
[II-3.2; VII]

Mitte des 18. Jahrhunderts ging es bei solchen Debatten unter den Militär- und Zivilingenieuren über die mathematischen Methoden lediglich noch um die spezifische Rolle der Mathematik und schon lange nicht mehr um die Grundsatzfrage: Technik mit oder ohne Mathematik.

Neben den Fortschritten in der technischen Mechanik war die Weiterentwicklung der beschreibenden Geometrie für das Maschinen- und Bauwesen bedeutsam. Seit der Entdeckung der Gesetze der Zentralprojektion wurden auch Maschinen zumeist in Zentralperspektive dargestellt, zum Beispiel in Georg Agricolas (1494–1555) „De re metallica" (1556). Bei Maschinenzeichnungen kommt es aber vor allem auf exakte und maßstäbliche Zeichnungen an, aus denen die Längen leicht ablesbar sind, und dazu eignen sich Parallelprojektionen, das heißt Grund- und Aufrisse, besser. Leonhard Christoph Sturm beschwerte sich noch 1718 darüber, daß in den Maschinenbüchern, „die Risse alle perspectivisch und solches dazu nicht aus geometrischem Grunde aufgezogen, sondern nur nach dem Augen-Maaß meistens von freyer Hand gezeichnet (sind), daß man also kein Maaß noch Proportionen daraus abnehmen kann"[30]. Vorbildlich wurden vor allem die Zeichnungen in den Maschinenbüchern von Jakob Leupold (1724). Das Interesse der Ingenieure an der Parallelprojektion regte auch die Mathematiker an. [III-4.4]

Eine weitere Anregung für geometrische Untersuchungen kam aus dem Bereich der Kartographie bzw. der Geodäsie. Die praktische Kartographie trat mit Gerhardus Mercator (1512–1594) in ihr wissenschaftliches Stadium. Eine Blütezeit erlebte sie etwa seit Mitte des 18. Jahrhunderts durch die französischen Ingenieurkartographen[31]. Etwa zur gleichen Zeit begann der Mathematiker Johann Heinrich Lambert (1728–1777), die Verzerrungsverhältnisse systematisch zu studieren. Verzerrungen sind zwar bei allen Kartenprojektionen unvermeidlich, aber es werden nicht immer alle Größenverhältnisse (Längen, Winkel, Flächen) verzerrt. Lamberts Untersuchungen über Längen-, Winkel- und Flächentreue von Projektionen ermöglichten es, für den jeweiligen Zweck die optimale Projektion auszuwählen. In die kartographische Praxis drangen solche Überlegungen allerdings erst durch die Vermessung des Königreichs Hannover ab 1822 durch Carl Friedrich Gauß (1777–1855) ein.

*Von der École Polytechnique zur Encyklopädie der mathematischen
Wissenschaften*

Ein wichtiger Einschnitt für die Mathematisierung der Technik ist die
Gründung der École Politechnique in Paris im Jahre 1794. Es gab zwar
vorher in Frankreich schon einige technische Fachschulen, zum Beispiel die bereits erwähnte „École des Ponts et Chaussées" oder Schulen
für Militäringenieurwesen, Artillerie, Bergbau, Vermessungswesen
und Schiffsbau, aber in der École Polytechnique wurden diese sehr
unterschiedlichen Schulen zu einem einheitlichen technischen Bil-
dungssystem zusammengefügt. Sie hatte die Aufgabe, in zwei Jahren
die mathematisch-naturwissenschaftlichen Grundlagen für den Besuch der Spezialschulen bereitzustellen. Von dieser Institution versprach man sich hohen praktischen Nutzen. Das zeigt die Bemerkung
Napoleons, man dürfe die Henne nicht schlachten, die die goldenen
Eier legt. Er warnte damit vor dem personellen und materiellen Aus-
bluten der École Politechnique[32]. Und in der Tat ist fast alles, was
Anfang des 19. Jahrhunderts in Frankreich auf natur- oder technik-
wissenschaftlichem Gebiet geleistet wurde, aus der École Polytechnique hervorgegangen. [V-3.5]

Die führende Persönlichkeit in der Gründungsphase war Gaspar
Monge (1746–1818), vorher Direktor der Gewehrfabriken, der Ge-
schützgießereien und der Pulvermühlen. Noch 1794 hatte er ein Buch
über das Kanonenbohren verfaßt. Sein nachhaltigstes Werk, die „Géométrie descriptive" (1798), entstand aus seiner Lehrtätigkeit an der
École Politechnique. Die Lehre von den Parallelprojektionen war zu
seiner Zeit schon weit entwickelt; seine Leistung bestand darin, daß er
die Kenntnisse in der beschreibenden Geometrie, die von den Bauhütten und im Maschinenzeichnen angehäuft worden waren, systematisierte und die darstellende Geometrie als selbständige mathematische
Disziplin auf wissenschaftlicher Grundlage aufbaute. Dabei lag ihm
sehr an einer engen Verbindung mit der Praxis, wie die zahlreichen
Aufgaben aus dem Militär- und Bauwesen oder der Gewölbetechnik
zeigen. Mit Monge und der Ecole Polytechnique wurde das technische
Zeichnen zur Universalsprache des Ingenieurs. [III-4.4]

Monges Arbeiten brachten aber auch Anstöße für die innermathe-
matische Entwicklung. So nahm Jean Victor Poncelet (1788–1867)
die Gedanken Monges auf, untersuchte die Zentralperspektive und
entwickelte sie zu einer weiteren mathematischen Spezialdisziplin, der
Projektiven Geometrie (veröffentlicht 1822). Die Entstehung einer
Vielzahl von selbständigen Spezialgebieten, das Postulat der Metho-

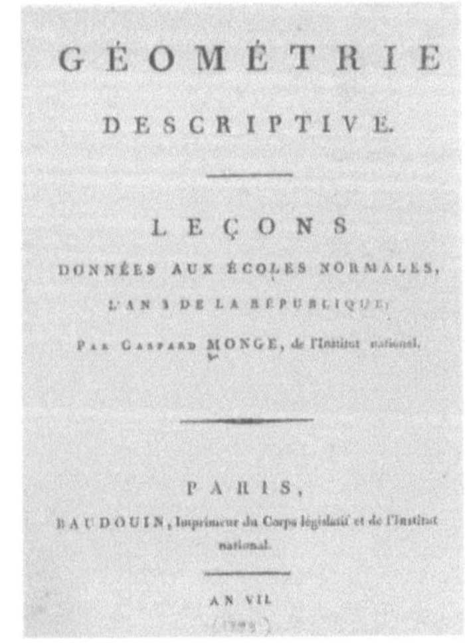

*1799 erschien das grundlegende
Werk über darstellende Geometrie
von Gaspard Monge in Paris.*

denreinheit, die Abgrenzung der Teilgebiete voneinander waren bis 1872 Tendenzen in der Entwicklung der Mathematik im 19. Jahrhundert. Hinzu kam die eminente Fruchtbarkeit rein innermathematischer Fragestellungen, wie zum Beispiel die Galoissche Gruppentheorie als Ergebnis der systematischen Suche nach der Lösbarkeit von algebraischen Gleichungen, oder die Frage nach der Unabhängigkeit des Parallelenaxioms von den übrigen Euklidschen Axiomen. Sie führte zur Auffindung Nicht-Euklidischer Geometrien und leitete damit die Umwandlung der Geometrie in eine Strukturwissenschaft ein.

Diese Tendenzen entfernten die reine Mathematik von den Anwendungen. Die produktive Eigenentwicklung der technischen Mechanik, wie sie um die Jahrhundertwende insbesondere in Frankreich einsetzte, vergrößerte diese Kluft noch. Der Schwerpunkt der technischen Mechanik lag damals auf den dynamischen Problemen des Maschinenwesens – also hydraulische Maschinen, Dampfmaschinen – und der Statik des Bauens mit der Elastizitätslehre, der Theorie der Gewölbe und der Theorie des Erddrucks. Einer der bedeutendsten Vertreter in dieser Frühphase war der Physiker und Ingenieur Charles Augustin Coulomb, der für beide Richtungen wichtige Beiträge leistete. Er beschäftigte sich intensiv mit Reibung, einem Schlüsselproblem der Maschinenlehre. Seine Arbeiten hierzu stellten vor allem hinsichtlich des Umfangs, der Sorgfalt und der Praxisnähe seiner Experimente einen Höhepunkt der klassischen Periode der Reibungsforschung dar. 1781 erhielt Coulomb den Preis der Pariser Akademie für die beste Abhandlung über Widerstände in Maschinen. Er untersuchte außerdem die Belastbarkeit von Balken und löste 1773 das Galileische Biegeproblem. Seine Ergebnisse wurden aber in der Praxis des Bauens nicht genutzt. Erst die Entwicklung des französischen Fachschulwesens ermöglichte es, derlei wissenschaftliche Spezialkenntnisse in die Ausbildung der Praktiker zu integrieren. Bei der Systematisierung und Vermittlung der Statik des Bauens an die künftigen Ingenieure spielte Claude Louis Marie Henri Navier (1785–1836) eine entscheidende Rolle. Er gilt als der eigentliche Begründer der Baustatik [33]. Navier bemühte sich auch um die dynamischen Fragen der Maschinenlehre und um die Konstruktion von Hängebrücken. Vielgerühmt ist seine vorzügliche Bearbeitung von Bélidors „Architecture hydraulique" (1819). [III-4.4]

Jean Victor Poncelet begann seine wissenschaftliche Arbeit mit der bereits erwähnten „Projektiven Geometrie". Er beugte sich dann aber den Bedürfnissen des nachrevolutionaren Frankreichs und konzentrierte sich auf technische Fragen, die er mit fortgeschrittenen mathematischen Methoden, wie der Differentialgeometrie, behandelte. So arbeitete er über Turbinen, Verzahnung, untersuchte Energie-Verluste beim Fließen von Wasser durch Rohre mit unterschiedlichen Querschnitten, berechnete Abflußkanäle, untersuchte die Widerstandsfähigkeit von Materialien gegen wiederholte Erschütterungen und Stöße und beschäftigte sich mit der Theorie der Mauerfundamente[34].

Diese Leistungen der französischen Schule hatten bedeutenden Einfluß auf die deutsche Entwicklung. Die Technischen Hochschulen, die Anfang des Jahrhunderts im deutschen Sprachraum entstanden waren, beriefen sich auf die École Polytechnique als Vorbild, wenn sie auch nicht den Charakter von Grundlagenschulen hatten und nicht alle die starke mathematisch-naturwissenschaftliche Orientierung übernahmen. Um die Jahrhundertmitte gewann eine Reihe Wissenschaftler, die aus diesen Technischen Hochschulen hervorgegangen waren, in der technischen Mechanik weiten Einfluß. Sie versuchten die französischen Ansätze in unterschiedlichen Richtungen weiterzuentwickeln und die theoretische Absicherung technischen Wissens zu forcieren. Dabei spielten standespolitische Motive eine Rolle, denn die Ingenieurwissenschaftler an den Technischen Hochschulen bemühten sich, die Wissenschaftlichkeit ihrer Disziplin unter Beweis zu stellen und so in der Konkurrenz mit den Universitäten zu bestehen. Zu ihnen gehören Carl Culmann (1821–1881), Franz Reuleaux (1829–1905), Franz Grashof (1826–1893) und Ferdinand Redtenbacher (1809–1863). [III-4.4; V-3.5; V-3.6.2]

In dieser Zeit beginnt das Eisenbahnwesen als mächtiger Problemlieferant für die technische Mechanik wirksam zu werden. Die Eisenbahnbrücken wurden in der ersten Hälfte des Jahrhunderts noch nach empirischen Regeln gebaut. Der Eisenbahningenieur Carl Culmann hatte bei verschiedenen Reisen Brücken in Fachwerkkonstruktionen in England und den USA studiert (Veröffentlichungen dazu 1851/52). Bei der Berechnung solcher Brücken, die aus vielen Balken zusammengefügt sind, ist es völlig aussichtslos, Balken für Balken mit den Coulombschen Methoden die Belastungsverhältnisse zu bestimmen und daraus auf die Gesamtbrücke zu schließen. An diesem Beispiel zeigt sich, daß die Aufgabe der technischen Mechanik nicht immer darin besteht, die Faktoren, die die „reinen" Wissenschaften hinwegabstrahiert hatten, in die Theorie einzuarbeiten, sondern daß häufig gerade eine spezifisch technische Abstraktion erforderlich ist. So bestand die Leistung Culmanns darin, daß er von der Elastizität der einzelnen Balken abstrahierte und das gesamte Tragwerk als ein in den Knoten gelenkig gelagertes Stab- bzw. Seilpolygon betrachtete. Seine

Theorie von 1866 [35] gibt graphische Methoden an, mit denen sich die Wirkungen einer äußeren Belastung auf die einzelnen Stäbe stimmen lassen. Allerdings ging es Culmann nicht nur darum, dem Praktiker eine wirkungsvolle Methode zur Verfügung zu stellen, sondern er setzte sich auch das Ziel, ein theoretisch abgesichertes System zu entwickeln. Dazu zog er die projektive Geometrie Poncelets heran, zum Entsetzen vieler praktisch orientierter Wissenschaftler [36].

Das Gegenstück zur Statik von Stabsystemen ist die Bewegungslehre von Gelenkmechanismen, die Kinematik. Bei ihr handelt es sich um ein abstraktes Teilgebiet der Bewegungslehre, das vom Kraftbegriff und allen sonstigen dynamischen Vorstellungen absieht. Die Kinematik findet zu dieser Zeit ebenfalls besondere Beachtung, da sie sehr anwendungsträchtig ist. Bei vielen Problemen des Maschinenbaus kommt es darauf an, eine Antriebsbewegung in eine spezielle Bewegungsform umzuwandeln, man denke zum Beispiel an die Dampfmaschine, bei der die Auf- und Abbewegung des Kolbens für die meisten Anwendungen in eine kontinuierliche Bewegung transformiert werden muß. Auch hier war es ein deutscher Wissenschaftler, der sich um eine Systematisierung bemühte. Franz Reuleaux entwickelte in seiner „Theoretischen Kinematik" (1875) für die Bewegungsmechanismen eine eigene Zeichensprache. Sein Ziel war es, „die Maschinenwissenschaft der Deduktion" zu gewinnen [37].

Die Tendenz zur Spezialisierung zerriß im Laufe des 19. Jahrhunderts die Bindung zwischen reiner und angewandter Mathematik. Anfang des Jahrhunderts blieb durch Mathematiker wie Carl Friedrich Gauß, die in Personalunion auch Astronomen, Vermesser oder Physiker waren, die praktische Anwendung noch immer im Blick und die numerische Auswertung gehörte untrennbar zur Lösung eines mathematischen Problems: Gauß leitete in den Zwanziger Jahren die Vermessung des Landes Hannover und verwandte dabei zum Ausgleich der Meßfehler seine Methode der kleinsten Quadrate, die er für ein astronomisches Problem entwickelt hatte. Darüber hinaus lieferte er auch direkte technische Beiträge: 1833 konstruierte er als Nebenergebnis seiner elektromagnetischen Untersuchungen zusammen mit dem Physiker Wilhelm Weber (1804–1891) den ersten elektromagnetischen Telegraphen. Gauß und Weber waren sich der Bedeutung dieser Erfindung bewußt und wiesen bereits 1835 auf die Anwendungsmöglichkeiten zum Beispiel im Eisenbahnwesen hin [38].

Schon damals war allerdings unter den Mathematikern dieses intime Verhältnis zur Praxis die Ausnahme. Die Weiterentwicklung der Rechenhilfsmittel, ja sogar die der numerischen Näherungsverfahren, lagen daher in den Händen der Ingenieure. Im Mittelpunkt standen zunächst analoge Instrumente: Der Rechenschieber begann sich allgemein durchzusetzen, eine Fülle spezieller Instrumente – wie das Planimeter – wurde entwickelt, wobei die Kinematik bei der Konstruktion solcher Mechanismen eine nützliche Rolle spielte [39]. Es wurden Gleichungswaagen und „algebraische Maschinen" entworfen und gebaut, mit denen sich Gleichungen und Gleichungssysteme, auch solche höheren Grades, lösen ließen [40]. Nun wurden aber auch digitale Rechenmaschinen in großen Stückzahlen gebaut. Die ersten Maschinen von Schickard, Blaise Pascal (1623–1662) und Leibniz waren ja noch Unikate gewesen, und selbst der Erfinderpfarrer Philipp Matthäus Hahn (1739–1790) hatte lediglich fünf Rechenmaschinen für alle vier Grundrechenarten und drei bis fünf Addiermaschinen gebaut [41]. [II-4.2]

Genutzt wurden sie zunächst hauptsächlich in wirtschaftlichen Bereichen; in mathematischen und technischen Anwendungen waren sie nur dort erforderlich, wo es auf höchste Genauigkeit ankam. Carl Runge stellte noch Anfang des 20. Jahrhunderts fest, daß Rechenschieber und Tafeln „in allen Fällen der Praxis aus[reichten], bei denen die zugrundegelegten Werte durch Beobachtung oder Messung, also nur angenähert, bekannt sind" [42]. Die Entwicklung der Rechenhilfsmittel war also im Laufe des 18. und 19. Jahrhunderts ganz aus den Händen der Philosophen und Mathematiker in die der Ingenieure gelangt.

Die Vektoranalysis ist wieder eine der Disziplinen, die ihre Karriere ohne engen Kontakt mit der Anwendung begannen. Der Mathematiker und Sprachforscher Hermann Grassmann (1809–1877) war in seiner nahezu unlesbaren „Ausdehnungslehre" (1844) von philosophischen Fragen ausgegangen, der irische Mathematiker William Rowan Hamilton (1805–1865) gelangte zu vergleichbaren Ergebnissen bei seinen Versuchen, die komplexen Zahlen zu verallgemeinern; seine so entwickelten „Quaternionen" waren Vektor- bzw. Tensorgrößen. Die wichtigsten Anwendungen hatte dieser neue Kalkül seit den 80er Jahren in der Theorie des Elektromagnetismus, insbesondere durch den amerikanischen Physiker und Mathematiker Josiah Willard Gibbs (1839–1903) und den britischen Physiker Oliver Heaviside (1850–1925). Auch die Maxwellsche Theorie (1891) wurde sehr bald in die Sprache der Vektoranalysis übersetzt. August Föppl (1886–1924) war in Deutschland der erste, der sich um die Verbreitung der Vektoranalysis bemühte. Nach seiner „Einführung in die Maxwellsche Theorie der Elektrizität" von 1894 verwendete er die Vektoranalysis auch exzessiv in der Technik, so in der „Geometrie der Wirbelfel-

Im 19. Jahrhundert hatten sich die vielfältigen mathematischen Disziplinen immer mehr zu selbständigen Gebieten entwickelt, besonders groß war die Kluft zwischen reiner und angewandter Mathematik. Felix Klein (1849–1925) hat die Problematik dieser Entwicklung früh erkannt und lange Jahre versucht, die Entfremdung zwischen ihnen zu überwinden.

der" (1897) und in seinen „Vorlesungen über technische Mechanik" (1897–1900) [43].

Von der Encyklopädie der mathematischen Wissenschaften zur Elektronischen Datenverarbeitung

Im Laufe des 19. Jahrhunderts hatten sich die verschiedenen mathematischen Disziplinen zunehmend verselbständigt, insbesondere hatte sich eine Kluft zwischen reiner und angewandter Mathematik gebildet. Ende des Jahrhunderts wurde dieser Zustand auch von Mathematikern als Problem empfunden. Besonders energisch setzte sich der Göttinger Mathematiker Felix Klein (1849–1925) damit auseinander. Er hielt „lange Jahre unablässiger und undankbarer Arbeit [für] erforderlich", um die Entfremdung von angewandter und reiner Mathematik zu überwinden [44]. Klein war 1894 auch einer der Initiatoren der „Encyklopädie der mathematischen Wissenschaften" [45]. [III-3.7]

Die Aufgabe der Encyklopädie war eine „Gesamtdarstellung der mathematischen Wissenschaften", „sie sollte sich dabei nicht auf die sogenannte reine Mathematik beschränken, sondern auch die Anwendungen auf Mechanik und Physik, Astronomie und Geodäsie, die verschiedenen Zweige der Technik und andere Gebiete mit berücksichtigen und dadurch ein Gesamtbild der Stellung geben, die die Mathematik innerhalb der heutigen Kultur einnimmt" [46]. Sie richtete sich damit an die Mathematiker und die Praktiker, will „einerseits den Mathematiker darüber orientieren, welche Fragen die Anwendungen an ihn stellen, andererseits den Astronomen, Physiker, Techniker darüber, welche Antwort die Mathematik auf diese Fragen gibt" [47]. Die Herausgeber der Encyklopädie belebten damit ein Mathematikverständnis, wie es uns in der Aufklärung begegnet ist. Die Bandeinteilung der Encyklopädie hatte auch durchaus Ähnlichkeit mit der Gliederung, die Christian Wolff seinen „Anfangsgründen aller Mathematischen Wissenschaften" gab.

Auf Felix Klein geht auch die Gründung der „Göttinger Vereinigung zur Förderung der angewandten Physik" (1898) zurück. Diese Vereinigung wollte nach amerikanischem Vorbild private Gelder für die Wissenschaftsförderung mobilisieren. Sie war dabei nicht ohne Erfolg, denn zu den Gründungsmitgliedern gehörte unter anderen der Industrielle Carl Linde (1842–1934). Der spätere preußische Kultusminister Friedrich Althoff [48] was ebenfalls von Anfang an dabei, er war die treibende Kraft beim weiteren institutionellen Ausbau der

Forschungsförderung, insbesondere ist seiner Initiative die Gründung (1910) der „Kaiser-Wilhelm-Gesellschaft" zu verdanken, der heutigen „Max-Planck-Gesellschaft". [III-3.7]

Die verstärkte Hinwendung der Mathematik zur Praxis um die Jahrhundertwende hatte vielerlei Ursachen: Ein Hauptgrund war die Herausforderung durch die stürmische Entwicklung der amerikanischen Industrie. Klein selbst konnte sich bei seiner Amerikareise im Jahre 1893 ein Bild machen vom Vorsprung der USA in der industriellen Entwicklung. Aber bereits im Jahre 1876 hatte Franz Reuleaux in seinen Briefen von der Weltausstellung in Philadelphia den technologischen Rückstand Deutschlands gegenüber den USA ins öffentliche Bewußtsein gebracht. „Billig und schlecht" hielt man bei der Weltausstellung für das Grundprinzip der deutschen Industrie[49]. Außerdem hatte die Beschleunigung der industriellen Entwicklung in Deutschland nach der Reichsgründung den Bedarf an Fachkräften und Forschungsergebnissen stark anwachsen lassen.

Schließlich war aber bereits in den letzten Jahrzehnten des 19. Jahrhunderts eine Tendenz zur Vereinheitlichung der verschiedenen mathematischen Disziplinen erkennbar. Eine der wichtigsten wissenschaftlichen Leistungen Felix Kleins war das Erlanger Programm (1872), in dem er die Einheitlichkeit aller geometrischen Theorien herausarbeitete. Er zeigte, daß sie sich als Invariantentheorien auffassen lassen, ein Gedanke, der später in der Relativitätstheorie fruchtbar wurde. Hinzu kam die Konkurrenz zwischen Technischen Hochschulen und Universitäten. Als 1899/1900 die Technischen Hochschulen durch das Promotionsrecht auch die formale Gleichstellung mit den Universitäten erlangten, schielten die Technikwissenschaftler nun nicht mehr nach der Anerkennung ihrer Wissenschaftlichkeit durch die Universität. Es gab jetzt sogar Stimmen aus den Universitäten, die ihren Bestand durch die Technischen Hochschulen bedroht sahen: So befürchtete der Altphilologe M. v. Schanz, die Universitäten würden „zerbröckeln", wenn sie nicht die Verbindung zur Praxis herstellten, da sich die Technischen Hochschulen dann einen Lehrstuhl nach dem anderen angliedern würden[50]. [V-3.5]

Die Mathematiker nahmen nun die Kritik an ihrer Praxisferne auf, die in besonderer Schärfe von der sogenannten „Techniker-Bewegung" um Alois Riedler (1850–1936), Professor an der Technischen Hochschule Berlin, vorgebracht wurde. Diese „Antimathematiker" waren zwar keineswegs gegen die Verwendung der Mathematik, aber sie plädierten für eine geringere Dosierung. Die Mathematik sollte auf die Rolle einer Hilfswissenschaft zurückgeschnitten werden[51]. Für die

Mathematiker lag die Therapie nicht in der Einschränkung der mathematischen Mittel, sondern in der besseren Anpassung der mathematischen Methoden an die praktischen Probleme, also in der Intensivierung der „Fühlung" zwischen „Theorie und Praxis"[52]. Arnold Sommerfeld (1868–1951) sah die Zukunft der angewandten Mathematik in der „Sicherstellung der experimentellen Grundlagen unserer Wissenschaft, [und] andererseits in der Heranziehung schärferer theoretischer Methoden"[53]. Sommerfeld betonte gegenüber den „älteren Lehrbüchern der technischen Mechanik", denen er einen „stark deduktiven, fast dogmatischen Charakter" vorwarf, den „Königsweg des Experiments"[54] und gegenüber den „Technikern" die Wirksamkeit mathematischer Hilfsmittel.

Arnold Sommerfeld realisierte in musterhafter Weise die Intensionen von Felix Klein. Nach seinem Studium in Königsberg – unter anderem bei David Hilbert (1862–1943) – ging er 1893 nach Göttingen an den „Ort mathematischer Hochkultur"; schon bald wurde er Assistent bei Felix Klein. In einer „Autobiographischen Skizze" schrieb Sommerfeld dazu: „Klein suchte mich zielbewußt an die Probleme der mathematischen Physik zu fesseln. (. . .) Ich habe Felix Klein stets als meinen eigentlichen Lehrer angesehen, nicht nur in mathematischen, sondern auch in mathematisch-physikalischen Dingen und in der Auffassung der Mechanik"[55]. Eine Frucht der Zusammenarbeit zwischen Klein und Sommerfeld war ihr vierbändiges Werk „Über die Theorie des Kreisels". Sie versuchten damit, der theoretischen Mechanik eine technische Wendung zu geben und zugleich Ergebnisse der angewandten Mathematik einem größeren Kreis zugänglich zu machen. Der vierte Band beschäftigte sich ausschließlich mit technischen Anwendungen, von der „Geradlaufapparatur der Torpedos" bis zum Kreiselkompaß. Dazu trat Sommerfeld auch in Verbindung mit dem Kreiselkompaß-Erfinder und -Hersteller Hermann Anschütz-Kaempfe (1872–1931).

Auf Betreiben von Felix Klein erhielt Sommerfeld 1900 an der Technischen Hochschule Aachen einen Lehrstuhl für Technische Mechanik; Klein erhoffte sich davon einen Schritt zur Verständigung von Universität und Technischer Hochschule[56]. Aus dieser Zeit stammen auch die oben zitierten Bemerkungen Sommerfelds zum Verhältnis von reiner und angewandter Mathematik. Das Paradebeispiel, an dem Sommerfeld die Leistungen einer techniknäheren Mathematik den Ingenieuren erfolgreich demonstrierte, waren Fragen der Reibung. Für Sommerfeld waren „Reibungsfragen (. . .) Lebensfragen". Es handelte sich dabei um die Reibung in Flüssigkeiten, die sogenannte

Schmiermittelreibung. Diese wurde erst jetzt ernsthaft untersucht, da sie für den Lokomotiven- und Turbinenbau von großer Bedeutung wurde.

Sommerfeld wirkte nur wenige Jahre als mathematischer „Brükkenkopf" unter den Ingenieuren. Die Arbeit an der „Encyklopädie der mathematischen Wissenschaften" führte ihn in ein anderes Gebiet, die theoretische Physik: Felix Klein hatte 1898 Sommerfeld die Redaktion des Physikbandes übertragen. Die theoretische Physik erfreute sich damals in Deutschland nur geringen Interesses. Sommerfeld war daher gezwungen, sich selbst intensiv in dieses junge Gebiet einzuarbeiten. 1906 nahm er die Berufung auf einen Lehrstuhl für theoretische Physik in München an. Sein Institut wurde schnell zu einem lebendigen Zentrum dieses Gebietes. Sommerfeld prägte über Jahrzehnte das Gesicht der theoretischen Physik in Deutschland.

Ein wichtiger Impuls für die Stärkung der praktischen Tendenzen in der Mathematik war die Einrichtung eines speziellen Lehrstuhls. 1904 wurde auf Betreiben Felix Kleins in Göttingen der erste Lehrstuhl für numerische Mathematik eingerichtet, finanziert durch die Göttinger Vereinigung. Der erste Inhaber dieses Lehrstuhls war Carl Runge (1856–1927). Er ging davon aus, daß dem Anwender mit dem Nachweis der Existenz einer Lösung nicht gedient ist, „er will mit einer gewissen Genauigkeit die Zahlenwerte haben (. . .), und sein Verlangen ist, sie mit der geringsten Mühe zu gewinnen." Für den Numeriker heißt das, daß er den gewünschten Grad der Approximation und den zugestandenen Zeitaufwand für die Lösung als wesentliche Faktoren zu berücksichtigen hat. Dazu mußten nach Runge die Methoden der Praktiker auf den Grad der Näherung und auf Verallgemeinerungsmöglichkeiten hin untersucht werden [57]. Dabei ging es natürlich auch um die Rechenhilfsmittel, wobei der Rechenschieber und die graphischen Methoden nach wie vor von großer Bedeutung waren.

Die folgenreichste Wechselwirkung zwischen Mathematik und Technik überhaupt war die Entwicklung der Elektronischen Datenverarbeitung. Im Rahmen dieses Artikels kann man nicht einmal andeutungsweise die Bereiche nennen, in denen der Computer heute angewandt wird. Die verschiedenen Linien, die in der Entwicklung der elektronischen Rechenanlagen zusammenliefen, reichen zum Teil weit in die Vergangenheit zurück:

Eine erste Komponente war die Programmsteuerung. Bereits 1728 hatte M. Falcon einen lochkartengesteuerten Webstuhl gebaut, der 1808 von Joseph-Marie Jacquard verbessert wurde. Der Brite Charles Babbage (1792–1871) entwickelte 1833 eine programmgesteuerte, mechanische Rechenmaschine. Die technischen Grenzen der Mechanik verhinderten allerdings zunächst die Realisierung.

Im gleichen Jahr wurde durch den Gauß-Weberschen Telegraphen die Entwicklung der Elektromechanik angeregt. Es dauerte allerdings noch mehr als 100 Jahre, bis mit der Relaistechnik die Voraussetzung für den Bau programmgesteuerter Rechenanlagen zur Verfügung stand. Zu dieser technischen Voraussetzung standen zwei mathematische Voraussetzungen Pate: Die Boolesche Algebra und die Dyadik.

Der irische Mathematiker George Boole (1815–1864) begründete Mitte des 19. Jahrhunderts die Formalisierung der Logik. Er versuchte zu zeigen, daß die Verknüpfung von Aussagen durch logische Operationen, wie ‚und‘, ‚oder‘ und ‚nicht‘, auf die gleiche Weise funktionieren, wie das Rechnen mit Zahlen. Bei einigen Eigenschaften scheiterte allerdings die Analogie zwischen Zahlenrechnen und logischen Operationen. Ohne sich dessen voll bewußt zu werden, hatte Boole für die logischen Operationen eine neue Rechenstruktur entdeckt, die sogenannte Boolesche Algebra.

1911 erkannte der Physiker Paul Ehrenfest (1880–1933), daß elektrische Schaltwerke bei Kombinationen die gleiche Struktur bilden. Elektrische Schaltwerke lassen sich also nach den gleichen Regeln kombinieren, wie die Aussagen in der Logik, sie bilden ebenfalls eine Boolesche Algebra. Daher ist es möglich, logische Operationen durch Schaltwerke darzustellen. Logische Maschinen, zusammengesetzt aus Relais oder anderen elektrischen Bausteinen, wurden denkbar.

Bereits Leibniz hatte sich mit der Darstellung von Zahlen im Zweiersystem und den entsprechenden Rechengesetzen beschäftigt[58] (Arithmetica dyadica 1703), und Johann Helfrich Müller hatte bereits 1784 eine Rechenmaschine mit Dualsystem gebaut[59]. Da in einer elektromechanischen oder elektronischen Rechenmaschine nur die beiden Zustände ‚Strom‘ und ‚Kein-Strom‘ zur Verfügung stehen, ist sie auf das duale System angewiesen.

Die Entwicklung solcher Denk-Maschinen begann unabhängig voneinander in Deutschland und in den USA: Konrad Zuse (geboren 1910) stellte 1941 seine Z3 fertig, Stibitz und Aiken bauten 1944 die Automatic Sequence Controller Calculator (ASCC). Zuses Z3 „konnte neben allgemeinen Aufgaben, wie Lösung von linearen Gleichungssystemen, quadratischen Gleichungen usw., einige Spezialprogramme der Aerodynamik, insbesondere der Flatterrechnung, lösen"[60]. Es handelte sich dabei noch um Relaisrechner. Die erste Rechenmaschine mit elektronischen Schaltelementen war die ENIAC (USA 1946).

Konrad Zuse entwickelte bereits 1934 die Grundkonzeption für eine programmierte Rechenmaschine, begann 1936 mit dem Bau von Versuchsmodellen und vollendete 1941 mit der Z3, die in der Abbildung zu sehen ist, die erste programmgesteuerte Rechenanlage der Welt.

Einen gewaltigen Schritt bedeutete die Idee der Programm-Speicherung, die John von Neumann (1903–1957), wohl einer der bedeutendsten Mathematiker des 20. Jahrhunderts, 1945 ins Auge faßte. Damit wurde der Grundstein für eine neue Disziplin der angewandten Mathematik gelegt, die Informatik. In der Beschreibung des Informatikers Friedrich L. Bauer handelt es sich dabei um die „Ingenieurwissenschaft", die sich „wie eine Brücke über die Abgründe und Untiefen der Programmierung [spannt], mit zwei Brückenköpfen auf festem Land, die aber nicht zu ihr gehören: der [mathematischen] formalen Logik auf der einen Seite, der [elektrotechnischen] Gerätetechnik auf der anderen Seite" [61]. Hier taucht das Stichwort der Fühlung wieder auf: „Der Numeriker muß enge Fühlung mit der Informatik halten" [62].

Zu den neuen Disziplinen, die sich im Zusammenhang mit den elektronischen Rechenanlagen stürmisch entwickelten und noch entwickeln, gehört auch die Palette anwendungsorientierter Methoden, die unter der Bezeichnung ‚Operations Research' zusammengefaßt wird. Heute rechnet man dazu unter anderem Lineare und Dynamische Optimierung, Graphentheorie, Netzplantechnik, Stochastische Prozesse (Simulation) und Spieltheorie. Die ersten Operations

Research Gruppen wurden in England (1939) bzw. den USA (1941) für militärische Planungsaufgaben eingerichtet. In England war eine erste Aufgabe des Operation Reasearch eine Untersuchung über die Umstellung des Luftfrühwarnsystems von Luftbeobachtungsposten auf Radar. Während des Krieges wurden Operation-Research-Methoden beim Einsatz von Bordradar und Bodenleitsystemen für Nachtjagdeinsätze benutzt[63]. [II-2.5; IX]

Es ging dabei immer um die rechenintensive Verarbeitung großer Datenmengen, also Probleme, die nach einer programmgesteuerten Rechenmaschine verlangen. Operations Research und Elektronische Datenverarbeitung (EDV) entwickeln sich daher nicht zufällig in engem Zusammenhang weiter.

Auch viele der klassischen mathematischen Methoden wurden durch die elektronische Rechenmaschine verändert. Die gesamte numerische Mathematik orientiert sich heute an den Möglichkeiten der EDV und es entstehen ganz neue Zweige, etwa die Intervallarithmetik. Außerdem verbreiten sich Simulationsmethoden in nahezu allen Wissensbereichen. Die wachsende Kapazität und Schnelligkeit der Rechenanlagen erlaubt es, komplizierte und umfangreiche Situationen im Modell rechnerisch durchzuspielen. Die fraktale Geometrie, die von Benoit B. Mandelbrot Ende der 70er Jahre begründet wurde, wäre ohne EDV-Anlagen undenkbar. Dies zeigt ein Standardbeispiel: Die Folge (x_n) komplexer Zahlen x_n, die durch die Rekursionsformel $x_{n+1} = x_n^2 - c$ mit $x_0 = 0$ definiert ist, strebt für manche komplexe Zahlen c gegen Unendlich, für andere nicht. Die Menge der Zahlen c, für die (x_n) nicht gegen Unendlich strebt, heißt Mandelbrot-Menge, liebevoll auch Apfelmännchen genannt[64]. Abbildungen zeigen den fraktalen Rand der Mandelbrot-Menge, sie hätten sich ohne Rechner nicht herstellen lassen. Dieses einfache Beispiel läßt den ästhetischen Reiz dieser neuen mathematischen Disziplin schon erahnen. Mandelbrot liegt aber auch viel daran, zu demonstrieren, wie gut sich fraktale Modelle zur Naturbeschreibung eignen, zum Beispiel zur Beschreibung von Küstenlinien, Wolken, Galaxien, Mondkratern oder der Brownschen Bewegung.

Schließlich greifen die Rechenanlagen sogar in die mathematischen Beweismethoden ein: Seit 1852 beschäftigten sich Mathematiker mit dem sogenannten Vierfarbenproblem, nämlich der Frage, ob sich die Länder einer beliebigen Landkarte mit vier Farben so färben lassen, daß benachbarte Länder stets verschiedene Farben haben. Der Beweis, daß dies immer möglich ist, wurde 1976 erbracht, von einem Computer. Das Programm ist zwar von Menschenhirnen erdacht, aber die

Rechnung ist so aufwendig, daß sie sich von einem Menschen im Einzelnen praktisch nicht nachvollziehen läßt. Allerdings sind bei weitem nicht alle Mathematiker bereit, solche Computer-Rechnungen als Beweis anzuerkennen.

Es können hier nicht die vielfältigen sozialen Auswirkungen der Elektronischen Datenverarbeitung diskutiert werden. Neben der Dequalifizierung von praktischen Fertigkeiten ist aber sicher die Integration bzw. Reintegration von Arbeitsbereichen eine auffällige Tendenz. Zum Beispiel werden beim Dialog mit dem Computer, wie er etwa bei der Konstruktion am Bildschirm stattfindet, verschiedene Arbeitsprozesse, die früher zeitlich und personell getrennt waren, wieder zusammengefügt. Wo früher Mathematiker Zuliefererfunktion für die Technik hatten – zum Beispiel der Architekt entwirft – der Statiker berechnet –, sind jetzt schöpferisch-kreative und mathematisch-berechnende Tätigkeiten beim rechnergestützten Konstruieren integriert.

Der Rückblick auf die Geschichte der Technik zeigt den gewaltigen Bedeutungszuwachs mathematischer Methoden. Diese Entwicklung verlief allerdings keineswegs kontinuierlich und konfliktfrei. In der Frühphase der Neuzeit sah sich die Mathematik ganz als Wissenschaft für das praktische Leben, ohne allerdings der Praxis viel bieten zu können. Der Erfolg lag zunächst eher in der Verselbständigung der Mathematik, in der Herausbildung spezifisch theoretischer Fragestellungen. Damit bildete sich der Konflikt zwischen angewandter und reiner Wissenschaft heraus. Diese Spannung zwischen reiner Anwendung und zweckfreier Theorie ist solange von außerordentlicher Produktivität, solange sich die Einzeldisziplinen nicht einmauern, sondern in Fühlung miteinander bleiben. Es gibt eine Vielzahl von Beispielen dafür, wie sich zwischen den praxisfernsten Theorien ganz kurzschlüssige Verbindungen zur Praxis herstellen ließen. Man denke etwa an die erwähnte Galoistheorie und ihre heutige Rolle in der Physik.

Literaturnachweise

1 *Erman,* Adolf: Literatur der Ägypter. Leipzig 1923, S. 281–283

2 *Vogel,* Kurt: Vorgriechische Mathematik. Bd. 2. Hannover/Paderborn 1959, S. 85

3 *Diels,* Hermann Alexander: Antike Technik. Leipzig/Berlin ²1920, S. 30, Anm. 1

4 *Diels,* Hermann Alexander/*Schramm,* Erwin: Herons Belopoiika (Schrift vom Geschützbau), Philons Belopoiika (Mechanik Buch IV und V). Griechisch und deutsch. Unveränderter fotomechanischer Nachdruck aus den Abhandlungen der Preußischen Akademie der Wissenschaften, philosophisch-historische Klasse, 1918–1919. Leipzig 1970, S. 5–6

5 *Vitruv:* Zehn Bücher über Architektur. Übers. v. Fensterbusch, Curt. (1. Buch, 1. Kap., Abschn. 1,3,4). Darmstadt 1976, S. 23/25

6 Vgl. 5 (1. Buch, 2. Kap., Abschn. 4), S. 39

7 Buch der Weisheit 11,21

8 *Klemm,* Friedrich: Die Technik in der italienischen Renaissance. In: VDI-Berichte Nr. 71 A, 1963, S. 53

9 *Galilei,* Galileo: Unterredungen und mathematische Demonstrationen (Discorsi). (Ostwalds Klassiker Nr. 1) Hrsg. v. Oettingen, Arthur von. Leipzig 1914, S. 3

10 *Bacon*, Francis: Neues Organ der Wissenschaft. Hrsg. v. Brück, Anton Theobald. Darmstadt 1981, S. 22

11 *Youschkevitsch*, Adolf Pavlovič: Die Entwicklung des Funktionsbegriffs. In: Archive for History of Exact Sciences. Jg. 16, 1976, S. 37–85

12 Zitiert nach: *Löringhoff*, Freytag, Baron von: Die Rechenmaschine. In: Wilhelm Schickard 1592–1635. Tübingen 1973, S. 288

13 *Manegold*, Karl-Heinz: Das Verhältnis von Naturwissenschaft und Technik im 19. Jahrhundert. In: Treue, Wilhelm/Mauel, Kurt (Hrsg.): Naturwissenschaft, Technik und Wirtschaft im 19. Jahrhundert. Göttingen 1976, S. 288f.

14 *Huygens*, Christiaan: Die Penduluhr. Horologium oscillatorium. (Ostwalds Klassiker Nr. 192) Hrsg. v. Heckscher, A. und Oettingen, Arthur von. Leipzig 1913, S. 4

15 *Weigel*, Christoff: Abbildungen und Beschreibung der gemein-Nützlichen Haupt-Stände. Regensburg 1698. ND Nördlingen 1987, S. 29

16 Vgl. 15, S. 32

17 *Hale*, John Rigby: Renaissance Fortification. Art of Engineering. London 1977

18 *Jähns*, Max: Geschichte der Kriegswissenschaften Bd. 1–3. 1889–1891. ND Hildesheim 1966, S. 1705

19 Vgl. 18, S. 1705

20 *Faulhaber*, Johann: Ingenieurs-Schul. Nürnberg 1630, ²1637

21 *Sturm*, Johann Christoph: Kurtzgefaßte Mathesis. Coburg 1717

22 *Wolff*, Christian: Anfangs-Gründe aller Mathematischen Wissenschaften. Halle ⁷1750–1757, ND: Gesammelte Werke. I. Abteilung. Bd. 12–14. Hrsg. v. Hofmann, Joseph Ehrenfried. Hildesheim/New York 1973

23 *Wolff*, Christian: Mathematisches Lexicon. Leipzig. 1716, ND Gesammelte Werke. I. Abteilung, Bd. 11. Hrsg. v. Hofmann, Joseph Ehrenfried. Hildesheim 1965, S. 864

24 *Syfret*, Ruth H.: Some early Critics of the Royal Society. In: Notes and Records of the Royal Society of London, Bd. 7. 1950, S. 20–64

25 *Fellmann*, Emil A.: Leonhard Eulers Stellung in der Geschichte der Optik. In: Leonhard Euler 1707–1783. Beiträge zu Leben und Werk. Gedenkband des Kantons Basel-Stadt. Basel 1983, insbesondere S. 312f.

26 *Brauer*, Ernst A.: Eulers Turbinentheorie. In: Jahresbericht der Deutschen Mathematiker-Vereinigung, Bd. 17. 1908, S. 40

27 *Timerding*, Heinrich Emil: Eulers Theorie des Schiffes und die Bewegungsgleichungen des starren Körpers. In: Jahresbericht der Deutschen Mathematiker-Vereinigung, Bd. 17. 1908, S. 84

28 *Klein*, Felix: 100 Jahre mathematischer Unterricht an den höheren Schulen in Preußen. In: Jahresbericht der Deutschen Mathematiker-Vereinigung Bd. 13. 1904, S. 347

29 *Straub*, Hans: Die Geschichte der Bauingenieurkunst. Basel/Stuttgart ³1975, S. 153

30 *Sturm*, Leonhard Christoph: Vollständige Mühlen-Baukunst. Augsburg 1718. ND Augsburg 1740, Vorrede S. 1

31 *Bourgeois*, R./*Furtwängler*, Philipp: Kartographie. In: Furtwängler, Philipp/Wiechert, Emil (Hrsg.): Encyklopädie der mathematischen Wissenschaften. Bd. 6.1. Geodäsie und Geophysik. Leipzig 1906–1925, S. 294

32 *Klein*, Felix: Vorlesungen über die Entwicklung der Mathematik im 19. Jahrhundert. Ausgabe i. einem Band. ND Berlin/Heidelberg/New York 1986, S. 63

33 *Werner*, Ernst: Technisierung des Bauens. Geschichtliche Grundlagen moderner Bautechnik. Düsseldorf 1980, S. 108 f.

34 *Rühlmann*, Moritz: Vorträge über Geschichte der technischen Mechanik und der damit in Zusammenhang stehenden mathematischen Wissenschaften. Leipzig 1885, S. 386–403

35 *Culmann*, Carl: Die graphische Statik. Zürich 1866

36 *Scholz*, Erhard: Projektive und vektorielle Methoden in Culmanns Graphischer Statik. In: NTM-Schriftreihe der Geschichte der Naturwissenschaften, Technik und Medizin. Jg. 21, 1984, Nr. 2, S. 49

37 *Braun*, Hans-Joachim: Leben und Werk von Franz Reuleaux. Nachwort zu: Franz Reuleaux: Briefe aus Philadelphia. Braunschweig 1877. ND [3]1983, S. 116

38 *Reich*, Karin: Carl Friedrich Gauß 1777–1855. Gräfelfing vor München [2]1985, S. 41 f.

39 *Schoenflies*, Arthur/*Grübler*, Martin: Kinematik. In: Klein, Felix/Müller, Conrad (Hrsg.): Encyklopädie der mathematischen Wissenschaften. Bd. 4.1. Leipzig 1901–1908, S. 190–218

40 *Mehmke*, Rudolf: Numerisches Rechnen. In: Meyer, Wilhelm Franz (Hrsg.): Encyklopädie der mathematischen Wissenschaften. Bd. 1.2. Arithmetik und Algebra. Leipzig 1900–1904, S. 1070 f.

41 *Antes*, Erhard: Die Rechenmaschinen von Philipp Matthäus Hahn. In: Väterlein, Christian (Hrsg.): Philipp Matthäus Hahn 1739–1790. Bd. 2. Aufsätze. Stuttgart 1990, S. 472

42 *Runge*, Carl/*König*, Hermann: Vorlesungen über Numerisches Rechnen (Die Grundlehren der Mathematischen Wissenschaften in Einzeldarstellungen mit besonderer Berücksichtigung der Anwendungsgebiete. Bd. 11). Berlin 1924. S. 22

43 *Crowe*, Michael J.: A History of Vector Analysis. London 1967, S. 226

44 *Stäckel*, Paul: Angewandte Mathematik und Physik an deutschen Universitäten. In: Jahresbericht der Deutschen Mathematiker-Vereinigung Bd. 13. 1904, S. 313

45 *Schlote*, Karl-Heinz: Einige Aspekte der verstärkten Hinwendung der Mathematik zur Praxis in der Zeit um 1900, dargelegt am Beispiel der „Encyklopädie der mathematischen Wissenschaften". In: NTM-Schriftreihe der Geschichte der Naturwissenschaften, Technik und Medizin. Jg. 17, 1980, S. 15–22

46 *Dyck*, Walther von: Einleitender Bericht über das Unternehmen der Herausgabe der Encyklopädie der mathematischen Wissenschaften. In: Encyklopädie der mathematischen Wissenschaften. Hrsg. im Auftrag der Akademie der Wissenschaften in Göttingen von Felix Klein u. a. Bd. 1. Leipzig 1898–1935, S. IX

47 Vgl. 46, S. XI

48 *Manegold*, Karl-Heinz: Universität, Technische Hochschule und Industrie. (Schriften zur Wirtschafts- und Sozialgeschichte. Bd. 16). Berlin 1970, S. 157–188

49 *Reuleaux*, Franz: Briefe aus Philadelphia. Braunschweig 1877. ND Weinheim 1983, S. 5

50 *Escherich*, Gustav Ritter von: Reformfragen unserer Universitäten. Jahresbericht der Deutschen Mathematiker-Vereinigung Bd. 12. 1903, S. 584 f.

51 Vgl. 48, S. 249 ff.

52 Vgl. 44, S. 319

53 *Sommerfeld*, Arnold: Über technische Mechanik. In: Jahresbericht der Deutschen Mathematiker-Vereinigung Bd. 13. 1904, S. 157

54 Vgl. 53, S. 158

55 *Sommerfeld*, Arnold: Gesammelte Schriften. Hrsg. v. Sauter, Fritz. 4 Bde. Braunschweig 1968, S. 675

56 *Eckert*, Michael u. a.: Geheimrat Sommerfeld – Theoretischer Physiker. Eine Dokumentation aus seinem Nachlaß. Deutsches Museum. München 1984, S. 21

57 Vgl. 42, S. 1 f.

58 *Zacher*, Hans J.: Die Hauptschriften zur Dyadik von G.W. Leibniz. Veröffentlichungen des Leibniz-Archivs 5. Frankfurt a. M. 1973

59 *Graef*, Martin (Hrsg.): 350 Rechenmaschinen. München 1973, S. 90 f.

60 Vgl. 59, S. 52

61 *Bauer*, Friedrich: Was heißt und was ist Informatik? In: Otte, Michael: Mathematiker über die Mathematik. Berlin/Heidelberg/New York 1974, S. 368

62 Vgl. 53, S. 361

63 *Brusberg*, Helmut: Der Entwicklungsstand der Unternehmensforschung, Wiesbaden 1965, S. 27 f; *Dantzig*, Georg: Lineare Optimierung, Berlin 1966, S. 16

64 *Mandelbrot*, Benoit B.: Die fraktale Geometrie der Natur. (Hrsg. der deutschen Ausgabe: Zähle, Ulrich). Basel/Boston 1987, S. 200 ff.

Technik und Archäologie

Ernst Pernicka

Was ist Archäologie?

Eine wichtige Epoche der Archäologie begann mit der Ausgrabung von Herkulaneum und Pompeji. Johann Jakob Winckelmann (1717–1768), der durch seine „Geschichte der Kunst im Altertum" den Grundstein der klassischen Archäologie legte, hat Funde aus Herkulaneum beschrieben. Wie sich 1763 das Herkulaner Tor von Pompeji seinen Entdeckern zeigte, wurde in einem Stich festgehalten.

Im deutschen Sprachraum versteht man unter Archäologie die Wissenschaft vom materiellen Erbe der antiken Kulturen des Mittelmeerraumes. Ihre Wurzeln reichen bis in das 15. Jahrhundert zurück, als das Interesse an antiken Denkmälern wieder erwachte und eine rege Sammeltätigkeit einsetzte. Man bemühte sich um die Deutung und Ergänzung antiker Skulpturen und versuchte, antike Bauten zu rekonstruieren. Eine neue Epoche begann Mitte des 18. Jahrhunderts, als erstmals in Herculaneum und Pompeji gezielte archäologische Ausgrabungen durchgeführt wurden und der neuzeitliche Mensch sich unmittelbar in das Leben einer antiken Stadt versetzen konnte.

Johann Jakob Winckelmann (1717–1768) brachte Ordnung in die Vielfalt der Funde, indem er verschiedene Stilepochen der antiken Kunst erkannte und beschrieb. Seine 1764 erschienene „Geschichte der Kunst des Altertums" hatte entscheidenden Einfluß auf die Entwicklung der Archäologie, die um die Jahrhundertwende praktisch eine

„Kunstgeschichte der Antike" war. Erst spät wurden auch die römischen Reichsprovinzen und profane Dinge des täglichen Lebens in die Forschung einbezogen. Heute spricht man meist von „klassischer Archäologie", um deutlich zu machen, daß das Fach nur einen räumlich, zeitlich und sachlich begrenzten Teil der Kulturgeschichte betrachtet. Deshalb ist die Altertumsforschung in verschiedene Spezialgebiete aufgeteilt, die – wie die Ägyptologie, die Altorientalistik und die biblische Archäologie – räumlich oder – wie die antike Numismatik und die Epigraphik – sachlich begründet sind. Ihr Ziel ist es, die materiellen Überreste alter Kulturen in Beziehung zur schriftlichen Überlieferung zu setzen.

Während die Archäologie im engeren Sinne auf der Ästhetik und der Philologie fußte, nahm die Erforschung der Menschheitsgeschichte vor der Antike einen ganz anderen Verlauf. Das Fach der Urgeschichte entstand vor allem aus der Diskussion um das Alter der Menschheit selbst, ihre biologische und kulturelle Entwicklung. Diese Fragen bewegten die wissenschaftliche Welt Anfang des 19. Jahrhunderts. Die in Südengland und Frankreich gemachten Funde von Steinwerkzeugen und Menschenknochen zusammen mit denen ausgestorbener Tiere standen im Gegensatz zur damaligen, von der Bibel geprägten Erklärung der Geschichte unserer Ahnen. Danach ist der Mensch erst nach der Sintflut aufgetreten, die fast alle Lebewesen vernichtet hatte. Das Datum der Sintflut wurde Mitte des 17. Jahrhunderts von Erzbischof Ussher nach der Chrologie der Bibel mit 4004 v. Chr. errechnet. Die von der Geologie entwickelten Methoden der Stratigraphie legten aber ein viel höheres Alter der Funde nahe. Die entscheidende Wende trat 1859 ein, als mehrere wissenschaftliche Gesellschaften in England nach sorgfältiger Überprüfung der Funde öffentlich erklärten, daß die Existenz des Menschen vor der Sintflut erwiesen wäre.

1836 schlug Christian Thomsen eine Dreiteilung der Vorgeschichte in eine Stein-, Bronze- und Eisenzeit vor. Diese zunächst heftig umstrittene Gliederung setzte sich ebenfalls in der zweiten Hälfte des 19. Jahrhunderts durch und bildet bis heute zusammen mit der von der Geologie übernommenen Methode der Stratigraphie das Fundament der Urgeschichtsforschung. [II-2.1]

Im angelsächsischen Sprachraum ist der Begriff ‚Archäologie' aufgrund anderer akademischer Traditionen wesentlich umfassender. Archäologie bedeutet dort die Beschäftigung mit allen materiellen Resten der menschlichen Vergangenheit, vom einfachsten Steinwerkzeug bis zu neuzeitlichen Fabrikanlagen, schließt also die oben beschriebenen Teildisziplinen ein. Im folgenden wird diese weitgespannte Definition der Archäologie benutzt.

Unabhängig von der Definition ist aber allen Altertumswissenschaften gemeinsam, daß sie die Geschichte der Menschheit aus dem materiellen Erbe früherer Epochen rekonstruieren wollen. Damit ist der unmittelbare Bezug zur Technik und den Naturwissenschaften gegeben: Durch moderne Analyseverfahren lassen sich aus dem Material eines Artefaktes – hier: ein von Menschenhand geformtes Objekt – Schlüsse ziehen auf sein Alter, seine Herkunft und seine Herstellung. Selbst aus der Form eines Gegenstandes lassen sich mitunter durch eine technische Betrachtungsweise mehr und genauere Aussagen machen als durch eine nur ästhetische. Zur Entschlüsselung dieser Informationen ist die Archäologie auf die Methoden der Technik und der Naturwissenschaften angewiesen.

Historische Entwicklung

Erste Anwendungen naturwissenschaftlicher Methoden, besonders der Mineralogie und Chemie in der Archäologie stammen aus der zweiten Hälfte des 18. Jahrhunderts. Den Anstoß gaben die Ausgrabungen von Pompeji; die dort gefundenen antiken Farbstoffe stießen auch bei Naturwissenschaftlern auf reges Interesse. Begünstigt wurde diese Zusammenarbeit durch die Akademien, die den Gedankenaustausch zwischen historischen und naturwissenschaftlichen Disziplinen förderten, und die umfassende Bildung der damaligen Gelehrten. Ein Beispiel ist der Berliner Apotheker und Chemiker Martin Heinrich Klaproth (1743–1817), der wegen seiner Entwicklung neuer und verbesserter Methoden der quantitativen Analyse gelegentlich auch als „Vater der analytischen Chemie" bezeichnet wird. Klaproth besaß eine ansehnliche Sammlung antiker und völkerkundlicher Gegenstände, die er zusammen mit anderen Materialien analysierte. Seine ersten quantitativen Metallanalysen führte er an griechischen und römischen Kupfer- und Bronzemünzen durch. Ebenso gelang ihm die erste quantitative Glasanalyse an Proben eines römischen Glasmosaiks auf Capri.

In der ersten Hälfte des 19. Jahrhunderts wurden etwa zwei Dutzend Berichte über die Analyse archäologischer Objekte veröffentlicht, darunter von bekannten Chemikern wie Sir Humphrey Davy (1778–1829) und Jöns Jakob Berzelius (1779–1848). Alle diese Untersuchungen wurden aber an mehr oder weniger zufällig ausgewählten

Artefakten vorgenommen. Der entscheidende Schritt der Verknüpfung der Analysenergebnisse mit archäologischen Befunden und Fragestellungen gelang Franz Göbel mit seiner 1842 erschienenen Schrift: „Über den Einfluß der Chemie auf die Ermittlung der Völker der Vorzeit oder Resultate der chemischen Untersuchung metallischer Alterthümer insbesondere der in den Ostseegouvernements vorkommenden, behufs der Ermittlung der Völker, von welchen sie abstammen". Der Titel ist zwar im Stil seiner Zeit umständlich formuliert, aber er charakterisiert treffend den methodischen Ansatz: Die Analysen sollten zur Herkunftsbestimmung von Metallartefakten dienen, die aufgrund der Typologie verschiedenen Völkern zugeordnet wurden, wie es damals noch üblich war. Göbel konnte bereits auf etwa 120 Analysen zurückgreifen, von denen fast die Hälfte von ihm selbst stammte. Er untersuchte die geographische Verbreitung bestimmter Legierungstypen und kam zu dem Schluß, daß die „nordischen" Kupferlegierungen nur Zinn und die „römischen" außerdem noch Blei und Zink in verschiedenen Verhältnissen enthielten. Er wies auch bereits auf ein noch heute verbreitetes Problem der Probenentnahme hin: „Ich wünsche, daß diese kleine Arbeit die Besitzer von Museen, in welchen sich Legierungen von genau erwiesener Abstammung befinden, veranlassen möge, zur Vervollständigung der aufgestellten Skalen Chemiker zu fortgesetzten Analysen zu gewinnen" [1].

Göbels Hoffnung ging zunächst nicht in Erfüllung. Die anfangs für beide Seiten fruchtbare Zusammenarbeit wurde nicht weiterentwikkelt. Es gab zwar weiterhin naturwissenschaftliche Untersuchungen an Altertümern, aber sie wurden von den Archäologen nicht zur Kenntnis genommen. Erst Ende des Jahrhunderts trat ein Wandel ein, der vor allem auf den Einfluß Rudolf Virchows (1821–1902) und der Anthropologischen Gesellschaft in Berlin zurückgeführt werden kann. Mit welchen Problemen dieser dabei zu kämpfen hatte, verdeutlicht seine Auseinandersetzung mit den Philologen, bei der er zuweilen bewußt überspitzt sagte, die Prähistorie müsse nach naturwissenschaftlicher Methode betrieben werden. Er meinte damit, sie müsse sich ganz an die Beobachtung, an die realen Gegenstände halten und sich nicht scheuen, die Überlieferung danach zu korrigieren [2].

Heute bezweifelt dagegen kaum ein Archäologe die Notwendigkeit der Zusammenarbeit mit den Naturwissenschaftlern. Für die Anwendung naturwissenschaftlicher Methoden auf kulturhistorische Fragestellungen hat sich seit einigen Jahren der Name „Archäometrie", nach dem Titel einer englischen Zeitschrift, eingebürgert. Es sind vor allem drei Problemkreise der Archäologie, die zu solch einer Zusammenarbeit führen: die Prospektion, die Datierung und die Herkunft archäologischer Artefakte. Mit dem letzten Thema hängt die Frage nach der Wiederherstellung und Erhaltung archäologischer Funde eng zusammen. Sie wird im Band „Technik und Kunst" eingehend behandelt. [VII]

Moderne Methoden der Archäologie – Die Prospektion

Die systematische Geländebegehung und das Studium alter Sagen und Ortsnamen sind die traditionellen Methoden der Archäologie. Neue Möglichkeiten zur Lokalisierung vergrabener Strukturen sind von anderen Disziplinen entwickelt worden. So bedient man sich in der Kartographie schon lange der Luftbildphotographie. Fast ebenso lange benutzt man diese photographische Technik für die Entdeckung verborgener Strukturen unter der Erde. Drei Arten von Oberflächenmerkmalen werden dabei zur Beobachtung herangezogen: Schatten-, Boden- und Bewuchsmerkmale.

Schwache Schatten, die durch niedrig einfallende Sonnenstrahlen erzeugt werden, markieren Formen des Bodens, die fast keine Erhebung haben. Knapp unter der Erdoberfläche vergrabene Überreste und verfüllte Vertiefungen erzeugen Unregelmäßigkeiten in der Bodenstruktur und Verfärbungen, die nur vom Flugzeug aus sichtbar sind. Schließlich ist das Höhenwachstum und die Bewuchsdichte gleicher Pflanzen von der Tiefe und Qualität des Bodens und von seinem Feuchtigkeitsgehalt abhängig. Über Fundamentresten beispielsweise wird der Bewuchs niedriger und lichter sein als die umgebende Vegetation und er wird auch leichter welken. Solche Bewuchsmerkmale markieren klar die Umrisse archäologischer Fundstätten.

Die Entwicklung im Flugzeugbau und in der Luftbildtechnik im 1. Weltkrieg schuf die entscheidenden Voraussetzungen für die Prospektion aus der Luft. Den Anstoß für systematische Kartierungen gab ein Luftbild der Royal Air Force vom Sommer 1921, das erstmals die ganze Länge der prähistorischen Straße von Stonehenge nach Salisbury zeigte. Seither hat man mit diesem Verfahren viele Tausende bisher unbekannter Fundstellen in Mittel- und Westeuropa gefunden. Mittlerweile wird auch die Infrarotphotographie in der Luftbildarchäologie eingesetzt, mit der man geringe Temperaturunterschiede der Bodenabstrahlung registriert. Wahrscheinlich ist es nur eine Frage der Zeit, bis auch die gewaltigen technischen Fortschritte der Satellitenphotographie in der Archäologie Eingang finden.

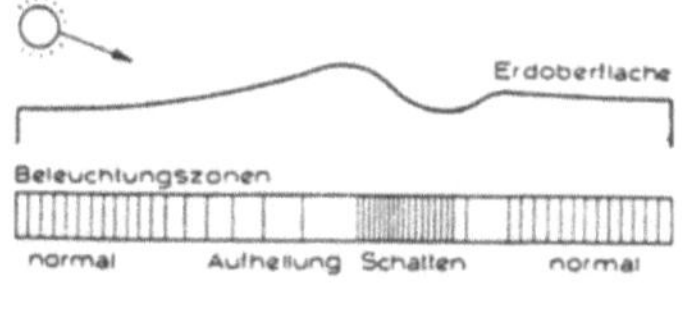

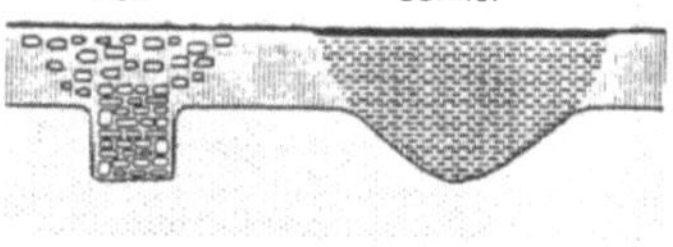

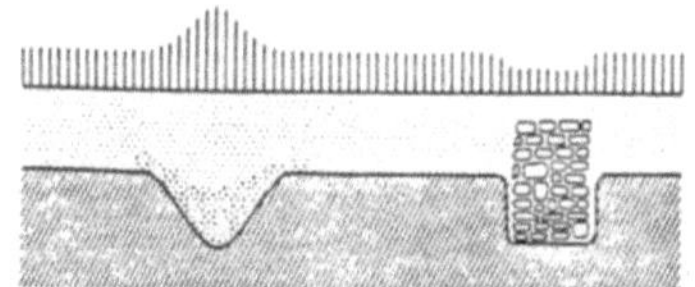

Aus der Luft lassen sich oft Merkmale vergrabener Strukturen erkennen, die sich bei Beobachtungen vom Boden aus nicht identifizieren lassen. Beispiele dafür sind die Schatten-, die Boden- und die Bewuchsmerkmale.

In vielen Fällen liegen aber archäologisch interessante Überreste zu tief im Erdboden, so daß sich keine Merkmale an der Erdoberfläche abzeichnen. In diesen Fällen helfen geophysikalische Meßtechniken weiter, die für die geologische Lagerstättenprospektion entwickelt worden sind. Es sind dies vor allem die Messung der Bodenleitfähigkeit und des Magnetfeldes der Erdoberfläche. Beide Meßgrößen ändern sich, wenn der Mensch durch einen Eingriff in die natürliche Oberfläche die physikalischen und chemischen Eigenschaften der oberen Bodenschichten verändert. Zum Beispiel nimmt der elektrische Widerstand über Gräben ab und steigt über Mauern an, während sich das magnetische Erdfeld umgekehrt verhält. Die größten Erfolge gelangen mit der elektrischen Widerstandsmessung bei der Lokalisierung von mehr als 10 000 etruskischen Gräbern und Grabkammern durch die Lerici-Stiftung. Selbst wenn nicht alle ausgegraben werden, können sie jetzt zumindest vor Raubgrabungen geschützt werden. Nachteile dieser Methode sind aber ihre Immobilität – Meßsonden müssen in den Boden getrieben werden – und ihre Anfälligkeit gegen wechselnde Witterung. Die Messung des Magnetfeldes ist dagegen unabhängig vom Klima und operationell sehr viel schneller. Der erste Erfolg dieser Methode war die Entdeckung der wegen ihres Reichtums berühmten griechischen Stadt Sybaris am Golf von Taranto. Es war bekannt, daß Sybaris von Bewohnern seiner Nachbarstadt Kroton niedergebrannt worden war. Dadurch wurden die Eisenoxide im Boden und in Baumatererialien über 600 °C erhitzt und vermehrt in magnetische Oxidarten umgewandelt. Diese leichte Erhöhung des Magnetfeldes konnte mit einem neu entwickelten Gerät, dem Protonen-Präzessions-Magnetometer, gemessen werden. Seit damals ist die Methode vor allem in England oftmals angewendet und weiter verbessert worden. Durch den Einsatz von elektronischen Rechnern konnten außerdem große Flächen in vertretbarer Zeit untersucht werden. Ersatz für eine planmäßige Flächengrabung bieten diese Verfahren allerdings nicht. Sie können aber oft dazu beitragen, die Ausgrabung auf die interessantesten Punkte zu konzentrieren und dadurch Zeit und Geld zu sparen.

Neue Methoden zur Altersbestimmung

Besonders für die prähistorische Forschung ist die Frage nach dem Alter eines Fundobjektes von fundamentaler Bedeutung. Denn für die Rekonstruktion von Geschichtsabläufen aufgrund von Bodenfunden ist ein gesichertes chronologisches Gerüst die Grundvoraussetzung. Für die relative Chronologie benutzt der Archäologe die Methode der Stratigraphie. Sie beruht auf der Tatsache, daß übereinander lagernde Bodenschichten eine Zeitenfolge darstellen: Die obere Schicht ist jünger als die darunter liegende. Dies erlaubt eine relative Datierung dieser Bodenschichten. Es ist ein wesentliches Ziel jeder modernen archäologischen Ausgrabung, solch eine Schichtabfolge zu erfassen und zu interpretieren.

Ein weiteres Hilfsmittel zur Erstellung einer relativen Chronologie ist die Typologie. Sie geht auf den englischen Offizier Henry Lane-Fox zurück, der begeisterter Archäologe war und eine Vorliebe für naturwissenschaftliche Denkweisen hatte. Als er sich um die Jahrhundertwende mit der historischen Entwicklung der Feuerwaffen be-

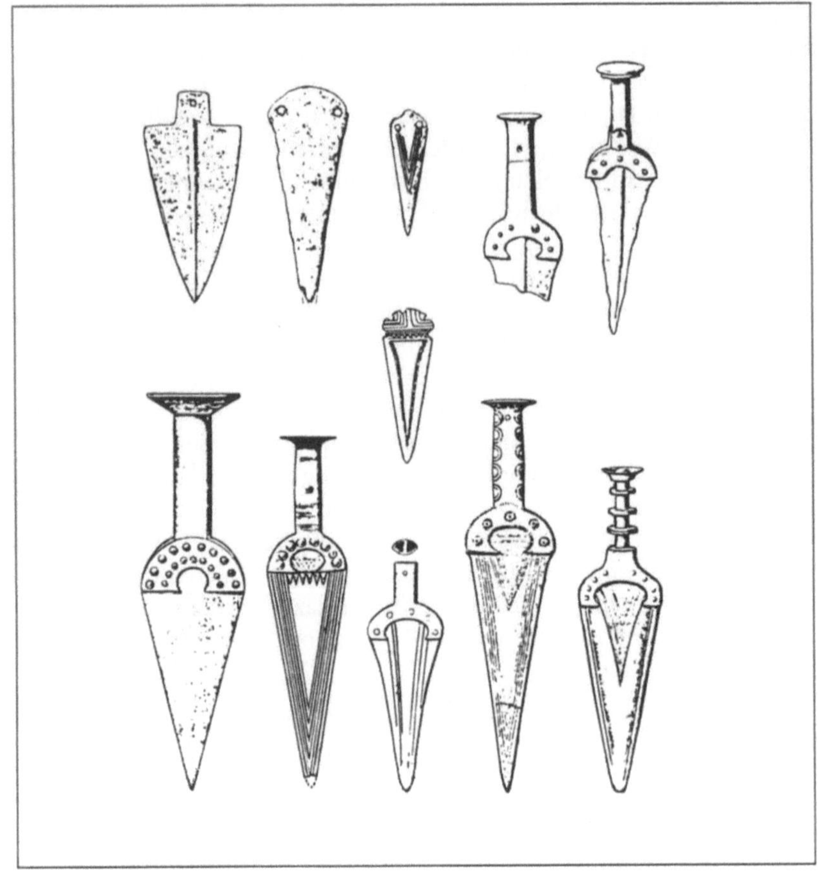

schäftigte, gelangte er zu der Auffassung, daß der waffentechnische
Fortschritt nicht auf einmalige Erfindungen zurückzuführen sei, sondern auf eine lange Reihe winziger Änderungen. Dies ist eine technikgeschichtliche These. Aus ihr schloß Lane-Fox, daß sich in analoger
Weise auch Gebrauchsgegenstände im Rahmen einer Evolution
schrittweise verändern. Sie können daher in typologischen Reihen
geordnet werden, die wiederum Schlüsse auf ihr Alter zulassen. Oskar
Montelius wandte diese Methode erstmals auf archäologische Objekte
– wie Dolche und Äxte aus Metallen – an [3]. Er führte außerdem eine
räumliche Dimension ein, indem er die Formentwicklung in verschiedenen geographischen Gebieten verglich und zu parallelisieren suchte.
Damit war die Grundlage für die vergleichende Stratigraphie geschaf-

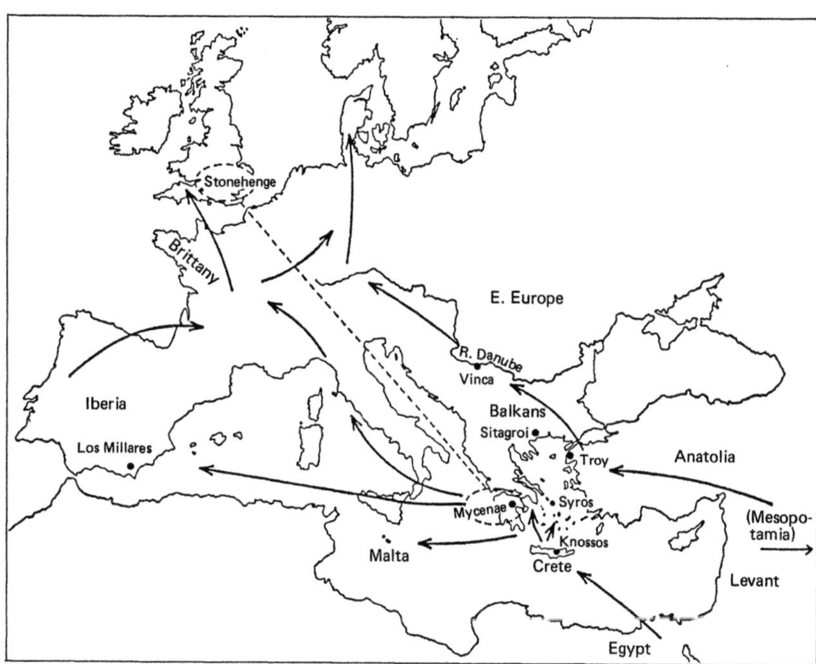

fen, die es im Prinzip erlaubt, absolute Altersangaben selbst für Kulturen ohne schriftliche Zeugnisse, wie etwa in der mitteleuropäischen
Bronzezeit, zu machen: In dieser Zeit gab es im Mittelmeerraum, in
Ägypten und Mesopotamien Kulturen mit schriftlichen Aufzeichnungen, welche die Aufstellung eines „Kalenders" bis etwa 3000 v. Chr.
erlaubten. Um nun die Datierung auf die Kulturabfolge in Mitteleuropa auszudehnen, war es notwendig, sie mit der in Ägypten oder
Mesopotamien zu vergleichen. Das wurde durch die sogenannte Kul-
turkontaktmethode versucht. Davon spricht man, wenn datierbare
Objekte aus einer Region mit absoluter Chronologie in einem anderen
Land gefunden werden. Solche Importe bilden absolut-chronolo-
gische Fixpunkte in der Schichtabfolge. Sie können ihrerseits wieder
als Ausgangspunkt für die Datierung von noch weiter von der „Ka-
lenderregion" liegenden Gebieten dienen. Auf diese Weise konnte die
mykenische Kultur aus ihren Kontakten mit Ägypten datiert werden.
Die mykenische Kultur war ihrerseits wieder der Ausgangspunkt für
die Datierung der mitteleuropäischen Bronzezeit. Da es aber keine
direkten Importe aus Ägypten in Mitteleuropa gibt, mußten Form-

vergleiche mit mykenischen Funden angestellt werden. Dabei ging implizit immer eine Annahme ein, die ganz allgemein einige Ähnlichkeiten zwischen Kulturerscheinungen in Europa und dem östlichen Mittelmeerraum erklärte, nämlich die Kulturdrift oder Diffusion. Sie besagte, daß die wichtigsten kulturellen Fortschritte in Europa auf Einflüsse aus dem Nahen Osten zurückzuführen sind. Diese Annahme war ohne unabhängiges Datierungssystem nicht zu überprüfen. Erst naturwissenschaftliche Datierungsmethoden zeigten, daß sie nicht generell angewandt werden kann.

Heute stehen acht physikalisch-chemische und drei botanische Verfahren für die archäologische Datierung zur Verfügung. Das wichtigste von ihnen ist zweifellos die Radiokohlenstoffmethode, die zunächst die archäologische Zeitskala über 5000 Jahre hinaus erweiterte. Sie beruht auf der Tatsache, daß die Erdatmosphäre einen geringen Anteil von radioaktivem Kohlenstoff mit der Atommasse 14 (^{14}C) enthält. Dieses ^{14}C entsteht ständig aus Stickstoff durch die Einwirkung der kosmischen Strahlung auf die obere Atmosphäre. Nach seiner Bildung verhält sich der radioaktive Kohlenstoff praktisch genau so wie der stabile mit der vorwiegenden Massenzahl 12, d.h. er wird in Kohlendioxid umgewandelt und kann von Pflanzen bei der Assimilation aufgenommen werden. Nach dem Absterben der Pflanze, zum Beispiel nach der Fällung eines Baumes, wird die Assimilation unterbrochen und der radioaktive Kohlenstoff zerfällt unabhängig von den Umgebungsbedingungen und nach bekannter Gesetzmäßigkeit. Altes Holz ist demnach weniger radioaktiv als junges. Man braucht nur die Radioaktivität einer alten Holzprobe mit einem heutigen Standard zu vergleichen und erhält daraus das Alter der Probe. Der erste Erfolg der ^{14}C-Methode – auch als C-14-Methode bezeichnet – war die zeitliche Festlegung des Beginns des Ackerbaus im nördlichen Mesopotamien und in Palästina auf etwa 8000 v. Chr. Früher waren Altersangaben in diesen Perioden reine Spekulation. Aber unter den Archäologen entstand eine hitzige Diskussion um diese Methode: Gerade für die mitteleuropäische Jungsteinzeit folgte aus ihr ein für viele Archäologen „unannehmbar hohes Alter". Gerade als die ersten ^{14}C-Alter publiziert wurden, war nämlich die Methode der Kulturkontaktchronologie von Vladimir Milojčić[4] und Stuart Piggott[5] verfeinert und durch neues Fundmaterial abgestützt worden. Daraus ergaben sich Unterschiede zu den ^{14}C-Altern bis zu 1500 Jahren für neolithische Kulturen. Es gab zwar auch einige Vertreter einer „langen Chronologie" aus archäologischen Überlegungen, die den ^{14}C-Daten näher kam, aber die meisten Archäologen waren An-

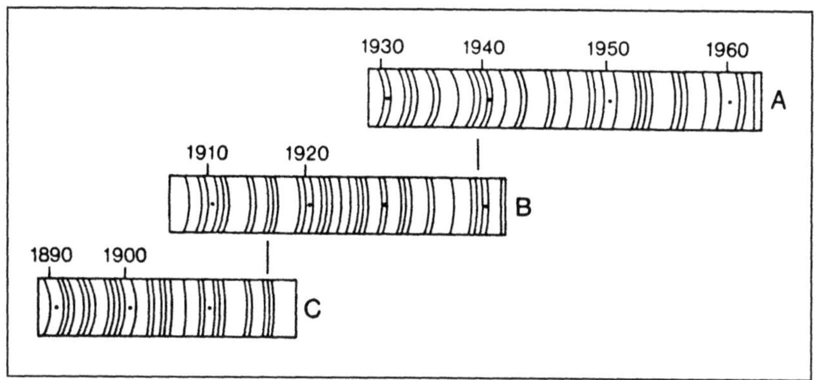

Schematische Darstellung des dendrochronologischen Datierungsverfahrens.

hänger der von Milojčić und Piggott neu belegten „kurzen Chronologie". Als sich noch durch Vergleich mit gut datierten ägyptischen Proben herausstellte, daß die Radiokohlenstoffmethode systematisch niedrigere Alter ermittelte, war die Verwirrung komplett.

Heute weiß man, daß eine Grundannahme der ^{14}C-Datierung, nämlich ein konstanter Gehalt der Atmosphäre an ^{14}C nicht erfüllt ist. Es gibt langfristige Schwankungen, die dazu führen, daß ^{14}C-Alter nicht direkt als Kalenderjahre interpretiert werden können. Es gibt aber eine Korrekturmöglichkeit durch die Messung des ^{14}C-Gehaltes an einzelnen Jahresringen von Bäumen. Aufgrund der unterschiedlichen Breite einzelner Jahresringe ist es gelungen, aus einer Vielzahl von Bäumen eine mehrere Tausend Jahre lange Sequenz aufzustellen, die ihrerseits die Grundlage für eine eigenständige Altersbestimmungsmethode, die sogenannte Dendrochronologie, bildet. Die dendrochronologische Korrektur der ^{14}C-Alter führte zu noch größeren Unterschieden zwischen der „langen" und der „kurzen" Chronologie, so daß sie noch weniger vereinbar waren und eine davon falsch sein mußte. Mit der zunehmenden Anzahl von ^{14}C-Daten, die die „lange" Chronologie stützten, trat ein Wandel ein, der zu einer Revolution in der Urgeschichtsforschung führte. Die lange und kontroverse Diskussion um die Radiokohlenstoffmethode ist aber immer noch nicht abgeschlossen. Das mag auch daran liegen, daß über das genaue Ausmaß der Korrektur einzelner ^{14}C-Daten noch keine Einigkeit herrscht, wodurch viele Archäologen verunsichert werden.

Mit der Thermolumineszenzmethode steht nun ein neues Verfahren zur archäologischen Altersbestimmung zur Verfügung, das von der Radiokohlenstoffmethode völlig unabhängig ist. Es wird vor allem

zur Datierung von Keramik verwendet und beruht darauf, daß die
Strahlungsenergie radioaktiver Atome im Scherben und im Boden
durch Minerale in der Keramik zum Teil gespeichert werden kann.
Diese Energie wird beim Erhitzen in Form von Licht, eben der Thermolumineszenz, frei. Bei der Herstellung keramischer Gegenstände
wird der Ton gebrannt, also auf etwa 800 °C und mehr erhitzt, so daß
die gesamte Thermolumineszenz, die ursprünglich im Ton enthalten
war, gelöscht wird. Die „archäologische Uhr" wird dabei sozusagen
auf Null gestellt. In jedem Ton finden sich geringe Mengen radioaktiver Elemente wie Thorium, Uran and Kalium. Die Strahlungsenergie
dieser Elemente wird erneut gespeichert und wenn danach die Keramik im Labor erhitzt wird, ist die Intensität des Lichtes, das sie aussen-
det, ein Maß für ihr Alter. Diese Methode hat nun die dendrochrono-
logisch kalibrierten ^{14}C-Alter des europäischen Neolithikums
bestätigt, so daß die Richtigkeit der „langen" Chronologie kaum
mehr bezweifelt werden kann. Dieser Fall zeigt, wie die naturwissenschaftlichen Datierungsmethoden archäologische Grundanschauungen entscheidend beeinflussen und verändern können. Manche sprechen sogar von einer ^{14}C-Revolution in der Archäologie[6].

Herkunftsbestimmung

Die grundlegende Arbeit des Archäologen besteht in der Klassifikation und Beschreibung von Bodenfunden. Hier bedient er sich schon
lange der Hilfe von Mineralogen, Chemikern, Zoologen oder Bota-
nikern bei der Materialidentifizierung. Auch für die Interpretation des
Materials gibt es eine lange Tradition interdisziplinärer Zusammenarbeit. Im 19. Jahrhundert dienten die meisten chemischen Analysen
archäologischer Metallfunde, wie etwa Münzen, Werkzeuge und
Waffen, dem Ziel, die Herkunft des Metalls zu ermitteln. Der enorme
Fortschritt der physikalisch-chemischen Analysemethoden hat dazu
geführt, daß man heute beispielsweise weiträumige Handelsrouten
von Obsidian, einem vulkanischen Glas zur Herstellung von Werkzeugen und Klingen, im Mittelmeerraum rekonstruieren kann. Obsidian von der Ägäisinsel Milos wurde in einer etwa 9000 Jahre alten
Schicht auf dem griechischen Festland gefunden. Dies ist gleichzeitig
der früheste Beweis für die Beherrschung der Seefahrt durch den
Menschen. Es wird dabei die chemische Zusammensetzung eines Artefaktes mit natürlichen Vorkommen verglichen. Da Obsidiane aus
verschiedenen Vorkommen eine ähnliche Zusammensetzung ihrer

Hauptbestandteile aufweisen, müssen Unterschiede im Spurenelementbereich gesucht werden. Zur besseren Unterscheidung ist es überdies wichtig, möglichst viele Spurenelemente zu messen. Analysemethoden, die mehrere Elemente gleichzeitig mit hoher Empfindlichkeit erfassen, sind die Emissionsspektral-, die Röntgenfluoreszenz- und die Neutronenaktivierungsanalyse. Sie werden in zunehmendem Maße für solche Herkunftsuntersuchungen eingesetzt. Neben Obsidian sind viele Tausende Keramikfragmente analysiert worden, um die auch den klassischen Archäologen bewegende Frage nach lokaler Produktion oder Importware zu beantworten. Auf diese Weise wurde zum Beispiel festgestellt, daß eine bestimmte Gattung römischer Keramik, die in weiten Teilen des Gebietes der römischen Imperiums gefunden wird und die den Stempel einer Werkstatt aus Mittelitalien trägt, in verschiedenen, weit verstreuten Zweigstellen dieser Werkstatt hergestellt wurde.

Weniger erfolgreich war die Spurenanalyse bei der Herkunftsbestimmung von Metall. Das liegt vor allem daran, daß die Zusammensetzung auf dem Weg von der Lagerstätte zum Endprodukt stark verändert wird und daß in vielen Lagerstätten große Variationen der Spurenelementkonzentrationen auftreten. Hier wird vielleicht die Messung der Isotopenzusammensetzung des Bleis zu wesentlich neuen Erkenntnissen führen. Seit der Bildung der Erde vor etwa 4,6 Milliarden Jahren hat sich die relative Häufigkeit der vier stabilen Blei-Isotope durch den radioaktiven Zerfall von Uran und Thorium laufend geändert. Da bei der Bildung einer Bleilagerstätte eine fast vollständige Trennung des Bleis von Uran und Thorium stattfindet, wird zu diesem Zeitpunkt die isotopische Zusammensetzung des Bleis gleichsam eingefroren, sie ändert sich nicht mehr und ist determiniert durch das U/Pb- und Th/Pb-Verhältnis im Ausgangsreservoir und das Bildungsalter der Bleilagerstätte. Natürlich kann eine Lagerstätte in geologischen Zeiträumen – etwa durch Erosion – wieder aufgelöst werden oder das Blei wieder in einem Reservoir mit Uran und Thorium zusammengeführt werden. Dann findet eine neuerliche Veränderung der isotopischen Zusammensetzung statt. Das ändert aber nichts an dem Ergebnis, daß Bleilagerstätten verschiedene Isotopenverhältnisse des Bleis haben können, die sie unterscheidbar machen. Für die Herkunftsbestimmung ist außerdem entscheidend, daß diese Zusammensetzung durch keine chemischen oder physikalischen Prozesse – also auch nicht durch die Verhüttung – verändert werden.

Erste Versuche, Bleiartefakte mit dieser Methode bestimmten Bergbauregionen zuzuordnen, wurden vor etwa zwanzig Jahren unternommen. Man muß sich dabei keineswegs auf reines Blei beschränken. Auch andere Materialien, die Blei enthalten, wie Silber, Kupfer, Glas, Keramik, Pigmente können in gleicher Weise analysiert werden. Da nur etwa 100 ng ($= 10^{-7}$ g) für die Messung der Bleiisotopenverhältnisse erforderlich sind, genügen Spuren von Blei in diesen Materialien.

Die Zukunft der Technik in der Archäologie

Die modernen Verfahren erzeugen eine große Menge Daten. Eine intuitive Auswertung ist nicht mehr möglich, und es ist notwendig, formalisierte Methoden der Datenanalyse zu übernehmen. Für die umfangreichen Rechenprozesse, die damit verbunden sind, spielt die elektronische Datenverarbeitung eine entscheidende Rolle. Formalisierte Methoden der Auswertung werden in Zukunft einen bedeutenden Einfluß auf die Arbeitsweise des Archäologen haben. Freilich stehen wir hier erst am Anfang. Es hat Fehlschläge gegeben, zurückzuführen auf ungeeignetes Datenmaterial und mangelndes Verständnis für die Tragweite und Grenze der Methoden. Noch mehr als solche Fehlschläge hat für die zögernde Aufnahme die Angst vor der „Usurpation des Thrones der Geschichte durch die naturwissenschaftlichen und technischen Diener"[7] eine Rolle gespielt, wie es Jacquetta Hawkes 1968 beschrieben hat. Aber in dem Maße, in dem die elektronische Datenverarbeitung immer mehr Bestandteil unseres Lebens wird, wird sie auch immer mehr Anwendung in der Archäologie finden. Dennoch ist die Archäologie eine humanistische Disziplin. Aber die Grundlage, auf der sie zu ihren Erkenntnissen kommt, hat sich im Laufe der letzten Jahrzehnte auf so revolutionäre Weise verändert, daß traditionelle Verfahren weitgehend ergänzt und ersetzt wurden. Mit Recht wurde behauptet, daß die zwei Jahrzehnte nach 1950 sicherlich als Zeitalter der technischen Erneuerung der Archäologie in die Geschichte eingehen würden[8]. So hat sich mit großer zeitlicher Verzögerung Virchows Auffassung schließlich durchgesetzt, und es werden tatsächlich archäologische Kenntnisse durch naturwissenschaftliches Vorgehen gewonnen. Das bedeutet aber keineswegs, daß der Archäologe selbst zum Naturwissenschaftler wird. Aber in Kenntnis der technischen Möglichkeiten wird er gezielte Fragen stellen und die entsprechenden Meßdaten deuten können. Außerdem können in vielen Fällen die vom Archäologen an die Technik gestellten Forderungen auch die Weiterentwicklung der Technik stimulieren.

Literaturnachweise

1 Zit. nach *Otto*, H./*Witter*, W.: Handbuch der ältesten vorgeschichtlichen Metallurgie in Mitteleuropa. Leipzig 1952, S. 3
2 Zit. nach *Riederer*, Josef/*Rohr*, Alheidis von (Hrsg.): Artikel Kunst unter Mikroskop und Sonde. In: Handbuch zur Ausstellung der Staatlichen Museen Preußischer Kulturbesitz. Berlin 1973, S. 12
3 *Montelius*, Oscar: Die älteren Kulturperioden im Orient und in Europa. Bd. 1.: Die Methode. Stockholm 1903
4 *Milojčić*, Vladimir: Chronologie der jüngeren Steinzeit Mittel- und Südosteuropas. Berlin 1949
5 *Piggott*, Stuart: The Neolithic Cultures of the British Isles. London 1954
6 *Renfrew*, Colin: Before Civilisation. London 1973
7 *Hawkes*, Jacquetta: The Proper Study of Mankind. In: Antiquity XLII, 1968, S. 255–262
8 *Hole*, Frank/*Heizer*, Robert F.: Introduction to Prehistoric Archaeology. San Francisco 1969

Technik als Hilfsmittel
in den Geschichtswissenschaften

Heinrich Best
Manfred Thaller

Hat die Geschichtswissenschaft sich durch die technische Entwicklung verändert?

Technische Entwicklungen haben das Fach immer dann besonders schnell und stark beeinflußt, wenn sie – und sei es auf Umwegen – die Verfügbarkeit von Informationen über die Vergangenheit beeinflußt – und das hieß meist verbessert – haben. Dies gilt bereits für jene große methodische Revolution des 18. und vor allem des 19. Jahrhunderts, die das wissenschaftliche Selbstverständnis des Faches bis vor wenigen Jahrzehnten geprägt hat. In jener Zeit ist der Übergang anzusetzen, in dem sich primär philosophisch-didaktischem Lehrbedürfnis verpflichtete Lehre einerseits und schlicht interessensgebundene Hofgeschichtsschreibung andererseits in eine Disziplin verwandelte, die mit Nachdruck den Anspruch erhob, „sine ira et studio", d. h. ohne Parteilichkeit für oder gegen eine der Seiten, deren Wirken beschrieben werden sollte, eine als absolut begriffene historische Wahrheit wiederzugeben. Dies kann nicht der Ort sein, darüber zu diskutieren, wie weit dieser Anspruch erfüllt wurde und wieweit selbst das scheinbar so neutrale Verlangen, nichts zu beschreiben als „wie es eigentlich gewesen sei", in Wirklichkeit nur der Ausdruck eines letztlich sehr unkritischen Glaubens daran war, zweifelsfrei darüber entscheiden zu können, was an der menschlichen Gesellschaft erinnerungswürdig sei und was man getrost der Vergessenheit anheimfallen lassen könne.

Zweifellos mußte ein derartiger Anspruch, einmal erhoben, aber zu Erweiterungen führen, aus denen die sehr viel kritischeren und selbstkritischeren historischen Wissenschaften unserer Tage entstanden. Und eben die Herausbildung dieses Anspruchs ist ohne die schnelle technische Entwicklung kaum denkbar. Fand dieser Anspruch seinen Ausdruck doch vor allem in der Vorstellung, *alle* Informationen über *alle* Seiten einer historischen Entwicklung zu sammeln und einer Darstellung zu Grunde zu legen. Daher wurde die „Archivreise" – der systematische Besuch einer Vielzahl von potentiellen Fundstellen für historisches Quellenmaterial – besonders im 19. Jahrhundert ein wesentlicher Bestandteil der wissenschaftlichen Reputation des Historikers. Was nicht besagt, daß derartige Reisen, derartiges Sammeln vorher nicht stattgefunden hätten: zu einer Bedingung wissenschaftlicher Glaubwürdigkeit konnte es aber erst im Zuge der verkehrstechnischen Revolution eben dieses Jahrhunderts werden [1].

Diese Zugänglichkeit historischen Quellenmaterials durch die technischen Möglichkeiten der jeweiligen Epoche war für das Verhältnis von historischer Wissenschaft und Technik weiterhin von großer Bedeutung. Während dieser fachspezifisch-hermeneutische Erkenntnisprozeß bis zu den Debatten um die Wünschbarkeit und Notwendigkeit der Nachprüfung historischer Hypothesen durch statistische Verfahren von der technischen Entwicklung unbeeinflußt blieb, waren es gerade die methodisch durch viele Jahrzehnte als besonders konservativ eingestuften historischen Hilfswissenschaften, die Möglichkeiten für die Quellenerschließung und -bewahrung durch naturwissenschaftliche und technische Neuerungen recht aufgeschlossen waren. Hier sind zu nennen:

1. Die Verwendung neuerer technischer Verfahren zur Datierung auf anderem Wege nicht datierbarer Quellenbestände. Als Beispiele mögen einerseits die Dendrochronologie dienen, d. h., jene technischen Verfahren, die die Datierung hölzerner Bestandteile historischer Bauwerke auf Grund der in ihnen enthaltenen Abfolge von Jahresringen ermöglichen [2], andererseits sei allgemein auf eine Vielzahl von Möglichkeiten verwiesen, Schriftstücke auf Grund einer chemischen Analyse von Schreibstoff und Beschreibstoff – von Tinte und Papier – einer bestimmten Entstehungszeit zuzuweisen. Freilich sind derartige Verfahren nicht dem Standardarsenal der historischen Wissenschaften zuzuordnen und werden nur in besonders brisanten Fällen herangezogen. So war bei der Überprüfung der Echtheit der Hitlertagebücher vor einigen Jahren selbst das zentrale Bundesarchiv in Koblenz auf die Amtshilfe anderer Stellen des Bundes für die chemische Analyse angewiesen. [III-2.2]

2. Verfahren zur Wiederherstellung schlecht oder gar nicht mehr lesbaren Quellenmaterials. Vor allem im Archivbereich bestehen oft recht ausgefeilte Möglichkeiten zur Wiederherstellung unlesbar gewordenen Schriftgutes auf chemischem oder physikalischem Wege. Als Musterbeispiel sei hier auf die Bearbeitung von Palimpsesten verwiesen. Darunter verstehen wir schriftliche Quellen, bei denen in einer an Schreibmaterial armen Zeit die ursprüngliche erste Beschreibung

völlig „radiert" wurde um den Beschreibstoff neu nützen zu können.
Hier hat der Einsatz von Ultraviolettlampen, unter denen die zunächst
völlig unsichtbare ursprüngliche Schrift wieder zum Vorschein
kommt, zum Teil spektakuläre Funde von schriftlichen Zeugnissen aus
äußerst schlecht dokumentierten Zeiträumen ermöglicht[3]. In besonderem Maß sind derartige Verfahren für den Grenzbereich zwischen
Archäologie und alter Geschichte von Bedeutung. Das gilt vor allem
in der Papyrologie, also jener Spezialdisziplin, die sich mit der Interpretation der auf Papyrusfragmenten enthaltenen Bruchstücke länge-

*Moderne chemische und physika-
lische Methoden machen es heute
oft möglich, schlecht erhaltenes oder
gar nicht mehr lesbares historisches
Quellenmaterial wiederherzustellen
und so eine Auswertung zu ermöglichen. – Von der Ahnentafel der
Anna Katharina von Salm-Reiffer-
scheid (gest. 1691), einer Urgroß-
mutter des österreichischen Staats-
kanzlers Wenzel Anton Graf
Kaunitz (1711–1794), war 70%
zerstört, als man 1986 mit der Restaurierung begann. Nach der Restaurierung waren die über sieben
Generationen reichenden 126 Wap-
penschilde mit den Schriftzügen
wieder lesbar. – Die Abbildung
zeigt die Ahnentafel vor und nach
der Restaurierung.*

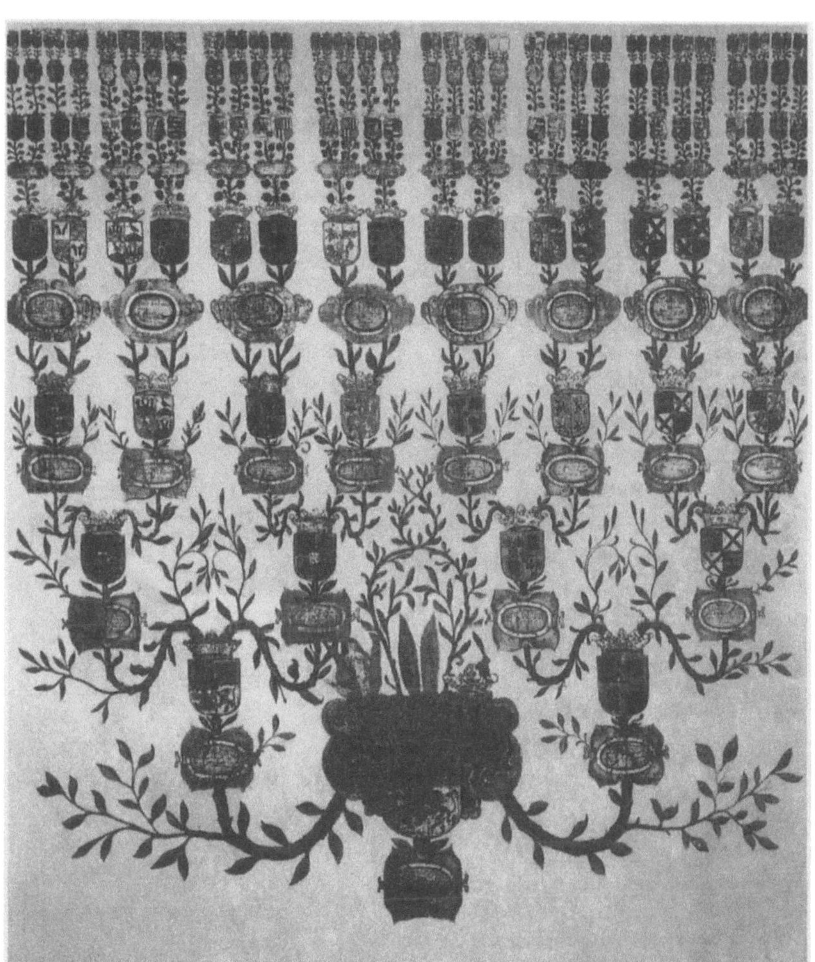

rer Schriftstücke befaßt, in der neue Quellenfunde praktisch nur noch
bei extremen Überlieferungsbedingungen möglich sind. Hier führt
der Einsatz gezielt dafür entwickelter technischer Verfahren mittlerweile sogar zur Entzifferung von Fragmenten, von denen nur noch die
in Herculaneum unter Luftabschluß innerhalb der Vesuvlava ausge-
glühten Reste vorhanden sind [4].

3. Mittel- und langfristig ist innerhalb des Komplexes der Quellen-
bewahrung wahrscheinlich die Entwicklung der Phototechnik von
größter Bedeutung. Bereits im vorigen Jahrhundert begann man mit

der gezielten Reproduktion besonders wertvoll und gefährdet erscheinender Einzelquellen in Form von „Faksimiles", also von Reproduktionen unter Einsatz der jeweils modernsten Technologie, die für sich in Anspruch nehmen das Original in möglichst allen Aspekten so ähnlich als möglich wiederzugeben. Neben dieser wegen der extrem hohen Kosten naturgemäß nur auf sehr wenige Stücke beschränkten Bemühungen setzten in diesem Jahrhundert andere Versuche ein, die zunächst einmal gesammelte Quellenbestände, wie etwa sämtliche überlebenden deutschen Originalurkunden vor einem bestimmten Stichjahr, durch qualitativ hochwertige – aber nicht mit den Kosten von Faksimiles vergleichbaren – Fotografien sicherstellen wollten. Eine nächste Stufe war die Entwicklung der Mikrofilmtechnik. Seit den sechziger Jahren dieses Jahrhunderts gelang es mit ihr einerseits bisher nicht edierbare Quellenkorpora der neueren Geschichte – wie etwa Sammlungen von Flugschriften im Umfang von oft mehreren zehntausenden Seiten in Deutschland und anderen Ländern – zu verfilmen und andererseits systematische Sicherheitsverfilmung geschlossener Archivbestände zu machen, die mittlerweile zur Anlage von Sicherheitskopien archivalischen Materials im Bereich zweistelliger Millionenzahlen von Aufnahmen geführt hat [5].

Die meisten der bisher genannten Entwicklungen betreffen primär nicht die Tätigkeit des Historikers im engeren Sinne, die Interpretation und Analyse der Überlieferung, sondern die dafür notwendigen Voraussetzungen, nämlich die archivalische Bereitstellung und Bewahrung eben dieser Überlieferung. Zu diesem Zweck wird mittlerweile auch die Datenverarbeitung verstärkt herangezogen. Dies wird wohl am besten durch die Tatsache dokumentiert, daß in der einschlägigen Fachzeitschrift der Bundesrepublik seit einiger Zeit kaum mehr eine Ausgabe erscheint, in der nicht zumindest ein EDV-gestütztes archivalisches Nachweissystem vorgestellt oder diskutiert wird [6]. Als einzelne Archive durch die sinkenden Preise der Mini-Rechner in die Lage versetzt wurden, eigene derartige Anlagen zu erwerben, kam es zu einer wachsenden Anwendung rechengestützter Systeme bei der Lagerung und Verwaltung von Archivalien.

Freilich stellt die neueste Entwicklung der Datenverarbeitung die Archive auch vor beträchtliche Probleme. Sie haben bereits zur Prognose geführt, daß die gegenwärtigen Jahrzehnte zu einer sehr schlecht bekannten Epoche werden könnten, da wesentliche Bereiche der staatlichen Verwaltung Unterlagen nur mehr in maschinenlesbarer Form führen, über deren langfristige Sicherstellung kaum Vorstellungen existieren.

Das Bild einer vor allem in ihren Voraussetzungen, nicht in ihren analytischen Werkzeugen, durch die technische Entwicklung beeinflußten Geschichtswissenschaft hat sich allerdings in den letzten Jahren bedeutend gewandelt. Dies wurde durch die Übernahme sozialwissenschaftlich-empirischer Paradigmata bewirkt, die freilich keineswegs unwidersprochen geblieben ist.

Quantitative Historische Sozialforschung

Nach einer stärkeren Orientierung der historischen Forschung auf gesellschaftliche Struktur- und Entwicklungszusammenhänge seit Mitte der 1960er Jahre veränderten sich auch ihre Wahrheitskriterien, ihre Quellenbasis und die Art ihrer wissenschaftlichen Beweisführung [7]. Während Rekonstruktionen des Schicksals einzelner Personen oder der Abläufe singulärer Ereignisse durch punktuelle Quellen hinreichend abgesichert werden können, lassen sich generalisierende Aussagen mit ausdrücklich theoretischem Anspruch nicht durch Einzelzeugnisse „belegen". Hier wird eine Schwäche des historischen Individualismus offenkundig, der in solchen Fällen immer nur neue historische Einzelfälle anführen kann, ohne mit ihrer Häufung irgendeinem Anspruch an Repräsentativität zu genügen oder über die Mittel zu verfügen, um ungegliederte Materialmassen zu strukturieren [8]. Ein Beispiel sind Untersuchungen über die Machtorganisation und die Herrschaftsstrategien der Eliten des Deutschen Kaiserreichs, in denen der Anspruch erhoben wurde, weitreichende Theorien – etwa die des „Sozialimperialismus" – durch zahlreiche Quellenbelege „beweisen" zu können. Doch so beeindruckend die umfangreichen Anmerkungsapparate, Quellen- und Literaturverzeichnisse auch waren: den Einwand, daß Zeugnisse und Personen willkürlich oder gar unter dem Gesichtspunkt der Übereinstimmung mit den vorgefaßten Ansichten des Forschers ausgewählt worden seien, vermochten sie nicht zu widerlegen. Weder wurde die Grundgesamtheit der „Elite" des Kaiserreichs eindeutig abgegrenzt, noch wurden exakt die Indikatoren bestimmt, die eine Meinung, Handlung oder Person als „sozialimperialistisch" kennzeichnen sollten. Das Dilemma von Untersuchungen dieses Typs ist, daß die traditionellen philologisch-hermeneutischen Beweismittel, die ja entwickelt wurden, um ein gesichertes Wissen über *einzelne* historische Vorgänge zu gewinnen, zu kurz greifen, wenn es darum geht, Aussagen über große Kollektive zu machen.

Erst die Anwendung quantifizierender Verfahren in Verbindung mit einer seriellen Bearbeitung massenhaft überlieferter Quellen durch Computer, verhalfen einer theorieorientierten Geschichtswissenschaft zu einer adäquaten Methodik und Datenbasis. Diese Forschungsrichtung wurde in Deutschland zu Beginn der 1970er Jahre in Anlehnung an das damals in den USA gebräuchliche Etikett der „Quantitative History" als quantitative Geschichtsforschung eingeführt. Heute hat sich die Bezeichnung „historische Sozialforschung" weitgehend durchgesetzt. Man bezeichnet damit die theoriengeleitete Erforschung sozialer Sachverhalte in der Vergangenheit mit gültigen Methoden, wobei hier unter Gültigkeit die Entsprechung zwischen Reichweite theoretischer Aussagen verstanden wird[9]. Das Verhältnis zwischen empirischer und historischer Sozialforschung, zwischen denen ja nicht nur eine Namensähnlichkeit besteht, läßt sich kennzeichnen als die Übernahme der methodischen Standards der empirischen Sozialforschung durch eine sich als historische Gesellschaftswissenschaft verstehende Geschichtsforschung. Dies bedeutet keineswegs, daß die historische Sozialforschung einfach eine Rückwärtserweiterung der gegenwartsbezogenen Soziologie ist. Interviewtechniken sind etwa für eine unmittelbare Vergangenheit anwendbar, während die Erschließung von historischen Quellen für systematisch-quantifizierende Untersuchungen neue Methoden erforderte. Doch teilt die historische Sozialforschung mit der gegenwartsbezogenen empirischen Sozialforschung die Maximen der Intersubjektivität, der Gültigkeit und Zuverlässigkeit ihrer Forschungsoperationen. Da es die historische Sozialforschung mit Kollektivphänomenen zu tun hat, impliziert die Übernahme dieser Standards den Einsatz quantitativer Methoden. Von der Verwendung von Statistiken, wie sie in der Sozialgeschichte seit jeher üblich ist, unterscheidet sich die Quantifizierung in der historischen Sozialforschung insofern, als sie Informationen, die ursprünglich in qualitativer Form vorlagen, in numerische Daten transformiert und quantitative Evidenz nicht nur illustrativ, sondern als ausschlaggebende Beweismittel zur Überprüfung von Hypothesen oder Theorien einsetzt.

Ein Beispiel dafür sind „kollektive Biographien", worunter Untersuchungen der „allgemeinen Merkmale (. . .) einer Gruppe von handelnden Personen der Geschichte durch ein zusammenfassendes Studium ihrer Lebensläufe" verstanden werden. Ihr Ausgangsmaterial bilden meist Einträge in biographischen Handbüchern, aber auch andere historische Quellen wie Polizeiakten, Matrikel, Kirchenbücher, Steuerlisten oder Erinnerungsschriften. In einem mehrstufigen Prozeß der Formalisierung und Standardisierung werden dann für bestimmte Gruppen von Personen, die als theoretisch belangvoll erkannten Merkmale (Variablen), erfaßt. Das können die Elemente einer Standard-Demographie von Eliten wie Geburtsjahr, Beruf und regionale Herkunft sein, aber auch spezifischere Attribute wie politische Verfolgung, Vereins- und Verbandszugehörigkeit oder Verhalten in namentlichen Abstimmungen. Die Ausprägungen dieser Merkmale werden nach den Kriterien der Eindeutigkeit, Vollständigkeit und Ausschließlichkeit erfaßt (vercodet) und für den Computer maschinenlesbar aufbereitet. Im folgenden Schritt werden die Daten dann mit mehr oder weniger ausgefeilten statistischen Verfahren analysiert. Auf diese Weise wird es möglich, Theorien auch auf hohen Ebenen der Allgemeinheit zu überprüfen („konfirmatorische Datenanalyse") und Zusammenhänge zu erkennen, die bei der bloßen Betrachtung von Einzelfällen nicht ersichtlich werden („exploratorische Datenanalyse"). So konnte etwa in einer vergleichenden Untersuchung europäischer Parlamente um die Mitte des 19. Jahrhunderts nachgewiesen werden, daß entgegen der vielfach – etwa auch von Karl Marx – behaupteten Dominanz ökonomischer Interessenslagen die politischen Orientierungen von Abgeordneten vorwiegend durch ihre regionalen Bindungen beeinflußt wurden. Solche Aussagen setzen den Einsatz quantitativer Methoden voraus, die es erlauben, auch den Einfluß von Drittfaktoren – wie etwa der Konfession – zu kontrollieren. Vergleichende Untersuchungen werden wesentlich erleichtert, wenn standardisierte Verfahren der Datenerhebung und der Bildung von Indikatoren gewählt werden. Für einen konstruktiven Verlauf wissenschaftlicher Debatten ist es zudem förderlich, wenn eindeutige Entscheidungsregeln anwendbar sind, die es erlauben, auch Aussagen über Kollektive als wahr oder falsch zu erkennen.

Erst die allgemeine Verfügbarkeit von leistungsfähigen Großrechnern in Verbindung mit einer standardisierten Statistik-Software schuf die instrumentellen Voraussetzungen für eine Forschung dieses Typs. So arbeitet die historische Sozialforschung häufig mit sehr großen Fallzahlen; auch sind ihre Datenstrukturen meist komplexer als die der gegenwartsbezogenen Umfrageforschung. Dies ist unter anderem darin begründet, daß die historische Sozialforschung die Vorgehensweisen der traditionalen Historie in systematischer Weise auf umfangreiche Quellenbestände anwendet[10]. Sie versucht, lückenhafte Evidenz durch die Verknüpfung unterschiedlicher Quellen zu vervollständigen, Personen werden in ihren vielfältigen institutionellen Bezügen wahrgenommen. Als zeitbezogene Wissenschaft ist die historische

Sozialforschung unmittelbar interessiert an den dynamischen Aspekten personaler oder institutioneller Entwicklungsverläufe.

Während man die empirische Sozialforschung ganz selbstverständlich mit möglichen Theorienbildungen in Verbindung bringt, ist das bei der von der historischen Sozialforschung vorgenommenen Quantifizierung nicht der Fall. Sie wird nicht notwendigerweise mit einer theoretischen Orientierung verknüpft. Vielfach wurde Quantifizierung in der Verbindung mit der elektronischen Datenverarbeitung eher als eine Weiterentwicklung grundlegender Verfahren traditioneller Geschichtsforschung gesehen, die darauf zielt, das gesamte Quellenmaterial und alle verfügbaren Interpretationsmöglichkeiten zu nutzen, um eine möglichst detaillierte, vollständige und objektive Kenntnis vergangener Sachverhalte zu gewinnen. Der Computer wäre damit ein Instrument zur Rekonstruktion von vergangener Wirklichkeit, „wie sie wirklich gewesen ist". Dahinter verbirgt sich eine zumeist implizite methodologische Annahme: Verständnis von historischen Ereignissen, Prozessen und Personen können erreicht werden durch die Berücksichtigung aller zeitgenössischen Quellen. Am konsequentesten wird diese Linie im französischen Geschichtsstrukturalismus verfolgt, der das Konzept einer „histoire totale" vertritt. Ihm geht es um die integrale Gesamtdarstellung von wirtschaftlichen Aktivitäten, sozialen Beziehungsmustern und kollektiven Mentalitäten in bestimmten, aus einsichtigen forschungspraktischen Gründen, meist eng begrenzten Räumen. Der Computer wurde hier schon früh als ein Instrument eingesetzt, das geeignet ist, die meist sehr umfangreichen Quellenbestände zu erschließen und zu organisieren, die das empirische Fundament solcher Untersuchungen bilden. Auch in den ersten deutschen Publikationen zum Thema wurde die EDV als neue Hilfswissenschaft eingeführt, die die Funktion habe, die Kapazität der Historie zur Verarbeitung von Massenquellen zu erweitern[11].

Sehr bald stellte sich jedoch heraus, daß der Einsatz elektronischer Datenverarbeitung den Forschungsprozeß in eine Richtung veränderte, die weder gewollt noch erwartet worden war: Bereits vor Beginn einer Untersuchung muß eine Datenbasis mit angemessener Aussagekraft ausgewählt werden, muß entschieden werden, welche Merkmale erfaßt, wie sie klassifiziert, mit welchen statistischen Verfahren sie analysiert werden sollen. Diese Vorentscheidungen dürfen nicht willkürlich erfolgen, sie müssen sich an theoretischen Kriterien ausrichten. Ein Verzicht auf Theorie würde sehr unmittelbar die Qualität der Forschung beeinträchtigen, denn die gesammelten Fakten können nicht gleichzeitig die Informationen mitliefern, nach welchen

Kriterien eine Auswahl, Klassifikation und Verknüpfung unter ihnen vorzunehmen ist. Das Postulat einer theorieunabhängigen Tatsachenbasis steht damit im Widerspruch zu wesentlichen Prämissen quantifizierender Vorgehensweisen. Ein Sachverhalt, der in die prägnante Formel gefaßt wurde: „es gibt kein Messen ohne Theorie"[12].

Ein einleuchtendes Beispiel liefert hier das Merkmal „Beruf". Bereits die Auswahl dieses Indikators ist eine Vorentscheidung mit sehr weitreichenden theoretischen Implikationen. Ihren Hintergrund bilden meist Klassentheorien oder funktionale Schichtungstheorien, obwohl diese zum Nachteil der Qualität der Forschung oft nur implizit bleiben. Auch die Zusammenfassung von Berufsbezeichnungen zu übergreifenden Berufskategorien darf nicht intuitiv erfolgen, sondern erfordert ein sehr weitgehendes Vorverständnis: soll etwa die Gliederung des ökonomischen Systems nach Wirtschaftssektoren oder die Prestigestruktur der Gesellschaft zum Ordnungsprinzip erhoben werden? Daß solche Entscheidungen unvermeidbar sind, läßt sich an den ca. 1795 Reichstagsmitgliedern der Weimarer Republik zeigen. Bei ihnen traten – wenn man auch die Berufe der Väter und alle Übergänge in Berufskarrieren berücksichtigt – 6370 verschiedene Berufsbezeichnungen auf! Bereinigt man diese Vielfalt um Varianten der Schreibweise und Benennung, bleiben immerhin noch etwa 2500 Berufe übrig. Es ist einleuchtend, daß deren Klassifikation nur nach generellen und eindeutigen Regeln erfolgen darf.

Die allgemeine Voraussetzung einer historischen Sozialforschung ist die Überlieferung gleichförmig massenhafter Quellen. Entgegen manchen skeptischen Einschätzungen in der Frühphase einer quantifizierenden Geschichtsforschung besteht hier keineswegs ein Mangel. Eher ist es so, daß zuvor vernachlässigte Quellengruppen wie etwa Petitionen und Polizeiakten, Steuerlisten und Zensusmaterialien, Testamente und Ratsprotokolle, Kirchenbücher und Zeitungen, Wahlstatistiken und die Listen namentlicher Abstimmungen in Parlamenten erst durch quantifizierende Forschungen stärker beachtet und erschlossen wurden. Vor allem auf den Gebieten der historischen Wahl- und Elitenforschung, der Schichtungs- und Mobilitätsforschung, einer historischen Demographie und Familienforschung wurden in den vergangenen Jahren auch in der Bundesrepublik beachtliche Fortschritte erzielt[13].

Dennoch äußern heute manche Beobachter Skepsis und Zurückhaltung gegenüber den Erträgen und Ansätzen der historischen Sozialforschung, die nicht nur dem allmählichen Verblassen der Faszination exotischer Neuheit zuzuschreiben sind. Es wurde manchem erst jetzt bewußt, daß man sich in der Quantifizierung spezifischen Begrenzungen fügen muß, von denen die methodische Selbstdisziplin und die Askese gegenüber der Versuchung des Spekulativen nur vordergründig die störenden sind. Viel beengender ist, daß die historische Sozialforschung – wenn man zunächst Mikroanalysen in den Blick nimmt, in denen Personen die Untersuchungseinheiten sind – fast ausschließlich auf die Untersuchung institutionell definierter Rollen und formaler Strukturen verwiesen bleibt. Das liegt daran, daß quantifizierbare Massenquellen typischerweise die Erzeugnisse „öffentlicher Buchführung" sind, die weder nach ihrer Funktionsweise noch durch ihre Erhebungsprogramme die Welt des Informellen zu erfassen vermögen. Ausgeblendet bleiben außer dem Diskreten und Geheimen auch die intentionalen und motivationalen Aspekte menschlichen Handelns.

Mit quantitativen Methoden vermögen wir jedoch recht gut die formale „Struktur der Möglichkeiten" vergangener Gesellschaften zu rekonstruieren und auch die Weise, in der Menschen sich in ihr zurechtfanden. Dies läßt sich an einer Analyse der „Struktur politischer Handlungsfelder" der Abgeordneten der Frankfurter Nationalversammlung zeigen, bei der die multidimensionale Skalierung eingesetzt wurde. Dies ist ein Verfahren, bei dem „Objekte" (im gegebenen Fall politische Handlungs- oder Erleidensformen wie Mitgliedschaft in einem Parlament oder Verurteilung zu einer Haftstrafe wegen politischer Vergehen) auf Ähnlichkeitskontinua geordnet werden, wobei relative räumliche Distanzen die Ähnlichkeit zwischen den „Objekten" abbilden. In der beschriebenen Untersuchung wurden die relativen Häufigkeiten des Übergangs zwischen zwei politischen Handlungsformen – etwa die gleichzeitige oder sequentielle Mitgliedschaft in kirchlichen oder karitativen Vereinen und wirtschaftlichen Verbänden bzw. Korporationen – als Distanzmaß für die multidimensionale Skalierung gewählt. Die Ergebniskonfiguration der zweidimensionalen Lösung ist in der Abbildung dargestellt. Sie zeigt bei einer extrem verkürzten Interpretation eine Hauptachse, die sich zwischen den Polen normwidrigen Handelns und der damit verbundenen Sanktionen einerseits (etwa markiert durch die Beteiligung an politischen Protesten und Verurteilungen zu Gefängnisstrafen) und institutionell etablierte Positionen andererseits aufspannt. Die zweite Achse läßt sich als Unterscheidung politischer Handlungsformen nach den Funktionsebenen des politischen Systems im vormärzlichen Deutschland – lokal, regional, einzelstaatlich, national – deuten. Eine Fülle weiterer Aspekte, wie etwa die Tatsache, daß Verbands- und Vereinsmitglied-

Mit quantitativen Analysen läßt sich die Sozialstruktur – die Beziehungen zwischen unterschiedlichen sozialen Positionen – prinzipiell für eine historische Gesellschaft mit gleicher Zuverlässigkeit rekonstruieren wie für die heutige Gesellschaft. Bei der graphischen Darstellung der Verflechtung politischer Erfahrungsbereiche von Abgeordneten der Frankfurter Nationalversammlung 1848–1849 bedeuten:

Adel:	*Besitz des Adelstitels*
Gefang:	*Verurteilung zu einer Zuchthaus-/Gefängnisstrafe aus politischen Gründen*
KarVer:	*Mitgliedschaften in karitativen und kirchlichen Vereinen*
Korpor:	*Mitgliedschaften in Korporationen*
LStraf:	*Verurteilung zu Disziplinar- und Geldstrafen wegen politischer Vergehen*
Parl:	*Mitgliedschaften in einzelstaatlichen Parlamenten*
PolGem:	*Ämter in der kommunalen Selbstverwaltung*
PolProt:	*Teilnahme an politischen Protestaktionen*
PolPub:	*Tätigkeit als politischer Publizist*
PolReg:	*Ämter in der regionalen Selbstverwaltung*
PolStat:	*Hohe Staatsämter*
PolVer:	*Mitgliedschaften in (krypto-) politischen Vereinen*
StVer:	*Mitgliedschaften in ständischen Vertretungskörperschaften und Ersten Kammern*
UniSelb:	*Funktionen in der universitären Selbstverwaltung*
WissVer:	*Mitgliedschaften in wissenschaftlichen Vereinen*

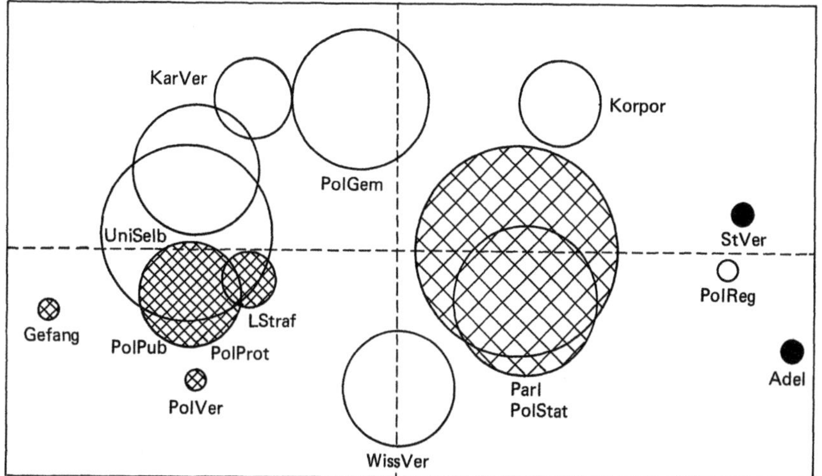

schaften wie eine Verbindungskette zwischen illegalen und institutionell etablierten Handlungsformen angeordnet sind, ließe sich noch anführen. Doch soll hier nur auf den Hauptgesichtspunkt aufmerksam gemacht werden: Mit quantitativen Analysen kann die Sozialstruktur historischer Gesellschaften – d. h. das dauerhafte Muster sozialer Beziehungen zwischen sozialen Positionen – prinzipiell mit gleicher Zuverlässigkeit und Gültigkeit rekonstruiert werden wie in Gegenwartsgesellschaften. Philologisch-hermeneutische Verfahren sind für solche Problemstellungen hingegen unanwendbar.

Doch während wir die „Struktur der Möglichkeiten" von Menschen der Vergangenheit recht gut erfassen können, gibt es auf die Frage, wie sie diese Handlungsbedingungen beurteilten, nur selten eine quantifizierbare Antwort. Zwar ist zu erwarten, daß der Einsatz der immer noch viel zu selten genutzten systematischen Inhaltsanalyse von Texten dieses Dunkel erhellt, doch wird der Erfolg begrenzt bleiben. Insbesondere sollte beachtet werden, daß die Reichweite von Befunden systematischer Inhaltsanalysen für die bis tief in das 19. Jahrhundert hinein überwiegend illiteraten Gesellschaften auf die Eliten eingeschränkt bleibt[14].

Vergleichbare Begrenzungen müssen auch bei Untersuchungen von Gebietseinheiten oder Organisationen hingenommen werden. Die typischen Datenquellen sind hier die Statistiken und Akten von Verwaltungen, deren Erhebungsprogramme zumeist nicht mit den Forschungsinteressen heutiger Wissenschaftler übereinstimmen. So wis-

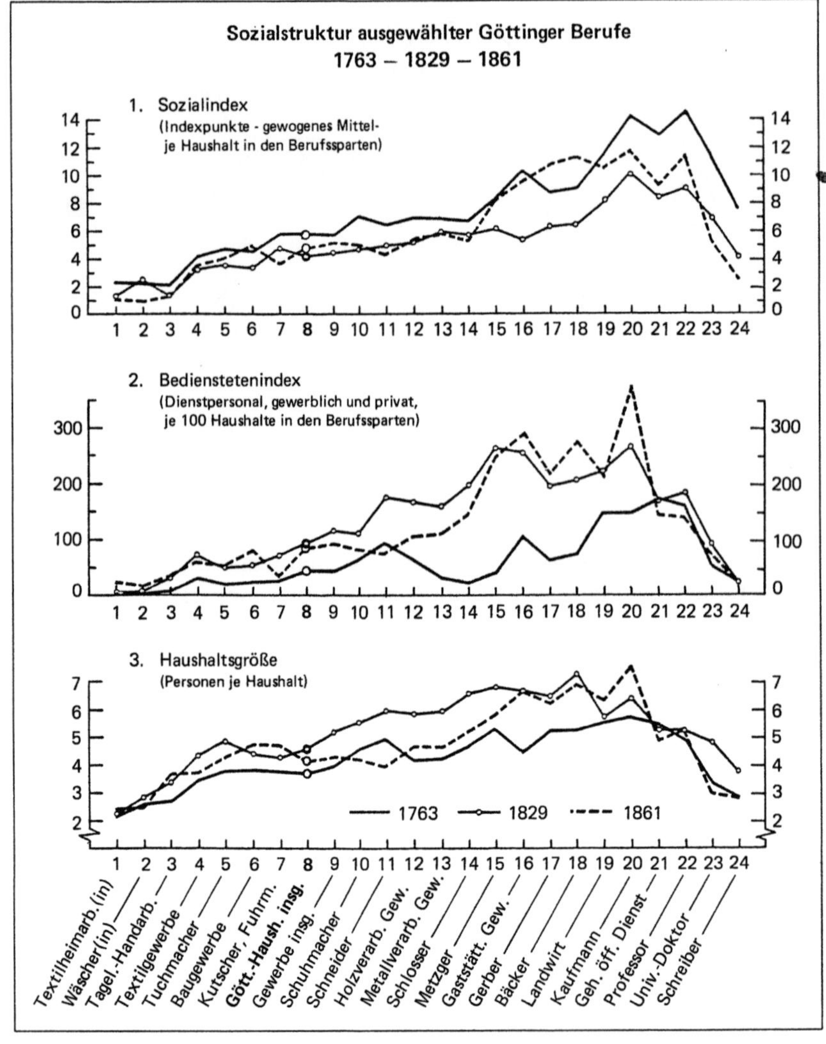

Die Sozialstruktur ausgewählter Göttinger Berufe in den Jahren 1763, 1829 und 1861. Die ausführlichen statistischen Auswertungen, die hier graphisch dargestellt sind, zeigen, daß die ungelernten Arbeiter und Heimarbeiterinnen, die hauptsächlich in der Textilbranche beschäftigt waren, den unteren sozialen Schichten zuzuordnen waren. Die Lage des Textilgewerbes war augenfällig schlechter als die anderer Gewerbezweige. Deutlich wird die relativ günstige Stellung des Nahrungsmittelgewerbes und die hohe Einschätzung des Besitzbürgertums (Landwirte und Kaufleute).

sen wir häufig sehr Genaues über die Erträge von Obstbäumen oder die Viehbestände in Gesellschaften des 19. Jahrhunderts, während die Errechnung des Anteils der Industriearbeiter an den Erwerbspersonen oder die Bestimmung einer elementaren Maßzahl wie das Bruttosozialprodukt auf kaum überwindbare Schwierigkeiten stößt. Der Verzicht auf die Bearbeitung von Problemstellungen, die nicht durch die unmittelbare statistische Evidenz abgedeckt werden, ist naheliegend, wird aber verständlicherweise ungern geübt. Als Ausweg aus diesem Dilemma werden Methoden indirekter Messung und hochkomplexe Analyseverfahren gewählt, die aus vorhandenen Daten durch mathematische Operationen „ungemessene" Sachverhalte zu ermitteln suchen. Die Bedingung für die Anwendung solcher Verfahren ist die Bereitschaft zur Verwendung sehr indirekter Indikatoren. Hier haben sich historische Sozialforscher gelegentlich auf brüchiges Eis gewagt. Die Verwendung der „Großvieh-Quote" als ein Indikator für die Sekundarisierung von Volkswirtschaften im 19. Jahrhundert oder des Bevölkerungswachstums als ein Äquivalent für fehlende Daten zum Bruttosozialprodukt, sind hierfür Beispiele. Es fragt sich, ob die historische Sozialforschung an diesen Grenzzonen des Meßbaren noch ihrem Anspruch gerecht wird, die gegenüber der „traditionellen" Historie gültigeren Beweismittel bereitzuhalten. Sicherlich gibt es einen Punkt, an dem eine Beschreibung von Einzelfällen der Datenlage angemessener wäre [15].

Dies leitet zu dem grundsätzlicheren Argument über, daß die historische Sozialforschung eine philologische Histographie zu ergänzen, nicht aber zu ersetzen vermag: die Welt jenseits der Daten darf nicht zu verbotenem Gelände werden, da sonst unser Bild von der Geschichte in Einzelphänomene und Episoden zerfallen würde. Das ist allerdings kein methodischer Freibrief, denn quantitative Methoden haben gegenüber dem hermeneutischen Zirkel die höhere Beweiskraft. Die Maxime, daß ceteris paribus dasjenige Prüfverfahren anzuwenden ist, das die verbindlichsten Ergebnisse liefert, begünstigt die Quantifizierung bei entsprechender Datenlage.

Was die Zukunftsaussichten quantitativer Geschichtsforschung angeht, kann die Prognose gewagt werden, daß sich ihr Feld in den kommenden Jahren erweitern wird [16]. Sie profitiert von technischen Neuerungen wie dem Mikrocomputer, der eine auch topographisch quellennahe Datenerfassung im Archiv ermöglicht. Die früher üblichen Arbeitsschritte der Übertragung von Daten auf teilstandardisierte Erhebungsbögen, ihre nachfolgende Verschlüsselung in Codebögen und schließliche Ablochung entfallen damit. Die Entwicklung leistungsfähiger Klarschriftleser senkt um Größenordnungen die Kosten für die Transformation von Texten in maschinenlesbare Form. Leistungsfähige Datenerfassungs- und Datenbanksysteme mindern die Informationsverluste bei der Transformation von Quellen in Daten und verbessern damit entscheidend die Möglichkeit, auch komplexe Strukturen – wie etwa die Sequenzen und Intervalle von Berufskarrieren – zu analysieren. Damit verliert auch die Forderung nach einer theoriengesteuerten Forschung zunehmend ihre technologische Begründung. So besteht heute die Möglichkeit Merkmalsausprägungen – etwa Berufe oder Vereinsmitgliedschaften – zu erfassen und ihnen durch Thesaurussysteme automatisch numerische Codes zuzuordnen. Kategorienbildungen können dann im Nachhinein erfolgen, etwa indem solche Berufe zusammengefaßt werden, zwischen denen ein Übergang besonders leicht möglich ist. Auch vermag der Einsatz neuer Stichprobentechniken für komplex geordnete oder gestörte Grundgesamtheiten in vielen Fällen den Erhebungsaufwand ohne wesentliche Informationsverluste zu verringern. Quellenbestände, die früher wegen ihres Umfangs, der Komplexität ihrer Inhalte oder ihrer undurchsichtigen Sortierung für quantifizierende Analysen unzugänglich waren, können heute erschlossen werden. Fortschritte und neue Möglichkeiten zeichnen sich auch im Bereich der Analyseverfahren ab. So läßt sich das methodische Repertoire der Netzwerkanalyse, das soziale Beziehungen zwischen Personen und Positionen darzustellen vermag, mit gutem Erfolg auf die in der historischen Überlieferung reich dokumentierten Daten zu positionellen Verflechtungen und Verwandtschaftsbeziehungen anwenden. Neue Verfahren multivariater Analysen von Verlaufsdaten stellen leistungsfähige statistische Instrumente bereit, die speziell auf die Domäne einer zeitbezogenen Wissenschaft wie der Geschichtsforschung zugeschnitten sind. So läßt sich etwa die Frage beantworten, ob in der Vergangenheit die Dauer von Friedensperioden einen Einfluß auf die Wahrscheinlichkeit eines Kriegsausbruchs hatte, oder welchen Einfluß die Vorgeschichte eines Gesetzgebungsverfahrens auf die Wahrscheinlichkeit hatte, ob eine Vorlage das Parlament passierte. Die Adaption und der Transfer dieser Methoden und Forschungsinstrumente bilden allerdings Engpässe. Hier liegt auch in der Zukunft die Hauptaufgabe einer interdisziplinären historischen Sozialforschung für die Geschichtswissenschaft.

Der Computer als Werkzeug des Historikers

Der Rechner wird verstärkt auch außerhalb des rein statistischen Bereiches als ein Werkzeug der historischen Wissenschaften eingesetzt. Als Paradebeispiel dafür soll die im Rahmen der sogenannten Familienrekonstitutionen entwickelte Technik des Nominative Record Linkage [17] etwa näher diskutiert werden, die in der Zwischenzeit weit darüber hinaus angewendet wird. Unter Familienrekonstitutionen verstehen wir zunächst den Versuch, aus den überlebenden Unterlagen der kirchlichen und staatlichen Standesführung, also aus Geburts-, Heirats- und Sterbebüchern, eine vollständige Genealogie aller Personen zu rekonstruieren, die in einem bestimmten Ort über einen längeren Zeitraum, etwa über ein bis drei Jahrhunderte, gelebt haben. In einer Reihe von Projekten wurde versucht, diesen demographischen Kern anschließend dadurch anzureichern, daß sämtliche anderen überlebenden Quellen, in denen einzelne Personen erwähnt werden – Steuerlisten, Testamentssammlungen, Protokolle örtlicher Gerichte – zu den rein demographischen Angaben über die einzelnen Personen hinzugefügt werden, so daß schließlich eine Darstellung sämtlicher überhaupt erschließbarer zwischen den einzelnen Personen in der betreffenden historischen Gemeinschaft stattgefundenen Interaktionen und Transaktionen vorliegt. Offensichtlich bietet ein derartiges Instrument sehr viel mehr Möglichkeiten zur Beurteilung allgemeiner Trends und Entwicklungen in einer über längere Zeit existierenden Gemeinschaft als die traditionellen, auf die Behandlung von Einzelpersonen abgestellten Interpretationsformen.

Um derartige Forschungsinstrumente verwenden zu können, müssen eine Reihe von Problemen gelöst werden, bei denen der Rechner sehr gut verwendet werden kann. Zunächst leuchtet unmittelbar ein, daß eine Sammlung von Informationen, die aus mehreren hunderttausend einzelnen Erwähnungen von Personen bestehen kann, sich sehr gut zur Verwaltung durch eine Datenbank oder zumindest durch ein Information Retrieval System eignet. Fachspezifische Aufgaben ergeben sich jedoch auf der davor liegenden Ebene, beim Zusammenfügen der einzelnen Erwähnungen zu einer integrierten Darstellung. Schließlich war die Orthographie von Eigennamen bis vor sehr kurzer Zeit weitgehend willkürlich. Um eben diese Schreibungsunterschiede zu überwinden, wurde ein ganzes Instrumentarium von Hilfsmitteln entwickelt, die ursprünglich aus der Informatik übernommen und weiter ausgebaut wurden.

Derartige Familienrekonstitutionen seien hier nicht so sehr um ihrer selbst willen, sondern vor allem als Beispiel für eine allgemeine Entwicklung im Einsatz der Datentechnik in den historischen Disziplinen vorgestellt: dem Trend zu historischen Datenbanken einer- und dem zu einer quellenorientierten Datenverarbeitung andererseits.

Während wir in unseren einleitenden Bemerkungen über die Verwendung von Rechnern in Archiven festgestellt haben, daß es dabei vor allem um den Ersatz klassischer Behelfe, der bisher gedruckt oder handschriftlich vorliegenden Findbücher ging, um feststellen zu können, welche Bestände in einem gegebenen Archiv vorhanden sind, verstehen wir unter einer historischen Datenbank eine, die nicht versucht, Hinweise auf Quellenmaterial sondern eben dieses selbst durch den Rechner zu verwalten. Dies kann geschehen, um einem einzelnen Institut oder einem einzelnen Forscher verbesserten Zugang zu einer Quellengruppe zu geben. So existiert an der Universität Würzburg eine Datenbank zur Geschichte des fränkischen Lehenswesens, die sämtliche Belege zu diesem Thema enthält, die für die innerhalb einer Reihe von Forschungsprojekten des Instituts relevanten territorialen Einheiten überlebt haben. Dies kann aber auch geschehen, um innerhalb einer Disziplin Material von projektübergreifendem Interesse allgemein verfügbar zu machen. So ermöglicht eine Datenbank an der Universität Freiburg den Zugang zu sämtlichen Belegen für Personennamen innerhalb eines zeitlich und räumlich exakt definierten Ausschnittes der mittelalterlichen Geschichte. Der wesentliche Unterschied zwischen derartigen historischen Datenbanken und den „elektronischen Findbüchern", wie sie von den Archiven zur Verfügung gestellt werden, besteht darin, daß die Auffindung von Archivmaterial im Prinzip durch jedes kommerzielle Datenbanksystem gelöst werden kann, während der Versuch, den Inhalt einer Quelle durch den Rechner verwalten zu lassen, eine ganze Reihe von außerhalb der historischen Disziplinen nicht auftretende Problemen mit sich bringt; genannt sei die an sich unpräzise Terminologie, deren Tendenz ihre Bedeutung über die Zeit hinweg zu verändern, die Probleme einer variablen Orthographie, aber auch scheinbar triviale Schwierigkeiten, wie die Behandlung von Währungssystemen, die nicht dezimale Unterteilungen zu Grunde legen. Da es bei derartigen Ansätzen darum geht, den Inhalt einer Quelle möglichst unverkürzt durch den Rechner bearbeitbar zu machen, ohne daß eine Vorentscheidung darüber getroffen wird, welche Methode zu dessen Analyse verwendet werden soll, nennen wir dieses Vorgehen auch quellenorientiert (oder quellenkonservativ), im bewußten Gegensatz zur bereits geschilderten methodenorientierten Datenverarbeitung, die einen Kanon von Arbeitstechniken einer ganz bestimmten Methodologie übernimmt.

In allen diesen Fragen stehen wir erst an der Schwelle zu Problemlösungen. Einschlägige Techniken werden hier im Rahmen der historischen Forschung sowohl aus dem Bereich der Satztechnik (TU STEP, Tübingen), als auch der Entwicklung von Datenbankverwaltungssystemen (CLIO, Göttingen) übernommen und weiterentwickelt[18]. Die gezielte Übernahme von Verfahrensweisen aus der Forschung zur „Künstlichen Intelligenz", die in Großbritannien, den USA und Frankreich einige Bedeutung hat, wurde bisher eher vernachlässigt.

Dieses „An-der-Schwelle-Stehen" gilt genauso für einen weiteren Bereich, innerhalb dessen die derzeitige technologische Entwicklung einen Einfluß auf die historischen Wissenschaften ausübt: die Präsentation der letzten Endes gewonnenen Ergebnisse. Wie in anderen Disziplinen, sind auch in den historischen Disziplinen die mit der Veröffentlichung von Fachwerken verbundenen Kosten in den letzten Jahren in einem Maße gestiegen, daß Nachschlagwerke und große Teile der Fachliteratur für den einzelnen Forscher nahezu unerschwinglich geworden sind, die Budgets von Seminarbibliotheken oft übersteigen und auch an den öffentlichen Bibliotheken nicht mehr in der gewünschten Vollständigkeit beschafft werden können. Hier bietet der elektronische Satz zweifellos die Möglichkeit, in absehbarer Zeit wieder Publikationen produzieren zu können, die das interessierte Fachpublikum bezahlen kann. Trotz vielversprechender lokaler Entwicklungen, die meist an einzelne Institutionen gebunden sind, kann von einem Durchbruch allerdings noch nicht gesprochen werden.

Zuletzt sei darauf hingewiesen, daß in einer Reihe europäischer Länder versucht wird, auch bei der Vermittlung historischen Wissens neue Technologien einzusetzen: vor allem im angelsächsischen Raum bedient man sich dabei vielfach kleinrechnergestützter Programme, die den Schüler spielerisch in die Problematik einzelner Epochen einführen sollen [19]. Während die Frage, ob bei dieser Präsentation das technische Medium nicht stärker im Vordergrund steht als es der Vermittlung des historischen Sachverhaltes eigentlich angemessen ist, durchaus offen bleibt, sollte doch darauf hingewiesen werden, daß hinter diesen Bemühungen ein Verständnis von technischem Wissen steht, das es als selbstverständlichen Teil des Umgangs mit jedem anderen Fach sieht, nicht als einen monolithisch abgeschotteten Bereich der Erkenntnis.

Literaturnachweise

1 *Sickel*, Th.: Beiträge zur Diplomatik VII. In: Sitz.Berichte der phil.-hist. Klasse der k. Akademie der Wissenschaften zu Wien. Bd. 93. 1878, S. 649
2 *Brothwell*, D./*Higgs*, E.: Science in Archaeology, ²1969
3 *Foerster*, H.: Abriß der lateinischen Paläographie. Stuttgart, 1963, S. 83−86
4 *Wells*, H.: Small-Format Photography of Carbonized Papyri. In: Proceedings of the 16th International Congress of Papyrology. American Studies in Papyrology 23, 1981, S. 677−680
5 *Bannasch*, H./ *Usarks*, D./*Hofmaier*, D.: Kulturgutschutz durch Sicherheitsverfilmung. In: Der Archivar 37, 1984, S. 180−187

6 Der Archivar. Zeitschrift für deutsches Archivwesen. Mehrere Referate in Band 39. 1986, S. 27–39

7 *Hershberg,* Theodore, u. a.: Verkettung von Daten, Record Linkage am Beispiel des Philadelphia Social History Project. In: Schröder, W. H. (Hrsg.): Moderne Stadtgeschichte. In: Historisch-Sozialwissenschaftliche Forschungen. Bd. 8. Stuttgart 1979, S. 35–73

8 *Kocka,* Jürgen: Quantifizierung in der Geschichtswissenschaft. In: Best, Heinrich/Mann, Reinhold (Hrsg.): Quantitative Methoden in der historisch-sozialwissenschaftlichen Forschung. Historisch-sozialwissenschaftliche Forschung. Bd. 3. Stuttgart 1977, S. 4

9 *König,* René: Geschichte und Sozialstruktur. In: Internationales Archiv für Sozialgeschichte der deutschen Literatur. Bd. 2. 1977, S. 139

10 *Best,* Heinrich: Histoire sociale et méthodes quantitatives en Allemagne Fédérale. In: Histoire moderne et contemporaire Informatique. 1985, Nr. 7, S. 7

11 *Mann,* Reinhard: Historische Sozialforschung. In: Bick, Wolfgang/Mann, Reinhard/Müller, Paul (Hrsg.): Sozialforschung und Verwaltungsdaten. Historisch-sozialwissenschaftliche Forschungen. Bd. 17. Stuttgart 1984, S. 35–54

12 *Lückerath,* Carl August: Prolegomena zur elektronischen Datenverarbeitung im Bereich der Geschichtswissenschaft. In: Historische Zeitschrift. 1968, H. 207, S. 265–296

13 *Fischer,* Gerhard H.: Datenmodelle und Parametermodelle. In: Zeitschrift für experimentelle und angewandte Psychologie. Bd. 17. 1970, S. 16, S. 19

14 *Ruloff,* Dieter: Historische Sozialforschung. Stuttgart, 1985

15 *Best,* Heinrich: Analysis of context and content of Historical Documents. In: Clubb, Jerome/Scheuch, Erwin K. (Hrsg.): Historical Social Research. The Use of Historical and Process-produced Data. Historisch-sozialwissenschaftliche Forschungen. Bd. 6. Stuttgart 1980, S. 244–267

16 *Jarausch,* Konrad/*Arminger,* Gerhard/*Thaller,* Manfred: Quantitative Methoden in der Geschichtswissenschaft. Darmstadt 1985, S. 195–206

17 *Best,* Heinrich/*Schröder,* Wilhelm H.: Quantitative Historical Social Research: The German Experience. In: Jarausch, Konrad/Schröder, Wilhelm H. (Hrsg.): Quantitative History of Society and Economy: Some International Studies. Historisch-sozialwissenschaftliche Forschungen, Bd. 21. St. Katharinen, 1987

18 Vgl. 16, S. 65–72

19 *Ennals,* R.: Artificial Intelligence. Applications to logical reasoning: a historical research. Chichester 1986.

Technik und Geschichtswissenschaft

Rolf-Jürgen Gleitsmann

Nach August Ludwig von Schlözer handelt, was das historische Erkenntnisinteresse betrifft, „(. . .) jener ernsthaft und zweckmäßig, [der] die Balgereien der Spartaner mit den Messeniern, so wie die der Römer mit den Volskern kaum berürt, aber die Erfindung des Feuers und Glases sorgfältig erzält, und die Ankunft der Pocken, des BrannteWeins, der Kartoffeln in unserem WeltTeile nicht unbemerkt läßt, und so gar sich nicht schämt, von der Vertauschung der Wolle mit dem Linnen in unserer Kleidung, mer Notiz zu nemen, wie von den Dynastien Tzi Leang und Tschin"[1].

Der Historiker und Publizist August Ludwig von Schlözer (1735 bis 1809) hat der Geschichtswissenschaft gegen Ende des 18. Jahrhunderts die im vorangestellten Zitat wiedergegebene Aufgabe ins Stammbuch geschrieben. Geschichte war dem führenden Kopf der Göttinger Historischen Schule dabei nie toter Stoff, eine ausschließlich der Vergangenheit verhaftete Wissenschaft, sondern sie war ihm aus der Gegenwart befragte und für die Gegenwart bedeutsame Fülle nützlichen Wissens. Also gleichsam ein Erfahrungsschatz, den es nur dem Dunkel des Vergessens zu entreißen galt. Ein Fortgang der Menschheitsgeschichte wird über historisches Lernen erreicht.

In diesem, einem deutlich naiven Optimismus verhafteten Geschichtsverständnis des 18. Jahrhunderts, kommt deutlich zum Ausdruck, was man sich von Geschichtskenntnis versprach, nämlich: eine praktische, gegenwartsbezogene Wirkung von historischer Erkenntnis. Daß hierbei neben den politischen Ereignissen auch der sich im späten 18. Jahrhundert so handfest manifestierende technische Wandel im weitesten Sinne nicht unberücksichtigt bleiben konnte, lag für Schlözer offen zu Tage. Denn: „Geschichte ist nicht mehr blos Biographie der Könige, chronologisch genaue Anzeige von Thron-Veränderungen, Kriegen und Schlachten, Erzählung von Revolutionen und Allianzen" sondern „die Erfindung des Feuers, des Brodtes, des Branntweins sind ihrer ebenso würdige Facta als die Schlachten bei Arbela, bei Zama und Merseburg"[2].

Wenn es überhaupt einer Bestärkung Schlözers in dieser Auffassung bedurft haben sollte, dann hätte er diese ohne sonderliche Mühe zu erlangen vermocht. Beispielgebend, und auch später unerreicht, hatte das in insgesamt 35 Bänden von Diderot und d'Alembert zwischen 1751 und 1780 herausgegebene bedeutende Werk der französischen Aufklärung, die „Encyclopédie"[3], einen eindrücklichen Überblick zum Stand von Wissenschaft und Technik gegeben. Ähnliche Aufmerksamkeit zog die von der Académie royal initiierte, bereits auf 121 Bände anschwellende „Descriptions des Arts et Métiers"[4] und ihre Beschreibung der Technik von Handwerk, Manufaktur und Fabrik auf sich. Auch hier ging es weniger um eine Bestandsaufnahme des Althergebrachten, sondern um die Darstellung und Verbreitung vorbildlicher „moderner" Produktionsmethoden und Technologien, die sich als Instrument gewerbefördernder kameralistischer „Wirtschaftspolitik" nutzen ließen. [III-1; V-4.1]

In den deutschen Territorien bemühte man sich ebenfalls, in kompendienartigem technologischen Schrifttum dem französischen Vorbild nachzueifern. Die Werke von Johann Samuel Halle, Peter Nathanael Sprengel, Johann Georg Krünitz oder auch Johann Beckmann (1739—1811) seien hier stellvertretend für zahlreiche andere genannt. Vor allem Schlözers Freund Johann Beckmann, der ebenfalls in Göttingen Ökonomie und Technologie lehrte, richtete sein Augenmerk über die aktuelle Technik seiner Zeit hinaus auch auf deren Geschichte. Beckmanns „Beyträge zur Geschichte der Erfindungen"[5], zwischen 1786 und 1805 auf mehr als 3.000 Seiten publiziert, sollten der Menschheit helfen, sich auch auf dem Gebiet der Technologie einen „Erfahrungsschatz" zu sichern und nichts der Vergessenheit anheimfallen zu lassen. Beckmanns Nähe zur allgemeinen Auffassung seiner Zeit über die Funktion von Geschichte liegt damit offen zu Tage und wird bestärkt durch seinen quellenkritischen Ansatz: „Ich habe keine neue Hypothese, welche ich empfehlen will; sondern mir ist allein um Wahrheit zu thun; ich suche Gewisheit, und wenn diese nicht zu gewinnen seyn solte, Wahrscheinlichkeit...".[6] [I-1.3; III.-4.3]

Schlözers berechtigte Forderung, den Erfindungen in der Menschheitsgeschichte doch eine ähnlich große Bedeutung beizumessen, wie den politischen Ereignissen und beides miteinander zu verquicken, zeugt von Weitblick. Denn schließlich ist es doch gerade die heutige, die sogenannte „moderne" bzw. „externalistische" Technikgeschichtsschreibung', die im Rahmen ihres strukturgeschichtlichen Ansatzes[7] insbesondere darum bemüht ist, die politischen, sozialen, ökonomischen, technischen oder wissenschaftlichen Faktoren ihres Forschungsgegenstandes miteinander zu verknüpfen und in einer Gesamtschau zu zeigen. Die also danach fragt, „Why are things done and made as they are? What effects have these methods and things upon other areas of human activity? How have other elements in society and culture affected, how, what, and why things are done or made?"[8].

Wer vor diesem Hintergrund allerdings die Schlußfolgerung ziehen wollte, daß Allgemein- und Technikgeschichtsschreibung nun wohl auf eine inzwischen mehr als 200jährige *gemeinsame* Vergangenheit zurückblicken könnten, der irrt. Technikgeschichte und Allgemeinhistoriographie kamen sich in Deutschland nach einigen vergeblichen Anläufen erst seit den 1960er Jahren näher.

Eine erste Welle der wissenschaftlichen, das heißt quellenkritischen und der Methodik der Geschichtswissenschaft verpflichteten Technikgeschichtsschreibung, wie sie sich um die Wende vom 18. zum 19. Jahrhundert im Rahmen der Kameralwissenschaften um Technologen wie Johann Beckmann[9], Johann Heinrich Moritz Poppe (1776–1854)[10], Gabriel Chr. Benjamin Busch (1759–1823)[11] oder Johann August Donndorf (1754–1837) als Erfindungsgeschichtsschreibung zu formieren begonnen hatte, verebbte schon bald wieder. Sie fiel zum einen dem Desinteresse der traditionellen Geschichtsschreibung und zum anderen der zunehmenden Spezialisierung von Wissenschaft, Technik und Wirtschaft zum Opfer, der das Lehrfach Technologie nicht Herr zu werden vermochte.

Kaum wesentlich besser erging es dem an der Wende vom 19. zum 20. Jahrhundert und damit in der Phase der Hochindustrialisierung vorwiegend von Ingenieuren vorgenommenen Versuch, ihre Technikgeschichtsschreibung in der Geschichtswissenschaft zu verankern. Wiederum blieb man außerhalb der eigentlichen historischen Zunft und damit auch außerhalb einer für die Professionalisierung des Faches so wichtigen universitären Einbindung.

„Kann nicht", so sagte Conrad Matschoß in einem Vortrag zu den Aufgaben der Ingenieurerziehung, „eine Blutauffrischung, wie sie durch Zusammengehen der technischen Hochschulen und Universitäten erreicht werden kann, neue große Entwicklungsmöglichkeiten schaffen, die uns vor einer endtlosen Zersplitterung bewahren können? Von seiten der Geisteswissenschaften an den Universitäten ist uns zugerufen worden: ‚Unser Geist ist nicht von Eurem Geist', und sieht man näher zu, womit dieses Urteil begründet ist, so wird oft geredet von der materiellen Seite der technischen Kultur"[12].

Hieran hatte auch nichts zu ändern vermocht, daß die Technikgeschichte auf ihrem Weg zur anerkannten wissenschaftlichen Disziplin bereits einen beachtenswerten Stand der Literarisierung und außeruniversitären Institutionalisierung zu verzeichnen wußte. So waren, ne-

ben einer ganzen Reihe einschlägiger Monographien, insbesondere
erste Fachzeitschriften ins Leben gerufen worden. Vom Jahre 1909 an
erschienen im Auftrage des Vereins Deutscher Ingenieure die „Beiträge zur Geschichte der Technik und Industrie. Jahrbuch des Vereins
Deutscher Ingenieure" [13]. Das „Archiv für die Geschichte der Naturwissenschaften und der Technik" [14] erblickte in Leipzig ebenfalls 1909
das Licht der Öffentlichkeit und bereits 1914 folgten aus Berlin die
„Geschichtsblätter für Technik, Industrie und Gewerbe" [15]. Ein Forum für fachspezifische Publikationen war damit geschaffen.

Ähnliches gilt für die außeruniversitäre Institutionalisierung der
Technikgeschichte. Hier stieß 1903 das technische Museumswesen mit
der Gründung des „Deutschen Museums für Meisterwerke der Naturwissenschaft und Technik", welches allerdings erst 1925 seine Tore für
die Allgemeinheit öffnete, auf große Beachtung. Auf deutlich weniger
öffentliche Resonanz dürfte der unter Leitung von Ludwig Beck 1913
gegründete „Geschichtsausschuß des Vereins Deutscher Eisenhütten-
leute" gestoßen sein, zumal dieser mit Kriegsausbruch bereits wieder
aufgelöst wurde. Als beachtenswerte Beiträge zur Schaffung eines
infrastrukturellen Hintergrundes für eine sich formierende Technik-
geschichtsforschung darf hingegen die Gründung sowohl des 1909
von Franz Maria Feldhaus initiierten Instituts „Quellenforschungen
zur Geschichte der Technik und Naturwissenschaften" als auch der
Förderinstitution „Agricola Gesellschaft" im Jahre 1926 angesehen
werden. Hinzu kam die Einrichtung einer Fachgruppe für Geschichte
der Technik beim Verein Deutscher Ingenieure.

Eine Dozentur an der Fakultät für Maschinenbau, nicht jedoch am
historischen Seminar, die Conrad Matschoß von 1909 an für die Technikgeschichte an der TH Charlottenburg wahrnahm, blieb auf Jahrzehnte hin die einzige akademische Anerkennung der Technikgeschichte.

Erst im „dritten Anlauf", d. h. seit den 1960er Jahren, fand eine nun
stark durch angelsächsische Impulse geprägte [16], strukturgeschichtlich
ausgerichtete und sozialwissenschaftlich eingebettete „moderne Technikgeschichte" auch bei der Allgemeinhistoriographie ein offeneres
Ohr. Immerhin vermochte sich als sichtbarer Ausdruck einer zunehmenden Akzeptanz 1962 im Rahmen der 25. Versammlung der deutschen Historiker (Historikertag) erstmals eine Sektion Technikgeschichte zu formieren.

Technik und moderne Geschichtswissenschaft wußten mithin bis in
die jüngste Vergangenheit hinein nur ausgesprochen wenig miteinander anzufangen. Technik und Wissenschaft als geradezu idealtypisch-

leibhaftige Verkörperungen von Fortschritt und Zukunftsorientierung schienen gedanklich nur wenig Raum für historische, also retrospektiv angelegte Reflexionen zu lassen. Technik, die offenbar Fragen nach Gegenwart und Zukunft weitaus eher zu provozieren scheint als solche nach der Vergangenheit, wirkt in auffälliger Weise geschichtslos [17] und dies, obwohl es seit der Industriellen Revolution und insbesondere im 19. und 20. Jahrhundert doch gerade Technik und Wissenschaft waren, deren gesellschaftsprägendes und -veränderndes Moment unverkennbar ins Auge springt.

Bereits die damaligen Zeitgenossen waren sich dieses Sachverhalts, also der geschichtsprägenden Kraft der neuen Technik, deutlich bewußt. Dampfmaschine und Fabrik, Eisenbahn und Elektrizität, Telegraphie, Radio und vieles mehr bewirkten im Bewußtsein des Men-

schen und in der Gesellschaft tiefgreifende Veränderungen. Es entstand
schließlich eine „neue Welt", an deren Massenphänomenen dann auch
die traditionelle politische Geschichtsschreibung nicht mehr vorbei-
kam[18]. Letztlich war es die hier aufgeworfene Frage nach dem Vor-
rang von Politik- oder Kulturgeschichte, die seit den 80er Jahren des
19. Jahrhunderts die Diskussion um das „eigentliche Arbeitsgebiet der
Geschichte"[19] entflammte, eine Problematisierung der bis dahin
gültigen Leitkategorien der Geschichtswissenschaft hervorrief und
schließlich den Vorgang der Neuorientierung der Kultur- bzw. Sozialwissenschaften um 1900 einleitete[20].

Dessen ungeachtet wurde der Geschichtsschreibung im Bereich der
modernen Technik allenfalls eine Randbedeutung zugebilligt, und
zwar – wenn auch aus unterschiedlichen Gründen – gleichermaßen
von den technisch-naturwissenschaftlichen Disziplinen einerseits und
der historischen Wissenschaft andererseits. Es mag so kaum überraschen,
daß die Disziplin Technikgeschichte, also jener Zweig der Historio-

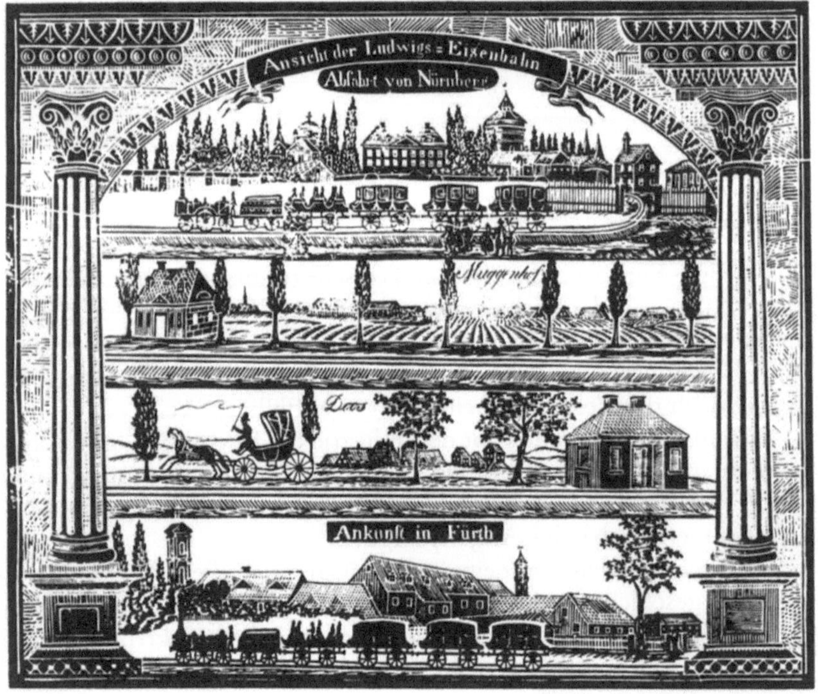

Von den vielfältigen technischen Entwicklungen im 19. Jahrhundert waren es nur die spektakulären Erfindungen, die in das geschichtliche Bewußtsein der Öffentlichkeit Eingang fanden. Dazu gehörte der Bau der ersten deutschen Eisenbahn, der hier in einem volkstümlichen Holzschnitt von 1835 festgehalten ist.

graphie, der die Technik und ihre Entwicklung auch in den Kontext geisteswissenschaftlicher Reflexionen einzubinden gedachte, „in Deutschland kaum eine Tradition im Rahmen der Geisteswissenschaften"[21] besaß. In gleicher Weise stießen die Ergebnisse einer um Wissenschaftlichkeit bemühten und sich an der Methodik der Geschichtswissenschaft orientierenden frühen Technikgeschichtsschreibung bei einer dem Primat der politischen Geschichte verhafteten Allgemeinhistoriographie auf nur beiläufiges Interesse. Zu Recht unterstreichen unter anderem Arnold Sywottek[22] und auch Josef Meran[23], daß Geschichtswissenschaft damals überwiegend regierungsbezogene, handlungslegitimierende sowie handlungsorientierende und -stimulierende Politikwissenschaft gewesen sei. „Unter dem Eindruck eines sich kraftvoll entfaltenden Nationalstaates hatte sich im Laufe des 19. Jahrhunderts die an deutschen Universitäten und Schulen gelehrte Historie zu einer politischen Geschichte verengt, d. h. zu einer Wissenschaft, die einerseits ihre Hauptaufgabe in der Herstellung und Rechtfertigung nationaler Einheit sah und andererseits vorrangig den Staat und den politischen Machtkampf zu ihrem Gegenstand machte. (. . .) Unter der Leitvorstellung der Selbstbehauptung handelte die deutsche Politikgeschichte vom Ringen um die Macht innerhalb und zwischen den Staaten"[24]. Nach Heinrich von Treitschke (1834–1896), aber auch den anderen führenden Historikern des 19. Jahrhunderts wie Leopold von Ranke (1795–1886), Johann Gustav Droysen (1808 bis 1884), Jacob Burckhardt (1818–1897) und auch Friedrich Meinecke (1862–1954) hatte der Staat als realste Gesamtpersönlichkeit[25] zu gelten. „Gemäß diesem Persönlichkeitsprinzip sollte die Geschichte an ihrem Gegenstand der ‚Haupt- und Staatsaktionen‘ (E. Gothein) die individuelle Handlungsfreiheit der historischen Akteure und den Entscheidungscharakter geschichtlicher Ereignisse überhaupt aufzeigen"[26]. Oder, wie Heinrich von Treitschke formulierte: „Wer das ewige Werden als das Wesen der Geschichte erkennt, der wird begreifen, daß alle Geschichte zuerst politische Geschichte ist. (. . .) Die Thaten eines Volkes muß man schildern; Staatsmänner und Feldherren sind die historischen Helden. (. . .) Je weiter man sich vom Staat entfernt, je mehr entfernt man sich vom historischen Leben"[27].

Leopold von Ranke (1795–1886) gehört zu den Begründern der modernen Geschichtswissenschaft. Durch ihn fand die kritische Methode zur Erschließung historischer Quellen Eingang und Anerkennung in den Lehrveranstaltungen der Universitäten. In seinem umfangreichen Werk zeigt sich immer wieder der Objektivitätsanspruch als der eigenste Zug seines Geschichtsdenkens: der Historiker soll nicht werten, sondern nur „zeigen, wie es eigentlich gewesen ist".

Eine ähnliche Funktion wies auch Leopold von Ranke der Geschichtsschreibung zu, deren Aufgabe für ihn darin bestand, ein allgemeines Gedächtnis der Gegenwart zu erzeugen, also an die großen geistigen Tendenzen zu erinnern, welche die Menschheit beherrschen[28]. Sein Anliegen war es, auf kontemplativem Wege, durch reine Anschauung der großen Epochen und Ideen der Menschheit zur Offenbarung eines universal wirkenden, göttlichen Geistes zu gelangen[29]. Da Naturwissenschaften und Technik nur einen Teil dieses allgemeinen Geistes darstellen, bedurften sie nach Ranke keiner gesonderten Betrachtung. Dies um so weniger, als sich dieser göttliche Geist ohnehin nur in einer epochenübergreifenden Betrachtung offenbare[30].

„Ranke hat seine Auffassung von der Ursprünglichkeit der historischen Individualität auf die klassische Formel des Historismus gebracht: ‚Jede Epoche ist unmittelbar zu Gott.‘ Sie muß als etwas für sich Gültiges angesehen werden, das seinen Wert in seiner eigenen Existenz hat und nicht bloß Durchgangsstadium einer Entwicklung zu einem vollendeteren Zustand ist"[31]. Danach fällt der Geschichtsschreibung nicht die Aufgabe zu, „die Vergangenheit zu richten, die Mitwelt zum Nutzen zukünftiger Jahre zu belehren", sondern „blos (zu) zeigen, wie es eigentlich gewesen"[32]. Es geht ihm also darum, „die besondere Tendenz" und „das eigene Ideal", das jede Epoche hat sowie „den Unterschied zwischen den einzelnen Epochen"[33] zum Vorschein zu bringen, wobei Ranke in Technik und Wissenschaft eben nicht das „eigene Ideal" des 19. Jahrhunderts auszumachen vermochte. Für ihn manifestierten die „(. . .) technisch-wissenschaftlichen, öko-

Johann Gustav Droysen (1808– 1884) versuchte, in seinem Werk historisches Wissen als Orientie- rungshilfe und Zweckbestimmung politischen Handelns seiner Zeit zu fasssen. Er war der Begründer der preußisch- kleindeutschen Hi- storikerschule. Die Technik spielte als Thema seiner Geschichtsschrei- bung – ebenso wie bei Ranke und anderen führenden Historikern des 19. Jahrhunderts – nur die Rolle von mehr zufälligen Randbemer- kungen.

nomischen, sozialen, politischen und geistigen Entwicklungen des be- ginnenden industriellen Zeitalters nur die Wirksamkeit destruktiver Tendenzen"[34], denen er mit seiner Geschichtsschreibung entgegenzu- treten gedachte.

Noch schärfer als Treitschke und Ranke stieß sich Jacob Burckhardt an der „neuen Zeit". Deren Technik mußte er zwangsläufig zwar als Bestandteil der Kultur des 19. Jahrhunderts anerkennen, aber er sah in ihr nichts anderes als die Triebkraft, welche die bürgerliche Gesell- schaft einem geschichtslosen bloßen Geschäftsleben[35] überantworten würde. Aufgabe des Historikers sei es deshalb, die Bildung früherer Zeiten zu retten, „in einer Zeit, die sonst gänzlich dem Stoff anheim- fallen könnte"[36]. Daß Friedrich Meinecke, der sich ohnehin in weit- gehender Abkapselung von den industriell-technischen Geschehnissen seiner Zeit befand, im Rahmen der Auseinandersetzungen um und mit Karl Lamprecht einer kulturgeschichtlichen Richtung von Geschichts- schreibung würde beitreten können, war von vornherein nicht zu erwarten. In völliger Übereinstimmung mit den meisten seiner Fach- kollegen hatte Meinecke die Lamprechtsche Position mit der Begrün- dung abgelehnt, daß hierbei die tatsächliche Funktion von Staat und Politik nicht angemessen gewürdigt würde. Für Meinecke lag zwar im Miteinander von natürlicher und geistiger Welt das Zentrum des historischen Interesses, aber dies war ihm gleichbedeutend mit politi- scher Geschichtsschreibung. „Sie", die politische Geschichte ist, wie Meinecke unterstrich, „die lebensnächste der historischen Wissen- schaften. Ob Wirtschafts- oder Sozialgeschichte nicht doch dem Le- ben noch näherstehen, darüber kann man streiten je nach dem Begriff von historischem Leben, den man hat. Wir verstehen unter ihm das Ineinander von Natur und Kultur. (. . .) Am intensivsten sehen wir diesen Dualismus wirken im Staate"[37]. Und eben in diesem Sinne hatte auch Heinrich von Treitzschke eine technik- oder kulturge- schichtlich ausgerichtete Historiographie zurückgewiesen: „Über- denkt man scharf das Alles, so kommt man immer wieder zu dem Ergebnis: Alle Geschichte ist vor allen Dingen eine Darstellung der res gestae und der handelnden Staatsmänner (. . .) Vollends die Bedeutung der technischen Erfindungen ist bei weitem geringer für das geschicht- liche Leben als man heutzutage zu behaupten pflegt. Wäre das nicht so, dann müßten wir unser gesamtes welthistorisches Urtheil ver- ändern"[38]. Und in Treitschkes Begründung dieser Ansicht heißt es dann unter anderem: „Es giebt kaum ein Volk der Geschichte, dessen Thaten von so dauernder Wirkung gewesen sind wie die der Römer, und doch sind die Römer weder in Kunst und Literatur hervorragend gewesen, noch haben sie sich durch Erfindungen ausgezeichnet"[39].

In der traditionellen Geschichtsschreibung des 19. Jahrhunderts fand mithin die Geschichte der materiellen Kultur keinen Platz. Augenscheinlich „lag die Kenntnis der grundlegenden naturwissenschaftlichen Gesetzmäßigkeiten und technischen Erfindungen (auch) nicht im Rahmen des Verständnisses der klassischen und neuhumanistischen Bildung, aus der die Geschichtsschreibung des 19. Jahrhunderts hervorgegangen war"[40]. Mochte die Emanzipation der Geschichtswissenschaft, also die Entfaltung einer modernen historischen Forschung und Methodologie seit dem Ende des 18. Jahrhunderts, auch voranschreiten, so vollzog sich dieser Vorgang zunächst allerdings weitgehend unter Ausblendung des so bedeutsamen Aspekts von Technik, Wissenschaft und Industrialisierung.

Dessen ungeachtet ist jedoch hervorzuheben, daß auch die geisteswissenschaftlichen Disziplinen und mit ihnen natürlich die Geschichtswissenschaft, ähnlich wie es Armin Hermann insbesondere für die Physik der damaligen Zeit hat zeigen können[41], „bis zum Ende der Weimarer Republik ein international anerkanntes Schmuckstück der deutschen Universitäten (waren). Mitbegründer des Weltrufs deutscher Wissenschaften"[42]. Daß der sich um die Wende vom 19. zum 20. Jahrhundert außerhalb des Universitätsbetriebs und außerhalb der klassischen historischen Zunft formierenden Technikgeschichtsschreibung eines Karl Karmarsch, Ferdinand Rosenberger, Ludwig und

In der zweiten Hälfte des 19. Jahrhunderts entwickelt sich Deutschland im Laufe weniger Jahrzehnte vom Agrarstaat zum Industriestaat. Neben der Hochkonjunktur durch den Eisenbahnbau, Maschinenbau und die vielen neu entstehenden Industriezweige — wie die Elektrotechnik und die chemischen Fabriken — entwickelt sich fast unbemerkt auch in der Landwirtschaft eine neue rationellere Produktionsweise. Im großflächigen Getreideanbau wird der Einsatz von Maschinen rentabel — wie die dampfbetriebene Dreschmaschine auf der Abbildung. Es kommt zu grundlegenden Änderungen der traditionellen Arbeitsweisen in der Landwirtschaft. — Aber auch diese Entwicklung findet kaum Niederschlag in der Geschichtsschreibung dieser Zeit.

Neue technische Entwicklungen riefen seit jeher nicht nur Hoffnungen sondern auch Befürchtungen und Ängste hervor. Nach der Einführung der Straßenbeleuchtung veröffentlichte die Kölnische Zeitung 1818 eine Satire über die Schädlichkeit der Straßenbeleuchtung.

Schädlichkeit der Straßenbeleuchtung.

In einem öffentlichen Blatt liest man folgende Gründe gegen Straßenbeleuchtung: Jede Straßenbeleuchtung sey verwerflich

1) aus theologischen Gründen; weil sie als Eingriff in die Ordnung Gottes erscheint. Nach dieser ist die Nacht zur Finsterniß eingesetzt, die nur zu gewissen Zeiten von Mondlicht unterbrochen wird. Dagegen dürfen wir uns nicht auflehnen, den Weltplan nicht bemeistern, die Nacht nicht in Tag verkehren wollen; —

2) aus juristischen Gründen; weil die Kosten dieser Beleuchtung durch eine indirekte Steuer aufgebracht werden sollen. Warum soll dieser und jener für eine Einrichtung zahlen, die ihm gleichgültig ist, da sie ihm keinen Nutzen bringt, oder ihn gar in manchen Verrichtungen stört? —

3) aus medizinischen Gründen; die Oel- und Gasausdünstung wirkt nachtheilig auf die Gesundheit schwachleitiger oder zartnerviger Personen, und legt auch dadurch zu vielen Krankheiten den Stoff, indem sie den Leuten das nächtliche Verweilen auf den Straßen leichter und bequemer macht, und ihnen Schnupfen, Husten und Erkältung auf den Hals zieht —

4) aus philosophisch-moralischen Gründen; [die Sittlichkeit wird durch Gassenbeleuchtung verschlimmert. Die künstliche Helle verscheucht in den Gemüthern das Grauen vor der Finsterniß, das die Schwachen von mancher Sünde abhält. Diese Helle macht den Trinker sicher, daß er in Zechstuben bis in die Nacht hinein schwelgt, und sie verkuppelt verliebte Paare —

5) aus polizeilichen Gründen; sie macht die Pferde scheu und die D..e kühn —

6) aus staatswirthschaftlichen Gründen; für den Leuchtstoff, Oel oder Steinkohlen, geht jährlich eine bedeutende Summe ins Ausland, wodurch der Nationalreichthum geschwächt wird —

7) aus volksthümlichen Gründen; öffentliche Feste haben den Zweck, das Nationalgefühl zu erwecken. Illuminationen sind hiezu vorzüglich geschickt. Dieser Eindruck wird aber geschwächt, wenn derselbe durch alltägliche Quasi-Illuminationen abgestumpft wird. Daher gafft sich der Landmann toller in dem Lichtglanz als der lichtgesättigte Großhändler.

Diese allerdings wichtigen Gründe, die unsre Leser vielleicht für Scherz zu nehmen geneigt wären, scheinen an manchen Orten, nach dem dortigen Beleuchtungswesen zu schließen, schon ernsthafte Beherzigung gefunden zu haben.

Theodor Beck, Franz Maria Feldhaus, Conrad Matschoß, Hugo Theodor Horwitz und anderen später eine ähnlich hohe Wertschätzung zu Teil werden sollte, läßt aufhorchen.

Richtig ist, daß dieser Anstoß zu einer eigenständigen wissenschaftlichen Technikgeschichtsschreibung von seiten der Ingenieure selbst ausging. Man erforschte Ingenieurleistungen, Erfinderbiographien und Produktionstechniken und bekannte sich – hierbei durchaus in Übereinstimmung mit den vorherrschenden allgemeinen Erkenntnismaximen der klassischen Geschichtwissenschaft der Zeit – zu einer stark individualisierenden Heroengeschichtsschreibung. Es waren danach „Männer, die Geschichte machten", und zwar sowohl in der Technik wie in der Politik [43]. Zunächst und in allererster Linie bestand das Motiv für die Beschäftigung mit der Geschichte der Technik darin, „auch dem der Technik ferner Stehenden eine Vorstellung von der weltgeschichtlichen Bedeutung der Technik zu geben" [44]. Man war es, wie der VDI-Vorsitzende Th. Peters 1907 formulierte, „sich und seinem Stande schuldig, auch der Vergangenheit zu [ge]denken und die Geschichte seines Berufes, seines Faches sicherzustellen" [45].

Diese Art der Technikgeschichtsschreibung blieb immer auch einer auf volle gesellschaftliche Anerkennung des Ingenieurs hin abzielenden Standesgeschichte verhaftet. Sie war Ausdruck eines sehr individuell geprägten, spezifischen Interesses an Technik und ihrer „Vergangenheit"; Ausdruck auch einer auf historischem Gebiet dilettierenden Freizeitbeschäftigung des gebildeten Ingenieurs, der, bei aller Anerkennung seiner Verdienste auf historischem Felde, doch eher dem technischen Detail und einer positivistisch-induktiven Methodik verhaftet blieb denn einer geschichtstheoretischen Einordnung seiner Forschungen. [V-3,5; V-3.6.2]

Durch das Sammeln und Veröffentlichen technikhistorischen „Materials" sollte das Fundament für eine *spätere, darauf dann aufbauende* umfassende Geschichte der gesamten Technik gelegt werden.

Was diese Art der Vorgehensweise letztlich bedeutete, darüber schien man sich – mit Ausnahme des Technikhistorikers Hugo Theodor Horwitz – im Fach selbst allerdings keine Gedanken zu machen. Und Hugo Theodor Horwitz, der später von den Nationalsozialisten ermordete jüdische Theoretiker der Technikgeschichtsschreibung, kritisierte in seiner programmatischen Schrift zur Methodik der Technikhistoriographie bereits 1929: „Es wirkt vollkommen unwissenschaftlich und fast dilettantisch, wenn manche Techniker meinen, daß die bloße chronologische Aufzählung einiger Entwicklungstypen und ihre Beschreibung allein schon das bildet, was man unter ‚Geschichte der Technik' zu verstehen hat"[46]. Statt dessen forderte Horwitz auch für die Technikgeschichte, sich jener „genetisch" (entwicklungsgeschichtlichen) Methodik zu bedienen, die sich in der Allgemeingeschichtsschreibung nunmehr als die „eigentlich wissenschaftliche" herausgebildet habe.

Auch für Horwitz galt, was sein streitbarer Fachkollege Franz Maria Feldhaus 1931 in aller Deutlichkeit hervorhob: „Die Geschichte der Technik ist eine Angelegenheit der Geschichtsforschung, keine Angelegenheit der Technik"[47].

„Die Situation, aus der heraus die Technikgeschichte um die Jahrhundertwende entstand, ist damit klar umrissen: Ingenieure taten den ersten Schritt, nachdem sie lange Zeit über dem ‚Geschichte Machen' das ‚Geschichte Schreiben' vergessen hatten, und den lebhaften Aufschwung der Technikgeschichte kann man (. . .) als Ausdruck eines starken Emanzipationsstrebens des Ingenieursstandes in einer von Historismus geprägten Epoche (deuten)"[48].

Mochte Conrad Matschoß mit seiner programmatischen Aussage: „Geschichte der Technik hat die Aufgabe, die großen Leistungen der Ingenieurarbeit einzuordnen in das Kulturgeschehen der Zeit" (1932)[49] auch den Versuch unternehmen, von einer allzuengen ingenieurswissenschaftlichen Technikgeschichtsschreibung abzurücken, so gelang ihm dieses Vorhaben dennoch nicht. Seinen von kulturhistorischem Erkenntnisinteresse mitgeprägten Geschichtsansatz hob Matschoß im ersten Band der von 1909 an erscheinenden „Beiträge zur Geschichte der Technik und Industrie" in aller Deutlichkeit mit den Worten hervor: „Die Technik hat unserer Zeit ihr Gepräge gegeben (. . .) So kann man, wohin man auch seinen Blick richten mag, über die Werke der gestaltenden Technik nicht mehr hinwegsehen. Wenn diese allgemeine Bedeutung der Technik für unser gesamtes Kulturleben Tatsache ist, so wird sie auch in immer gesteigertem Maße die Grundlage unserer allgemeinen Bildung beeinflussen müssen. (. . .) Die geschichtliche Erfassung des technischen Entwicklungsganges ist in ganz besonderem Maße geeignet, auch dem der Technik ferner Stehenden eine Vorstellung von der weltgeschichtlichen Bedeutung der Technik zu geben"[50].

Die Vorschläge von Conrad Matschoß zu einer stärkeren Verquikkung von Technik und Geschichte zum gemeinsamen Besten kamen allerdings sowohl für die in ihrer eigenen Methodenkontroverse, dem sogenannten „Lamprechtstreit"[51], verhaftete Geschichtswissenschaft, als auch für die in einer noch heterogenen Konstitutionsphase befindliche Technikgeschichte zu früh. Es wäre in diesem Zusammenhang allerdings ebenso unsinnig wie ahistorisch, hier von Schuld oder Schwäche sprechen zu wollen. „Im Gegenteil: betrachtet man die Zusammenhänge von allen Seiten, dann wird deutlich, daß Matschoß ein großes Stück des Weges von der engeren Technikgeschichte zur allgemeinen Geschichte zurücklegte, die allgemeinen Historiker (. . .) ihm aber nur einige Schritte entgegenkamen und noch bis vor kurzem weniger Interesse für die Technikgeschichte gezeigt haben als Matschoß für die allgemeine Geschichte als Selbstverständlichkeit voraussetzte"[52]. Schließlich war es Matschoß, der die Defizite der „klassischen" politischen Geschichtsschreibung seiner Zeit für das Desinteresse an der Geschichte allgemein verantwortlich machte und sich in dieser Hinsicht Abhilfe durch den kulturgeschichtlichen Ansatz des Allgemeinhistorikers Karl Lamprecht (1856–1915) versprach: „Ich fuhr, so Matschoß in seiner Rezension des 1903 erschienenen zweiten Ergänzungsbandes der Deutschen Geschichte von Karl Lamprecht[53], kürzlich in der Berliner Stadtbahn mit einigen Vätern zusammen, die froh bewegt sich von dem glücklichen Abiturientenexamen ihrer Söhne erzählten. Besonders freudig erinnerten sie sich an ihre eigene Jugendzeit, als der eine von seinem Sohn berichtete, das erste, was er nach bestandenem Examen getan habe, sei gewesen, daß er das Geschichtsbuch in die Ecke geworfen und mit Füßen getreten habe. Wenn auch das Grausen vor dem öden Zahlen-Schematismus nicht immer in so temperamentvoller Weise geäußert wird, nur zu oft kann man auch heute noch hören, wie freudig man alle die Kaiserreihen, Papstreihen usw. wieder vergißt, die man sich zur Prüfung eingepaukt hatte. (. . .) Woher kommt nun diese so vielfach noch heute zu fin-

dende geringe Schätzung der Geschichte? Sie rührt jedenfalls zum
großen Teil daher, daß vielfach das, was Geschichte genannt wird, zu
wenig im Zusammenhang steht mit dem, was uns umgibt, was uns
interessiert, was uns berufsmäßig von früh bis abends beschäftigt hat.
Die Geschichte, wie wir sie aus unserer Schulzeit noch kennen, war
einseitige Kriegs- und Diplomatengeschichte und was wir haben wollen, war Kulturgeschichte in weitester Bedeutung des Wortes. Wir
wollten sehen, wie etwas geworden war, wie es sich im Laufe der
Jahrhunderte entwickelt hatte. (. . .) Daß man von der unsere Ganzen
Beziehungen umgestaltenden Technik und Industrie in (der traditionellen) Geschichte nichts wußte, war selbstverständlich. (. . .) Nur wenn
man diese Verhältnisse sich klar macht, kann man die Bedeutung ermessen, die dem nun abgeschlossenen großen Werk „Deutsche Geschichte"
des hervorragenden Geschichtsforschers Karl Lamprecht inne wohnt.
(. . .) In außergewöhnlich packender Form finden wir hier Darstellungen über die Naturwissenschaft und die Technik in ihrem inneren
Zusammenhang. Der moderne Verkehr und seine Folgen, die Eisenbahnen, Dampfschiffe, Telegraph und Telephon, ferner die Entwicklung der Verkehrsorganisation, die Entwicklung des Güteraustausches
werden besprochen und in ihrer allgemeinen kulturgeschichtlichen
Wirkung auseinandergesetzt. (. . .) Wenn (Lamprecht) (. . .) weiter
arbeitet, so werden die Kreise, die er wieder heranzubilden hat,
schließlich dahin kommen, daß sie wirklich für ihr eigenes Leben aus
der Geschichte lernen, und derart geschriebene Geschichtsbücher wird
auch kein temperamentvoller Abiturient mit Füßen treten"[54].
Und mit Überzeugung schloß sich Matschoß der Kritik Lamprechts an der Borniertheit der die Historiographie ihrer Epoche be-
herrschenden politischen Geschichtsschreibung an: „Wir Ingenieure
alle werden uns der Erkenntnis unseres deutschen Geschichtsschreibers
Lamprecht freuen, der auch der Technik und unserem Wirtschaftsleben so viel Verständnis entgegenbringt, daß er es für eine Pflicht des
Gebildeten hinstellt, diesen Teil des großen Lebens auf sich wirken zu
lassen"[55]. Lamprecht sagt selbst in seiner „Deutschen Geschichte":
„Wie viele Hochgebildete gibt es, (. . .) die niemals – intensiv, eingehend, von Raum zu Raum, unter Einfordern von Erklärungen
wirtschaftlicher und sozialer Art – eine Fabrik gesehen haben, niemals
verweilend eine große Verkehrsorganisation, einen Rangierbahnhof
etwa oder eine Speditionsanstalt, erblickten: – und die dennoch glauben, über die Gegenwart allseitig urteilen zu können! (. . .) Denen
niemals anschaulich klar geworden ist, was es heißt, in Reih und Glied
zu stehen im Wirtschaftsleben, (. . .) und wie viele Gelehrte gehören

in diese Kategorie! – und die dennoch glauben, wenigstens über die geistigen Bewegungen der Gegenwart und der Vergangenheit ein Urteil nicht bloß zu besitzen, nein, auch zum Gebrauch anderer mustergültig bilden zu können! Als wenn das Leben in getrennten Strömen, schön abkanalisiert in sozial und geistig geschiedene Strähnen, dahinflösse, als wenn nicht eine und alles in einer Kultur aufs innigste zusammenhinge".

Die Absicht einer Verbindung zwischen Technikgeschichte und Lamprechtscher Kulturgeschichtsschreibung dürfte sich zunächst wohl als vielversprechender Weg dargestellt haben, um der Technikgeschichte doch noch einen Platz innerhalb der universitären Geschichtswissenschaft zu sichern und damit auch an methodischer Weite und erkenntnistheoretischer Tiefe zu gewinnen. Doch dieses Vorhaben mußte schnell in einer Sackgasse enden. Es übersah nämlich, und zwar vorwiegend wohl aufgrund der eigenen Ferne der Technikgeschichte zum universitären „Geschichtsbetrieb" einen gravierenden Sachverhalt: Karl Lamprecht und sein kulturhistorischer Ansatz waren in der Historikerzunft selbst heftig umstritten. Lamprecht, auf dessen integrative Wirkung die Technikgeschichte setzte, zählte zu den Außenseitern unter den deutschen Historikern. Sein in den 90er Jahren des vorigen Jahrhunderts unternommener Versuch, „eine einseitige, die politische Seite der Geschichte ausschließlich oder doch ganz vornehmlich ins Auge fassende Geschichtsschreibung zu ersetzen und für diese die richtige wissenschaftliche Methode zu finden"[56], entfesselte den berüchtigten Methodenstreit in der deutschen Geschichtswissenschaft, der mit Lamprechts völliger Isolierung endete.

„Moderne Geschichtswissenschaft ist", so Lamprechts Charakterisierung, „an erster Stelle sozial-psychologische Wissenschaft. Und in dem Kampf, der in der Gegenwart zwischen älteren und neueren Richtungen der Geschichtswissenschaft noch immer fortdauert, handelt es sich vor allem um die Bedeutung der sozialpsychischen Faktoren in der Geschichte in ihrem Verhältnis zu den individualpsychischen, etwas weniger genau ausgedrückt um die Auffassung einerseits der Zustände, andererseits der Helden als bewegender Kräfte des historischen Verlaufes"[57]. In Lamprechts Auseinandersetzung mit der politischen Geschichtsschreibung seiner Zeit ging es im Kern um zweierlei, nämlich zum einen darum, ob der bisherigen Geschichts-Leitkategorie Staat nunmehr kulturelle Phänomene in einem sozialgeschichtlichen Sinne entgegengesetzt werden könnten und zum anderen, ob das „individualistische" Paradigma des Historismus durch ein „kollektivistisches" abgelöst werden sollte[58]. Dem Verständnis

Lamprechts nach „vollzog sich die Einheit von Staat und Gesellschaft dadurch, daß der Staat nicht mehr als juristische Konkretion, sondern in seiner Eigenschaft als soziales Gebilde, als ‚sozialkulturelle Gemeinschaft' begriffen wurde. (. . .) Der Staat war Funktion der Gesellschaft, nicht umgekehrt"[59]. Doch genau dieser Auffassung widersetzte sich die politische Geschichtsschreibung: Der Staat als alles dominierendes Element konnte eben gerade nicht Funktion von Gesellschaft sein. Bei dem Historiker Georg von Below (1858–1937) gipfelte die Auseinandersetzung mit Lamprechts kulturgeschichtlichem Ansatz in einer rückhaltlosen Betonung des Primats des Politischen für die Geschichtswissenschaft: „Das politische Moment ist im irdischen Menschendasein das allgemeinste und umfassendste, das sich entdecken läßt; (. . .) Für uns hat die allgemeine Geschichte in der politischen ihren Mittelpunkt; sie gipfelt in ihr"[60].

Lamprecht gelang es nicht, einen Paradigmenwechsel in der Geschichtswissenschaft einzuleiten, geschweige denn durchzusetzen. Vielmehr war es Lamprecht selbst, der ins geschichtswissenschaftliche Abseits gedrängt wurde. Mit ihm scheiterte auch der versuchte Brükkenschlag zwischen Technik- und Allgemeingeschichte. Technikgeschichte blieb damit weiterhin eine außerhalb der eigentlichen Geschichtswissenschaft angesiedelte und von – auf diesem Gebiet dilettierenden – Ingenieuren betriebene Außenseiterdisziplin, der die historische Zunft keinerlei Aufmerksamkeit zollte.

Die ebenfalls um 1900 einsetzende „antitechnische Kulturkritik" tat ein übriges, um dem an neuhumanistischen Bildungsidealen orientierten Bürgertum die Welt von Wissenschaft und Technik weiterhin zu entfremden und sorgte auf diese Weise mit dafür, daß sich der Wissenszweig Technikgeschichte nicht zu entfalten vermochte. In nachträglicher Würdigung ihrer zumindest dem Ansatz nach zukunftsweisenden Gedanken zur Methodik der Technikgeschichte werden auf der einen Seite Karl Lamprecht und auf der anderen Conrad Matschoß für einige Fachhistoriker schließlich zu den „Vätern" bzw. „Schöpfern" einer „modernen" Technikgeschichtsschreibung[61].

Im Gegensatz zur „klassischen" politikfixierten Geschichtswissenschaft fand die Beschäftigung mit technikhistorischen Sachverhalten in der sich im 19. und frühen 20. Jahrhundert neuformierenden Sozialwissenschaft größere Resonanz. Insbesondere die „historische Schule" der Nationalökonomie um Wilhelm Roscher (1817–1894), Bruno Hildebrand (1812–1886), Karl Knies (1821–1898) sowie insbesondere Gustav Schmoller (1838–1917) und Werner Sombart (1863–1941), aber auch die im Entstehen begriffene Soziologie um Ferdinand Tönnies (1855−1936) entwickelte ein intensives Verhältnis zur Geschichte. Ihre Vorstellung wurden getragen vom Bewußtsein des Historismus, daß jede historische Epoche an ihren eigenen Maßstäben zu messen sei. Es war außerdem das Ziel, nicht „blos (zu) zeigen, wie es eigentlich gewesen" (Ranke) sondern statt dessen, ganz im Sinne von Karl Lamprecht, nun „zu zeigen, wie es eigentlich geworden"[62].

Dabei war das Erkenntnisinteresse auch darauf gerichtet, die Wechselbeziehungen zwischen Wirtschaft und Technik zu analysieren, wobei nicht etwa − wie im Rahmen der zeitgenössischen Technikgeschichte − einseitig nur die Wirkungsgeschichte von Technik Gegenstand der Analyse sein sollte. Es ging der historischen Nationalökonomie darum, interstrukturelle Beziehungen zwischen den beiden Bereichen Wirtschaft und Technik aufzuzeigen. Ein Anliegen, welches seinen großen theoretischen Vordenker in Karl Marx (1818−1883) besaß. Dessen geschichtsphilosophischer Ansatz des „Historischen Materialismus" mit der gesellschaftsbewegenden Kraft der „Produktivkräfte" hatte ihn auch mit Fragen technikhistorischer Art konfrontiert[63] und zur Forderung nach einer „kritischen Geschichte der Technologie" bewogen. [I-1.3]

Anders als die Geschichtswissenschaft, verschlossen sich die sonstigen Sozialwissenschaften − bei durchaus kritischer Abwägung − der neuen geschichtsprägenden Kraft von Technik und Wissenschaft nicht. Werner Sombart etwa urteilte in seiner Darstellung der deutschen Volkswirtschaft im 19. Jahrhundert: „Denn wenn man auch nicht so weit zu gehen braucht wie manche Schriftsteller, namentlich natürlich die Vertreter der technischen Wissenschaften, die ohne weiteres technische und wirtschaftliche Entwicklung gleichsetzen, so wird man doch nicht verkennen dürfen, daß die ökonomische Revolution, die sich während des vergangenen Jarhunderts vollzogen hat, nicht zuletzt technischen Veränderungen ihr Dasein verdankt. (. . .) Es ist unerhört in der Weltgeschichte. Niemals ist auch nur annähernd in gleicher Zeit die Herrschaft des Menschen über die äußere Natur dermaßen erweitert worden; niemals, soviel wir wissen, sind in so wenigen Menschenaltern die Grundlagen, auf denen das technische Vollbringen ruhte, so vollständig umgestürzt. Und wer irgendeine Erscheinung des gesellschaftlichen Lebens in Europa während des 19. Jahrhunderts, es sei welche es wolle, verstehen lernen will, wird seinen Geist mit Andacht versenken müssen in diese Welt von tausend und abertausend Erfindungen und Entdeckungen, aus denen die moderne Technik auferbaut ist. Alles dies braucht man ja heutigentags niemand mehr in langatmiger Auseinandersetzung zu beweisen; es ist Gemeingut aller Gebildeten"[64]. [VIII]

Trotz dieser Erkenntnis kam es nicht zu einer engeren Verzahnung zwischen der Technikgeschichte und der historischen Nationalökonomie bzw. Soziologie. Dies sicherlich auch aus dem Grunde, daß die Sozialwissenschaften die frühe Technikgeschichte zunächst wohl vorwiegend als „Steinbruch" für technische Fakten und Darstellungen verstanden haben und sie zudem natürlich noch in der Phase ihrer eigenen Fachwerdung begriffen waren. Demgegenüber hatte eine ingenieurwissenschaftlich angelegte Technikgeschichtsschreibung, der ohnehin noch ein tieferes Interesse an Methodenproblemen der Geschichtswissenschaft fehlte, selbst kaum jenes Stadium erreicht, das erforderlich gewesen wäre, um von den theoretisch-systematischen Überlegungen der historischen Nationalökonomie oder auch Soziologie überhaupt zu profitieren.

Noch heute werden der Technikgeschichte – und dies nach langjähriger intensiv geführter Diskussion – erhebliche Theoriedefizite und methodische Rückständigkeit nachgesagt. Rürup beispielsweise unterstrich: „Die Unklarheiten über Gegenstand, Methoden, Reichweite und Erkenntnisinteresse der Technikhistorie sind, nachdem die ursprüngliche Naivität verlorenging, zunächst eher größer geworden"[65].

Ebenso blieb, um wieder an die Situationsbeschreibung des Faches um 1900 anzuknüpfen, der damaligen Technikgeschichte nach wie vor eine Anerkennung durch die Geschichtswissenschaft versagt. Noch im Jahre 1934 sah sich Franz Schnabel (1887–1966), der einzige Allgemeinhistoriker im übrigen, der bis in die Zeit nach dem Zweiten Weltkrieg den Lamprechtschen Ansatz einer innigen Verbindung von Geschichte und Technikgeschichte wieder aufzugreifen bereit war, vor die Grundsatzfrage gestellt, „ob es dem Historiker gestattet sei, so wesentliche und weite Lebensgebiete wie Naturwissenschaften und Technik von seiner Darstellung auszuschließen"[66]. Und der Karlsruher Geschichtsordinarius Franz Schnabel wußte auf diese Frage eine adäquate Antwort zu geben in Form des beeindruckenden dritten Bandes seiner „Deutschen Geschichte im neunzehnten Jahrhundert", der den Erfahrungswissenschaften und der Technik gewidmet war. Selbstverständlich blieb Schnabels Darstellung vorwiegend geistesgeschichtlich angelegt. Ganz in dem Sinne, wie es Droysen gefordert hatte, schilderte Schnabel Industrie und Technik als Errungenschaft, als beherrschte Technik im optimistischen Sinne seiner Zeit[67]. Auch blieb es eher der „Geist der Technik im weitesten Sinne (. . .) und nicht das geschichtliche Detail der Ingenieurwissenschaften"[68], dem sein Interesse galt. Doch es gelang ihm – und zwar ohne auf umfangreichere Vorarbeiten zur Technikgeschichte des 19. Jahrhunderts zurückgreifen zu können – die technische Entwicklung zu erfassen und in den allgemeinhistorischen Zusammenhang einzubetten.

Dessen ungeachtet fungierte Schnabels Geschichtsschreibung in der Fachwissenschaft eher als Alibi denn als Vorbild. Hierzu mag mit beigetragen haben, daß Schnabel 1934 aus politischen Gründen seinen Karlsruher Lehrstuhl verlor. Die Wirkung Schnabelschen Gedankenguts blieb so hinter dem Wünschenswerten und Möglichen zurück. Nach 1945 wurde der Schnabelsche Ansatz allerdings erneut aufgegriffen und „wohl am konsequentesten von Wilhelm Treue fortgeführt, der in zahlreichen Aufsätzen sowie Beiträgen in historischen Handbüchern wie dem ‚Gebhardt' der Technikgeschichte einen angemessenen Platz in den Geschichtswissenschaften zu sichern und gleichzeitig eine Brücke zur Technikgeschichte Matschoß'scher Provenienz zu schlagen suchte"[69].

Es steht außer Frage, daß seit den 1950er Jahren sowohl die Motive, aus denen heraus Technikgeschichte betrieben wird, als auch das Verhältnis zwischen Technik- und Allgemeingeschichte einen tiefgreifenden Wandel erfahren haben. Das technisch-praktische und das kulturgeschichtliche Motiv eines um gesellschaftliche Anerkennung ringenden Ingenieursstandes traten in den Hintergrund. Ebenso bewirkte ein Paradigmenwechsel in der Geschichtswissenschaft hin zu einer stärkeren Betonung der sozialhistorischen Aspekte, daß nunmehr auch der technikhistorische Blickwinkel für die Allgemeingeschichte an Bedeutung gewann. Ausdrücklich brachte 1974 Theodor Schieder, einer der bedeutenden Deutschen Historiker, diesen Sachverhalt in den Worten zum Ausdruck: „In der Geschichte der Technik, der Naturwissenschaften erwachsen dem geschichtlichen Bewußtsein ganz neue Dimensionen. (. . .) Die Geschichte des technischen Zeitalters und der Technik selbst muß voll in die Geschichtswissenschaft und die Geschichtsschreibung integriert werden"[70].

Es ist nicht zu verkennen, daß Probleme, die mit einer rasch fortschreitenden Technisierung in immer zahlreicheren Lebensbereichen zu Tage treten, auch die Frage nach den Lebensbedingungen in einer von Wissenschaft und Technik geprägten Welt provozieren. Damit stieg auch das Bedürfnis an einer Technikgeschichte, deren Gegenstand, die Technik, in ihren gesellschaftlichen Bezügen und Konsequenzen gezeigt wird. Ohne Mühe läßt sich so auch das stärker werdende Interesse erklären, welches Philosophie, Techniktheorie,

Wirtschaftswissenschaft, Politologie, Soziologie und auch die Literaturwissenschaften der Technikgeschichte gegenüber zeigen. Auch die an die Grenzen ihrer universitären Expansionsmöglichkeiten stoßende Historiographie verschloß sich nicht mehr den offenkundigen Erkenntnismöglichkeiten, den der Bereich Technikgeschichte zu bieten schien. In einem von Friedrich Klemm und anderen Wissenschaftshistorikern 1959 verfaßten Memorandum für die Deutsche Forschungsgemeinschaft kommt dieser Aspekt besonders deutlich zum Ausdruck: „Ohne ein hinlängliches Maß von Wissen über die Entwicklung der heutigen Naturwissenschaft und Technik kann deshalb weder der Gang der europäischen Geschichte vollständig analysiert und zutreffend dargestellt werden, noch lassen sich ohne solche Kenntnisse die Ursachen, Motive und Tendenzen des gegenwärtigen politischen und wirtschaftlichen Geschehens durchschauen und bewerten"[71].

Zu Recht setzte sich in der Allgemeingeschichtsschreibung nun die Auffassung durch, daß eine Einbeziehung der Technikgeschichte befruchtend sowohl im Hinblick auf strukturgeschichtliche Analysen, als auch für die Sozial- und Wirtschaftsgeschichte allgemein wirken würde. Ausdruck einer sich festigenden Integration der Technikgeschichte in die Allgemeinhistoriographie dürfte sein, daß technikhistorische Artikel seit 1970 Eingang in das Standardwerk zur deutschen Geschichte, „den Gebhardt" (Handbuch der deutschen Geschichte)[72] gefunden haben.

Dessen ungeachtet bleibt das Fach in zahlreichen, selbst neueren „Einführungen in das Studium der Geschichte" noch unberücksichtigt oder wird nur ausgesprochen stiefmütterlich abgehandelt. Durchgreifende Korrekturen, wie sie etwa in der von W. Eckermann und Hubert Mohr herausgegebenen „Einführung in das Studium der Geschichte" zwischen der 2. und 4. Auflage dahingehend erfolgten, daß ein Kapitel „Technikgeschichte" gänzlich neu eingefügt wurde, sind noch die Ausnahme[73].

Im knappen Register der von Jörg Schmidt 1975 vorgelegten Publikation „Studium der Geschichte. Eine Einführung aus sozialwissenschaftlicher und didaktischer Sicht" fehlen die Schlagworte „Technik", „Technikgeschichte" oder „Technologie" völlig. Erst im Zusammenhang mit einer Thematisierung der Historikertage und der Entwicklung des Faches Geschichte kommt es zu einer kurzen Erwähnung der Technikgeschichte. Mit deutlichem Seitenhieb auf die Sozialgeschichte heißt es dort: „Nur in der Unternehmens- und Technikgeschichte wurden nach 1945 wirklich neue Gebiete betreten. Die zunächst auffällige gleichzeitige Hochkonjunktur des Begriffs Sozialgeschichte dagegen erweist sich großenteils als Umetikettierung alteingeführter Themen oder als bewußtes Vorbeireden an der Geschichtswissenschaft der sozialistischen Länder. Erst 1972 nannte man die beherrschende Erscheinung der Sozialgeschichte seit dem 19. Jahrhundert beim Namen und richtete eine Sektion „Geschichte der Arbeiterbewegung ein"[74].

Ernst Hinrichs erwähnt in seiner „Einführung in die Geschichte der Frühen Neuzeit" von 1980 zumindest einige Aspekte der Wissenschaftsgeschichte[75]. Der Bochumer Neuzeithistoriker Winfried Schulze hingegen, der an der selben Abteilung lehrt, an der seit 1966 eine der frühen Professuren für Technikgeschichte eingerichtet worden ist, mißt der Technikgeschichte in seiner „Einführung in die Neuere Geschichte" von 1987 keine registerrelevante Bedeutung zu[76].

Dennoch wird die Technikgeschichte heute ohne Frage in eine Reihe mit den anderen historischen Disziplinen gestellt und avanciert dabei in gewisser Weise gar zu deren Hoffnungsträger: „Wir haben seit der Zeit, in der Geschichte im wesentlichen Fürstengeschichte, Hofgeschichte, Kriegsgeschichte und Konfessionsgeschichte gewesen ist, sehr viele Fortschritte gemacht: die Wirtschaftsgeschichte war einer davon, die Sozialgeschichte ein anderer – die Technikgeschichte (. . .) könnte der jüngste große Fortschritt werden. Daß die Technikgeschichte betrieben werden muß, daß sie zumindest zur neueren und zur Zeitgeschichte notwendig gehört, daß sie also im Historischen Seminar einer jeden modernen Universität ihren Platz haben muß, steht außer Frage (. . .)"[77]. Daß dem gegenwärtig nicht bzw. noch nicht so ist, verdient allerdings ebenfalls der Hervorhebung. Und zwar ungeachtet dessen, daß das Fach in der Bundesrepublik seine universitäre Präsenz zwischen 1980 und 1990 um drei neugeschaffene Professuren (Berlin, Aachen, Karlsruhe) und eine Wiederbesetzung (München) auszubauen vermochte.

In einem weiteren Schritt wurde, um auf die Ausgangsargumentation zurückzukommen, die Technikgeschichte von den Sozialhistorikern Karin Hausen und Reinhard Rürup bereits zu einem „konstitutiven Bestandteil der Geschichtswissenschaft" erklärt und als „Sozialgeschichte mit dem besonderen Gegenstandsbereich der Technik" definiert[78]. Einer derart „resorbierenden" und zum Teil auch einengenden Interpretation vermochte sich die Technikgeschichte allerdings nicht vorbehaltlos anzuschließen[79].

Nach wie vor sind in der Technikgeschichte zwei wissenschaftliche Vorgehensweisen zu finden: „Eine engere, vornehmlich technische

Entwicklungsreihen oder Einzelgegenstände untersuchende spezielle Technikgeschichte" sowie eine „weitere Technikgeschichte", die an technischen Prozessen, Strukturen und damit einhergehend an dem Aufzeigen von Interdependenzen und am historischen Gesamtverlauf interessiert ist. Dieser Differenzierung liegen unterschiedliche Definitionen des Technikbegriffs zugrunde. Dem weiter gefaßten Verständnis nach wird dabei Technik nicht allein als Artefakt und Wissenschaft sondern auch in ihrer Funktion als „Arbeitsmittel, Produktionsmittel, Spiel-, Sport- und Freizeitmittel sowie als Umwelt des Menschen erfaßt"[80]. [I-1.1]

In den beiden unterschiedenen methodischen Ansätzen geht die Technikgeschichte jeweils von einer den Kriterien der Geschichtswissenschaft genügenden, kritischen Bearbeitung der verfügbaren Quellen aus und gelangt so zunächst zur kausal-genetischen Erklärung rein technischer bzw. technisch-wissenschaftlicher Entwicklungen. „Als geschichtliche Wissenschaft und Teil der allgemeinen Geschichtswissenschaft bleibt sie auf jener Stufe nicht stehen, sondern arbeitet auf das Ziel einer verstehend-deutenden Beschreibung des technischen Prozesses in der Gesamtgeschichte hin"[81]. Ist die Technikgeschichte ihrem Selbstverständnis nach Disziplin der Geschichtswissenschaft, und dies ist heute durchgängig der Fall, „dann muß sie zweifellos den Grundanforderungen der historischen Methode genügen und als ihr eigentliches Ziel den Beitrag zur Erkenntnis allgemeinhistorischer Zusammenhänge ins Auge fassen"[82].

Nach einer langen Phase der Konstituierung, Emanzipation und Selbstfindung ist die Technikgeschichte heute sowohl ihrem Selbstverständnis nach, als auch aus dem Blickwinkel der allgemeinen Geschichtswissenschaft eine durch und durch dem historischen Seminar zuzuordnende Disziplin. Die Technikgeschichte hat sich sowohl von ihrem Gegenstand, ihrer Methode und ihrem Erkenntnisinteresse her an jenen Kriterien zu messen, die für die Geschichtswissenschaft Gültigkeit besitzen. Als „geschichtliche Wissenschaft" untersucht sie „die" Technik und richtet ihr Erkenntnisinteresse auf die Bedingungen und Auswirkung von Technik bzw. technischem Wandel in der Geschichte. Insbesondere stellt sie den Zusammenhang zwischen Technik und sozialen, wirtschaftlichen, politischen, ökologischen etc. Gegebenheiten her.

Technikgeschichtliche Darstellung in diesem Sinne „beschränkt sich dann nicht mehr auf eine von der übrigen Geschichte losgelöste (Beschreibung) der Entwicklung der Ingenieurwissenschaften oder der technischen Einzelprodukte. Sie führt vielmehr über den methodischen Ansatz an der ursprünglich von Erfindern und Ingenieuren geschaffenen Einzeltechnik hinaus und wendet sich der eigenständig und quantifiziert, d. h. in erheblichen und meßbaren Größen in der Geschichte erscheinenden Technik sowie besonders ihren Bedingungen und Auswirkungen zu. Nur eine solche Technikgeschichte, die beide Bereiche umfaßt und sowohl die Entstehung der Technik als auch die Vielfalt der auf sie ausgeübten und der von ihr ausstrahlenden Wirkungen behandelt und darstellt, läßt sich als geschichtliche Wissenschaft in die allgemeine Geschichtsschreibung einordnen"[83]. Und, um den Gedankengang Karl-Heinz Ludwigs fortzuführen, nur eine derartigen Kriterien genügende Technikgeschichtsschreibung wird in der Lage sein, jenen Aufgaben zu genügen, denen sie sich heute zu stellen hat.

Welche dies insbesondere auch sein werden, ist im kürzlich erschienene Bericht der Kommission „Forschung Baden-Württemberg" deutlich formuliert worden. Danach sind die philologisch-historischen Wissenschaften und mit diesen die Technikgeschichte „in modernen Gesellschaften unentbehrlich für die Bewußtseinsbildung und damit die Weltorientierung des Menschen. Ihre Förderung dient unmittelbar dem Ansehen des Landes"[84].

Literaturnachweise

1 *Schlözer*, August Ludwig von: Weltgeschichte nach ihren Hauptteilen im Auszug und Zusammenhang. Göttingen 1785, S. 70 f.

2 *Schlözer*, August Ludwig von: Theorie der Statistik. Göttingen 1804, S. 92

3 Encyclopédie, ou Dictionnaire raisonné des sciences des arts et des métiers, par une société des gebs de lettres. Mis en ordre et publié par D. Diderot; et quant à la partie mathématique, par J. d'Alembert. 35 Bände, davon 12 Tafelbände. Paris u.a 1751—1780

4 Descriptions des Arts et Métiers, faites ou approuvés par messieurs de l'Académie royale des sciences. Bde. 1—121. Paris 1761—1789

5 *Beckmann*, Johann: Beyträge zur Geschichte der Erfindungen. 5 Bde. Leipzig 1786—1805

6 Vgl. 5, Bd. 4, S. 346

7 *Ludwig*, Karl-Heinz: Technikgeschichte als Beitrag zur Strukturgeschichte. In: Technikgeschichte. Bd. 33, Nr. 2. 1966, S. 105—120

8 *Kranzberg*, Kelvin: At the Start. In: Technology and Culture. Bd. 1 (1960), S. 8 f.

9 Vgl. 5

10 *Poppe*, Johann Heinrich Moritz: Geschichte aller Erfindungen und Entdeckungen. Tübingen ²1847

11 *Busch*, Benjamin Gabriel Chr.: Versuch eines Handbuchs der Erfindungen. 8 Bde. Eisenach 1790–1798

12 *Matschoß*, Conrad: Der Ingenieur und die Aufgaben der Ingenieurerziehung. In: Zeitschrift des Vereins Deutscher Ingenieure. Bd. 57, Nr. 52. 1913, S. 2054

13 Beiträge zur Geschichte der Technik und Industrie. Jahrbuch des Vereins Deutscher Ingenieure; ab Bd. 22 unter dem Titel „Technikgeschichte". Bde. 1–30. Berlin 1909–1941

14 Archiv für die Geschichte der Naturwissenschaften und der Technik. Bde. 1–13. Leipzig 1909–1931

15 *Feldhaus*, Franz Maria/*Klinckowstroem*, Carl Graf von (Hrsg.): Geschichtsblätter für Technik, Industrie und Gewerbe. Bde. 1–11. Berlin 1914–1927

16 *Heggen*, Alfred: Moderne Geschichtswissenschaft und Technik. In: Aus Politik und Zeitgeschichte. B 30/79. Bonn 28. Juli 1979, S. 46 ff.

17 *Rürup*, Reinhard: Die Geschichtswissenschaft und die moderne Technik. In: Kurze, Dietrich (Hrsg.): Aus Theorie und Praxis der Geschichtswissenschaft; Festschrift für Hans Herzfeld. Berlin 1972, S. 49

18 *Schorn-Schütte*, Luise: Karl Lamprecht, Wegbereiter einer historischen Sozialwissenschaft? In: Hammerstein, Notker (Hrsg.): Deutsche Geschichtswissenschaft um 1900. Stuttgart 1988, S. 153–191, insbes. S. 161–166

19 Vgl. 18, S. 161

20 *Schulze*, Winfried: Otto Hintze und die deutsche Geschichtswissenschaft um 1900. In: Hammerstein, Notker (Hrsg.): Deutsche Geschichtswissenschaft (Vgl. 18), S. 323–329, insbes. S. 325

21 *Rüsen*, Jörn: Technik und Geschichte in der Tradition der Geisteswissenschaften – Geistesgeschichtliche Anmerkungen zu einem theoretischen Problem. In: Historische Zeitschrift 211 (1970), S. 529

22 *Sywottek*, Arnold: Geschichte, Geschichtswissenschaft und Technik seit dem ausgehenden 18. Jahrhundert. In: Calließ, Jörg (Hrsg.): Technik und ihre Geschichte. (Loccumer Protokolle 19/1980). Loccum 1980, S. 39

23 *Meran*, Josef: Theorien in der Geschichtswissenschaft. Göttingen 1985, S. 16 f.

24 Vgl. 23, S. 16 f.

25 *Treitschke*, Heinrich von: Politik. Vorlesungen gehalten an der Universität zu Berlin. Hrsg. v. Cornicelius, Max. Bd. 1. Leipzig 1897, S. 63

26 Vgl. 23, S. 17

27 Vgl. 25, S. 63 f.

28 *Ranke*, Leopold von: Weltgeschichte. Bd. 1. Leipzig 1922 (5), Vorrede

29 *Berding*, Helmut: Leopold von Ranke. In: Wehler, Hans-Ulrich (Hrsg.): Deutsche Historiker. Bd. 1. Göttingen 1971, S. 7–24.

30 Vgl. 29, S. 10

31 Vgl. 29, S. 9 f.

32 *Ranke*, Leopold von: Geschichte der romanischen und germanischen Völker von 1494–1514. Leipzig ²1874, S. VIII

33 *Ranke*, Leopold von: Über die Epochen der neueren Geschichte. Historisch-kritische Ausgabe. Hrsg. v. Schieder, Theodor/ Berdnig, Helmut. München/ Wien 1971, S. 59 ff.

34 Vgl. 29, S. 20

35 *Burckhardt*, Jacob: Historische Fragmente. Stuttgart 1957, S. 268

36 Vgl. 35, S. 269
37 *Meinecke*, Friedrich: Zur Theorie und Philosophie der Geschichte. Hrsg. v. Kessel, Eberhard. Stuttgart 1959, S. 87
38 Vgl. 25, S. 65 f.
39 Vgl. 25, S. 65 f.
40 *Düwell*, Kurt: Die Technik des Industriezeitalters und die „allgemeine" Geschichtswissenschaft. In: Treue, Wilhelm (Hrsg.): Deutsche Technikgeschichte. Vorträge vom 31. Historikertag am 24. September 1976 in Mannheim. Studien zu Naturwissenschaft, Technik und Wirtschaft im Neunzehnten Jahrhundert. Bd. 9. Göttingen 1977, S. 14
41 *Hermann*, Armin: Die Jahrhundertwissenschaft. Stuttgart 1977
42 *Hammerstein*, Notker (Hrsg.): Deutsche Geschichtswissenschaft (Vgl. 18), Vorwort, S. 7.
43 Vgl. 17, S. 64
44 *Matschoß*, Conrad: In: Beiträge zur Geschichte der Technik und Industrie. Jahrbuch des Vereins Deutscher Ingenieure. Bd. 1. Berlin 1909, Vorwort
45 *Matschoß*, Conrad: Die Entwicklung der Dampfmaschine. Geleitwort des Direktors des VDI Th. Peters. ND d. Ausgabe Berlin 1908. Düsseldorf 1987
46 *Horwitz*, Hugo Theodor: Forschungsgang und Unterrichtslehre der Geschichte der Technik (Methodologie der Technohistorie). In: Technik und Kultur 20/1929, S. 216
47 *Feldhaus*, Franz Maria: Die Technik der Antike und des Mittelalters. Leipzig 1931, S. 1
48 *Zweckbronner*, Gerhard: Technikgeschichte – eine Brücke zwischen mathematisch-naturwissenschaftlicher und literarisch-geisteswissenschaftlicher Kultur. In: Gesellschaft der Freunde der Universität Mannheim (Hrsg.): Wechselwirkungen Jg. 33. Nr. 2. Mannheim 1984, S. 25
49 Zit. nach: *Treue*, Wilhelm: Technikgeschichte und Technik in der Geschichte. In: Technikgeschichte. Bd. 32, (1965). Düsseldorf 1965, S. 9
50 *Matschoß*, Conrad: Vorwort. In: Beiträge zur Geschichte der Technik und Industrie. Bd. 1. Berlin 1909, S. III f.
51 Vgl. 18
52 Vgl. 49, S. 8
53 *Lamprecht*, Karl: Deutsche Geschichte: Zur jüngsten deutschen Vergangenheit. Ergänzungsband 2,1. Berlin 1903
54 *Matschoß*, Conrad: Die Technik in der heutigen Geschichtswissenschaft. In: Technik und Wirtschaft. Jg. 3, Berlin 1910, S. 296 f., S. 300
55 Vgl. 12, S. 2054
56 *Seinberg*, Hans-Josef: Karl Lamprecht. In: Wehler, Hans-Ulrich (Hrsg.): Deutsche Historiker, Bd. 1. Göttingen 1971, S. 58
57 *Lamprecht*, Karl: Moderne Geschichtswissenschaft. Fünf Vorträge. Freiburg 1905, S. 1
58 Vgl. 20, S. 325
59 Vgl. 18; S. 162
60 *Below*, Georg von: Über historische Periodisierung. In: Below, Georg von: Einzelschriften zur Politik und Geschichte. Hrsg. v. Roessler, H. Berlin 1925, S. 18.

61 *Ludwig*, Karl-Heinz: Entwicklung, Stand und Aufgaben der Technikgeschichte. In: Archiv für Sozialgeschichte, Bd. 28 (1978). Hannover 1978,
   S. 502—523

62 *Lamprecht*, Karl: Deutsche Geschichte. Bd. 1. Berlin ²1894, S. 6

63 *Kusin*, A. A.: Karl Marx und Probleme der Technik. Leipzig 1970

64 *Sombart*, Werner: Die deutsche Volkswirtschaft im 19. Jahrhundert. Berlin
   ³1913, S. 134

65 Vgl. 17, S. 73

66 *Schnabel*, Franz: Deutsche Geschichte im neunzehnten Jahrhundert. Bd. 3.
   Freiburg 1934, S. V

67 Vgl. 22, S. 43

68 *Treue*, Wilhelm: Vorbemerkung zu: Goldbeck, Gustav: Technik als geistige
   Bewegung in den Anfängen des deutschen Industriestaates. In: Technikgeschichte in Einzeldarstellungen, Nr. 8. Düsseldorf ²1968, S. 3

69 *Troitzsch*, Ulrich: Die historische Funktion der Technik aus der Sicht der
   Geisteswissenschaften: In: Technikgeschichte. Bd 43 (1976) Nr. 2. Düsseldorf
   1976, S. 95

70 *Schieder*, Theodor: Eine Elle für den Menschen. In: Die geistige Welt; Beilage
   zu „Die Welt" vom 16. 3. 1974

71 Deutsche Forschungsgemeinschaft (Hrsg.): Die Geschichte der Medizin, der
   Naturwissenschaft und der Technik. Bad Godesberg 1959, S. 43

72 Gebhardt — Handbuch der Deutschen Geschichte. Bd. 2. Stuttgart ⁹1970,
   S. 437—545

73 *Eckermann*, W. u.a. (Hrsg.): Einführung in das Studium der Geschichte. Berlin
   1986, S. 472—484

74 *Schmidt*, Jörg: Studium der Geschichte. Eine Einführung aus sozialwissenschaftlicher und didaktischer Sicht (UTB, Uni-Taschenbücher 295). München
   1975, S. 11

75 *Hinrichs*, Ernst: Einführung in die Geschichte der frühen Neuzeit. München
   1980, S. 92—100

76 *Schulze*, Winfried: Einführung in die Neuere Geschichte. Stuttgart 1987

77 Vgl. 48, S. 14

78 *Hausen*, Karin/*Rürup*, Reinhard (Hrsg.): Moderne Technikgeschichte. Köln
   1975, Einleitung S. 20

79 *König*, Wolfgang: „Moderne" Technikgeschichte als Sozialwissenschaft und
   „nachmoderne" Technikgeschichte. In: Ferrum. Nr. 53. 1982, S. 11—13

80 Vgl. 7, S. 40

81 Vgl. 7, S. 40 f.

82 Vgl. 7, S. 41

83 Vgl. 7, S. 106

84 Ministerium für Wissenschaft und Kunst Baden-Württemberg (Hrsg.): Kommission Forschung Baden-Württemberg 2000, Abschlußbericht. Stuttgart Juli
   1989, S. 124

Technik und Wirtschaftswissenschaften

Hans-Joachim Braun

Merkantilismus und Kameralistik

Einflüsse von Technik auf die wirtschaftliche Entwicklung werden erst seit Beginn des 19. Jahrhunderts ausführlich in der Wirtschaftstheorie behandelt. Die Wirtschaftswissenschaften, von den französischen Physiokraten am Ende des 18. Jahrhunderts sowie von dem schottischen Ökonomen Adam Smith (1723–1790) begründet, entstanden in der ersten Phase der Industrialisierung, die wesentlich vom Einsatz technischer Neuerungen geprägt war. Dies schlug sich allerdings erst langsam in den Wirtschaftstheorien der Zeit nieder. In der Epoche des Merkantilismus in England und Frankreich sowie in der Kameralistik, der deutschen Spielart des Merkantilismus im 17. und 18. Jahrhundert, wurde eine Wirtschaftslehre entwickelt, in der das Schwergewicht auf dem Außenhandel und dem Wachstum der Bevölkerung lag. Die Behandlung technischer Neuerungen standen gegenüber Veränderungen in der Arbeitsorganisation – Übergang vom Handwerk über das Verlags- und Manufakturwesen zur Fabrik – am Ende des 18. Jahrhunderts zurück.

In Frankreich trat vor allem Jean-Baptiste Colbert (1619–1683), Minister Ludwigs XIV., hervor[1]. Ihm ging es um eine Stärkung der Macht des Staates, deren Voraussetzungen unter anderem hohe Steuereinkünfte und Einnahmen aus Handelsüberschüssen waren. Um letzteres zu gewährleisten, war es nötig, Produkte herzustellen und zu exportieren, die nicht nur international konkurrenzfähig, sondern denen anderer Handelsnationen möglichst überlegen waren. Hier lag es nahe, Maschinen einzusetzen, die die herzustellenden Güter verbilligten. Colbert aber erkannte auch eine Gefahr für die staatlichen Einkünfte: Durch Mechanisierung verloren zahlreiche Handwerker und Gewerbetreibende ihre Arbeit, wodurch die Steuerkraft des Staates vermindert wurde.

Legten die französischen und englischen Merkantilisten das Hauptgewicht auf eine positive Handelsbilanz und die Anhäufung eines gewaltigen Staatsschatzes, so stand bei den meisten deutschen und österreichischen Kameralisten das Ziel des Bevölkerungswachstums im Vordergrund. Der Dreißigjährige Krieg hatte zu großen Bevölkerungsverlusten geführt, die durch eine „Peuplierungspolitik" allmählich ausgeglichen werden sollten. Freilich war die Bevölkerung dem Landesherrn, sprich seiner Schatulle, nur dann von Nutzen, wenn sie in Arbeit und Brot stand und die geforderten Steuern und Abgaben entrichtete. Demgegenüber standen die Bemühungen zur Förderung des Außenhandels zurück. Entscheidend war, daß die im Inland benötigten Nahrungsmittel und gewerblichen Produkte auch hier erzeugt wurden und nicht importiert zu werden brauchten. Man wollte das Geld im Lande behalten.

Hier klingt schon an, daß die Kameralisten in der Regel ein anderes Verhältnis zum Einsatz technischer Neuerungen hatten als die Merkantilisten. „Vollbeschäftigung" war für sie das Ziel mit der höchsten Priorität, das durch die Einführung von Maschinen gefährdet werden konnte. 1676 errichtete Johann Joachim Becher (1635–1682), einer der führenden Kameralisten, Chemiker und „Projektanten" des 17. Jahrhunderts, auf dem Berg Tabor in Wien ein „Kunst- und Werkhaus". Schon zu Anfang des 17. Jahrhunderts waren in Holland „Zuchthäuser" eingerichtet worden, in denen Handwerksburschen, die keine Arbeit fanden, Bettler und Landstreicher eingewiesen wurden, um ihren Lebensunterhalt zu verdienen. Ziel war, den Müßiggang zu steuern; das Almosengeben wurde verboten[2]. [III-3.5]

Als in Wien im Jahre 1671 auch ein solches „Zuchthaus" eingerichtet wurde, sparte Becher nicht mit Kritik. Ihm schwebte ein „Kunst- und Werkhaus" vor, das weniger arbeitslose Menschen beschäftigen, als die Einführung neuer Manufakturen vorbereiten sollte. Becher betrachtete das „kaiserliche Kunst- und Werck-Hauß" als ein Gebäude, „worinnen als in einem Seminario die Manufacturen und Künste erfunden und introduciret, die Leute abgerichtet, und auf das Land und in die mitleidende gepopulirte Städte diffundiret und stabilirt werden." Dies heißt: Das Kunst- und Werkhaus sollte eine Lehrstätte sein, in der ausländische Fachkräfte inländische Arbeiter und Handwerker unterrichteten, damit diese ihre Kenntnisse neuartiger Produktionsverfahren weitergeben konnten. Dies war jedoch nicht der einzige Zweck des Kunst- und Werkhauses. Es diente außerdem der Erprobung neuer Verfahren und der Erfindung von Instrumenten, seine Ausrichtung war etwas, was wir heute „Forschung und Entwicklung" nennen würden. Im Werkhaus bestanden eine Geschirrmanufaktur, die Majolika sowie Hausgeschirr aus einer von Becher selbst erfundenen weißen Metallegierung herstellen sollte, ferner eine Seiden- und Wollmanufaktur. Im Frühjahr 1676 richtete Becher dann ein chemisches Laboratorium, eine venezianische Glashütte, eine Schmelzhütte und eine Apotheke ein, in der er seine „Universalpilulen" (Pillen gegen jegliche Art von Krankheiten) herstellte. In der Apotheke wurde auch Zuckerwein erzeugt, „durch den der ungesunde und stinkende Branntwein ohngezweifelt abgeschafft, auch die rauhe, angreiffende, hitzige, schweflichte getränk in abgang kommen werden."

Das Wiener Kunst- und Werkhaus nahm allerdings nicht die Entwicklung, die Becher vorgeschwebt hatte. Die Darlehen, die ihm zur Durchführung des Unternehmens aus der Wiener Hofkasse gewährt wurden, reichten nicht aus, zudem gab es gegen ihn, den viele als einen Scharlatan ansahen, zahlreiche Intrigen. Ende 1676 verließ Becher Wien; der Kameralist Wilhelm von Schröder (1640–1688) sollte den Kunst- und Werkhausplan weiterverfolgen. Schröder kam jedoch in Schwierigkeiten, die abzuwehren nicht in seiner Macht stand: Die Pest raubte ihm einen Teil der aus England angeworbenen Tuchmacher und ein Brand während der Türkenbelagerung 1681 zerstörte das Werkhaus.

Das Hauptgrund, warum das Zunft- und Werkhaus bereits vor seiner Zerstörung nur mühsam Fortschritte machte, lag allerdings im Widerstand von seiten der Zünfte. Diese befürchteten die Verdrängung von Handwerkern durch Maschinen, und von Schröder wiederum gab der Zunftverfassung die Schuld daran, daß die Arbeitsproduktivität nicht höher lag: „Sind derohalben die vermaledeyten zünffte die ursach, warum in Deutschland die manufacturen bis data nicht haben über sich kommen können"[3].

Bechers Einstellung war in der Frage des Einsatzes von Maschinen zwiespältig. In dem Wiener Kunst- und Werkhaus ließ er eine von ihm verbesserte Bandmühle aufstellen. Bänder als Schmuckbesatz waren damals bei allen Schichten der Bevölkerung beliebt. Die glatten Bänder wurden ursprünglich von Bortenwirkern auf speziellen Webstühlen hergestellt. Bandmühlen erhöhten nun aber die Produktivität erheblich – man konnte um die Mitte des 18. Jahrhunderts mit ihnen 50 Bänder gleichzeitig produzieren –, so daß die Bortenwirker dagegen erbittert protestierten. Zudem entstand beim Einsatz von Bandmühlen ein „Dequalifizierungsproblem": Für die Bedienung dieser Mühlen waren keine qualifizierten Kenntnisse mehr nötig, so daß auch ungelernte Arbeitskräfte sowie Frauen und Kinder eingesetzt werden konnten.

Hier stellt sich nun das „Maschinenproblem", das uns in ähnlicher Form noch heute beschäftigt. Schon für den Kameralisten des 17. Jahrhunderts hieß dies: Soll man Maschinen einführen, wenn sie die Zahl der benötigten Arbeitskräfte herabsetzen? Becher befand sich hier in einem Zwiespalt: Auf der einen Seite war die Frage aus bevölkerungs- und sozialpolitischer Sicht, aus der möglichst allen Arbeitskräften ein Arbeitsplatz zur Verfügung stehen sollte, zu verneinen. Auf der anderen Seite strebte er über neuartige Manufakturen und erhöhte Produktivität ein – modern gesprochen – wirtschaftliches Wachstum an, das nur durch Einsatz technischer Neuerungen mit arbeitssparenden Wirkungen zu erreichen war. Aus diesem Dilemma zog sich Becher wenig elegant aus der Affäre. Einerseits führte er aus Produktivitätsgesichtspunkten die Bandmühle in seinem „Kunst- und Werkhaus" ein, andererseits billigte er es in seinem „Politischen Diskurs", wenn die Regierung „diejenige künstliche inventiones (Erfindungen) verbiethen, durch welche man in der Arbeit die Menschen erspahrt, als da sind die Band- und Strumpfmühlen, und andere dergleichen instrumenta." Der „Praktiker" Becher, der im Wirtschaftsleben stand, führte also arbeitssparende technische Neuerungen ein, der „Theoretiker" Becher, der Bücher schrieb, forderte vom Staat, daß er die Einführung technischer Neuerungen verböte. Besonders deutlich wird Bechers Dilemma, wenn er über die Einführung eines verbesserten Webstuhls nachsinnt, die allerdings Arbeitslosigkeit hervorrufen würde: „Wiewohl ich nicht rathen will, Instrumenta zu erfinden, um Menschen zu ersparen oder ihnen die Nahrung zu verkürtzen, so will ich doch nicht abrathen, Instrumenta zu prakticiren, welche vorteilhaftig und nützlich seyn." Daraus wird wohl deutlich, daß Becher als Ökonom im Grunde für die Einführung technischer Neuerungen eintrat und seine gegenteiligen Äußerungen halbherzig und wenig überzeugend sind.

Johann Peter Süßmilch (1707–1767), ein Kameralist, dessen Werk „Göttliche Ordnung in denen Veränderungen des menschlichen Geschlechtes" (1742) als ein Klassiker der Bevölkerungslehre zu bezeichnen ist, wies bereits auf ein gesellschaftliches Problem des technischen Fortschritts und der Arbeitsorganisation in zentralisierten Manufakturen hin: Die Ansammlung von Arbeitskräften berge ein Unruhepotential in sich, das dem Bestand der Gesellschaftsordnung gefährlich sein könne.

Auch Johann Gottlob Heinrich von Justi (1717–1771), Professor für Kameralwissenschaften in Wien und Göttingen, den man als bedeutendsten deutschen Kameralisten bezeichnen kann, beschäftigte sich

Johann Peter Süßmilch (1707–1767) gilt als Klassiker der Bevölkerungslehre. In seinem Werk „Die göttliche Ordnung in den Veränderungen des menschlichen Geschlechts" (1741) weist er bereits auf ein gesellschaftliches Problem hin, das durch technischen Fortschritt entstehen kann: Die Ansammlung vieler Arbeitskräfte könne ein Unruheherd und eine Gefährdung der bestehenden Gesellschaft sein.

mit dem Maschinenproblem. Er unterstützte den Einsatz neuer Maschinen und forderte – vom ökonomischen Standpunkt aus – „dem Gesetz der Sparsamkeit" zu gehorchen, nach dem ein Arbeitszweck mit möglichst geringen Kräften zu erreichen ist. Bei den neuen Maschinen handelte es sich vor allem um solche zur Textilfabrikation. Neben der schon im Zusammenhang mit dem Kameralisten Johann Joachim Becher erwähnten Bandmühle sind vor allem Strumpfwirkstühle und Seidenzwirnmühlen zu nennen. Bereits 1589 hatte der englische Pfarrer William Lee den Strumpfwirkstuhl entwickelt, gegen dessen Einführung heftiger Widerstand geleistet wurde, weil er die herkömmlichen Handstricker brotlos machte. Woll- und Seidenstrümpfe waren vor allem bei der wohlhabenden Oberschicht beliebt, so daß die Handstricker die hohe Nachfrage nicht ausreichend befriedigen konnten. 1669 gab es in England bereits 660 solcher Wirkstühle. Diese neue Produktionsmethode verbreitete sich auch auf dem europäischen Kontinent. Seidenzwirnmühlen wurden bereits Ende des 13. Jahrhunderts im norditalienischen Textilgewerbe entwickelt. Ein Wasserrad setzte bis zu 240 Spindeln in Bewegung, die jeweils zwei oder mehrere einzelne Seidenfäden zu einem Faden verzwirnten. Auch gegen diese Neuerung, die sich bald über Europa verbreitete, regte sich erbitterter Widerstand. Als Kameralist stellte sich für Justi natürlich gleichzeitig das Problem der damit verbundenen Arbeitslosigkeit. Er argumentierte hier mit der „Kompensationstheorie", die auch in unseren Tagen in der öffentlichen Diskussion eine wichtige Rolle spielt: Die durch die Einführung neuer Maschinen „freigesetzten" Arbeitskräfte würden sicherlich in einer anderen Branche Arbeit finden, sofern keine Übervölkerung herrsche. Hier müsse gegebenenfalls der Staat auf den Plan treten, um diesen Handwerkern Arbeitsgelegenheiten zu verschaffen. Den arbeitslosen Handwerkern sei allerdings unter diesen Umständen zuzumuten, auch solche Arbeitsgelegenheiten zu akzeptieren, die ihnen nicht unbedingt adäquat erschienen. Eigenes Interesse habe hier hinter dem des „Gemeinwohls" zurückzutreten.

Bereits zu Ende des 17. Jahrhunderts forderte der Kameralist Julius Bernhard von Rohr (1688–1742), das Fach Technologie im Rahmen der Kameralwissenschaften an Universitäten zu lehren. König Friedrich Wilhelm I. in Preußen richtete 1727 zwei Lehrstühle für „Cameralia und Oeconomica" ein. Justus Christoph Dithmar (1678–1737), der auf den Lehrstuhl in Frankfurt a.d. Oder berufen wurde, beschäftigte sich auch mit technologischen Fragen. Zum eigentlichen Begründer des wissenschaftlichen Faches Technologie wurde allerdings erst Johann Beckmann (1739–1811), Professor der Ökonomie an der Universität Göttingen, der 1777 eine „Anleitung zur Technologie" veröffentlichte. Beckmann verstand die Technologie als Umwandlung von Rohstoffen in Gebrauchsgegenstände, als eine umfassende Gewerbekunde, die in enger Verknüpfung mit Ökonomie, Staats- und Gesellschaftswissenschaft betrieben werden sollte [4]. [I-1.2; III-4.3]

In der zweiten Hälfte des 18. Jahrhunderts wurden die merkantilistischen und kameralistischen Wirtschaftstheorien allmählich durch die Theorie des wirtschaftlichen Liberalismus abgelöst. Zwei Theoretiker, die noch auf dem Boden der alten Lehre standen, aber schon einige Elemente der neuen Wirtschaftslehre in sich aufgenommen hatten, waren in Großbritannien der Schotte James Steuart (1712–1780) und in Deutschland Johann Georg Büsch (1728–1800), Gründer und Leiter der Handelsakademie in Hamburg. Im Gegensatz zu dem viel bekannteren Adam Smith, der von ihm beeinflußt war, behandelte Steuart das Maschinenproblem systematisch [5]. Im ganzen gelangte er zu einer überwiegend positiven Beurteilung: Die hergestellten Produkte – vor allem handelte es sich hier um Textilien – würden durch den Einsatz von Maschinen verbilligt, so daß die internationale Konkurrenzfähigkeit verbessert würde. Steuart wies bereits darauf hin, daß der Einsatz von Maschinen vor allem in den Ländern von Bedeutung sei, die ein relativ hohes Lohnniveau aufwiesen. Er kam hinsichtlich der Verdrängung von Arbeitskräften durch Maschinen zu dem Schluß, daß diese – in einer wachsenden Wirtschaft – nur von kurzer Dauer sein könne und daß langfristig genügend Arbeit für alle vorhanden sei. Als Merkantilist forderte er die Regierung auf, in einem solchen Falle die nötigen Arbeitsplätze bereitzustellen.

Auch Johann Georg Büsch wies auf die verbesserte Konkurrenzsituation durch den Einsatz von Maschinen hin. Im Gegensatz zu den Vertretern von Zünften und Handwerken, die häufig maschinell hergestellten Produkten geringere Qualität vorwarfen, war er der Ansicht, daß durch maschinenmäßige Fabrikation die Qualität der Güter gesteigert würde. Als Beispiel ist die Baumwollweberei zu nennen, bei der durch den Einsatz von Webmaschinen gleichmäßiger gewebte Erzeugnisse hergestellt werden konnten. Diese billigeren Produkte könnten nun auch von solchen Bevölkerungsschichten gekauft werden, für die sie vorher unerschwinglich gewesen seien. Das heißt, daß einfache Landarbeiter statt grober Leinenkleidung nun auch die bequemere und leichtere Baumwollkleidung tragen konnten. Die Wohlhabenderen hätten darüber hinaus durch die Verbilligung Mittel für andere Güter frei, die sie jetzt in vermehrtem Umfange bekommen könnten. Zwar wäre temporäre Arbeitslosigkeit möglich, durch die zunehmende kaufkräftige Nachfrage würden aber neue Arbeitsplätze – wenn auch teilweise in anderen Branchen – geschaffen. Büsch wies bereits darauf hin, daß technologische Vorsprünge im allgemeinen nur von kurzer Dauer seien, da Konkurrenten danach strebten, diese auch für sich nutzbar zu machen. Kritisch merkte er an, daß die Maschinenarbeit „den Vorteil einzelnen Besitzern der Maschine zuwendet" [6] und nannte vor allem das Beispiel der englischen Textilindustrie. Hier sind also schon Argumente angelegt, die im 19. Jahrhundert von sozialkritischen Ökonomen weitergeführt wurden.

Zusammenfassend läßt sich für die merkantilistischen und kameralistischen Wirtschaftstheoretiker feststellen, daß sie sich im allgemeinen von der Mechanisierung Produktivitätsverbesserungen versprachen und den Einsatz von Maschinen befürworteten. Bedenken, nach denen die Mechanisierung Arbeitslosigkeit hervorrufe, spielten vor allem im 17. und frühen 18. Jahrhundert eine Rolle. In der zweiten Hälfte des 18. Jahrhunderts stand dann das Streben nach internationaler Konkurrenzfähigkeit im Vordergrund. In einem Harmonie- und Kompensationsmodell wurde – hier schon Gedanken der klassischen Nationalökonomie vorwegnehmend – der Arbeitslosigkeit nur temporärer Charakter zugesprochen. Im Verlauf der wirtschaftlichen Entwicklung würde, dieser Argumentation zufolge, aufgrund der verbilligten Waren die Nachfrage nach anderen Produkten wachsen, so daß durch technische Neuerungen nicht nur Beschäftigungs-, sondern auch wirtschaftliche Wachstumsschübe ausgelöst würden. [IX; X]

Klassische Nationalökonomie

Gegen Ende des 18. Jahrhunderts setzte sich, von England ausgehend, die liberale Nationalökonomie, die wir heute als die „klassische" bezeichnen, rasch durch. Sie wurde von Adam Smith (1723–1790) und anderen als Reaktion auf das starre, reglementierende System des Merkantilismus entwickelt. Dieses System hatte unterstellt, der Reichtum eines Landes sei nur auf Kosten eines anderen möglich. Die merkantilistische Wirtschaftslehre diente den Wirtschaftspolitikern sowohl als Anregung als auch als Rechtfertigung ihrer Politik. Die liberalen Ökonomen waren hier gegenteiliger Ansicht. Ein möglichst ungehinderter Handel mit dem Abbau von Schutzzöllen und anderen Handelshemmnissen bewirke den größtmöglichen Wohlstand. Der Staat habe sich möglichst aktiver Eingriffe in den Wirtschaftsprozeß zu enthalten und nur für die Schaffung und Aufrechterhaltung der Rahmenbedingungen zu sorgen, in denen sich das Wirtschaftsleben frei entfalten könne.

Adam Smith stellte bei seiner Behandlung der gewerblichen Produktion nicht die Bedeutung technischer Neuerungen, sondern die Prozesse der Arbeitszerlegung und Arbeitsteilung in den Vordergrund[7]. Besonders bekannt wurde sein Beispiel der Stecknadelproduktion, bei der durch weitgehende Arbeitszerlegung ein beträchtlicher Produktionszuwachs erreicht werden konnte. Das heißt, die Wirkungen der Arbeitsteilung waren in diesem Falle wichtiger als die technischen Neuerungen selbst. Die bekannten technischen Neuerungen der englischen Frühindustrialisierung – Wattsche Dampfmaschine, Spinn- und Webmaschinen – befanden sich zur Zeit, als Smith seinen „Wohlstand der Nationen" verfaßte (1776), in den ersten Anfängen und hatten sich noch nicht durchgesetzt. Eingehend beschrieb er den Übergang von der Handmühle, an der noch zwölf Arbeitskräfte beschäftigt waren, zur Wassermühle, die mit zwei Beschäftigten auskam. Als Folge von Arbeitszerlegung und Arbeitsteilung sah er die Vermehrung des fixen Kapitals, also des in Maschinen, Gebäuden usw. investierten Kapitals, während sich das variable Kapital, zu dem unter anderem die Arbeitskräfte gehören, verminderte. Der Grad der Arbeitsteilung und Arbeitszerlegung ist nach Smith von der Größe des Industriebetriebes abhängig. Das Ansteigen von Löhnen und Rohmaterialkosten veranlasse die Unternehmer, Maschinen einzusetzen, um die Kostensteigerung aufzufangen und konkurrenzfähig zu bleiben oder die Konkurrenzfähigkeit womöglich zu verbessern. Arbeitssparende technische Neuerungen werden nach Smith in Zeiten wirtschaftlichen Aufschwunges eingeführt und verdrängen zumeist un- und angelernte Arbeitskräfte. Dabei hätten allerdings Arbeitsteilung und der Einsatz von Maschinen die Tendenz, die Tätigkeiten auch der qualifizierten Handwerker zu vereinfachen, sie, wie man heute sagen würde, zu dequalifizieren. Kapitalsparende technische Neuerungen – etwa die Wattsche Dampfmaschine, die, verglichen mit der atmosphärischen Dampfmaschine Thomas Newcomens, geringere Herstellungs- und Brennstoffkosten erforderte – ermöglichten es nach Adam Smith, mehr Rohmaterial zu verarbeiten und dazu auch mehr Arbeitskräfte einzustellen. Smith unterstellte bei seinen Überlegungen eine wachsende Wirtschaft, wie er sie im Großbritannien seiner Zeit vorfand. Grundsätzlich wurde bei ihm der Einsatz von Maschinen als komplementär zur handwerklichen Arbeit angesehen und nicht als Ersatz dieser Arbeit.

Adam Smith

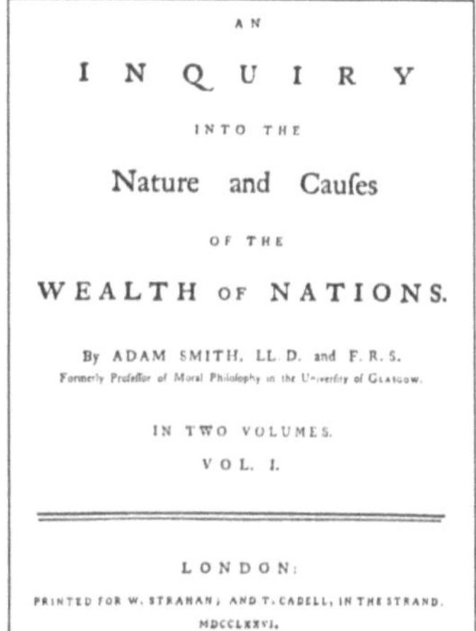

Durch sein Hauptwerk ,,Untersuchung über die Natur und die Ursachen des Nationalreichtums'', das 1776 in englischer Sprache und 1794 bis 1796 in deutscher Übersetzung erschien, wurde Adam Smith (1723–1790) der Begründer der Nationalökonomie. Er untersucht die Zusammenhänge des ökonomischen Handelns als eines sich selbst regulierenden Systems und wendet sich dabei gegen die starre merkantilistische Handelspolitik und die Monopole.

Untersucht man die theoretischen Grundlagen von Adam Smiths Wirtschaftslehre, so findet man ein Denken in Regelkreisen mit negativer Rückkoppelung, wie sie auch in der Technik des 18. Jahrhunderts – und natürlich auch noch heute – auftauchen[8]. 1758 erhielt zum Beispiel James Brindley (1717-1772), ein englischer Brücken- und Kanalingenieur, ein Patent für Verbesserungen an der Dampfmaschine: der Wasserspiegel wurde durch ein Speiseventil geregelt. Auch der Wattsche Fliehkraftregler bei der Dampfmaschine oder selbstregulierende Windmühlenflügel gehören in diese Kategorie. Bei Smith – der übrigens mit James Watt befreundet war – finden wir in seinem Hauptwerk ,,Wohlstand der Nationen'' (1776) drei Beispiele sozialökonomischer Regelmechanismen: den Mechanismus zur Bestimmung der Lohnhöhe, zur Größe der arbeitenden Bevölkerung in einer Volkswirtschaft sowie den Mechanismus von Angebot und Nachfrage allgemein.

Um dies am Beispiel der Bevölkerungsökonomie klarzumachen: Thomas Robert Malthus, ein bedeutender englischer Nationalökonom und Bevölkerungstheoretiker, hatte – gedanklich – einen Mechanismus entwickelt, bei dem sich die Zahl der arbeitenden Bevölkerung automatisch der Nachfrage nach Arbeit angleichen würde. Diesem Mechanismus zufolge steht die Größe der arbeitenden Bevölkerung in direkter Beziehung zur Höhe der Löhne. Fielen die Löhne, so sei eine erhöhte Kindersterblichkeit die Folge, weil die Kinder nicht mehr ausreichend ernährt werden könnten. Stiegen sie, würde ein Wachstum der arbeitenden Bevölkerung hervorgerufen. Nach Adam Smith tendiert das eben angesprochene Verhältnis zum optimalen Zustand, der gleichzeitig der Gleichgewichtszustand ist. Einen ähnlichen Mechanismus finden wir auch in der klassischen Preistheorie oder in der Außenhandelstheorie. Problematisch ist natürlich die stark modellhafte Betrachtung, bei der die relativ lange Dauer der beschriebenen Prozesse in Rechnung gestellt werden muß. Zudem zeigt die Wirtschaftsgeschichte der Neuzeit, daß häufig ein ,,inverses Verhalten'' der Anbieter erfolgt: Bei sinkenden Preisen wird oft nicht weniger produziert, um das Angebot zu verknappen und die Preise zu erhöhen, sondern mehr, um bei sinkendem Preis durch ein erweitertes Angebot doch noch auf seine Kosten zu kommen. Dies finden wir häufig in der Landwirtschaft, aber auch im gewerblich-industriellen Sektor. Die Folge ist ein weiterer Preisverfall. Gleichwohl hat das Denken in technischen Regelkreisen mit negativer Rückkoppelung, wie es in der klassischen und neoklassischen Wirtschaftstheorie zu finden ist, nicht nur gewaltigen Einfluß auf die volkswirtschaftliche Theoriebildung,

sondern auch auf die praktische Wirtschaftspolitik vieler Industriestaaten gehabt. Sicherlich liegt kein kausaler Zusammenhang in dem
Sinne vor, daß die Technik hier die Ökonomie beeinflußt hätte, vielmehr wird man die Ursprünge dieser Konzeption in geistigen Strömungen im England des 18. Jahrhunderts, vor allem bei David Hume,
suchen müssen. Aber es besteht hier eine auffällige Verwandtschaft
zwischen Technologie und Ökonomie, worauf auch zu Beginn des
20. Jahrhunderts von Ingenieuren und Wirtschaftswissenschaftlern in
anderem Zusammenhang verwiesen wurde.

Schon im 17. und 18. Jahrhundert war es gelegentlich zu Protesten
gegen die Einführung technischer Neuerungen gekommen. Diese
Proteste fanden einen Höhepunkt in dem organisierten Maschinensturm der Ludditen in England in den Jahren 1811/12 und 1816. Im
Vordergrund standen Agitationen gegen Textilmaschinen, aber auch
gegen die Einführung von Dampfmaschinen, Dreschmaschinen und
später Druckmaschinen.

Am ausführlichsten von den bedeutenden klassischen Nationalökonomen äußerte sich David Ricardo (1772–1823) zum Stellenwert
technischer Neuerungen im Wirtschaftsleben. Für Ricardo steht die
Arbeitswertlehre, die eine Arbeitsmengenlehre ist, im Zentrum. Hier
versucht er zu zeigen, daß die Tauschwerte von Gütern sich verhalten
wie die in ihnen enthaltenen Arbeitsmengen. Das heißt: Entscheidend
für den Wert eines Produktes, z. B. einer Dampfmaschine, ist die
Menge an Arbeit, die zu seiner Herstellung erforderlich ist.

Technische Neuerungen sparen nach Ricardo Arbeit und lassen das
„fixe Kapital“ – also das in Maschinen, Anlagen und Gebäuden angelegte Kapital – anwachsen. Arbeitslosigkeit kann nur kurzfristig auftreten, da – und hier schließt er sich Wirtschaftstheoretikern wie
Steuart und Adam Smith an – die durch die Ausweitung der Produktion ermöglichte Preissenkung langfristig positive Beschäftigungseffekte hat. Durch Mechanisierung bedingte Arbeitslosigkeit sei
lediglich in einem Ausnahmefall, nämlich bei einer äußerst kapitalschwachen Volkswirtschaft, vorstellbar [9].

Bewegten sich seine Ausführungen zu technischen Neuerungen in
der ersten Auflage seiner „Grundsätze der politischen Ökonomie und
Besteuerung“ (1817) noch in traditionellen Bahnen, so änderte er seine
Haltung in der dritten Auflage (1821) beträchtlich. Zwischenzeitlich
war das Buch von John Barton „Betrachtungen über die Umstände,
die die Lage der arbeitenden Klassen der Gesellschaft beeinflussen“ [10]
erschienen. Barton bestritt, daß jeder Mehreinsatz von Kapital, der
sich im Einsatz von Maschinen ausdrückt, gleichzeitig einen positiven

Beschäftigungseffekt habe. Ricardo beeindruckte diese Argumentation. Er machte sie sich teilweise zu eigen, schränkte jedoch ihren Geltungsbereich ein: Es handele sich hier um einen sehr theoretischen Fall, da keine Produktion von Maschinen und ihr späterer Einsatz vorstellbar seien, bei der die menschliche Arbeitskraft vollständig überflüssig werde. Dampfmaschinen zum Beispiel müßten gewartet, kontrolliert, bedient, repariert und mit Brennmaterial versorgt werden.

David Ricardo war die dominierende Persönlichkeit der englischen klassischen Nationalökonomie zu Beginn des 19. Jahrhunderts. John Ramsay McCulloch (1789–1864), ein Anhänger Ricardos, wies bereits auf die Wichtigkeit von Bildungs- und Ausbildungsinvestitionen für technischen Fortschritt und wirtschaftliches Wachstum hin. Solche Investitionen ermöglichten einen besseren technologischen Kenntnisstand und eine große Zahl wirtschaftlich nutzbarer Erfindungen[11]. Er kann somit als ein Vorläufer der relativ jungen Disziplin Bildungsökonomie gelten. Charles Babbage (1792–1871), Konstrukteur von Rechenmaschinen und einer der Ahnherren des modernen Computers, betrachtete den Einsatz von Maschinen im Arbeitsprozeß als ein Korrektiv für undisziplinierte Arbeitskräfte. Sie würden dadurch zur regelmäßigen kontinuierlichen Arbeitsleistung verpflichtet. Bei Babbage finden sich auch schon Elemente der seit dem Anfang des 20. Jahrhunderts so verbreiteten Zeit- und Bewegungsstudien.

Die meisten der klassischen Nationalökonomen, die in der Ricardo-Nachfolge standen, wiesen auf die Vorteile von Technik und Maschinenwesen für wirtschaftliches Wachstum und Arbeitsprozesse hin. Eine gewisse „Krönung" erfuhr diese Entwicklung in den Schriften Andrew Ures (1778–1857), des „Pindars der automatischen Fabrik", wie ihn Karl Marx später sarkastisch nannte. Dabei ist keine „automatische Fabrik" im Sinne heutiger Fertigungsprozesse mit Industrierobotern gemeint, aber doch eine Fabrik, in der menschliche Arbeitsfunktionen auf wenige Wartungs- und Steuerfunktionen, gelegentlich auch auf Bedienungsfunktionen, beschränkt sind. Dies traf auf verschiedene englische Textilfabriken schon in den 1830er Jahren zu. Ures Ergüsse sind in der Tat schwer erträglich. Da wird die Kinderarbeit in den englischen Textilfabriken des 19. Jahrhunderts als ein Vergnügen, ein Spiel dargestellt, die Spinner seien durch den „Selfactor" – eine vollmechanisierte Spinnmaschine – weitgehend von körperlicher Arbeit entlastet und forderten dennoch höhere Löhne[12]. Ure war in seiner Wissenschaftsgläubigkeit und seinem Optimismus ein Nachkomme der Rationalisten und der Aufklärung des 18. Jahrhunderts;

seine Aussagen über die Technik, die er als uneingeschränkten Segen für die Menschheit ansah, waren typisch für das Selbstverständnis vieler Industrieller während der englischen Frühindustrialisierung. Er wollte eine Darlegung der allgemeinen Prinzipien bieten, nach denen die Industrie – basierend auf der automatischen Fabrik – auszurichten war.

Im System der Güterproduktion unterschied Ure drei Prinzipien des Handelns oder ,organische Systeme': das mechanische, das moralische und das kommerzielle, die verglichen werden könnten mit dem Muskel-, dem Nerven- und dem Blutkreislaufsystem eines Tieres. Diese Systeme müßten verschiedenen Interessen dienen, nämlich denen des Arbeiters, des Fabrikherrn und des Staates. Das mechanische Prinzip sollte immer dem moralischen untergeordnet sein, beide müßten zur Erreichung der größtmöglichen wirtschaftlichen Effizienz zusammenarbeiten. Das ökonomische Prinzip war also letztlich bestimmend. Drei Kräfte wirkten bei der Güterproduktion zusammen: Arbeit, Wissenschaft und Kapital, welche die Aufgabe hätten, zu bewegen, zu leiten und zu erhalten. Wenn diese Kräfte sich in Harmonie befänden, bildeten sie einen Körper, der sich in der automatischen Fabrik – wie bei einem Organismus – selbst steuere. Ure riet den Arbeitern, von Zusammenschlüssen gegen die Fabrikanten Abstand zu nehmen, da diese sich dann veranlaßt sehen könnten, arbeitssparende Maschinen einzuführen. Qualifizierte Handwerker, die zunehmend überflüssig und durch Maschinenbediener abgelöst würden, stellten eine Gefahr für das reibungslose Funktionieren der automatischen Fabrik dar, weil sie sich nicht an automatisierte Produktionsprozesse anpassen könnten.

Substantieller als die Ausführungen Ures sind die von John Stuart Mill (1806–1879), mit dem die klassische Nationalökonomie nach Ricardo einen weiteren Höhepunkt erreichte. In seinen Lehren unterschied Mill die Produktion von Gütern, deren Gesetze von der Natur bestimmt seien und von der Verteilung, auf die der Mensch Einfluß nehmen könne. So wandte er sich gegen die Annahme vieler klassischer Nationalökonomen, die Löhne, die der Arbeiterschaft ausgezahlt würden, seien in der Höhe durch einen „Lohnfonds" begrenzt. Ricardo zum Beispiel hatte gemeint, daß die Lohnhöhe maßgeblich vom Getreidepreis bestimmt sei. Da auf Getreide als Grundnahrungsmittel nicht verzichtet werden könne, müsse der Lohn bei Erhöhung des Getreidepreises heraufgesetzt werden, damit der Arbeiter sich und seine Arbeitskraft erhalten könne. Stiegen nun die Getreidepreise kontinuierlich an – und damit sei langfristig zu rechnen, da mit steigender

Der Philosoph und Nationalökonom John Stuart Mill (1806–1873) führt in seinem ökonomischen Hauptwerk „Grundsätze der politischen Ökonomie" (1848–1852) die Überlegungen von Adam Smith fort und gilt als der letzte Vertreter der klassischen Nationalökonomie.

Bevölkerungszahl immer unfruchtbarere Böden mit höheren Kosten kultiviert werden müßten – so hätten die Unternehmer höhere Löhne zu zahlen, damit die Arbeiter sich ausreichend mit den nun teurer gewordenen Grundnahrungsmitteln versorgen könnten. Dies bedeute nun auf der anderen Seite, daß die Unternehmergewinne wegen der höheren Lohnzahlungen schrumpften. Schrumpften aber die Unternehmergewinne, so würden die Unternehmer weniger investieren. An einem gewissen Punkt in der Zukunft blieben aufgrund der höheren Getreidepreise und der damit erhöhten Löhne überhaupt keine Unternehmergewinne mehr übrig, so daß jegliche Investitionstätigkeit und damit auch jegliches Wirtschaftswachstum zum Stillstand käme. Technischer Fortschritt und ein reger Außenhandel könnten aber diese vorausgesagte Stagnation aufschieben.

Mill vertrat nun die Ansicht, daß der Lohnfonds keineswegs nur vom Preis des Getreides abhänge und damit gleichsam naturgesetzlich festgelegt sei. Er ließ sich weniger von theoretischen Überlegungen als von seiner eigenen Beobachtung des Wirtschaftslebens leiten und kam zu dem Schluß, daß es in der Macht des Unternehmens läge, darüber zu entscheiden, welcher Teil des Ertrages den Arbeitern als Lohn ausgezahlt und welcher als Gewinn einbehalten werde. Aufgrund dieser übergewichtigen Stellung des Unternehmers gegenüber dem Arbeiter, die den Unternehmer gegebenenfalls in die Lage versetzt, den Arbeiter auszubeuten, gäbe es nur ein Hilfmittel: Der Staat müsse eingreifen und soziale Reformen durchführen. Diese Reformen bezogen sich vor allem auf eine Umverteilung des Sozialprodukts von oben nach unten, das heißt, durch eine entsprechende Steuergesetzgebung, die die Wohlhabenden stärker belastete als die weniger Verdienenden, sollte eine Angleichung der materiellen Verhältnisse in der Bevölkerung erreicht werden [13]. Grundsätzlich trat Mill für die Einführung technischer Neuerungen in den Produktionsprozeß ein. Wie Ricardo betonte er jedoch, daß dies nur allmählich geschehen könne, um Arbeitslosigkeit zu vermeiden. Sollten allerdings negative Beschäftigungseffekte eintreten, so habe der Staat zu intervenieren, um wieder Vollbeschäftigung herzustellen. Wir sehen hier, daß die klassische Nationalökonomie zu einer Sichtweise gelangte, die von der von Smith oder Ricardo auffällig abweicht. Mill betonte bereits die Möglichkeit von Produktivitätsverbesserungen durch „learning by doing", das heißt, durch Verbesserung von Fähigkeiten und Fertigkeiten der Arbeitskräfte durch größere Vertrautheit mit dem Arbeitsprozeß.

Allgemein läßt sich also feststellen, daß die klassischen Nationalöko-

nomen aus Produktivitätsüberlegungen grundsätzlich die Einführung
von Maschinen, wie Antriebsmaschinen (Dampfmaschinen, Wasserturbinen), Werkzeugmaschinen oder Textilmaschinen in den Produktionsprozeß befürworteten. Sie wiesen auf mögliche positive Beschäftigungseffekte durch Preissenkungen und Markterweiterungen hin
und hielten eine Kompensation von verlorengegangenen Arbeitsplätzen durch solche in der gleichen oder in anderen Branchen für wahrscheinlich. Technische Neuerungen sollten allerdings nur allmählich
eingeführt werden. Den uneingeschränkt optimistischen Vorstellungen von Autoren wie Andrew Ure standen aber solche anderer Ökonomen wie Ricardo und John Stuart Mill entgegen, die das Problem
differenzierter sahen. Mill forderte sogar, im Widerspruch zur „reinen
Lehre" der klassischen Nationalökonomie, ein Eingreifen des Staates,
um ein hohes Beschäftigungsniveau zu sichern.

Sozialismus

In den Ausführungen von Ricardo und John Stuart Mill waren schon
Zweifel an den positiven Wirkungen des Einsatzes von Maschinen im
Produktionsprozeß angelegt. Diese Zweifel wurden von verschiedenen „populären Nationalökonomen" in der ersten Hälfte des 19. Jahrhunderts aufgegriffen. Dabei entstanden erstaunliche Koalitionen:
Ökonomen, die dem konservativen Landadel nahestanden, wehrten
sich gemeinsam mit Sozialreformern und Frühsozialisten gegen den
Einsatz technischer Neuerungen. Freilich waren ihre Motive höchst
unterschiedlicher Art: Die Vertreter des Landadels erblickten in der
Mechanisierung eine Gefahr für den Bestand der Gesellschaftsordnung, in der allmählich Fabrikanten führende wirtschaftliche, gesellschaftliche und politische Positionen einnahmen. Sozialreformer
fürchteten um den Bestand der qualifizierten Handwerkerschaft und
befürworteten teilweise genossenschaftliche Zusammenschlüsse.
Diese, wie auch die europäischen Frühsozialisten, wandten sich gar
nicht gegen die Mechanisierung an sich, sondern dagegen, daß sich die
Produktionsmittel — vor allem die Maschinen — in der Hand von
Unternehmern befänden, die diese nach den Gesetzen des Kapitalismus einsetzten [14].
    Bei Jean Charles Léonard Simonde de Sismondi (1773–1842),
einem Genfer Nationalökonomen, finden sich wesentliche Elemente
dieser Kritik [15]. Sismondi glaubte – im Gegensatz zu den meisten
Nationalökonomen seiner Zeit – an die Möglichkeit der Überpro-

duktion, die durch maschinelle Fertigung hervorgerufen würde. Ein ganz wesentlicher Faktor war eine wachsende Nachfrage nach industriellen Produkten: erst dann sei technischer Fortschritt sinnvoll. Diese wachsende Nachfrage sei aber nicht gewährleistet. Friedrich Engels (1820–1895), der sich eingehend mit den Arbeitsverhältnissen in englischen Baumwollfabriken befaßt hatte [16], war der Ansicht, daß das wichtigste Ergebnis der Mechanisierung die Schaffung einer neuen Klasse, der Arbeiterklasse sei. [I-1.3]

Noch eingehender als Engels setzte sich Karl Marx (1818–1883) mit dem Problem der Technik auseinander. Er analysierte sie in ihrer historischen Entwicklung mit dem Ziel, Gesetzmäßigkeiten aufzustellen. Von besonderer Bedeutung war für ihn die Entwicklung der Maschine und das Verhältnis der Arbeiter zu ihr [17]. Das Wesen der Technik ergäbe sich aus ihrer Genesis und Funktion im Arbeitsprozeß. Um zu leben und sich entwickeln zu können, müsse der Mensch Produkte herstellen, die „ein durch Formveränderung menschlichen Bedürfnissen angeeigneter Naturstoff sind" [18]. [I-1.3]

Eine explizite Definition des Begriffs Technik gibt es bei Marx nicht. Wohl findet sich bei ihm die Definition von „Technologie", die „das aktive Verhalten des Menschen zur Natur, den unmittelbaren Produktionsprozeß seines Lebens, damit auch seines gesellschaftlichen Lebensverhältnisses und der ihnen entquellenden geistigen Vorstellungen enthält". Trotz des Fehlens einer expliziten Technikdefinition lassen sich doch zahlreiche Äußerungen von Marx zur Technik finden. So wird die Technik als der Zusammenhang der Produktionsinstrumente im System der gesellschaftlichen Produktion bezeichnet, als „mechanische Arbeitsmittel bzw. als das Knochen- und Muskelsystem der Produktion, welche die charakteristischen Merkmale einer bestimmten Epoche und gesellschaftlichen Produktion verkörpern" [19].

Im Marxschen System ist die Technik unter die Produktivkräfte, deren beweglichster Teil sie ist, zu subsumieren. Obwohl letztlich die ökonomischen Kräfte die geschichtliche Entwicklung bedingen und die Entwicklungsgesetze der Technik primär gesellschaftlich determiniert und nur aus der Entwicklung der Produktivkräfte zu fassen sind, läßt sich doch bei der Technik eine gewisse Selbständigkeit feststellen, da es ihre spezifische Eigenart ist, Naturgesetzmäßigkeiten auszunützen. An sich seien naturwissenschaftliche Erkenntnisse und die Technik klassen- und systemindifferent. Im Hinblick auf die Maschine, die bei der kapitalistischen fabrikmäßigen Produktion eine zentrale Stellung einnimmt, stellt Marx 1846 fest, „daß die Maschinen ebensowenig eine ökonomische Kategorie seien, wie der Ochse, der den Pflug zieht, sie sind nur eine Produktivkraft". Obwohl also die Technik klassenindifferent und – wie Marx sagt – keine ökonomische Kategorie ist, muß man sie gerade durch ihre Eigenart – vor allem der Ausnutzung von Naturgesetzen – als eine Produktivkraft bezeichnen.

Während der kapitalistischen fabrikmäßigen Produktion läßt sich ein Verselbständigungsprozeß der Maschine beobachten. Diese hat nun nicht mehr die Aufgabe, die Tätigkeit des Arbeiters auf das Objekt zu vermitteln, sondern sie vermittelt jetzt die Aktion der Maschine auf das Rohmaterial. In Handwerk und Manufaktur bedient sich der Arbeiter des Werkzeugs, in der Fabrik dient er der Maschine, wobei hier mit dem Arbeitswerkzeug auch die Virtuosität in seiner Führung vom Arbeiter auf die Maschine übergeht. Dort geht von ihm die Bewegung des Arbeitsmittels aus, dessen Bewegung er hier zu folgen hat. In der kapitalistischen Produktion wendet der Arbeiter nicht die Arbeitsbedingung, sondern umgekehrt die Arbeitsbedingung den Arbeiter an; das heißt konkret, daß für den Arbeiter kein Spielraum mehr, wie für den Handwerker besteht, der noch nach eigenen Vorstellungen produzieren konnte. In der Fabrik ist alles für ihn vorgegeben, er ist nur noch ausführendes Organ. Dies ist deshalb so, weil der Produktionsprozeß in der Fabrik eben nicht nur ein Arbeitsprozeß, sondern zugleich und vor allem auch Verwertungsprozeß des Kapitals ist. Das bedeutet: Das vom Unternehmer in die Fabrik investierte Kapital muß sich amortisieren, die Investition muß sich lohnen und Gewinne abwerfen. Dies und nicht die Lebens- und Arbeitsbedingungen der Arbeiterschaft – stehen nach Marx im kapitalistischen System im Vordergrund. Der Arbeiter wird in diesem System vom Produkt seiner Arbeit „entfremdet". Er gibt das Ergebnis seiner Arbeit an den Unternehmer fort und erhält nur einen Teil des eigentlichen Wertes als Entlohnung. Das übrige – den Mehrwert – steckt der Kapitalist in seine eigene Tasche. Dies wird nun – nach Marx – in der kommunistischen Gesellschaft grundlegend geändert. Die Unternehmer werden abgeschafft; an die Stelle des Systems kapitalistischer Produktion tritt ein „vergesellschafteter Produktionsprozeß", bei dem Zweck und Ziel der Produktion vom Volk und nicht von einigen Unternehmern, die sich nur von ihrem Privatinteresse leiten lassen, bestimmt werden. Selbstverständlich werden auch Maschinen in großem Umfange eingesetzt. Dabei kann es auch zu „Freisetzungen" von Arbeitern kommen, die aber aufgrund ihrer umfassenden Ausbildung und vielseitigen Verwendbarkeit rasch eine andere Beschäftigung finden.

„Sowie nämlich die Arbeit verteilt zu werden anfängt, hat jeder

einen bestimmten ausschließlichen Kreis der Tätigkeit, der ihm aufge-
drängt wird, aus dem er nicht heraus kann; er ist Jäger, Fischer oder
Hirt oder kritischer Kritiker und muß es bleiben, wenn er nicht die
Mittel zum Leben verlieren will – während in der kommunistischen
Gesellschaft, wo jeder nicht einen ausschließlichen Kreis der Tätigkeit
hat, sondern sich in jedem beliebigen Zweige ausbilden kann, die
Gesellschaft die allgemeine Produktion regelt und mir eben dadurch
möglich macht, heute dies, morgens jenes zu tun, morgens zu jagen,
nachmittags zu fischen, abends Viehzucht zu treiben, nach dem Essen
zu kritisieren, wie ich gerade Lust habe, ohne je Jäger, Fischer, Hirt
oder Kritiker zu werden" [20].

Dieses Ziel des Kommunismus ist aber gegenwärtig nicht erreicht.
Insofern stellt sich vielen – vor allem auch sozialistischen – Autoren die
Frage, ob es auch im Sozialismus Entfremdung gäbe. Verschiedene
Autoren geben dies zu und stellen heraus, daß die Entfremdung nicht
ohne weiteres mit der Aufhebung des Privateigentums verschwinde.
Diese sei nur eine notwendige Voraussetzung, nicht schon die Aufhe-
bung der Entfremdung selbst. Im Sozialismus beständen aber bessere
Bedingungen, die Entfremdung bewußt zu bekämpfen, sie werde
durch ständige Ausweitung der sozialistischen Demokratie endgültig
überwunden.

Problematisch ist dann allerdings das Ziel, die kapitalistischen Länder in Produktion und Konsumniveau einzuholen und sogar zu über-
holen. Dies scheint nur möglich, wenn „persönlicher materieller Inter-
essiertheit der Werktätigen" Raum gegeben wird, was aber wohl mit
den Idealen von Sozialismus und Kommunismus nur schwer vereinbar
ist. Bisweilen wird von westlichen Autoren auf ein Land wie China
verwiesen, das noch am ehesten auf dem Wege sei, das kommu-
nistische Ideal nach Marxens Vorstellung zu erreichen. Kleinbetriebe
erlaubten hier die Zurücknahme der Arbeitsteilung, einer Hauptquelle
der Entfremdung. Die Arbeitsprozesse seien in diesem System über-
schaubar, die Befriedigung an der eigenen Leistung vermittle Freude
an der Arbeit [21].

Allgemein läßt sich feststellen, daß sozialistische Autoren sich häufig
gegen den technischen Fortschritt wandten. Allerdings war nicht die
Technik an sich das Problem, sondern Technik und technischer Fortschritt im Kapitalismus. Hier nämlich befinden sich die Produktionsmittel in der Hand der Unternehmer, der Kapitalisten, die sie nach den
Gesetzen des Kapitalismus einsetzen. Im Kapitalismus ist – Marx und
anderen sozialistischen und kommunistischen Autoren zufolge – der
Arbeiter ein bloßes Anhängsel der Maschine, deren Einsatzart wie-

derum vom Unternehmer bestimmt wird. Insofern fehlt dem Arbeiter die Möglichkeit, sich über seine Arbeit selbst zu verwirklichen. Diese Möglichkeit wird ihm erst im Sozialismus und Kommunismus gegeben, bei denen Zweck und Form der Produktion gesellschaftlich bestimmt werden.

Ingenieure als Wirtschaftswissenschaftler

Schon im 17. Jahrhundert beschäftigten sich Ingenieure auch mit wirtschaftlichen Problemen. Zu nennen ist etwa der französische Marschall Vauban (1633–1707), der als Festungsbaumeister bekannt wurde und sich auch mit Fragen der Finanzpolitik befaßte[22]. Viele der Ingenieur-Ökonomen stammten aus Frankreich. Dies ist vor allem damit zu erklären, daß der staatliche Verwaltungsapparat in Frankreich seit jeher ein großes Gewicht besaß und Ingenieure im 18. und 19. Jahrhundert bevorzugt eine Beschäftigung im öffentlichen Sektor suchten.

Dies trifft etwa auf Achylle-Nicolas Isnard (1749-1803) zu, der an der Pariser École des Ponts et Chaussées, der Hochschule für Bauingenieurwesen, studiert hatte und dann als Zivilingenieur im Ministerium für öffentliche Arbeiten tätig war. Isnard übte maßgeblichen Einfluß auf den bedeutenden Franko-Schweizer Nationalökonomen Léon Walras (1834–1910) aus, einen Absolventen der École des Mines in Paris und späteren Professor für Nationalökonomie in Lausanne. Walras bemühte sich unter Anwendung der Mathematik um eine Theorie des allgemeinen Gleichgewichts der Märkte in einer Volkswirtschaft[23].

Die Tatsache, daß viele bedeutende Nationalökonomen eine ingenieurwissenschaftliche Ausbildung hatten, schlug sich auch auf Inhalte und vor allem Methoden der Wirtschaftstheorie nieder. Bisweilen wurde die Mechanik sogar als „Schwesterwissenschaft der Ökonomie" bezeichnet. So gibt es Anleihen der Wirtschaftswissenschaft bei der Mechanik, wie der Gebrauch von Begriffen wie Gleichgewicht, Stabilität, Elastizität, Inflation, Kontraktion, Fluß, Reaktion, Distribution, Niveau, Bewegung oder Friktion zeigt.

Dies hat Vor- aber auch Nachteile. Von Vorteil ist die größere Präzision, die häufig durch mathematische Hilfsmittel erreicht wurde. Es waren Formalisierungen möglich, die komplizierte Zusammenhänge theoretisch verdeutlichten. Freilich liegt darin auch ein Nachteil: Die Exaktheit der Theorie verführte zu theoretischen Gedankenspielen, die für die wirtschaftliche Praxis – und letztlich ist die

Wirtschaftswissenschaft eine Sozialwissenschaft – wenig Gewinn brachten. Es liegt sogar die Gefahr darin, daß wirklichkeitsfremde Theorien als Ausgangspunkt wirtschaftspolitischen Handelns dienen, das dann in der Regel scheitert.

Dieser Vorwurf trifft sicher nicht die französischen Ingenieur-Ökonomen des 19. Jahrhunderts wie Louis Marie Henri Navier (1785 bis 1836) oder Etienne Juvénal Dupuit (1804–1866). Navier hatte an der berühmten École Polytechnique in Paris studiert, sich vor allem mit technischer Mechanik und Festigkeitslehre befaßt und kann als Begründer der Baustatik gelten. Daneben beschäftigte er sich auch mit Grenzgebieten von Technik- und Wirtschaftswissenschaften und leistete Beiträge zur Finanzwissenschaft und zu einem Gebiet, das sich erst nach dem Zweiten Weltkrieg als „Wohlfahrtsökonomie" konstituierte. 1832 lieferte Navier die erste systematische Behandlung der Bereitstellung öffentlicher Güter auf der Grundlage der Kosten-Nutzenanalyse. Er stellte eine Beziehung her zwischen Frachtkosten und öffentlicher Wohlfahrt und kam zu dem Schluß, daß die Gebühren für öffentliche Dienstleistungen nicht die Erstellungs- und Instandhaltungskosten zu decken brauchten. [V-3.5]

War Navier für die Technikwissenschaft bedeutender als für die Wirtschaftswissenschaft, so gilt das Umgekehrte für Etienne Juvénal Dupuit, der an der Pariser Hochschule für Bauingenieurwesen studiert hatte, anschließend im französischen Ministerium für öffentliche Arbeiten beschäftigt war und durch Forschungen auf dem Gebiete der Hydraulik hervortrat. In der Wirtschaftswissenschaft, der er sich später zuwandte, wurde er besonders durch seine Arbeiten zur Kosten-Nutzenanalyse, zur Preistheorie und zur Theorie der Preisdifferenzierung bekannt. Verkäufer und Produzent können nach Dupuit die Abstufungen des Nutzens dazu verwenden, durch Preisdifferenzierungen den Markt in kleinere Teilmärkte aufzuspalten, um einen möglichst hohen Gewinn zu erzielen. Er führt das Beispiel eines Verlegers an, der ein Buch in verschiedenen Ausgaben, die in Preis und Ausstattung den Einkommensverhältnissen der verschiedenen Bevölkerungsschichten angepaßt sind, vertreibt[24]. Das Instrument der Preisdifferenzierung hat heute in Theorie und Praxis der Absatzwirtschaft weite Verbreitung gefunden. [III-4.4]

Schließlich sei Wilhelm Launhardt (1832–1918) genannt, ein Ingenieur und Wirtschaftswissenschaftler, der als Professor für Volkswirtschaftslehre an der Technischen Hochschule Hannover wirkte. Launhardt leistete wichtige Arbeiten zur Standorttheorie und erkannte als erster Theoretiker die Bedeutung der Transportkosten für den Standort von Industriebetrieben [25]. In seiner „Mathematischen Begründung der Volkswirtschaftslehre" (1885) behandelte er die Fragen der räumlichen Absatzgebiete konkurrierender Anbieter und des Marktgebietes für den Güterbezug. Er fand heraus, daß die Größe des Absatzgebietes eine Funktion des Preises ab Werk und der Höhe des Frachtsatzes sei. Dies gilt bei gegebenen Preisen an den Einkaufs- und Verkaufsorten und dann, wenn sich die Transportkosten proportional zur Entfernung verhalten. Mit der heute als „Launhardtscher Trichter" bekannten Konstruktion läßt sich die Konkurrenzgrenze zwischen mehreren Anbietern bestimmen [26].

Auch nach dem Zweiten Weltkrieg setzten Ingenieure in Frankreich und anderswo ihre Beschäftigung mit wirtschaftswissenschaftlichen Fragen fort. Für Frankreich sind u.a. Gabriel Dessus, Marcel Boiteux und Paul Stasi zu nennen, die sich zu Problemen der Verstaatlichung von Unternehmen und Gewinnmaximierung bei öffentlichen Unternehmen äußerten. Im Anschluß an die wirtschaftliche Entwicklung der Zwischenkriegszeit und die bahnbrechenden Arbeiten des englischen Wirtschaftswissenschaftlers John Maynard Keynes (1883 bis 1946) wurde der Glaube an die Erlangung eines allgemeinen wirtschaftlichen Gleichgewichts im Walrasschen Sinne stärker in Frage gestellt. Freie Märkte und Preise, die sich auf diesen Märkten im freien Spiel von Angebot und Nachfrage bildeten, schienen der Vergangenheit anzugehören. Das alte – um eine Analogie zu gebrauchen – „Newtonsche System" der Wirtschaft und Wirtschaftswissenschaft entsprach nicht mehr der Realität, es strebte nicht mehr zum Gleichgewicht. Hier ergab sich ein Ansatzpunkt für Ingenieurwissenschaftler, mit von ihnen entwickelten Konzepten steuernd und regelnd einzugreifen. Im Keynesschen System können Volkseinkommen und Beschäftigung als Regelgrößen angesehen werden, während Investitionen die Führungsgröße dieses Wirkungskreises bilden.

Ingenieure hatten sich – um die eben angestellten Überlegungen zusammenzufassen – teilweise intensiv mit wirtschaftswissenschaftlichen Fragen beschäftigt. Sie führten Begriffe wie „Gleichgewicht", „Stabilität" oder „Elastizität" in die Wirtschaftstheorie ein und setzten sich für eine größere Präzision bei der Behandlung wirtschaftswissenschaftlicher Probleme ein. Häufig wurde dabei allerdings übersehen, daß Wirtschaftswissenschaften eben keine „exakten Naturwissenschaften" oder Technikwissenschaften sind. Bei den Wirtschaftswissenschaften steht das wirtschaftliche Handeln von Menschen, Gruppen und Nationen im Vordergrund, das häufig, eben weil es sich um Menschen handelt, unkalkulierbar ist. Experimente im Stil der Naturwissenschaften oder Laboratoriumstests in der Art der Technikwissenschaften durchzuführen, ist bei den Wirtschaftswissenschaften nicht möglich. Insofern sind auch die Möglichkeiten wissenschaftlicher Prognosen in den Wirtschaftswissenschaften stark eingeschränkt.

Von der Jahrhundertwende bis zum Ende des Zweiten Weltkrieges

Waren im 19. Jahrhundert die Disziplinen Ingenieurwissenschaft und Wirtschaftswissenschaft noch streng voneinander getrennt und erfolgte in der wirtschaftswissenschaftlichen Lehre die Behandlung technischer Probleme nur in Ansätzen, so änderte sich dies allmählich zu Beginn des 20. Jahrhunderts. Die Ursachen lagen vor allem in der technisch-wirtschaftlichen Entwicklung der Zeit nach 1870, in der der Stellenwert technikwissenschaftlicher Forschung und technischer Neuerungen für die wirtschaftliche Entwicklung immer offensichtlicher wurde. Maschinenbau, chemische und elektrotechnische Industrie spielten nicht nur eine entscheidene Rolle im Ringen um eine wirtschaftliche, sondern auch um eine politische Vormachtstellung. In Deutschland, aber auch in anderen Ländern, entwickelte sich das technische Hochschulwesen sprunghaft. Ingenieuren wie Unternehmern war klar, daß technische Neuerungen nur im Zusammenhang mit ihrer ökonomischen Verwertbarkeit gesehen werden konnten, so daß sich schon von daher ein stärkeres Interesse von Ingenieuren und Ingenieurwissenschaftlern für wirtschaftliche Fragestellungen ergab, wie auch umgekehrt Ökonomen den „Faktor Technik" stärker beachteten. Zwar existierten schon an deutschen Technischen Hochschulen hier und da Professuren für Volkswirtschaftslehre – seit 1850 bestand ein Lehrstuhl für „Technologie und Volkswirtschaftslehre" am Polytechnikum Dresden – nach dem Ersten Weltkrieg setzten aber verstärkt Bemühungen ein, den Studiengang eines „Wirtschaftsingenieurs" zu etablieren. Dies wurde zum ersten Male 1926 an der Technischen Hochschule Berlin realisiert[27]. Bereits 1904 bestand in Berlin ein Studiengang „Verwaltungsingenieur", in dem auch volks- und betriebswirtschaftliche Fragen behandelt wurden. Die Rezeption von Frederick Winslow Taylors „Wissenschaftlicher Betriebsführung" und Henry Fords System der Produktionsorganisation weckten den Bedarf nach betriebswissenschaftlichen Kenntnissen. Der Wirtschaftsingenieur sollte nicht zum Konkurrenten des Ingenieurs als Konstrukteur werden. Vielmehr war ihm die Aufgabe übertragen, Konstruktionen anzuregen und auf ihre Wirtschaftlichkeit hin zu überprüfen. Hierzu war für den Ökonomen ein Verständnis für die Gedankenwelt und Sprache der Ingenieure Voraussetzung, um Entwürfe und Konstruktionen nach betriebs- und volkswirtschaftlichen Kriterien zu beurteilen. [V-3.5; VIII; IX]

Bisher war es üblich gewesen, als Produktionsfaktoren nur Boden, Arbeit und Kapital zu bezeichnen. Es war der Nationalökonom Julius Wolf, der in seinem 1908 erschienenen Werk „Nationalökonomie als exakte Wissenschaft" die „technische Idee" als weiteren Produktionsfaktor nannte. Er vertrat die Ansicht, daß Erfindungen und technische Neuerungen von entscheidender Bedeutung für das Wachstum des Volkseinkommens seien. Durch sie werde das Kapital, dem in der Wirtschaftstheorie eine solch gewichtige Rolle zukomme, erst aktiviert und in eine bestimmte Richtung gelenkt. A. P. Bock verfaßte 1930 sogar „Grundlagen einer Wirtschaftstheorie vom Ingenieurstandpunkte" [28].

Seit dem Beginn des 20. Jahrhunderts wurde die Technik von verschiedenen Vertretern der Wirtschaftswissenschaften als wichtiger Produktionsfaktor erkannt. Die Bereiche Technik und Wirtschaft traten auch in engere wissenschaftliche Beziehung zueinander, nachdem diese Beziehung ja in der Praxis schon immer bestanden hatte.

Wurde die Bedeutung der Technik für die Wirtschaft wie auch die Bedeutung der Wirtschaft für die Technik immer stärker theoretisch und praktisch thematisiert, so war es bisweilen schwierig, die beiden Begriffe exakt voneinander abzugrenzen. Dies schien jedoch für jede ernsthafte Auseinandersetzung nötig zu sein. Vor allem Friedrich von Gottl-Ottlilienfeld (1886–1958) bemühte sich hier um Klarstellungen. Technik, so stellte er fest, sei um der Wirtschaft willen da, aber Wirtschaft nur durch Technik vollziehbar [29]. Die Wirtschaft betrachte die Dinge in Beziehung zum Menschen, die Technik hingegen betrachte sie in Beziehung zu anderen Dingen. Das sogenannte „wirtschaftliche Prinzip", das auf möglichste Sparsamkeit hinausläuft, sei allerdings auch der oberste Grundsatz der technischen Vernunft. Im Gegensatz zum Wirtschaften, das stets auf das zusammenhängende Ganze des Handelns ausgerichtet bleibe, beziehe sich das technische Wirken jedoch bloß auf einen einzelnen Vorgang, wobei dieser gelegentlich auch sehr umfassend sein könne, wie etwa die Errichtung eines gewaltigen Bauwerks. Die Technik wirke als „Arm der Wirtschaft". Probleme, welche die Technik in sich schließe und aus denen sie immer neue herleite, entsprängen letzten Endes jenen Produktionsaufgaben, welche die Wirtschaft stelle. Allerdings könne nur die Technik die Wirtschaft darüber aufklären, was an Produktion überhaupt möglich sei und mit welchem Aufwand dabei gerechnet werden müsse. Grundsätzliche Aufgabe der Technik sei es, die „Spannung" zwischen Bedarf und Deckung zu mildern. [I-1.3]

Von Gottl-Ottlilienfeld übte mit seinen Ansichten eine große Wirkung auf seine Zeitgenossen aus, fand aber auch verschiedene Kritiker. Walter G. Waffenschmidt stimmte ihm in vielen Punkten zu, wollte ganz auf eine scharfe Trennung von Technik und Wirtschaft verzichten und nur zwischen technischem und wirtschaftlichem Denken unterscheiden[30]. Mit Recht widersprach er der Ansicht Gottls, die Technik habe nur Aufgaben auszuführen, die die Wirtschaft ihr stelle. Zwar trifft dies für eine große Zahl von Fällen zu, es finden sich aber auch genügend Beispiele, in denen sich technische Produkte – angebotsbestimmt – erst ihren Markt suchen müssen. Dies war zum Beispiel beim Telefon der Fall. Einmal bestehende technische Neuerungen, etwa chemische Verfahren oder das Automobil, ziehen weitere Neuerungen nach sich, die wirtschaftlich bedeutsam werden. Zudem ist auch der Bereich der staatlichen Gesetzgebung, zum Beispiel der technischen Sicherheit, zu beachten, bei dem wirtschaftliche Prinzipien oft eine untergeordnete Rolle spielen. Ähnliches gilt für die Rüstungsproduktion. [IX]

Zwar bildete der Zusammenhang zwischen technischem Fortschritt und Arbeitslosigkeit auch an der Wende zum 20. Jahrhundert bisweilen ein Thema in der wirtschaftswissenschaftlichen Diskussion[31], eine Fülle von Literatur erschien allerdings erst Ende der 1920er und zu Beginn der 1930er Jahre, der Zeit der Weltwirtschaftskrise. Der Rationalisierungsschub der 20er Jahre, der zwar weniger in technischen Neuerungen als in Veränderungen der Arbeitsorganisation bestand, Entwicklungen in der Weltwirtschaft sowie nationale Probleme, vor allem der Geld-, Finanz- und Verteilungspolitik, führten in vielen Ländern zu einem großen Anstieg der Arbeitslosenquote.

Hier sind vor allem Autoren wie Emil Lederer und Alfred Kruse zu nennen, die in den 1920er und 1930er Jahren publizierten. Besonders Lederer stand unter dem Eindruck der Massenarbeitslosigkeit während der Weltwirtschaftskrise. Zwar gestand er durchaus zu, daß auch bei technischem Fortschritt Arbeitsplätze geschaffen werden könnten. Dies sei allerdings nur in Phasen des Wirtschaftswachstums und bei entsprechend hoher Kapitalbildung möglich, aber nicht unbedingt gesichert, da auch dann technische Neuerungen arbeitssparende Wirkungen haben könnten. Eine vollständige Kompensation sei in jedem Falle unwahrscheinlich. „Freigesetzte" Arbeitskräfte könnten nämlich kaum dazu herangezogen werden, neuentwickelte Produktionsmittel

– Maschinen, Apparate – zu fertigen. Hierzu würden Qualifikationen gefordert, über die diese Arbeitssuchenden in der Regel nicht verfügten. Im allgemeinen schreibt Lederer dem Einsatz technischer Neuerungen negative Wirkungen für den Beschäftigungsgrad zu. Dies gelte besonders für stark monopolisierte Volkswirtschaften wie die deutsche. Abhilfe könne durch eine Vergesellschaftung der Produktionsmittel geschehen [32].

Alfred Kruse beurteilt die Auswirkungen des technischen Fortschritts auf das Angebot an Arbeitsplätzen viel optimistischer. Grundsätzlich hält er eine vollständige Kompensation von durch technischen Fortschritt verlorengegangenen Arbeitsplätzen durch neugeschaffene für wahrscheinlich. Entscheidende Bedeutung für das Gelingen der Kompensation schreibt Kruse der Beweglichkeit der Produktionsfaktoren, vor allem der Arbeit und des Lohnes zu, wobei unter „Beweglichkeit des Lohnes" natürlich eine solche „nach unten" zu verstehen ist [33]. Es wird deutlich, daß Kruse in der Tradition der liberalen klassischen Nationalökonomie steht, während Lederer vom Gedankengut der sozialistischen Wirtschaftslehre beeinflußt ist.

Die eben genannten Ökonomen hatten vornehmlich die Auswirkungen technischer Neuerungen auf das Arbeitsplatzangebot im Blickfeld. Daneben bemühten sich Wirtschaftswissenschaftler wie Joseph Alois Schumpeter (1883–1950) darum, die Bedeutung von Innovationen für die konjunkturelle gesamtwirtschaftliche Entwicklung herauszuarbeiten. Bei Schumpeter spielen technische Neuerungen, die von „wagemutigen Pionierunternehmern" in den Produktionsprozeß eingeführt werden, die entscheidende Rolle für konjunkturelle Aufschwungphasen. Dabei sind kurz-, mittel und langfristige Konjunkturzyklen zu unterscheiden. In unserem Zusammenhang wichtiger als die Kitchinwellen – 40monatige Lagerzyklen der Industrie – sind die mittleren Konjunkturzyklen, nach ihrem Entdecker „Juglarzyklen" genannt, die eine 8- bis 10jährige Dauer haben und die langen Konjunkturwellen, denen Nikolai Kondratjew (1892–1930) seinen Namen gab. Juglarzyklen entstehen durch die Aktivitäten dynamischer Pionierunternehmer, die, in der Regel mit Hilfe von Bankkrediten, neue Produktionsmittelkombinationen in den Produktionsprozeß einführen [34]. Die bis dahin stationäre Wirtschaft erhält dadurch den entscheidenden Anstoß und entwickelt ihre Dynamik. Der wagemutige Unternehmer macht Pioniergewinne und kann die aufgenommenen Kredite zurückzahlen. Zugleich löst der Einsatz technischer Neuerungen – Produkt- oder Prozeßinnovationen – eine „schöpferische Zerstörung" aus: Herkömmliche Produktionsanlagen sind ver-

Joseph Alois Schumpeter (1883–1950) gehört zu den Wirtschaftswissenschaftlern, die versuchten, die Bedeutung von wichtigen Erfindungen für die konjunkturelle Entwicklung ganzheitlicher wirtschaftlicher Zusammenhänge zu betonen. Technische Innovationen sind – nach Schumpeter – der Motor für jeden wirtschaftlichen Aufschwung.

altet und müssen durch neue ersetzt werden, um wirtschaftlich zu bleiben. Andere Unternehmer eifern, um Gewinne zu machen, dem Pionierunternehmer nach und führen gleichfalls technische Neuerungen ein. Dabei vermindern sich allerdings, je länger desto mehr, die Absatzchancen der auf neuem Wege hergestellten oder tatsächlich neuen Produkte, da eine Marktsättigung eintritt. Der Aufschwung verlangsamt sich und mündet in einen stationären Zustand ein. Die Wirtschaft muß auf einen neuen dynamischen Pionierunternehmer warten, der den stationären Zustand durch die Einführung neuer Produkte oder Produktionsverfahren beendet.

Auch die Entstehung der langen Konjunkturwellen Nikolai Kondratjews erklärt Schumpeter mit Innovationen, in diesem Falle mit Innovationsbündeln, die das Wirtschaftsleben maßgeblich beeinflussen. Für Deutschland sieht er den ersten langen Zyklus der Industrialisierung in den Jahren 1843 bis 1897. Er wurde im wesentlichen vom Eisenbahnbau ausgelöst. Darauf folgte von 1897 bis 1932 der „neumerkantilistische Kondratjew", dessen Aufschwung auf den „neuen Industrien" wie der chemischen Industrie, der Elektrotechnik, dem Maschinenbau und insbesondere der Automobilindustrie, beruhte.

Auch hier war Marktsättigung die Ursache des Abschwungs. [III-3.7]

Gleichwohl bietet Schumpeters Theorie verschiedene Kritikpunkte. So sind vor allem die „langen Wellen" empirisch kaum nachzuweisen. Es wird nicht zureichend geklärt, warum Innovationen in Bündeln und in der beschriebenen Regelmäßigkeit auftreten. Es ist ferner problematisch, den technischen Fortschritt als Schaffung einer neuen Produktionsfunktion zu bezeichnen, da auch durch eine Änderung der relativen Faktorpreise eine Verschiebung der Produktionsfunktion eintreten kann[35].

Die Schumpetersche Theorie fand in ihrer reinen und abgewandelten Form viele Anhänger und ist auch heute noch aktuell. Auf diesem Wege will man das „technologische Patt" überwinden[36]. Dieses Patt kommt folgendermaßen zustande: Nachdem die Inlandsmärkte gesättigt sind, versuchen die großen Firmen, ihre Produkte auf dem Weltmarkt abzusetzen. Auch diese sind bald mit den altbekannten Produkten gesättigt. Es zahlt sich für die Firmen nicht aus, weiter in die alten Technologien zu investieren und die Produktionskapazitäten zu erweitern: Die Überproduktion würde nur erhöht, die Preise verfielen weiter. Als Ausweg wird deshalb auf den Finanzmärkten investiert, die allerdings unsicher sind. Aus dem „technologischen Patt" gibt es nur einen echten Ausweg, nämlich die Einführung von „Basisinnovationen", grundlegenden technischen Neuerungen, mit denen neue Elementarmärkte erschlossen werden. Als Beispiele können Meerestechnik oder Gentechnologie genannt werden. Eine solch bedeutende Wachstumsindustrie wie die Mikroelektronik hingegen lebt seit einiger Zeit von Verbesserungsinnovationen. Gleichwohl ist das Entwicklungspotential dieser Industrie noch gewaltig.

Zeichnete Schumpeter ein überwiegend optimistisches Bild der Wachstumsmöglichkeiten im kapitalistischen Wirtschaftssystem, so gilt dies nicht für Michal Kalecki (1899–1970), einen polnischen Wirtschaftswissenschaftler, der zunächst in Danzig Ingenieurwissenschaften studierte und sich dann der Ökonomie zuwandte. Kalecki entwickelte eine Theorie des Konjunkturzyklus in einer stationären Wirtschaft und unterschied dabei Kurzzeit- und Langzeitwirkungen technischer Neuerungen. Er kam zu dem Schluß, daß Innovationen langfristig die Tendenz zeigten, den Umfang der Investitionen in der Volkswirtschaft zu vergrößern. Erfindungen, die sich wirtschaftlich verwerten ließen, machten neue Investitionen attraktiv, so daß das statische System in ein dynamisches, expandierendes verwandelt würde. Insofern zeigen sich hier Parallelen zu Schumpeters Argumentation. Allerdings ergibt sich ein wesentlicher Unterschied: Kalecki sieht auf lange Sicht eine Stagnation in der Entwicklung des Kapitalismus voraus, aus der sich das System als solches nicht mehr befreien könne. Hier finden sich Anklänge an den „stationären Zustand" Ricardos. Diese Stagnation habe ihre Ursache in der abnehmenden Anzahl technischer Neuerungen, die vor allem auf die Tatsachen zurückzuführen sei, daß neue Rohmaterialien in geringem Umfang entdeckt würden. Ein zweiter Grund liege in der immer stärker werdenden Tendenz des Kapitalismus, zu verkrusten und von Monopolen beherrscht zu werden. Diese Unbeweglichkeit stehe einer Einführung von Innovationen in den Produktionsprozeß entgegen [37]. Auch hier ergeben sich verschiedene Ansatzpunkte zur Kritik. So läßt sich eine negative Korrelation von Innovationshäufigkeit und Monopolisierungsgrad einer Volkswirtschaft im kapitalistischen Wirtschaftssystem nicht nachweisen. Zudem scheint Kalecki die Bedeutung der Ergebnisse naturwissenschaftlicher Forschung sowie technikwissenschaftlicher Forschung und Entwicklung für den Innovationsprozeß zu unterschätzen.

Im vorliegenden Abschnitt wurden drei Hauptentwicklungslinien des Verhältnisses von Technik und Wirtschaftswissenschaften in der ersten Hälfte des 20. Jahrhunderts aufgezeigt: Die stärkere Beachtung technischer Neuerungen in der akademischen Wirtschaftswissenschaft, in der die Technik immer deutlicher als wichtiger Produktionsfaktor erkannt wurde, die Reaktion der Wirtschaftswissenschaftler auf den Zusammenhang zwischen technischen Neuerungen und Massenarbeitslosigkeit in der Weltwirtschaftskrise der späten zwanziger und frühen dreißiger Jahre des 20. Jahrhunderts sowie die Bedeutung der Technik für Konjunkturzyklen und langfristige Prozesse wirtschaftlichen Wachstums. Dabei stellte sich heraus, daß Autoren wie Gottl-Ottlilienfeld das wirtschaftliche Prinzip auch als das oberste Prinzip der Technik erkannten. Technik war der „Arm der Wirtschaft". Wie schon im 18. und 19. Jahrhundert, so wurden auch in der Weltwirtschaftskrise die Auswirkungen technischer Neuerungen auf die Beschäftigung kontrovers beurteilt. Auch „Technikoptimisten" wie Alfred Kruse verwiesen jedoch in dieser schwierigen Situation darauf, daß zur Wiederherstellung eines höheren Beschäftigungsstandes Lohneinbußen in Kauf zu nehmen seien. Dieses Problem wird auch heute noch äußerst kontrovers diskutiert. Unter dem Eindruck eines hohen „Sockels von Arbeitslosigkeit" ist diese Frage darüber hinaus von brennender Aktualität, obwohl die wirtschaftlichen und politischen Unterschiede zwischen der späten Weimarer Republik und der gegenwärtigen Situation beträchtlich sind.

Wirtschaftswissenschaftler wie Joseph Alois Schumpeter sprachen technischen Neuerungen, die von wagemutigen Unternehmern in den Produktionsprozeß eingeführt wurden, eine Schlüsselrolle für das wirtschaftliche Wachstum und die gesamtwirtschaftliche Entwicklung allgemein zu. Der Prozeß der „schöpferischen Zerstörung", der an Gedankengänge Charles Darwins erinnert, wird auch von neueren Autoren wie Gerhard Mensch, die das „technologische Patt" durch Basisinnovationen überwinden wollen, in den Vordergrund gerückt. Sehr viel pessimistischer sind hingegen Wirtschaftstheoretiker wie Michal Kalecki, die der Meinung sind, Innovationen nähmen im kapitalistischen Wirtschaftssystem wegen mangelnder Gelegenheiten und monopolistischer Verkrustungen langfristig ab.

Der technische Fortschritt in der neueren Wirtschaftstheorie

Technischer Fortschritt kann in drei Formen auftreten, nämlich als
— Anwendung neuer Produktionsverfahren
— Schaffung neuer oder qualitativ verbesserter Güter
— Entwicklung und Nutzbarmachung neuer Mittel und Wege zur besseren Befriedigung menschlicher Bedürfnisse [38].

Technischer Fortschritt ist dann gegeben, wenn eine Erhöhung des Sozialprodukts mit konstantem „Input" (Arbeits- und Kapitaleinsatz) oder ein konstantes Sozialprodukt mit vermindertem Einsatz von Produktionsfaktoren erreicht werden kann. Er ist somit als eine Zunahme der globalen Faktorproduktivität zu verstehen. Es ist jedoch nicht unbedingt nötig, daß diese neue Produktionsfunktion auf den Einsatz technischer Neuerungen zurückzuführen ist. Es kann sich auch um einen „organisatorischen Fortschritt" handeln, bei dem die Produktivitätssteigerung unabhängig vom Einsatz der Produktionsverfahren und seiner mengenmäßigen Veränderungen ist.

Häufig wird zwischen „Basisinnovationen", die neue Elementarmärkte erschließen und „Verbesserungsinnovationen", die innerhalb bestimmter Märkte wirken, unterschieden [39]. Zu den Verbesserungsinnovationen treten „Scheininnovationen", die keine wirkliche Verbesserung bringen. Basisinnovationen bedeuten starke Abweichungen von der bisherigen Praxis. Sie rufen Richtungsänderungen in der Produktion hervor und schaffen neue Gewerbe- und Industriezweige. Als Beispiel wäre die Errichtung der ersten Fuchsinfabrik von F. Bayer in Elberfeld im Jahre 1860 zu nennen, die die Basisinnovation in der

Anilinfarbchemie war oder das Fernsehen, das zuerst 1936 in England eingeführt wurde.

Verbesserungsinnovationen sind Weiterentwicklungen der Basisinnovationen und zeichnen sich durch höhere Qualität, größere Verläßlichkeit, günstigeren Preis oder gesteigerte Konsumentenfreundlichkeit aus. Im Falle des Fernsehens sind hier die Einführung des Farbfernsehens, die Verwendung von Transistoren oder die Vergrößerung des Bildschirms bei Verringerung der Abmessungen des gesamten Geräts zu nennen.

Im Spätstadium der Innovation nehmen die Möglichkeiten von Verbesserungen am Produkt immer mehr ab. Hier wirkt sich das „Ertragsgesetz" oder besser, das „Gesetz vom abnehmenden Ertragszuwachs" aus, nach welchem die nächste Verbesserung weniger Nutzen bringt als die vorangegangene. Lohnen sich für Unternehmer und Aktionäre Verbesserungsinnovationen immer weniger, so ist bald die „Kapital-Abwanderungsschwelle" erreicht: Kapital wird nicht mehr zur Einführung von technischen Neuerungen in das Unternehmen investiert, sondern wandert auf die Finanzmärkte, weil es sich dort besser verzinst.

Technischer Fortschritt kann in der Theorie sowohl „autonom", das heißt exogen (von außen) gegeben, als auch „induziert" auftreten. Der „autonome" technische Fortschritt kann „ungebunden" sein – hier handelt es sich nicht um technische Neuerungen im engeren Sinne, sondern um „organisatorischen Fortschritt" – aber auch „gebunden". Dabei sind Produktivitätssteigerungen an den tatsächlichen Einsatz verbesserter Produktionsfaktoren gebunden. Beim Einsatz von Sachkapital spielt zum Beispiel das Konstruktionsdatum oder der Maschinenjahrgang eine wichtige Rolle, beim Einsatz von Arbeitskräften eine gute Ausbildung. Der „induzierte" technische Fortschritt beantwortet neben der Frage nach den Ursachen auch die nach den Gründen für die Einsparung von Produktionsfaktoren. Beim induzierten technischen Fortschritt im engeren Sinne steht die Frage seiner verursachenden Kräfte im Vordergrund. Diese Art des technischen Fortschritts kann durch Investitionen, durch Forschung und Entwicklung oder durch die Nachfrage hervorgerufen worden sein. Wichtig ist, daß in der Regel nicht ein einziger auslösender Faktor (etwa die Nachfrage) für den technischen Fortschritt ursächlich ist, sondern eine Kombination verschiedener Faktoren. Dabei läßt sich dann, wenn auch nicht exakt, eine Gewichtung der Faktoren vornehmen. Die Angemessenheit des Begriffs „technischer Fortschritt" wird in der öffentlichen Diskussion in letzter Zeit häufig in Frage gestellt. Kritiker dieses Begriffes meinen, daß technische Neuerungen nicht ohne die Auswirkungen auf Individuen, gesellschaftliche Gruppen oder die „Gesamtgesellschaft" beurteilt werden können. Insofern ist es ihrer Meinung nach zweifelhaft, ob technische Neuerungen immer wirklich für alle einen technischen Fortschritt bedeuten, etwa im Sinne verbesserter Lebensqualität. [I-3.6]

Es gibt zahlreiche Versuche der Einteilung von Fortschrittswirkungen. Sir John Hicks unterschied neutralen, arbeitssparenden und kapitalsparenden technischen Fortschritt. Nach Sir Roy Harrod läßt neutraler technischer Fortschritt die relativen Anteile der Produktionsfaktoren Kapital und Arbeit unverändert, arbeitssparender technischer Fortschritt erhöht die relativen Anteile der Produktionsfaktoren Arbeit und Kapital am Sozialprodukt, während kapitalsparender technischer Fortschritt den Arbeitsanteil (Lohnanteil) am Sozialprodukt erhöht, den Kapitalanteil aber senkt. Bei allen drei Arten wird ein konstanter Zinssatz zugrunde gelegt.

Wie schon Joseph Schumpeter feststellte, sind Innovationen von entscheidender Bedeutung für den Wirtschaftsablauf. Daneben ist besonderes Gewicht auch auf die Ausbreitung technischer Neuerungen sowie die Übertragung technischer Neuerungen von einem Land auf ein anderes gelegt.

Unter ökonomischen Aspekten tritt der Inventions- oder Erfindungsprozeß hinter dem Innovationsprozeß zurück. Allerdings können enge Beziehungen zwischen der Zahl der Erfindungen und der wirtschaftlichen Entwicklung bestehen. Dies gilt nicht für die Ansicht, nach der die Erfindungstätigkeit autonom sei und dem allgemeinen Fortschritt von Naturwissenschaft und Technik folge, ohne von der wirtschaftlichen Entwicklung beeinflußt zu sein. Allerdings können Erfindungen dann Verbesserungen der Produktionstechnik bewirken, die Produktivität erhöhen und das Wirtschaftswachstum positiv beeinflussen. Verbreiteter ist allerdings die Ansicht, daß die erfinderische Aktivität selbst abhängig von der wirtschaftlichen Entwicklung, vor allem von den wirtschaftlichen Erwartungen sei, die ihrerseits auch vom bisherigen Konjunkturverlauf bestimmt werden. Erfindungen hängen also von dem erwarteten Gewinn ab und sind nicht das Ergebnis von autonomen Entwicklungen der Technikwissenschaften. Diese These wird vor allem von dem amerikanischen Wirtschaftswissenschaftler Jacob Schmookler (1918–1967) vertreten, der anhand empirischer Forschungen nachwies, daß in Phasen des Konjunkturanstiegs vermehrt Erfindungen gemacht wurden [40]. Hohen Investitionsraten folgten in kurzem zeitlichen Abstand Phasen vermehrter Patenterteilungen.

Der Zusammenhang von Invention und Innovation fand in der wirtschaftswissenschaftlichen Forschung erhebliche Beachtung. Häufig wurde ein Mangel an Innovationen als Reaktion, als „Echo" auf fehlende natur- und technikwissenschaftliche Forschungsergebnisse interpretiert. Dieser „Echoeffekt" setzt voraus, daß eine direkte Kopplung zwischen Invention und Innovation besteht. Dies läßt sich jedoch empirisch nicht bestätigen. Häufig ist sogar das Gegenteil der Fall: Es liegen eine Fülle anwendbarer Konzepte für neue Technologien bereit, sie werden aber nicht − oder vorsichtig ausgedrückt: noch nicht − angewandt.

Gescheiterte Versuche, technisches know-how in technische Neuerungen umzusetzen, werden bisweilen als „Spaghetti-Effekt" bezeichnet. Wenn man nämlich ein Ende des weichen Spaghetti bewegt, rührt sich am anderen Ende überhaupt nichts. Der „Spaghetti-Effekt" stellt also den Gegenpol zum „Echo-Effekt" dar. Während bei letzterem mangelnde Innovationstätigkeit dem Versagen von Wissenschaftlern zugeschrieben wird, die nicht genügend technisch und wirtschaftlich verwertbare Forschungsergebnisse bereitstellen, so ist die Schuldzuweisung beim „Spaghetti-Effekt" umgekehrt. Hier sind die Unternehmer die Schuldigen, die sich scheuen, etwas zu „unternehmen".

Gegenseitige Schuldzuweisungen helfen sicherlich nicht weiter. Unternehmer führen im allgemeinen dann technische Neuerungen ein, wenn sie gute Marktchancen für die neuen Produkte sehen. Häufig sind gerade die Entwicklungskosten für neue Basistechnologien außerordentlich hoch, so daß ein einzelnes Unternehmen sie nicht aufzubringen vermag. In solchem Falle erfolgt dann oft der Ruf nach dem Staat, der sich in vielen Fällen auch durch Bereitstellung öffentlicher Mittel beteiligt. [IX]

In der ökonomischen Innovationsforschung stand zunächst der Prozeß der ersten Einführung einer technischen Neuerung in die Produktion im Vordergrund. Später zeigte sich ein verstärktes Interesse an Fragen der Diffusion und des Transfers. Zahlreiche Fallstudien bestätigten die schon bei Schumpeter anklingende Ansicht, daß der Prozeß der Ausbreitung technischer Neuerungen bei einer kumulativen Häufigkeitsverteilung das als S-Kurve bekannte Bild ergibt: Nach zögerndem Anfang, in dem einige risikobereite Innovatoren die Neuerung − als Beispiel wird oft die Dampfmaschine genannt − einführen und damit Pioniergewinne und Demonstrationseffekte erzielen, folgt das Gros der Innovatoren. Diesem schließen sich die Nachzügler an, bei denen die Innovationsanreize aus verschiedenen Gründen geringer waren. Geschwindigkeit und Verbreitung von Innovationen werden vornehmlich von Gesichtspunkten wie Gewinnerwartung, Höhe der Innovationskosten und Einsatz von Produktionsfaktoren bestimmt. Allerdings hat sich gezeigt, daß ohne die Einbeziehung politischer und sozialer Faktoren keine empirisch brauchbaren Ergebnisse zu erzielen sind.

Neue Produkte, die auf technischen Neuerungen beruhen, durchlaufen „Lebenszyklen". Dies läßt sich an der Computerindustrie Englands in den 1950er und 1960er Jahren verdeutlichen. Wurden 1959 noch ausschließlich Computer der „ersten Generation" installiert, so waren 1961 bereits zur Hälfte Computer der „zweiten Generation" in Gebrauch. Bis 1963 hatte sich die zweite Generation fast vollständig am Markt durchgesetzt. 1965 traten Computer der „dritten Generation" hinzu, die die älteren Modelle, welche weniger leistungsfähig waren, rasch verdrängten. Anfang 1967 hatte die dritte Generation wiederum mehr als die Hälfte aller früheren Modelle verdrängt. Diese Entwicklung setzte sich in ähnlicher Form bis zur Gegenwart fort.

Auffällig ist, daß sich die verschiedenen „Generationen" von Produkten nicht nur ablösen, sondern auch noch eine Zeit lang überlagern. „Alte" und „neue" Technologien laufen nebeneinander her. Dabei werden die Produkt-Lebenszyklen in der Regel von Verbesserungsinnovationen in Gang gesetzt, die den Wachstumsprozeß antreiben. Im Falle des Computers bestehen die Verbesserungen in Merkmalen wie: leistungsfähiger, kleiner, weniger störanfällig, billiger. Diese Ablösungsprozesse erstrecken sich oft über viele Jahrzehnte, bis die Verbesserungsinnovationen zunehmend von „Scheininnovationen" abgelöst werden.

Dies gilt ebenso für den Bereich des Technologietransfers von einem Land in ein anderes oder von einem Kulturkreis in einen anderen. Die Wirtschaftswissenschaften entwickelten hier im wesentlichen klassifikatorische Modelle, mit denen sie den Transfervorgang in verschiedene Phasen einteilten oder die ökonomischen Anreize zum Transfer anführten. Es zeigte sich, daß die unterschiedliche Struktur der Produktionsfaktoren im „Geberland" und „Nehmerland" (Bodenschätze, Kapital, Arbeit) die der neuen Technologie sowie vor allem die Größe des Marktes den Transfervorgang wesentlich bestimmen. Allerdings wurde deutlich, daß gerade bei dem Versuch, Technologien in Entwicklungsländer zu transferieren, nicht nur die Qualität der Technologie, sondern vor allem Aufnahmefähigkeit und Aufnahmebereitschaft des Empfängerlandes gegeben sein müssen. „Kulturbarrieren" können durch „angepaßte Technologien" überwunden werden.

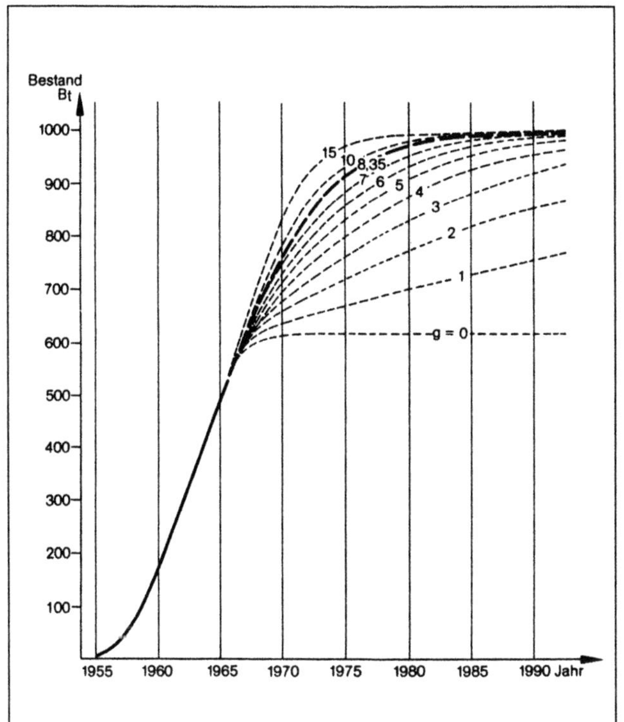

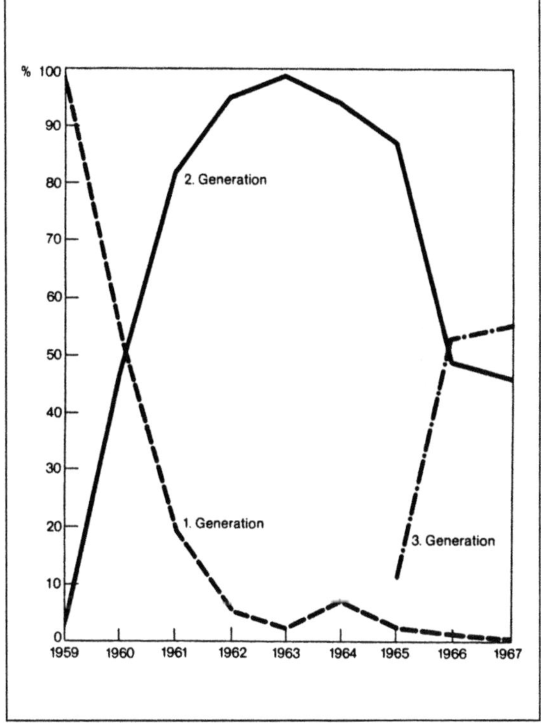

Links: Ausbreitung des Fernsehens in der Bundesrepublik Deutschland von 1955 bis 1965 mit den verschiedenen Prognosen (g) für die folgenden Jahre.

Rechts: Lebenszyklen der ersten, zweiten und dritten Generation von Computern dargestellt durch Marktanteile in Großbritannien von 1959 bis 1967.

Für den Innovationstransfer hat Raymond Vernons ökonomische Theorie des „Produktlebenszyklus" Bedeutung erlangt: In der ersten Phase des Zyklus hat das industriell weiter fortgeschrittene Land aufgrund des höheren Einkommensniveaus der Bevölkerung und geringerer Kapitalkosten einen Innovationsvorsprung gegenüber technologisch weniger entwickelten Ländern. Vor allem wegen dieses Vorsprungs dominiert es trotz eventuell höherer Produktionskosten – vor allem zurückzuführen auf höhere Löhne – auf dem Weltmarkt. In der zweiten Phase, dem Reifestadium der Innovation, wird das neue Produkt – sagen wir ein Transistorradio – in Massenproduktion hergestellt. Um die Exportmärkte zu behalten und eventuell das Ausland daran zu hindern, das Produkt selbst herzustellen, wird zusätzlich im Ausland produziert. Die Aufnahme der Auslandsproduktion tritt nach Vernon nicht nur an die Stelle der ehemaligen Warenexporte, sondern führt auch zu Reexporten in das industriell weiter fortgeschrittene Land, wenn die Produktionskosten im Ausland – vor allem bedingt durch niedrigere Lohnkosten – die Transportkosten überkompensieren. In der dritten Phase des Zyklus, dem Stadium der standardisierten Produktion, erzielen die ausländischen Produzenten und die im Inland produzierenden Unternehmen des industriell weiter fortgeschrittenen Landes solch große Produktionsvorteile, daß das Ursprungsland der neuen Technologie von einem Exporteur zu einem Importeur dieses Produktes wird [41].

In der neoklassischen Theorie des wirtschaftlichen Wachstums spielen die Produktionsfaktoren Kapital und Arbeit eine entscheidende Rolle. Hierdurch wird allerdings die Realität nur unvollständig wiedergegeben, denn es müßten eigentlich noch weitere Faktoren genannt werden, vor allem der technische Fortschritt. Da dieser schwierig zu messen ist, machten es sich viele Wirtschaftswissenschaftler leicht: Sie bezeichneten ihn als „Residualfaktor", als „Restgröße". Eine solche Betrachtungsweise ist natürlich unbefriedigend [42].

In den betriebswirtschaftlichen Kostenfunktionen sind nur die Kosten der Produktionsfaktoren Arbeit, Boden und Kapital enthalten. Technische Neuerungen werden als kostenlos angesehen, was aber der Realität offensichtlich widerspricht. Um technischen Fortschritt zu erzielen, entstehen nämlich Forschungs- und Entwicklungskosten (Investitionskosten), außerdem fallen bei Imitation und Innovation Kosten an [43].

Im Prozeß wirtschaftlichen Wachstums ist der technische Fortschritt ein entscheidender Bestimmungsgrund. Zwar dient er nur als „Sammelbecken" all jener Wachstumsursachen, die nicht aus den Größen Arbeit und Kapital bestehen, stellt aber die wohl wichtigste Ursache jeglichen Wirtschaftswachstums dar. Allerdings ist die Beziehung zwischen technischem Fortschritt und wirtschaftlichem Wachstum nicht eindeutig. Es gibt nämlich noch andere Einflußfaktoren auf Arbeit und Kapital, wie zum Beispiel Investitionsförderungsmaßnahmen des Staates, Zinsniveau, Tarifverhandlungen, staatliche Beschäftigungsprogramme usw. Nicht allein der technische Fortschritt wirkt also arbeits- oder kapitalvermehrend. Welchen Stellenwert der technische Fortschritt in seiner Eigenschaft als Wachstumsdeterminante einnimmt, ist jedoch nur anhand einer Fortschrittsmessung möglich.

Ein Maßstab des technischen Fortschritts ist die Innovationshäufigkeit, zum Beispiel gemessen an der Anzahl von Innovationen pro Zeiteinheit. Bei der Ermittlung der Innovationshäufigkeit ergeben sich jedoch einige Probleme [44]:

1. Es gibt keine allgemeingültige Abgrenzung zwischen neuen oder verbesserten Produkten bzw. Produktionsverfahren.

2. Es existiert ein Gewichtungsproblem, da Innovationen unterschiedlicher ökonomischer Tragweite nicht einfach addiert werden können.

3. Es muß geprüft werden, ob sich eine Innovation dauerhaft am Markt hält.

Ein weiterer Maßstab des technischen Fortschritts aufgrund definitorischer Indikatoren kann die Diffusionsgeschwindigkeit, also die Geschwindigkeit, in der sich technische Neuerungen ausbreiten, sein. Die entscheidende Rolle für die Fortschrittsmessung bei Wachstumsanalysen kommt daher Indikatoren wie Forschung und Entwicklung zu. Sie können am Ergebnis der Forschungs- und Entwicklungstätigkeit gemessen werden. Indikatoren hierfür sind etwa: Patentzuweisungen, Lizenzerteilungen oder die Anzahl der Publikationen, die in einem bestimmten Zeitraum erschienen sind.

Ein weiterer Indikator ist die „Forschungsintensität", die anhand des Forschungs- und Entwicklungsaufwandes, am Umsatz oder an der Wertschöpfung oder am Anteil des in Forschung und Entwicklung eingesetzten Personals am Gesamtpersonal gemessen werden kann [45]. Auch wird versucht, die zeitliche Entwicklung von Forschungsintensitäten zu erfassen. Allerdings besteht hier eine unzureichende Datenlage, so daß sich kaum tiefergehende Schlußfolgerungen über das Ausmaß und die Wirkungsrichtung des technischen Fortschritts ziehen lassen.

Der technische Fortschritt spielt in der neueren Wirtschaftstheorie eine zunehmend große Rolle. Allerdings ist es schwierig, ihn theoretisch in den Griff zu bekommen und möglichst exakt zu messen. Häufig behilft man sich mit einer indirekten Messung anhand von Indikatoren wie Forschungs- und Entwicklungsausgaben oder Patentanmeldungen. Durch diese Methoden können allerdings bestenfalls Näherungswerte für den eigentlichen technischen Fortschritt erreicht werden. Auch Definitionen des technischen Fortschritts bereiten Schwierigkeiten. Manche Autoren lehnen es ab, überhaupt von „Fortschritt" zu sprechen, da es fragwürdig sei, ob die Wirkungen der Technik immer einen Fortschritt, etwa hinsichtlich der Lebensqualität, mit sich brächten. Verbreitet sind Unterscheidungen in kapitalsparenden, arbeitssparenden und neutralen technischen Fortschritt, ferner in „autonomen" und „induzierten" technischen Fortschritt sowie in Basis- und Verbesserungsinnovationen. Während die bei weitem größte Zahl der technischen Neuerungen aus Verbesserungsinnovationen besteht, sind Basisinnovationen, also solche, die vollkommen neue Märkte erschließen, eigentlich wichtiger. Allerdings lassen sich diese beiden Innovationsarten nicht immer exakt voneinander trennen; die Übergänge sind bisweilen fließend.

Es wurde gezeigt, daß wirtschaftliche Gewinnerwartungen zumeist auch bei Erfindungsprozessen eine wichtige Rolle spielen. Die technischen Neuerungen selbst breiten sich in der Regel zunächst langsam aus, da das damit verbundene Risiko den meisten Unternehmern noch als zu hoch erscheint. Danach, nachdem sich die Innovation als profitabel herausgestellt hat, geht allerdings die „Diffusion" zumeist schneller vor sich, bis eine allmähliche Marktsättigung eintritt. Technische Neuerungen durchlaufen „Lebenszyklen", die sich überlagern. Dies wurde am Beispiel des Computers verdeutlicht.

Technische Hilfsmittel in den Wirtschaftswissenschaften

Schon während des Zweiten Weltkrieges fanden technische Hilfsmittel Eingang in militärische Planungen und spielten danach in Wirtschaft und Wirtschaftswissenschaft eine immer größere Rolle. Dies ist damit zu erklären, daß im wirtschaftlichen Bereich die Methoden der Planung und Entscheidung immer mehr verfeinert wurden. Die Anzahl der „Variablen", die ein Unternehmer oder Wirtschaftswissenschaftler bei seinen Entscheidungen zu berücksichtigen hatte, nahm rasch zu. Dies gilt auch für die „Volkswirtschaftliche Gesamtrechnung" oder die Auswertung von „Sozialbilanzen" als Grundlage gesellschafts- und sozialpolitischer Maßnahmen. Die Unmenge von Bedingungen und Variablen konnte man nur noch mit technischen Hilfsmitteln wie Computern – häufig im Rahmen von „Operations Research" – bearbeiten. Unter Operations Research ist die Optimalplanung unternehmerischer Entscheidungen mit Hilfe mathematischer Methoden zu verstehen [46].

Bereits während des Ersten Weltkrieges entstanden verschiedene Arbeiten, die unter dem Begriff „militärische Unternehmensforschung" zusammengefaßt werden können. Für die gerade aufgebaute englische Luftwaffe entwickelte der Ingenieur F. W. Lanchester das nach ihm benannte „Lanchester-Kampfmodell". Es besagt, daß die Verluste zweier kämpfender Verbände je Zeiteinheit proportional zur jeweils feindlichen Truppenstärke seien. Auf amerikanischer Seite stellte Thomas Alva Edison 1917 Untersuchungen zur feindlichen U-Boot-Bekämpfung und zum Schutz gegen feindliche U-Boot-Angriffe an und bediente sich ähnlicher Methoden wie Lanchester [47]. Es zeigt sich also, daß das große Gebiet, welches wir heute als „Opera-

,,Operations Research" wird in der deutschen Literatur auch als ,,Methode des kritischen Weges" oder als Netzplantechnik bezeichnet. Sie ist ein erfolgreiches Hilfsmittel für Aufgaben, bei denen es sich um die Planung und Koordination von Tätigkeiten handelt, an der viele verschiedene Personen, Personengruppen und Geräte beteiligt sind. Ein wichtiges Anwendungsgebiet ist die Planung und Durchführung der Entwicklung neuer Geräte. Die Abbildung zeigt den Netzplan für die Entwicklung einer neuen elektronischen Einrichtung. Dabei wird vorausgesetzt, daß die Konstruktion aus einigen, nicht mehr unbekannten Schaltungen, die wenig Zeit erfordern, aus der Entwicklung neuer Schaltsysteme und dem Entwurf der Verkleidung und der Halteschiene für das fertige Produkt besteht. Die frühesten und spätesten Zeiten sowie die Pufferzeiten nicht kritischer Arbeitsfänge sind in Wochen aufgegeben. Es ist deutlich, daß der Entwurf und die Prüfung der besonderen Schaltungen die kritische Stelle des Projektes ist.

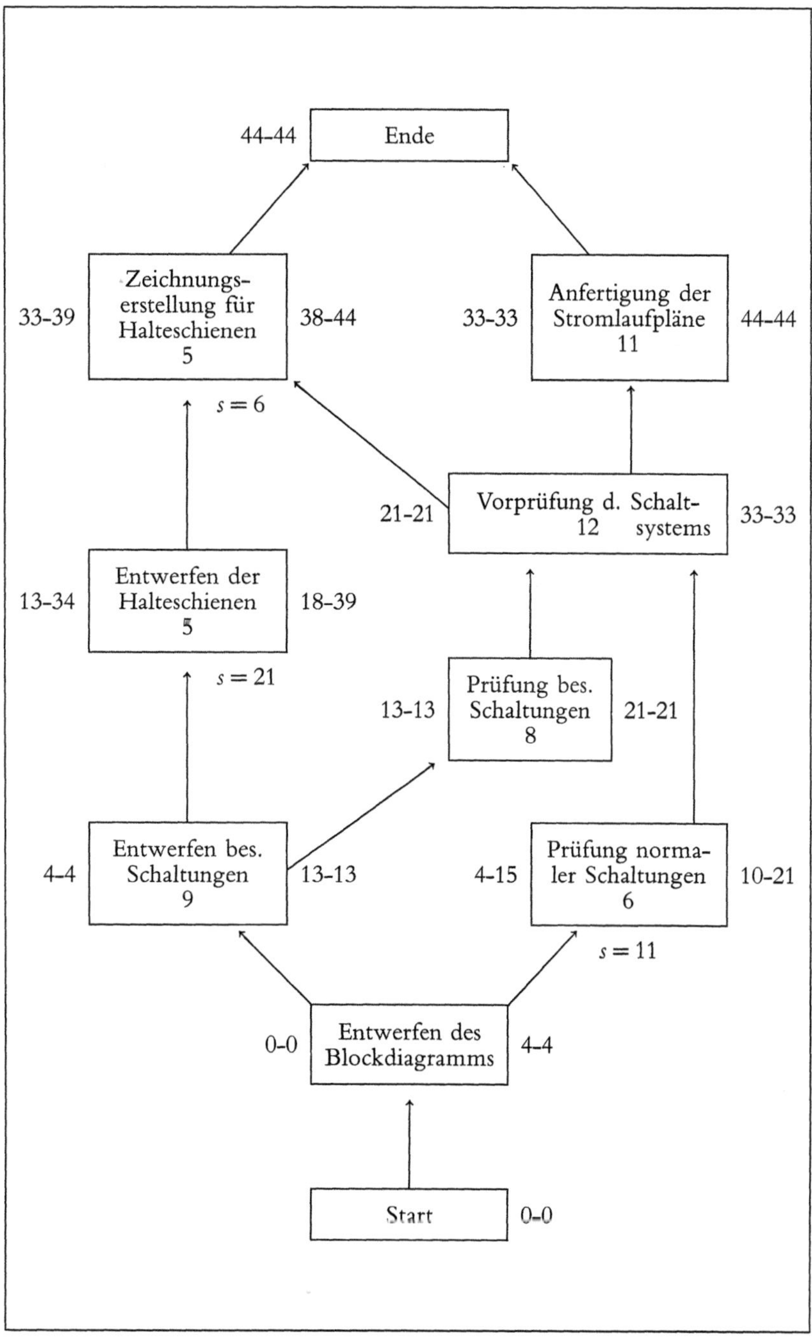

tions Research" bezeichnen und das in der Wirtschaftswissenschaft eine bedeutende Rolle spielt, seinen Ursprung im militärischen Bereich hat. Auch für die weitere Entwicklung bis in die 1950er Jahre hinein war dieser Bereich bestimmend.

Der Begriff „operational research" – später „operations research" – wurde zuerst 1938 von britischen Wissenschaftlern verwendet. Sie entwickelten im Auftrag der englischen Armee Methoden, mit denen zunächst die günstigsten Standorte der britischen Radarüberwachung bestimmt wurden und sich dann die seit 1935 von den Radargeräten gelieferten Daten so aufbereiten ließen, daß sie militärischen Entscheidungen als Grundlage dienen konnten. Man verstand damals und auch während des Zweiten Weltkrieges unter „Operations Research" die Forschung über (militärische) Unternehmen mit dem Ziel, militärisches Handeln zu optimieren. 1940, während der „Luftschlacht um England", hatten dieselben Wissenschaftler die Aufgabe, das Radarnetz für die englische Luftverteidigung zu organisieren [48]. Auch zur U-Bootbekämpfung wurden Operations-Research-Methoden angewandt. Eine englische Forschergruppe unter Patrick M. S. Blackett arbeitete Einsatzpläne für Patrouillenflugzeuge aus, die ein möglichst großes Gebiet kontrollieren konnten. Ziel war, die deutschen U-Boote zum Untertauchen zu zwingen, um ihren Aktionsradius zu verringern [49]. [IX]

Das in England praktizierte Verfahren wurde 1941 von den Vereinigten Staaten übernommen und zwar für die Planung der Operationen aller drei Teilstreitkräfte, des Heeres, der Luftwaffe und der Marine. Besondere Erfolge waren bei der Lösung des Geleitproblems zu verzeichnen. Es kam darauf an, die Optimalgröße der Geleitzüge zu bestimmen, um innerhalb einer bestimmten Zeit eine möglichst große Warenmenge mit möglichst geringem Risiko über den Atlantik zu befördern. Dabei wurde der Geleitzug als Kreisfläche dargestellt, der die zu bestimmende Zahl der Transportschiffe enthielt und von einem Ring der begleitenden Kriegsschiffe umgeben war. Auf diesem Wege gelang es, die optimale Geleitzuggröße für die Warentransporte bei geringster Verlustgröße festzustellen.

Ende der 40er Jahre fand das Operations Research auch in der amerikanischen Wirtschaft Eingang, wobei zunächst der „militärisch-industrielle Komplex" im Vordergrund stand. Es wurde benutzt zur Bestimmung von Art und Zahl der Waffen, mit denen die Streitkräfte auszurüsten waren, um ihre Ziele mit möglichst geringen Kosten zu erreichen oder der optimalen Verteilung des Verteidigungsgebietes auf die verschiedenen Aufgabenbereiche der Streitkräfte. Die schnelle

Verbreitung des Operations Research wurde durch elektronische Datenverarbeitung ermöglicht. Die meisten der hier zu lösenden Probleme waren zu umfangreich, als daß sie ohne dieses Hilfsmittel hätten bearbeitet werden können.

Bereits 1944 hatte eine Wissenschaftlergruppe unter Jay W. Forrester am Massachusetts Institute of Technology, der wohl bekanntesten Technischen Hochschule in den USA, damit begonnen, im Rahmen des „Whirlwind-Projektes" einen Analogrechner zur Steuerung eines Flugsimulators zu entwickeln. Mit Hilfe dieses Gerätes sollte das aerodynamische Verhalten von Flugzeugen simuliert werden. Es mußte daher in der Lage sein, auf Steuerkommandos des Piloten sofort zu reagieren. 1945 entschied sich Forrester, eine digitale Anlage zur flächendeckenden Luftraumüberwachung durch Radarstationen zu bauen, deren Daten direkt an Digitalcomputer übertragen werden sollten. 1951 wurde ein Prototyp dieses Luftraumüberwachungssystems im Nordosten der USA aufgebaut. Im Rahmen des „Whirlwind-Projektes" wurden auch Versuche zur Anwendung problemorientierter Programmsprachen unternommen. Die in diesem Zusammenhang entwickelte Programmiersprache FLOW-MATIC beeinflußte maßgeblich die Entwicklung von COBOL (Common Business Oriented Language), die ab 1959 im Auftrag des amerikanischen Verteidigungsministeriums für die Bearbeitung von Problemen in Wirtschaft und Verwaltung entwickelt wurde.

Grundsätzlich kann man vier Kriterien anführen, die Operations Research kennzeichnen: Erstens werden Entscheidungen vorbereitet, nicht getroffen. Zweitens handelt es sich stets um optimale Pläne. Das Optimum kann zum Beispiel Gewinnmaximierung, Kostenminimierung, Minimierung des Verlustrisikos oder Minimierung der Wartezeiten sein. Drittens werden mathematische oder mathematisch-statistische Methoden entwickelt. Das zu lösende Problem wird in einem abstrakten Modell nachgebildet, das mit mathematischen oder mathematisch-statistischen Methoden optimiert wird. Schließlich werden quantitative Ergebnisse gewonnen. Mit den Methoden des Operations Research sollen die Zusammenhänge zwischen den Einflußgrößen eines Problems analytisch quantifiziert werden. Diese Methoden verfolgen den Zweck, möglichst alle Entscheidungen durch eine exakte analytische und numerische Berechnung der Folgen der verschiedenen Möglichkeiten vorzubereiten. Es wird versucht, die Gleichartigkeit zwischen anscheinend beziehungslosen Tätigkeiten zu entdecken. Sie werden vor allem angewendet bei Entwicklung und Durchführung langfristiger Planungen, Standortfragen, Investitionsentscheidungen,

Bestimmung der Lagerhaltung, Ermittlung der optimalen Losgrößen, Angleichung der Produktion an Verkaufsvoraussagen, Bestimmung des Erzeugungsprogramms und Programmplanung, Analyse von Absatz- und Verteilungsproblemen, Bewertung von Leistungen, Kontrolle der Arbeit der Herstellungsabteilungen.

Betrachten wir zum Beispiel Lagerhaltungsprobleme ein wenig genauer, so erfordern diese eine oder beide der folgenden Entscheidungen. Erstens: Wieviel ist zu produzieren oder einzukaufen? und Zweitens: Wann soll der Auftrag erteilt werden? Hierbei müssen die Lagerhaltungskosten gegen eine oder mehrere der folgenden Kosten abgewogen werden: Kosten, die ein bestimmter Auftrag verursacht, bzw. Kosten, die durch eine Produktionsserie entstehen sowie Kosten, die durch eine Erschöpfung des Lagerbestandes, durch eventuell verzögerte Lieferung oder viele andere Eventualitäten hervorgerufen werden. Es ist einleuchtend, daß heute eine Fülle von Möglichkeiten eine Rolle spielen, die den Computereinsatz notwendig machen.

Methoden des Operations Research

Welche umfassende Bedeutung mathematische Hilfsmittel und vielfältige Anwendungen des Computers für das Operations Research haben, läßt sich nur deutlich machen, wenn man die Arbeitsmethoden aus diesem Bereich der Wirtschaftswissenschaften wenigstens skizzenhaft charakterisiert:

1. Lineare Gleichungssysteme: Mit einfachen linearen Gleichungssystemen können zahlreiche Operations-Research-Probleme gelöst werden, so zum Beispiel die Auswahl des optimalen Produktionsverfahrens, die Teilbedarfsdeckung in Montagebetrieben und die innerbetriebliche Leistungsverrechnung. Die Differentialrechnung enthält die klassischen Methoden zur Bestimmung von Optimallösungen und ist daher zur Operations Research hervorragend geeignet.

2. Lineare Programmierung: Eine Programmierungsaufgabe beschreibt einen Prozeß, dessen ‚Erfolg‘ gemessen und der durch die Wahl mehrerer Einflußgrößen in gewissen Grenzen verändert werden kann. Die Einflußgrößen sollen so bestimmt werden, daß der Wert der Zielfunktion ein Optimum, also entweder ein Minimum oder ein Maximum, wird.

Wichtige Anstöße zur Entwicklung von Methoden zur Lösung von Problemen der (linearen) Programmierung bildeten die stark an der Praxis orientierten Arbeiten an ‚Input-Output-Modellen‘ von Wassily

Leontieff; diese Modelle beschreiben die Wechselbeziehungen der Sektoren einer Volkswirtschaft.

Die lineare Programmierung geht entscheidend auf Arbeiten des Amerikaners Georg B. Dantzig zurück. Zusammen mit dem Wirtschaftswissenschaftler Leonid Hurwicz arbeitete er im Sommer 1947 an Lösungsmethoden für lineare Programmierungsprobleme. Diese wurden ihm von der US-Luftwaffe gestellt, die sich mit der optimalen Organisation des militärischen Nachschubs beschäftigte. Mit der von Dantzig entwickelten Simplex-Methode konnte man Transportpläne, die Zuteilung von Personal oder die Planung von Wartungsaufgaben optimieren. Bei der Simplex-Methode werden die Gleichungen in einer Matrix (Simplex-Tableau) zusammengestellt, die Schritt für Schritt (Iteration) nach bestimmten Regeln so lange in neue Matrizen umgewandelt werden, bis in einer Matrix die optimale Lösung gefunden ist. Sie ist heute das wichtigste Verfahren der linearen Planungsrechnung. Einer Anregung Dantzigs folgend ließ die US-Luftwaffe einen Computer speziell für lineare Programme entwickeln. Der SEAC-Computer, der 1950 in Betrieb genommen wurde, war der erste speicherprogrammierte Computer in den Vereinigten Staaten. Bei der ersten Vorstellung dieses Computers wurde ein Programm für die Simplex-Methode am Beispiel einer Transportaufgabe vorgeführt. Mit großen Rechenautomaten können heute Probleme bis zu einer Größenordnung von mehreren hundert Nebenbedingungen und mehreren hundert Variablen bewältigt werden.

Traditionelle Anwendungsgebiete der linearen Programmierung sind Produktionsplanung, Finanzplanung und Zuteilungsprobleme. Die letzteren entstehen bei der Optimierung ökonomischer und technischer Prozesse, wenn mehrere Aktivitäten ausgeführt werden sollen, für die es wiederum verschiedene Wege gibt. Es ist auch möglich, daß nicht genügend Hilfsmittel (Materialien, Energie, Arbeitskräfte) vorhanden sind, um die Aktivitäten gewinnbringend auszuführen. Das Problem liegt nun darin, Aktivitäten und Hilfsmittel so zu kombinieren, daß ein möglichst hoher Gesamtnutzen erzielt wird.

Weitere Anwendungsmöglichkeiten sind Transport- oder Verteilungsprobleme. Als Beispiel können bestimmte Mengen eines einheitlichen Produktes genannt werden, die zu bestimmten Empfangsorten in bestimmten Mengen transportiert werden sollen. Das zu lösende Problem besteht darin, den Transport so zu organisieren, daß die Gesamttransportkosten möglichst gering sind.

3. Matrizenrechnung: Sie wird bevorzugt dort angewandt, wo sich einzelne Elemente einer Menge durch Angabe von Einflußzahlen voneinander unterscheiden. Dies gilt in der Betriebswirtschaft etwa für die Kostenrechnung, die Berechnung optimaler Fertigungsprogramme oder die Verflechtungsstruktur ganzer Betriebe, die in Matrizenmodellen dargestellt werden können. In verschiedenen Großbetrieben wird die Buchhaltung mit Hilfe der elektronischen Datenverarbeitung in Matrizenrechnung geführt.

4. Ganzzahlige bzw. gemischt-ganzzahlige Programmierung: Es gibt verschiedene Probleme der linearen und nicht-linearen Programmierung, für deren Variablen ganzzahlige Werte verlangt werden. Solche Probleme treten beispielsweise bei Investitionsentscheidungen auf, in denen nur ganze Maschinen installiert werden können. Ein weiterer Problembereich, bei dem Ganzzahligkeit gefordert wird, ist die Personal- oder Maschineneinsatzplanung. Ganzzahlige Programmierung wird darüber hinaus auch dort bevorzugt, wo sich Probleme nicht mehr mit wirtschaftlich vertretbaren Mitteln exakt lösen lassen. Das Charakteristikum der ganzzahligen Lösung besteht also darin, für alle in einem Modell verwendeten Variablen die strikte Ganzzahligkeit zu verlangen.

Die Notwendigkeit, Lösungsmethoden für Probleme mit ganzzahliger Variablenforderung zu finden, wurde bereits 1954 erkannt. 1958 entwickelte dann R. E. Gomory das „Cutting-Plane-Verfahren" (Schnittebenenverfahren). Den ursprünglichen Restriktionen des Modells wurden hier Schritt für Schritt künstliche, restriktivere Bedingungen hinzugefügt. Dies führt dazu, daß der ohnehin bereits eingeschränkte Lösungsraum noch weiter verkleinert wird. Ziel dieser Einengung ist die Absicht, die optimale Lösung auf einen ganzzahligen Punkt fallen zu lassen. Im Optimierungsverfahren wird dann die Ganzzahligkeit nicht mehr berücksichtigt und zur Herbeiführung einer Lösung die Simplex-Methode oder ein anderes geeignetes Verfahren angewandt.

5. Dynamische Programmierung: Die dynamische Programmierung ist der Sammelbegriff für Methoden zur Lösung mehrstufiger Optimierungsaufgaben. Sie können leicht von Computern berechnet werden. Die meisten der zur dynamischen Programmierung erschienenen Untersuchungen waren und sind anwendungsbezogener Art. Probleme der Lagerhaltung, der Bereich der Produktionsplanung, Standortprobleme und Ersatzbeschaffungsprobleme stehen im Vordergrund.

6. Graphentheorie: Sie ist eine mathematische Disziplin, die als Hilfsmittel betrieblicher Planung eine immer größere Bedeutung bekommt. Erste Ansätze gehen auf die ungarischen Mathematiker Egerváry (1931) und König (1935) zurück, die sich mit Strukturen und Eigenschaften von Graphen – also Punkten und Strecken, die die Punkte miteinander verbinden – befaßten. Hauptanwendungsgebiete der Graphentheorie liegen im Transport- und Verkehrswesen. Arbeiten zum Personennahverkehr, zu Pipeline-, Wasserversorgungs- und Abwassersystemen stehen im Vordergrund. Darüber hinaus wird die Graphentheorie auch in der Ablaufplanung, der Personalplanung und zur Optimierung von Nachrichten- bzw. Kommunikationsnetzen verwendet.

Das wichtigste Anwendungsgebiet der Graphentheorie ist die Netzplantechnik. Sie stellt alle Vorgänge zur Durchführung eines Projektes in ihrem zeitlichen Ablauf in einem Graphen dar, wobei die zeitlichen Abhängigkeiten zwischen den einzelnen Vorgängen exakt eingezeichnet werden. Die Netzplantechnik dient der Terminplanung komplizierter Arbeitsabläufe und komplexer Projekte, um ihre einzelnen Teilprojekte optimal zu koordinieren. 1957 in den USA entwickelt, wurde diese ursprünglich für militärische Entwicklungsprojekte geschaffene Technik in zunehmendem Maße auch von Wirtschaftsunternehmen benutzt und durch den Einsatz von Computern verfeinert.

7. *Simulation*: Sie ist ein relativ neues wissenschaftliches Gebiet des Operations Research und kann als zielgerichtetes Experimentieren an Modellen, die der Realität nachgebildet sind, aufgefaßt werden. Aus der Sicht des Operations Research sind solche Simulationen von Interesse, bei denen neue Erfahrungen und Erkenntnisse gewonnen werden können, die dann direkt als Entscheidungshilfe dienen. Die meisten Simulationen im Bereich des Operations Research erfolgen mit Hilfe von Computern, da nur so in der zur Verfügung stehenden Zeit ausreichend viele Experimente durchgeführt werden können, um wichtige Eigenschaften zu erkennen. Folgende Problemkreise fallen unter den Begriff „Systemsimulation": die Simulation von Verkehrssystemen, von Produktionssystemen, von Lagerhaltungs- und Instandhaltungsproblemen, von Informationssystemen sowie die Simulation im Bereich „Investition und Finanzierung". Darüber hinaus wurde die Simulation im Krankenhausbereich, im Bergbau und in der Stahlindustrie angewendet.

Eine bekannte Methode der Simulation ist die „Monte-Carlo-Methode", die man als einen Spezialfall der Zufallstichprobenverfahren bezeichnen kann. Dabei werden Zufallszahlen erzeugt; an die Stelle mathematischer Funktionen treten Tabellen von Zufallszahlen, die zum Beispiel durch Würfeln oder das Werfen einer Münze gewonnen werden. Im Monte-Carlo-Verfahren spiegelt die Streuung der Zufallszahlen die Streuung der Realität wider. Zufallszahlen können am besten durch den Einsatz von Elektronenrechnern erzeugt werden.

8. Spieltheorie: Eine „Theorie der Spiele" wurde 1928 von dem Mathematiker John von Neumann entwickelt, der sich allerdings für die logischen Grundlagen der Quantenmechanik, nicht für die praktische Anwendung interessierte. Als Ergebnis der Zusammenarbeit mit dem amerikanischen Wirtschaftswissenschaftler Oskar Morgenstern versuchte er zunächst, eine optimale Strategie gegen Angriffe von Kamikazefliegern zu finden. Dabei stand die Frage zur Entscheidung, ob ein angegriffenes Schiff dem Flugzeug besser durch scharfe Manöver ausweichen oder ob es seinen Kurs beibehalten und somit seinen Flugabwehrgeschützen eine bessere Zielmöglichkeit bieten solle. 1944 wandten von Neumann und Morgenstern die Spieltheorie auch zur Lösung wirtschaftlicher Fragen an. Es ging dabei nicht etwa um Glücksspiele, sondern um „strategische Spiele", also um solche, die einen gesellschaftlichen oder wirtschaftlichen Wettbewerb zum Inhalt haben und bei denen Interessengegensätze ausgetragen werden. Ein „Spiel" stellt ein mathematisches Modell für eine Konfliktsituation dar. Die Spieler verhalten sich dann ökonomisch rational, wenn sie eine Strategie wählen, die einen zu erwartenden Verlust möglichst klein, einen zu erwartenden Gewinn dagegen möglichst groß werden läßt. In den Wirtschaftswissenschaften wird die Spieltheorie in der Produktions- und Preistheorie oder auch zur Lösung von Standortproblemen – etwa bei zwei konkurrierenden Warenhäusern – eingesetzt.

Technische Hilfsmittel, vor allem Computer, spielten in den Wirtschaftswissenschaften nach dem Zweiten Weltkrieg eine große Rolle. Im Rahmen der Verfeinerung ökonomischer Planungs- und Entscheidungsinstrumente mußten eine immer größere Anzahl von Daten und Variablen berücksichtigt werden, die am besten mit Hilfe mathematischer Methoden und dem Einsatz von Computern zu bewältigen waren. Operations Research, die Optimalplanung unternehmerischer Entscheidungen mit Hilfe mathematischer Methoden, wurde während des Zweiten Weltkrieges entwickelt, um militärisches Handeln zu optimieren. Bereits am Ende des Krieges konnten Computer eingesetzt werden.

Schlußbetrachtung

In den vorhergehenden Ausführungen standen drei Themenkomplexe, mit denen sich Wirtschaftswissenschaftler auseinandersetzten, im Vordergrund: Das Verhältnis von technischer Entwicklung und Beschäftigung, technische Neuerungen und gesamtwirtschaftliche Entwicklung und der Einsatz technischer Hilfsmittel in den Wirtschaftswissenschaften, insbesondere „Operations Research". Es zeigte sich, daß beim Verhältnis von Technik und Beschäftigung im wesentlichen zwei Grundpositionen zu unterscheiden sind, die von den Merkantilisten und Kameralisten des 17. und 18. Jahrhunderts bis zur heutigen, aktuellen Diskussion dieses Problems auftreten: Die „Optimisten" sind der Meinung, technischer Fortschritt könne zwar kurzfristig Arbeitslosigkeit hervorrufen, langfristig würde dies aber durch die Schaffung neuer Arbeitsplätze in neuen Technologiebereichen ausgeglichen oder sogar überkompensiert. Die „Pessimisten" betrachten „technischen Fortschritt", der ihrer Meinung nach diesen Namen eigentlich gar nicht verdient, da er keinen gesellschaftspolitischen Fortschritt bringe, als Vernichter von Arbeitsplätzen, als „Jobkiller". Daneben gibt es in den Ansichten zahlreiche Mischformen. Marxisten vertreten gemeinhin die Ansicht, die Technik *an sich* sei weder gut noch schlecht und brächte, richtig eingesetzt, Wirtschaftswachstum und Wohlstandsvermehrung mit sich. Unter den Bedingungen des Kapitalismus wirke sie sich hingegen für die abhängig Beschäftigten zum Nachteil aus, da ihr Einsatz nur den Verwertungsinteressen des Kapitals diene.

Man wird, wie dies auch in der aktuellen Diskussion bisweilen geschieht, zwischen verschiedenen Investitionsarten unterscheiden müssen, die häufig mit der Einführung technischer Neuerungen verknüpft sind. So sind die Arbeitsplatzwirkungen von Rationalisierungsinvestitionen völlig verschieden von denen der Erweiterungsinvestitionen. Bei letzterer wird die Produktionskapazität der Unternehmen erweitert, häufig durch eine Ausdehnung des Maschinenparks und Neueinstellung von Arbeitskräften. Rationalisierungsinvestionen hingegen ersetzen Arbeitskräfte durch Neuerungen in Technik und Produktionsorganisation. Allerdings taucht in diesem Zusammenhang von Arbeitgeberseite häufig das Argument auf, diese Art von Investitionen sei nötig, um überhaupt noch am Markt konkurrenzfähig zu sein und der Gefahr eines Konkurses mit dem Totalverlust von Arbeitsplätzen zu entgehen. Diesen Problemen wird im Band „Technik und Gesellschaft" weiter nachgegangen.

Das Problemfeld von technischen Neuerungen und gesamtwirtschaftlicher Entwicklung fand in den Wirtschaftswissenschaften immer stärkere Beachtung. Wirtschaftswissenschaftler wie Joseph Alois Schumpeter maßen der neuen Technik, die von wagemutigen Unternehmern in den Produktionsprozeß eingeführt wird, sogar *die* Schlüsselfunktion für Prozesse wirtschaftlichen Wachstums bei. Allerdings ist bei vielen Wirtschaftstheoretikern eine große Hilflosigkeit deutlich, das Problem der Technik in den Griff zu bekommen. Zwar erkennen sie die Bedeutung der Technik als Produktionsfaktor, stellen sie machmal sogar als wichtigsten Produktionsfaktor überhaupt heraus, bleiben dann aber häufig schon im Definitorischen stecken. Es ist in der Tat schwierig, sich von abstrakten Modellbegriffen her diesem Problem zu nähern. Als hilfreicher hat sich hier der umgekehrte Weg erwiesen, nämlich durch Beobachtung und Analyse der Wirtschaftsentwicklung der Wirkung technischer Neuerungen auf die Spur zu kommen und Aussagen theoriehaltigen Charakters zu machen. Allerdings sollten auch hier die methodischen Probleme nicht unterschätzt werden. Immerhin hat aber eine solche Vorgehensweise, etwa bei der Innovationsforschung und inbesondere der Ausbreitung von technischen Neuerungen, schon Beträchtliches geleistet. Es ist zu hoffen, daß der Einsatz mathematischer Hilfsmittel, wie er bisher vorwiegend in der Betriebswirtschaftslehre im Zusammenhang mit Operations Research eingesetzt wurde, auch zu stärker theoretisch fundierten Aussagen über die Rolle der Technik in der wirtschaftlichen Entwicklung führen wird.

In diesem Beitrag sind viele Fragen nur angeklungen, die in dem Band „Technik und Gesellschaft", „Technik und Wirtschaft" und „Technik und Staat" ausführlicher aufgegriffen werden. Im Vorhergehenden war es nur möglich, Probleme der Technik und der technischen Entwicklung aus der Sicht der Wirtschaftswissenschaftler zu behandeln. Die konkreten Prozesse und Probleme, die sich im Verhältnis von Technik und Wirtschaft in historischer Perspektive ergeben, sind vorrangig Gegenstand der Bände „Technik und Staat" und „Technik und Gesellschaft". Dort wird zum Beispiel die Bedeutung von Erfindungen für die wirtschaftliche und soziale Entwicklung genauer zu beleuchten sein, ebenso wie die Rolle des Staates, dem teilweise die Ausbildung von Arbeitskräften obliegt. Der Staat leistet ferner eine finanzielle Unterstützung der Grundlagenforschung, auch im Rüstungssektor. Waffenentwicklungen bringen häufig „spinn off-Effekte" mit sich, das heißt, ursprünglich militärisch bestimmte Technologien finden in ähnlicher Form auch im zivilen Sektor Anwendung. Als Beispiel kann die bereits genannte elektronische Datenverarbeitung angeführt werden. Zum weiteren ist das umfangreiche Gebiet der Auswirkungen neuer Techniken auf die Industriearbeit, das hier aus der Sicht merkantilistischer, kameralistischer, liberaler und sozialistischer Wirtschaftswissenschaftler behandelt wurde, näher zu untersuchen. [VIII; IX; X]

Literaturnachweise

1 *Ergang*, Carl: Untersuchungen zum Maschinenproblem in der Volkswirtschaft. Eine dogmengeschichtliche Studie mit besonderer Berücksichtigung der klassischen Schule (Freiburger volkswirtschaftliche Abhandlungen. Bd. 1). Karlsruhe 1911
2 *Troitzsch*, Ulrich: Ansätze technologischen Denkens bei den Kameralisten des 17. und 18. Jahrhunderts (Schriften zur Wirtschafts- und Sozialgeschichte. Bd. 5). Berlin 1966, S. 13–22; *Hassinger,* Herbert: Johann Joachim Becher 1635–1682. Ein Beitrag zur Geschichte des Merkantilismus. Wien 1951.
3 *Schröder*, Wilhelm von: Fürstliche Schatz- und Rentkammer. Leipzig 1713, S. 302
4 *Troitzsch*, Ulrich: Die Entwicklung der Technik vom späten 16. Jahrhundert bis zum Beginn der industriellen Revolution. In: Troitzsch, Ulrich/Weber Wolfhard (Hrsg.): Die Technik. Von den Anfängen bis zur Gegenwart. Braunschweig 1982, S. 199–231, S. 213f.
5 *Heertje*, Arnold: Economics and Technical Change. London 1977, S. 7f.
6 *Büsch*, Johann Georg: Abhandlungen vom Geldumlauf. (Sämtliche Schriften. Bd. 11). Wien 1813/18, S. 415
7 *Hollander*, Samuel: The Economics of Adam Smith. London 1973, S. 65ff.; *Rothschild,* Kurt W.: Technischer Fortschritt in dogmenhistorischer Sicht. In: Bombach, Gottfried/Gahlen, Bernhard/Ott, Alfred E. (Hrsg.): Technologischer Wandel – Analyse und Fakten (Schriftenreihe des Wirtschaftswissenschaftlichen Seminars Ottobeuren, Bd. 15). Tübingen 1986, S. 23–40
8 *Mayr*, Otto: Adam Smith und das Konzept der Regelung. Ökonomisches Denken und Technik in Großbritannien im 18. Jahrhundert. In: Ulrich Troitzsch/Gabriele Wohlauf (Hrsg.): Technik-Geschichte (Suhrkamp Taschenbuch Wissenschaft 319). Frankfurt a. M. 1980, S. 241–268
9 *Berg*, Maxine: The Machinery Question and the Making of Political Economy 1815–1848. Cambridge 1980, S. 43ff.
10 *Barton*, John: Observations on the Circumstances which Influence the Conditions of the Labouring Classes of Society. London 1817; *Hollander*, Samuel: The Economics of David Ricardo. London 1979, S. 349ff.
11 *O'Brien*, D. P. O.: The Classical Economists. Oxford 1975, S. 217
12 *Ure*, Andrew: The Philosophy of Manufactures. London 1835
13 *Mill*, John Stuart: Principles of Political Economy with Some of their Applications to Social Philosophy. 2 Bde. London 1848
14 Vgl. 9, S. 253ff.

15 *Sismondi*, J.C.L. Simonde de: Nouveaux Principes d'Economie Politique. 2 Bde. Paris 1827

16 *Engels*, Friedrich: Die Lage der arbeitenden Klassen in England. Leipzig 1845

17 *Marx*, Karl/*Engels*, Friedrich: Werke (MEW). Bde. 1–4, 6–9, 12, 13, 15, 16, 18–21, 23–25, 27, 30, 35. Berlin 1968 ff.

18 *Klaus*, Georg/*Buhr*, Manfred: Technik. In: Philosophisches Wörterbuch. Berlin 1972, S. 1071 f.

19 *Schuchardin*, Semjon Wiktorowitsch: Grundlagen der Geschichte der Technik. Leipzig 1963, S. 24, 32

20 Vgl. 17, Bd. 3, S. 33

21 *Van der Pot*, Johan Hendrik: Die Bewertung des technischen Fortschritts: Eine systematische Übersicht der Theorien. Bd. 1. Assen 1985, S. 429 ff.

22 *Ambirajan*, S: The Engineer as Economist. Department of Economic History. Working Paper in Economic History 1. The University of New South Wales 1979

23 *Winkel*, Harald: Die Volkswirtschaftslehre der neueren Zeit. Darmstadt 1973, S. 36 ff.

24 *Stavenhagen*, Gerhard: Geschichte der Volkswirtschaftslehre. Göttingen ⁴1969, S. 231

25 Vgl. 24, S. 467

26 *Schumpeter*, Joseph A.: Geschichte der ökonomischen Analyse. Bd. 2. Göttingen 1965, S. 1154

27 *Ebert*, Hans: Wirtschaftsingenieur – Zur Innovationsphase eines Studienganges. In: Rürup, Reinhard (Hrsg.): Wissenschaft und Gesellschaft. Beiträge zur Geschichte der Technischen Universität Berlin 1879–1979. Bd. 1, Berlin/Heidelberg/New York 1979, S. 353–361

28 *Radunz*, Karl: Technik und Nationalökonomie. In: Technik und Wirtschaft. Jg. 13, 1920, S. 227–231

29 *Gottl-Ottlilienfeld*, Friedrich von: Wirtschaft und Technik. Tübingen 1923

30 *Waffenschmidt*, Walter G.: Technik und Wirtschaft. Jena 1928

31 *Weinberger*, Otto: Böhm von Bawerk, Eugen. In: Handwörterbuch der Sozialwissenschaften. Bd. 2. Stuttgart/Tübingen 1959, S. 357–359; *Kähler*, Alfred: The Theorie der Arbeitsfreisetzung durch die Maschine. Eine gesamtwirtschaftliche Abhandlung des modernen Technisierungsprozesses. Diss. rer. pol. Kiel. Greifswald 1933, S. 79

32 *Lederer*, Emil: Technischer Fortschritt und Arbeitslosigkeit. Tübingen 1931

33 *Kruse*, Alfred: Technischer Fortschritt und Arbeitslosigkeit. München/Leipzig 1936

34 *Ott*, Alfred E.: Technischer Fortschritt. In: Handwörterbuch der Sozialwissenschaften. Bd. 10. Stuttgart/Tübingen 1959, S. 311 f.

35 *Ruttan*, Vernon: Usher and Schumpeter on Invention, Innovation and Technological Change. In: Quarterly Journal of Economics. Jg. 53, 1959, S. 596–606

36 *Mensch*, Gerhard: Das technologische Patt. Innovationen überwinden die Depression. Frankfurt a.M. 1975; *Nefiodow*, Leo A.: Der fünfte Kondratieff. Strategien zum Strukturwandel in Wirtschaft und Gesellschaft. Frankfurt a. M./Wiesbaden 1990

37 *Kalecki*, Michal: Economic Dynamics. London 1954
38 *Walter*, Helmut: Technischer Fortschritt I (in der Volkswirtschaft). In: Handwörterbuch der Wirtschaftswissenschaften. Bd. 7. Stuttgart 1977, S. 569–583
39 *Stahlschmidt*, Rainer: Quellen und Fragestellungen einer deutschen Technikgeschichte des frühen 20. Jahrhunderts bis 1945 (Studien zur Naturwissenschaft, Technik und Wirtschaft im 19. Jahrhundert, hrsg. v. Treue, Wilhelm, Bd. 8). Göttingen 1977, S. 97
40 *Schmookler*, Jacob: Invention and Economic Growth. Cambridge, Mass. 1966
41 *Vernon*, Raymond: International Investment and International Trade in the Product Cycle. In: Quarterly Journal of Economics. Jg. 60, 1966, S. 190–207
42 *Heseler*, Heiner: Technischer Fortschritt, Kapitalakkumulation und Kapitalentwertung. Frankfurt a. M./New York 1980, S. 8 f.
43 *Prosi*, Gerhard: Technischer Fortschritt als mikroökonomisches Problem (Berner Beiträge zur Nationalökonomie. Bd. 4). Bern/Stuttgart 1966, S. 136 f.; *Fleck*, Florian, H.: Die ökonomische Theorie des technischen Fortschritts und seine Identifikation. Meisenheim am Glan 1973, S. 23
44 *Haß*, Hans Joachim: Die Messung des technischen Fortschritts. München 1983, S. 47
45 *Brockhoff*, Klaus: Technischer Fortschritt II (im Betrieb). In: Handwörterbuch der Wirtschaftswissenschaften. Bd. 7. Stuttgart 1977, S. 603
46 *Löffelholz*, Josef: Repertorium der Betriebswirtschaftslehre. Wiesbaden ⁶1980, S. 209; *Müller-Merbach*, Heiner: Operations Research – Methoden und Modelle der Optimalplanung. Berlin/Frankfurt ³1974
47 *Brusberg*, Helmut: Der Entwicklungsstand der Unternehmensforschung mit besonderer Berücksichtigung der Bundesrepublik Deutschland. Wiesbaden 1965, S. 27
48 *Lindner*, Rudolf/*Wohak*, Bertram/*Zeltwanger*, Holger: Planen, Entscheiden, Herrschen. Vom Rechnen zur elektronischen Datenverarbeitung (Kulturgeschichte der Naturwissenschaften und der Technik). Reinbek bei Hamburg 1984, S. 153
49 *Dantzig*, George B.: Lineare Programmierung und Erweiterung. Berlin/Heidelberg/New York 1966, S. 17; *Lilienfeld*, Robert: The Rise of Systems Theory. An Ideological Analysis. New York 1978; *Holley*, I. B. Jr.: The Evolution of Operations Research and its Impact on the Military Establishment. The Air Force Experience. In: Wright, M. u. Paszek, L. (Hrsg.), Science, Technology and Warfare. The Proceedings of the Third Military History Symposium. Washington 1971, S. 89–109

Technik und Rechtswissenschaft

Udo Kornblum

Einführung

Zwischen den beiden Bereichen Technik und Recht liegen, jedenfalls
in der Praxis, offenbar Welten. Das Verhältnis von Technikern und
Juristen muß wohl besser als „Unverhältnis" bezeichnet werden. Das
ist eigentlich erstaunlich. Offenbar sind es weniger die Regeln und
Methoden beider Bereiche, die eher eine gewisse Verwandtschaft aufweisen, als vielmehr in erster Linie die jeweiligen unterschiedlichen
Untersuchungsgegenstände und -ergebnisse, die Technik und Recht
bisher so stark voneinander getrennt haben.

Beide Bereiche beeinflussen sich naturgemäß gegensätzlich erheblich. Die Technik erfüllt dabei ebenso die Funktion eines Hilfsmittels
für das Recht wie umgekehrt das Recht für die Technik. Allerdings
zeigt sich hier ein bemerkenswerter Unterschied, der vermutlich eine
der Ursachen des eben erwähnten „Unverhältnisses" ist. Die Beein-
flussung der Rechtswissenschaft durch die Technik erfolgt grundsätzlich fördernd-positiv: Dank der Technik lassen sich zum Beispiel zunächst unklare Sachverhalte – etwa der eines komplizierten
Verkehrsunfalls oder eines mysteriösen Leichenfunds – aufklären,
kann beispielsweise die Verwaltung oder die Justiz durch den Einsatz
der EDV von zeitraubenden Massengeschäften wie dem Erlaß von
Bußgeld-, Steuer- oder Mahnbescheiden weitgehend entlastet werden, können Verfahrensparteien und ihre Anwälte die recht knapp
bemessenen Rechtmittelfristen per Telex oder Telefax bis zur letzten
Minute ausnutzen. Demgegenüber hat die Einwirkung des Rechts auf
die Technik generell bremsend-negativen Charakter: Bis ins letzte
Detail gehende, nicht selten kleinliche Rechtsvorschriften hemmen
oder verhindern des öfteren die Realisierung des an sich technisch
Machbaren, langwierige behördliche Genehmigungsverfahren, an die
sich regelmäßig noch jahrelange, durch alle zur Verfügung stehende
Instanzen gehende verwaltungsgerichtliche Prozesse anschließen, ver-
zögern beispielsweise die Inbetriebnahme von Kernkraftwerken.

Innerhalb der im vorliegenden Band schwerpunktmäßig zu erör-
ternden Problematik „Technik und Wissenschaft" soll das Verhältnis

von „Technik und Rechtswissenschaft" in erster Linie im Hinblick auf die prinzipiell positive Hilfestellung der Technik gegenüber dem Recht behandelt werden, während es in dem späteren Band „Technik und Gesellschaft" primär um die eben an zweiter Stelle angesprochene, generell bremsend wirkende „Hilfestellung" des Rechts für die Technik gehen wird. Gewissermaßen dazwischen liegt der Bereich „Technik als Gegenstand der Rechtswissenschaft", der gleichfalls noch zum ersten Problemkreis „Technik und Wissenschaft" gehört und deshalb auch hier darzustellen ist, und zwar im wesentlichen unter dem Aspekt des Rechtsschutzes für technische Erfindungen und sonstige technische Schöpfungen. [X]

Technische Hilfsmittel in der Rechtswissenschaft

Im mittelalterlichen deutschen Gerichtsverfahren finden technische Hilfsmittel anfänglich im wesentlichen nur bei der Strafvollstreckung Verwendung, dann auch im Vorfeld des Beweises, nämlich bei der Folter. Man denke dabei an Daumenschrauben, Mundbirnen oder Apparaturen zum Strecken bzw. Aufhängen des angeblichen Delinquenten, der dabei oft noch ein schweres Gewicht an die Füße gehängt bekommt, deren oft brutaler Einsatz dazu dienen sollte, das Hauptbeweismittel des damaligen Strafverfahrens, das Geständnis des Angeklagten, zu erlangen. Erst in der Neuzeit entwickeln sich dann nach und nach medizinisch-naturwissenschaftlich-technische Methoden, die man heute mit dem Begriff der Kriminaltechnik beschreibt, d. h. der „Lehre von den Werkzeugen, Mitteln und Verfahren", mit denen vor allem „an Hand des Sachbeweises eine vermeintlich begangene Straftat aufgeklärt werden soll"[1].

Den Anfang macht wohl die – modern gesprochen – Gerichtsmedizin. Im naturwissenschaftlichen Bereich liegt das Schwergewicht zunächst auf der Toxikologie, also der Giftkunde, mit deren Hilfe insbesondere der Nachweis der Giftbeibringung geführt werden kann, oft auch noch nach längerer Zeit. So hat man etwa vor einigen Jahren bei einem Skelettfund in einem Waldstück durch die Feststellung einer hohen Bromidkonzentration in den Knochen sowie in den tieferen Erdschichten der Fundstelle die Annahme eines Verdachts von Selbstmord erhärtet, der mehr als 6 Monate zurücklag und durch die Einnahme bestimmter bromhaltiger Schlafmittel durchgeführt worden war oder nach einer späteren Exhumierung einer Leiche aufgrund von Thalliumspuren festgestellt, daß der Tod auf die systematische Gift-

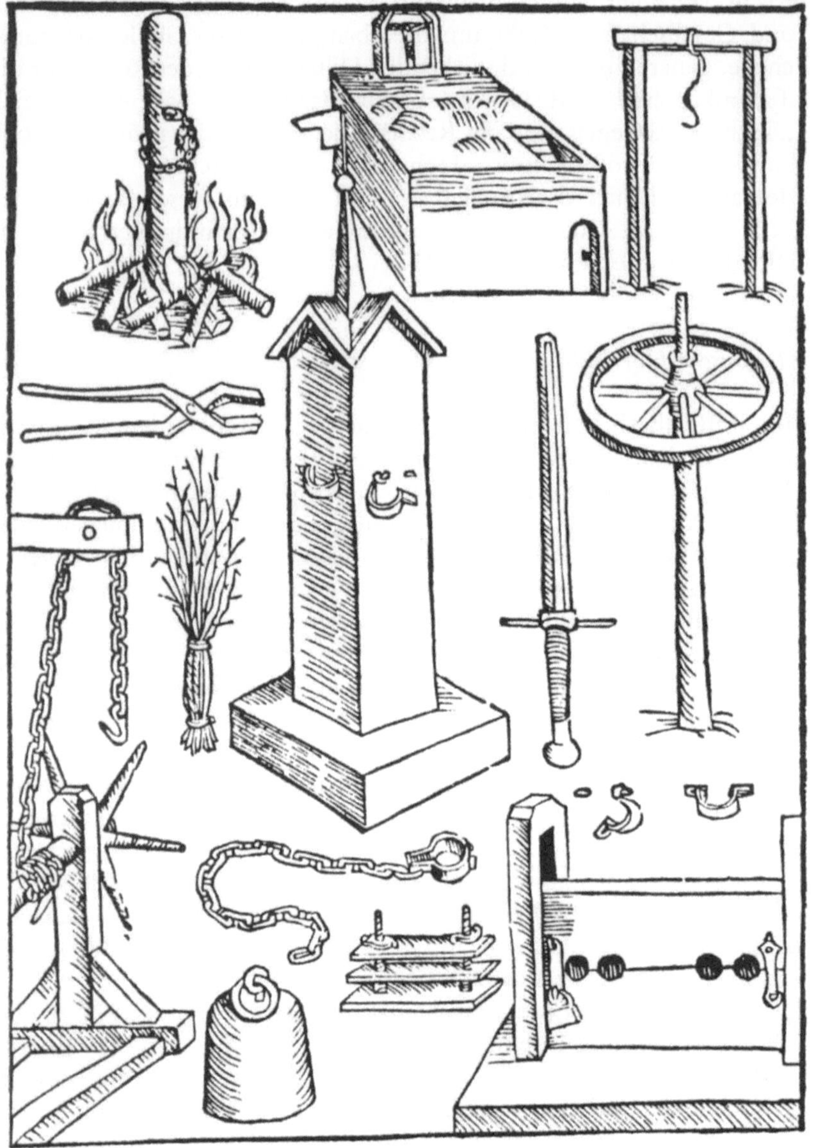

Folter- und Strafvollstreckungswerkzeuge im Mittelalter und in der frühen Neuzeit.

Der Holzschnitt von 1539 zeigt im Hintergrund eines mittelalterlichen Gerichtes die verschiedenen Todesstrafen und die dazugehörigen technischen Hilfsmittel.

beibringung durch die Ehefrau während der letzten Lebensjahre des Opfers zurückzuführen war. Andere chemische sowie physikalische Methoden finden später in der Dechiffrierkunde, d. h. der Lehre von den sichtbaren und unsichtbaren Geheimschriften und bei Urkunden- oder Schriftuntersuchungen zur Entlarvung von Fälschertechniken, zum Beispiel mechanischen (durch Radieren etc.) oder chemischen (etwa durch Tintenentferner) Rasuren bei Schrift und Siegel, Anwendung.

Die Hauptanwendungsbereiche der Kriminaltechnik sind der Erkennungsdienst, der sowohl die Identifizierung von Rechtsbrechern als auch die von Verbrechensopfern, unbekannten Personen oder Toten bezweckt, und die Spurenkunde. Innerhalb des Erkennungsdienstes werden naturwissenschaftlich-technische Methoden vor allem bei der Daktyloskopie, der Kriminalphotographie, den verschiedensten Rekonstruktionen sowie bei odontologischen, Röntgen- und Stimmidentifizierungen verwendet. Die Daktyloskopie beruht auf der Erkenntnis, daß die Innenflächen der menschlichen Hand nicht glatt sind, sondern gemustert durch feine Hautlinien (Papillarlinien), welche bei jedem Menschen anders verlaufen und etwa vom dritten Monat vor der Geburt bis zum Tod unverändert bleiben. Diese Papillarlinien können – im wesentlichen auf vier Grundtypen reduziert – ganz genau miteinander verglichen werden. Die Kriminalphotographie verwendet einmal die Makrophotographie – das Personenphoto des Opfers, des vermeintlichen Täters, des Tatorts oder von Tatwerkzeugen –, zum anderen die Mikrophotographie, speziell bei der Darstellung und Auswertung kleinerer Spuren, etwa von Oberflächenstrukturen fester Materialien, der Form von Lacksplittern, Textilfasern etc. Bei den Rekonstruktionen gibt es beispielsweise plastische Gesichts- und Schädelrekonstruktionen. Die odontologische Identifizierung erfolgt anhand der (natürlichen wie künstlichen) Zähne, Zahnstellung bzw. -lücken, wobei dann auf entsprechende frühere Aufzeichnungen von Zahnärzten zurückgegriffen wird. Bei der Röntgenidentifikation vergleicht man die jetzigen Aufnahmen mit früher aufgenommenen Röntgenbildern der fraglichen Person. Bei der Stimmidentifikation nimmt man „Stimmabdrücke" (Sonogramme), durch die man Sprachlaute wie bei einer Spektralanalyse sichtbar machen kann, und vergleicht sie ebenfalls entsprechend. Die Spurenkunde bemüht sich um alle Erkenntnisse über Spuren im Sinne physischer, speziell naturwissenschaftlich-technisch auswertbarer Beweise. So wurde beispielsweise der berühmt-berüchtigte Fall der Entführung und Tötung des Lindbergh-Babys in den USA wesentlich durch Spuren an der am Tatort hinterlassenen, selbst angefertigten Holzleiter aufgeklärt: Holzart und Spuren einer Hobelmaschine mit beschädigtem Blatt führten zu einer Maschinensägerei mit einem Holzlager, in welchem der schließlich Verurteilte beschäftigt war; außer weiteren Spuren von einem Handhobel des Täters stellte man an einem Leiterholm vier Nagellöcher fest, die zu einem Dielenbalken in seinem Hause paßten, bei dem ein solches Brett fehlte. Ganz allgemein läßt sich sagen, daß die modernen kriminaltechnischen Methoden der Spurenkunde vor allem aus den Gebieten der Rechtsmedizin, der Biologie einschließlich der Mikrobiologie, der Chemie, der Physik und der Technik stammen. Hier spielt bei der Verwendung von Schußwaffen die Ballistik eine Rolle, die Auskunft geben kann über Schußrichtung und -entfernung, unter Umständen auch über die Art der Schußwaffe; die Untersuchung von Geschoß und Geschoßhülse, welche beim Abschuß genau bestimmte Veränderungen erfahren, ist Voraussetzung für die Schußwaffenidentifizierung. Technische Experten sind aber auch im

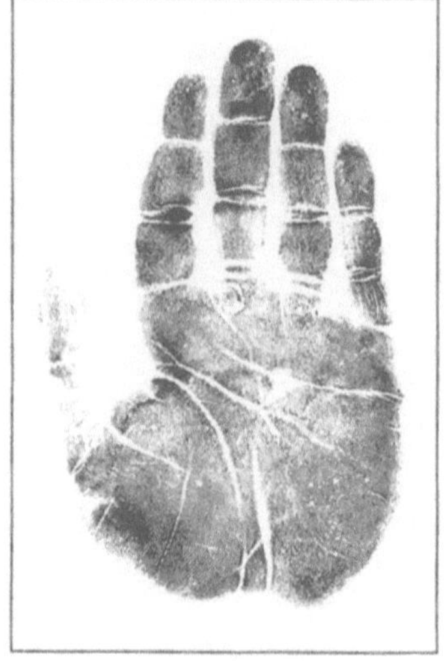

Beim kriminalistischen Erkennungsdienst werden naturwissenschaftlich-technische Hilfsmittel vor allem bei der Daktyloskopie, der Kriminalphotographie, bei odontologischen, Röntgen- und Stimmidentifizierungen verwendet. – Die Linien der Innenfläche einer Hand sind – ebenso wie die Fingerabdrücke – eindeutige Erkennungsmerkmale eines Menschen.

Bereich der Spreng- oder Brandtechnik ebenso wichtig wie im Verkehrswesen. So konnten beispielsweise 1955 Experten in den USA nach vierzehntägiger mühsamer Arbeit einen Flugzeugabsturz aufklären, bei dem 44 Personen ums Leben gekommen waren. Anhand der über 5 Meilen verstreuten Flugzeugtrümmer fanden sie heraus, daß der Absturz auf eine nachträglich genau lokalisierte Dynamitexplosion zurückzuführen war, die ein 22jähriger Mechaniker zum Zweck des Versicherungsbetrugs verursacht hatte: Das als Weihnachtspäckchen getarnte Paket Dynamit hatte der damit vom Straßenbau her vertraute Täter mit einem Zeitzünder im Koffer seiner Mutter verstaut, die sich unter den Opfern des Absturzes befand und die er vor dem Abflug durch Einwurf von sechs 25 Cent-Stücken in einen Versicherungsautomaten für rund 37 500 Dollar versichert hatte, wie er schließlich unter dem Eindruck der kriminaltechnischen Beweise zugab. In einem anderen Fall fanden Experten heraus, daß ein 19jähriger, der zusammen mit seinem Bruder eine Zweizimmerwohnung bewohnte, versucht hatte, seinen Bruder, gegen den er seit frühester Kindheit eine tiefe Abneigung empfand, durch einen in dessen Bettzeug gelegten, unter Spannung stehenden Doppelstecker zu töten: Neben etwas unsicheren Strommarken am Körper des Opfers fanden sich mehrere rundliche Defekte an seinem Kunstfaserhemd, die sich bei der Untersuchung mit dem Rasterelektronenmikroskop als Metallniederschläge aus Nickel von den vernickelten Kontakten des Doppelsteckers entpuppten.

Selbstverständlich ist die Technik gegebenenfalls auch ein wichtiges Hilfsmittel in anderen als in strafrechtlichen Verfahren, vor allem in Zivilprozessen, in denen zum Beispiel Schadensersatzansprüche im Streit stehen. Der Paradefall ist dabei der des Verkehrsunfalls, bei dem auch die zivilrechtliche Entscheidung nicht selten von der Beantwortung technischer Fragen, etwa nach dem Zustand von Beleuchtung und Bremsen, der Fahrtgeschwindigkeit und anderem abhängt.

In all diesen und vielen anderen Fällen erfolgt die Einführung des betreffenden technischen Sachverstands in den späteren Prozeß prinzipiell über das Beweismittel des Sachverständigengutachtens. Der Sachverständige vermittelt dabei aufgrund seines speziellen Fachwissens dem Richter die diesem fehlende Kenntnis von abstrakten Erfahrungssätzen des betreffenden Bereichs oder stellt bestimmte Tatsachen fest oder zieht aus ihnen bestimmte Schlußfolgerungen. Das Sachverständigengutachten wird regelmäßig schriftlich erstattet, es ist auf Anordnung des Gerichts gegebenenfalls mündlich zu erläutern. Es unterliegt an sich – wie jedes andere Beweismittel auch – der freien richterlichen Beweiswürdigung, d. h. das Gericht muß sich eigentlich mit seinem Inhalt kritisch auseinandersetzen. Dies geschieht jedoch in der Praxis vielfach nicht. So ist der Sachverständige de facto häufig mehr als bloßer „Richtergehilfe", nämlich der „heimliche" Richter selbst. Dieser Entwicklung versucht man seit einiger Zeit mit verschiedenen Gesetzesänderungsvorschlägen abzuhelfen, darunter mit demjenigen, den Sachverständigen auch formal auf die Richterbank zu setzen, ihn sozusagen – wie beispielsweise beim Bundespatentgericht – zum technischen Mitglied des Gerichts zu machen. Die entsprechenden Vorschläge sind indessen bisher noch weit vom Stadium der Realisierung entfernt.

Eine große und immer noch ständig zunehmende Bedeutung im rechtlichen Bereich kommt den technischen Hilfsmitteln der Nachrichten- bzw. Informationstechnik zu:

1. Insbesondere für die Einlegung von Rechtsmitteln im gerichtlichen Verfahren – wie der Berufung gegen ein Urteil des Gerichts 1. Instanz – verlangen die Prozeßordnungen prinzipiell die eigenhändige Unterzeichnung der Rechtsmittelschrift durch den Prozeßbevollmächtigten. Man ließ jedoch alsbald für die telegraphische Rechtsmitteleinlegung eine Ausnahme zu, freilich zunächst nur mit der Einschränkung, daß das Aufgabetelegramm von dem betreffenden Anwalt eigenhändig unterschrieben sein müsse. Später gab man diese Einschränkung unter Hinweis auf die Bedeutung des Telegramms im damaligen Verkehrsleben auf, weil sich auch die Rechtsprechung den technischen Fortschritten anpassen müsse. Heute kann man ganz allgemein gewohnheitsrechtlich ein Telegramm als formgültige Rechtsmittelschrift betrachten. Dieselben Grundsätze gelten jetzt nach herrschender Auffassung prinzipiell auch für Rechtsmittelschriften in Fernschreiben, Telebriefen oder Telekopien, da man den Bürger in den Genuß der Vorteile der modernen Kommunikationssysteme gelangen lassen will, die ihm die bestmögliche Ausschöpfung einer gegen ihn laufenden Rechtsmittelfrist ermöglichen.

2. Die Geschäftsabwicklung mit externen Rechnern im Bildschirmtextverfahren (btx) oder per Teletex wirft neue Rechtsprobleme auf. Dabei ist insbesondere streitig, ob die „automatische" Annahme von Kundenbestellungen, etwa durch die EDV-Anlage eines Versandhauses, als rechtsgültige Willenserklärung des Annehmenden angesehen werden kann. Ein Vertrag kommt grundsätzlich durch sogenannte Willenserklärungen jedes Vertragspartners zustande, d. h. dadurch, daß ein Partner ein konkretes Vertragsangebot macht und der andere es entsprechend annimmt. Derartige Willenserklärungen basieren aber

prinzipiell auf einem bewußten und gewollten menschlichen Verhalten der Beteiligten – jeder Partner will generell das, was er erklärt, als rechtsverbindlich wirksam werden und für und gegen sich gelten lassen. Macht nun ein Kunde per btx oder Teletex einem Unternehmen ein Kaufvertragsangebot, so kommuniziert er dabei allein mit der EDV-Anlage des Adressaten, die zum Beispiel seine Kundennummer, seine Bonität und die noch vorhandenen Vorräte prüft und ihm dann elektronisch die „Annahme der Bestellung" mitteilt. Diese „Annahme" wird von der betreffenden EDV-Anlage selbsttätig erzeugt, ohne daß dabei konkret auf der Seite des Verkäufers Menschen mitwirken; nur die Programmierung und die Inbetriebsetzung der Anlage beruhen auf entsprechend gewolltem menschlichen Verhalten der Verkäuferseite. Man muß schon einige juristische Kunstgriffe anwenden, um eine solche „automatische" Annahme letztlich doch als eine rechtsverbindliche Willenserklärung des Betreibers der Anlage ansehen zu können[2]. – Daß auch Tonträger vor allem als Hilfsmittel bei der Beweisaufnahme in gerichtlichen Verfahren seit längerem eine Rolle spielen, sei nur am Rande erwähnt.

3. Im Mittelpunkt der deutschen juristischen Diskussionen über technische Hilfsmittel steht jedoch bereits seit den sechziger Jahren unseres Jahrhunderts die EDV. Die Juristen bilden bekanntlich „einen konservativen Stand", und sie betrachten deshalb das Eindringen der von ihnen prinzipiell „als wesensfremd empfundenen Technik in das Recht" mit erheblicher Distanz, ja Sorge[3]. Das dabei immer wieder heraufbeschworene Schreckensbild ist das des Richter-Computers: „Das Urteil aus dem Computer wäre nicht der Triumph der Gerechtigkeit, sondern der Inhumanität und Unzulänglichkeit"[4]. Heute sieht man, nicht zuletzt auch aufgrund der Fortschritte der EDV im letzten Jahrzehnt, die Dinge in mancherlei Hinsicht wesentlich nüchterner und positiver.

Praktisch unbestritten ist die Nützlichkeit, ja Notwendigkeit der EDV im Bereich der juristischen Dokumentation. Hier hat man schon Ende der sechziger Jahre angesichts der ständig wachsenden Fülle von Rechtsnormen, Gerichtsentscheidungen und Schrifttumsäußerungen von einer „Informationskrise" gesprochen[5] und einen Ausweg mit Recht in der Schaffung entsprechender juristischer Datenbanken gesehen. Bereits damals wurden jährlich in der Bundesrepublik Deutschland rund 570 Gesetze und Verordnungen des Bundes und rund 600 Gesetze und Verordnungen der Bundesländer sowie rund 5000 Verwaltungsvorschriften erlassen, von den pro Jahr ergangenen ca. 2,2 Millionen Gerichtsentscheidungen wurden rund 20000 in Fachzeitschriften oder Sammlungen veröffentlicht, rund 20 000 juristische Aufsätze und ca. 4000 rechtswissenschaftliche Monographien wurden publiziert[6]. Mittlerweile gibt es bei uns einige Datenbanken. Sie beschränken sich bisher freilich nur auf bestimmte rechtliche Spezialgebiete.

Zu nennen sind vor allem die beiden Datenbanken LEXinform und IURIS. Mit Hilfe solcher Informationssysteme läßt sich die oft tage- oder wochenlange beschwerliche Suche insbesondere nach Gerichtsentscheidungen und Schrifttumsäußerungen zu einem bestimmten Rechtsproblem im Idealfall auf wenige Minuten verkürzen. Das setzt freilich voraus, daß diese Informationssysteme die einschlägigen Daten wirklich umfassend enthalten und unter den richtigen Schlüsselwörtern gespeichert haben, und daß man die betreffenden Schlüsselwörter richtig abruft. Das ist gegenwärtig allerdings noch längst nicht der Fall.

In der modernen öffentlichen Verwaltung ist die EDV auf andere Weise schon seit geraumer Zeit zu einem nicht mehr wegzudenkenden technischen Hilfsmittel geworden. Renten- und Steuerbescheide werden ebenso vom Computer erstellt wie beispielsweise Bußgeldbescheide. Formale Hindernisse, wie sie zunächst im gesetzlichen Erfordernis der eigenhändigen Unterzeichnung bzw. Beglaubigung von Urschrift bzw. Ausfertigung eines solchen Bescheides bestanden, sind abgebaut worden. So gestattet etwa § 37 Abs. 3 des Verwaltungsverfahrensgesetz heute, daß bei einem schriftlichen Verwaltungsakt, der per EDV erlassen wird, abweichend von den sonstigen Regelungen die Unterschrift und die Namenswiedergabe des zuständigen Beamten fehlen können.

Selbst in dem Bereich der Rechtspflege hat die EDV mittlerweile Einzug gehalten. Das gilt zunächst für Teile der Logistik, insbesondere für die Organisation des Geschäftsbetriebs der Gerichte. Hier hat man inzwischen eine Computerunterstützung u. a. hinsichtlich der Fristen- und Terminsverwaltung, der Erstellung von Terminsladungen und von Kostenrechnungen entwickelt. Damit nimmt man den Gerichten arbeitsintensive Routineaufgaben ab. Im Bereich der sogenannten Freiwilligen Gerichtsbarkeit bietet sich eigentlich das Registerwesen – z. B. das Grundbuch, das Handels-, das Genossenschafts- und das Vereinsregister – für einen sinnvollen Einsatz der EDV geradezu an. Im Gegensatz etwa zu Österreich, wo die Umstellung auf EDV im Grundbuchbereich bereits weitgehend durchgeführt ist, muß für die Bundesrepublik Deutschland die Feststellung getroffen werden, daß man hier, auch aus Kostengründen, bislang über die Diskussionsphase nicht hinausgelangt ist. Demgegenüber befindet man sich beim amtsgerichtlichen Mahnverfahren in der Landeshauptstadt Stuttgart schon auf der (technischen) Höhe der Zeit, gibt es dort doch bereits seit Oktober 1982 die maschinelle Bearbeitung der gerichtlichen Mahnsachen[7]. Das Mahnverfahren hat die Funktion, auf schnelle und kostengünstige Weise im wesentlichen unbestrittene Gläubigerforderungen durch den Rechtspfleger gerichtlich festzustellen und für zwangsvollstreckbar zu erklären, ohne daß man den Umweg über ein ordentliches Gerichtsverfahren mit Klage vor dem und Urteil durch den Richter einschlagen müßte. Es erfreut sich deshalb in der Praxis sehr großer Beliebtheit. Um ein automationsgerechtes Mahnverfahren zu ermöglichen, mußte der Gesetzgeber freilich erst erhebliche Änderungen der Zivilprozeßordnung vornehmen. So ist die bisherige Schlüssigkeitsprüfung des geltend gemachten Anspruchs weggefallen: Bislang wurde vor dem Erlaß des beantragten Zahlungsbefehls bzw. Mahnbescheids vom Gericht geprüft, ob die in Rede stehende Forderung aufgrund der im Antrag gemachten eigenen Angaben des Antragstellers als gerechtfertigt erschien oder nicht; sie wäre zum Beispiel ungerechtfertigt und damit nicht schlüssig gewesen, wenn der Antragsteller als Rechtsgrund eine Wette angegeben hätte, da man nach unserem Recht aus einer privaten Wette keinen klagbaren Anspruch auf Begleichung der Wettschuld herleiten kann. Der Antrag auf Erlaß von Mahn- bzw. Vollstreckungsbescheiden kann heute, was für Großgläubiger wichtig ist, in einer nur maschinell lesbaren Aufzeichnung, also im Wege des Datenträgeraustauschs, eingereicht werden. Es findet dann ein aktenloses Verfahren statt, und der Mahn- bzw. Vollstreckungsbescheid enthält gar keine Unterschrift mehr. Diese Änderungen sind teilweise heftig kritisiert worden, weil man eine Verschlechterung der Rechtsposition des häufig wirtschaftlich schwächeren Schuldners befürchtet; sie haben aber bisher noch Bestand. Mit dem automatisierten Mahnverfahren will man vor allem eine Beschleunigung sowie eine spürbare Kostensenkung herbeiführen.

Im ordentlichen Gerichtsverfahren findet die EDV bei der Berechnung des Versorgungsausgleichs im Rahmen des familiengerichtlichen Verfahrens in größerem Umfang Anwendung. Ihr Einsatz ist hier praktisch unumstritten. Dagegen wird die Verwendung von sogenannten Textbausteinen – also bereits generell vorformulierten bestimmten Argumentationspassagen – in gerichtlichen Entscheidungen noch kontrovers diskutiert, weil man befürchtet, daß dabei die notwendige individuelle Begründung auf der Basis der konkreten Umstände des jeweiligen Einzelfalles zu kurz kommen könnte. Bei stark standardisierten Entscheidungen, etwa bei Konventionalscheidungen, dürfte die Verwendung derartiger Textbausteine jedoch prinzipiell möglich und sinnvoll sein.

Gerade das Beispiel der EDV zeigt besonders deutlich, wie groß und wie wichtig die Hilfestellung der Technik für nahezu alle Bereiche der Rechtswissenschaft ist. Es zeigt aber gleichzeitig auch ihre Gefahren und Grenzen auf. Der „gläserne Mensch", dessen intimste Daten in den verschiedenen Datenbanken jederzeit abrufbar gespeichert sind, dessen Bewegungen man vermittels eines maschinenlesbaren Personalausweises jederzeit weitgehend rekonstruieren kann, ist augenblicklich der Alptraum manches deutschen Bürgers. Datenschutzbeauftragte und Gerichte müssen hier notfalls dafür Sorge tragen, daß das Recht jedes Staatsbürgers auf „informationelle Selbstbestimmung" nicht zugunsten angeblicher administrativer Sachzwänge auf der Strecke bleibt. Man wird auch hier wieder den vernünftigen Kompromiß zwischen den beiden Extremen finden müssen. Die Furcht vor dem generellen Computer-Richter ist dagegen unbegründet. Voraussetzung für ein EDV-Urteil wäre nämlich, daß sich die gesamte richterliche Entscheidung in ein mathematisch-logisch geschlossenes System bringen ließe, das dann entsprechend allgemein einprogrammiert werden könnte. Das ist jedoch in vielen Fällen, in denen es vor allem um Auslegungs- und Abwägungsfragen geht (z. B. bei der Strafzumessung), nicht möglich, da dort letztlich subjektive Wertungen des jeweils entscheidenden Richters den Ausschlag geben. In unproblematischen „Feld-, Wald- und Wiesenfällen" allerdings müßte die automatisierte Gerichtsentscheidung machbar sein. Sie würde nicht nur dem Richter viel Arbeit abnehmen, sondern auch für mehr Gerechtigkeit dadurch sorgen, daß dann gleichgelagerte Sachverhalte auch bei jedem Gericht wirklich absolut gleich entschieden würden. Bis es so weit sein wird, dürfte allerdings noch viel Zeit vergehen.

Der Rechtsschutz für technische Erfindungen
und sonstige technische Schöpfungen

Technische Erfindungen hat es schon in der Antike gegeben. Technik als Gegenstand der Rechtswissenschaft, insbesondere in Form des Patentrechts, kennt man dagegen viele Jahrhunderte hindurch grundsätzlich nicht. Erst die Wende vom Spätmittelalter zur frühen Neuzeit schafft hier einen Wandel. Sie bringt nunmehr und in der Folgezeit eine Fülle größerer und großer Entdeckungen und Erfindungen her-

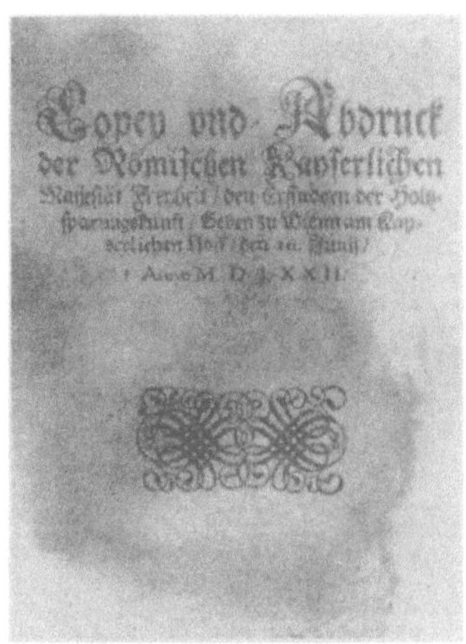

Die Bedeutung technischer Erfindungen wurde seit der Renaissance so hoch eingeschätzt, daß man versuchte, den Erfinder gegen den Mißbrauch und die unrechtmäßige Ausbeutung seiner Erfindung zu schützen. Als rechtlichen Schutz erteilte die Republik Venedig bereits 1472 ein Patent.
Die erste deutsche Patentschrift wurde vom Kaiser Maximilian am 16. Juni 1572 an drei deutsche Erfinder – für ihre Erfindung, beim Heizen von Öfen aller Art Holz zu sparen – vergeben.

vor. Der Frühkapitalismus und die mit ihm verbundene merkantilistische Wirtschaftspolitik vieler Landesherren und Städte führt zu ersten Privilegien für Erfinder, und zwar in Form sogenannter „offener Briefe", der „litterae patentes". Sie werden insbesondere für neue Verfahren, wie Wasserkünste oder Siedekünste, erteilt. Obwohl ihre Erteilung grundsätzlich nur eine Gnadensache des jeweiligen Territorialherrn ist, bildet sich allmählich doch eine sich stetig verfestigende Rechtspraxis aus, auf der letztlich auch unser heutiges Patentrecht fußt. Neben den formalen Voraussetzungen (Antragstellung, Gebührenentrichtung) verlangt man überwiegend als sachliche Voraussetzung die Erfordernisse der Neuheit, praktischen Brauchbarkeit und Ausführbarkeit der betreffenden Erfindung. Der solchermaßen privilegierte Erfinder ist vom an sich immer noch herrschenden Zunftzwang befreit und darf seine Erfindung für eine begrenzte Dauer (meist zwischen 5 und 20 Jahren) allein gewerblich verwerten, während aktuellen und potentiellen Konkurrenten unter Strafandrohung die Nachahmung der Erfindung untersagt ist. Um das schließlich allzu üppig wuchernde Privilegien(un)wesen einzudämmen, erläßt man nach und nach stärker formalisierte Patentgesetze. Das wohl älteste Patentgesetz der Welt ist die Parte Veneziana des Senats von Venedig aus dem Jahr 1474; es sieht u. a. eine Prüfung der angemeldeten Erfindung auf Neuheit, Nützlichkeit und Ausführbarkeit vor und begrenzt die Laufzeit des Patents auf 10 Jahre. Auf der Grundlage dieses Gesetzes erhält 1594 der damals 30jährige Galileo Galilei in Venedig ein Patent für die Erfindung einer Vorrichtung zum Heben des Wassers und zum Bewässern des Bodens, die mit Hilfe von Pferdekraft arbeitet und später in den Gärten der Familie Contarini erfolgreich angewendet wird.

In England ringt das Unterhaus 1624 dem König Jakob I. das Statute of Monopolies ab, das Monopole nur noch – auf maximal 14 Jahre begrenzt – dem ersten Erfinder zubilligt, falls er neue Gewerbeerzeugnisse oder -verfahren entwickelt hat. Dieses Gesetz ist bis auf den heutigen Tag die Grundlage des englischen Patentrechts geblieben und hat auch andere Patentrechte, speziell das der USA, maßgeblich beeinflußt.

In Deutschland kommt es Ende des 18., Anfang des 19. Jahrhunderts in einzelnen Ländern (zum Beispiel in Bayern und in Preußen) zum Erlaß von patentrechtlichen Regelungen. Später gewinnt die patentfeindliche Bewegung mehr und mehr an Boden. Indessen erhält auch das Lager der Patentgesetzanhänger Verstärkung, und zwar vornehmlich aus den Reihen der expandierenden Industrie, aber auch durch

By the Queene.

A Proclamation for the reformation of many abuses and misdemeanours committed by Patentees of certaine Priuiledges and Licences, to the generall good of all her Maiesties louing Subiects.

Whereas her most excellent Maiestie hauing granted diuers Priuiledges, and Licences, (vpon many suggestions made vnto her Highnesse, that the same should tend to the common good and profit of her Subiects) hath since the time of those Grants receiued diuers Informations of sundry grieuances lighting vpon many of the poorer sort of her people (by force thereof) contrary to her Maiesties expectation, at the time of those Grants : All which being duely examined, by such as her Maiestie hath directed to consider, and report the state of such complaints as haue bene made in that behalfe, It doth appeare that some of the said Grants were not only made vpon false and vntrue suggestions contained in her Letters Patents, but haue beene also notoriously abused, to the great losse and grieuance of her louing Subiects, (whose publike good shee tendereth more then any worldly riches :) And whereas also vpon like false suggestions, there haue beene obtained of the Lordes of her Highnesse priuie Counsell, diuers Letters of assistance, for the due execution of diuers of the said Graunts, according to her Highnesse gracious intention and meaning. Forasmuch as her most excellent Maiestie (whose care and prouidence neuer ceaseth to preserue her people in continuall peace and plenty, doth discerne that these particular Graunts ensuing, namely, of or in any wise concerning Salt, Salt vpon Salt, vineger, Aqua vitae, or Aqua composita, or any liquors concerning the same, Salting and packing of fish, Trayne Oyle, Blubbers or Liuors of fish, Pol dauyes, and Wildernire, Pots, Brushes, and Bottels, and Search, haue beene found in consequence so farre differing from those mayne groundes and reasons, which haue beene mentioned in the Graunts, and haue also in the execution of the said Letters Patents bene extremely abused, contrary to her Highnesse intention and meaning therein expressed : Shee is now pleased of her meere Grace and fauour to all her louing Subiects, and by her Regall power and authoritie to publish and declare (by vertue hereof) all the said Graunts aboue mentioned, and euery clause, article and sentence in the Letters Patents thereof contained) to be voyd. And doth further expresly charge and command all the said Patentees, and all and euery person and persons, clayming by, from or vnder them, or any of them, that they or any of them, doe not at any time hereafter presume or attempt to put in vse or execution, any thing therein contained, vpon paine of her Highnesse indignation, and to bee punished as contemners and breakers of her royall and princely Commandement.

And whereas her Maiestie hath also granted diuers other Priuiledges and Licences, some for the better furnishing of the Realme with such warlike prouisions as are necessary for the defence thereof (as namely that concerning Saltpeter) and some of other kindes to particular persons, which haue susteined losses and hinderances by seruice at Sea, and Land, or such as haue bene her Maiesties ancient domesticall Seruitors, or for some other like considerations, as namely, New Draperie, Irish Yarne, Calues skins, Pelts, Cards, Glasses, Searching and Sealing of Leather, and Steele, and such like : In which Graunts also her Highnesse hath beene credibly informed, that there hath beene abuse in the execution of them, to the hurt and preiudice of her louing Subiects (whereof shee meaneth also that due punishment shall follow vpon such as shall bee found to haue particularly offended) Her Maiestie doeth by these presents likewise publish, notifie and declare her gracious will and pleasure to bee, That all and euery her Highnesse louing Subiects, that at any time hereafter shall finde themselues grieued, iniured or wronged by reason of any of the sayd Graunts, or any clause, Article or sentence therein conteined, may bee at his or their Libertie to take their ordinary remedy by her Highnesse Lawes of this Realme, any matter or thing in any of the said Grants to the contrary not withstanding. And forasmuch as her Maiestie (with the abuse of her priuie Counsell) is now resolued, that no Letters from henceforth shall be written from them to assist these Grants, seeing they haue serued for pretexts to those that haue had them, to terrifie and oppresse her people (meerely contrary to the purpose and meaning of the same) Her Maiestie doth straitly charge and command, that no Letters of Assistance that haue bene granted by her Counsell for execution of those Grants, shall at any time hereafter be put in execution, or any of her louing Subiects be thereby iniuced to do or performe any thing therin contained. And that no Pursuiuant, Messenger of her Highnesse Chamber, or other officer whatsoeuer doe at any time hereafter presume or attempt any thing against any of her louing Subiects, by pretext or colour of Assistance, for execution or putting in vse of any of those aforesaid Graunts, or any thing therein contained. And as her Maiestie doth greatly commend the ducty and obedience that her louing Subiects haue yeelded in conforming themselues to the said Graunts, being vnder the great Seale of England : So her Maiestie doth notifie and signifie by these presents, That if any of her Subiects shall seditiously, or contemptuously, presume to call in question the power or validitie of her prerogatiue Royall annexed to her Imperiall Crowne, in such causes, all such persons so offending, shall receiue seuere punishment, according to their demerits.

And whereas shee hath also bene informed, that diuers of her Subiects are desirous to be set at libertie for the sowing of woad, restrained by a Proclamation in the fortieth and two yeere of her reigne, at which time it was thought by many men of good experience, that such restraint would be a meane to preuent sundry inconueniences, forasmuch as her Maiestie had neuer other purpose by that restraint, then to doe that which might be for the greatest and most generall benefite of her Subiects: Her highnesse is also pleased (and so shee doeth) by this proclamation set at liberty all such persons as shall thinke it for their good, to imploy their grounds to the vse of sowing of woad, notwithstanding any such prohibition in any former proclamation. Prouided alwayes, that it shall not be Lawfull for any person or persons whatsoeuer, to conuert any ground that shall be within three miles of the Citie of London, or neere any of her Maiesties houses of accesse, nor so neere to any other great Citie or Towne corporate, whereby any offence may grow by the noysome sauour of the same. Giuen at our Palace at Westminster the 28. day of Nouember, in the fourtieth and foure yeere of her Maiesties most prosperous raigne.

God saue the Queene.

Imprinted at London by Robert Barker, Printer to the Queenes most excellent Maiestie. 1601.

verschiedene Vereinigungen, vor allem durch den 1856 gegründeten Verein Deutscher Ingenieure. Dabei wird die Notwendigkeit eines angemessenen Patentschutzes nicht nur mit der Lehre vom geistigen Eigentum des Erfinders begründet, sondern auch und gerade mit dem öffentlichen Interesse des das Patent erteilenden Staates, der andernfalls befürchten müsse, daß die Erfinder ihre Erfindungen geheimhalten oder aber in das Ausland abwandern würden. 1873 faßt der Internationale Patentkongreß anläßlich der Weltausstellung in Wien eine Resolution, die den Erfindungsschutz in den Gesetzgebungen aller zivilisierten Länder postuliert. 1875 legt der deutsche Patentschutzverein den Entwurf eines Patentgesetzes für das inzwischen gegründete Deutsche Reich vor. [I-2]

Nach zähem Ringen zwischen den beiden Lagern kommt es schließlich 1877 zur Verabschiedung und zum Inkrafttreten des ersten reichseinheitlichen Patentgesetzes (PatG), nachdem man sich erst in letzter Sekunde unter der Federführung Werner von Siemens' (1816–1892) auf einen Kompromiß zwischen Freiheit und Monopol in Gestalt einer mittelbaren Zwangslizenz geeinigt hatte: Man sieht eine Zurücknahme des Patents für den Fall vor, daß im öffentlichen Interesse die Erteilung einer Lizenz an Dritte geboten erscheint, der Patentinhaber sich aber gleichwohl weigert, diese Lizenz gegen angemessene Vergütung und genügende Sicherheitsleistung zu erteilen.

Dieses PatG statuiert grundsätzlich einen Rechtsanspruch des ersten Anmelders – nicht notwendig des Erfinders – einer neuen und gewerblich anwendbaren technischen Erfindung auf das Patent, welches nach einer entsprechenden Vorprüfung für maximal 15 Jahre erteilt wird. Die deutsche Wirtschaft macht von dem neuen Gesetz alsbald regen Gebrauch, muß aber feststellen, daß man für kleinere Erfindungen trotz an sich vorliegender Voraussetzungen nur schwierig und selten überhaupt ein Patent erhält. 1891 wird deshalb nicht nur ein neues PatG erlassen, das wichtige organisatorische und prozedurale Verbesserungen bringt, sondern gleichzeitig für diese „kleine Münze" der technischen Erfindungen ein eigenes Gebrauchsmustergesetz (GebrMG) geschaffen, das hier ohne materielle Prüfung aufgrund einer entsprechenden Anmeldung und Eintragung in die Gebrauchsmusterrolle einen Gebrauchsmusterschutz von höchstens 6 Jahren etabliert. Beide Gesetze werden 1923 novelliert, wobei die Patentdauer um 3 auf maximal 18 Jahre erstreckt wird. 1936 erfolgt eine grundlegende Reform des Erfinderrechts durch jeweils neue Patent- und Gebrauchsmustergesetze; seitdem hat nicht mehr der erste Anmelder der Erfindung, sondern ihr Erfinder das Recht auf das Patent oder Gebrauchsmuster, der in der betreffenden Urkunde bzw. Rolle auch ausdrücklich zu nennen ist. Weitere Gesetzesänderungen erfolgen 1953, 1961 und 1967. Insbesondere aufgrund internationaler Übereinkommen – die bereits 1883 mit der Pariser Verbandsübereinkunft den Anfang machen und von denen auf weltweiter Ebene der Patentzusammenarbeitsvertrag von 1970, auf europäischer Ebene das Straßburger Übereinkommen von 1963, das Europäische Patentübereinkommen von 1973 und das Gemeinschaftsübereinkommen von 1975 besonders zu erwähnen sind – werden mit Wirkung vom 1.1.1978 und vom 1. 1. 1981 jeweils neue Patentgesetze in der Bundesrepublik Deutschland erlassen, die z. T. gravierende materielle und formelle Änderungen vornehmen. Es ist nunmehr möglich, durch eine einzige internationale Anmeldung Patenterteilungsverfahren in allen Mitgliedsstaaten des Patentzusammenarbeitsvertrages einzuleiten; aufgrund des Europäischen Patentübereinkommens führt eine Anmeldung beim inzwischen errichteten Europäischen Patentamt in München (mit Filiale in Den Haag) in lediglich einem einzigen Prüfungsverfahren zur Erteilung eines ganzen Bündels verschiedener nationaler europäischer Patente. Und in naher Zukunft wird das Gemeinschaftspatentübereinkommen sogar zur Erteilung eines einzigen, einheitlichen supranationalen europäischen Patents führen, das in sämtlichen Mitgliedsländern der EG wie ein dortiges nationales Patent Geltung besitzen wird.

Das Patent- und das Gebrauchsmusterrecht schützen erfinderische Leistungen auf technischen Gebieten. Patente und Gebrauchsmuster gehören zu den sogenannten Immaterialgüterrechten und sind absolute Rechte, die gegen jedermann wirken. Sie haben einen positiven und einen negativen Inhalt: Allein ihr Inhaber (bzw. ein von ihm benannter weiterer Berechtigter) hat die Befugnis, die geschützte technische Erfindung zu nutzen, jeder andere hat sich der entsprechenden Nutzung zu enthalten, tut er das nicht, reicht die Skala der Negativsanktionen von Beseitigungs- und Unterlassungsansprüchen über Schadensersatzansprüche bis hin zur Kriminalstrafe. Der solchermaßen institutionalisierte Schutz des technischen Gedankens – der Lehre zum technischen Handeln – bewegt sich einmal auf der Ebene des (Erfinder-) Persönlichkeitsrechts (Anerkennung der Erfinderehre), zum anderen auf der des Vermögensrechts (Zubilligung des kommerziellen Verwertungsmonopols für die Dauer des Erfinderschutzes). Speziell dem vermögensrechtlichen Aspekt wird dadurch Rechnung getragen, daß diese technischen Schutzrechte ganz oder teilweise übertragbar sind, d. h. durch Kauf- oder Lizenzverträge auch von anderen Personen als den Erfindern bzw. ersten Schutzrechtsinhabern befugtermaßen (und i.d.R. gegen entsprechendes Entgelt) genutzt werden können. Sie sind damit wichtige Instrumente für den gerade heute so intensiv geforderten Technologietransfer.

Patente werden gemäß § 1 Abs. 1 unseres PatG 1981 für technische Erfindungen erteilt, die neu sind, auf einer erfinderischen Tätigkeit beruhen und gewerblich angewandt werden können; die Erfindung muß zudem in der Anmeldung so deutlich und vollständig offenbart sein, daß ein Durchschnittsfachmann sie ausführen kann. Als patentfä-

hige Erfindungen werden u. a. ausdrücklich nicht angesehen Entdek-
kungen sowie wissenschaftliche Theorien und mathematische Methoden, Pläne, Regeln und Verfahren für gedankliche Tätigkeiten, für
Spiele oder für geschäftliche Tätigkeiten sowie Programme für Daten-
verarbeitungsanlagen. Die Entdeckung der Röntgenstrahlen war beispielsweise nicht patentierbar, da sie reine Erkenntnis war, während
die Erfindung eine bestimmte Regel zum Handeln geben muß; auch
die Entwicklung von Notenschriften oder Kurzschriften ist ebensowenig patentierbar wie die von Spielregeln oder Neuerungen auf kauf-
männischem Gebiet, die sich etwa auf die Organisation oder Lagerhaltung eines Unternehmens beziehen. Die Patentfähigkeit fehlt jedoch
nur insoweit, als für die genannten Gegenstände oder Tätigkeiten als
solche Schutz begehrt wird; ein Computerprogramm kann – was
freilich selten vorkommen wird – aber z. B. als Teil eines bestimmten
Verfahrens patentierbar sein, wenn es einen neuen erfinderischen Aufbau einer EDV-Anlage erfordert und lehrt oder wenn ihm die Anwei-
sung zu entnehmen ist, die Anlage auf eine neue, bisher nicht übliche
und auch nicht naheliegende Art und Weise zu benutzen.

Um Patentschutz zu erlangen, muß die betreffende technische Erfindung neu sein. Hierfür kommt es heute auf den sogenannten absoluten Neuheitsbegriff an. Nach ihm gilt eine Erfindung als neu, wenn
sie nicht zum Stand der Technik gehört. Dieser umfaßt alle Kenntnisse, die vor dem für den Zeitrang der Anmeldung maßgeblichen Tag
durch schriftliche oder mündliche Beschreibung, durch Benutzung
oder in sonstiger Weise der Öffentlichkeit zugänglich gemacht worden sind. Viele Patentanmeldungen scheitern an der fehlenden Neuheit, und zwar nicht unbedingt deshalb, weil die gleiche Erfindung
bereits zuvor von einem anderen veröffentlicht worden ist, sondern
häufig deswegen, weil mehrere einzelne bereits bekannte, möglicherweise in einem ganz anderen Land angemeldete oder beschriebene
andere Erfindungen gewissermaßen mosaiksteinartig zusammengesetzt dann einen theoretischen „Stand der Technik" ergeben, der dem
jetzigen Anmelder gar nicht bekannt war, ihm aber vom Deutschen
Patentamt – das über entsprechende Datenbanken mit ca. 30 Millionen in- und ausländischen Schriften verfügt – erfolgreich entgegenge-
halten wird.

Die fragliche Erfindung muß weiterhin auf einer erfinderischen
Tätigkeit beruhen, das ist der Fall, wenn sie sich für den Durchschnittsfachmann nicht in naheliegender Weise aus dem Stand der Technik
ergibt. Diese sogenannte Erfindungshöhe setzt also voraus, daß die
angemeldete Erfindung gewissermaßen im Zeitraffer über das nahelie-

gende technische Morgen hinaus den Schritt zum nicht naheliegenden technischen Übermorgen darstellt. Für das Vorliegen dieser Erfindungshöhe können bestimmte Beweisanzeichen sprechen, etwa längere bisher vergebliche Bemühungen der Fachwelt, die Überwindung erheblicher technischer Schwierigkeiten oder technischer Vorurteile, Überraschungseffekte bei der Fachwelt etc. Wegen fehlender Erfindungshöhe bleiben gleichfalls viele Patentanmeldungen erfolglos. Hier kommt gegebenenfalls die Erteilung eines Gebrauchsmusters in Betracht, denn sie verlangt nach herrschender Ansicht einen geringeren Grad an Erfindungshöhe.

Die Erfindung hat schließlich gewerblich anwendbar zu sein. Damit will man verhindern, daß lediglich die reine Theorie um neue Methoden bereichert wird. Gewerblich anwendbar ist eine Erfindung dann, wenn das Erfundene seiner Art nach geeignet ist, entweder in einem technischen Gewerbebetrieb hergestellt zu werden oder technische Verwendung in einem Gewerbe zu finden, wobei die Möglichkeit der Herstellung oder Benutzung auf irgendeinem gewerblichen Gebiet genügt. Eingeschlossen ist dabei die Verwendung der Erfindung in der sogenannten Urproduktion, d.h. im Bergbau, der Land- und Forstwirtschaft, der Jagd oder auch der Fischerei. Verfahren zur chirurgischen oder therapeutischen Behandlung des menschlichen oder tierischen Körpers und Diagnostizierverfahren, die am menschlichen oder tierischen Körper vorgenommen werden, gelten nicht als gewerblich anwendbare Erfindungen. Durch diese Regelungen soll aus sozialethischen Gründen die Monopolisierung von human- oder veterinärmedizinischer Heilverfahren insbesondere im Interesse der freien Therapiewahl verhindert werden. Ausnahmen gelten für Erzeugnisse zur Anwendung in einem der vorstehend genannten Verfahren, also beispielsweise für alle Arzneimittel, für Diagnostika, medizinische Apparate und Instrumente. Rein kosmetische Verfahren werden ohnehin prinzipiell als gewerblich anwendbar und damit patentfähig betrachtet.

Das Recht auf das Patent hat zunächst der Erfinder. Haben mehrere gemeinsam eine Erfindung gemacht, so steht ihnen das Recht auf das Patent gemeinschaftlich zu. Haben mehrere ein- und dieselbe Erfindung unabhängig voneinander gemacht, was immer wieder vorkommt (so erfanden um 1866 Werner von Siemens, Varley und Wheatstone praktisch gleichzeitig das dynamoelektrische Prinzip als Grundlage der Dynamomaschine, 1876 Bell und Gray das Telephon, 1878 Swan, Sawyer/Man und Edison die Glühlampe), dann steht bei uns das Recht auf das Patent dem zu, der die Erfindung zuerst beim

Patentamt angemeldet hat, während beispielsweise das Recht der USA an die Erfindungspriorität anknüpft. Das Recht auf das Patent kann vom Erfinder schon vor der Anmeldung beim Patentamt auf andere Personen übertragen werden, es ist auch vererblich.

Der Weg des Patentanmelders von der Einreichung seiner Anmeldung beim Patentamt bis zur Erteilung des Patents ist durchaus beschwerlich. Derzeit führt nur etwa ein Drittel aller Patentanmeldungen zur Patenterteilung. Die erteilten Patente – von denen es in der Bundesrepublik Deutschland einschließlich Berlin (West) augenblicklich ca. 146 000 gibt – weisen häufig einen erheblich geringeren Schutzumfang auf als die ihnen ursprünglich zugrunde liegenden Anmeldungen, da speziell die nicht selten in einem geradezu erbitterten Ringen um die Anerkennung der Erfindungshöhe von der Prüfungsstelle des Patentamtes vorgenommenen Entgegenhaltungen immer wieder zu entsprechenden Anspruchsbeschränkungen führen. Die Gesamtdauer des patentamtlichen Prüfungsverfahrens beträgt beim Deutschen Patentamt augenblicklich gut 3 Jahre. Gehen gegen das schließlich erteilte und publizierte Patent Einsprüche ein – das ist heute bei etwa 12–15% der erteilten Patente der Fall –, dann ist ein gleichfalls mehrjähriges weiteres Verfahren regelmäßig die Folge. Selbst wenn das betreffende Patent auch diese Angriffe, möglicherweise blessiert in Gestalt zusätzlicher Beschränkungen der angemeldeten Patentansprüche, überstanden hat, kann sich sein Inhaber immer noch nicht in Sicherheit wiegen: Es bestehen noch die Möglichkeiten der Zurücknahme- und der Nichtigkeitsklage gegen das Patent. Nichtigkeitsklagen werden häufig vom Gegner eines Patentverletzungsstreits erhoben, der mit ihnen den Spieß gewissermaßen umdreht. Zurücknahmeklagen setzen eine erfolgreiche Zwangslizenzklage voraus; die Zwangslizenz wird theoretisch gegen eine angemessene Vergütung vom Gericht erteilt, wenn sie im öffentlichen Interesse geboten ist. Da aber Zwangslizenzklagen bei uns praktisch überhaupt nicht mehr erhoben werden, kommt auch der Zurücknahmeklage schon seit längerem keine praktische Bedeutung zu. Die Dauer des Patentschutzes beträgt nunmehr maximal 20 Jahre. Für jede Anmeldung und für jedes Patent ist für das dritte und jedes folgende Jahr, gerechnet vom Anmeldetag an, eine Jahresgebühr zu zahlen, deren Höhe z. Zt. von DM 100,- (jeweils für das 3. und das 4. Jahr) bis zu DM 3300,- (für das 20. und letzte Jahr) variiert: zahlt man die Jahresgebühr nicht, erlischt das Patent.

Schon deswegen ist es nicht verwunderlich, daß der Patentinhaber nach Kräften versuchen wird, durch die Ausnutzung seiner patentrechtlich geschützten Erfindung auf seine Kosten zu kommen. Das kann er durch eigene Verwertung der Erfindung tun, aber insbesondere auch – daneben oder statt dessen – durch die Vergabe grundsätzlich entgeltlicher einfacher oder ausschließlicher Patentlizenzen, die auch mit sachlichen, zeitlichen oder örtlichen Beschränkungen vergeben werden können. Gegen rechtswidrige Patentbeeinträchtigungen durch nicht benutzungsbefugte Dritte wird der Patentinhaber oder auch der Inhaber einer ausschließlichen Patentlizenz meist rigoros vorgehen, wozu ihm das PatG u. a. Unterlassungs- und Schadensersatzansprüche gewährt. Diese Patentstreitsachen entscheiden grundsätzlich die ordentlichen Gerichte. Vorsätzlich begangene Patentverletzungen werden auf Antrag des Verletzten ferner mit Freiheitsstrafe bis zu drei Jahren, bei Gewerbsunfähigkeit sogar bis zu fünf Jahren, oder mit Geldstrafe geahndet.

Das deutsche Patentamt ist für die Anmeldung und Erteilung deutscher Patente grundsätzlich zuständig. Dabei werden vor allem technische Mitglieder tätig, d. h. Beamte, die ein naturwissenschaftliches oder technisches wissenschaftliches Studium erfolgreich absolviert und außerdem danach mindestens fünf Jahre hindurch praktisch gearbeitet haben sowie im Besitz der erforderlichen Rechtskenntnisse sind. In den Patentabteilungen wirken auch rechtskundige Mitglieder mit, die grundsätzlich Volljuristen sein müssen. Gegen die (Negativ-)Entscheidungen des Patentamts ist prinzipiell der Rechtsweg zum Bundespatentgericht eröffnet, das gleichfalls in München sitzt und ebenfalls über rechtskundige sowie technische Mitglieder verfügt.

Das Gebrauchsmuster ist die „kleinere Schwester" des Patents. Voraussetzung ist auch hier eine technische Erfindung. Wie beim Patent wird auch beim Gebrauchsmuster die entsprechende Neuheit verlangt, desgleichen die Erfindungshöhe, die jedoch grundsätzlich geringer sein kann als beim Patent. Die Schutzdauer des Gebrauchsmusters ist jedoch wesentlich kleiner als die des Patents. Sie beträgt zunächst nur 3 Jahre, gerechnet von der Anmeldung, und kann um weitere 3 bzw. auf höchstens 10 Jahre verlängert werden. Ende 1988 gab es bundesweit ca. 66 000 Gebrauchsmuster.

Technische Schöpfungen können u. U. durch ein weiteres Immaterialgüterrecht geschützt werden, nämlich das Urheberrecht. Das Urheberrechtsgesetz von 1965 in der Fassung vom 1. 7. 1990 (UrhG) schützt nämlich nicht nur Werke der Wissenschaft, sofern es sich dabei unter anderem um Darstellungen technischer Art, wie Zeichnungen, Pläne, Karten, Skizzen, Tabellen und plastische Darstellungen handelt, sondern auch Sprachwerke wie Programme für die Datenverarbeitung. Prinzipiell urheberrechtsschutzfähig sind deshalb die meisten Einzelkomponenten der Computersoftware, angefangen vom Pflichtenheft bzw. der Problemanalyse bis hin zur Anwendungsdokumentation. Für die sich auf den vorgegebenen Rechner – die Hardware – beziehende Rechenregel, den Algorithmus, gibt es allerdings einen Urheberrechtsschutz ebensowenig wie für andere bei der Erstellung des Programms herangezogene mathematische oder technische Lehren und Regeln; sie sind als Bestandteil der wissenschaftlichen Lehre frei und jedermann zugänglich. Grundvoraussetzung für den urheberrechtlichen Schutz, der primär nur einen Form- und nicht einen Inhaltsschutz darstellt, ist aber, daß es sich bei den betreffenden Werken um persönliche geistige Schöpfungen handelt. Sie müssen also prinzipiell eine vom Üblichen abweichende individuelle Prägung, einen hinreichenden schöpferischen Eigentümlichkeitsgrad aufweisen. Computersoftware, die lediglich dem Können eines Durchschnittsprogrammierers entspricht, ist nach herrschender Auffassung nicht schutzfähig. „Erst in einem erheblich weiteren Abstand beginnt die untere Grenze der Urheberrechtsschutzfähigkeit, die ein deutliches Überragen der Gestaltungstätigkeit in Auswahl, Sammlung, Anordnung und Einteilung der Informationen und Anweisungen gegenüber dem allgemeinen Durchschnittskönnen voraussetzt"[8]. Intime Kenner der Materie haben inzwischen der Vermutung Ausdruck gegeben, daß mit der theoretisch-grundsätzlichen Bejahung des Urheberrechtsschutzes für Computersoftware angesichts der eben angedeuteten hohen Anforderungen zugleich für den Regelfall dessen praktische Verneinung ausgesprochen worden sei, weshalb man lauter nach einem eigenständigen gesetzlichen Sonderschutz für Computersoftware zu rufen beginnt.

Seit dem 1. 11. 1987 gibt es außerdem ein Halbleiterschutzgesetz, das „dreidimensionale Strukturen von mikroelektronischen Halbleitererzeugnissen (Topographien)" schützt, soweit sie besondere Eigenart aufweisen. Die Schutzdauer beträgt 10 Jahre.

Wird in concreto ein Urheberrecht für Computersoftware doch zugebilligt, dann stellen sich die Fragen nach dem Urheber und dem Nutzungsberechtigten. An der Erstellung der Software dürften meist mehrere Personen beteiligt sein, so daß dann grundsätzlich eine Miturheberschaft vorliegt. Das Urheberrecht erlischt erst 70 Jahre nach dem Tod des Urhebers und bei der Miturheberschaft mehrerer Personen sogar erst 70 Jahre nach dem Tode des längstlebenden Urhebers. Es schützt den Urheber in seinen geistigen und persönlichen Beziehungen zum Werk (Urheberpersönlichkeitsrecht) und in der Nutzung des

Werks (Verwertungsrechte, sonstige Rechte). Zu den Verwertungsrechten gehört das ausschließliche Recht, das Werk in körperlicher Form zu verwerten, es insbesondere zu vervielfältigen und zu verbreiten. Vervielfältigungen zum privaten oder sonstigen eigenen Gebrauch sind freilich grundsätzlich kostenfrei zulässig. Allerdings statuiert der 1985 neugefaßte § 53 Abs. 4 Satz 2 UrhG, daß die Vervielfältigung eines Programms für die Datenverarbeitung oder wesentlicher Teile davon stets nur mit Einwilligung des Berechtigten zulässig ist. Diese neue Einschränkung würde insbesondere die Herstellung der verkehrsüblichen Sicherheitskopien eines Programms tangieren. Es bleibt abzuwarten, ob die Rechtsprechung ein dahingehendes Einverständnis des Berechtigten einfach mehr oder weniger unterstellen wird, wie es wohl am sinnvollsten wäre. Die Nutzungsrechte des Urhebers sind, wie beim Patent und beim Gebrauchsmuster, ganz oder teilweise übertragbar, auch und gerade im Wege entsprechender Lizenzen.

Neben den üblichen Abwehrmaßnahmen bei unbefugter Ausschließlichkeitsrechtsverletzung, vor allem Ansprüchen auf Unterlassung, Beseitigung, Schadensersatz und Rechnungslegung, stehen dem Urheber noch weitergehende Rechte zu: Er hat hinsichtlich aller rechtswidrig hergestellten oder verbreiteten Vervielfältigungsstücke ein Vernichtungsrecht, und mit Wirkung vom 1. 7. 1985 ist speziell zur Eindämmung des weit verbreiteten „Raubkopier-"Unwesens der „Urheberrechtspiraterie" die strafrechtliche Ahndung solcher Akte insbesondere dadurch erheblich verschärft worden, daß man den Strafrahmen für die Freiheitsstrafe bei vorsätzlicher gewerbsmäßiger Vervielfältigung oder Verbreitung von einem Jahr auf fünf Jahre erweitert hat.

Technische Erfindungen und sonstiges technisches Wissen können auch als sogenanntes Know-how eine gewisse rechtliche Schutzfähigkeit erhalten, wenn und solange eine entsprechende Geheimhaltung gegeben ist. Im Gegensatz zum Patent und auch zum Gebrauchsmuster kommt es dabei auf Neuheit oder gar Erfindungshöhe nicht an. Allerdings können auch an sich patent- oder gebrauchsmusterfähige technische Erfindungen, wenn und solange sie noch nicht beim Patentamt angemeldet worden sind, ein solches Know-how darstellen. Das Know-how wird u. a. als Geschäfts- bzw. Betriebsgeheimnis gegen Verrat oder unbefugte Verwertung geschützt. Man kann auch entsprechende Lizenzen vergeben [9].

Schlußbemerkung

Der ständig weitergehende Fortschritt der Technik wird sicherlich zur Folge haben, daß das augenblickliche Spektrum der technischen Hilfestellungen gegenüber dem Recht Erweiterungen erfahren wird. Ganz sicher wird er aber auch, zumindest in besonders sensiblen Bereichen, eine Reaktion der Rechtsordnung in Gestalt neuer Kontroll- oder auch Verbotsvorschriften hervorrufen. Diese grundsätzlich negativ-bremsend wirkende „Hilfestellung" des Rechts gegenüber der Technik wird im Band „Technik und Gesellschaft" behandelt. [X]

Literaturnachweise

1 *Gross*, Hans/*Geerds*, Friedrich: Handbuch der Kriminalistik. Bd. 1. Berlin
   ¹⁰1977, S. 9
2 *Redeker*, Helmut: Neue Juristische Wochenschrift 1984, S. 2390 f.
3 *Haft*, Fritjof: Elektronische Datenverarbeitung im Recht (EDV und Recht.
   Bd. 1). Berlin 1970, S. 3
4 *Fischerhoff*, Hans: Neue Juristische Wochenschrift 1969, S. 1193, S. 1197
5 *Simitis*, Spiros: Zeitschrift für Rechtsvergleichung 1969, S. 276 ff.
6 *Käfer*, Gerhard. In: Seegers, Hermann/Haft, Fritjof (Hrsg.) Rechtsinformatik in
   den achtziger Jahren (Arbeitspapiere Rechtsinformatik. H. 20). München 1984,
   S. 21, S. 23
7 *Keller*, Rolf: Neue Juristische Wochenschrift 1981, S. 1184 f.
8 Veröffentlicht z. B. in: Computer und Recht 1985, S. 22 ff.
9 *Henn*, Günter: Patent und Know-how-Lizenzvertrag. Heidelberg ²1989

TECHNIK UND NATURWISSENSCHAFTEN

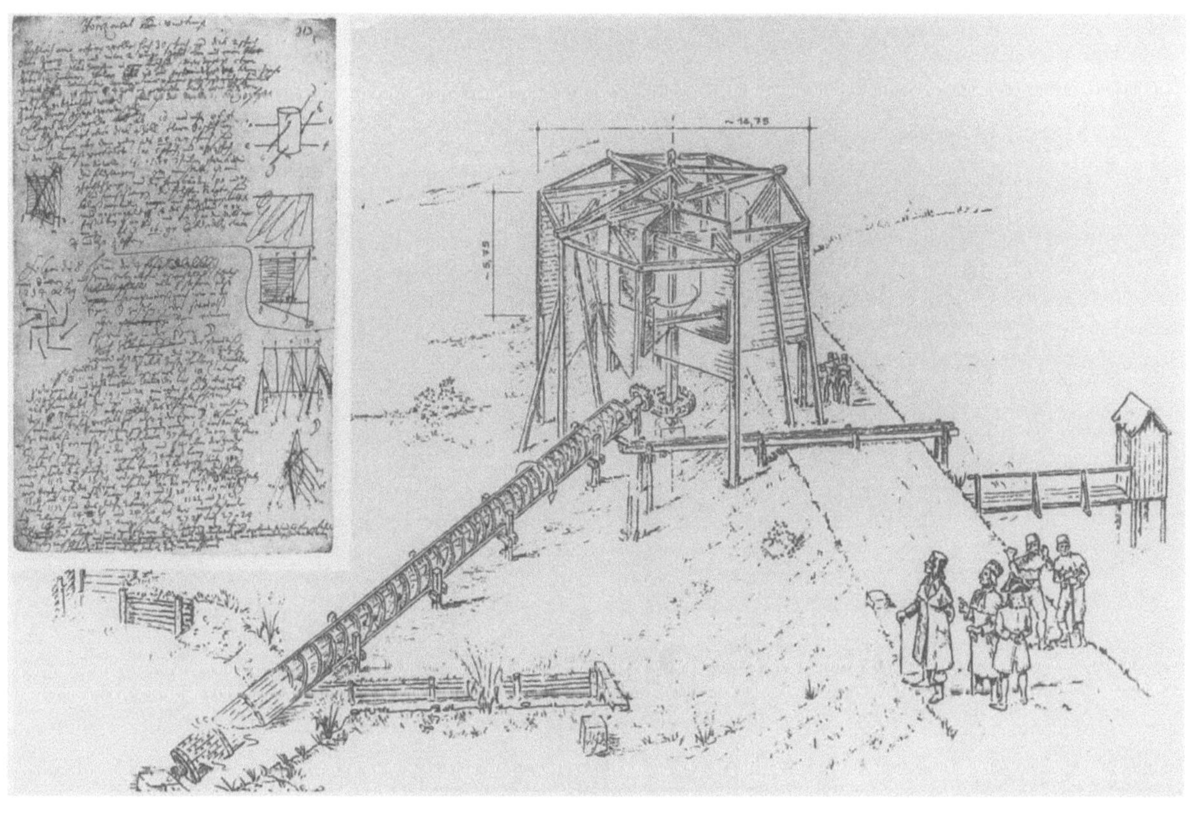

Was wollen die Naturwissenschaften?

Armin Hermann

Die Ausbildung der Methode

Die eigenen Vorstellungen in Übereinstimmung mit der Wirklichkeit zu bringen und die Welt zu verstehen, ist wohl schon ein Anliegen des homo sapiens in sehr frühen Epochen gewesen. Der Erfolg, den der Mensch dabei hatte, sicherte ihm sein Überleben auf dieser Erde.

Die Präzisierung der menschlichen Vorstellungen in Teilbereichen führte zur Ausbildung der Arithmetik und Geometrie. Durch die Entwicklung von Meßverfahren – zum Beispiel für Längen und Gewichte – wurde auch die Wirklichkeit in Teilbereichen (einigermaßen) exakt in Zahlen erfaßt. So konnte im alten Ägypten nach den jährlichen Überschwemmungen des Nils der fruchtbare Boden jeweils neu und gerecht aufgeteilt werden.

Was nun die Naturphänomene – wie den Lauf der Planeten oder den freien Fall eines Steines – betraf, so machte der griechische Philosoph Platon (428/27 – 348/47) einen fundamentalen Unterschied zwischen der Welt über dem Monde und der Welt unter dem Monde: Am Himmel seien in den Bewegungen der Fixsterne und der Planeten die mathematischen Formen genau realisiert. Aber hier auf unserer Erde herrschten ganz andere Verhältnisse: Auf der Erde habe nichts Bestand, überall gebe es Veränderungen, und es sei vergebliche Mühe, hier nach mathematischen Gesetzen zu suchen.

In den Jahrhunderten nach Platon fand das platonische Gedankengut weite Verbreitung. Das aufkommende Christentum bekämpfte zunächst die sogenannte „heidnische" Philosophie. Als aber im Jahre 529 die alte platonische Akademie in Athen als Bollwerk des Heidentums geschlossen wurde, da war der Platonismus längst in das Christentum eingedrungen. Der heilige Augustinus (354–430) wurde der große Lehrer des christlichen Neuplatonismus: Nach christlicher Auffassung hat Gott Himmel *und* Erde geschaffen nach seinen Vorstellungen. Wenn also am Himmel mathematische Gesetze realisiert sind, dann muß dies auch auf unserer Erde der Fall sein. [I-1.2]

Mit dem Problem des fallenden Körpers befaßten sich Philoponos im 6. und Avempace (Ibn Baddscha) im 12. Jahrhundert. Sie sagten,

Zum Titelblatt: Die Aufgabe der Naturwissenschaften ist nicht nur die Auffindung von Gesetzmäßigkeiten und umfassender Theorien, sondern auch deren praktische Anwendung in Naturforschung und Technik. Das Wechselspiel zwischen Theorie und Praxis bestimmt die Geschichte der Naturwissenschaften und Technik. Fast symbolhaft zieht sich das Bemühen um „theoria cum praxi" durch das Lebenswerk von Gottfried Wilhelm Leibniz. Die Abbildung zeigt einerseits die handschriftlichen Entwürfe einer Horizontalwindkunst und andererseits eine Zeichnung der 1684 von Leibniz errichteten Windkunst nach einer Rekonstruktion. Leibniz Versuche um die praktische Ausführung seiner Ideen waren allerdings nicht immer erfolgreich.

daß die reine Form der Fallbewegung nur im Vakuum vorkomme, und daß das Medium, in dem der Körper fällt, auf die Geschwindigkeit des fallenden Körpers einen zusätzlichen Einfluß ausübe[1]. Wesentlich ist dabei, daß manche Philosophen – keineswegs alle – sich damals zwar ein Vakuum denken konnten, es aber ausgeschlossen schien, ein solches zu erzeugen. Die neuplatonischen Philosophen abstrahierten also vom natürlichen Phänomen auf etwas, was nur in Gedanken existiert. Um die Fallbewegung zu verstehen, so sagten sie, müssen wir intellektuell ihre wahre oder reine Form aufsuchen.

Das ist die Methode der neuzeitlichen Physik. Wirklich gefunden hat die Fallgesetze, und zwar durch konsequente Anwendung dieser Methode, aber erst Galileo Galilei (1564–1642). Er brauchte dazu zwei Jahrzehnte, etwa von 1590 bis 1609. Mit den Fallgesetzen schuf er die Anfangsgründe der „Nuova Scienza" und zugleich ihre Methode.

Von seinen neuplatonischen Vorgängern übernahm Galilei die Überzeugung, daß nur im Vakuum die reine mathematische Form oder, platonisch gesprochen, die „Idee" der Fallbewegung realisiert ist. Wie aber fallen die Körper im Vakuum? Dazu konnte Galilei natürlich keine Versuche anstellen, wohl aber ausführen, was man in der heutigen Physik „Gedankenexperimente" nennt.

Galilei dachte sich also drei gleichgroße Kugeln aus Gold, aus Blei und aus Holz. In Quecksilber fällt nur das Gold; in Wasser – das weniger „Widerstand" bietet – fallen Gold und Blei, aber das Gold um ein Stück voraus. In Luft (noch weniger „Widerstand") fallen alle drei Körper; Gold und Blei gleichauf, das Holz etwas zurück: „Angesichts dessen glaube ich", schrieb Galilei, „daß, wenn man den Widerstand ganz aufhöbe, alle Körper gleich schnell fallen würden"[2]. Es ist schon erstaunlich: Um die Wirklichkeit zu erfassen, abstrahierte Galilei von dem Naturphänomen und ging über zu dem, was er im platonischen Sinne die „Idee" dieses Phänomens nennt.

Die wahre mathematische Form ist also im Vakuum realisiert. Galilei wußte, daß die Geschwindigkeit des fallenden Körpers zunimmt, und er war darüber hinaus überzeugt, daß die Natur die „allerersten einfachsten und leichtesten Hilfsmittel zu verwenden pflegt." So kam er zu einem einfachen Ansatz, den er allerdings aus mathematischen Gründen nach ein paar Jahren wieder verwerfen mußte. 1609 war es soweit: Galilei war überzeugt – und hatte recht damit –, daß die Geschwindigkeit proportional mit der Zeit anwächst, die zurückgelegte Strecke aber mit dem Quadrat der Zeit[3]. Und jetzt erst bemühte sich Galilei um eine experimentelle Prüfung. Er ließ Kugeln in einer Fallrinne laufen, wobei er die Zeit durch das Wiegen von Wasser

Zwei Jahrzehnte intensiver theoretischer Untersuchungen – mit Rückschlägen und Irrwegen – benötigte Galileo Galilei, um 1609 die richtige Formulierung der Fallgesetze zu finden. Seine durch Überlegungen erschlossenen Formeln verifizierte er durch Experimente an der Fallrinne. Die Auffassung, daß er die Gesetze bei Versuchen an der Fallrinne gefunden hat – wie es noch eine Zeichnung aus dem Jahre 1841 als Erinnerung an die Verdienste Galileis um die Begründung der modernen naturwissenschaftlichen Methode zeigt –, ist eine Legende.

feststellte, das in feinem Strahl in einen Behälter lief. Besondere Genauigkeit hatte Galilei dabei aber nicht erreichen können.

Aussagekräftige Experimente über den freien Fall wurden erstmalig im Jahre 1642 ausgeführt, um die Zeit, als Galilei in Florenz starb. Schauplatz war der Torre degli Asinelli in Bologna. „Gemeinsam mit Pater Grimaldi", berichtete ein Teilnehmer über den erfolgreichen Abschluß, „begab ich mich alsogleich zu Pater Bonaventura Cavalieri, ordentlichem Professor der Universität Bologna und ehemaligem Schüler Galileis, und setzte ihn in Kenntnis, daß unsere Versuche mit den Ergebnissen Galileis übereinstimmten (. . .) Es läßt sich überhaupt nicht sagen, wie fröhlich er durch diese unsere Bestätigung gestimmt wurde"[4].

Die Fallformeln gehören zu den ersten mathematisch formulierten physikalischen Gesetzen, die man gefunden hat. Galilei glückte die Entdeckung, weil er – anknüpfend an die neuplatonische Tradition – eine Methode entwickelt und benutzt hat, die zur Methode der neuzeitlichen exakten Naturwissenschaft geworden ist.

Ausgehen muß man immer von der Wirklichkeit, so wie Galilei vom freien Fall verschiedener Körper in verschiedenen Medien ausgegangen ist. Damals wie heute ist der entscheidende Schritt, das zu finden, was der Neuplatoniker „die Idee" des Phänomens nennt: die Bedingungen, bei denen das Phänomen sozusagen in seiner reinsten

Form auftritt. „Hier gibt es keine erlernbare, systematisch anwendbare Methode, die zum Ziele führt", hat Einstein dazu gesagt. Der Forscher müsse vielmehr der Natur diese reinsten Formen gleichsam ablauschen, „indem er an größeren Komplexen von Erfahrungstatsachen gewisse allgemeine Züge erschaut, die sich scharf formulieren lassen"[5].

In der Generation nach Galilei haben die Forscher vor allem das Experiment als Mittel zur Erkenntnis der Natur eingesetzt und als Prinzip formuliert: „Messen was meßbar ist, was nicht meßbar ist, meßbar machen." Von den Galilei-Schülern wurde dieses Wort dem Meister zugeschrieben. Es paßt aber mit der ausschließlichen Betonung der Messung als dem Leitprinzip der Naturforschung gar nicht zu Galilei. Das Experiment ist gewiß wichtig in der Physik. Aber das Experiment allein bildet eben nicht die Methode.

Für die Entwicklung der neuzeitlichen Naturwissenschaft war es darum außerordentlich vorteilhaft, daß nochmal ein Forscher auftrat, der die neue Methode beispielhaft handhabte und in seiner Autorität sogar Galilei noch übertraf. Das war Isaac Newton (1643–1727). „Die grenzenlose Bewunderung und Verehrung, die das 18. Jahrhundert Newton entgegenbringt, gründet in dieser Auffassung seines Gesamtwerkes", schrieb Ernst Cassirer: „Nicht ausschließlich seines Ertrages und seines Zieles willen erscheint dieses Werk bedeutsam und unvergleichlich, sondern noch mehr um des Weges willen, der zu diesem Ziel geführt hat"[6].

Die gesellschaftliche Aufgabe

Anfang des 17. Jahrhunderts, zu der Zeit also, da sich die Methode der neuzeitlichen Naturwissenschaft ausbildete, definierten die Forscher auch eine neue Aufgabe für ihre „Nuova Scienza". Mit ihrer Wissenschaft wollten die Gelehrten Einblick gewinnen in „Gottes Schöpfungsgeheimnis", *und* sie waren überzeugt, daß sich die gewonnenen Kenntnisse unmittelbar für den Menschen nutzen ließen. „Wenn wir die Kraft und die Wirkung des Feuers, der Luft, der Gestirne, der Himmel und aller anderen Körper, die uns umgeben, verstehen", schrieb 1637 René Descartes (1596–1650) „so könnten wir diese Naturkräfte für alle Zwecke benutzen. So könnten wir Menschen uns zu Herren und Besitzern der Natur machen"[7]!

In Antike und Mittelalter hatten gewiß nicht alle, aber doch viele und einflußreiche Philosophen das Prinzip des l'art pour l'art vertreten, d.h., daß die Wissenschaft nur um ihrer selbst willen betrieben werden dürfe ohne Hinblick auf einen möglichen Nutzen. Darüber noch hinausgehend war Aristoteles sogar der Meinung gewesen, daß die Physik prinzipiell gar nicht auf die Technik angewendet werden könne. Für ihn – wie für viele Anhänger bis ins 16. Jahrhundert – ist Physik die Wissenschaft von der Natur in ihrem ungestörten, natürlichen Ablauf, Technik aber die Kunst, die Natur zu überlisten. Technik ist demnach Handeln wider die Natur: Wenn der Mensch mit Hilfe eines Hebels oder Flaschenzugs mit einer kleinen Kraft eine große Last hebt, dann übertölpelt er die Natur. [I-1.1; III-3.3]

Demgegenüber betonte Galilei, daß Vorgänge in der Natur, die ganz ohne Einwirkung des Menschen ablaufen, und künstlich ausgelöste prinzipiell den gleichen Gesetzen unterliegen. Diese Auffassung wird in zweierlei Weise bedeutsam: Zum ersten ermöglicht sie die Anwendung des Experiments als Frage an die Natur. Nach Aristoteles zwingen Apparate die Natur zu einem „unnatürlichen" Verhalten; der Mensch kann also durch den Gebrauch von Instrumenten niemals etwas über die Natur *als Natur* erfahren. Jetzt aber sagte Galilei, daß beispielsweise das Hinabrollen einer Kugel auf der Fallrinne ein genauso natürlicher Vorgang ist wie das Abfließen des Wassers an einem Bergkamm oder einem Dach. Welche Instrumente man auch anwende: Immer beobachte man einen natürlichen Vorgang; es gebe überhaupt nur natürliche Vorgänge.

Die neue Auffassung hat noch eine zweite wichtige Konsequenz: Wenn auch bei den technischen Hilfsmitteln die Naturgesetze gelten, so lassen sich – jedenfalls im Prinzip – die Einsichten über das Verhalten der Natur auch in der Technik anwenden. Der Mensch kann also seine über die Natur gewonnenen Erkenntnisse für sich nutzen, und er soll diese Erkenntnisse nach Meinung der Gelehrten auch nutzen. Das wahre und gesetzmäßige Ziel der Wissenschaft ist, sagte Francis Bacon (1561–1626), das menschliche Leben durch neue Entdeckungen und neue Kräfte zu bereichern.

Seit Anfang des 17. Jahrhunderts bis auf den heutigen Tag stimmt die große Mehrheit der Gelehrten darin überein, daß die Naturwissenschaft eine große Doppelaufgabe besitzt: Naturerkenntnis zu gewinnen und diese in der Technik anzuwenden. Gottfried Wilhelm von Leibniz (1646–1716) hatte die feste Überzeugung, daß es die Gelehrten sein würden, die dem Lande Wohlstand bringen. „Theoria cum praxi" war Prinzip seiner Lebensarbeit. Als im Jahre 1700 auf seine Initiative die „Brandenburgische Sozietät" gegründet wurde, die sich dann später zur „Königlich Preußischen Akademie der Wissenschaften" entwickelte, da übertrug Leibniz seinen persönlichen Wahlspruch auf die gelehrte Gesellschaft. [II-4.2]

So leicht aber wie die Gelehrten dachten, ließ sich die Theorie nun doch nicht in die Praxis übertragen. Einunddreißig Reisen hat Leibniz in den Harz unternommen, um dort die von ihm erfundene Windmühle mit senkrecht stehender Achse in Gang zu setzen. Das Projekt scheiterte vollständig. Noch 1778 spottete Friedrich der Große in einem Brief an Voltaire über die Fehlschläge, die die größten Gelehrten des Jahrhunderts bei der Anwendung der Wissenschaft hatten hinnehmen müssen: Die Engländer hätten Schiffe mit dem nach Newtons Meinung vorteilhaftesten Querschnitt konstruiert, sie seien jedoch längst nicht so gute Segler, wie die nach den Regeln der Erfahrung gebauten. „Ich wollte einen Springbrunnen anlegen; Euler berechnete die Leistung (. . .) des Hebewerks (. . .), und doch hat es keinen Tropfen Wasser geliefert" [8]. [III-2.1]

So machten sich die Praktiker lustig über die Gelehrten. Als aber seit Mitte des 19. Jahrhunderts aus der Lehre von der Elektrizität und dem Magnetismus immer neue technische Anwendungen hervorwuchsen, da wurde deutlich, daß auch diesbezüglich alle Versprechungen erfüllt und übererfüllt werden konnten. Ganz neue Industrien entstanden aus der Wissenschaft: die Elektrotechnik und die Teerfarbenindustrie. Arbeitsplätze wurden geschaffen. Die Hungersnöte und die Auswanderungswellen hörten auf. Die Industrie konnte die Menschen ernähren, besser als das je zuvor möglich war.

Mit dem Erfolg entwickelten die Naturforscher Selbstvertrauen. Justus von Liebig (1803–1873) argumentierte 1840, daß es ihm durchaus fernliege, den Wert einer Disziplin ausschließlich nach ihrer Nützlichkeit für die menschliche Gesellschaft zu beurteilen; trotzdem habe der Staat die Pflicht, die Fächer, die wie die Chemie materiellen Nutzen brächten, besonders gut auszustatten [9].

„Die Naturwissenschaften [haben] das ganze Leben der modernen Menschheit durch die praktische Verwertung ihrer Ergebnisse umgestaltet", registrierte 1869 Hermann Helmholtz (1821–1894), als er sich vor der Versammlung der deutschen Naturforscher und Ärzte „Über das Ziel und die Fortschritte der Naturwissenschaft" aussprach. Wie schon Bacon und Leibniz betonte er, daß man bei der wissenschaftlichen Arbeit nur nach der reinen Erkenntnis streben solle. Anwendungen kämen in der Regel „bei Gelegenheiten zum Vorschein, wo man es am wenigsten vermutet hatte; ihnen nachzujagen führt gewöhnlich nicht zu irgend einem Ziele" [10].

Diesen Gesichtspunkt kehrten die Forscher seither immer wieder hervor. So tat es beispielsweise 1906 Philipp Lenard (1862–1947), als er soeben den Nobelpreis erhalten hatte und vom Preußischen Kultusministerium um ein ausführliches Gutachten gebeten wurde. Gerade die Erkenntnisse, schrieb Lenard, die zu den allerwichtigsten Anwendungen geführt haben, wie Faradays Entdeckung der elektrischen Induktion 1831 und Hertz' Entdeckung der elektrischen Wellen, konnten nicht „vom Standpunkt des Praktikers gewonnen werden, sondern nur vom Standpunkt der reinen Naturforschung aus"[11]. Helmholtz hatte 1869 gesagt, daß die neueren Erfindungen „meist" aus der wissenschaftlichen Forschung hervorgegangen seien. 1906 vermittelte Lenard die Überzeugung, daß die wirklich wichtigen Innovationen nur aus der Naturwissenschaft kommen können. Der Staat müsse deshalb dafür sorgen, „daß immer ein Vorrat rein wissenschaftlicher Funde des Naturforschers vorhanden sei, gleich dem Samen für neue, neuartige Pflanzungen und Ernten des Technikers"[12].

Ihre selbstgestellte Doppelaufgabe – erforschen was die Welt im Innersten zusammenhält *und* technische Anwendung der Erkenntnis – hat die neuzeitliche Naturwissenschaft geradezu glänzend erfüllt. Hier bleibt kaum mehr ein Wunsch offen. Hat sich aber die technische Anwendung auch zum Besten des Menschen ausgewirkt? Die Gelehrten hatten daran zunächst überhaupt keinen Zweifel.

In seinem vielgelesenen Buch über „Kraft und Stoff" hatte Ludwig Büchner von der „tausendfältigen Erfahrung" gesprochen, daß „Wahrheit und Wissenschaft ... der Menschheit noch niemals Schaden, sondern immer nur Nutzen gebracht" hätten[13]. Und 1886 bekräftigte Werner von Siemens (1816–1892), daß die Naturwissenschaftler an der Überzeugung festhalten wollten, „daß das Licht der Wahrheit, die wir erforschen, nicht auf Irrwege führen und daß die Machtfülle, die es der Menschheit zuführt, sie nicht erniedrigen kann, sondern sie auf eine höhere Stufe des Daseins heben muß"[14]!

Die Anwendung von Giftgasen als Kampfmittel seit 1915 und die Verwendung des Flugzeugs gegen die Zivilbevölkerung im Zweiten Weltkrieg markierten den Umschwung. Bei wichtigen Gebieten wie der Kernenergie und der Weltraumfahrt gibt es heute auch unter den Wissenschaftlern neben den Befürwortern entschiedene Gegner. Die Kritiker meinen, daß hier – auch wenn man sich auf die friedliche Nutzung beschränkt – ein verhängnisvoller Irrweg beschritten wurde. Die Wissenschaft hat die Macht des Menschen unermeßlich gesteigert. Der Mensch ist heute zur größten Gefahr für den Menschen geworden.

Das Überleben des homo sapiens im Atomzeitalter zu sichern, kann nicht Aufgabe allein der Gelehrten sein. Es ist die Aufgabe aller Menschen. Das wird niemand bestreiten wollen. Welche Rolle aber haben die Naturwissenschaftler bei der Bewältigung dieser Aufgabe? Der Philosoph Karl Jaspers hat den Forschern jede Kompetenz bei der Lösung der Probleme abgesprochen, „die durch ihre Leistungen in die Welt gekommen sind"[15].

Tatsächlich aber hatten die Forscher schon gehandelt und waren 1957 in Pugwash/Kanada zu einer Konferenz zusammengekommen, um die „unheildrohende Entwicklung der Massenvernichtungswaffen" zu erörtern. Daraus wurde eine regelmäßige Einrichtung. Auf den „Pugwash Conferences on Science and World Affairs" treffen sich Naturwissenschaftler aus West und Ost. Die Welt verdankt ihnen den Anstoß und die Förderung wichtiger internationaler Verträge. Dazu gehört das Verbot, Atomwaffen im Weltraum zu stationieren.

In jüngster Zeit ist es auch auf dem Gebiet der Abrüstung zu einer sensationellen Wende gekommen. Es ist noch zu früh, die Ursachen zu analysieren. Eines aber ist sicher: Die Wissenschaftler spielten eine positive Rolle. Sie haben den Anstoß gegeben zu dem, was man in der Politik „vertrauensbildende Maßnahmen" nennt. [I-3.4; I-3.6]

Literaturnachweise

1 *Moody,* Ernest A.: Galileo and Avempace. In: Journal of the History of Ideas. Vol. 12, 1951, S. 163–193, S. 375–422; *Grant,* Edward: Aristotle, Philoponos, Avempace, and Galileo's Pisan Dynamics. In: Centaurus. Vol. 11, 1967, S. 79–95

2 *Galilei,* Galileo: Unterredungen und mathematische Demonstrationen. (Ostwalds Klassiker. Nrn. 11, 24 und 25). ND Darmstadt 1964, S. 65

3 *Hermann,* Armin: Die Entdeckung des Fallgesetzes und Galileis wissenschaftliche Methode. In: Rechenpfennige. Aufsätze zur Wissenschaftsgeschichte. Kurt Vogel zum 80. Geburtstag. München 1968, S. 151–165

4 *Riccioli,* Giovanni Battista: Almagestum Novum (. . .) Bologna 1651–1653. 2. Abt. S. 386, Sp. 2. Zit. nach Schimank, Hans: Pendelversuche und Fallversuche in Bologna. In: Brüche, Ernst (Hrsg.): Sonne steh still. Mosbach 1964, S. 93

5 *Einstein,* Albert: Mein Weltbild (Ullstein Buch Nr. 35024). Frankfurt 1981, S. 111

6 *Cassirer,* Ernst: Die Philosophie der Aufklärung. Tübingen ³1973, S. 57

7 *Descartes,* René: Discours de la Méthode [1637]. Übers. u. eingel. v. Gäbe, Lüder. Hamburg 1960, S. 100

8 Briefwechsel Friedrichs des Großen mit Voltaire. Hrsg. v. Koser, R./Droysen, H. Teil 3. Leipzig 1911, S. 427. Zit. n. Klemm, Friedrich: Technik. Eine Geschichte ihrer Probleme. Freiburg und München 1954, S. 265

9 *Liebig*, Justus von: Ueber das Studium der Naturwissenschaften und ueber den Zustand der Chemie in Preußen [1840]. In: Liebig, Justus: Reden und Abhandlungen. Leipzig und Hamburg 1874, S. 9

10 *Helmholtz*, Hermann von: Ueber das Ziel und die Fortschritte der Naturwissenschaft. Eröffnungsrede für die Naturforscherversammlung zu Innsbruck. In: Helmholtz, Hermann von: Vorträge und Reden. Bd. 1. Braunschweig [4]1896, S. 372

11 Denkschrift und Entwurf zu einem deutschen Institut für physikalische Forschung. Gemäß dem von [. . .] Dr. Althoff [. . .] erhaltenen Auftrag verfaßt von Dr. P. Lenard. Dezember 1906. Unveröffentlicht.

12 Vgl. 11

13 *Büchner*, Ludwig: Kraft und Stoff oder: Grundzüge der natürlichen Weltordnung. Volksausgabe. Leipzig 1894; S. 281

14 *Siemens*, Werner von: Das naturwissenschaftliche Zeitalter. In: Tageblatt der 59. Versammlung deutscher Naturforscher und Aerzte zu Berlin vom 18.–24. September 1886. Berlin 1886, S. 95 f.

15 *Jaspers*, Karl: Die Atombombe und die Zukunft des Menschen. München 1958, S. 265

Technik und Naturwissenschaften in Antike und Mittelalter

Fritz Krafft

Grundvoraussetzung für jegliches wissenschaftliche Erfassen der außersubjektiven Welt ist die weitgehend axiomatisch gesetzte Annahme, daß etwas an und in der ‚Natur' Erkanntes nicht nur für den konkreten Einzelfall, an dem es erkannt wurde, sondern für alle gleichartigen Fälle zu allen Zeiten und überall auf der Welt gilt. Durch Verallgemeinerung und Abstraktion wird dabei immer weitergehende Vergleichbarkeit erreicht: das Erkannte gilt für mehr oder weniger unterschiedliche, aber jeweils unter diesem bestimmten Aspekt zusammenfaßbare Einzeldinge oder -vorgänge; es ist also etwas, das dem konkreten Einzelfall, beziehungsweise dem auf einer gewissen Abstraktionsebene gewonnenen allgemeinen Fall, zeitlich vor- oder logisch übergeordnet ist, das also ‚vorher' oder ‚zuerst' da war. Die Griechen nannten es den ‚Anfang' (*archē*) oder das ‚Schuldige', die ‚Ursache' (*aition*), die Römer übersetzten diese Begriffe mit *principium* und *causa*.

Das zeitlich stets Vorhergehende gilt als das notwendig Vorangehende, der ‚Anfang' als der ‚Ursprung' und die ‚Ursache'.

Fragt man nach den Ursachen der Ursachen und wiederum nach deren Ursachen, so gelangt man letztlich zu der ersten Ursache — sowohl im zeitlichen Sinne (als Uranfang) als auch in logisch-kausalem Sinne. Die erste Ursache ist so zeitlich entweder mit dem Weltbeginn, der Schöpfung und dem Schöpfer, gleichzusetzen, oder sie ist permanent gegenwärtige erste Ursache. Je näher man dieser ersten Ursache kommt, desto genereller gelten die Ursachen, für desto mehr Dinge und Ereignisse sind sie ‚Ursache' und ‚Prinzip'.

Dieses Aufsteigen zu den allgemeinen ‚Prinzipien' erfordert ein sehr hohes Maß an Abstraktion, da die Ursache eines konkreten Einzelereignisses ja jeweils schon Ursache für mehrere Ereignisse sein kann, und zwar entweder wieder als konkretes Einzelding oder als allgemeines, abstraktes ‚Ding', wie der Same als solcher, in dem die durch sukzessive Abstraktionsschritte erhaltene Sameneigenschaft aller Samen aller Pflanzen zusammengefaßt ist.

Die alten Griechen besaßen erstmals in der Geschichte der Menschheit in ausreichendem, außergewöhnlich hohem Maße das Vermögen zu solchen Abstraktionen; sie haben diese Schritte vollzogen, und sie haben sich dazu als sprachliches Mittel den generellen bestimmten Artikel geschaffen, mit dessen Hilfe beispielsweise durch Abstraktion erfaßte Eigenschaften an den Dingen zu einem (abstrakten) Einzelding zusammengefaßt werden können: das Kalte, das Warme, die Wärme, die Luft, das Feuer, das Gewächs, das Sich-Bewegen, das Lebewesen, das Leben, die Natur. In der zweiten Hälfte des 5. Jahrhunderts kann so – bei Leukipp (5. Jahrhundert v. Chr.) und Demokrit (um 460 – um 370) – die für das materielle Sein als notwendig erkannte Eigenschaft einer unteren Teilungsgrenze begrifflich zu einem Ding zusammengefaßt werden, zu ‚dem Atom‘, ‚den Atomen‘, die deshalb auch keine weitere Eigenschaft besitzen.

Dieser Artikel, den es im Lateinischen nicht gibt, vermag sprachlich eine Eigenschaft (ein Adjektiv) oder eine Tätigkeit (ein Verb) zu einem Substantiv und ‚Ding‘ zu machen; und solche Substantivierungen setzen in der philosophisch-wissenschaftlichen Sprache dem Denken erst feste Gegenstände, über die Aussagen zu machen sind. Dies sind neue bestimmte Dinge, allgemeine (abstrakte) Dinge, die nicht mehr als oder an einem Einzelding auftreten. Mit anderen Worten: Eine Wissenschaft von der Natur als dem hinter dem konkreten Einzelding und -vorgang Stehenden, als den sie verursachenden und bedingenden einheitlichen und allgemein gültigen Prinzipien, also rationales Erklären des verschiedenartigen Geschehens in der Natur, ist auch den Griechen eigentlich erst seit dem 5. vorchristlichen Jahrhundert möglich – wenn auch nicht deshalb, weil es vorher keinen generellen bestimmten Artikel gab, sondern weil die Fähigkeit zu relativ hohen Abstraktionsstufen erreicht sein muß, die unter anderem eben durch das Auftreten dieses Artikels angezeigt wird. [VI]

Vorleistungen dazu wurden insbesondere von den Milesischen Naturphilosophen, beginnend mit Anaximander (um 610 – um 547), erbracht. Bei ihnen zeigt sich denn auch, von wo griechische Wissenschaft von der Natur ihren Ausgang nahm: Selbstverständlich bestand die außersubjektive Welt ursprünglich auch für die Griechen aus Göttern und Dämonen, dann aus Dingen und Ereignissen, in denen oder durch die Götter und Dämonen wirken. Noch Thales (625–547) sagte: „Alles ist voller Götter“[1]; und bei Hesiod (um 700 v. Chr.) waren diese Götter noch nicht reine Naturhypostasen gewesen, sondern sie waren daneben noch als Personen gedacht. Deren Herkunft (Anfang/Grund/Ursache) wird aber stets genealogisch verstanden;

und die Frage nach den Eltern der Eltern führt sukzessive zu einem Stammvater oder einer Stammutter. Die Kosmogonie stellt sich als Theogonie dar – und als solche wurde sie auch bei Hesiod in seiner „Theogonie" vorgestellt: Die Welt sei sukzessive, d.h. generationenweise entstanden. Den Anfang bildete das ‚Chaos' als noch materiell gedachtes (neutrales) Behältnis zur Aufnahme der späteren geschlechtlichen Generationen (Erde, Himmel, Meer, Berge usw.). Es wurde zum Vorbild für das ‚Apeiron' des Anaximander, für das in jeder Beziehung noch Unbestimmte, das damit alles Bestimmte in sich enthält, das durch Differenzierung immer wieder aus ihm entsteht; und das hier noch als göttlich geltende ‚Apeiron' ist wiederum die Urform der Vorstellungen von ‚Materie'. Den gedanklichen Schritt dorthin unternahm sein jüngerer Landsmann Anaximenes (um 585–um 526), indem er das ‚Luftartige' als das in alles Dingliche umwandelbare ‚Unbestimmte' auffaßte, das selbst bereits dinglich ist – wenn auch in der beweglichsten und wandlungsfähigsten Form der Dinglichkeit (Luft, Wind, Wolken, Nebel, Regen, Schnee, Hagel, Blitz): Die verschiedenen Stoffe stellten nur einen jeweils anderen Dichte-Zustand des ‚Luftartigen' dar. – Die Unsterblichkeit des Gottes ging damit gleichsam in ein Prinzip der Erhaltung der Materie über.

Nachdem Parmenides (um 515–um 445) dann aber gezeigt hatte, daß ‚wahre' Aussagen nicht über sich stets Wandelndes gemacht werden können, daß vielmehr nur Bleibendes, ‚Seiendes' erkannt werden könne, mußte die von den Milesiern entdeckte und betonte Wandelbarkeit des Materiell-Dinglichen als bloß scheinbar deklariert werden. Die durch diese Ontologie ausgelöste ‚Grundlagenkrise' erbrachte im fünften vorchristlichen Jahrhundert drei grundsätzliche Lösungen, die sich darin unterschieden, daß sie die Eigenschaften des Seins nach Parmenides mehr oder weniger strikt für die Materie berücksichtigten, in jedem Fall aber das eine Sein in viele diskrete Seiende (Partikel) unterteilten. Die Größe der Partikel läge jeweils unterhalb der Wahrnehmungsschwelle, so daß eine scheinbar homogene Mischung verschiedenartiger gleichbleibender Partikel möglich sei.

Anaxagoras (500/496–428) nahm jeweils unterschiedlich viele unendlich kleine Teilchen unendlich vieler qualitativ unterschiedener Stoffarten an, von denen alle Arten jeweils in jedem Ding enthalten seien, nur in unterschiedlicher Konzentration, so daß die überwiegend enthaltene Art das Ding als aus dieser Stoffart bestehend erscheinen lasse. – Diese Lösung enthält einige logische Widersprüche, auf die besonders Aristoteles hinwies. Sie wurde später nicht mehr vertreten.

Die Atomisten (Leukipp und Demokrit) setzten dagegen eine un-

Die Vorstellung von den vier antiken Elementen — Erde, Wasser, Luft und Feuer — geht bis in das 5. Jahrhundert v. Chr. zurück und hat sich bis in das 17. Jahrhundert gehalten. Noch heute spricht man von den „Elementen" als den Urgewalten. Der Holzschnitt aus dem Jahr 1530 zeigt den Menschen nach dieser alten Vorstellung im Schnittpunkt der „Elemente".

tere Teilbarkeitsgrenze — weil das Seiende sich sonst in das Nichts auflöste — und nahmen an, daß die unendlich vielen kleinsten Partikel qualitativ gleichartig seien und sich nur in der äußeren Gestalt unterschieden, woraus der Eindruck unterschiedlicher Qualität bei der Wahrnehmung entstünde. Es gäbe unendlich viele Atomgestalten mit jeweils unendlich vielen Atomindividuen. Da diese aber in der Gestalt unverletzlich und unveränderlich sein sollten, bedurfte es neben diesem ‚Vollen' auch des ‚Leeren', um Bewegung einzelner Atome zu ermöglichen. Aus denen sollten letztlich alle erscheinenden Veränderungen im sinnlich-materiellen Bereich (den es allein gäbe) resultieren — und zwar wegen der Unendlichkeit der Anzahl der Atome einer unendlichen ‚Leere'. So sollte sowohl das Seiende, die Atome, als auch das Nichtseiende, die Leere, existieren, was einen der wesentlichsten Kritikpunkte bei Platon und Aristoteles darstellte. Diese bewirkten aber, daß die Atomistik erst seit Beginn der Neuzeit wieder ernsthaft vertreten wurde, als die plenistische Grundannahme der aristotelisch-scholastischen ‚Physik' gedanklich untergraben und schließlich experimentell durch den ‚Nachweis' eines zusammenhängenden Vakuums widerlegt werden konnte.

Empedokles (483/482 — zwischen 439 und 420) von Akragas ging davon aus, daß vier qualitativ unterschiedliche Partikelarten ausreichen, um durch ihre Mischung die unendliche Erscheinungsvielfalt der Stoffe entstehen lassen zu können, entsprechend den vier ‚elementaren' Urgewalten: Feuer, Luft, Wasser und Erde. Diese Vierzahl blieb dann bis ins 17. Jahrhundert kanonisch, nachdem sie von Platon und Aristoteles übernommen und jeweils in ein physikalisches System eingebettet worden war, das die Möglichkeit aufwies, die Wandelbarkeit selbst dieser vier ‚Elemente' in einander durch Reduktion auf eine übergeordnete Seinsebene von Bleibendem wiederzugewinnen.

Platon (428/27 — 348/347) formte die Partikel strukturell analog den gerade entdeckten regulären geometrischen Körpern — unter Ausschluß des Dodekaeders. Diese wieder ließ er aus gleichen Ur-Dreiecken bestehen, die, nach deren Auflösung neu zusammengesetzt, Grundflächen jeweils anderer der vier Polyeder bilden könnten. Der quantitativ-geometrische Reduktionismus der Atomisten blieb für die Qualitäten erhalten; doch leugnete Platon eine Leere, insoweit er Raum und ‚Materie' identifizierte und die konkreten Materieteilchen als lediglich analog jenen Polyedern des Ideenreiches strukturiert dachte.

Aristoteles (384 — 322) vermied jedoch die damit verbundene Unterscheidung einer idealen, im eigentlichen Sinne seienden Welt der

‚Ideen' von einer sinnlich wahrnehmbaren, ständig im Werden begriffenen des Dinglich-Materiellen, die nur durch ‚Teilhabe' an den jeweiligen ‚Ideen' zu konkreten Dingen werden könnte. Und er verlegte diese ‚Ideen' als ‚Form' in die konkreten Dinge selbst, die nun als das eigentlich Seiende galten. Im konkret-dinglichen Bereich war aber schon für Platon eine Geometrisierung der Materie nicht möglich gewesen. Aristoteles beließ die Unterschiede deshalb im Qualitativ-Formalen: Materie tritt immer schon ‚geformt', das heißt: mit bestimmten qualitativen Eigenschaften, auf. Andererseits sind solche Eigenschaften stets an Materielles als Träger gebunden, können sich aber unter Erhaltung des Trägers innerhalb der Extreme konträrer Gegensätze wandeln. Eigenschaften sind dann entweder zufällig und unwesentlich, und ihr Wandel betrifft den Träger als solchen nicht; oder sie sind wesentlicher Bestandteil der ‚Form', und ihr Wandel betrifft deshalb das ‚Wesen' des Trägers selbst, so daß sich damit auch der Träger als solcher wandelt. Die Materie als solche bleibt jedoch erhalten, sie nimmt nur eine neue ‚Form' an. Dabei beruhten Stoff und Eigenschaften der natürlichen materiellen Dinge jeweils auf einer Mischung der Eigenschaften der vier Elemente.

Aristoteles (384–322)
Rückseite der heute gültigen griechischen Fünf-Drachmen-Münze.

Sollen auch die vier Elemente ihrerseits in einander wandelbar sein, bedürfen sie ebenso eines gemeinsamen Trägers, und es müssen die Eigenschaften jeweils in einander wandelbar sein, das heißt, sie müssen aus den Extremen konträrer Gegensätze bestehen, so daß die ursprüngliche Eigenschaft mit dem Entstehen der neuen durch diese ersetzt wird. Für vier unterschiedliche Elemente sind mindestens zwei Gegensatzpaare erforderlich. Nach Aristoteles besteht folgende Zuordnung: Erde ist trocken und kalt, Wasser ist feucht und kalt, Luft ist feucht und warm, Feuer ist trocken und warm. Der Wandel einer Eigenschaft läßt das Element bereits in ein benachbartes umschlagen; insgesamt besteht ein Kreislauf.

Das Bleibende, den Eigenschafts- und Form-Träger in einem Wandlungsprozeß, bezeichnet Aristoteles als das ‚Zugrundeliegende', dann in Anlehnung an den technischen Prozeß des Hausbaus als ‚Baumaterial', griechisch *hyle* (was ebenso wie der Begriff der lateinischen Übersetzung, *materia,* ‚Holz'/‚Bauholz'/‚Baumaterial' bedeutet), das jegliche Form (von Haus) annehmen kann. Die wegen der Wandelbarkeit vorauszusetzende gemeinsame ‚Materie' der vier Elemente, die ihrerseits für alles andere Dingliche die Materie bilden, bezeichnet er als ‚erste Materie'. Sie ist an und für sich eigenschaftslos, tritt aber nur mit Eigenschaften auf, das heißt: nur in der Form eines der Elemente. Die Alchimie greift später die *prima materia* auf; sie versucht, einen (unedlen) Stoff seiner Eigenschaften zu berauben, um diese der schwarzen „ersten Materie" neu aufzuprägen.

Eine weitere wesentliche Eigenschaft der Elemente ist der Gegensatz ‚schwer'/‚leicht' als die natürliche Tendenz, nach ‚unten' zur Mitte der Welt bzw. nach ‚oben' zur Peripherie der irdischen Welt als dem jeweiligen ‚natürlichen Ort' und dem ‚Ziel' der Bewegung zu streben. – Daraus ergibt sich die wahrgenommene geradlinig und senkrecht zur kugelförmig-konzentrischen Erdoberfläche erfolgende Fall- und Steigbewegung der natürlichen Körper. Erde und Wasser sind an und für sich ‚schwere' Elemente, Luft und Feuer an und für sich ‚leichte'; die extremen Elemente Erde und Feuer sind absolut, die mittleren Wasser und Luft relativ ‚schwer'/‚leicht'.

Mit dem Wandel der Elemente in einander ändern sich auch die ihnen zugehörigen natürlichen Bewegungstendenzen. Hieraus resultiere einerseits der Kreislauf der Elemente innerhalb des vorgegebenen endlichen Raumes, den sie lückenlos füllen, andererseits ihre geozentrische und sphärisch-konzentrische Anordnung im Kosmos: zuunterst im Weltzentrum die Erdkugel, darüber die Wasser-, die Luft- und schließlich die Feuersphäre. Deren Abschluß wiederum bilde die unterste, kugelförmig-konzentrisch begrenzte Äthersphäre. Aristoteles bedarf eines unveränderlichen und dazu von den gegensätzlichen Eigenschaften der vier irdischen Elemente ausgeschlossenen fünften elementaren Stoffes (quinta essentia), damit auch die Steigbewegung der irdischen Elemente ein unveränderliches ‚Ziel' als materiell begrenzte Peripherie erhält. Dieser ‚Äther' genannte einfache Stoff habe allein die Eigenschaft der ‚Kreisbeweglichkeit'; und zu dieser Bewegung gebe es anders als bei den geradlinigen Bewegungen keinen Gegensatz, so daß sie auch unaufhörlich und unverändert gleichförmig um das Weltzentrum herum erfolge.

Die Welt wird damit dualistisch geteilt in den veränderlichen, ‚irdischen' Bereich der vier Elemente mit begrenzten geradlinigen Bewegungen unterhalb des Mondes (sublunar) und in den unveränderlichen, ‚göttlichen' Bereich des Äthers mit unbegrenzt kreisenden Bewegungen oberhalb des Mondes (supralunar); die Fixsternsphäre bilde den Abschluß der Welt.

Der plenistisch mit Materie angefüllte Raum gilt also nach Aristoteles als kugelförmig begrenzt und anisotrop (zentriert); denn die aus dem Streben zu den gegensätzlichen ‚natürlichen Örtern' Oben und Unten als Ziel hin resultierenden geradlinigen Bewegungen sind ebenfalls gegensätzlich. ‚Leicht' heißt also nicht: weniger schwer als ein ‚schwerer' Körper, sondern: mit dem – zu dem der ‚schweren' Körper entgegengesetzten – Streben nach ‚Oben' versehen. Bei ‚gemischten ‘ Körpern überwiege entsprechend dem Mischungsverhältnis von ‚schweren' und ‚leichten' einfachen Körpern die eine der beiden Eigenschaften. Die Intensität einer dieser Eigenschaften folgt dabei aus der Größe des entsprechenden Körpers, weil es sich um eine jeweils wesentliche, also der Materie des Körpers selbst zugehörige Eigenschaft handeln soll. Größere ‚schwere' Körper fielen deshalb schneller als kleinere, größere ‚leichte' steigen schneller als kleinere.

Bei all diesen Bewegungen handelt es sich nach Aristoteles um die den einfachen und zusammengesetzten Körpern ‚eigentümlichen', um ihre ‚naturgemäßen' und ‚natürlichen' Bewegungen, die sie von sich aus und spontan ausführen, weil es zu der von ihnen angestrebten Vollkommenheit gehört, den jeweiligen ‚natürlichen Ort' als Ziel einzunehmen. Die Intensität des Strebens kann deshalb durch ein entsprechend konstruiertes Hindernis mit der Tendenz anderer (geeichter) Körper quantitativ verglichen, das heißt: außerhalb des ‚natürlichen Ortes' mittels einer Waage als ‚Gewicht' bestimmt werden. Habe ein Körper seinen ‚natürlichen Ort' erreicht, so verharre er dort bewegungslos: Luft in Luft, Wasser in Wasser usw. gelten als jeweils ‚gewichtslos'.

Aristoteles definiert einen ‚natürlichen Körper' so regelrecht als „Körper, der das Prinzip [den Antrieb, Motor] zur (ihm eigentümlichen) Bewegung in sich selbst hat"[2]. Dabei werden unter ‚natürlicher Bewegung' jegliche, auch qualitative und quantitative Wandlungen und Veränderungen zur Vollkommenheit hin, jegliches Entfalten der ‚Anlagen' verstanden; Ortsbewegung wird damit aber auch wie jeder andere Wandel, nämlich als Veränderung des einen Ortes eines Körpers in einen anderen aufgefaßt – und weniger als der kinematische Vorgang selbst. So fehlt der aristotelischen und mittelalterlichen Physik Begriff und Vorstellung von ‚Geschwindigkeit' einer (Orts-)Bewegung; zumal die strengere Ontologie einen Vergleich und eine Zusammenfassung verschieden dimensionierter Größen nicht zuließ. Diese ontologische Schwelle vermochte erst der quantitative Reduktionismus der Neuzeit zu überwinden, vorbereitet von den Nominalisten des 14. Jahrhunderts. Vorher sah man nur die Möglichkeit, die unterschiedliche Größe jeweils eines der Parameter (Weg *oder* Zeit) zu vergleichen, wobei der andere gleich bleiben mußte: ‚schneller', bzw. ‚langsamer' ist ein Körper, der dieselbe Strecke in kürzerer bzw. längerer Zeit oder der in derselben Zeit eine längere bzw. kürzere Strecke zurücklegt.

Die aristotelische Definition besagt aber auch, daß ‚künstliche' (handwerklich-technisch oder -künstlerisch hergestellte) Körper das Prinzip für die ihnen als solchen zukommenden Bewegungen nicht in sich haben, daß diese also Bewegungen, die sie ausführen, insoweit sie ‚künstliche‘ Körper sind – man denke etwa an Automaten, wie es sie seit dem frühen 4. Jahrhundert v. Chr. in vielfältiger Form gab – nicht spontan von sich aus ausführen; und sie besagt weiterhin, daß sich der Antrieb für eine nicht ‚eigentümliche‘ ‚künstliche‘ und ‚naturwidrige‘ Bewegung stets außerhalb des bewegten Körpers befindet. Deshalb führe ein Körper die ihm durch äußere Gewalt mitgeteilte ‚künstliche‘ Bewegung auch nur so lange aus, wie dieser Antrieb unmittelbar oder mittelbar anhalte, um danach sofort wieder seiner ‚Natur‘ zu folgen und sich spontan ‚naturgemäß‘, das heißt: geradlinig abwärts bzw. aufwärts zu bewegen. Eine gewaltsam mitgeteilte, ‚naturwidrige‘ Bewegung gilt somit stets auch als zeitlich begrenzt, und der Antrieb schwäche sich ab.

Mit dieser Unterscheidung von ‚natürlichen‘ und ‚künstlichen‘ Bewegungen und Veränderungen sowie von innerem und äußerem Bewegungsantrieb hatte Aristoteles zahlreiche Schwierigkeiten in den naturphilosophischen Entwürfen seiner Vorgänger gelöst. Und mit Recht sah er seine Naturphilosophie als abschließende Synthese der gedanklichen Vorleistungen seit Hesiod:

Platons Dichotomie in eine bleibende, starre ‚Ideen‘-Welt und eine werdend-veränderliche, bloß abbildhafte materielle Welt, die als solche unerkennbar ist, war damit ebenso überwunden wie die Welt des Anaxagoras, die – vom ‚Weltgeist‘ einmal angestoßen – von selbst abläuft, rein ‚mechanisch‘, wie Platon und Aristoteles ihm vorwarfen. Die Planung und Steuerung des natürlichen kosmischen Geschehens, die Hesiod durch eine spezielle, die ‚Theogonie‘ beendende Wendung des sukzessiven Schöpfungsmythos Zeus als dem Gott des Geistes übertragen hatte – worauf in der Folgezeit die Welt als ‚Kosmos‘ (‚Ordnung‘) gilt und rational erfaßbar wurde –, wird so mit dem ‚Werden‘ verknüpft, das die Milesier einfach als ‚Leben‘ und ‚Gebären‘ der Materie gedacht hatten und für das Empedokles das Wechselspiel der göttlichen Mächte ‚Liebe‘ und ‚Streit‘ verantwortlich gemacht hatte. Für die Atomisten dagegen hatte sowohl das Werden als auch die jeweilige Struktur der Dinge auf dem Zufall des Zusammentreffens passender Atome beruht, zu deren Sein regellose Bewegung gehörte, die zusätzlich anderen Atomen durch Stoß vermittelt würde. Damit blieb aber die Frage offen, wie es stets wieder zu gleichen Dingen und Prozessen kommen könne. Aristoteles vermißte insbesondere auch eine Unterscheidung zwischen den eigenen Bewegungen der Atome und den ihnen von anderen Atomen mitgeteilten als Voraussetzung für irgendeine Art von Regelung des auf ihnen beruhenden Geschehens. Das Planvoll-Gezielte im natürlichen Geschehen hatte Platon dann aus der abbildhaften ‚Teilhabe‘ der materiellen Dinge an den hierarchisch geordneten Ideen folgen lassen, die Aristoteles ja in die Dinge selbst verlegte – als Prinzip der ‚Form‘.

Aristoteles unterteilte diesen Bereich dazu in drei Prinzipien als *causae,* in die ‚Form‘ (causa formalis), den ‚Beweger‘ (causa movens) und den ‚Zweck‘ (causa finalis), die ergänzt werden durch die ‚Materie‘ (causa materialis): Jeder Vorgang und jedes Ding beruht auf seinen jeweiligen vier Prinzipien als ‚Ur-sachen‘; ihren Sinn und Zweck, die in der Natur immer wieder beobachtete Entfaltung artspezifischer Anlagen zur eigenen Vollkommenheit, erreichen sie durch das Zusammenwirken von jeweils spezieller ‚Materie‘ und ‚Form‘, die (als Seele) gleichzeitig ‚Beweger‘ ist, wobei die Richtung der Bewegung vom ‚Ziel‘ und ‚Zweck‘ bestimmt wird. Aristoteles zieht zur Verdeutlichung dieses Zusammenspiels den augenscheinlicheren Vorgang der künstlich-technischen Herstellung eines Artefakts heran: Ein Gebäude entstehe dadurch, daß Baumaterial (causa materialis) vom Architekten nach einem in seinem Geiste vorexistierenden Plan (causa formalis) so zusammengefügt (causa movens) wird, daß es dem geplanten Zweck (causa finalis) des Wohnens, Unterrichtens, Gottesdienstes usw. entspricht. ‚Natürliche‘ und ‚künstliche‘ Dinge sind also analog aufzufassen. Nur sei sowohl das Bewegungsprinzip bei den ‚natürlichen‘ Körpern in diesen selbst, bei den ‚künstlichen dagegen außerhalb von ihnen, als auch das Formprinzip (bei Lebewesen die Seele), das zudem bei Artefakten erst durch den Handlungsakt der dazu geeigneten Materie eingeprägt werde.

War bei den Vorsokratikern technisches und natürliches Geschehen noch gleichgesetzt und ersteres zur Erklärung von letzterem herangezogen worden, so hatte insbesondere Platon bereits auf die Unterscheidung von Selbst- und Fremdbewegung gedrängt, die Aristoteles zum Unterschied von selbstverursachten ‚naturgemäßen‘ und fremdverursachten ‚naturwidrigen‘ Bewegungen ausbaute, die aber jeweils aufgrund analoger Prinzipien erfolgten. ‚Natur‘ und ‚Kunst‘ sind danach nicht dasselbe, und sie gehorchen nicht denselben, sondern lediglich analogen Prinzipien. Das bedeutet aber auch, daß Naturerkenntnis, Verstehen des stets gleichbleibenden ‚natürlichen‘ Geschehens, nicht in Technik umgesetzt werden kann, daß es hier vielmehr nur der Berücksichtigung der ‚natürlichen‘ Prinzipien bedarf, soweit diese der benutzten Materie als solcher zukommen, und daß ansonsten die ‚Prinzipien' vom Menschen frei und seinen Bedürfnissen entsprechend gewählt werden können. [I-1.2]

Mit dieser Unterscheidung war gleichzeitig das darin ausgedrückte und begründete Verhältnis von ,Natur' und (menschlicher) ,Kunst', von Naturwissenschaft und Technik, für fast zwei Jahrtausende festgeschrieben; denn die aristotelischen Anschauungen sollten bis ins 17. Jahrhundert nur unwesentlich modifiziert gültig bleiben. Sieht man einmal von den Epikureern ab, so sahen sich seine Nachfolger bezüglich der Prinzipien der Naturwissenschaft auch mehr oder weniger nur als Ergänzer und Vollender, wobei gelegentlich, und manchmal auch dauerhaft, gewisse platonische Elemente reaktualisiert wurden.

Hierzu zählt insbesondere die Vorstellung von einer göttlichen Erschaffung der (geordneten) Welt und der göttlichen ,Vorsehung', die dabei gewaltet habe und/oder in der Welt wirke. Diese war seit der Spätantike sowohl bei christlichen als auch bei jüdischen und muslimischen Denkern Allgemeingut geworden. Eine andere Modifizierung betraf die Erklärung der Fortdauer der ,gewaltsamen' Bewegung nach Fortfall des Antriebs etwa bei Wurf- und Rotationsbewegungen (Kreisel, Töpferscheibe usw.). Hier hatte sein Prinzip, daß ,,alles, was sich bewegt, von etwas anderm bewegt wird" [3], Aristoteles zu einer bald nicht mehr akzeptierten ad hoc-Theorie geführt: Die Hand des Werfers, das Geschütz, die Schleuder usw. soll sowohl das Wurfgeschoß selbst in Bewegung setzen als auch das unmittelbar angrenzende Medium (die Luft), dem aber neben der Fähigkeit, selbst das Wurfgeschoß zu bewegen, auch die Fähigkeit mitgeteilt werde, diese ,Kräfte' an das jeweils nächst angrenzende Medium weiterzugeben. Das Geschoß werde so fortbewegt, bis der Antrieb erschöpft sei, daß heiße, bis die letzte Luftschicht nur noch das Geschoß bewegen, diese Fähigkeit aber nicht mehr weiter vermitteln könne; das Geschoß führe dann wieder seine ,naturgemäße' (senkrechte Fall-)Bewegung aus. Nach einem entsprechenden Ansatz in den frühen ,,Quaestiones mechanicae" des Aristoteles selbst, hatte bereits Hipparch (um 190 – um 125) dieses Phänomen unter Wahrung des aristotelischen Prinzips anders gedeutet: Dem Geschoß werde vom Werfer ,Bewegungskraft' eingeprägt, welche die natürliche Tendenz der Fallbewegung in der Intensität übertreffe, sich aber allmählich abschwäche, so daß die Aufwärtsbewegung sich verlangsame, bis sie bei gleichgroßen entgegengesetzten Bewegungskräften zum Stillstand komme und unmittelbar danach in die Abwärtsbewegung umschlage. Diese werde in dem Maße schneller, in dem sich die restliche entgegengesetzte ,Wurfkraft' erschöpfe, bis schließlich aufgrund der allein verbleibenden ,natürlichen'

Tendenz die gleichförmige, rein ‚naturgemäße' Fallbewegung einsetze. Auf solchen Vorstellungen basierte auch die aus christlichen Glaubensvorstellungen heraus entstandene, erstmals am Ausgang der Antike bei Johannes Philoponos auftretende und später insbesondere im 14. Jahrhundert von Johannes Buridanus (um 1295–nach 1366) und Nicole Oresme (nach 1320–1382) ausgebaute, sogenannte Impetustheorie. Sie wurde im Spätmittelalter und in der frühen Neuzeit allgemein anerkannt.

Nach jüdisch-christlichen Vorstellungen hat der allmächtige Gott die Welt nicht nur wie der Baumeister-Architekt Platons geplant, sondern auch selbst formend erschaffen. Plan und Ausführung der einen Schöpfung können deshalb nur die besten sein, so daß zwei unterschiedliche beste Welten ausgeschlossen sind. Sowohl neuplatonische als auch christliche Denker gehen deshalb von der physikalischen Einheit der Welt aus und leugnen die Trennung in einen wandelbaren irdischen und einen unwandelbaren göttlichen Teil. Da die erschaffene Welt einen Anfang hatte, müsse der Raum ohne die Schöpfung einschränkende Strukturen vor dieser vorhanden gewesen sein. Es könne also keine von den Körpern unabhängigen ‚natürlichen Örter' geben; ‚orts'-bezogene Bewegungen müßten vielmehr als räumliche verstanden werden, und Ziel der Bewegung sei jetzt die Erfüllung und Einhaltung von Gottes Schöpfungsplan. Und dies geschieht nicht willkürlich oder zwangsläufig, was Gottes Allmacht widerspräche, sondern aufgrund der dazu von Gott den erschaffenen Dingen „eingeprägten" Kraft und Fähigkeit, sich entsprechend diesem Plan und dieser Ordnung zu verhalten. Die Kräfte und Fähigkeiten aller ‚Geschöpfe' müßten deshalb aufgrund der göttlichen Vorsehung so auf einander bezogen sein, daß sie insgesamt diese ‚Ordnung' ergeben und einhalten. Neben die Zweckmäßigkeit der Einzelprozesse und -dinge bei Aristoteles, die als ihr ‚Ziel' die eigene Vollkommenheit anstreben, trete die übergeordnete Zweckmäßigkeit der Gesamtnatur, in der jeder Teil eine bestimmte, dem Gesamtzweck dienende Funktion erfülle. Wurde aber von den Stoikern in Anlehnung an Platon noch ein den Einzeldingen innewohnendes ‚Streben' des Gleichen zum Gleichen für die Einhaltung der von Gott ‚vorgesehenen' Ordnung verantwortlich gemacht, so ist es bei Philoponos und den späteren Impetustheoretikern die von Gott dank seiner Vorsehung bereits der erschaffenen Materie und den erschaffenen Dingen „eingeprägte Kraft" als von der Materie unabhängiger, wenn auch in ihr und durch sie wirkender ‚Beweger'.

Hiernach handelte Gott also beim Schöpfungsakt wie ein Werfer im

Sinne der hipparchschen Wurftheorie; göttliche Schöpfungstätigkeit wird der menschlichen Tätigkeit des ‚künstlichen' Erschaffens analog gesehen: Bezüglich der Verursachung können die im aristotelischen Sinne vom Menschen *gegen* das ‚natürliche' Verhalten eines Dinges ‚künstlich' bewirkten Prozesse prinzipiell den nach Aristoteles ‚natürlichen' gleichgesetzt werden. Nur sei Gott eben allmächtig und bleibe die von ihm eingepägte ‚Kraft', aus der die ‚natürlichen' Bewegungen resultieren, stets gleichgroß, während der vom Menschen unmittelbar oder mittels technisch-mechanischen Geräts vermittelte Impuls für ‚künstliche' Bewegungen allmählich versiege. Auch könne dieser Impuls lediglich dem vom Menschen jeweils gewählten partiellen Zweck dienen, nicht dagegen dem Gesamtzweck des Naturganzen.

Trotz der hier deutlich erkennbaren größeren Hochschätzung des Handwerklich(-Technischen) blieb der prinzipielle Unterschied zwischen ‚Natur' und ‚Kunst' (Technik) auch im Rahmen der durch die Impetustheorie modifizierten aristotelisch-scholastischen ‚Physik' erhalten! Auch die Phänomene werden gleich gedeutet, und die Prinzipien bleiben die gleichen. Selbst der Dualismus der Welt bestand de facto auch für die erschaffene Welt fort, insofern von Gott allein den ehemals ätherischen Sphären ein kreisförmig bewegender Impetus eingeprägt worden sein sollte.

Anders als die idealisierte, ja abstrakte Welt Galileis und Newtons, die den Gegensatz von Kunst und Natur auf der Ebene mathematischer Reduktionen überwindet und von der Baconschen Maxime ausgeht, daß der Mensch auch in Kunst und Technik nur der Natur folgen könne, so daß ein experimenteller Eingriff kein Verfälschen des ‚natürlichen' Verhaltens darstelle und Artefakte sich naturgemäß verhielten, war die Welt der aristotelisch-scholastischen ‚Physik' eher ein aus sich heraus gesteuertes, in allen Details auf einander bezogenes, finalistisches komplexes Ökosystem, ein organologisches Ganzes, das als solches durch jeden Eingriff von außen mehr oder weniger zerstört wird. In ihrem Rahmen hat deshalb das Experiment keinen Platz, da es in einen ‚natürlichen' Prozeß ‚künstlich' eingreift und somit nur ‚Kunst' erzeugt. Im Bereich des künstlich Erzeugten, in der Technik, kennt deshalb aber auch die Klassische Antike nach Aristoteles das Experiment. So wurden schon Ende des 5. Jahrhunderts v. Chr. in Syrakus von Pythagoreern die günstigsten Ausmessungen für Torsionsgeschütze experimentell bestimmt, die dann während der gesamten griechisch-römischen Antike unverändert blieben, wurden von Ktesibios (3. Jahrh. v. Chr.) und Heron von Alexandria (1. Jahrh. n. Chr.) die Elastizitätseigenschaften von Luft experimentell untersucht und tech-

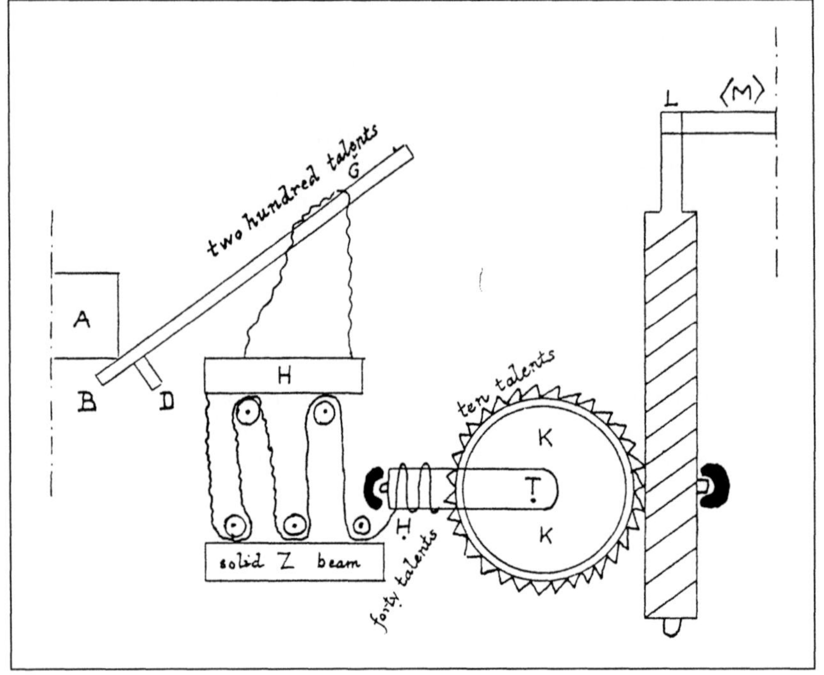

Diese theoretische Kombination von vier Einfachen Maschinen findet sich in Herons Mechanika 11,29 und wurde nach den in den Handschriften enthaltenen Zeichungen rekonstruiert: In A liegt eine Last von 1000 Talenten, BΔ verhält sich zu ΔΓ am Hebel wie 1 : 5, so daß bei Γ 200 Talente angreifen müssen. Bei dem sich anschließenden Flaschenzug aus fünf Rollen ist der untere Klotz Z fest am Boden verankert gedacht, bei H müssen daher 40 Talente angreifen. Das Verhältnis vom Durchmesser des Zahnrades K und der Welle HΘ soll 4 : 1 sein, so daß am Rad nur noch 10 Talente angreifen müssen. Dem Menschen (M) stehen aber nur Kräfte zur Verfügung, die 5 Talenten entsprechen. Und so wird noch eine Endlose Schraube hinzugefügt, die in das Zahnrad passend eingreift und mit einer Kurbel versehen ist. (Übers. v. Fritz Krafft).

nisch vielfältig genutzt usw. Im Gegensatz zur qualitativen ‚Physik' des konkreten irdischen Geschehens konnten ‚künstlich' erzeugte Prozesse und Geräte auch mathematisch untersucht werden, was natürlich insbesondere für aufgrund geometrischer Prinzipien (Kreis und Gerade) konstruierte ‚mechanische' Geräte galt, etwa die Einfachen Maschinen. Von diesen wurde nicht nur die Wirkweise von Aristoteles und Archimedes auf mathematische Weise bestimmt, sondern manche wurden sogar von letzterem erst im Rahmen ihrer mathematischen Abhandlung erfunden (Flaschenzug, Schraube). Hier treffen sich zwei im Sinne des Aristoteles ‚künstliche' Gebiete, das der im Rahmen von Axiomen beweisenden mathematischen Kunst und das der ‚mechanischen' Kunst (mēchanikē technē) – zumal auch die von außen angreifenden ‚Kräfte', die durch diese Maschinen wirken, im Gegensatz zu inneren ‚Kräften' quantitativ (etwa als Gewicht) bestimmt werden können. [III–4.2]

Eine solche mathematische Behandlung der mechanischen Technik geschieht innerhalb des erhaltenen Schrifttums erstmals in den „Quaestiones mechanicae" des jungen Aristoteles[4]. Hiernach ist die

‚Mechanik keine ‚Physik‘, vielmehr eine mathematische Disziplin zur Erklärung der Wirkweise von ‚mechanischen Hilfsmitteln‘, von (einfachen und zusammengesetzten) Maschinen – zu denen in der Klassischen Antike alle mechanischen, pneumatischen und hydraulischen Geräte und Maschinen des zivilen und militärischen Bereichs bis hin zu Automaten, Geschützen, Wasserorgeln und Hebezeugen gehören. Der Begriff ‚mēchanē‘ ist nämlich über den in Unteritalien gesprochenen dorischen Dialekt als *machina* ins Lateinische eingegangen; und *mēchanikē technē* ist so etwas wie (theoretische und praktische) Maschinenkunde, die Lehre von der Wirkweise und Herstellung von ‚Mitteln‘, mit denen der Mensch in die Lage versetzt wird, etwas gegen die Natur zu verrichten, die Natur zu ‚überlisten‘ – wobei hierzu allerdings nur solche ‚Mittel‘ zählen, mit deren Hilfe der Mensch etwas seine eigenen Kräfte und Fähigkeiten Übersteigendes, ein ‚Wunder‘, bewerkstelligt. Solange seine ‚Kraft‘ dem ‚Gewicht‘ einer Last noch gleichkommt, wird diese zwar auch gegen ihre Natur angehoben, ‚mechanisch‘ aber erst dann, wenn die Last diese ‚Kraft‘ übersteigt und deshalb ein ‚Mittel‘ zu Hilfe genommen werden muß. [I-1.2]

‚mechane‘ bedeutete im Griechischen ursprünglich ‚Mittel‘, ‚List‘ – und zwar unabhängig davon, ob man sich bei Anwendung einer *mēchanē* nur geistiger Mittel bediente (‚List‘) oder auf geschickte Weise auch irgendeines Werkzeugs. Neben dieser allgemeinen Bedeutung entwickelte sich mit dem Aufkommen entsprechender technischer Geräte und Maschinen allmählich auch eine speziellere, die jedoch die allgemeinere nie gänzlich verdrängte: über ‚geschickte Anwendung von Werkzeugen‘ (Aischylos, Herodot) wird dies ‚Mittel‘ in übertragenem Sinne ‚Produkt einer solchen geschickten Anwendung‘, etwa ein Schiff oder eine Brücke, die aber selbst wieder als geschickt angewendetes Gerät dienten (in den „Persern“ Aischylos’), und schließlich im ausgehenden 5. Jahrhundert v. Chr. wird es zum ‚Werkzeug‘ und zur Verbindung mehrerer Werkzeuge, zur ‚Maschine‘. In den hippokratischen Schriften etwa wurden chirurgische Geräte damit bezeichnet, Herodot (um 430) nannte so eine Hebemaschine sowie Kriegsmaschinen, die er ausdrücklich von ‚Listen‘ geistiger Art unterschied, wenn er schrieb[5], Dareios habe gegen Babylon „sämtliche Listen (σοφίσματα) und sämtliche Maschinen (μηχαναί) vergebens eingesetzt“. Auch die Theatermaschinen, mit deren Hilfe in der Spätzeit der Klassischen Tragädie der „deus ex machina“ zur mythengerechten Wendung der festgefahrenen Handlung auf die Bühne geschwenkt wurde, hießen so, bei Aristoteles dann alle möglichen einfachen und zusammengesetzten Hebezeuge, Be- und Entwässerungsmaschinen allerdings erst in hellenistischer Zeit. Die Römer übernahmen den Begriff dann mit den Maschinen selbst, während im Griechischen die ursprüngliche Bedeutung erhalten blieb und stets mitklang: Überlistung der Natur – was dann insbesondere von den Renaissance-Ingenieuren wieder betont wurde.

Nun war allerdings Listigkeit und Gerissenheit (Schläue) eigentlich von den Griechen stets sehr hoch geschätzt worden. Doch war hierin in der zweiten Hälfte des 5. Jahrhunderts ein Wandel eingetreten, als die Sophisten für alles ein ‚Mittel' zu besitzen und gegen entsprechendes Honorar zu vermitteln versprachen – durch eine verfahrungstechnische Aufbereitung entsprechenden Unterrichtsstoffes (was man mit *technē* bezeichnete). Hiergegen kam es zu einer heftigen Reaktion, die noch in den Schriften Hippokrates', Platons, Isokrates' und Aristoteles' sowie in den attischen Tragödien und Komödien deutlich anklingt. σοφός (sophos) hieß jetzt nicht mehr ‚weise', wie sich diese Lehrer selbst nannten, sondern ‚klug', ‚gerissen'; ‚Sophist' wurde so zu einem regelrechten Schimpfwort. Es gebe eben nicht für und gegen alles ein ‚Mittel', und der Zweck heilige nicht jedes Mittel; die Natur lasse sich dadurch nicht beeinflussen, vielmehr müsse man ihr folgen, sie zuvor also in ihren Eigenarten kennenlernen, was besonders von der hippokratischen Medizin der Zeit propagiert und praktiziert wurde. Ganze Trägödien wie der „Philoktet" des Sophokles leben von der Spannung zwischen verpönten listigen Machenschaften und dem ‚natürlichen' Verhalten, das schließlich obsiegt. Herodot geht in seinem Geschichtswerk sogar so weit, die großen technischen Leistungen, mit denen die Perser ihre Eroberungszüge ermöglichten, als frevelhafte Eingriffe in die Natur zu deuten und mitverantwortlich für den zweimaligen Untergang des Perserheeres zu machen: Überbrückung des Bosporus, Bau eines Kanals durch die Chersones zur Vermeidung der Umschiffung des Athosvorgebirges, die beim ersten Versuch verhängnisvoll ausgefallen war usw. Er erfindet für diese Ursachenverkettung sogar den Bau eines Dammes zur Insel Salamis, die sie zur Halbinsel gemacht hätte, durch Xerxes, und er ‚zitiert' ein Orakel der delphischen Pythia, das die Knidier erbeten hätten, weil es beim Bau eines Kanals, der die griechisch besiedelte Halbinsel vor dem Zugriff vom Festland schützen sollte, ungewöhnlich viele Unfälle gegeben hätte[6]: „Baut keine Mauer auf dem Isthmos, hebt keine Gräben aus; denn Zeus hätte ihn zur Insel gemacht, wenn er es gewollt hätte."

Aus dieser geistigen Situation heraus entstand die erste mathematische Behandlung ‚mechanischer' Probleme, vermutlich um 400 v. Chr. durch Archytas von Tarent, dem dann Aristoteles mit seinen

„Quaestiones mechanicae" – wohl auch inhaltlich – folgte. Die strikte Trennung von ‚natürlichen' und ‚künstlich-technischen' Prozessen, wie sie nach Ansätzen bei Platon von Aristoteles vorgenommen wurde, erfolgte also in der Folge des durch diese Diskussion gekennzeichneten ‚Historischen Erfahrungsraumes' und spiegelt diesen wider. Die Disziplin ‚Mechanik' war daher in einer für das Verhältnis von Technik und Naturwissenschaft abträglichen Situation entstanden und hat diese durch die philosophische Fundierung bei Aristoteles nicht überwinden können, solange die aristotelische ‚Physik' ihrerseits gültig blieb.

Da jedoch die praktisch-technische ‚Mechanik', die Technik, älter als ihre mathematisch-theoretische Behandlung ist, blieb sie auf Dauer von der mit der Vorstellung von einer ‚Überlistung' der Natur verbundenen negativen Einschätzung sogar in der Antike frei. Sieht man von einigen neuplatonischen Strömungen ab, so waren zwar nicht die Handwerker, wohl aber die Baumeister und Ingenieure ebenso wie die Vertreter der ärztlichen ‚Kunst' zu allen Zeiten und in allen Schichten des Volkes bei Griechen und Römern sowie im Mittelalter hoch angesehen. Selbst ein Platon hat sich durch eine selbst konstruierte Einrichtung jeden Morgen wecken lassen! Und im christlichen Denken des Mittelalters wurde die „ars mechanica" regelrecht als von Gott dem Menschen verliehen angesehen, der er sich zum Ausgleich für die durch den Sündenfall erlittenen Mängel und zur Erleichterung der von ihm verhängten Strafe bedienen solle[7] – wozu Gott ihm nach Aurelius Augustinus[8] (354–430), dem sich die mittelalterlichen Autoren wie schon Theophilus Presbyter[9] (Ende des 11. Jahrhunderts) gern anschlossen, die „capacitas artis et ingenii" als Überbleibsel aus dem Paradies belassen habe.

Allerdings hatten Isidor von Sevilla (um 560–636) und Cassiodor (um 485–580) die im Lateinischen weitgehend verlorengegangene Bedeutung von *mēchanikē technē* als der praktischen und theoretischen Ingenieurtätigkeit zur Überlistung der Natur für den Begriff *ars mechanica* übernommen, doch waren in Ermangelung mathematischen Wissens bis ins Hochmittelalter de facto darunter nur praktisch-handwerkliche und gewerbliche Tätigkeiten verstanden worden. Diese unterteilte man in Anlehnung an die sieben ‚Freien' Künste in sieben ‚unfreie', ‚dienende' *artes mechanicae* – erstmals bei Johannes Scotus Eriugena im Jahre 859, was sich dann seit dem 12. Jahrhundert allgemein durchsetzte. Die gelegentlich auftretende Forderung nach theoretisch-geometrischer Fundierung blieb bloße literarische Übernahme, so daß selbst in dem für die Folgezeit maßgeblichen

Albertus Magnus (um 1200–1280) nach einem Kupferstich von 1597. Der bedeutende Naturforscher, Philosoph und Theologe war als Provinzialoberer des Dominikanerordens, als Bischof von Regensburg und als päpstlicher Legat von großem Einfluß für die Ausprägung der katholischen Kirche seiner Zeit. Seine Bedeutung als Philosoph liegt vor allem in seinem entschiedenen Eintreten für die Verbreitung und Auswertung der im 12. Jahrhundert wieder aufgefundenen Aristotelischen Schriften. – Eine Synthese des Aristotelismus mit christlicher Überlieferung gelingt aber erst seinem Schüler Thomas von Aquin (1225–1274).

„Didascalicon de studio legendi" (um 1130) des Hugo von St. Viktor (1096–1141), in dem die *ars mechanica* unter die vier „führenden Wissenschaften" eingeordnet wird, darunter ein buntes Sammelsurium menschlicher Werk-Tätigkeiten verstanden werden konnte [10]:
1. Verarbeitung flexibler organischer Stoffe (lanificium),
2. technisches Handwerk (armatura: bildende Künste, Waffenbau, Baugewerbe),

3. See- und Landhandel (navigatio),
4. Garten- und Landbau (agricultura),
5. Nahrungsgewerbe (venatio),
6. Medizin (medicina)
7. Ritterspiele (theatrica). [III-1; III-2.1; V-3.1]

Selbst als im Anschluß an die seit dem 12. Jahrhundert wieder bekannt gewordenen Schriften des Aristoteles – etwa von Albertus Magnus (um 1200–1280) und Thomas von Aquino (1225–1274) – die Unterscheidung von Handeln und Erzeugen (actio/factio) aufgegriffen und zu den artes mechanicae nur noch „scientiae/artes factivae/operativae" gezählt wurden, blieben es die handwerklichen Tätigkeiten; „mechanicus" blieb der ‚Handwerker' (ja: Handlanger), ‚ars mechanica' die manuelle Tätigkeit, die bloß ‚mechanisch' vorgeht, wenn auch die von Albertus bekräftigte Forderung nach einer theoretischen Fundierung durch Gelehrte allmählich tatsächliche Früchte trug. Das geschah anfangs aufgrund von lateinischen Übertragungen hellenistischer mathematischer und mechanischer Schriften (größtenteils über arabische Übersetzungen), wodurch nicht nur Behandlungsweise und Einschätzung der Mechanischen Technik durch die Griechen wieder gewonnen wurden, sondern auch deren Leistungen, an die man bewußt anknüpfte.

Im 16. Jahrhundert wurde dann zum Ausweis der Wissenschaftlichkeit die praktische Ingenieurtätigkeit mit dem Inhalt der theoretischen Schriften von Aristoteles, Archimedes und Heron von Alexandria verknüpft. Es waren nicht die Humanisten, sondern die Künstler-Ingenieure, die dieses antike Schrifttum studierten. Sie strebten nach sozialer Aufwertung durch eine Verwissenschaftung ihrer „artes mechanicae" durch Mathematisierung in Anlehnung an die akademischen „septem artes liberales". [III-3.3]

Die Mathematik (Geometrie) nahm so wieder Einzug in die ‚Kunst' und in die Bereiche der Technik, die von der ursprünglichen „mēchanikē technē" erfaßt wurden. Verständlich wird so, daß die ausübenden Ingenieure der 2. Hälfte des 16. Jahrhunderts sich dafür einsetzten, „nicht mehr jedes gewöhnliche Handwerk und Gewerbe ‚mechanisch' zu nennen, sondern nur die technischen Künste, in denen theoretisches (mathematisches) Wissen und handwerkliche Geschicklichkeit zusammenfallen" [11]. [III-2.1; III-3.3]

Eine Wechselwirkung zwischen (mechanischer) Technik und Naturwissenschaft konnte daraufhin aber erst einsetzen, nachdem die Physik selbst mathematisiert wurde. Dies geschah seit dem ausgehenden 16. Jahrhundert insbesondere durch Galilei und Johannes Kepler vor allem durch den Nachweis, daß mittels ‚mechanischer' Manipulationen keine Überlistung der Natur erfolge, vielmehr ‚naturgemäße' Bewegungen durchgeführt würden. Aus der weitestgehend quantisierten und mathematisierten alten ‚Mechanik' wurde eine *Natur*wissenschaft, die Grunddisziplin neuzeitlicher Physik. [III-2.1]

Dadurch daß die Mathematik, als der Natur immanente Struktur aufgefaßt, zur maßgeblichen Methode der Naturerkenntnis wurde, konnte jetzt das natürliche Geschehen im Rahmen der Physik weitgehend auf das mathematisch Erfaßbare reduziert werden. Die Natur galt nicht mehr als ein natürlich ‚gewachsenes' Gebilde – was der griechische Begriff $\varphi\acute{v}\sigma\iota\varsigma$ (physis) eigentlich bedeutet und seine lateinische Übersetzung mit *natura* (von ‚nasci' = geboren werden, wachsen) nachvollzieht –, sondern mehr als eine mathematisch-technische Struktur, als „machina", die in prinzipiell gleichartige Technik umgesetzt werden kann. Dessen, daß hierzu mehr als die bloße mathematisch erfaßbare Struktur, nämlich insbesondere die im eigentlichen Sinne ‚physikalischen' Materialeigenschaften zu kennen erforderlich ist, wurde man sich allerdings erst im Laufe des 18. Jahrhunderts allmählich bewußt, so daß auch erst seitdem die heute als selbstverständlich angesehene unmittelbare Wechselwirkung zwischen Naturwissenschaft und Technik einsetzen konnte.

Literaturnachweise

1 *Thales:* Fragment A 22 *Diels-Kranz.* Die Vorsokratiker; Die Fragmente und Quellenberichte, übers. und eingeleitet von Capelle, Wilhelm. (Kröners Taschenausgabe, 119) Stuttgart o. J., S. 72. – Aus *Aristoteles:* Über die Seele, Buch 1, Kap. 5, 411a7. Übers. v. Theiler, Willi. (Aristoteles Werke in deutscher Übersetzung, Bd. 13) Berlin/Darmstadt 1959 (⁶1983), S. 22.

2 *Aristoteles:* Physik, Buch 2, Kap. 1, 192b13 f.; Buch 8, Kap. 4, 254b7 ff. Aristoteles' Physik: Vorlesung über Natur, griechisch-deutsch. Übers., mit einer Einleitung und mit Anmerkungen, hrsg. v. Zekl, Hans Günter. (Philosophische Bibliothek, Bd. 380/381) 2 Bde, Hamburg 1987–1988; hier Bd. 1, S. 50/51 bzw. Bd. 2, S. 164/165–172/173.

3 *Aristoteles:* Physik, Buch 7, Kap. 1, 241b34; Buch 8, Kap. 4, 254b7 ff. Aristoteles' Physik, hrsg. v. Zekl. (Vgl. 2) Bd. 2, S. 104/105 bzw. 164/165–172/173.

4 *Aristoteles:* Quaestiones mechanicae. – Deutsche Übersetzung in Krafft, Fritz: Dynamische und statische Betrachtungsweise in der antiken Mechanik. (Boethius, 10) Wiesbaden 1970.

5 *Herodot:* Historien, Buch 3, § 152.

6 *Herodot:* Historien, Buch 1, § 174.

7 *Bonaventura:* Zurückführung der Künste auf die Theologie. In: Opera omnia, edidit A. C. Peltier. Bd. 7. Paris 1866, S. 498.
8 *Augustinus:* De civitate Dei, Buch 22, Kap. 24.
9 *Theobald,* Wilhelm: Technik des Kunsthandwerks im 10. Jahrhundert. Des Theophilus Presbyter Diversarum Artium Schedula. In Auswahl neu hrsg., erläutert und übersetzt. Berlin 1933.
10 *Hugo von St. Victor:* Didascalicon, Buch 2, Kap. 20ff.; Taylor, Jerome: The Didascalicon of Hugh of St. Victor. A Medieval Guide to the Arts, Translated from the Latin with an Introduction and Notes. New York 1961.
11 *Krafft,* Fritz: ,artes mechanicae'. In: Lexikon des Mittelalter. Bd. 1, München/ Zürich 1977–1980, Sp. 1063–1065; hier Sp. 1065.

Renaissance – Naturwissenschaften und Technik zwischen Tradition und Neubeginn

Charlotte Schönbeck

„Zu den größten und allerseltsamsten Ereignissen natürlicher Art zähle ich in erster Linie dies, daß ich in dem Jahrhundert zur Welt kam, da der ganze Erdkreis entdeckt wurde, während den Alten nur wenig mehr als der dritte Teil bekannt gewesen war. Gibt es wunderbareres als die Erfindung des Pulvers, des Blitzes in Menschenhand, der verderbenbringender noch ist als der des Himmels? Und auch Dich will ich nicht vergessen, Du großer Magnet, der Du uns durch die weitesten Meere, durch die finstere Nacht und fürchterliche Stürme sicher in fremde unbekannte Länder geleitest. Und als viertes sei noch genannte die Erfindung der Buchdruckerkunst. Menschenhände haben dies alles gemacht, Menschengeist erfunden, was mit des Himmels Wundern wetteifern kann. Was fehlt uns noch, daß wir den Himmel stürmen?"

Diese Worte findet der Mathematiker Geronimo Cardano 1574 in seiner Selbstbiographie über die Erfindungen und den Menschen in der Zeit der Renaissance[1]. Beides läßt sich kaum knapper beschreiben.

Seit den klassischen Arbeiten von Jacob Burckhardt[2] hat die Renaissance als Kunstepoche und weitreichende Kulturbewegung nichts an Anziehungskraft und Faszination für die historische Forschung verloren. In den Jahren nach dem Ersten Weltkrieg entstand eine vielfältige und heftige Diskussion der Historiker über den Beginn, die Dauer und den Einflußbereich der Renaissance, die ihren prägnantesten Ausdruck in Huizingas berühmter Arbeit über das „Problem der Renaissance"[3] fand. In den letzten Jahrzehnten gehen kritische Stimmen[4] der Renaissanceforschung sogar so weit, daß sie die Bedeutung und Sinnhaftigkeit der Renaissance als Ganzes in Frage stellen.

Doch trotz aller Unwägbarkeiten und kritischer Einschränkungen ist offensichtlich, daß im 15. und 16. Jahrhundert in Italien eine neue, eigene Geisteshaltung entsteht, deren Kraft auf ganz Europa ausstrahlt. Für die Entwicklung der Naturwissenschaften ist diese Tatsache lange verkannt worden: man glaubte[5], die Anfänge der modernen Naturwissenschaften bereits vollständig im Mittelalter aufspüren zu können und hielt gerade das 15. und 16. Jahrhundert für eine uninteressante und unfruchtbare Zeit der Stagnation, für ein unproduktives Interregnum zwischen der Blüte im Mittelalter und dem Zeitalter des Galileo Galilei (1564–1642). Erst durch neuere Forschungen[6] ist immer deutlicher geworden, daß sich die Entstehung der modernen Naturwissenschaften gar nicht trennen läßt von dem grundsätzlichen geistigen Wandel, der sich in der Renaissance vollzogen hat; sie erscheint immer mehr als ein „bevorzugter Augenblick der abendländischen Menschheit, eine Art Verkündigung einer profanen Offenbarung, der lange Moment der Entstehung der modernen Welt"[7]. Und die Frage, warum gerade in dieser Zeit die Weichen für die Entstehung der Natur*wissenschaften* gestellt werden, wie sie weder die Antike, noch das Mittelalter in Europa, China oder Byzanz gekannt haben, läßt sich nur beantworten, wenn man auch den Zusammenhang mit einem anderen wichtigen Faktor sieht, nämlich dem Werdegang der Technik zur gleichen Zeit. Der Aufbruch zur „Nuova Scienza" ist nur zu verstehen, wenn man – neben der wachsenden Verbindung der Mathematik mit der Naturerkenntnis – die sich in der Renaissance ändernde Einstellung gegenüber der Technik mit einbezieht; die modernen Naturwissenschaften wachsen aus der Verbindung von Kenntnissen und Erfahrungen der Handwerker, Techniker, Baumeister und Künstler mit dem theoretischen und systematischen Wissen der Gelehrten. Diese Verbindung von praktischen und theoretischen Interessen erfolgte ganz allmählich, sie wurde schrittweise von beiden Seiten vorangetrieben, bis es schließlich zu einer vollständigen Verschmelzung, einer unauflöslichen Verbindung in den heutigen Naturwissenschaften kam. Diese Entwicklung umfaßt ungefähr einen Zeitraum von 200 Jahren; sie beginnt um 1450 mit der Entdeckung zahlreicher neuer antiker naturwissenschaftlicher Schriften nach der Eroberung Konstantinopels durch die Türken und ist vollendet mit Galileis berühmten „Discorsi e dimostrazioni mathematiche, intorno à due nuoue scienze" von 1638.

Voraussetzungen

Dieser Prozeß, der sich in Verbindung und zur gleichen Zeit wie die Bildung europäischer Nationalstaaten vollzieht, verläuft in den einzelnen Ländern sehr unterschiedlich. Er nimmt seinen Ausgangspunkt von Italien und wird von dort aus – getragen von der neuen Erfindung des Buchdrucks – bald in ganz Europa spürbar. Während sich in England, den Niederlanden und Frankreich eigene Formen von weit-

tragendem Einfluß bilden, beschränkt sich die Mitwirkung von
Deutschland bei dem Entstehungsprozeß der modernen Naturwissenschaften auf die Tätigkeit einiger weniger Gelehrter und Künstler.

In Italien waren bereits im 13. Jahrhundert eine Reihe autonomer
Staaten – vor allem in den Städten – entstanden, die entweder von
einer bürgerlichen Eliteschicht oder von fürstlichen – oft despotischen
Herrschern – regiert wurden. Florenz war zu Beginn der Renaissance
das Beispiel einer Bürgerstadt, während es in der Spätrenaissance der
fürstliche Staat der Medici war, in dessen Dienste die Adligen für Geld
und Ansehen tätig sein konnten. Am Ende des Mittelalters war es einer
Gruppe der Bürgerschaft gelungen, durch intensivere Handwerks-
arbeit mit Hilfe aller damaligen technischen Möglichkeiten und durch
kaufmännisches Geschick zu Besitz und Einfluß zu kommen. Mit
Selbstbewußtsein suchte man nach mehr Selbständigkeit und Freiheit
außerhalb der mittelalterlichen Zunftgrenzen. Das Verbot des Zinsge-
schäftes, das über Jahrhunderte jedem Christen als schwerste Sünde
untersagt war, lockerte sich allmählich, es wurden Banken und Han-
delsgesellschaften gegründet, von denen sogar der Kaiser und die Päp-
ste zeitweilig abhängig waren. Es entsteht ein bürgerliches kapitalisti-
sches Unternehmertum, in dem sich persönliche Leistung immer mehr
auszahlt und persönlicher Einsatz die eigene Stellung in der Wirtschaft, der Politik und der Gesellschaft bestimmt. Nur zu verständlich
ist es deshalb, daß sich der Mensch dadurch stärker seiner Individualität bewußt wird, alle geistigen und kreativen Kräfte entfalten möchte
und versucht, die Grenzen der geistigen Tradition und der geographischen Begrenzungen der ihm bekannten Welt zu sprengen.

Durch diese neue Haltung und Gesinnung wird die Renaissance zu
einer Zeit der Wandlungen: in Italien, den Niederlanden und Deutschland entfaltet sich eine ungeahnte Blütezeit der Kunst mit Meistern
wie Leonardo da Vinci, Michelangelo, Jan van Eyck, Lucas Cranach
und Albrecht Dürer. – 1492 entdeckt Kolumbus Amerika, Vasco da
Gama findet den Seeweg nach Indien und Magallhaes gelingt mit der
ersten Weltumsegelung der endgültige Beweis für die Kugelgestalt der
Erde. – 1517 schlägt Martin Luther die 95 Thesen an die Schloßkirche
von Wittenberg, und es beginnt mit den Jahren der Reformation die
größte Veränderung des Christentums. – Alle diese Bestrebungen der
Renaissance sind die Zeichen für eine Öffnung der Kultur und eine
Erweiterung der geistigen und geographischen Welt.

Über welche Möglichkeiten verfügen Technik und Handwerk bis
zur Mitte des 15. Jahrhunderts? Neben den revolutionierenden Erfindungen von Kompaß, Schießpulver, Buchdruck und automatischen

Uhrwerken kennt man in der Landwirtschaft den Eisenpflug und führt die Dreifelderwirtschaft ein, im Bergbau und Hüttenwesen ist durch die Erfindung von Pumpen und Gebläsen in ganz Europa eine intensivere Nutzung möglich. Durch Wasser- und Windmühlen kann man in weitem Umfang die Energie der unbelebten Natur für Arbeitsleistungen in vielen Bereichen nutzen: in Handwerks- und Werftbetrieben, beim Befestigungsbau, der Textilverarbeitung oder auch im Bergbau und Hüttenwesen.

Diese Möglichkeiten waren geschaffen worden, ohne daß die offizielle Wissenschaft – an den Universitäten und in den Klöstern – davon Notiz nahm. Getragen wird die Entwicklung von Praktikern: von Handwerksmeistern oder Schiffbauern, von Grubenfachleuten oder Eisengießern. Diese Menschen sind reine Empiriker, die in den meisten Fällen weder schreiben noch lesen können, die keinerlei Sinn für eine theoretische Begründung ihrer Tätigkeit haben und in systematischem und abstraktem Denken völlig ungeübt sind. Ihr Wissen und besonderen Handfertigkeiten hüten sie als Zunftgeheimnis und geben sie nur als unbegründete Rezepte in mündlicher Form von Generation zu Generation weiter. Schriftlich festgehalten werden technische Erfindungen und Verfahren im Mittelalter kaum.

Die offizielle Wissenschaft – niedergelegt in den zahlreichen Schriften der Universitätslehrer und Kleriker – hatte sich bis zum Ende der Hochscholastik in erster Linie darum bemüht, das antike Bildungsgut mit den Ergebnissen der arabischen Gelehrten zu verschmelzen und in Einklang mit der christlichen Glaubenslehre zu bringen. Physik als Naturbetrachtung und Teil der Naturphilosophie setzte sich mit den Lehren von Aristoteles und Platon auseinander, vertiefte das astronomische Wissen Hipparchs und die Vorstellungen des Ptolemäus. Handwerkliche Tätigkeit und technisches Erfindertum gehörten als „wider die Natur" nicht in den Bereich der sanktionierten Wissenschaften zu Beginn der Renaissance. Von ihrer ganzen Konzeption her war zu diesem Zeitpunkt eine Hinwendung zu Problemen der Praxis gar nicht zu erwarten. Auf dem Gebiet der wissenschaftlichen Denkmethoden – der analytischen und synthetischen Betrachtungsweise und deren logischen Schlüssen – hatte man es allerdings zu außerordentlichen Fertigkeiten gebracht. – Dieses Bild des Wissenschaftsbetriebes zu Beginn des 15. Jahrhunderts ist sehr grob, denn es hat neben der von der Kirche geförderten Wissenschaft immer wieder Versuche gegeben, die Enge der theologischen Grenzen zu sprengen und andere Wege für ein tieferes Naturverständnis zu finden, sei es mit Hilfe von Magie und Mystik oder durch tastende mechanistische und atomi-

stische Ansätze. Hier finden sich die ersten Spuren eines neuen natur-
offenen Denkens.

Die Wiederentdeckung der Antike mit ihrer Bejahung des Lebens
und der Öffnung des Menschen zur Welt findet ihren durchschlagen-
den Ausdruck im Humanismus, der in der Frührenaissance von Italien
ausgeht und das geistige Leben in Europa prägt. Sein Wirken ist zwar
noch nicht in der Lage, die beiden getrennten „Lager" – praktische
Technik und theoretische Wissenschaft – einander näher zu bringen,
aber die Humanisten schaffen doch eine wesentliche Voraussetzung.
Als 1453 die Türken Konstantinopel eroberten, flohen viele byzanti-
nische Gelehrte, und mit ihnen gelangten griechische – philosophische, historische und literarische aber auch naturwissenschaftliche
– Schriften nach Italien. Durch kritische philologische Interpretation
und exakte Übersetzung der ursprünglichen Texte suchte man nun
Dichtungen, philosophische und historische Werke in ihrer reinen
Form zu erschließen.

Obwohl die Humanisten weder von der Thematik noch von der
recht ungeschliffenen Sprache her großes Interesse an naturwissenschaftlichen Manuskripten hatten, so übersetzten, sammelten, kom-
mentierten und verbreiteten sie doch die Schriften der großen antiken
Wissenschaftler, die entweder jahrhundertelang unbekannt, lediglich
in Bruchstücken überliefert waren oder von denen man nur durch
arabische Werke wußte. So standen bald die Schriften von Vitruv, die
echten und unechten Abhandlungen von Aristoteles, die Werke von
Heron, Euklid, Pappos, Apollonius Strabon, Ptolemäus und vor allem
die mechanischen Schriften des Archimedes – neben umfangreichen
medizinischen, botanischen, pharmazeutischen und naturgeschicht-
lichen Beiträgen – zur Verfügung. Eine ganz wichtige Voraussetzung
für die Entstehung einer neuen Wissenschaft war damit geschaffen: die
Mediziner, Astronomen und Mathematiker verbanden nämlich in
ihrer Analyse und Kommentierung antiker Schriften ihre Hochachtung vor den Ergebnissen antiker Kultur mit einer wachen Neugier
für neue Dinge und eigene Wege.

Erste Bücher über Technik und Handwerk

Durch die rege Entfaltung von Handwerk, Handel und Bankwesen –
aber auch durch die vielfältigen Entdeckungsreisen – hatte sich in der
ersten Hälfte des 15. Jahrhunderts eine überwältigende Fülle an Kenntnissen und bisher unbekannter Tatsachen angehäuft, die auf eine Systè-

matisierung und größere Zusammenschau hindrängte. Der Anstoß dazu kam nicht von der Seite der Universitätsgelehrten!

Da Handwerk, Bautechnik, Berg- und Hüttenwesen in immer stärkerem Maße Handel und Wirtschaft eines Landes bestimmten und dadurch auch ein wachsendes Ansehen in der Gesellschaft genossen, begannen schreib- und lesekundige Männer, die vielfach aus den Kreisen der Humanisten kamen, sich für die Arbeit der Praktiker zu interessieren. Auch die ersten Künstler und Ingenieure begannen, ihre Erfahrungen schriftlich niederzulegen.

Es entsteht eine technisch-wissenschaftliche Literatur, die sich einerseits zur Information über wirtschaftliche Anwendungsmöglichkeiten an die Fürsten und Regenten wendet, aber andererseits auch für die Praktiker selbst gedacht ist. Neben Werken in lateinischer Sprache – der Sprache der Gelehrten – tauchen erste Veröffentlichungen in der Volkssprache auf, die sich ganz gezielt an die Handwerksmeister und Ingenieure wenden, die kein Latein verstehen. Ganze Gebiete der Technik, von denen bisher nur mündliche Überlieferungen existierten, werden jetzt schriftlich fixiert und durch den Buchdruck schnell in gebildeten Kreisen, zu denen jetzt auch Kaufleute, Handwerker und Künstler zählen, bekannt gemacht.

Die ersten „Technik-Bücher" gibt es über das Bauwesen und die Architektur. Das ist nicht verwunderlich, wenn man daran denkt, daß es im kriegerischen 15. und 16. Jahrhundert für die italienischen Stadtstaaten lebenswichtig war, sich mit wirksamen Befestigungsanlagen zu schützen. Außerdem war die Neugestaltung und Ausschmückung der eigenen Städte für die regierenden Fürsten auch ein sichtbares Zeichen ihres Reichtums, ihrer Macht und ihres bleibenden Ruhmes in der Geschichte. So ist zum Beispiel Florenz heute noch ein beredtes Denkmal für die Macht der Medici.

Von den zahlreichen Schriften über Baukunst aus der zweiten Hälfte des 15. Jahrhunderts ist das mehrbändige Werk „De re aedificatoria" von Leon Battista Alberti (1404–1471) wohl das wichtigste Zeugnis. Alberti schrieb es sowohl in lateinischer wie in italienischer Sprache zwischen 1443 und 1452. Die erste lateinische Ausgabe erscheint zwar erst 1485, sie ist aber das erste gedruckte Werk über das Bauwesen.

In Alberti begegnet uns bereits einer der „Vielfältigen" der Renaissance, den Jacob Burckhardt sogar den „Allseitigen" nennt. Er stammt aus einer wohlhabenden florentiner Familie und ist ein hochgebildeter Humanist mit umfassenden Kenntnissen der antiken Autoren. Nach seinen Studien an italienischen Universitäten wird er aber nicht selbst

Hochschullehrer, sondern wirkt als Berater in allen Fragen der Baukunst für viele verschiedene Fürsten und große Architekten. Er ist Gelehrter und Praktiker zugleich. In seinem Jugendwerk „Trattata della Pittura" von 1434 erwähnt er, daß er von allen habe lernen wollen und Schmiede, Baumeister und sogar Schuhmacher befragt habe, ob sie ungewöhnliche oder geheime Kenntnisse besäßen.

Seine zahlreichen – teils in lateinischer teils in italienischer Volkssprache – geschriebenen Schriften sollen wissenschaftliche Themen den Praktikern vermitteln. In seinem Hauptwerk „De re aedificatoria" schließt sich Alberti an die Überlieferung antiker Autoren, vor allem Vitruv, an und versucht, nicht nur die Baukunst seiner Zeit zu beschreiben, sondern fügt auch einige wissenschaftliche Erläuterungen in einfachster Form hinzu. Alberti geht von der römischen Architektur aus, erschließt aber auch eine Reihe neuerer Themen. So gibt er eine Theorie des Kuppelbaus und stellt einige – wenn auch außerordentlich simple – mathematische Regeln für den Gewölbebau auf. Eingehend beschreibt er das Verfahren der Perspektive und fordert von jedem Künstler und Techniker ausreichende Kenntnisse in der Geometrie. Im Ganzen gesehen kommt sein Werk aber nicht über eine Zusammenstellung von Verfahren und Rezepten bei der praktischen Ausführung von Bauvorhaben hinaus. In diesem ersten Stadium einer Annäherung von praktischen technischen Belangen und wissenschaftlicher Betrachtung ist sich Alberti zwar schon bewußt, daß zur Bewältigung von künstlerischen und bautechnischen Problemen nicht nur praktische Erfahrung sondern auch systematische Überlegung und wissenschaftliches Rüstzeug gehört, aber er kann dazu noch keine richtungsweisenden Anstöße geben.

Das Bedürfnis, die vielfältigen vorhanden praktischen Kenntnisse zusammenzustellen und allgemein zugänglich zu machen ist nicht nur auf das Gebiet der Baukunst beschränkt. Durch die Erfindung des Schießpulvers und die rasche Entwicklung der Feuerwaffen änderten sich nicht nur die Kriegstechniken grundlegend, sondern man sammelte viele neue Erfahrungen auf dem Gebiet des Metallgusses und Metallverarbeitung, die dem Hüttenwesen zugute kamen. Und das war natürlich wieder für die Wirtschaft und Politik der Staaten, die über Bodenschätze verfügten, von größter Bedeutung.

Das erste Werk über Metallurgie und Artillerietechnik erscheint 1540. Sein Autor Vanoccio Biringuccio (1480–um 1540) gibt ihm den Titel „Pirotechnia", da es alle Verfahren beschreibt, die im weitesten Sinne etwas mit Feuer zu tun haben, gleichgültig, ob es sich um chemische Technologie, um Metallurgie oder Kriegstechniken handelt. Biringuccio stammte aus einer Handwerkerfamilie und übte vielfältige Tätigkeiten unter den unterschiedlichsten fürstlichen Arbeitgebern aus: Er war u. a. Geschützgießer und Büchsenmeister in Florenz, Ingenieur von Eisenhütten, Leiter eines Silberbergwerkes, Zeugmeister in Siena und zuletzt Leiter der päpstlichen Gießerei in Rom. Am Ende seines Lebens sammelt er – in italienischer Sprache – seine reichen Erfahrungen des praktischen Berufslebens und beschreibt sie in recht guter systematischer Ordnung in der „Pirotechnia". Sie enthält eine überwältigende Fülle praktischer Hinweise und Gebrauchsanweisungen. Wir erfahren etwas über Metallgewinnung, über Schwefel und Glas, über die Probierkunst, über das Gießen von Kanonen, Kanonenkugeln und Glocken und über alle gängigen Techniken des Artilleriewesens.

Klassische Autoren kennt Biringuccio offensichtlich nicht, es bleibt bei ihm auch unklar, welche Rolle das Experiment für die beschriebenen Verfahren spielt. Wissenschaftliche Begründungen oder Erklärungen gibt es in dem ganzen Werk nicht einmal in Ansätzen. – Es ist nicht nur bei den fürstlichen Auftraggebern und deren beratenden Ingenieuren gefragt, sondern findet sehr weite Verbreitung. In vielen Auflagen und Übersetzungen erscheint es und wirkt bis weit ins 17. Jahrhundert nach.

Die größte Wirkung und Popularität aller Schriften dieser technischen „Erstlingsliteratur" hat jedoch Georg Agricolas (1494–1555) berühmtes Lebenswerk „De re metallica", das noch heute zu den besten Büchern zählt, die über technische Themen geschrieben worden sind.

Warum das allgemeine Interesse an Agricolas Werk bereits bei seinem Erscheinen in lateinischer Sprache 1556 so groß ist, läßt sich leicht erklären, wenn man daran denkt, welche Rolle damals der Bergbau und das Hüttenwesen für die Wirtschaft in Deutschland spielt. Gerade um die Wende vom 15. zum 16. Jahrhundert garantieren diese die wirtschaftliche Vorrangstellung in Europa. Die Zentren des Bergbaus im Harz und im böhmischen Erzgebirge liefern bereits seit dem 12. Jahrhundert reiche Vorkommen an Eisen, Kupfer, Zinn, Blei, Gold und Silber. Und die großen Handelshäuser der Fugger, Welser, Höchstetter oder Paumgartners verdanken ihren Millionenreichtum und damit ihren Einfluß auf Kaiser und Reich dem Besitz dieser Erzvorkommen.

Georg Agricola, der bedeutende deutsche Humanist, Arzt, Geologe, Naturforscher und sächsischer Hofhistoriker hat sich nach seinen Studienjahren in Deutschland und Italien für einige Jahre in der jungen

*,,De re metallica Libri XII" ist
die erste umfassende Darstellung
des Berg- und Hüttenwesens zur
Zeit der Renaissance und gilt als
grundlegendes Lehrbuch für mehr
als zweihundert Jahre. Dieses Lebenswerk des bedeutenden deutschen
Humanisten, Arzt, Geologen und
Naturforschers Georg Agricola
(1494–1555) erlebt nach seinem
Erscheinen 1556 viele Auflagen
und zählt auch heute noch zu den
besten Büchern, die über technische
Themen geschrieben worden sind.*

Bergbau wurde im 16. Jahrhundert nicht nur in Böhmen und im Harz betrieben, auch in vielen anderen Gegenden Deutschlands versuchte man, Bodenschätze zu gewinnen. Der Holzschnitt zeigt die Titelseite des kurfürstlichen Freibriefs über die Belehnung des Bergwerks am Breitenhart bei Schriesheim (Bergstraße) im Jahr 1528. Auf der linken Seite sind der Stollen, der Schacht und Bergleute bei ihrer Tätigkeit zu sehen, auf der rechten Seite Wohnhäuser der Stadt und die darüber liegende Strahlenburg.

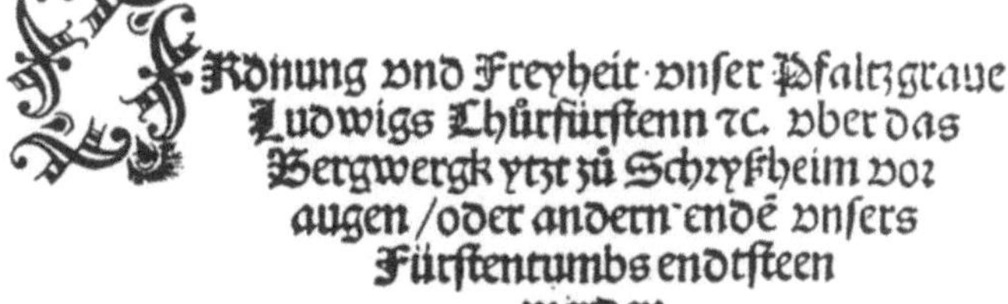

Bergbaustadt St. Joachimsthal im Erzgebirge als Stadtarzt niedergelassen und benutzt hier seine ganze freie Zeit dazu, den Bergbau systematisch und gründlich kennenzulernen. Er hat auf den Halden nach Gesteinsproben gesucht, ist in die Gruben eingefahren, hat Arbeiter unter Tage beobachtet und nach ihren Erfahrungen ausgefragt, hat Hammerwerke und Schmelzhütten besucht, selbst verschiedene Erze aufbereitet und probiert und sich auch in anderen Bergbaugebieten

Deutschlands umgetan. Die Ergebnisse dieser unmittelbaren Beobachtungen und die kritische Prüfung aller alterprobten Erfahrungen, von
denen er in Gesprächen mit Steigern, Häuern oder Marktscheidern
gehört hat, trägt Agricola in zehn Jahren zusammen, beschreibt sie
wahrheitsgetreu und sehr exakt und faßt sie in einer systematischen
Ordnung zusammen. 1550 ist das Manuskript abgeschlossen, die Veröffentlichung der „Zwölf Bücher vom Bergwerck" erlebt Agricola
nicht mehr, die erste Ausgabe erscheint erst ein Jahr nach seinem Tode
bei Froben in Basel. Bereits 1557 bringt der bekannte Drucker auch
eine deutsche Übersetzung heraus.

Die wenigen Schriften, die es vor Agricola über den Bergbau gab
– etwa die Hinweise von Plinius oder das „Bergwerks- und Probierbüchlein" von Rülein von Calw um 1500 – behandeln zwar den Bergbau und die Erzvorkommen, sagen aber nichts über die notwendigen
technischen Einrichtungen und Arbeitsverfahren. Das ist in den „De
re metallica" anders: Nach einer Verteidigung des Bergbaus in dem
Eingangsbuch, in dem sich auch bereits sehr modern anmutende Erwiderungen auf die Veränderung der Landschaft durch den Bergbau
finden, behandelt Agricola die Erzlagerstätten, deren Aufschluß und
Abbau, das Markscheidewesen, Bergbaumaschinen, das Probieren
von Erzen und deren Aufbereitung. Es schließen sich die Beschreibung
von Schmelzöfen und der Metallgewinnung, die Scheidung von Edelmetallen und schließlich Erläuterungen über Salze, Schwefel, Erdöl
und Glas an. Agricolas Darstellung besticht durch die Verbindung von
humanistischem und historischem Wissen mit einer realistischen Naturbeobachtung und einem treffsicheren Blick für technische Gegenstände und Verfahren. Die beispielhaft anschauliche Sprache wird durch
zahlreiche Holzschnitte unterstrichen, die in ihrer technischen Genauigkeit, aber auch in ihrer künstlerischen Gestaltung, einzigartig sind.

Besonders eindrucksvoll ist das sechste Buch mit der Behandlung
der Bergmaschinen. In ihm findet sich unter anderem die Beschreibung und Illustration des riesigen Kehrrades mit genauen Angaben
über die Dimensionen und Funktion, die Erörterung der Bulgen- und
Heinzenkünste, der Pferdegöpel und ihrer Anwendung für den Betrieb unterschiedlicher Maschinen, die Darstellung von Kranen, Naßpochwerken und durch Wasserräder angetriebene Arbeitsvorrichtungen. Text und Abbildungen sind ein genaues Bild der in der Praxis
benutzten Gegenstände und ihrer Arbeitsweisen. Das ist nicht selbstverständlich, wenn man an die späteren Maschinenbücher denkt, in
denen oft Maschinen vorgestellt werden, die niemals gebaut worden
sind und nur auf dem Papier existiert haben.

Neue Geräte oder Arbeitsmethoden für den Bergbau hat Agricola allerdings nicht erfunden, seine Kenntnisse der Bergbaupraxis veranlassen ihn auch nicht, sich mit Fragen der Mechanik oder Hydraulik zu beschäftigen. Die bereits bekannten Theorien und naturwissenschaftlichen Erkenntnisse über Waagen oder die Gesetze der Einfachen Maschinen findet man nicht in diesem Werk. Die Verbindung von der Zusammenstellung des praktischen Erfahrungsschatzes zu dessen theoretischer Begründung und Fundierung ist bei Agricola noch nicht geknüpft und die traditionelle Wissenschaft der Scholastik noch nicht angetastet. „De re metallica" wirkte weit in die Zukunft, wurde in viele Sprachen übersetzt und war fast zweihundert Jahre das richtungsweisende Lehrbuch über den Bergbau. Noch heute ist es eine unentbehrliche Quelle für die Technikgeschichte der Renaissancezeit.

Seit der Mitte des 16. Jahrhunderts wächst die Zahl der Veröffentlichungen über Technik rapide, zu dieser Flut technischer Publikationen gehören unter anderem die bekannten Maschinenbücher von Jacques Besson (um 1535–1573) „Theatrum instrumentorum et machinarum" von 1569 und Agostino Ramellis „Le diverse et artificiose machine" aus dem Jahr 1588.

Die Künstler-Ingenieure

Die Stufe des Sammelns und Ordnens vielfältiger praktischer Kenntnisse wird bald überwunden. Die wachsenden Anforderungen und immer größeren praktischen Aufgaben lassen sich nicht mehr durch bloßes Vervielfachen der alten Methoden oder eine immer größere Zahl von Arbeitskräften bewältigen. Man denke nur an manche gigantische Pläne von Renaissancefürsten für Kriegszwecke! Diese spürbare Grenze des traditionellen Vorgehens verstärkt unter den Praktikern das Bedürfnis nach vertieften Kenntnissen ihrer Berufsarbeit und einer wissenschaftlichen Durchdringung ihrer Tätigkeit.

Unter den Praktikern beginnen sich die weitschauenden Vertreter aus eigenem Antrieb mit theoretischen Fragen zu beschäftigen, gelangen durch kritische Aneignung und Überprüfung vorhandener wissenschaftlicher Vorstellungen zu Ansätzen für neue Wissenschaftszweige. Diese Bemühungen laufen aber zunächst meist neben dem etablierten Wissenschaftsbetrieb her.

Unter den interessierten Praktikern ist es besonders die Gruppe der Künstler-Ingenieure – oder Artifici wie sie in Italien genannt werden – die der Renaissance ihr besonderes Gepräge gibt. Ihnen ist eine große

Vielfältigkeit und Kreativität gemeinsam, sie kommen alle aus der Praxis, besitzen keine Hochschulbildung und werden auch durch ihre theoretischen autodidaktischen Studien nicht zu Gelehrten.

Am Anfang der Renaissance steht ein Künstler und Ingenieur, der das für diese Zeit so einmalige Bedürfnis, Kunst, Technik und Wissenschaft zu einer Einheit zu verschmelzen, beispielhaft zeigt: Filippo Brunelleschi (1377–1446). Er ist gelernter Goldschmied, Architekt und Bildhauer, Konstrukteur von Befestigungsanlagen und Ingenieur für Hydraulik, Fachmann für Optik und die Theorie der Proportionen, aber bei aller Vielfalt ohne „literarische Bildung". Bei Paolo Toscanelli, einem der größten Wissenschaftler seiner Zeit, lernt Brunelleschi Mathematik und Geometrie und erfindet das Verfahren der Perspektive für die Malerei. Damit gelingt der Malkunst der Schritt von der reinen Wahrnehmungslehre zur Abbildungslehre, also zu dem mathematisch konstruierten Kunstwerk. Der Wunsch der Renaissancekünstler, die Natur so getreu wie möglich in ihren Gemälden und Zeichnungen einzufangen, wird möglich mit Mitteln der Mathematik.

Brunelleschis künstlerisches und technisches Meisterwerk ist die Kuppel von Santa Maria del Fiore in Florenz, die er nach sechzehnjähriger Bauzeit 1436 vollendet. Ursprünglich hatte man für den Kirchenbau eine sphärische Kuppel geplant, aber bereits um 1400 war es den Baumeistern unmöglich, die riesige Menge an großen Baumstämmen zu beschaffen, die für das zu einer solchen Wölbung notwendige Stützgerüst gebraucht würde. Auch war es ausgeschlossen, unter den Zimmerleuten Kundige zu finden, die mit Stämmen der notwendigen Länge hätten umgehen können. Eine Lösung findet Brunelleschi – und das ist in unserem Zusammenhang wichtig – auf Grund theoretischer Überlegungen und Berechnungen: Er wählt als Kuppelwölbung die der Ellipse. Nicht nur die – im Vergleich zur Kugelform – sehr viel steilere Wölbung der Kuppel ist an Brunelleschis Konstruktion aufsehenerregend, sondern auch die Konzeption als doppelschalige Kuppel. Die innere Kuppelschale gewährleistet die Tragfähigkeit, eine äußere Kuppel dient als Schutz. Die Kuppelschalen werden durch Sporen oder Rippen verstärkt, und die Verspannung der Sporen erfolgt durch Gewölbebögen. Um das Gewicht der gewaltigen Kuppel besser zu verteilen, verwendet Brunelleschi im unteren Teil der Kuppel Hartstein, im oberen dagegen Tuffstein und gebrannte Ziegel. Um die Schubkräfte von der Seite aufzufangen, zieht er drei Meter von der Sohle einen Holzring um die innere Kuppel und umringt die Sporen durch drei Ringe aus Hartstein. Die Menge der Baumaterialien wird aus Gewichtsgründen auf das Allernotwendigste beschränkt.

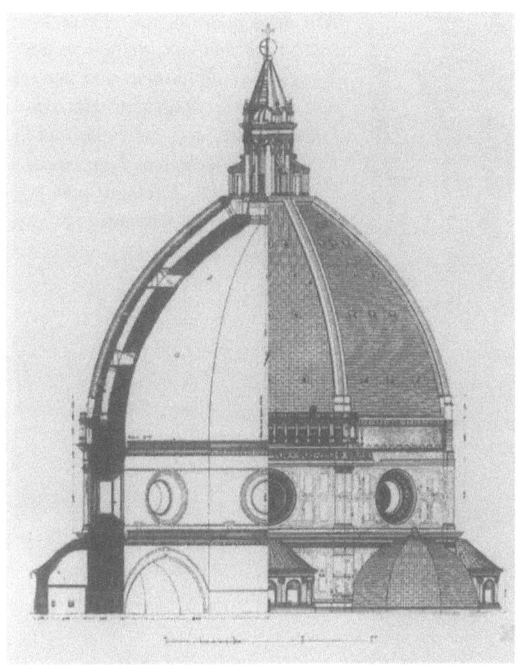

Schnittzeichnung durch die Kuppel von Maria del Fiore in Florenz, in der die Doppelschaligkeit der genialen Konstruktion von Filippo Brunelleschi deutlich zu erkennen ist. – Foto des Aufganges zwischen beiden Kuppelschalen.

Filippo Brunelleschi (1377–1446) auf einem Medaillon in Florenz.

Für diese Bauarbeiten waren auch die damals üblichen Hilfsmittel oft nicht ausreichend: so ersinnt Brunelleschi eine Hebemaschine, die im Dom von Florenz unter der Kuppel aufgestellt und von Ochsen angetrieben wurde, er baut auch ein mit Kränen ausgestattetes Schiff, das besonders für den Transport von Steinen geeignet war. Hierfür erteilt ihm die Signoria von Florenz 1421 ein Patent. Auch diese Schutzmaßnahme für persönliche Erfindungen auf dem Gebiet der Technik sind ein deutliches Zeichen, daß sich die Bewertung der technischen Leistung in der Renaissance zu größerer Wertschätzung hin geändert hat. Brunelleschis Können als Ingenieur ist geprägt von der engen Verbindung mit der Mechanik und der Mathematik; aus der traditionellen Bindung der Bauhütten und der Zunftbindung hebt er sich als Einzelpersönlichkeit von ungewöhnlichem Weitblick heraus. [III-2.6]

Von den zahlreichen Künstler-Ingenicuren, die jeder in etwas unterschiedlicher Formung das Bild des Renaissancemenschen verdeutlichen und die das Leben in Siena, Florenz oder anderen Stadtstaaten Italiens durch ihre Kunstwerke gestalten, ist Leonardo da Vinci (1452–

Mit der Einführung der Perspektive in die Malerei, gelingt in der Renaissance der Schritt von der reinen Wahrnehmungslehre zur Abbildungslehre, also zu einem mathematisch angelegtem Kunstwerk. Entwurf für das Titelblatt von Lorenz Stoers „Geometria et Perspectiva" (1567).

1519) die überragende Persönlichkeit, in der sich in vollendetem Maß Künstlertum mit dem Schaffen des Ingenieurs und Technikers verbinden.

Leonardo lernt in Florenz in der Werkstatt von Andrea del Verrocchio (1435–1488) das Handwerk des Malers und Bildhauers von Grund auf, er eignet sich dafür Kenntnisse in der Perspektive, der Geometrie und der Anatomie an und ergänzt seine Ausbildung als Erzbildner durch intensive Beschäftigung mit Mechanik und Alchimie, bzw. der Metallkunde. An den Fürstenhöfen von Italien ist er später nicht nur als Maler, Bildhauer und Musiker gefragt, sondern wird vor allem als Ingenieur für Befestigungsanlagen und Waffensysteme, als Wasserbautechniker aber auch als Arrangeur von ausgeklügelten Hoffestlichkeiten gebraucht. Als enger Berater der Medici und Sforza oder des französischen Königs verkehrt er mit angesehenen Humanisten, Politikern, Künstlern, Militärs und Gelehrten und erhält durch diese Kontakte viele Anregungen für seine technischen Entwürfe und künstlerischen Pläne; er wird dadurch aber auch zum Studium naturwissenschaftlicher Literatur motiviert und beginnt noch als erwachsener Mann, die lateinische Sprache – die Sprache der Gelehrten – zu lernen. Durch seinen Freund Luca Pacioli (um 1445–um 1510), der das erste mathematische Handbuch in italienischer Sprache verfaßt, erkennt er sehr schnell, wie notwendig Arithmetik und Geometrie für den Ingenieur und den Techniker sind.

Um zu erfahren, wie es um die Technik zur Zeit Leonardos steht, welche seiner Ideen den damals üblichen Rahmen sprengen und inwieweit er nach wissenschaftlichen Begründungen für sein Ingenieurschaffen gesucht hat, braucht man nur seine Notizen durchzusehen. Mehrere tausend Blätter seiner Aufzeichnungen sind noch erhalten, 1965 hat man sogar noch zwei verschollene Codices in der Bibliothek von Madrid gefunden, die eine unschätzbare Quelle für Leonardos technische Entwürfe sind.

Bei der Durchsicht dieser Schriftstücke finden sich Hinweise, daß Leonardo ab und zu einem technischen Auftrag Versuche oder den Bau von Modellen vorausgeschickt hat, ehe er die eigentliche Aufgabe ausgeführt hat. Mit einem ungewöhnlichen Vorstellungsvermögen betrachtet und zeichnet er Naturerscheinungen ebenso wie technische Gegenstände. Er löst zum Beispiel bei komplizierten Maschinen einzelne Maschinenelemente in besonderen Skizzen heraus und zeichnet sie bis ins kleinste Detail. Gerade in diesem Erfassen der Einzelelemente eines technischen Gerätes ist er seiner Zeit weit voraus.

In seinen Aufzeichnungen gibt es ausführliche Betrachtungen über das Wesen und Wirken von Kräften, über das Gleichgewicht am Hebel, über Licht und Schatten, über den Strahlengang an ebenen und gekrümmten Spiegeln und über viele andere Fragen der Optik. Experimente über rollende und gleitende Reibung belegen, daß Leonardo hier über die rein geometrisch abgehandelte Mechanik des Archimedes hinausführt. Er macht auch Versuchsreihen über die Festigkeit von Drähten und setzt sich mit der Tragfähigkeit von Stützen, Balken und Gewölben in einfachsten mathematischen Berechnungen, in beschreibendem Text und dazugehörigen Zeichnungen auseinander. Die Fülle der Hinweise aus allen Gebieten der damals bekannten Technik reicht von flüchtigen Skizzen bis zu sorgfältigen Zeichnungen vieler Einzelheiten; es gibt Getriebe, Hebevorrichtungen, Sägegatter, Spinnräder,

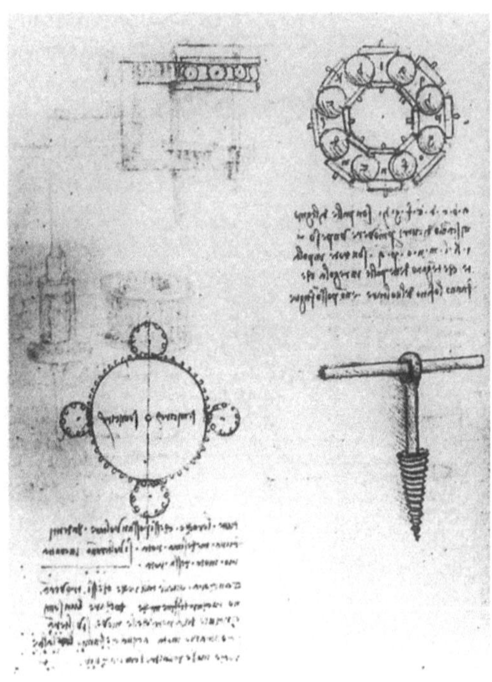

Feilenhaumaschinen, Walzwerke, Kugellager und Federantriebe ebenso wie Geschütze und Verteidigungsfahrzeuge in großer Vielfalt. Viele seiner Konstruktionen sind genial ausgedacht und erahnen eine Entwicklung, die erst weit in der Zukunft realisiert wird; gebaut worden sind davon vielleicht auch einige wenige. Neben Darstellungen aus der Optik und Mechanik – den beiden Gebieten der Physik, die damals bereits in einer gewissen wissenschaftlichen Form existierten – nehmen Beobachtungen aus der Biologie, Geologie und Kosmologie einen weiten Raum ein. Dazu kommen Leonardos wunderbare Zeichnungen zur Anatomie und seine mathematischen Studien. Gesammelt hat er das immense Material für eine Enzyklopädie „Wissenschaft des Malens", an der er sein Leben lang arbeitete, die aber – wie so viele seiner Werke – über das Stadium der Planung nicht hinauskamen.

Zu seinen eindrucksvollsten Bemühungen gehören lange Versuchsreihen über den Vogelflug und das Problem des Menschenfluges [8], die Erfindung einer Luftschraube und eines Fallschirms. In diesem Zusammenhang schlägt er unter anderem vor, den Luftwiderstand eines von

Leonardo da Vinci besaß die überragende Fähigkeit, den Aufbau technischer Geräte und Maschinen genau zu analysieren und einzelne Elemente bis ins kleinste Detail in seinen Skizzen festzuhalten. – Die Abbildung zeigt Leonardos Skizze eines Kugellagers (Madrid I, f. 20V) und ein danach gearbeitetes Modell, das 1987 am Technischen Museum in Montreal angefertigt worden ist.

Der Menschheitstraum vom Fliegen faszinierte Leonardo da Vinci. Seine Ideen der Luftschraube, des Fallschirms, umfangreiche Versuchsreihen zum Vogelflug und zahlreiche Skizzen in seinen Aufzeichnungen geben Zeugnis von Ideen, die seiner Zeit weit voraus waren. Die Zeichnungen eines Flügels stammen aus dem Codex Atlanticus (f. 74r).

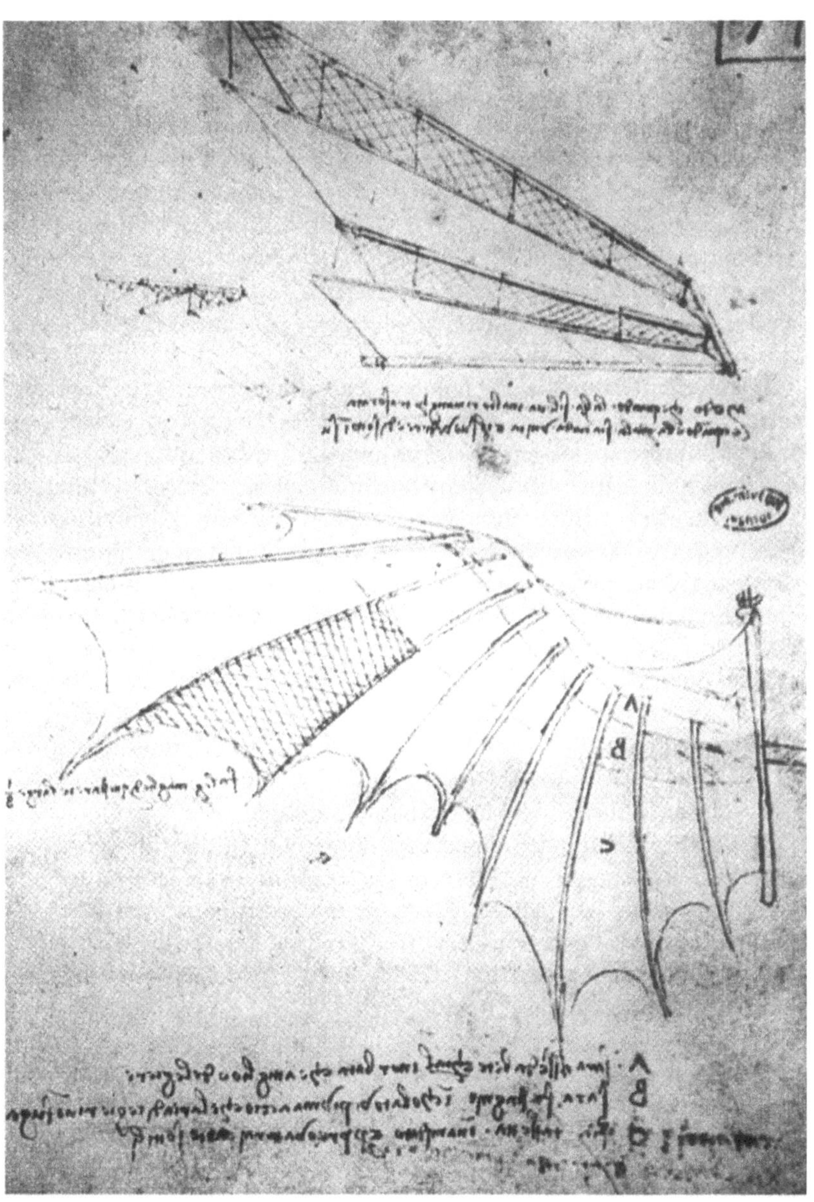

ihm selbst gefertigten Flügels mit der Waage zu bestimmen, also nach einer quantitativen Bestimmung zu suchen.

Bei seinen Projekten der Wassertechnik sind vor allem Leonardos Pläne zur Umleitung des Arno von 1503 bekannt geworden. Aber unter seinen vielen ideenreichen architektonischen Vorschlägen findet sich das vielleicht kühnste Projekt: der Entwurf einer Steinbrücke über das Goldene Horn von Galata nach Stambul, die in einem 233 m gespanntem Bogen die beiden Ufer des Meeresarmes verbinden sollte. Neuere technikhistorische Untersuchungen[9] haben gezeigt, daß Leonardos technische und mechanische Kenntnisse ausgereicht hätten, um ein solches Vorhaben durchzuführen.

Die in den Manuskripten niedergelegten Konstruktionen stammen nicht alle von Leonardo selbst, er hat viele Dinge von Heron oder anderen antiken Autoren übernommen und – besonders in der Geschütztechnik – auch bei den Aufzeichnungen der damals verbreiteten Bücher deutscher Büchsenmeister Anleihen gemacht. Aber ausschlaggebend ist, daß Leonardo der erste Ingenieur im heutigen Sinn ist, der sich – aus seiner praktischen Tätigkeit heraus – mit den wissenschaftlichen Grundlagen seines Schaffens vertraut macht, Materialuntersuchungen vornimmt, in bescheidenem Maße auch Experimente anstellt und zu quantitativen Aussagen über die Beschaffenheit von Materialien kommen möchte. Und das ist ein wesentlicher Schritt über die Entwicklung hinaus, die wir bei der Sammlung praktischer Kenntnisse in den ersten „Technik-Büchern" gefunden haben.

Weder in Italien noch in Deutschland findet man in dieser Zeit Künstler-Ingenieure, die diese Bestrebungen in vergleichbarem Maße zeigen. Das gilt sogar für Albrecht Dürer (1471–1528), der mit seiner „Vnderweysung der Messung mit dem Zirckel und richtscheyt in Linien Ebnen vnd gantzen Corporen" (1525) oder den „Vier Büchern von menschlicher Proportion" (1528) einen Meilenstein für die künstlerisch-wissenschaftliche Literatur setzt.

Allen Artifici ist gemeinsam, daß sie sich von der offiziellen Wissenschaft abgrenzen und die Wichtigkeit praktischer Erfahrungen betonen. Ihre eigenen – meist noch sporadischen – wissenschaftlichen Erkenntnisse reichen noch nicht zu einer umfassenden theoretischen Betrachtung eines Gebietes aus; aber die Künstler-Ingenieure erheben für sich den Anspruch, durch ihre Studien Neues zu schaffen, das über die herkömmliche Wissenschaft hinausgeht. Ganz deutlich wird dies auch in den Titeln der Schriften, die in dieser Zeit entstehen. Während die Werke von Alberti oder Agricola von einem bestimmten Gebiet handeln: „De aedificatoria" oder „De re metallica", taucht bei dem

Rechenmeister Niccolò Tartaglia (1499–1557) eine Veröffentlichung „Nova Scientia" auf. Es ist ein Hinweis, daß sich die endgültige Ablösung von der traditionellen Wissenschaft vollzieht. Diese Bezeichnung wird zum Schlagwort, auch das grundlegende Werk von Galilei „Discorsi e dimostrazioni matematiche intorno à due nuoue scienze" nimmt sie wieder auf.

Die Wissenschaftler

Bei der allmählichen Annäherung von Technik und Wissenschaft, von Praxis und Theorie, gehen die ersten Schritte eindeutig von der Seite der Praktiker aus. Um zu verstehen, wie es zu einer wirklichen Begegnung zwischen beiden Seiten kommt, muß man auch den Weg verfolgen, den die Naturwissenschaft an den Universitäten in dieser Zeitspanne gegangen ist.

In der Antike stehen sich die Physik als die umfassende Wissenschaft von der Natur und die Technik als schroffe Gegensätze gegenüber. Und dies gilt in zweifacher Weise, in erkenntnistheoretischer und in sozial-gesellschaftlicher Hinsicht: Die Physik beschreibt die Naturvorgänge in ihrem natürlichen, ungestörten Ablauf, ihre Methoden dabei sind die rationale Analyse und die Naturbeobachtung. Dagegen besteht das Ziel der Technik und der Mechanik, die in der Antike ein Teil der Technik ist, in der Kunst, die Natur zu überlisten und ihr Dinge abzuverlangen, die nicht ihrem natürlichem Verlauf entsprechen.

Auch die sozialen Grenzen sind meist deutlich gezogen: die Physik als Wissenschaft wird von freien Menschen ausgeübt, Technik und Handwerk dagegen sind Sache der Sklaven und Handwerker. Durch das Christentum erfährt die Handarbeit bereits im Mittelalter eine sozial höhere Bewertung. Im 12. Jahrhundert verdient die Technik dann so viel Anerkennung, daß die sieben mechanischen Künste, die „artes mechanicae" neben den traditionellen „artes liberales" in die Wissenschaftslehre aufgenommen werden. Um die Mitte des 15. Jahrhunderts erleben die mechanischen Künste eine Blütezeit: der Mensch der Renaissance tritt sehr viel selbstbewußter als bisher der Welt als der aktiv Gestaltende gegenüber. [III-1; III-3.2; V-3.1]

Die offizielle Wissenschaft an den Universitäten findet zunächst keinen Weg, sich dieser neuen Geisteshaltung zu stellen, sie bleibt dem tätigen Leben abgewandt. Und auch der erkenntnistheoretische Unterschied zwischen den natürlichen und technischen Vorgängen besteht weiter, er ist die Barriere, die eine Öffnung der traditionellen Wissenschaft zur technischen Entwicklung hin zunächst unmöglich macht. Noch viele Jahrzehnte nach Galilei werden Naturwissenschaften entsprechend den scholastischen Autoren und antiken Vorbildern an den Universitäten gelehrt. Aber die Fülle an neuen Kenntnissen, die sich durch die Jahre der großen Entdeckungen, durch die wiederentdeckten antiken Autoren und durch die erste „Technik-Literatur" angehäuft hatte, konnte von den Gelehrten nicht völlig ignoriert werden. Vereinzelt beginnen daher einige – besonders hellhörige und wendige – Vertreter, das neue Wissen zumindest zusammenzutragen und in Form von enzyklopädischen Sammelwerken aufzuschreiben. Bekannte Beispiele dafür sind die Hauptwerke[11] des italienischen Arztes und vielseitigen Gelehrten Geronimo Cardano (1501–1576), die Schriften von Julius Scaliger (1484–1558) und das berühmte Buch „Magia naturalis"[12] von Giambattista della Porta (1538–1615).

Della Porta – halb Gelehrter, halb Dilettant und „ein gutes Theil Marktschreier"[13] – ist wohl eine der eigenartigsten Gestalten des 16. Jahrhunderts. Er ist außerordentlich sammelwütig und trägt alle nur erdenklichen Kenntnisse über Physik und Technik, über Wunderdinge und Abnormitäten zusammen, aber er tut es leichtgläubig und unkritisch und durchsetzt seine Darstellungen mit magischen und mystischen Vorstellungen. Doch ist er ein sehr geschickter Experimentator, die „camera obscura" zum Beispiel geht in ihrer einfachsten Form auf ihn zurück. Wir finden diese Beschreibung in dem ersten Teil der „Magia naturalis", dem Kapitel über die optischen Phänomene. Stellvertretend für viele ähnliche Sammelwerke zeigt dieses Buch, daß es den Gelehrten noch nicht möglich ist, einen sicheren Maßstab für das Ordnen der vielen angesammelten Kenntnisse zu finden und zwischen Richtigem und Falschen, Wertlosem und Wichtigem zu unterscheiden. So stehen bei della Porta manchmal zueinander widersprüchliche Problemkreise enzyklopädisch aufgereiht nebeneinander ohne logischen Zusammenhang. In allen diesen Sammelwerken wird aber deutlich, daß sich in der Renaissance neben der Entwicklung zu einem komplexeren rationalen Denken in der Naturbetrachtung immer ein Hang zum Geheimnisvollen, zur Mystik und zu den verschiedenen Formen der Magie findet.

Im Gegensatz zu diesen tastenden Versuchen von Physik, Mechanik und Technik auf dem Wege zu einer echten Begegnung zwischen Theorie und Praxis vollzieht sich in anderen Wissenschaften um die Mitte des 16. Jahrhunderts ein entscheidender qualitativer Sprung. Wir wollen dies nur andeuten, um den Hintergrund deutlich werden zu lassen, vor dem sich die Öffnung von Wissenschaft und Technik vollzieht.

Die vierziger Jahre des 16. Jahrhunderts erscheinen in der Rückschau für die Medizin und die Astronomie besonders prägnant: 1543 erscheint in Basel „De Humani Corporis Fabrica Libri" des Andreas Vesalius (1514–1564) und im gleichen Jahr wird von Nikolaus Kopernikus (1473–1543) in „De revolutionibus orbium coelestium" der Grundstein für ein neues Weltbild gelegt.

Die „Fabrica" ist ein Höhepunkt in der Geschichte der Anatomie. Einerseits enthält das Werk zwar noch viele Lehren des Galenus, aber andererseits sind seine Tafeln der menschlichen Gliedmaßen und Organe – mit wenigen Ausnahmen – das Ergebnis experimenteller, objektiver Forschung. Vesalius kritisiert heftig den Mißstand in der traditionellen Medizin, daß beispielsweise die Technik des Sezierens von einem Bader durchgeführt wird, der weder die lateinischen Namen der von ihm präparierten Teile benennen noch sie den Studenten demonstrieren kann während der Anatomieprofessor indessen von einem erhöhten Standort aus klassische medizinische Texte verliest, die mit dem gleichzeitig ablaufenden Seziervorgang nichts zu tun haben. Die Anklage von Vesalius tat ihre Wirkung. Seit der Mitte des 16. Jahrhunderts bedienen sich die Professoren der Anatomie kaum noch der Hilfe eines Baders, sondern demonstrieren die Technik des Sezierens selbst. In der „Fabrica" wendet sich Vesalius – in lateinischer Sprache – ausdrücklich an die Gelehrten und gibt ihnen ausführliche Anleitungen für die technische Vorbereitung und praktische Durchführung anatomischer Untersuchungen.

Für unseren Zusammenhang ist bedeutsam, daß seit Mitte des 16. Jahrhunderts in der Medizin die Entwicklung der Anatomie *nicht* das Ergebnis abstrakter Betrachtungen ist, sondern aus praktischen Erfahrungen hervorgeht. Die Öffnung der Wissenschaft zur Praxis anatomischer Untersuchungen ist hier bereits vollzogen.

Im Gegensatz zu den erst werdenden Wissenschaften – Physik, Mechanik und Medizin – tritt uns in der Mitte des 16. Jahrhunderts die Astronomie bereits als eine voll entfaltete Naturwissenschaft entgegen: Sie geht von Beobachtungen aus, verwertet ihre Messungen und prüft die theoretischen Annahmen durch die Zuverlässigkeit der Beobachtungsdaten nach.

Bereits Regiomontanus (1436–1476) erkennt am Ende des 15. Jahrhunderts, daß für eine verbesserte Theorie der Planetenbewegungen umfassende und verläßliche Beobachtungsreihen gebraucht werden. Er hat sogar mit Beobachtungsserien begonnen, sein Plan wird allerdings erst durch Nikolaus Kopernikus vollendet. Als diesem die Mangelhaftigkeit älterer Beobachtungsdaten bewußt wird, legt er nicht nur die Zahlenangaben von Ptolemäus sondern auch dessen theoretische Ergebnisse zur Seite. Nach einer für den Renaissancegelehrten typischen Weise sucht er zunächst in antiken Vorbildern nach Hinweisen für ein Weltbild, das sich von dem des Ptolemäus unterscheidet. Er findet Andeutungen bei Aristarch (3. Jahrhundert v. Chr.), Hiketas (5. Jahrhundert v. Chr.), Philolaus (5. Jahrhundert v. Chr.) und anderen. Diese Hinweise baut er aus und widmet sich selbst mit viel Geduld eigenen astronomischen Beobachtungen. Welche Bedeutung für Kopernikus die praktische Sternbeobachtung hat, sagt er selbst in dem Vorwort zu seinem Hauptwerk ‚De revolutionibus orbium coelestium': „Und so habe ich denn, unter Annahme der Bewegungen, die ich in dem nachstehenden Werk der Erde zuschreibe, und durch viele und lange fortgesetzte Beobachtungen endlich gefunden; (. . .)"[14]. Das Ergebnis ist eine Theorie, die der Erde eine dreifache Bewegung zuschreibt: Die Drehung um ihre eigene Achse als Ursache des Wechsels von Tag und Nacht, einen Umlauf um die Sonne, durch den die verschiedenen Jahreszeiten hervorgerufen werden und die Libration, durch welche die gleichbleibende Ausrichtung der Erdachse erklärt werden sollte. Trotz der Kühnheit dieses Ansatzes bleibt Kopernikus – gerade bei einer reinen Kreisbewegung der Planeten – antiken Vorbildern stark verhaftet. Auf Grund neuer, gewissenhafter und einmaliger Beobachtungen von Tycho Brahe (1546–1601) gelingt erst Johannes Kepler (1571–1630) der endgültige Bruch mit der Lehre des Ptolemäus.

Für unser Thema ist vor allem bedeutsam, daß der Humanist und Renaissancegelehrte Kopernikus die Notwendigkeit praktischer Beobachtungen für theoretische Überlegungen erkennt. In dem für die Astronomie so berühmten Jahr 1543 ist die Beziehung zwischen Theorie und Praxis ganz klar sichtbar.

Der Geisteshaltung der Renaissancezeit werden wir nicht gerecht, wenn wir nur das Bestreben nach rationalem und mathematischem Denken in den Beziehungen zwischen Technik und Wissenschaft hervorheben. In gleicher Ausprägung durchzieht diese Epoche eine Vorliebe für schwärmerisches und irrationales Denken. Dieser Hang zur Mystik, der seinen Ursprung im Neuplatonimus und der arabischen Tradition hat, ist die Quelle für eine hohe Blüte der Alchimie und der unterschiedlichen Formen von Magie in der Renaissancezeit. Während die aristotelische Lehre eine reine Naturbeobachtung propagiert, suchen die Alchimisten und Anhänger der Magie nach künstlichen

Techniken und Tricks, um der Natur Geheimnisse abzulauschen und sie zu beherrschen. Sie probieren im Experimentieren einen neuen Umgang mit der Natur. Es ist allerdings nur ein Anfang, von überlegten und reproduzierbaren Experimenten im Sinne eines Galilei kann hier noch nicht die Rede sein.

Der einflußreichste und gleichzeitig umstrittendste Vertreter dieser Strömung ist der Arzt, Alchimist und Naturforscher Paracelsus (1493–1541), in dessen Schriften sich die Erfahrungen der Volksmedizin mit Alchimie, Metallurgie, Magie und Mystik verquicken. Für Physik und Chemie gehen von ihm vor allem wichtige Anregungen für die Experimentiermethoden und die langsame Entstehung von wirksamen Kraftvorstellungen aus. Beispielsweise zeigen die Vorstellungen über magnetische Kräfte, die William Gilbert (1544–1603) in „De magnete" von 1600 beschreibt, deutlich Anklänge an Paracelsus.

Im Laufe des 17. Jahrhunderts verschwindet der neuplatonisch-mystische Hintergrund immer mehr aus den Schriften der Naturforscher. Was davon bleibt, ist die Überzeugung, daß der Mensch durch Experimente die Natur nicht betrügt, sondern gerade dabei ihre eigenen Prinzipien benutzt. Und diese Wandlung ist für unsere Betrachtungen außerordentlich wichtig. Während man noch im 15. Jahrhundert die Erfindung des Buchdrucks, des Schießpulvers und des Kompasses oft als magische Praktiken bestaunt, gelten sie am Ende der Renaissance als natürliche Hilfsmittel, die vor allem für größere politische Machtentfaltung unentbehrlich sind.

Entstehung der modernen Naturwissenschaften

In der zweiten Hälfte des 16. Jahrhunderts knüpft man an die mechanischen Schriften von Archimedes, Heron, Pappus und auch an die pseudo-aristotelischen mechanischen Probleme an und beginnt, die Statik über die Grenzen der antiken Vorbilder hinaus weiterzuentwikkeln. Hierzu gehören die Bemühungen der Italiener Geronimo Cardano, Federigo Commandino (1509–1575) und Guidobaldo del Monte (1545–1607), aber auch die Arbeiten des Niederländers Simon Stevin (1548–1620). Aus dem Jahr 1577 stammt eine „Mechanik" von del Monte, der seine humanistischen und mathematischen Neigungen mit einer großen Aufgeschlossenheit für technische Probleme verbindet, in der er die Theorie der Einfachen Maschinen – Hebel, Rolle, Wellrad, Keil und Schraube – verbessert. Dabei schließt er sich in seiner Darstellung eng an Archimedes und die Problemata von Aristoteles an und betrachtet die Anwendung von Maschinen – noch ganz in antiker Tradition – als ein Handeln wider die Natur, eine List gegen den natürlichen Ablauf: „Aus der Verbindung von Geometrie und Physik kommt die edelste aller Künste, die Mechanik . . . . Sie verhilft nicht allein, wie Pappus bezeugt, der Geometrie zu ihrer Vollkommenheit, sondern herrscht auch über die natürlichen Dinge, weil doch alles das, was den Handwerkern, Lastträgern, Bauern, Schiffsleuten und vielen anderen zu Hilfe kommt, und sei es auch wider die Gesetze der Natur, dem Gebiet der Mechanik unterworfen ist. . . . Diese Kunst übt ihre mannigfaltigen Verrichtungen oft, wie schon gesagt, wider die Natur aus oder ahmt diese nach"[15]. Der erkenntnistheoretische Gegensatz zwischen Technik und Physik, zwischen Praxis und Theorie ist hier noch nicht überwunden. Das gelingt erst durch eine Persönlichkeit, die den Sinn und die Fähigkeit für wissenschaftliches abstraktes Denken mit der Aufgeschlossenheit für technische Fragestellungen und praktische Notwendigkeiten verbindet: Galileo Galilei (1564–1642).

Galilei stammt aus einer Familie, die durch zwei für seine Zukunft wichtige Merkmale geprägt war: sie gehört zu einem alten florentiner Patriziergeschlecht und sie war verarmt. Das erste bedeutet, daß sich der junge Galilei im Kreise der Stadtfürsten, Geistlichen und Humanisten unbefangen als Seinesgleichen bewegt. Die schwierigen finanziellen Verhältnisse bewirken einen ganz unkonventionellen Ausbildungsweg mit zwei sehr unterschiedlichen Schulerfahrungen, die Galileis Tätigkeit entscheidend beeinflussen sollten.

Nach dem klassischen Unterricht an einer Klosterschule bemüht sich Galilei mehrere Jahre vergeblich um einen Stipendienplatz an der Universität Pisa. Als er ihn 1581 endlich erhält, erscheint Galileis Vater das medizinische Studium als aussichtsreichste Berufsmöglichkeit. Galilei kommt diesem Wunsch des Vaters zunächst nach, bricht aber das Studium – da er keinerlei Neigung hat, Arzt zu werden – 1585 ohne Examen ab und widmet sich seinen eigentlichen Interessen, der Mathematik. Die Elemente des Euklid und die Schriften des Archimedes macht er sich – zum großen Teil ohne Anleitung – zu eigen. Da für ein zweites Universitätsstudium die Mittel fehlen, kehrt Galilei zu seiner Familie nach Florenz zurück und besucht dort die Accademia del Disegno, eine Kunstakademie, in der Ostilio Ricci praktische Mechanik und angewandte Mathematik für angehende Künstler und Techniker lehrt. Hier entsteht Galileis erste wissenschaftliche Arbeit über den Schwerpunkt der Körper[16], zu der er durch seine Beschäftigung mit Archimedes angeregt worden war. Auch seine Erfindung

In seinem Jugendwerk „Le mechanice" hebt Galileo Galilei 1593 ausdrücklich hervor, daß es keinen grundsätzlichen Unterschied im Ablauf von natürlichen und technischen Vorgängen gibt. Durch die Überwindung dieses über 2000 Jahre bestehenden erkenntnistheoretischen Gegensatzes schafft er die Voraussetzungen zur Methode der modernen Naturwissenschaften. – Galilei nach einem Druck von 1744.

einer hydrostatischen Waage [17] wird durch die archimedischen Untersuchungen ausgelöst. – Durch Vermittlung seines Freundes und Gönners Guidobaldo del Monte erhält Galilei 1589 einen Ruf als Professor für Mathematik an die Universität Pisa. Sein Lehrauftrag verpflichtet ihn zu Vorlesungen über einfache Astronomie im Sinne des Ptolemäus und über Geometrie nach Euklid. Aber nebenbei beschäftigt er sich mit dem Problem bewegter, vor allem fallender Körper.

Wir stoßen auf dieses Thema auch in seiner Jugendschrift „De motu" [18], die er 1590 in lateinischer Sprache für seine Privatschüler verfaßt und die in verschiedenen Fassungen bis ins 19. Jahrhundert nur als Manuskript existierte. Diese Schrift ist voller Angriffe auf Aristoteles, obwohl sich Galilei selbst noch gar nicht vollständig von dessen Vorstellungen gelöst hatte. Ihm geht es darum, „immer das, was gesagt wird, davon abhängig zu machen, was vorher gesagt wurde, und – soweit nur möglich – nie als wahr anzunehmen, was noch des Beweises bedarf. Meine Lehrer der Mathematik lehrten mich diese Methode. Aber gewisse Philosophen halten nicht genügend daran fest (. . .) wiederholen beständig Dinge, welche in den Büchern des Aristoteles überliefert sind. (. . .) Und wenige von ihnen untersuchen, ob das, was Aristoteles gesagt hat, wahr ist. Denn es genügt für sie, daß sie für umso gelehrter angesehen werden, je mehr Stellen von Aristoteles sie für den Gebrauch bereithalten" [19].

Für unsere Themenstellung ist ein anderes Manuskript Galileis noch aufschlußreicher als seine Überlegungen zur Fallbewegung in „De motu". Es stammt aus seiner Zeit an der Universität Padua, an die er ebenfalls durch Hilfe von del Monte 1592 auf den Lehrstuhl für Mathematik berufen wird und es trägt den Titel „Le mechanice" (1593) [20]. – Galilei muß in Padua ebenfalls Vorlesungen über Euklid und ptolemäische Astronomie halten, aber seine Lehrtätigkeit läßt ihm reichlich Zeit für Privatstunden, die er jungen Adligen aus ganz Europa über mathematische und technische Themen gibt. Er betreibt in diesen Jahren eine kleine mechanische Werkstatt, in der wissenschaftliche Meßinstrumente hergestellt werden und besucht häufig das nahegelegene Arsenal von Venedig. – Bereits die früheste erhaltene Fassung von „Le mechanice", die er wieder für seine Privatschüler geschrieben hat, zeigt eine grundlegende Veränderung in der Bewertung von den Beziehungen zwischen Technik und Natur. Die in italienischer Sprache geschriebene „Mechanik" ist eine Untersuchung der Einfachen Maschinen und deren Anwendung. Galilei behandelt unter anderm den Hebel, die römische Waage, die Winde, die Rolle, den Flaschenzug, die Schraube und insbesondere die archimedische

Schraube. Es gelingen ihm dabei einige wichtige Erkenntnisse, die über den Stand der Antike hinausgehen. So wendet er zum Beispiel das Prinzip der virtuellen Geschwindigkeiten ganz allgemein auf *alle* Maschinen an. Del Monte hatte es nur für spezielle Maschinen gelten lassen. In strenger Form wird dieses Prinzip erst 1717 durch Johann J. Bernoulli (1667–1748) formuliert. Für Galilei ist es auch nicht mehr – wie noch bei del Monte – ein Wunder wider die Natur, wenn man Maschinen anwendet. Im Gegenteil: die Benutzung von technischen Maschinen kann nur im Einklang *mit* der Natur erfolgen. Die Natur läßt sich – nach Galileis Meinung – nicht überlisten oder gar übertölpeln. Für ihn steht fest, ,,daß die Natur durch die Kunst nicht übertroffen werden kann". Beim Hebel gewinnt man so an Leichtigkeit, was man an Weg und Langsamkeit zusetzt. Und ,,das wird bei allen anderen Instrumenten statthaben, welche ersonnen sind oder noch erdacht werden können" [20]. *Dies* ist die Überwindung des Gegensatzes zwischen natürlichen und mechanischen oder technischen Vorgängen, der von der Antike an die direkte Begegnung zwischen Technik und Wissenschaft blockiert hat. Jetzt ist der Weg für eine enge Beziehung zwischen beiden frei und die grundlegenden Voraussetzungen für ,,La Nuova Scienza", für die quantitative Physik bewegter Körper, sind bereitgestellt. In Galileis ,,Discorsi e dimostrazioni matematiche, intorno à due nuoue scienze" von 1638 findet diese Entwicklung – nach fast zweihundert Jahren – ihre Vollendung und ist gleichzeitig der Anfang der klassischen Mechanik, der Beginn der modernen exakten Naturwissenschaften.

Die zweifache Herkunft der beiden neuen Wissenschaften – Galilei meint damit die Festigkeitslehre als ein Gebiet der technischen Mechanik und die Anfänge der Dynamik – kommt in seinem letzten Hauptwerk auch sprachlich zum Ausdruck: die Lehrsätze sind in lateinischer, die Beweise aber in italienischer Sprache geschrieben. Welche Bedeutung Galilei der praktischen handwerklichen und technischen Erfahrung für die Wissenschaft beimißt, zeigen bereits die ersten Sätze des Dialoges am Anfang des Buches: ,,Salviati: Die unerschöpfliche Tätigkeit Eures berühmten Arsenals, Ihr meine Herren Venetianer, scheint mir den Denkern ein weites Feld der Spekulation darzubieten, besonders im Gebiete der Mechanik, da fortwährend Maschinen und Apparate von zahlreichen Künstlern ausgeführt werden, unter welch letzteren sich Männer von umfassender Kenntnis und von bedeutendem Scharfsinn befinden. Sagredo: Sie haben vollkommen recht, mein Herr; und ich, der ich von Natur wißbegierig bin, komme häufig hierher, und die Erfahrung derer, die wir wegen ihrer hervorragenden

Meisterschaft „die Ersten" nennen, hat mein Verständnis oft den Kausalzusammenhang wunderbarer Erscheinungen eröffnet, die zuvor für unerklärbar und unglaublich gehalten wurden. Und wirklich war ich oft verwirrt und verzweifelt darüber, daß so viele Dinge der Erfahrung nicht geklärt werden konnten, Dinge, die sogar sprichwörtlich bekannt sind, wie denn manche vulgäre Meinung geäußert wird, um etwas über Dinge zu sagen, die die guten Leute selbst nicht fassen können"[22].

Es gehört nicht mehr zu unserem Thema, den weiteren Fortgang in Galileis Schaffen zu beschreiben, die astronomischen Arbeiten darzustellen oder auf den berühmten weltanschaulichen und religiösen Kampf um das neue Weltbild einzugehen. Entscheidend für uns ist, daß „erst mit und durch Galilei das praktische Problem zum Gegenstand wissenschaftlichen Nachdenkens wird, die Erfahrung sich wandelt zum Versuch und die Spekulation zur mathematischen Ableitung"[23]. Gerade in dem Zusammentreffen dieser drei Gesichtspunkte liegt die hervorragende Leistung Galileis, die ihn von den verschiedenen Vorläufern aber auch von seinen Zeitgenossen – wie Francis Bacon, William Gilbert oder Simon Stevin – unterscheidet, die neben Galilei zur Entstehung der modernen Naturwissenschaften beigetragen haben. [III-3.1; III-3.4]

Literaturnachweise

1 *Cardano*, Geronimo: Lebensbeschreibung. Übers. u. eingel. v. Hefele, H. Jena 1914, S. 138
2 *Burckhardt*, Jacob: Die Kultur der Renaissance in Italien. Stuttgart [10]1976
3 *Huizinga*, J.: Das Problem der Renaissance. Darmstadt [3]1952
4 Ursprünge und Anfänge der Renaissance. Tagungsbericht. In: Kunstchronik. Jg. 7, H 5. 1954, S. 113–147
5 *Duhem*, Pierre: Le système du monde de Platon à Copernic. Paris 1913–1977; *Thorndike*, L.: A History of Magic and Experimental Science. Bd. 1–6. New York 1921–1943
6 *Krafft*, Fritz: Renaissance und Naturwissenschaften – Naturwissenschaften der Renaissance. In: Humanismusforschung seit 1945, Kommission für Humanismusforschung, Mitteilung II. Boppard 1975, S. 111–183
7 *Romano*, Ruggiero/*Terenti*, Alberto: Die Grundlegung der modernen Welt (Fischers Weltgeschichte. Bd. 12). Frankfurt a. M. 1967, S. 144
8 *Leonardo da Vinci:* Codice Atlantico. Fol. 381-v-a; *Klemm*, Friedrich: Technik. Eine Geschichte ihrer Probleme. Freiburg i. Br. 1954, S. 126 f.
9 *Stüssi*, F.: Leonardo da Vincis Entwurf für eine Brücke über das goldene Horn. In: Schweizerische Bauzeitung. Jg. 71, Nr. 8. 1953, S. 113–116

10 *Tartaglia,* Niccolò: La nova scientia, cive inventione nuovamente trovata per ciascuno speculativo matematico bombardiero e altri. Venetia 1537

11 *Cardano,* Geronimo: De varietate rerum. 1558; Cardano Geronimo: De subtilitate. 1551

12 *Della Porta,* Giambattista: Magia naturalis sive de miraculis rerum naturalium libri XX. ²1589

13 *Rosenberger,* Ferdinand: Die Geschichte der Physik. 1. Th. Braunschweig 1882, S. 137

14 *Nicolaus Coppernicus:* Über die Kreisbewegungen der Weltkörper. Übers. v. Menzer, C. L. Thorn 1879, S. 7

15 Zitat i. d. freien Übersetzung v. Klemm, Friedrich: Geschichte der Technik (Kulturgeschichte der Naturwissenschaften und Technik). Reinbek b. Hamburg 1983, S. 93

16 *Galilei,* Galileo: Theoremata circa centrum gravitatis solidorum. In: Galileo Galilei: Le Opere di Galileo Galilei. Edizione Nazionale. Ed. Favaro, Antonio. Vol. 1. 1890–1909, S. 179–208

17 *Galilei,* Galileo: La Bilancetta. In: Le opere (Vgl. 16). Vol. 1, S. 209–220

18 *Galilei,* Galileo: De motu. In: Le opere (Vgl. 16) Vol 1, S. 251 ff.

19 Vgl. 18, S. 285

20 *Galilei,* Galileo: Le Mechanice. In: Le opere (Vgl. 16). Vol 2, S. 147–191

21 Vgl. 20

22 *Galilei,* Galileo: Discorsi e dimostrazioni matematiche, intorno à de due nuoue scienze, attenenti alla mecanica ed i movimenti locali. Leiden 1638. Dtsch. Übers. v. Oettingen, A. v. (Ostwalds Klassiker d. exakten Wissensch. Nr. 11) Leipzig 1890

23 *Harig,* Gerhard: Physik und Renaissance. (Ostwalds Klassiker d. exakten Wissensch. Nr. 260) Leipzig 1984, S. 58

Technik und Naturwissenschaften im 17. und 18. Jahrhundert

Andreas Kleinert

Das 17. und 18. Jahrhundert in der Technikgeschichte

Die knapp 200 Jahre zwischen der Wissenschaftlichen Revolution des frühen 17. und der Industriellen Revolution des späten 18. Jahrhunderts gelten in der Technikgeschichte als eine farblose und wenig ereignisreiche Zeit. Ulrich Troitzsch spricht von einer Phase der Stagnation, in der lediglich beim Bau wissenschaftlicher Instrumente relativ enge Wechselbeziehungen zwischen Technik und Wissenschaft bestanden hätten.

Dennoch war die Wissenschaftliche Revolution die Voraussetzung für die um 1800 einsetzende Industrialisierung. Es gab zwar im 17. und 18. Jahrhundert nur wenige spektakuläre technische Erfindungen, aber wir beobachten, daß sich in dieser Zeit Naturwissenschaftler mehr als je zuvor für technische Fragen interessierten. Für Physiker, Chemiker und Mathematiker wurde die Technik sowohl eine Quelle der Inspiration als auch eine Möglichkeit, wissenschaftliche Erkenntnisse anzuwenden und damit den Nutzen der Wissenschaft unter Beweis zu stellen. Wenn auch diese Bemühungen nicht immer erfolgreich waren, so führten sie doch dazu, daß Wissenschaft und Technik im allgemeinen Bewußtsein als eng miteinander zusammenhängende Bereiche menschlichen Handelns angesehen wurden, was im Gegensatz zu Antike und Mittelalter durchaus neu war.

Ebenso neu war der Umstand, daß seit dem 17. Jahrhundert in immer größerem Umfang Naturwissenschaftler von staatlichen Institutionen mit der Lösung technischer Probleme beauftragt wurden. Damit sind die Voraussetzungen entstanden, die im 19. Jahrhundert zu einer Technik auf wissenschaftlicher Grundlage und zur modernen Industrie geführt haben. [III-4.4]

Technik und Physik bei Galilei

Schon in der Renaissance hatten humanistische Gelehrte wie Vannoccio Biringuccio (1480–1539) und Georgius Agricola (1494–1555) die Welt der Technik als lohnendes Objekt wissenschaftlicher Betätigung entdeckt und schriftlich festgehalten, was bis dahin nur Gegenstand einer mündlichen Weitergabe von Zunftkenntnissen und -geheimnissen gewesen war. Galileo Galilei (1564–1642) hat dann als erster gezeigt, daß aus der Beschäftigung mit technischen Problemen fruchtbare Anstöße für die Weiterentwicklung der Naturwissenschaften hervorgehen können. [III-3.3]

Zu Beginn der 1638 erschienenen „Unterredungen über zwei neue Wissenschaften" erinnert sich Galilei daran, wie er häufig das Arsenal von Venedig aufgesucht hat, wo „fortwährend Maschinen und Apparate von zahlreichen Künstlern ausgeführt werden, unter denen sich Männer von umfassender Kenntnis und von bedeutendem Scharfsinn befinden", und Sagredo, einer der drei fiktiven Gesprächspartner in diesen ‚Unterredungen' drückt genau das aus, was für Galilei selbst galt, als er Professor in Padua war: „Ich, der ich von Natur aus wißbegierig bin, komme häufig hierher, und die Erfahrung derer, die wir wegen ihrer hervorragenden Meisterschaft ‚die Ersten' nennen, hat mir oft den Zusammenhang zwischen wunderbaren Erscheinungen verständlich gemacht, die vorher für unerklärbar und unglaublich gehalten wurden" [1].

Galilei war vertraut mit der Physik des Aristoteles (384–322) und deren Weiterentwicklung durch die Philosophie der Scholastik. Bei seinen Kontakten mit den venezianischen Technikern hatte er erkannt, daß bei der Behandlung mechanischer Probleme viele Gesichtspunkte eine Rolle spielen, die der griechische Philosoph und seine mittelalterlichen Kommentatoren entweder übersehen oder falsch bewertet hatten – eine Diskrepanz, die nur ein Gelehrter bemerken konnte, dem auch die Welt der Technik und des Handwerks nicht fremd war.

Die „Unterredungen über zwei neue Wissenschaften" sind das Ergebnis von Galileis Synthese aus aristotelischer Physik und technischer Erfahrung. Durch sie wurde die Mechanik gewissermaßen zur Leitwissenschaft, an der sich bald alle anderen naturwissenschaftlichen Disziplinen orientieren sollten. Das grundsätzlich Neue an Galileis „Neuer Wissenschaft" war die Aufhebung des Gegensatzes von Physik und Mechanik. Physik galt in Antike und Mittelalter als die Wissenschaft von der Natur, so wie sie „von selbst" ist, d.h. ohne durch den Menschen manipuliert zu werden. Nur die Beobachtung und die ordnende Kraft des Verstandes waren legitime Mittel des Naturerkennens. Mechanik war dagegen die Kunst, die Natur mit Hilfe raffinierter Konstruktionen zu überlisten, die es zum Beispiel ermöglichten, schwere Lasten mit geringer Kraft emporzuheben.

Diesem Standpunkt hat Galilei schon 1593 in seiner Schrift „Le meccaniche" widersprochen, die jedoch erst 1634 – in französischer Übersetzung – gedruckt worden ist. Man könne mit einer Maschine niemals die Natur überlisten, schrieb er, da man stets an Weg und Zeit verliere, was man an Kraft gewinne. Auch Maschinen arbeiten immer mit der Natur, niemals gegen sie. [III-3.3]

Wissenschaftliche Instrumente als Folge des neuen Technikverständnisses

Wenn Technik und Physik keine Gegensätze mehr sind, dann ist auch die Benutzung von Instrumenten ein legitimer Weg zur Gewinnung naturwissenschaftlicher Erkenntnisse. Galilei hat als erster diesen Weg eingeschlagen, und aus der Welt der Technik und des Handwerks sollte der Anstoß zu seiner spektakulärsten und für ihn selbst folgenreichsten Entdeckung kommen. 1610 konnte er als erster die Monde des Jupiter beobachten, weil er auf das von holländischen Brillenschleifern erfundene Fernrohr aufmerksam geworden war. Linsen als Brillengläser lassen sich seit dem 13. Jahrhundert nachweisen, doch in der wissenschaftlichen Literatur tauchen sie erst 1555 auf, bezeichnenderweise als Beispiel für „deceptiones", Täuschungen der Sinne. Als Galilei das Fernrohr zum Himmel richtete, war dies ein weiterer Schritt auf dem Weg zur Verbindung von Wissenschaft und Technik: Technische Hilfsmittel wurden von nun an in vielen Bereichen der Wissenschaft eingesetzt, in denen man sich bis dahin nur auf die unmittelbare sinnliche Wahrnehmung verlassen hatte. Die Widerstände, die diese Methode der Beobachtung unabhängig von der Auseinandersetzung um das kopernikanische Weltbild bei vielen Zeitgenossen Galileis hervorrief, zeigt deutlich das Ungewöhnliche und Neuartige seines Vorgehens.

Kurz nach dem Fernrohr setzte sich auch das Mikroskop als neues wissenschaftliches Instrument durch, und zwar vor allem in den biologischen Wissenschaften. Der Bau optischer Präzisionsinstrumente wurde ein wichtiger Zweig der Feinwerktechnik des 17. und 18. Jahrhunderts. [III-3.6; IV]

Die Mathematisierung der Physik

Die Einsicht, daß Mechanik und Physik kein Gegensatz sind, sollte entscheidend dazu beitragen, daß die Physik eine mathematische Wissenschaft wurde.

Grundlage der technischen Mechanik war seit der Antike die Statik gewesen, die im Gegensatz zur Physik mit mathematischen Methoden arbeitete. Schon Archimedes (285–212) kannte das Hebelgesetz und konnte den Auftrieb berechnen, den feste Körper erfahren, wenn sie in eine Flüssigkeit eingetaucht werden. Archimedes ist im Mittelalter zunächst in Byzanz und im arabischen Kulturkreis, seit dem 13. Jahrhundert auch in Westeuropa eifrig studiert worden. Man kann ohne Übertreibung sagen, daß in der Statik eine beinahe ungebrochene Tradition von der Antike bis in die Gegenwart bestanden hat. [III-3.2; III-4.2]

Eine mathematische Wissenschaft war auch die Astronomie. Beim Mond begann für die Griechen der Bereich der Welt, in dem die Sterne nach ewigen Gesetzen ihre Bahn zogen, und seit Eudoxos (408–355), Hipparch (190–125) und Ptolemäus (90–160) war es das Ziel der Astronomie gewesen, diese Bewegungen auf die Kreisbahn zurückzuführen, die als die ideale geometrische Form angesehen wurde. Auch Nikolaus Kopernikus (1473–1543) stand fest in dieser Tradition.

Ganz anders sah es dagegen in der Bewegungslehre aus. Die Dynamik des Aristoteles war keine Mechanik im antiken Sinn, sondern sie war ein Bestandteil seiner Naturphilosophie. Gefragt wurde nach der Ursache der verschiedenen Bewegungsarten, und die Antworten, die Aristoteles und seine mittelalterlichen Kommentatoren auf diese Frage gaben, waren, abgesehen von einigen einfachen und nicht einmal konsequent durchgeführten Proportionalitätsbetrachtungen, ebenso mathematikfrei wie die übrige auf den griechischen Philosophen zurückgehende Physik, deren Gegenstand die unterhalb des Mondes ablaufenden Naturvorgänge waren. Mathematische Betrachtungen im Zusammenhang mit Bewegungsvorgängen lagen den Gelehrten der Scholastik ebenso fern wie ihren antiken Vorbildern. [III-3.2; III-4.2]

Das aber änderte sich mit Galilei. Aus der Gleichwertigkeit von Statik und Dynamik innerhalb der Physik folgt bei ihm, daß auch die in der Statik seit langem übliche Methode der mathematischen Deduktion überall in der Physik angewandt werden darf. Anders als alle aristotelischen Gelehrten vor ihm war er davon überzeugt, daß im

Titelblatt der 1623 erschienenen Schrift von Galileo Galilei „Il saggiatore". In diesem Werk über die „Goldwaage" formuliert Galilei einen Grundsatz der modernen Naturwissenschaft: „Die Philosophie steht in diesem großen unfehlbaren Buch geschrieben, das beständig offen vor unseren Augen liegt, ich meine das Universum (...), es ist in mathematischer Sprache geschrieben!"

Prinzip die gesamte Natur mathematisch beschreibbar ist. „[Das Buch der Welt] . . . ist in mathematischer Sprache geschrieben, und die Buchstaben sind Dreiecke, Kreise und andere geometrische Figuren"[2]. Dieses Zitat aus Galileis 1623 erschienener Schrift „Il saggiatore" ist gewissermaßen zum Credo der neuzeitlichen Naturwissenschaft geworden, und obwohl es immer wieder gegenläufige Tendenzen gegeben hat – von Goethe über die romantische Naturphilosophie bis zum „New Age" –, ist es das auch bis heute geblieben – mit dem einzigen Unterschied, daß wir heute statt von Dreiecken und Kreisen wohl eher von Funktionen und Differentialgleichungen sprechen würden. Damit hat Galilei in einem kühnen Entwurf das Programm vorgezeichnet, das die Naturwissenschaften in den folgenden Jahrhunderten ausführen sollten: Ihre Aufgabe bestand darin, die mathematischen Ausdrücke zu suchen, die den Naturphänomenen zugrunde liegen. [III-3.1]

Am Beispiel seiner eigenen Forschungen hat Galilei darüber hinaus auch gezeigt, wie man vorzugehen hat, um diesem Ziel einer Mathematisierung der Natur näher zu kommen. Bei der Untersuchung der Fallbewegung stellte er als erstes die alte Frage nach der Ursache der Bewegung bewußt zurück und beschränkte sich auf den kinematischen Aspekt des Problems, d. h. er untersuchte, *wie* die Fallbewegung abläuft. Ausgehend von der unbewiesenen Annahme, daß „die Natur in allen ihren Verrichtungen (. . .) die allerersten, einfachsten und leichtesten Hilfsmittel zu verwenden pflegt"[3], setzte er voraus, daß die gleichförmige Beschleunigung diejenige Bewegungsform ist, die beim freien Fall auftritt, und bewies dann mit den geometrischen Methoden der Mathematik seiner Zeit, daß daraus notwendig ein Zusammenhang der Form $s \sim t^2$ folgt, d. h. daß die durchfallene Strecke dem Quadrat der Fallzeit proportional ist. Erst danach stellte er seine berühmten Experimente mit einer Fallrinne an, durch die die Theorie bestätigt wurde. [III-3.1]

In Lehrbüchern der Physik wird Galilei oft als derjenige bezeichnet, der das Experiment in die Physik eingeführt hat, ohne daß dabei auf die Funktion eingegangen wird, die es bei Galilei tatsächlich hatte. Es diente ihm zur Überprüfung der auf deduktivem Wege gewonnenen Aussagen über die Natur, war aber nicht der Ausgangspunkt der Naturerkenntnis. Der entscheidende Beitrag Galileis zur Entwicklung der neuzeitlichen Naturwissenschaft lag vielmehr darin, daß er seine Aussagen über physikalische Sachverhalte in der Sprache der Mathematik formulierte, woraus unter anderm folgte, daß seine Experimente stets messende Experimente waren, die das Ziel hatten, theore-

Die Fortsetzung von Galileis Bemühungen um eine mathematische Darstellung der Mechanik gelingt Isaac Newton (1643–1727) in den „Philosophiae naturalis principia mathematica". Dieses schöne Porträt Newtons mit einer allegorischen Darstellung der Wissenschaft hing auch in Einsteins Arbeitszimmer in Berlin, Haberlandstraße 5. Als Einstein im hohen Alter seine Autobiographie schrieb, legte er Rechenschaft ab, warum er an die Stelle von Newtons Mechanik eine neue Theorie gesetzt hatte und wandte sich gleichsam persönlich an den großen Kollegen: „Newton verzeih mir; du fandest den einzigen Weg, der zu deiner Zeit für einen Menschen von höchster Denk- und Gestaltungskraft eben noch möglich war. Die Begriffe, die du schufst, sind auch jetzt noch führend in unserem physikalischen Denken, obwohl wir nun wissen, daß sie durch andere, der Sphäre der unmittelbaren Erfahrung ferner stehende ersetzt werden müssen, wenn wir ein tieferes Begreifen der Zusammenhänge anstreben."

tisch postulierte Zusammenhänge zwischen quantifizierbaren Größen zu untersuchen.

Erfolgreich war diese neue Wissenschaft während des hier betrachteten Zeitraums nur in einem sehr engen Bereich, nämlich in der Mechanik, zu der jetzt auch die Dynamik als Lehre von den durch Kräfte beeinflußten oder verursachten Bewegungen gehörte.

Galileis Werk wurde fortgesetzt von Isaac Newton (1643–1727). Ihm gelang es, auch die zwischen verschiedenen Massen wirkende Anziehungskraft in seinen mathematischen Formalismus mit einzubeziehen. Das Gravitationsgesetz und einige weitere Axiome ermöglichten es ihm, den Ablauf jeder beliebigen Bewegung exakt zu beschreiben, wenn die Kräfte bekannt waren, die der Bewegung zugrunde lagen. Die Frage nach dem „Wesen", der physikalischen Natur jener Kräfte, blieb unbeantwortet; es genügte – und das war Newton gelungen – an jedem Ort einen Zahlenwert für ihre Größe anzugeben. Eine eindrucksvolle Bestätigung der Newtonschen Physik lieferten die Beobachtungen der Astronomie, womit gleichzeitig der Beweis erbracht war, daß am Himmel und auf der Erde dieselben physikalischen Gesetze gelten. Als Himmelsmechanik wurde die Astronomie ein Teil der Physik.

Als dann im 18. Jahrhundert die Infinitesimalrechnung (Differential- und Integralrechnung) zur Verfügung stand, arbeiteten die bedeutendsten Mathematiker an der Aufgabe, die Mechanik als abgeschlossene, auf wenigen Prinzipien aufbauende Theorie zu formulieren. Jean le Rond d'Alembert (1717–1783), Daniel Bernoulli (1700–1782), Leonhard Euler (1707–1783) und viele andere haben Newtons Werk in diesem Sinne weiterentwickelt. Den Abschluß dieser Entwicklung bildet die 1788 erschienene „Mécanique analytique" von Joseph Louis de Lagrange (1736–1813). Er brachte die klassische Mechanik in die Form, in der sie im wesentlichen noch heute gelehrt wird. Obwohl ihr Begründer Galilei war, wurde es üblich, die mathematische Physik als Newtonsche Physik oder – in den lateinisch geschriebenen Lehrbüchern des 18. Jahrhunderts – als „philosophia Newtoniana" zu bezeichnen.

Jean le Rond d'Alembert (1717–1783).

Die nicht-mathematischen Naturwissenschaften

Neben Kinematik und Dynamik gab es noch eine andere Art von Naturwissenschaft, die man nach ihrem erfolgreichsten Propagandisten die Baconsche Wissenschaft nennen kann.

Francis Bacon (1561–1626) war als Großsiegelbewahrer und Großkanzler ein mächtiger und einflußreicher Mann im England Jakobs I. Seine beiden Werke „Novum organum scientiarum" (1620) und „De dignitate et augmentis scientiarum" (1623) sind eine vehemente Polemik gegen die scholastische Wissenschaft, die zu seiner Zeit noch überall an den Universitäten gelehrt und praktiziert wurde. Er wirft ihr vor, sich in unnützen Spekulationen zu verlieren, statt die Natur selbst zu befragen, und wie Galilei verteidigt auch er das Experiment als ein legitimes Mittel der Naturerkenntnis. „Wie man die natürliche Gemütsart eines Menschen nur dann richtig erkennt und erprobt, wenn man ihn herausfordert . . .", schreibt er in „De dignitate et augmentis scientiarum", „so offenbart sich auch die Natur deutlicher, wenn man ihr durch Kunstgriffe Zwang antut, als wenn man sie sich selbst überläßt"[4]. [I-1.2]

Die Forschungsmethode, die er empfahl, nennen wir heute die Induktion. Eine Sammlung von Versuchen sollte die Grundlage jeder wissenschaftlichen Arbeit bilden; sie waren für Bacon das Fundament, von dem aus man zu allgemeineren Aussagen über die Natur gelangen konnte. Anders als Galilei hat Bacon freilich selbst keine Beispiele für die Brauchbarkeit seiner Methode geliefert, und der Physikhistoriker Eugen Dühring schrieb Ende des 19. Jahrhunderts sogar, die ganze höhere Naturwissenschaft habe nur dadurch weiterkommen können, daß sie nie in Versuchung geraten sei, von den Rezepten des englischen Kanzlers Gebrauch zu machen.

Was Bacon von Galilei trennte, war seine Haltung zur Mathematik: Sie kommt in den „Rezepten des englischen Kanzlers" als Mittel der Naturerkenntnis nicht vor. Dennoch war Bacons Einfluß auf die Naturwissenschaft des 17. und 18. Jahrhunderts sehr groß. Auf ihn berief sich die 1660 gegründete Londoner Royal Society, und auch andere gelehrte Gesellschaften in den Hauptstädten Europas erhoben den Anspruch, in seinem Geiste zu forschen, wobei sie freilich mehr seinen programmatischen Grundsätzen als seinen praktischen Anweisungen folgten. Bacons Forderungen waren in einer Zeit, in der außerhalb der Mechanik und der Astronomie von einer Mathematisierung der Naturwissenschaften noch keine Rede sein konnte, in der Tat ein erheblicher Fortschritt gegenüber der etablierten Schulwissenschaft, die die Welt noch immer mit den Augen des Aristoteles betrachtete.

Elektrizität, Magnetismus, Licht und Wärme

In der Physik erwies sich die Anwendung der Baconschen Grundsätze als besonders fruchtbar bei der Erforschung der Elektrizität. Seit Thales von Milet (625–547) wußte man, daß geriebener Bernstein leichte Gegenstände wie Stroh oder Federn anzieht, doch erst William Gilbert (1544–1603) fand, daß außer Bernstein auch andere Stoffe diese anziehende Kraft besitzen können, die er vis electrica (Bernsteinkraft) nannte. Nur drei Entdeckungen, die im übrigen wenig beachtet wurden, kamen im 17. Jahrhundert hinzu: Otto von Guericke (1602–1686) beschrieb 1672 die elektrische Abstoßung und die Leitfähigkeit eines Leinenfadens, und 1676 beobachtete Jean Picard (1620–1682), daß ein geschütteltes Quecksilberbarometer schwach leuchtet. Dieser Effekt, der zunächst gar nicht als elektrische, sondern als chemische Erscheinung gedeutet wurde, gab den Anstoß zur überaus erfolgreichen Elektrizitätsforschung des 18. Jahrhunderts.

Die Londoner Royal Society beschäftigte einen „curator of experiments", der von der Gesellschaft beauftragt wurde, bei ihren Sitzungen Experimente vorzuführen, von denen man sich neue Erkenntnisse über die Natur versprach. Unter der Präsidentschaft Newtons bekleidete Francis Hauksbee (um 1670–1713) dieses Amt, und 1705 erhielt er den Auftrag, das von Picard gefundene Leuchten des Barometers zu untersuchen. Seine ganz vom Geiste Bacons geprägten Untersuchungen zeigen beispielhaft die Möglichkeiten und Grenzen des rein induktiven Vorgehens. Zuerst konstruierte er einen Apparat, in dem er Quecksilber bei unterschiedlichem Luftdruck zerstäuben konnte. Dabei beobachtete er, daß das Leuchten auch dann auftrat, wenn kein vollkommenes Vakuum vorhanden war, und daß man den Effekt auch ohne Quecksilber erzeugen konnte. Es genügte, eine ganz oder teilweise luftleer gepumpte Kugel durch Reiben elektrisch zu machen. Besonders eindrucksvoll ließ sich das Leuchten vorführen, wenn man die Glaskugel auf einem Gestell befestigte und mit Hilfe eines Schwungrads und einer Kurbel in Rotation versetzte. Diese Vorrichtung wurde das Vorbild aller späteren Elektrisiermaschinen.

Trotz vieler Versuche gelang es Hauksbee nicht, zu allgemeinen Erkenntnissen über die Elektrizität vorzudringen, denn der Ausgangspunkt seiner Untersuchungen war ein überaus komplizierter Vorgang. Seine leuchtende Glaskugel war die erste Gasentladungsröhre, und die hier auftretenden Leuchterscheinungen wurden erst verständlich, als man etwas über die Struktur der daran beteiligten Gasatome wußte. Aber er hatte gezeigt, wie man durch systematisches Variieren von

Versuchsbedingungen mit einfachsten Mitteln neue und rätselhafte Erscheinungen hervorbringen kann, und das reichte aus, um weitere Untersuchungen anzuregen. Die Reibungselektrizität wurde schnell zum beliebtesten Forschungsgegenstand der experimentellen Physik des 18. Jahrhunderts, und um 1760 waren alle wichtigen Erscheinungen bekannt, die wir heute als Elektrostatik bezeichnen.

Neben der Elektrizität untersuchte man im 17. und 18. Jahrhundert auch viele andere physikalische Erscheinungen, wie das Licht, die Farben, die Wärme und den Magnetismus. All diese Forschungen blieben Baconsche Wissenschaft: man häufte immer mehr Tatsachenmaterial an, besaß aber keine ordnende Theorie. Zwar hat es an entsprechenden Bemühungen, gerade im Bereich der Elektrizitätslehre, nicht gefehlt, aber die dabei erzielten Resultate waren mehr als unbefriedigend.

Gibt es ein elektrisches Fluidum oder zwei? Ist das Licht ein Wellenphänomen, oder gibt es Lichtkorpuskeln, die vom leuchtenden Körper emittiert werden? Ist die Wärme ein Stoff oder Bewegung kleinster Teilchen? Was ist die Ursache der magnetischen Erscheinungen? Für all diese Fragen gab es kein Experiment, das eine eindeutige Entscheidung zwischen konkurrierenden Theorien ermöglicht hätte, und in vielen Lehrbüchern wurden zu ein und demselben Phänomen mehrere Theorien vorgestellt. Die Entscheidung wurde dem Leser überlassen, der nur den Eindruck gewinnen konnte, daß sich hier offenbar auch die Spezialisten nicht einig waren.

All diese Theorien des Lichts, der Elektrizität, des Magnetismus und der Wärme waren rein qualitativ. Ansätze einer Quantifizierung gab es allenfalls im Bereich der Wärmelehre, nachdem Daniel Gabriel Fahrenheit (1686−1736), André Antoine Ferchault de Réaumur (1683−1757) und Anders Celsius (1701−1744) brauchbare und untereinander vergleichbare Thermometer entwickelt hatten. Erst gegen Ende des 18. Jahrhunderts begann die mathematisch-deduktive Methode der Newtonschen Physik auch in diesen Wissenschaften Fuß zu fassen, als Charles Augustin Coulomb (1736−1806) das später nach ihm benannte Kraftgesetz zwischen elektrischen Ladungen formulierte, das man als das Gegenstück zum Gravitationsgesetz bezeichnen kann. Von diesen zunächst wenig beachteten Anfängen bis zu einer der analytischen Mechanik äquivalenten mathematischen Theorie der Elektrizität war es jedoch noch ein weiter Weg. Auch Optik und Wärmelehre wurden erst im 19. Jahrhundert Teil der mathematischen Physik.

Voraussetzungen für quantitative wissenschaftliche Untersuchungen in der Wärmelehre waren erst gegeben, nachdem man – nach langen Vorbereitungsjahren – untereinander vergleichbare Thermometer herstellen konnte. Die Abbildung zeigt ein Thermometer in einem Rokokogehäuse von 1744 mit einer Skala nach André Antoine Ferchault de Réaumur (1693–1757).

Die Entwicklung der Chemie

Wie die nicht-mechanischen physikalischen Disziplinen war auch die Chemie im 17. und 18. Jahrhundert eine empirisch-induktive Wissenschaft – trotz der zahlreichen Versuche, sie zu einem Teil der Mechanik zu erklären, indem man chemische Prozesse auf Kräfte von kurzer Reichweite zwischen den Atomen zurückführen wollte, wie Newton selbst es vorgeschlagen hatte. So fruchtbar sich diese Annahme als heuristisches Prinzip herausstellen sollte, so aussichtslos war damals die Hoffnung, diese Kräfte und ihre Wirkungen jemals in der Weise mathematisch beschreiben zu können, wie es etwa bei den anziehenden Kräften möglich war, die zwischen den Himmelskörpern auftreten.

Wenn die Chemie spätestens im 18. Jahrhundert auch als Wissenschaft anerkannt wurde, so verdankt sie das weniger der sich auf Newton berufenden Attraktionslehre, sondern zwei anderen Theorien, die gar nicht den Anspruch erhoben, mathematisch zu sein. 1718 fand der französische Chemiker Etienne François Geoffroy (1672–1731) einen Weg, um den Ablauf vieler chemischer Reaktionen vorhersehbar zu machen. Er nahm an, daß zwischen den verschiedenen Substanzen nicht weiter definierte Beziehungen bestünden, und je enger diese seien, um so eher würden sich zwei Stoffe miteinander verbinden und dabei eventuell Verbindungen aus Stoffen mit weniger engem Zusammenhang auflösen. Seine „Table des différents rapports observés en chymie entre différentes substances" stand am Anfang der Affinitätslehre, deren Höhepunkt die umfangreichen Affinitätstabellen des Schweden Torbern Olof Bergman (1735–1784) darstellen. [III-3.5]

Eine Theorie, die zwar nicht alle, aber doch eine große und wichtige Gruppe von chemischen Prozessen auf ein einziges Prinzip zurückführte, war die Phlogistontheorie des deutschen Arztes Georg Ernst Stahl (1660–1734). Sie bezog sich auf sämtliche Oxydationsvorgänge. Brennbare Substanzen sollten nach dieser Lehrmeinung einen flüchtigen Stoff enthalten, der beim Verbrennen und „Verkalken" – so nannte man das Oxydieren der Metalle – entweicht: das Phlogiston. Diese in ihren Einzelheiten häufig modifizierte Theorie beherrschte die Chemie des 18. Jahrhunderts bis zu den Arbeiten von Antoine Laurent Lavoisier (1743–1794), der als erster die Rolle des Sauerstoffs beim Verbrennen erkannte. [III-3.5]

Zu den wichtigsten Entdeckungen der Chemie des 18. Jahrhunderts gehört die Erkenntnis, daß Gase, die man bis dahin für verschiedene Modifikationen der Luft hielt, eigenständige Substanzen sind. 1754

gelang Joseph Black (1728–1799) der Nachweis, daß alkalische Stoffe
ein von Luft verschiedenes Gas enthalten, dem er den Namen „fixed
air" gab, was als „fixe Luft" ins Deutsche übersetzt wurde (gemeint
war Kohlendioxyd). 1766 entdeckte Henry Cavendish (1731–1810)
den Wasserstoff, und in den Jahren nach 1770 fanden Karl Wilhelm
Scheele (1742–1786) und Joseph Priestley (1733–1804) zahlreiche
weitere Gase, darunter den Sauerstoff.

Technik und Naturwissenschaft in den Akademien

Von der Entwicklung der Naturwissenschaften und von der Erkenntnis, daß Naturwissenschaft und Technik keinen Gegensatz darstellen,
versprach man sich im 17. und 18. Jahrhundert eine unmittelbare
Auswirkung auf den technischen Fortschritt.

Schon Francis Bacon war nicht müde geworden, auf den praktischen Nutzen der experimentierenden Naturforschung hinzuweisen,
und es war zweifellos auf seinen Einfluß zurückzuführen, wenn die
meisten der im 17. und 18. Jahrhundert in Europa gegründeten Akademien immer wieder in ihren Statuten erklärten, die von ihnen betriebenen Wissenschaften sollten vor allem der Praxis zugute kommen. 1662 bezeichnete Robert Hooke (1635–1703) es als die Aufgabe
der Londoner Royal Society, „das Wissen über die Natur, die nützlichen Gewerbe, Industrien, mechanische Verfahren, Maschinen und
Erfindungen durch Experimente zu verbessern"[5], und als Thomas
Sprat 1667 ihre Gründungsgeschichte beschrieb, betonte er die Bedeutung Bacons für die Ziele und die Methoden der von dieser Gesellschaft betriebenen Forschung: „Das beste Vorwort für die ‚Geschichte
der Royal Society' wäre eine Auswahl von Bacons Schriften gewesen"[6]. Schon bald war in England die Royal Society diejenige Institution, die von der Regierung beauftragt wurde, eingegangene Vorschläge für technische Neuerungen und Erfindungen zu prüfen, und in
ihrer Zeitschrift, den „Philosophical Transactions", nehmen Artikel
zur Verbesserung landwirtschaftlicher und industrieller Techniken
mindestens ebensoviel Raum ein wie solche zu Themen aus der an-
wendungsfernen Grundlagenforschung.

Im gleichen Sinne äußerte sich auch Gottfried Wilhelm Leibniz
(1646–1716) in seiner im März 1700 vorgelegten Denkschrift über die
Errichtung einer Sozietät der Künste und Wissenschaften in Berlin,
deren Aufgabe er darin sah, „theoriam cum praxi zu vereinigen, und
nicht allein die Künste und Wissenschaften, sondern auch Land und

Leute, Feldbau, Manufacturen und Commerzien, und mit einem Wort, die Nahrungsmittel zu verbessern" [7]. [II-4.2; III-3.1]

Anders als die Royal Society, die aus einer Vereinigung von Privatleuten bestand, war die französische Akademie der Wissenschaften eine Einrichtung des absolutistischen Staates. Der mächtige Finanzminister Jean-Baptiste Colbert (1619–1683), den man als ihren eigentlichen Gründer bezeichnen darf, hatte dabei neben dem Ruhm, den wissenschaftliche Entdeckungen für die Krone Frankreichs bedeuten würden, vor allem den praktischen Nutzen einer solchen Institution für Technik und Handwerk im Auge. Ihre Mitglieder waren vom Staat bezahlte Wissenschaftler, die neben ihren selbst gewählten, zweckfreien Forschungen sehr konkrete praktische Aufgaben zugewiesen bekamen. Insbesondere mußten sie – wie ihre Kollegen von der Royal Society – Vorschläge für technische Erfindungen begutachten. Bei der Reform der Akademie im Jahre 1699 wurde diese Aufgabe ausdrücklich in den Statuten festgeschrieben: „Die Akademie wird auf Befehl des Königs alle Maschinen prüfen, für die dieser um ein Privileg gebeten worden ist. Sie wird bescheinigen, ob sie neu und nützlich sind oder nicht, und diejenigen Erfinder, deren Arbeiten die Zustimmung der Akademie gefunden haben, sind verpflichtet, ihr ein Modell der Erfindung zu überlassen" [8]. [IX]

Die bei der Pariser Akademie der Wissenschaften eingereichten Erfindungen

Von der Möglichkeit, technische Erfindungen einer Institution vorzulegen, hinter der die Autorität des Staates und das wissenschaftliche Prestige ihrer Mitglieder stand, wurde in hohem Maße Gebrauch gemacht. Das zeigt deutlich die lawinenartig zunehmende Zahl von Vorschlägen mehr oder weniger brauchbarer technischer Neuerungen aus jener Zeit. [IX]

1735 veröffentlichte Jean-Gaffin Gallon (1706–1775) eine Beschreibung der 377 Maschinen, die der Akademie bis dahin zur Begutachtung vorgelegt worden waren. Das 6 Bände umfassende Werk mit kurzen Texten und über 400 Abbildungen sollte nach den Worten des Herausgebers vor allem für Techniker und Handwerker nützlich sein, die hier Anregungen empfangen könnten, um vorhandene Maschinen zu verbessern oder neue zu erfinden. Die große Zahl der in diesem Werk vorgestellten Erfindungen und die Herkunft der Erfinder sind ein Beweis dafür, wie verbreitet im 17. und 18. Jahrhundert die Überzeugung war, daß technischer Fortschritt möglich ist und daß jeder einzelne dazu beitragen kann. Sie zeigt ferner, daß eine gelehrte Gesellschaft, die sich im wesentlichen aus Astronomen, Mathematikern und Physikern zusammensetzte, als kompetent bei der Beurteilung technischer Fragen angesehen wurde, obwohl ihre Mitglieder sich nur selten als Techniker und Erfinder ausgezeichnet hatten. Mit anderen Worten: Man war vom Nutzen der Wissenschaft für die Technik allgemein überzeugt, auch wenn es dafür wenig konkrete Beweise gab. [III-3.1]

Das Spektrum der eingereichten Maschinen umfaßte alle Bereiche des damaligen Berufsalltags. Neben Pumpen, Meßgeräten und Hebevorrichtungen aller Art fällt vor allem die große Zahl der Werkzeugmaschinen auf. Man hatte offenbar erkannt, daß Präzision bei der Materialbearbeitung die unerläßliche Voraussetzung für die praktische Umsetzung wissenschaftlicher Ideen ist. Unter den Erfindern sind etliche Akademiemitglieder, wie Jean-Dominique Cassini (1625 bis 1712), Ole Römer (1644–1710) und Christiaan Huygens (1629 bis 1695). Die meisten Vorschläge stammen jedoch von unbekannten Handwerkern, und es ist charakteristisch für das beginnende 18. Jahrhundert, in dem Naturwissenschaft und Technik für die Damen der gehobenen Gesellschaft ein im wahrsten Sinne des Wortes salonfähiges Thema geworden waren, daß sich unter den Erfindern auch ein adliges Fräulein befindet: Mademoiselle du Château hatte einen Leuchter konstruiert, in dem eine Kerze bis zum Ende abbrennen konnte.

Das Verhältnis von Theorie und Praxis bei technischen Innovationen

Eine beiläufige Bemerkung des Herausgebers dieser Sammlung technischer Erfindungen wirft ein bezeichnendes Licht auf das Verhältnis von Naturwissenschaft und Technik im frühen 18. Jahrhundert. In den meisten Fällen gibt Gallon eine sachlich nüchterne Beschreibung der von ihm dargestellten Maschinen, ohne sich über deren praktischen Wert zu äußern. Nur in einem Fall weicht er von dieser Regel ab, und zwar ausgerechnet bei der Erfindung eines berühmten Wissenschaftlers und Akademiemitglieds, nämlich Christiaan Huygens' (1629 bis 1695). Seine Erfindung war eine „Vorrichtung, die verhindert, daß gestrandete Schiffe zerbrechen". Durch das Anbringen schräg stehender elastischer Holzplanken unter dem Kiel sollte erreicht werden, daß ein gestrandetes Schiff nicht von den Wellen auf den felsigen Grund geschlagen und dabei zerstört wird, sondern federnd und weich aufsetzt.

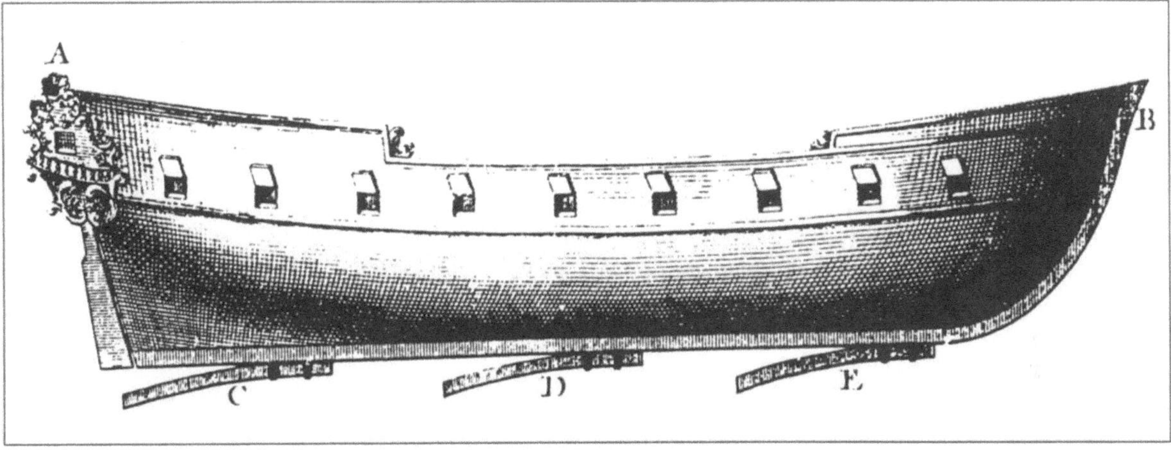

Der Praktiker Gallon – er war Kapitän und Hafeningenieur – erkannte sofort, daß diese Erfindung für die Seefahrt nichts bringen
konnte und hielt mit seiner Kritik nicht zurück. Gestrandete Schiffe,
so schreibt er, lägen meistens nicht auf dem Kiel, sondern auf der Seite,
und in diesem Fall seien die elastischen Bretter völlig nutzlos. Außerdem würden sie die Bewegungsmöglichkeiten der Schiffe unnötig
einschränken, denn in flachen Gewässern, wo ein Schiff normaler-
weise passieren könnte, würde es, mit dieser Vorrichtung ausgestattet,
den Boden berühren.

Es gibt einen Hinweis, daß Huygens selbst gelegentlich Zweifel am
Wert technischer Erfindungen hatte, die von Wissenschaftlern stammten. Mit seinem ehemaligen Assistenten Denis Papin (1647–1712), der
seit 1687 Professor der Mathematik an der Universität Marburg war,
korrespondierte er über dessen Erfindung eines Tauchbootes, und bei
der Erörterung der Handgriffe, die der Schiffsführer unter Wasser
vornehmen sollte, fügte er hinzu: „Ich rate Ihnen davon ab, sich selbst
in das Schiff zu begeben"[9].

Die hohen Erwartungen, die Politiker und Wissenschaftler mit dem
Aufblühen und der Förderung der naturwissenschaftlichen Forschung
verbunden hatten, wurden am meisten auf dem Gebiet enttäuscht, das
der Ausgangspunkt der oben beschriebenen Entwicklung zu einer
mathematischen Physik war, der Mechanik. Ein Bedarf an technischen
Innovationen bestand vor allem beim Wassertransport, doch von den
Pionieren der theoretischen Mechanik der Flüssigkeiten (Hydrostatik
und Hydrodynamik) kam hier keine Hilfe. Eulers Bemühungen, auf

der Grundlage seiner Berechnungen die Wasserversorgung der Springbrunnen im Schloßpark von Sanssouci zu verbessern, blieben ebenso erfolglos wie die Anstrengungen von Leibniz, die Windkraft zur Entwässerung von Bergwerken im Oberharz einzusetzen. Die technischen Schwierigkeiten, wie beispielsweise die Probleme der Dichtung von Ventilen und Kolben, konnten nur von erfahrenen Praktikern gelöst werden. Sie mußten die Voraussetzungen schaffen, welche die Anwendung physikalischer Gesetze beim Bau und bei der Verbesserung solcher Anlagen erst ermöglichten. Das wird besonders deutlich am Beispiel einer der wenigen Maschinen zum Transport großer Wassermengen, die im 17. und 18. Jahrhundert tatsächlich funktioniert hat. [III-2.1]

Um das Jahr 1674 beabsichtigte der französische König Ludwig XIV. den Bau einer Anlage, die das Wasser der Seine zu den Wasserspielen von Versailles emporheben sollte. Die Wissenschaftler, die zunächst um Rat gefragt wurden, waren Huygens und Papin. Sie schlugen vor, die zur Hebung des Wassers erforderliche Energie durch die Explosion von Schießpulver zu gewinnen. Entsprechende Versuche, die Papin in Anwesenheit des Ministers Colbert durchführte, haben diesen jedoch wenig beeindruckt, und es zeugt von seinem Realitätssinn, daß er sich statt an die Akademie jetzt lieber an die Öffentlichkeit wandte und im Namen des Königs in allen Städten Frankreichs durch Ausrufer verkünden ließ, jeder, der auf dem Gebiet der Wasserkünste eine Erfindung gemacht habe, solle sie Colbert mitteilen. Als Ergebnis dieses Wettbewerbs wurde das Projekt Arnold de Ville (1653–1722) anvertraut, einem Juristen und Diplomaten aus Lüttich, der nur dadurch für diese Aufgabe qualifiziert war, daß er in seiner Heimat einen Zimmermann namens Rennequin Sualem kannte, der dort bereits eine Wasserhebeanlage konstruiert hatte, mit der ein Höhenunterschied von 50 m überwunden wurde. Sualem war ein reiner Empiriker. Er hatte keinerlei Schulbildung genossen und konnte nicht einmal seinen Namen schreiben; in einer der wenigen Nachrichten, die wir über ihn besitzen, wird er als „fere analphabetos sed manuaria arte excellens" (fast ein Analphabet, aber ein vortrefflicher Handwerker) charakterisiert.

Nachdem Sualem 1680 eine Modellmaschine gebaut hatte, begann er 1681 mit dem Bau der Wasserhebeanlage von Marly, die 1685 fertiggestellt wurde. 221 Pumpen, die von 14 Wasserrädern angetrieben wurden, hoben das Wasser der Seine über mehrere Zwischenbehälter um über 162 m zu einem Aquädukt, der direkt in den Schloßpark von Versailles führte. Die Maschine galt als technisches

Die hohen Erwartungen, die Politiker und Wissenschaftler mit dem Aufblühen der naturwissenschaftlichen Forschung und der technischen Erfindertätigkeit verbanden, wurde auf vielen Gebieten enttäuscht. So war es auch bei den wichtigen Problemen, die beim Transport großer Wassermengen auftraten. Eines der wenigen Beispiele, bei denen der Wassertransport über weite Strekken wirklich funktionierte, war die von 1681 bis 1685 erbaute Wasserhebeanlage von Marly. 221 Pumpen, die von 14 Wasserrädern angetrieben wurden, hoben das Wasser der Seine über mehrere Zwischenbehälter um über 162 Meter zu einem Aquädukt, der das Wasser direkt in den Schloßpark von Versailles leitete.

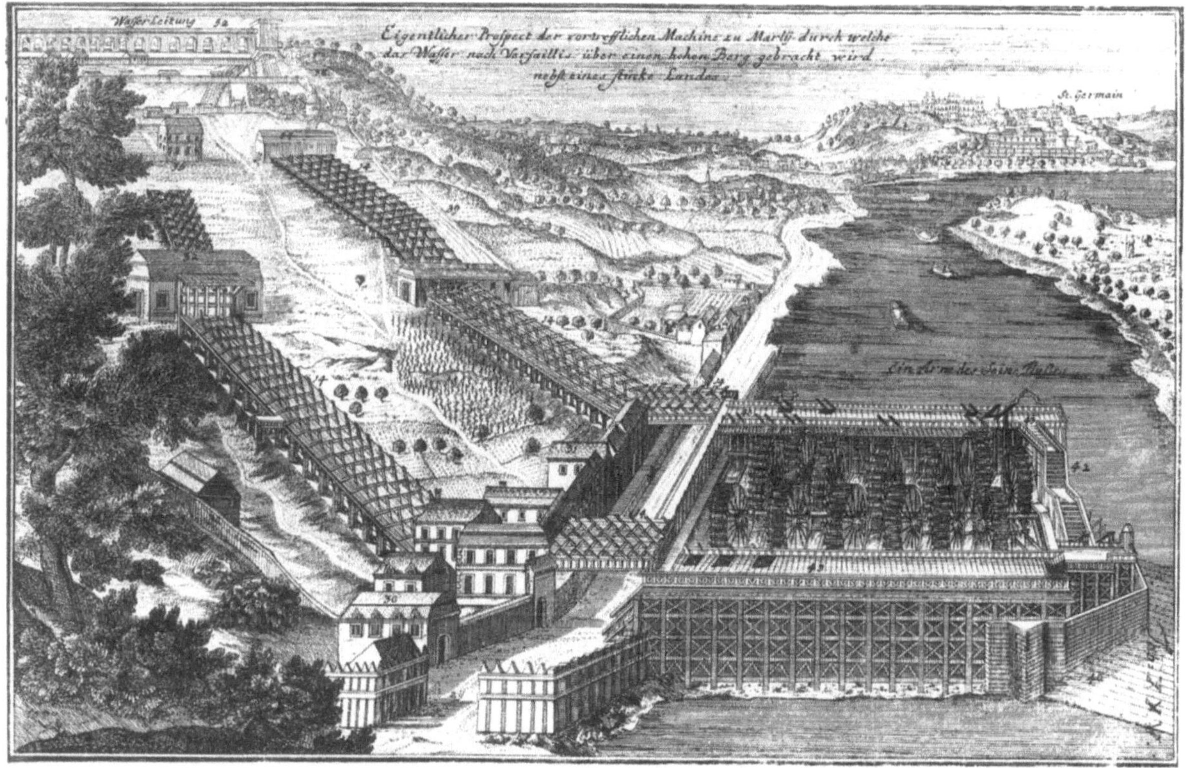

Wunderwerk und zog viele Besucher aus allen Ländern Europas an. Sie war 132 Jahre lang in Betrieb und wurde erst 1817 durch eine Dampfmaschinenanlage ersetzt.

Auch am Beispiel der Dampfmaschine wird deutlich, daß die Erfindungen der als Mathematiker und Physiker bekannten Gelehrten des 17. und 18. Jahrhunderts die Technik selten bereichert haben. Weder Huygens, der schon 1674 gemeinsam mit Papin einen Kolben durch die Explosion von Schießpulver bewegen wollte, noch Papin, der 1690 das Pulver durch Dampf ersetzte, kam über das Stadium einer Versuchsapparatur hinaus, und es war der Schmied Thomas Newcomen (1663–1729), der 1705 die erste funktionsfähige Dampfmaschine konstruierte. Wieder war es ein Praktiker, der aufgrund seiner Erfahrungen in der Metallbearbeitung die Probleme der Fertigung und der Präzision meisterte, von denen das Funktionieren einer solchen Maschine vor allem abhing.

Andere Innovationen des 18. Jahrhunderts, welche die Industrielle
Revolution vorbereiteten, sind sogar ohne jeden erkennbaren Zusammenhang mit den Naturwissenschaften entstanden. Das gilt zum Beispiel in der Textiltechnik für die Spinnmaschine, das fliegende Weber-
schiffchen und den mechanischen und automatischen Webstuhl, in der
Papierherstellung für die Papiermaschine und bei der Bodenbearbeitung in der Landwirtschaft für den Rotherham-Pflug.

Die Anfänge der chemischen Technologie

Unter den Naturwissenschaften des 17. und 18. Jahrhunderts hatte
zweifellos die Chemie die engsten Beziehungen zur Technik. Insbesondere die Erfahrungen aus der Hüttenkunde haben diese Disziplin
entscheidend geprägt: Grundlage von Stahls Phlogistontheorie waren
die seit Jahrhunderten bekannten Vorgänge bei der Reduktion und
Oxydation von Metallen, und auch die Affinitätstabellen von Geoffroy enthalten zum größten Teil Metallverbindungen. Dagegen dauerte es sehr lange, bis die Chemie in der Lage war, die wohl wichtigste
Frage aus der Metallurgie zu beantworten, worin der Unterschied
zwischen Stahl und Eisen besteht. 1716 beauftragte die Pariser Académie des Sciences auf Veranlassung von Colbert den vielseitigen Gelehrten Réaumur, eine Beschreibung aller Bereiche von Technik und
Handwerk („Description des Arts et Métiers") vorzulegen. Er begann
dieses Unternehmen mit der Beschreibung der Stahlherstellung und
fand dabei heraus, daß Stahl nicht, wie man bis dahin angenommen
hatte, eine besondere Modifikation des reinen Eisens ist, sondern daß
er durch geringe Beimischungen entsteht, die Réaumur als „schwef-
lige und salzige Bestandteile" bezeichnete. Erst nach 1780 fanden
Bergman, Louis Bernard Guyton de Morveau (1737–1816) und andere, daß nicht Salz und Schwefel, sondern Kohlenstoff den Unterschied zwischen Eisen und Stahl bewirkt. Zwei weitere Innovationen
von großer wirtschaftlicher Bedeutung gelangen Chemikern des
18. Jahrhunderts: John Roebuck (1718–1794), ein Arzt mit ausgepräg-
ten chemischen Interessen, erfand 1746 das Bleikammerverfahren zur
Herstellung von Schwefelsäure, und Nicolas Leblanc (1742–1806)
entwickelte zwischen 1780 und 1790 das später nach ihm benannte
Verfahren zur Gewinnung von Soda aus Kochsalz und Schwefelsäure. Damit waren zwei wichtige Grundstoffe verfügbar, die bald
darauf das Entstehen der chemischen Großindustrie ermöglichten.
[III-3.5]

Die chemische Wissenschaft des 17. und 18. Jahrhunderts übernahm viel aus dem reichen Erfahrungsschatz der Alchimie, die noch immer sehr verbreitet war. Einer ihrer Vertreter war Johann Friedrich Böttger (1682–1719), der sich seit 1701 im Auftrag des sächsischen Königs Augusts des Starken mit der Goldherstellung beschäftigte. Mit Hilfe der von dem Physiker Ehrenfried Walter von Tschirnhaus (1651–1708) entwickelten Brennspiegel und Brennlinsen, die so leistungsfähig waren, daß damit auch keramische Materialien geschmolzen und gebrannt werden konnten, gelang ihm 1708 als erstem Europäer die Herstellung von Porzellan, das bis dahin nur nach einem geheim gehaltenen Verfahren in China erzeugt worden war.

Erfindungen auf der Grundlage wissenschaftlicher Entdeckungen

Leblanc war zu seinen Versuchen angespornt worden, weil die französische Akademie der Wissenschaften für die Auffindung einer industriell verwertbaren Sodasynthese einen Preis von 12 000 Livres ausgesetzt hatte. So willkommen eine derartige Belohnung für Erfinder zu allen Zeiten gewesen ist – in der zweiten Hälfte des 18. Jahrhunderts wurde auch ohne einen solche Anreiz von vielen nach Lösungen für technische Probleme gesucht. Nachdem die Akademien den technischen Fortschritt zusammen mit dem Fortschritt der Naturwissenschaften gewissermaßen zum staatlich abgesegneten Programm erhoben hatten, leisteten auch die Philosophen der Aufklärung ihren Beitrag dazu, daß die Beschäftigung mit technischen Problemen allgemein akzeptiert und gesellschaftlich anerkannt wurde, allen voran die Herausgeber der großen Encyclopédie, Denis Diderot (1713–1784) und Jean le Rond d'Alembert (1717–1783). „Warum genießen die Handwerker, denen wir die Spindel, die Hemmung und das Schlagwerk der Uhr verdanken, nicht die gleiche Hochachtung wie diejenigen, die die Algebra vervollkommnet haben?"[10] So schrieb d'Alembert 1751 in der „Einleitung zur Enzyklopädie", doch seine eher rhetorisch gemeinte Frage bezog sich mehr auf die Vergangenheit als auf die damalige Gegenwart, denn inzwischen achtete man Techniker und Erfinder durchaus, und der Gedanke, daß einer wissenschaftlichen Entdeckung technisch nutzbare Erfindungen folgen müßten, war allgemein akzeptiert und verbreitet. Freilich hat es oft recht lange gedauert, bis es dazu kam. Gerade in der zweiten Hälfte des 18. Jahrhunderts gab es eine große Zahl von Erfindungen, die unmittelbar aus den Erkenntnissen der Naturwissenschaft hervorgegangen waren und nur

1752 führte Benjamin Franklin
(1706–1790) mit seinem Sohn in
Philadelphia einen Drachenversuch
zum Nachweis der elektrischen
Natur der Ladung von Gewitter-
wolken durch. Eine zeitgenössische
Darstellung dieses Experimentes
gibt es nicht, der Holzschnitt
stammt von 1870.

deshalb nicht zum technischen Fortschritt beigetragen haben, weil sie sich aus praktischen Gründen nicht durchführen ließen. Vieles davon ist erst im 19. oder im 20. Jahrhundert Wirklichkeit geworden.

Wir sahen, daß die spektakulärsten naturwissenschaftlichen Erkenntnisse des 18. Jahrhunderts auf dem Gebiet der Reibungselektrizität gewonnen wurden, und es ist nicht überraschend, daß es viele Vorschläge gab, daraus einen praktischen Nutzen zu ziehen. Die erste in großem Umfang angewandte Erfindung, die eine unmittelbare Folge der Elektrizitätsphysik war, war der Blitzableiter. Als der Leipziger Professor der klassischen Philologie Johann Heinrich Winkler (1703–1770) mit Hilfe verschiedener Kunstgriffe in der Lage war, lange elektrische Funken zu erzeugen, äußerte er 1746 als erster die Vermutung, daß auch der Blitz, den man bis dahin für einen Verbrennungsvorgang gehalten hatte, ein elektrischer Funke sei. 1750 machte Benjamin Franklin (1706–1790) einen Vorschlag, wie man diese neue, auch von ihm angenommene Blitztheorie experimentell nachprüfen könnte: Man solle auf einem hohen Turm eine Eisenstange errichten und dadurch die Elektrizität aus den Wolken herabholen. Kurz nachdem es Franklins französischem Übersetzer Thomas François Dalibart (1703–1799) im Mai 1752 gelungen war, bei einem Gewitter lange Funken aus einer isoliert aufgestellten Eisenstange hervorzuholen, wurden überall in Europa und Nordamerika die Gebäude mit Blitzableitern versehen. Schon 1753 forderte die neue Technik ihr erstes Opfer: Der Petersburger Physikprofessor Georg Wilhelm Richmann (1711–1753) wurde vom Blitz erschlagen, als er versuchte, die über eine Stange in sein Haus geleitete atmosphärische Elektrizität bei physikalischen Experimenten zu benutzen.

Ein anderes Anwendungsgebiet der Elektrizität wurde die Medizin. Spätestens seit dem Bau von leistungsfähigen Elektrisiermaschinen und Kondensatoren (Leidener Flaschen) kannte man die schmerzhaften physiologische Wirkungen der Elektrizität, und es lag nahe, sie auch zu Heilzwecken heranzuziehen. 1748 gelang es Jean Jallabert (1712–1768) in Genf, einen nach einem Unfall halbseitig gelähmten Schmied durch Anwendung elektrischer Schläge vollständig zu heilen. Damit zogen Elektrisiermaschinen in die Arztpraxen ein, und es war ein Arzt, Luigi Galvani (1737–1798), mit dessen Versuchen rund 40 Jahre später ein ganz neues Kapitel in der Geschichte der Elektrizität beginnen sollte. Seine vermeintliche Entdeckung der tierischen Elektrizität in Froschschenkeln führte zur Entdeckung der chemischen Elektrizität durch Alessandro Volta (1745–1827) und damit zur Erforschung und Ausnutzung des elektrischen Stromes im 19. Jahrhundert.

Weniger erfolgreich waren die Vorschläge und Versuche, die Reibungselektrizität zum Übertragen von Nachrichten zu benutzen. Die erste Periode in der Geschichte der elektrischen Nachrichtentechnik ist eine Folge gescheiterter Erfindungen. 1753 unterbreitete zum erstenmal ein anonymer Autor in einer schottischen Zeitschrift den Plan eines elektrischen Telegraphen. Er schlug vor, zwischen Sender und Empfänger so viele Drähte zu spannen, wie das Alphabet Buchstaben hat. Der Absender müßte in der Reihenfolge der zu telegraphierenden Buchstaben die jeweiligen Drähte mit einer Elektrisiermaschine verbinden, die dann beim Empfänger irgendeine elektrische Wirkung – zum Beispiel die Anziehung kleiner Kugeln – zeigen sollten. 1767 erschien in Rom ein Werk über die Elektrizität, in dem berichtet wird, der am Collegio Romano lehrende Professor Giuseppe Bozzoli (geb. 1724) habe einen elektrischen Telegraphen konstruiert, bei dem Sender und Empfänger nur durch *einen* Draht miteinander verbunden waren; die Buchstaben seien mit Hilfe eines vorher vereinbarten Codes übertragen worden. Diese Vorschläge wurden kaum bekannt, und bis 1795 haben noch mindestens fünf andere Erfinder unabhängig voneinander den elektrischen Telegraphen erfunden. Unter ihnen war der Genfer Physiker Georges-Louis Lesage (1724–1803), der sogar die Absicht hatte, seinen Telegraphen Friedrich dem Großen zu verkaufen. Als Claude Chappe (1762–1805) schließlich 1792 den optischen Telegraphen erfand, lag damit ein leicht realisierbares System der Nachrichtenübertragung über große Strecken vor, und der elektrische Telegraph geriet in Vergessenheit. Erst im 19. Jahrhundert sollte sich herausstellen, daß ihm die Zukunft gehörte.

Eine technische Sensation, die sich aber bald als reine Spielerei erwies, ergab sich aus der oben erwähnten Entdeckung der verschiedenen Gase durch die Chemie. Zu den Gasen, die leichter als Luft waren, gehörte nach Ansicht der meisten damaligen Chemiker auch der Feuerstoff, und mit ihm glaubten die Brüder Etienne (1745–1799) und Joseph Montgolfier (1740–1810) den Heißluftballon zu füllen, den sie am 4. Juni 1783 vor den versammelten Honoratioren ihrer Provinz, des Vivarais, rund 1000 m hoch steigen ließen. Damit hatte das Zeitalter der Luftfahrt begonnen. Die beiden Erfinder, zwei Papierfabrikanten, wurden umgehend aufgefordert, ihre Versuche in Paris vor einer auf Befehl des Königs eingesetzten Kommission der Akademie der Wissenschaften zu wiederholen, der auch der Chemiker Lavoisier angehörte. Drei Monate später erhob sich ein von ihnen konstruierter Heißluftballon in Anwesenheit des Königs und Tausender Schaulustiger in Versailles; Passagiere waren ein Hammel, ein Hahn und eine

Ente. Gleichzeitig führte der Pariser Physikprofessor Jacques Charles (1746–1823) erfolgreiche Versuche mit einem Wasserstoffballon durch, und schon am 1. Dezember desselben Jahres gelang ihm damit ein Flug, bei dem er eine Höhe von 3000 m erreichte und 40 km zurücklegte. Es mangelte nicht an Ideen, das neue Verkehrsmittel wirtschaftlich und militärisch zu nutzen, und Etienne Montgolfier entwarf bereits Zeit- und Streckenpläne für einen ganz Frankreich überspannenden Flugverkehr. Das alles scheiterte an der fehlenden Möglichkeit, die Aerostaten – so hießen diese ersten Luftschiffe – zu steuern, ganz abgesehen von den Gefahren, die jedermann deutlich wurden, als 1785 zwei Ballonfahrer bei dem Versuch, den Ärmelkanal zu überqueren, tödlich verunglückten. Nur zu militärischen Zwecken (Feindaufklärung) wurde der Ballon gelegentlich eingesetzt; das Zeitalter der Personen- und Frachtluftfahrt, von dem die Brüder Montgolfier geträumt hatten, sollte noch anderthalb Jahrhunderte auf sich warten lassen.

Keines der im 18. Jahrhundert entdeckten Gase hat die Phantasie von Technikern und Erfindern so beflügelt wie der Wasserstoff. Neben seinem geringen spezifischen Gewicht, das die Ballonfahrt ohne mitgeführte Wärmequelle möglich machte, gab seine leichte Brennbarkeit Anlaß zu verschiedenen Erfindungen. Nachdem Volta gezeigt hatte, daß das von ihm entdeckte „Sumpfgas" (Methan) mit einem elektrischen Funken entzündet werden kann, konstruierte Johannes Fürstenberger (geb. 1726) aus Basel um 1780 das erste Gasfeuerzeug, bei dem aus verdünnter Schwefelsäure und Metallspänen gewonnener Wasserstoff auf diese Weise entzündet wird. Im frühen 19. Jahrhundert ersetzte dann der Chemiker Johann Wolfgang Döbereiner (1780 bis 1849) den elektrischen Funken durch einen Platinschwamm und schuf damit ein leicht zu bedienendes Feuerzeug, das lange in Gebrauch war.

Auch die Möglichkeit, ein leicht endzündliches Gas für einen Verbrennungsmotor nutzbar zu machen, der dann Fahrzeuge antreiben sollte, wurde schon im 18. Jahrhundert erkannt. Der ebenso vielseitige wie erfolglose Walliser Erfinder Isaac de Rivaz (1752–1828) führte ab 1782 Versuche durch, um dieses Ziel zu erreichen, wobei ihm als Brennstoff die aus der Destillation von Holz gewonnenen Kohlenwasserstoffe dienten. 1802 konstruierte er das erste Modell eines solchen Wagens, und am 30. Januar 1807 erhielt er vom Bureau des Arts et Manufactures des französischen Innenministeriums – das Wallis gehörte damals zu Frankreich – ein Patent auf einen elektrisch gezündeten Verbrennungsmotor zum Antrieb von Fahrzeugen. Eine praktische Bedeutung hat diese Erfindung nicht gehabt, und erst im ausgehenden 19. Jahrhundert waren die technischen Voraussetzungen gegeben, die den rentablen Bau und Einsatz von Verbrennungsmotoren und Automobilen ermöglichten.

Zusammenfassung

In der Technikgeschichtsschreibung besteht kein Konsens darüber, ob die Technik des 17. und 18. Jahrhunderts von der stürmischen Entwicklung der Naturwissenschaften in diesen beiden Jahrhunderten wesentlich beeinflußt worden ist. Je nach der Wahl der Beispiele läßt sich ein solches Abhängigkeitsverhältnis belegen oder bestreiten. Es gab Bereiche, in denen wissenschaftliche Entdeckungen sehr schnell in die technische Praxis umgesetzt worden sind; hier ist vor allem die Chemie zu nennen. Auf anderen Gebieten wurden Anwendungsmöglichkeiten erkannt und ausprobiert, waren aber in größerem Umfang praktisch nicht durchführbar und wurden erst im 19. oder im 20. Jahrhundert zur technischen Wirklichkeit. Das gilt insbesondere für die Elektrizitätslehre. Die Mechanik schließlich, mit der die wissenschaftliche Revolution des 17. Jahrhunderts begonnen hatte, erreichte durch ihre Verbindung mit der wenig später entwickelten Infinitesimalrechnung ein so hohes Maß an Abstraktion, daß an ihre Anwendung so lange nicht zu denken war, wie die technischen Voraussetzungen fehlten, um die idealen Bedingungen, die allen theoretischen Berechnungen zugrunde lagen, auch nur halbwegs zu verwirklichen. Vor allem die Anwendung der Hydrodynamik stieß auf enorme Schwierigkeiten, da bei der Lösung der meisten Probleme, die bei den hier benötigten Maschinen auftraten (Präzision beweglicher Teile, Dichtungen usw.), praktisches Können und Erfahrung im Umgang mit Werkstoffen erheblich wichtiger waren als alle Theorie.

Wichtig für die Entwicklung der Technik wurde das Aufblühen der Naturwissenschaften auf einem indirekten Wege. Es trug entscheidend zum Entstehen des von Optimismus und Fortschrittsglauben geprägten Weltbildes bei, das charakteristisch ist für das Zeitalter der Aufklärung. Newton wurde von Voltaire als Wegbereiter einer neuen Zeit verherrlicht, und viele glaubten mit Leibniz, in der besten aller möglichen Welten zu leben. Zu dieser Einstellung gehörte auch die Überzeugung, daß eine immer vollkommenere Technik die harten Lebensbedingungen der Menschen weiter erleichtern würde. „The miner's friend" nannte man die um 1700 erfundene kolbenlose Dampfpumpe des englischen Militäringenieurs Thomas Savery (1650–1715). Zur

Entwässerung von Gruben war diese Maschine völlig unbrauchbar, aber man brachte damit zum Ausdruck, was man sich von besseren Maschinen versprach: Man sah sie als Wohltäter der Menschheit an, und zwar schon zu einem Zeitpunkt, als die Wirklichkeit noch weit hinter den Erwartungen zurückblieb. Von dieser Grundstimmung waren die zahlreichen Erfinder getragen, die sich, ohne selbst eine besondere naturwissenschaftliche Schulung zu besitzen, der Entwicklung von Webstühlen, Dampfmaschinen und besseren Produktionsverfahren widmeten und dadurch zu den Wegbereitern der Industriellen Revolution wurden.

Literaturnachweise

1 *Galilei,* Galileo: Discorsi e dimostrazioni matematiche, intorno à due nuoue scienze. In: Galilei, Galileo: Le opere. Edizione nazionale. Hrsg. v. Antonio Favaro. Florenz 1890–1909. Bd. 8, S. 49. (Deutsche Übersetzung: Unterredungen und mathematische Demonstrationen über zwei neue Wissenszweige. Darmstadt 1973, S. 3)

2 *Galilei,* Galileo: Il saggiatore. In: Galilei, Galileo: Le opere (Vgl. 1). Bd. 6. S. 232

3 *Galilei,* Galileo: Discorsi (Vgl. 1), S. 197. (Deutsche Übersetzung S. 147)

4 *Bacon,* Francis: De dignitate et augmentis scientiarum. In: Bacon, Francis: The Works. Ed. by Spedding, James/Ellis, Robert Leslie/Heath, Douglas Denon. Bd. 1. London 1858. S. 500

5 Entwurf der Präambel der Statuten der Royal Society. In: Weld, C. R.: A History of the Royal Society with Memoirs of the Presidents, compiled from authentic documents. London 1848, S. 146

6 *Sprat,* Thomas: History of the Royal Society. London 1676 (ND St. Louis/London 1959), S. 35–36

7 Leibnizens Denkschrift in Bezug auf die Errichtung einer Societas Scientiarum et Artium in Berlin. In: Harnack, Adolf: Geschichte der Preußischen Akademie der Wissenschaften zu Berlin. Berlin 1900. Bd. 2, S. 76

8 *Aucoc,* Léon (Hrsg.): L'Institut de France. Lois, Statuts et Règlements Concernant les Anciennes Académies et l'Institut de 1635 à 1889. Paris 1889, S. LXXXIV

9 Huygens an Papin, 2. November 1691. In: Huygens, Christiaan: Oeuvres complètes, publiés par la Société Hollandaise des Sciences. Bd. 10. Den Haag 1905, S. 176

10. *D'Alembert,* Jean le Rond: Discours Préliminaire de l'Encyclopédie (1751)/Einleitung zur Enzyklopädie von 1751. Hrsg. v. Köhler, Erich (Philosophische Bibliothck, Band 242). Hamburg 1955, S. 77

Anfänge der technischen Chemie

Otto Krätz

Bei der Aufgabe, das Wechselspiel zwischen Chemie und Technik in früheren Jahrhunderten zu beschreiben, muß man die Begriffe „Chemie", „Technik" und „Fabrik" gegeneinander abgrenzen. So erschien im Jahre 1805 das „Domonstrir-Cabinet" der Firma Memmert und Erdinger, Donauwörth – ein Kasten, in dem für Lernende die typischen Handelsprodukte der einzelnen Gewerbe vorgestellt wurden. Hier werden die Chemie und die Chemieberufe in einer für uns Nachgeborene recht unverständlichen Weise beschrieben. Insgesamt werden etwa fünfzig Berufe aufgeführt, zu deren Ausübung chemische Kenntnisse erforderlich waren, bzw. die chemische Produkte herstellten: vom Seifensieder bis zum Lackmusbereiter, vom Hornleimsieder bis zum Branntweinbrenner. Einer dieser Berufe war der des „chymischen Laboranten" über den ausgesagt wurde:

„Der (chymische) Laborant, lat. Chymicus, englisch the Chymist, ist allerdings ein freier Künstler und also nicht unter die Handwerker zu zählen, darf aber in einer städtischen Technologie nicht fehlen, weil er doch eine gewisse Zahl Lehrjahre aushalten muß und durch Destillation und Chymie laboriert, d. i. eine Menge Waren verfertigt, welche in Städten verkauft und gebraucht werden, auch begreift er theils mehrere bisher beschriebene Künstler, als Destillirer, Campferraffinirer, Scheidewasserbrenner etc. unter sich, theils gehört dazu der Apotheker, Boraxraffinirer etc. er verfertigt selten alle, sondern einen oder den anderen von den chymischen Artikeln"[1].

Was bei dieser Beschreibung sofort ins Auge sticht, ist die Tatsache, daß jedwede Art von akademischer Ausbildung – auch Pharmazie meist als Lehrberuf gesehen – keine Rolle spielte. Der Chemiker wird hier als Angehöriger eines handwerklichen unzünftigen Berufsstandes ohne akademische Ausbildung geschildert. Dementsprechend fußten die Rezepturen, die in den einzelnen Chemieberufen von Generation zu Generation weitergereicht wurden, auf rein empirisch gewonnenen Kenntnissen, völlig ohne irgend eine theoretische Absicherung. Es läßt sich sogar zeigen, daß durch die generationenlange Überlieferung ein Teil der Rezepturen sich verschlechtert haben, d. h. es kamen nach und nach Teile hinein, die ursprünglich nicht enthalten gewesen waren, und die – von heute her gesehen – auch völlig überflüssig oder eher schädlich waren. Eine wie auch immer geartete theoretische Betrachtungsweise fehlte in dem handwerklich-chemischen Milieu völlig. Es sei schon hier verraten, daß sich an dieser von anderen Techniken völlig abweichenden Situation bis weit in das vorige Jahrhundert hinein fast nichts ändern sollte. Daß diese Beschreibung unzünftiger Chemieberufe stimmen muß, kann man zum Beispiel dem Klagelied eines Eisenacher Hofapothekers aus dem letzten Drittel des 18. Jahrhunderts entnehmen, der sich darüber beschwerte, daß ein Seifensieder, ein Pfarrer und der Königseer Balsamträger ihm in seine Herstellung von Salmiakgeist hineinfuschen würden. Noch kurioser ist wohl die Mitteilung, daß Mitte des 18. Jahrhunderts in Montpellier fast jede Hausfrau dem Gewerbe der Grünspanherstellung – einer kupferhaltigen Mineralfarbe – nachging, wobei in Montpellier insgesamt jährlich immerhin zwischen 9 bis 10 000 Zentner hergestellt wurden, zu einem Preis von etwas unter 10 Sous für das Pfund.

So geht man wohl nicht fehl in der Annahme, die Urform der „Chemischen Fabrik" habe über die Jahrhunderte hinweg so ausgesehen, wie das Laboratorium des Apothekers Homais in Flauberts Roman „Madame Bovary", wo zwar einerseits auch jenes tödliche Giftpräparat zubereitet und gehandelt wurde, dem die unsterbliche Titelheldin zum Opfer fallen sollte, indem sich aber auch die gesamte Familie des Apothekers und dessen Gehilfen in einer saisonal bedingten Großkampagne zur herbstlichen Großherstellung von Johannesbeergelee zusammenfanden.

So muß man sich an den Gedanken gewöhnen, daß die berühmte chemische Fabirk von Lukavic in Böhmen im 18. Jahrhundert ebenso wie die holländischen und deutschen Säure- und Präparatefabriken nur einige wenige Arbeiter beschäftigten. Nur gelegentlich, wie bei einzelnen Zuckerraffinerien, wurde die Zahl von zehn oder gar fünfzig beschäftigten Personen überschritten. Die meist kostspieligen chemischen Apparaturen erforderten ein kapitalkräftiges Unternehmertum.

Glauber und die Volkswirtschaft

Dabei hatte es in der Geschichte nicht an Mahnungen gefehlt, die chemische Produktion auf eine breitere, besser organisierte und mit Kapital ausgestattete Grundlage zu stellen. Das in der deutschen Chemiegeschichtsschreibung stets herausgestellte und herausragende Beispiel ist Johann Rudolf Glauber (1604–1670), den sein unsteter Lebensweg schließlich nach Amsterdam führte, wohl weil sich seinem unternehmerischen Geist in dem nach dem Dreißigjährigen Krieg wirtschaftlich darniederliegenden Deutschland keine rechte Wirkungsmöglichkeit bot. Amsterdam hingegen war ein Zentrum des Chemikalienhandels und der Chemikalienbereitung. In Amsterdam wurde zu Glaubers Zeiten rege die Raffinerie von Zucker, Kampfer, Borax und Schwefel betrieben, sowie die Herstellung von Lackmus, Bleiweiß, Smalte und Quecksilberverbindungen, die Fabrikation von fetten und ätherischen Ölen, Spirituosen, Seife, Wachs, Tabak, Leder und Papier. Im chemiefreundlichen Klima Amsterdams schuf Glauber 1656 sein berühmtes kameralistisch orientiertes, programmatisches chemisch-technisches Werk: „Teutschlandts Wohlfahrt", in dessen Eingangsbetrachtung er ausführt: „(. . .) Das Werk (. . .) / darmit ich meinem Vaterland zu dienen mir vorgenommen / bestehet (. . .) in offenbahrung dern in Teutschland grossen verborgenen Schätze / so auß unachtsamkeit (. . .) bißhero nicht erkant / gesucht oder gehoben worden (. . .) Es ist viel besser / daß man andern zu verkauffen habe / alß von andern kaufen müsse (. . .) Warumb sind wir so schlecht / daß wir unser Kupffer nach Frankreich oder Hispanien / unnd das Bley in Holland unnd Venedig schicken / Spannisch Grün und Bleyweiß darauß machen / denen wir es hernach so theuer wierum abkauffen müssen (. . .)" [2].

Schon früh sahen sich chemietreibende Fabrikanten der Ablehnung durch ihre Umwelt ausgesetzt. Allzu schlecht war der Ruf der Goldmacher und Alchimisten im 17. Jahrhundert geworden. Für diesen Sachverhalt sei eine hübsche Stelle Glaubers zitiert, der wir entnehmen dürfen, daß zuweilen chemisch-pharmazeutische Präparate auch von Ärzten hergestellt wurden: „(. . .) Wann ein frommer Medicus etwann gute Medicamenta selber zu bereiten suchet und in seyn Hauß Glaeser oder Kohlen eingetragen werden / so ruffen die Nachbahren alsobalden / ein Alchimist, Alchimist; und wissen solche grobe unverstaendige Menschen zwischen einem ehrlichen Mann und landtlaefferischen betriegerischen Buben keinen unterscheyd zu machen / scheeren beyde ueber einen kamm mit dem Nahmen Goldmacher (. . .)" [3].

Seltsamerweise war der Beruf der Drogen-, Farben- und Chemikaliengroßhändler, der „Materialisten", ungleich schärfer definiert. In Christoff Weigels Ständebuch heißt es 1698: „(. . .) Es wird aber von einem vollkommenen Materialisten erfordert / daß er eine umständliche Wissenschafft von allen Materialien habe / wie sie dem Geschmack / Geruch / Farbe und anderen Qualitaeten nach / beschaffen seyn müssen / wisse / und vor dem Betrug / womit sie von boesen Haenden beflecket werden / sich zu hueten / oder (. . .) solch betrogenes Gut auszusortiren beflissen seyn koenne. Item ist nutz (. . .) die meisten Oerter / wo man die Materialien in groester Menge herbringt / zu kennen / weil jederzeit die erste Haende (. . .) redlicher zu seyn pflegen (. . .) In Holland und Italien nennt man sie Drogisten (. . .)".

Über die Warenliste, die ein Materialist üblicherweise anzubieten hatte, wissen wir dank dem Ständespiegel Abraham A Sancta Clara recht gut Bescheid. Neben typischer Apothekenware wie Bärenschmalz, spanische Fliegen und Mumien hielt er auch „(. . .) Allerley Farben" feil, „als Gold-Muscheln, weisser und rother Bolum, Zinober, Orleans, Florentioner, und Kugel-Lack etc." neben echten Drogen: „Allerley Rinden (. . .) Fieber Rinden, China China genannt". Aber auch: „Allerley Gummy, fliessende Sachen, und aufgetrucknete Saeffte, als Ambra, Aloe (. . .) Gummi animae (. . .) Weinstein, Terpentin etc." Desweiteren: „(. . .) Allerhand Metall, und Mineralien, als gebrannt Kupfer, Allaun, Spießglas, Quecksilber etc. (. . .) Allerhand Geister, als Scheid-Wasser, Saltz- und Schwefel-Geister etc. (. . .) Allerhand Saltz, als Salmiak, Salpeter, Weinstein-Saltz, etc. (. . .)"[4].

Kärgliche Anfänge

Das Zusammenspiel von chemischer Wissenschaft und chemischer Technik war im 17. Jahrhundert nicht allzu bedeutend. Bei den in deutscher Sprache schreibenden Autoren tritt das Dreigestirn Glauber (1604–1670), Johann Joachim Becher (1635–1682) und Johann K. Kunckel (1638–1703) hervor. Glaubers Hauptverdienst lag auf dem Gebiet der präparativen – meist pharmazeutischen – Laboratoriumstechnik. Er beschäftigte sich mit der Salpeterbereitung, mit Metallurgie, Glasbereitung, Färberei – dem Nuancieren von Farbstoffen mit Säure und Alkali – der Gewinnung von Essig, Branntwein, Weinstein und Weinhefen.

Becher, ein kühner Projektemacher mit barocker Persönlichkeit und farbigem Lebenslauf, ging in die Geschichte ein mit dem ersten englischen Patent zur Verkokung der Kohle und zum Gewinn von Gas und Teer. Er schlug auch vor, aus Kartoffeln Alkohol zu gewinnen; doch waren seine eigenen praktischen technologischen Erfolge eher bescheiden. Kunckels Name ist mit der Erfindung der zuerst im Auftrag des Großen Kurfürsten fabrikmäßig hergestellten Goldrubingläser verbunden. In seiner wichtigsten Schrift „Ars vitraria experimentalis" beschrieb er außer der Herstellung farbiger Gläser, künstlicher Edelsteine, Emails, Glasuren und so weiter auch die Gewinnung der Hilfsmaterialien wie Arsenik, Zaffer und Pottasche.

Mit praktisch-technischen Problemen hat sich noch der in Paris als Leibarzt und Hofalchimist des Herzogs von Orleans wirkende holländische Arzt Wilhelm Homberg (1652—1715) beschäftigt und beispielsweise über die Herstellung von Tusche, Lacken, Firnissen und über die Metallscheidung gearbeitet.

Der geniale Gelehrte Robert Boyle (1627—1691) war zwar als aristokratischer Privatgelehrter nicht sonderlich praktischen Sinnes, hat sich aber doch mit Metallscheidung, der Salmiakfabrikation, der Herstellung farbiger Gläser, der Tintenbereitung und der Färberei beschäftigt.

Es ist zwar nicht zu leugnen, daß es bei allen drei hier genannten Männern durchaus theoretische Ansätze gegeben hat, insbesondere bei Becher, der mit seiner Drei-Erden-Lehre die Grundlage für die spätere Phlogistontheorie Stahls schuf. Doch liest man die Schriften dieser Zeit im Original, dann kommt man um die Erkenntnis nicht herum, daß es ausgesprochen schwerfällt, beispielsweise Becher bei einer auf seiner Theorie basierenden Voraussage zu ertappen. Von einem Eintreffen einer solchen Voraussage kann ohnedies keine Rede sein. Becher war schon froh, wenn er das ihm bekannte durchaus reichliche Faktenmaterial mühsam so ordnen konnte, daß es seiner Theorie nicht von vornherein widersprach. Er selbst sah den Gang seiner Forschungen so: „(. . .) Nun die Wissenschafften recht außdem Fundament zu lernen / ist nöthig auf ihre *Principia* und *Axiomata* zusehen / welche auß den *Observationen* und *Experimenten* kommen; und diese haben wiederum ihren Ursprung auß den *Combinationen* und *Concordantien* / und dieses ist der wahrhafftige/meisterliche *Methodus* in allen *Scientien* (. . .)".

Wenn man den Text weiter liest, so erfährt man, daß unter den Begriffen „Combinationen" und „Concordantien" schlicht Literaturstudien begriffen werden, in denen die experimentellen Beobachtungen anderer Forscher verglichen und kombiniert werden.

Klarer kann man die Grundsätze rein empirischen Forschens kaum formulieren. Zwar ist durchaus anzunehmen, daß das fast verzweifelte Suchen der damaligen chemischen Forscher nach einem tragfähigen theoretischen Unterbau sie zu manchem glücklichen Experiment verführt hat, unter dem einige waren, die vielleicht tatsächlich technisch ausnutzbar hätten sein können. Doch von heute her betrachtet hatten solche Treffer — sofern sie sich überhaupt als solche erkennen lassen —

Ausgehend von den theoretischen Ansätzen Johann Joachims Bechers entwickelte Georg Ernst Stahl (1659—1734) die Phlogistontheorie, die als erste umfassende chemische Theorie die Vorgänge bei der Verbrennung zu erklären versuchte. Außerdem bemühte sich Stahl sehr eifrig, seine neuen chemischen Kenntnisse auch zur Verbesserung der Gewerbe anzuwenden. Ein Beispiel ist diese Schrift über den Schwefel.

Laboratoriumsinventar von Johann Joachim Becher nach einem Kupferstich von 1719.

den Charakter eines unverhofften Lotteriegewinns. Allzusehr ist man als Chemiehistoriker geneigt, dem damaligen Chaos an Faktenwissen die heutige Theorie überzustülpen um festzustellen, daß zuweilen ein leises Ahnen der richtigen Verhältnisse erkennbar sein könne. Doch scheint es eher, daß man hier etwas in diese Zeiten hineininterpretiert, was in Wahrheit nicht vorhanden war. Richtiger scheint zu sein, daß so gut wie alle theoretischen Ansätze ihr Entstehen ausschließlich praktischen Beobachtungen verdankten.

Ob Boyle im sceptical Chemist wirklich eine Elementenlehre in unserem Sinn aufbauen wollte ist umstritten. Unmittelbaren Nutzen konnte man jedenfalls nicht daraus ziehen.

Die Schwefelsäure

Eine der Grundchemikalien der betrachteten Epoche ist die Schwefelsäure. Zwar war sie als Apothekenpräparat – aus Schwefel oder Ei-

senvitriol gewonnen – längst bekannt, aber es lag eigentlich kein gewerblicher Bedarf für ihre Produktion vor. Doch 1744 entdeckte der sächsische Bergrat Johann Christoph Barth in Freiberg die Sulfurierbarkeit des Farbstoffes Indigo und führte dies Verfahren in die Wollfärberei ein. Damit begann sich der Aufstieg der Chemie als Hilfswissenschaft und Hilfstechnik der Textilindustrie abzuzeichnen. Vor der Mitte des 18. Jahrhunderts scheint es lediglich in Nordhausen zwei Fabrikanten für Oleum gegeben zu haben. Bedingt durch ihre mangelhafte Apparatur hatten sie keine besonderen Erfolge. 1744 wurde das Darstellungsverfahren durch Johann Christian Bernhard (um 1754) rational weiterentwickelt. Dieses sächsische Vitriolöl wurde zum Preise von zwei bis drei Reichsthalern von den Textilbetrieben gerne gekauft und war schon 1751 in Frankfurt, Bremen, Nürnberg und im Ausland im Handel. Es entstanden bald weitere Brennereien, so daß der Preis auf 16 Groschen und zuletzt auf 5 fiel. Viele Brenne-

Mitte des 18. Jahrhunderts beginnt in der Chemie der Übergang zu systematischer Forschungsarbeit durch die Entstehung größerer Laboratorien. Der Kupferstich aus dem Jahr 1765 zeigt das Inventar eines chemisch-technologischen Laboratoriums.

reien gerieten in Schwierigkeiten. Friedrich der Große belegte die sächsische Schwefelsäure mit einem Einfuhrverbot; immerhin gab es in den neunziger Jahren im Erzgebirge über 30 Brennereien mit durchschnittlich drei Beschäftigten, die aus ca. 5000 Zentnern in Sachsen produzierten Vitriols 120 000 Pfund Vitriolöl herstellten.

Selbst in Bayern hatte die Schwefelsäuregewinnung schon sehr früh Fuß gefaßt. Die älteste chemische Produktionsstätte in Bayern, auf die sich in etwa der Begriff chemische Industrie anwenden läßt, waren die staatlichen Werke von Bodenmais. Sie stellten die sogenannten Potée her, ein Produkt, bei dem es sich im wesentlichen um Eisenoxid handelte. Dieser Potée diente einmal als rote bzw. rotbraune Mineralfarbe, fand aber andererseits vor allem als Schleifmittel in der bayerischen Glasindustrie, insbesondere bei der Spiegelfabrikation, Anwendung. Die „Potéewerke" lieferten daneben noch Eisenvitriol und sogenannten Kronenvitriol, einem Gemisch von Eisen- und Kupfervitriol. Mathias Flurl (1756–1823) hat die imponierenden Anlagen in Bodenmais 1806 genauestens beschrieben. Nach Flurls Angaben wurde hier seit 1551 sogenannte „Nordhäuser-Schwefelsäure" durch Brennen von Eisenvitriol in irdenen Kolben in einer Vitriolbrennerei hergestellt und darüber hinaus Alaun produziert. Die Vitriolhütte zur Nutzung der bei Bodenmais anstehenden Eisenkiese wurde abwechselnd vom bayerischen Herrscherhaus, dann aber in Verpachtung durch den Staat von Aristokraten und bürgerlichen Privatpersonen betrieben. Diesen Werken war ein langes Leben bis in die Gegenwart beschieden.

1778 entstand in Lukavic in Böhmen eine Vitriol- bzw. Vitriolöl-Fabrik. Mit ihr war auch ein Laboratorium verbunden, das sich zur ersten „Chemischen Fabrik" Böhmens entwickelte, in der von den fünf Beschäftigten auch noch Salpetersäure, Berggrün, Caput mortuum und Kupfersulfat hergestellt wurde.

1792 eröffnete Johann David Starck seine sogenannten „Mineralwerke" bei Pilsen. Starck hatte als junger Baumwollweber die Nutzanwendung der Schwefelsäure als Hilfsstoff bei der Bleicherei erkannt. Zwar lag 1798 die Produktion erst bei 84 Zentner Oleum, doch wurden 1816 bereits über 5000 Zentner produziert. 1792 wurden daneben 3471 Zentner Vitriol, 3600 Zentner Alaun und 1097 Zentner Schwefel gewonnen. Bernhard hatte 1755 die Oleumdarstellung genauer beschrieben: Die verwitterten Rückstände des Vitriolschiefers, den man zuvor schon zur Schwefelgewinnung verwendet hatte – aber auch die Abbrände pyrithaltiger Stein- und Braunkohlen – wurden ausgelaugt, die Lauge eingedampft und zu rohem Vitriolstein – einem Gemisch von Eisensulfaden und Aluminiumsulfat – calciniert. Diese Masse wurde dann in kleine tönerne Retorten gefüllt, die zu je dreißig in einem Galeerenofen untergebracht waren.

Starck betrieb zunächst zehn, 1800 bereits 35 solcher Galeerenöfen. Eine Woche lang wurde stark erhitzt, wobei sich das Oleum in den Vorlagen sammelte. Jede Retortenfüllung lieferte 1½ Pfund Säure. Als Rückstand verblieb in den Retorten rotes Eisenoxid – Caput mortuum bzw. Polierrot.

Die Entwicklung der industriellen Schwefelsäuredarstellung – also nicht von Vitriolöl – begann in England. 1750 stellte Dr. Francis Home in Edinburgh fest, daß sich Schwefelsäure vorteilhaft als Ersatz für Sauermilch bei dem Absäuern der zu bleichenden Leinwand oder Baumwolle benutzen läßt. Die Dauer dieser Operation wurde dabei von zwei bis drei Wochen auf etwa 12 Stunden abgekürzt.

Die erste Fabrik in unserem Sinne wurde 1736 von dem etwas dubiosen Quacksalber Dr. Joshun Ward (1685–1761) in Richmond bei London errichtet. Die Apparatur bestand aus einer Anzahl großer Glasballone von je 40 bis 50 Gallonen (das entspricht ungefähr 200 ltr. Inhalt), die in zwei Reihen in einem Sandbad saßen. In die Ballone wurde etwas Wasser gegossen, in den Hals brachte man eine durch einen Steinguttopf geschützte rotglühende Blechschale, die eine Mischung von Schwefel und Salpeter enthielt. Nun verschloß man mit einem Holzstopfen und wartete einige Zeit und ließ dann frische Luft zu. Dies wurde einige Male wiederholt.

1746 führte Johann Roebuck (1718–1794) die Bleikammern ein. Der Schwefel wurde in fünf kleinen eisernen Wagen in die Kammern, die 6 Fuß im Quadrat maßen, eingebracht. Roebuck und Garbett legten 1749 in Prestonpans bei Schottland, um die dortige Leinenindustrie zu beliefern, eine weitere Fabrik an, in der 1813 nicht weniger als 108 kleine Bleikammern betrieben wurden. 1772 kam es in Battersea bei London zu einer Anlage mit 72 zylindrischen Kammern. Das Bleikammerverfahren wurde durch Verrat von Angestellten Roebucks weitergetragen. Ende des 18. Jahrhunderts arbeiteten in Glasgow bereits 6–8 Fabriken, acht weitere in Birmingham. Als 1788 die Chlorbleiche aufkam, zu deren Vorprodukten ebenfalls Schwefelsäure gehört, stieg die Produktion abermals stark an. Die Bedeutung der englischen Textilindustrie läßt sich daran ermessen, daß 1815 bereits etwa 3000 t Säure produziert wurden. Zwar war man bei der Versendung von Schwefelsäure auf die Verwendung weidenkorbumflochtener Glasballons übergegangen. Trotzdem läßt sich vorstellen, daß die Versendung konzentrierter Schwefelsäure, aber auch anderer Säuren, in einer Frachtpostkutsche keine angenehme Angelegenheit war, was sicherlich die Errichtung relativ vieler – auch kleinerer – Fabriken erklärt.

Das erste französische Unternehmen für „englische Schwefelsäure" entstand in Rouen. Hier arbeitete man zunächst noch mit Glasballonen, ging aber 1769 zu Bleikammern über. Weitere Fabriken bei Javelle in Paris und Montpellier folgten. Frankreich produzierte Anfang des 19. Jahrhunderts bereits 200000 Zentner zu je 30 Franken. De la Follies schlug 1774 vor, Wasser dampfförmig in die Kammern einzubringen und Charles Bernard Desormes (1777–1857) erkannten 1793, daß der Salpetersäure lediglich eine katalytische Sauerstoff übertragende Wirkung zukommt und führten den kontinuierlichen Luftstrom ein. Die Entwicklung und theoretische Erklärung der Schwefelsäureherstellung gilt heute vielfach als die erste gelungene Anwendung einer chemischen Theorie auf die Praxis in jenem klassischen Sinne, daß man aus der Theorie heraus ein vorher so nicht existierendes Verfahren entwickelt habe. Grundlage war die Lehre vom Phlogiston, die 1697 Georg Ernst Stahl (1660–1734) entwickelt hatte. Nach Stahl wird bei der Verbrennung ein bestimmter Stoff, das Phlogiston, abgegeben, das bei der Verbrennung von Schwefel in unserem Sprachgebrauch entstehende Schwefeldioxid ist nach Stahl „phlogistierte Schwefelsäure". Die Phlogistontheorie gilt als die erste wissenschaftlich gehandhabte Hypothese der Chemie. [III-3.4]

In Deutschland blieb man lange bei dem Vitriolöl. Seit 1748 wurde die Schwefelverbrennung in Glasballonen in Berlin ausgeführt. Eine weitere Fabrik mit vier Beschäftigten wurde 1768 gegründet. Die erste deutsche Bleikammer wurde 1812 bei Leipzig in Betrieb genommen. Der Aufschwung der Schwefelsäurefabrikation führte im 19. Jahrhundert naturgemäß zu einer starken Bedeutungszunahme natürlicher Lagerstätten des Schwefels. Das galt insbesondere für den sizilianischen Schwefel, dessen Handel in den Händen weniger französischer Handelshäuser lag, die ihre Monopolstellung zu beträchtlichen Preisanhebungen bei ihren hauptsächlich englischen Abnehmern ausnutzten. Die englische Regierung reagierte mit Flottendemonstrationen in der Straße von Messina, die als internationale Schwefelkrise in die Geschichte eingehen sollten. Zwar gelang es, die Folgen dieses Ereignisses diplomatisch zu begrenzen, doch wurden die englischen Fabrikanten trotzdem aus einer gewissen Besorgnis heraus dazu gebracht, vom sizilianischen Schwefel abzugehen und sich der heimischen Abbrände pyritischer Erze zuzuwenden.

Salpeter

Für diese Substanz gab es zunächst nur drei – dafür aber recht wesentliche – Anwendungsgebiete. Man brauchte ihn zur Gewinnung von Schießpulver und zur Bereitung von Salpetersäure. Mit der Vergrößerung der europäischen Heere und Zunahme der Zahl, Feuerkraft und Kaliber der Feuerwaffen stieg im 17. und 18. Jahrhundert die Nachfrage beträchtlich. Der Bedarf konnte lange durch die Einfuhr von indischem Salpeter gedeckt werden, doch belastete dies die Handelsbilanzen. So wuchs die Gewinnung des heimischen Salpeters stark an. Hier gab es einmal die Möglichkeit, den durch Bodenverunreinigungen mit Jauche und Fäkalien an Mauern sich abscheidenden Mauersalpeter abzukratzen. Da die Bevölkerung das Ernten dieses Salpeters durch staatliche Organe, zum Beispiel an Innenwänden von Häusern, naturgemäß nur ungern sah, mußten Salpeterkommissionen gelegentlich mit militärischer Bedeckung anrücken. Daneben wurde Plantagensalpeter in einem reichlich unappetitlichen Verfahren hergestellt. Dabei überließ man in Gruben tierische Abfälle und Kalk enthaltende Erde längere Zeit der Zersetzung. Erde von Friedhöfen, Schlachthäusern, Schlamm aus Teichen, Mist, Kot, Blut, Urin und andere tierische Abfälle, ferner Schutt, Kalk, Asche, Seifensiederasche, wurden in Gruben öfters mit Jauche oder Urin übergossen. Seit 1748 wurden bei Magdeburg, Halberstadt und Mannsfeld selbst Mauern und Gewölbe aus diesem Material errichtet. Die in Preußen üblichen Mauern waren 20 Fuß lang und etwa 7 Fuß hoch und durch ein Dach gegen Regen geschützt. Nach etwa zwei Jahren wurde unter Einsatz von Asche, Pottasche oder Kaliumsulfat ausgelaugt. Dann dampfte man ein und ließ den noch sehr unreinen Salpeter auskristallisieren. Er mußte dann noch durch Umkristallisieren raffiniert werden. Bei guter Ausbeute lieferten alle zwei Jahre 12000 bis 15000 Kubikschuh 9000 Pfund Salpeter. Zu Beginn des vorigen Jahrhunderts sollen in Frankreich 1250 Tonnen pro Jahr produziert worden sein. Dies zeigt an, in welchem erstaunlichen Umfang dieses Verfahren ausgeübt wurde. Erst 1837 entdeckte man eher zufällig die natürlichen Salpetervorkommen in Chile. Jahrzehntelang wurde dieser Chile-Salpeter später auch für landwirtschaftliche Zwecke in großen Segelschiffen nach Europa gebracht.

Die Fabrikation von Salpetersäure behielt vom 16. bis weit ins 19. Jahrhundert ihren kleingewerblichen Charakter bei. Ihre Herstellung war eine Sache der Destillateure, Wasserbrenner und Apotheker. Nur in Holland gab es eine Brennerei mit einem Jahresausstoß bis zu

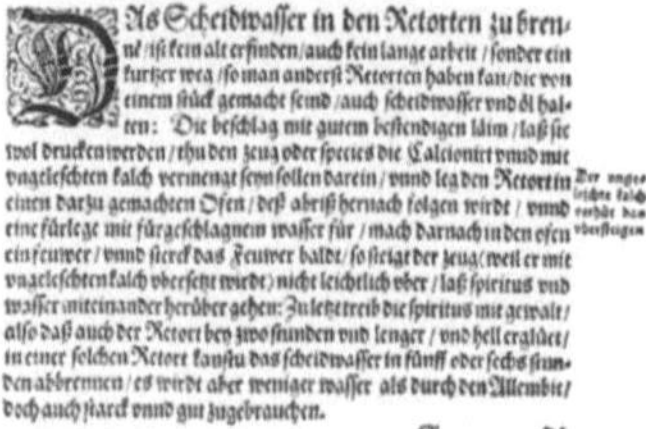

Zur Herstellung von Salpetersäure wurde Salpeter mit einer Mischung aus Eisenvitriol, Ton oder Bolus aus tönernen Kruken und Retorten destilliert. Die Fabrikation des „Scheidewassers", wie man die Salpetersäure wegen ihrer Fähigkeit, Silber und Gold zu trennen auch nannte, blieb vom 16. bis weit ins 19. Jahrhundert die Sache von Destillateuren, Wasserbrennern und Apothekern. Der Holzschnitt aus dem 16. Jahrhundert zeigt einen Destillateur bei der Gewinnung von Salpetersäure.

20 000 Pfund. Auch die älteste chemische Fabrik Bayerns, erst vor kurzem wegen Umweltproblemen geschlossen, die 1788 gegründete Fabrik von Fikentscher in Markt Redwitz, stellte Salpetersäure her. Daneben widmete sie sich der Herstellung von pharmazeutischen Präparaten und Chemikalien, insbesondere von Phosphor, Salpetersäure, Benzoesäure und Quecksilberpräzipitat. Ursprünglich dürfte es sich auch hier eher um einen pharmazeutischen Kleinbetrieb gehandelt haben. Durch den Aufbau einer Glashütte und die Angliederung einer Schwefelsäurefabrik erfuhr die Firma Fikentscher bald eine beträchtliche Erweiterung. Bis 1890 blieb der Betrieb in den Händen der Gründerfamilie. Im 19. Jahrhundert wurden dann noch außerdem Flußsäure, Fluorpräparate und Brechweinstein produziert. Durch einen Besuch Goethes ging dieser Betrieb in die Kulturgeschichte ein.

Zur Herstellung von Salpetersäure wurde Salpeter mit einer Mischung aus Eisenvitriol, Ton oder Bolus, seltener Alaun, aus tönernen Kruken und Retorten destilliert, die meist in größerer Zahl – bis zu 42 Stück – in Galeerenöfen vereinigt wurden. Für die Chochenille-Färberei war ein Gehalt an Salzsäure günstig, ebenso für Messingarbeiten. Stärkste Salpetersäure wurde von den Kürschnern zum Abfleischen von Bärenhäuten verwendet. In diesem Zusammenhang sei an die Bärenfellmützen der Grenadiere erinnert. Das Hutmachergewerbe, einer der wichtigsten Abnehmer von Salpetersäure, hatte zum Verfilzen ursprünglich die Säure selbst benutzt. Ein französischer Hutmacher hatte 1730 für das Verfilzen die Auflösung von Quecksilber in Salpetersäure – das sogenannte Geheimnis – eingeführt. Im übrigen wurde die Salpetersäure im großen Umfang als Bestandteil des Scheidewassers und bei der Kupferstecherei benötigt.

Soda

Das klassische Beispiel schlechthin für das Zusammenwirken von Wissenschaft und Technik im 18. Jahrhundert ist die Soda-Darstellung nach Nicolas Leblanc (1742–1806). Die Verwendung von Soda und Pottasche – wobei in der Regel zwischen beiden nicht unterschieden wurde – reicht bei rein empirischer Handhabung bis in die Antike zurück. Der stets steigende Bedarf der Bleicher, der Seifen- und Glashersteller ließ sie im Laufe der Zeit immer teurer werden. Zwar gab es unter anderem in Ägypten natürliche Vorkommen von Soda, doch stieg zum Beispiel der Preis von Holzasche enorm. Es nahm nicht nur der Bedarf an Soda zu, auch das Aufkommen von Holz nahm rapide ab.

Durch Anlage von Plantagen für Pflanzen, deren Asche besonders sodareich ist, versuchte man in der zweiten Hälfte des 18. Jahrhunderts in Frankreich um Frontignan, Narbonne und Aigues Mortes dem Problem beizukommen. In Großbritannien und Irland wurde kalzinierter Seetang unter der Bezeichnung Kelp mit 5 bis 6000 Tonnen im Jahr gehandelt.

Preisschwankungen und hohe Preise beflügelten bald die wissenschaftliche Phantasie. Als erstem gelang es 1730 dem französischen Naturwissenschaftler Henri Louis Duhamel du Monceau (1700–1782) zwischen Soda und Pottasche analytisch zu unterscheiden. Es gelang ihm auch, aus Glaubersalz (Natriumsulfat) eine Substanz ähnlich der „Barilla", die Pottasche, herzustellen. Eine der preußischen Finanzverwaltung gehörende kleine Fabrik hat bis in die ersten Jahre des vorigen Jahrhunderts nach diesem Verfahren gearbeitet, nachdem Andreas Sigismund Marggraf (1701–1782) diesen Prozeß in Berlin modifiziert hatte. Duhamel und Marggraf legten über allen Zweifel erhaben dar, daß man aus gewöhnlichem Kochsalz Soda erhalten kann. Doch Kochsalz war für die Ernährung breitester Bevölkerungsschichten vor allem als Konservierungsmittel besonders wichtig und wurde damals hoch besteuert. Daher mußte nach einem besonders effektiven Verfahren gesucht werden. 1772 fand Karl Wilhelm Scheele (1742–1786) – einer der führenden Wissenschaftler seiner Epoche –, daß beim Erhitzen von Sole mit Bleioxid eine gewisse Menge Soda entsteht. Dies nutzten mehrere Sodafabrikanten aus. Das Sodaproblem war durchaus geeignet, bedeutende Wissenschaftler zu fesseln.

Joseph François Marie Malherbe (1733–1827) modifizierte dieses Verfahren und Jean Antoine Claude Chaptal, Comte de Chanteloop (1756–1832) – Professor der Chemie und Politiker – produzierte nach 1780 mit Hilfe dieser Methode in Montepellier, P. L. Athénas zu Javel in der Nähe von Paris. Doch das Verfahren war nur dadurch überhaupt konkurrenzfähig, daß man mit seiner Hilfe bestimmte Zölle und Steuern umgehen konnte.

1775 setzte die Französische Akademie der Wissenschaften einen Preis für ein zufriedenstellendes Verfahren der Sodasynthese aus. Zwar gingen viele Lösungsvorschläge ein, durch die Zeitumstände bedingt wurde der Preis an den eigentlichen Gewinner aber nie ausbezahlt.

Nicolas Leblanc, ein Mediziner, trat 1780 in die Dienste des Herzogs von Orleans. Ab 1784 beschäftigte er sich mit der Herstellung von Soda und fünf Jahre später – 1789 – hatte er jenes Verfahren gefunden, das noch heute seinen Namen trägt. Zunächst stellte er Natriumsulfat her, das er dann mit Holzkohle und Kalkstein kalzinierte, um so rohes

Soda zu erhalten, das durch Behandeln mit Wasser weiter gereinigt wurde. Er beschrieb auch jene Röstöfen, die in den folgenden siebzig Jahren bei diesem Prozeß verwendet wurden. Leblanc nahm Patente und mit der Unterstützung des Herzogs und der Hilfe weiterer Teilhaber gründete er 1791 eine Fabrik in St. Denis, die es bis zu einer Jahresproduktion von 320 Tonnen brachte. Als Philippe égalité endete im November 1793 der Herzog von Orleans unter dem Fallbeil der Guillotine. Im Streit um die Besitzverhältnisse wurde Leblanc ruiniert und starb 1806 durch Selbstmord.

Den Gewinn machten andere. In den vierziger Jahren des vorigen Jahrhunderts schätzte man die Produktion von Soda nach Leblanc in Frankreich auf 45000 Tonnen im Jahr und in Großbritannien auf 132000 Tonnen.

Chlor und die Textilbleiche

Im 18. Jahrhundert war es ungewöhnlich schwierig, Textilien zu bleichen. Baumwolle benötigte bis zu einem Vierteljahr, Leinen bis zu einem halben Jahr. Je nach Verfahren waren jede Menge Sonnenschein, Buttermilch und pflanzliches Alkali vonnöten. So war auch hier ein Anreiz für Wissenschaftler gegeben, Abhilfe zu schaffen. 1756 beauftragte der „Scottish Board of Trustees" Home, Medizinprofessor in Edinburgh, über die Technik des Bleichens Vorlesungen zu halten. Er empfahl verdünnte Schwefelsäure anstelle der Buttermilch zum Säuern, womit er dieser einen neuen Absatzmarkt eröffnete. Scheele entdeckte 1770 das Chlor und beschrieb seine an sich einfache Darstellung durch Umsetzung von Kochsalz mit Schwefelsäure, wodurch abermals ein neuer Verwendungszweck für diese Grundchemikalie gefunden war. Claude Louis Berthollet (1748–1822), Professor der Chemie in Paris, und Horace Bénedict de Saussure (1740–1799) beschrieben 1786 als erste die bleichende Wirkung des Chlors. Ihre Ausführungen erregten in der Technik größte Aufmerksamkeit und wurden in Rouen, wie auch in Wien, umgehend realisiert. In Wien war es der Freund und Förderer Mozarts, Ignaz von Born (1742–1791), der durch einen Strohmann – ihm selbst wäre dies als k.u.k. Beamten verwehrt gewesen – eine Chlorbleiche betreiben ließ. James Watt (1736–1819), der beträchtliche chemische Interessen hatte, und der auch mit einem chemischen Kopierverfahren für Briefe in die Geschichte einging, sowie ein Medizinprofessor in Aberdeen, führten diese Bleichmethode in Schottland ein. Doch zeigte sich bald, daß das reine Chlorgas für die meisten Textilien viel zu aggressiv war und sie zerstörte.

Antoine Baumé (1728–1804), ein bedeutender Chemiker und Pharmazeut in Paris, erhielt eine zufriedenstellende Bleichung von Seide durch deren Behandlung mit Salzsäure in Alkohol, und in Javel leitete man Chlor in kalte Pottaschelösung. Auf diese Weise stellte er Kaliumhypochlorit dar. Ab 1796 kam diese Lösung als „eau de Javelle" in den Handel. Obwohl teuer, erfreute sie sich besonders in Frankreich einer breiten Anwendung.

Billiger erwies sich auf lange Sicht indessen das seit 1799 von Smith von Tennant (1761–1815) hergestellte „Bleichsalz" bzw. „Bleichpulver", bei dem es sich um Calciumhypochlorit handelt, das durch Sättigen von gelöschtem Kalk mit Chlor hergestellt wurde. Mit Hilfe dieses Bleichpulvers ließ sich das Bleichen von Baumwolle innerhalb einer Woche bewerkstelligen.

Die Chemie der Farben

Bald nach der Entdeckung Amerikas wurden Cochnille, Blauholz und Rotholz für Färbezwecke nach Europa eingeführt. Während des ganzen 17., 18. und 19. Jahrhunderts blühte der Farbholzhandel.

Aus den weiblichen Tieren der Schildlaus Coccus cacti gewann man den Rohstoff Cochenille, dessen färbendes Prinzip die Carminsäure ist. Carminlacke haben auch in der Kunstmalerei eine große Rolle gespielt. In späteren Zeiten erlangte die Anwendung des Carmins bei der Lippenstiftproduktion eine gewisse Berühmtheit. Chemisch-technisch war bei dieser Art der Naturfarbenbereitung nur die Aufarbeitung oder eine Teilisolierung zu leisten, die man rein empirisch beherrschte. Vom Aussehen der zugrundliegenden Moleküle hatte man vor der Entwicklung der Strukturchemie in den 50er und 60er Jahren des vorigen Jahrhunderts keine Ahnung.

So kam es, daß man die komplizierte Chemie der Naturfarbstoffe in früheren Zeiten überhaupt nicht durchschaute. Noch in den 70er Jahren des vorigen Jahrhunderts wurde die Herstellung der organischen Naturfarben rein empirisch gehandhabt. Dabei bediente man sich altüberlieferter Rezepturen, die von Generation zu Generation weitergegeben wurden und die als großes Geheimnis galten. Vielfach waren diese Rezepturen übertrieben kompliziert, da jede echte theoretische Durchdringung fehlte. Die Weitergabe an Dritte mußte noch im voriger Jahrhundert mit hohem Lehrgeld bezahlt werden. Doch das sollte anders werden. Es blühte bald eine chemische Industrie auf – eine Industrie, die diese Bezeichnung nun auch tatsächlich verdienen sollte. Zu Beginn des vorigen Jahrhunderts hatte es davon nichts oder in bescheidensten Ansätzen gegeben. Seit Mitte des 19. Jahrhunderts zeigte es sich, daß die Chemie der Farben und bald danach die Chemie der synthetischen organischen Farben das Rückgrat dieser neuen chemischen Industrie sein sollte. Dies ging so weit, daß man vielfach im allgemeinen Sprachgebrauch Chemie und Farbe als etwas gleichsam Identisches ansah, obwohl die Chemie schon damals weitaus mehr Artikel lieferte als nur Farben.

Die Anfänge der chemischen Industrie sind natürlicherweise mit der Geschichte anderer Industrien verwoben. Für die ersten Anfänge einer technischen Chemie größeren Stiles war eine einzige Substanz entscheidend, der Teer – und zwar Kohlenteer. In früheren Zeiten hatte man durch das Verschwelen von Holz nur ebenso viel Teer produziert, wie man zum Beispiel für die Zwecke des Schiffsbaues zum Abdichten der Schiffsnähte benötigte. Doch bereits 1735 hatte Abraham Darby (1711–1763) jun. die Verkokung der Steinkohle eingeführt. Mit dem dadurch Erhaltenen ließ sich Eisenerz im Hochofen viel besser zu metallischem Eisen reduzieren als mit der früher verwendeten Holzkohle. Bei der Verkokung von Steinkohle entsteht als Nebenprodukt Teer. Da die Eisenerzeugung im Verlaufe der Industriellen Revolution gerade in England gewaltig anstieg, wuchs auch die Produktion von Steinkohlenteer entsprechend.

Der Übergang von der Holzkohle zur Steinkohle beim Hochofenprozeß war übrigens durch die Erschöpfung der Wälder mitbedingt gewesen. Allzuleicht vergißt man, daß die englischen und schottischen Hochmoore, wie auch die grünen Hügel Irlands, einmal mit Hochwald bestanden waren, den man im Zuge der Industriellen Revolution beim Aufbau der englischen Industrie – aber auch der riesigen Flotte – verbraucht und verheizt hatte. Um 1800 gewann man in England so gewaltige Mengen Steinkohlenteer, daß es bald schwierig wurde, nützliche Verwendungsmöglichkeiten dafür zu finden. Doch bald sollte es in ganz Europa noch mehr Teer geben. Durch Zufall hatten Arbeiter einer Kokerei entdeckt, daß man das bei der Verkokung aus den Retorten ungenutzt entweichende Gas auch entzünden konnte, und sie begannen ihre düsteren Nachtschichten mit diesem „Abfallprodukt" zu beleuchten. Dies machte Schule. 1792 installierte William Murdock (1754–1839) die erste Gasbeleuchtung in einer Fabrik. Allerdings verbrannte man das Gas noch offen, unmittelbar, wie es der Zuleitungsröhre entströmte. Erst allmählich konstruierte man geeignete Brenner; und erst 1885 wurde der Auerglühstrumpf erfunden, der das Gaslicht voll aufleuchten ließ.

Damit war ein neuer Anreiz geschaffen, Steinkohle zu destillieren. Die weitere Entwicklung lief nun recht rasch. 1808 brannten die ersten Gaslaternen in London, 1816 in Paris, 1817 in Philadelphia, 1826 in Berlin. Die ersten Gasöfen zur Wohnraumbeheizung kamen 1830 in den Handel. In den Kokereien wurde mehr und mehr Kohle verkokst. Der in den Gasanstalten anfallende Koks war damals leicht abzusetzen. Mit dem Teer hingegen gab es zunehmend Schwierigkeiten. Es wurde üblich, in der Umgebung der Gasanstalten gewaltige Gruben auszuheben und diese mit Teer zu füllen. Bald erstreckten sich beängstigende Teerseen um die Gasanstalten herum. Teer weckte mehr und mehr das Interesse der Chemiker.

In Deutschland gilt 1834 als Geburtsjahr der Teerfarbenchemie. Der romantische Chemiker Friedlieb Ferdinand Runge (1795–1867) unterwarf den Steinkohlenteer nach wissenschaftlichen Gesichtspunkten einer fraktionierenden Destillation und entdeckte dabei Anilin, Phenol und Pyrrol. Durch Oxidation von Anilin – das offenbar sehr sauber gewesen sein muß, denn er verfehlte die Entdeckung des Mauveins, die später den Namen Perkin unsterblich machen sollte – erhielt er das Anilinschwarz. Auch gelang es ihm, einige andere Farbstoffe aus Teer – eben Teerfarbstoffe – darzustellen. Eine praktische Bedeutung kam dem aber nicht zu.

Um sich über die weitere stürmische Entwicklung der Farbenchemie klar zu werden, lohnt es sich darüber nachzudenken, warum dies nicht der Fall war. Die Geschichte der Farbenchemie ist im vorigen Jahrhundert mit der allgemeinen politischen und der Wirtschaftsgeschichte eng verknüpft, was naturgemäß auf der Hand liegt. Woran man aber zunächst nicht so schnell denkt, ist die enge Verflechtung mit der Geschichte der Mode. Zur Zeit der Entdeckungen Runges bestand an synthetischen organischen Farben einfach noch kein Bedarf. Die Mode des Biedermeier wurde noch von den Nachwehen des Empire beherrscht, in dem man besonders modebewußte Damen mit dem Kosewort „ange nue" zu bedenken pflegte. Solche „nackten Engel", nur spärlich in transparente, fließende, farblosweiße Tüllstoffe gehüllt, boten Farbenfabrikanten nur eine ärmliche Existenzgrundlage. Zwar war man im Biedermeier züchtiger geworden, doch die Farben der Damenkleider blieben vergleichsweise hell, der Textilverbrauch hielt sich in Grenzen. Immer noch bestand ein starker Überhang an Teer, der jedoch durch die Empfehlung des jungen Julius Rüttgers abgebaut wurde, der den Eisenbahngesellschaften riet, ihre Eisenbahnschwellen mit Teer zu imprägnieren. Doch zur Jahrhundertmitte wurde es auf einmal interessant, Farben zu produzieren und dies lag – wie später zu schildern sein wird – wiederum an der Mode. Bis zur Mitte des vorigen Jahrhunderts bestanden die ersten Schritte in Richtung der wissenschaftlich-fundierten synthetischen organischen Chemie in einem recht unsystematischen Suchen, sowohl nach der chemischen Konstitution als auch nach neuen Synthesemöglichkeiten. Da aber die Entwicklung der theoretischen organischen Chemie nicht weit genug gediehen war, die wissenschaftliche Entwicklung somit hinter den Anforderungen der Technik zurückgeblieben, blieb es zunächst bei zufälligen Erfolgen. Einer dieser Zufallstreffer war allerdings ungeheuer populär.

1856 fand William Perkin (1838–1907) rein zufällig – denn eigentlich suchte er völlig unmethodisch nach einer Chinin-Synthese – bei der Oxidation von toluidinhaltigem Anilin einen neuen purpurvioletten Farbstoff, den er etwas kühn nach der Farbe der Malven Mauvein nannte. Zusammen mit Vater und Bruder gründete er dann im folgenden Jahr, 1857, die erste Fabrik für synthetische Farben in Greenford Green. Da es Perkin gelang, sein Mauve zur Modefarbe jener Jahre zu machen, war der finanzielle Erfolg beträchtlich und mit einer großen Publizität verbunden.

Damit begann nun die Epoche der synthetischen organischen Farben: 1856 hatte ein zweiter Zufallstreffer eine weitere synthetische Farbe gebracht, das Fuchsin, das Jakob Nathanson (1832–1884) aus Vinylchlorid und Anilin gewann. Und weil Namensgebungen damals noch vom Hauch des Nationalismus beflügelt wurden – man denke nur an das spätere Bismarckbraun – nannte man diese synthetische Farbe bald „Magenta" nach einer im Kriege zwischen Frankreich, Sardinien und Österreich am 4. Juni des Jahres 1859 bei diesem oberitalienischen Städtchen geschlagenen Schlacht.

Diese plötzliche Hochblüte der Farbenchemie ist wirtschaftshistorisch betrachtet zunächst recht ungewöhnlich. Der Anstoß erfolgte durch die damalige wirtschaftliche Lage. Noch heute wird uns durch die Dichtung Gerhard Hauptmanns anschaulich das Elend der Weber in der ersten Hälfte des 19. Jahrhunderts vermittelt. In ganz Europa traten während dieser Zeit wiederholt Krisen im Textilgewerbe und den Textilindustrien auf. Die Ursachen waren mannigfaltig. Die schon erwähnte textilarme Mode des Empire und des frühen Biedermeiers waren daran ebenso schuld wie das Fortschreiten der Mechanisierung und Industrialisierung und der Abschluß ungünstiger Handelsverträge mit dem in Überschuß Textilien produzierenden England.

Merkwürdigerweise war es die Gemahlin Napoleons III. Eugenie, die durch die Kreation einer extrem textilreichen Mode den Weg aus der Textilkrise bahnte. Selbst bürgerliche Damenbekleidung bestand bald aus zahlreichen Unterröcken, über denen Reifröcke oder reifbewährte Petticoats oft abenteuerlicher Konstruktion aus Holz, Stahl und Fischbein getragen wurden. Die Weite der Rocksäume stieg selbst bei bürgerlicher Kleidung auf sechs bis zwölf Meter an. Auch liebte man reiche Wohnungsinterieurs mit faltenreich gerafften Vorhängen, Bordüren und Portieren mit tiefen Farben. So brach Mitte der fünfziger Jahre gegen alle vorher liegende Erfahrung unerwartet ein Textilboom aus, der sich erst nach dem Sturz des zweiten französischen Kaiserreiches 1870 und der aus hygienischen Gründen so genannte „Reformmode à la princess" abschwächte.

Dies war vom Standpunkt der Chemie her gesehen recht traurig, denn parallel hierzu kam es erst zum eigentlichen Aufschwung der Farbenchemie. 1858 hatte Peter Griess (1829–1888) bei der Reaktion von Salpetrigsäureanhydrid mit Aminodinitrophenol in alkoholischer Lösung in Gestalt des Diazodinitrophenols eine neue Verbindungsklasse, die Diazoverbindungen entdeckt. Über die Azokupplung kam es erstmalig zu den Azofarbstoffen, der erfolgreichsten Farbmolekülklasse des vorigen Jahrhunderts. Bereits zwei Jahrzehnte später wird die Zahl der bekannten Azofarbstoffe auf über 110 000 geschätzt, darunter einige auch technisch recht brauchbare. [III-3.7]

Liebig und der Kunstdünger

Ein für die damalige Zeit besonders glückliches – heute aber schon wieder umstrittenes – Beispiel für das Zusammenwirken von chemischer Wissenschaft und chemischer Technik ist Justus Liebigs (1803 bis 1873) Düngelehre.

Heute sind die europäischen Hungerkatastrophen des vorigen Jahrhunderts zum Glück nicht mehr vorstellbar. Die Zeiten, in denen die den Winter überlebenden Kühe von Hunger so entkräftet waren, daß man sie im Frühjahr in Tragbahren auf die Weiden tragen mußte, sind vorüber. Zwar hatte sich die Chemie schon lange mit dem Problem des Kunstdüngers auseinandergesetzt. So hatte zum Beispiel Liebigs Lehrer Karl Wilhelm Kästner (1783–1897) das Aufbringen von feingemahlener Kohle auf die Felder empfohlen, doch war man dem Problem nicht sonderlich nahegekommen. Voraussetzung für den schließlichen Erfolg war Liebigs Entwicklung der organischen Ele-

Die Düngelehre von Justus Liebig (1803–1873) ist ein Beispiel für die enge Verbindung von chemischer Wissenschaft und chemischer Technik.

mentaranalyse. Es ist ein Verfahren, das es durch kontrollierte Verbrennung gestattet, den Anteil der jeweiligen Elemente – zunächst im wesentlichen Kohlenstoff und Wasserstoff – beim Aufbau einer bestimmten chemischen Verbindung zu messen. Liebig war nun auf den Gedanken gekommen, nicht nur wohldefinierte chemische Verbindungen der Analyse zu unterwerfen, sondern auch Pflanzenteile. Hier kam eine Unsicherheit hinzu: der ursprüngliche Wassergehalt der Pflanzen. Liebig entwickelte deshalb einen speziellen Trockenapparat. Die Analyse von Pflanzenteilen hatte aber noch eine weitere Schwierigkeit: die Pflanze enthält auch anorganische Elemente, die nach der Verbrennung als Oxide in Form von Asche zurückbleiben. Liebig beschäftigte sich mit der chemischen Zusammensetzung von Pflanzenaschen und führte zahlreiche Aschenanalysen durch. Er erkannte, daß es die chemischen Stoffe in der Asche sind, die dem Acker durch die Feldfrüchte entzogen werden und die man nach der Ernte dem Boden wieder zusetzen muß. Aus dieser Grundtatsache folgerte Liebig: „(. . .) Die Nahrungsmittel der Pflanzen sind unorganische Stoffe, Kohlensäure, Wasser, Ammoniak oder Salpetersäure einerseits; Kali, Kalk, Bittererde, Eisen, Phosphorsäure, (. . .) andererseits (. . .)".

Der zweite Hauptpunkt ging als das Gesetz des Minimums in die Geschichte der Chemie ein: „(. . .) Jeder dieser Nährstoffe ist für die Entwicklung unentbehrlich. Leben und Gedeihen der Pflanze ist durch die Gegenwart aller dieser Nährstoffe bedingt, fehlt ein einziger, so bleibt der Überschuß des anderen wirkungslos. Der Ertrag ist somit von der Menge desjenigen der Pflanzennährstoffe abhängig, von dem am wenigsten vorhanden ist. Die Pflanze bezieht die Stoffe, die bei der Verbrennung als Asche zurückbleiben, aus dem Boden; die Fruchtbarkeit des Bodens beruht auf diesen Aschenbestandteilen der Pflanze (. . .)".

Aus diesen Grundsätzen, die er in der 1. Auflage seiner Agriculturchemie 1840 verkündet hatte, schloß Liebig nun, daß sich der Stallmist durch seine mineralischen Bestandteile, durch Phosphate, Kali- und Magnesiasalze, Kalk, Sulfate, Ammoniaksalze oder Nitrate werde ersetzen lassen. Liebig errechnete für eine Reihe von Kulturpflanzen die günstigste Zusammensetzung eines künstlichen Düngers. Die großtechnische Herstellung dieses Kunstdüngers übertrug er der Firma Muspratt & Co. in Liverpool, deren Inhaber James Sheridan Muspratt (1821–1871) von 1843 bis 1845 sein Schüler in Gießen gewesen war.

Allerdings unterliefen Liebig nun zwei folgenschwere Fehler. Einmal unterschätzte er die Bedeutung des stickstoffhaltigen Düngers,

wie wir auch seinen obigen Ausführungen entnehmen können, und
zum zweiten glaubte er irrtümlich, daß die dem Boden zugeführten
Düngesalze nicht zu wasserlöslich sein dürften, damit sie das Regen-
wasser nicht fortführte, bevor die Pflanze die Möglichkeit hatte, sie
mit den Wurzeln aufzunehmen. Liebig hatte herausgefunden, daß
Pottasche mit kohlensaurem Kalk beim Zusammenschmelzen eine
Masse bildet, die von kaltem Wasser kaum gelöst wird. Diese Tatsache
benutzte er bei der Herstellung seines Patentdüngers und dieser ver-
sagte in der Praxis völlig. Es gelang nicht, mit Hilfe des Liebigschen
Patent-Düngers die Erträge wesentlich zu steigern. Dagegen erzielten
einige Widersacher Liebigs mit reiner Stickstoffdüngung erstaunliche
Erfolge, obwohl man auf sonstige Mineraldüngung verzichtete. Das
Versagen seines Patentdüngers blieb ihm lange Zeit unbegreiflich. Erst
1865 bekannte sich Liebig voll zum wasserlöslichen Kunstdünger.

Die bayerische Regierung glaubte, daß die Revolution von 1848/49
in erster Linie wegen der damaligen wirtschaftlichen Probleme entstanden war. So erschien es König Max II naheliegend, Liebig zu
berufen, um der in der Entwicklung zurückgebliebenen bayerischen
Landwirtschaft aufzuhelfen. Offenbar war man sich darüber einig, daß
die bayerischen Bauern zu wenig Geld hatten, um ohne weiteres als
Kunden einer neu zu gründenden großen Düngemittelfabrik in Frage
zu kommen. Um der ländlichen Kapitalknappheit abzuhelfen, kam es
zur Einrichtung der Bayerischen Bodenkreditbank, zu deren Mit-
begründern Liebig gehörte. Die Runde der Gründer war fast identisch
mit dem Personenkreis, der 1857 die Bayerische Aktiengesellschaft für
chemische und landwirtschaftlich-chemische Produkte in Heufeld/
Oberbayern aus der Taufe gehoben hatte. Dieser Gründung war ein –
wie wir heute sagen würden – Umweltgutachten vorausgegangen, das
Pettenkofer nicht ohne Bedenken ausgestellt hatte.

Die Theorie holt auf

Betrachtet man die Entwicklung bis zu etwa dem Jahre 1860, so muß
man zugestehen, daß zwar einerseits viele bedeutende chemische Wissenschaftler an der Entwicklung der Technischen Chemie mitgearbei-
tet haben und dies durchaus mit Erfolg, daß aber andererseits die
Entwicklung der wissenschaftlichen Theorie hinter der Entfaltung der
chemischen Praxis hinterherhinkte.

Die Zusammenhänge zwischen wichtigsten chemischen Grundbe-
griffen und dem Aufbau von Molekülen aus Atomen – wenn es sie

wirklich geben sollte – in einem Molekül angeordnet waren immer noch umstritten. John Dalton (1766–1844) hatte am 4. August 1803 in sein Laborjournal geschrieben: "(. . .) consequently that oxygen joins to nitrous gas sometimes 1,7:1 and at other 3,4:1 (. . .)". Diese Erkenntnis lautet modern präzisiert: Die Gewichtsverhältnisse zweier sich zu verschiedenen chemischen Verbindungen vereinigender Elemente stehen im Verhältnis einfacher ganzer Zahlen zueinander. Da diese Erkenntnis nur atomistisch zu verstehen ist, bildete sie eine fundamentale Stütze der Atomtheorie. So legte Dalton in seinem 1808 erschienenen Werk: „A New System of Chemical Philosophy" seine Atomtheorie vor und mit ihr sein Gesetz von den multiplen Proportionen. Im gleichen Jahr fanden Joseph Louis Gay-Lussac (1778–1850) und Alexander von Humboldt (1769–1859), daß sich Sauerstoff und Wasserstoff stets im Verhältnis 1:2 zu Wasser verbinden. Zusammen mit ähnlichen Versuchen kam so Gay-Lussac zur Formulierung seines chemischen Volumengesetzes: „Das Volumenverhältnis gasförmiger, an einer chemischen Umsetzung beteiligter Stoffe läßt sich durch einfache ganze Zahlen wiedergeben". 1811 formulierte Amadeo Avogadro (1776–1856) eine theoretisch naheliegende, in der Praxis aber schwer zu beweisende, eine ebenso kühne wie einfache Hypothese (Avogadrosche Hypothese): „Gleiche Volumina aller Gase enthalten unter gleichen äußeren Bedingungen die gleiche Anzahl von Molekülen". Diese Erkenntnis, die zuvor schon von Bryan Higgins (um 1737–1818) formuliert worden war, blieb zwar nicht ganz unbeachtet, aber experimentelle Schwierigkeiten bei der messenden Überprüfung und die nicht unbeträchtliche Zahl scheinbarer Ausnahmen verhinderte, daß die Fachwelt diese These voll akzeptierte. Erst Jahrzehnte später – 1858 – hob Stanislao Cannizzaro (1826–1910) in seinem winzigen aber klassischen Büchlein: „Sunto di un corso di Filosofica Chimica" die Bedeutung der Avogadroschen Hypothese als die theoretische Grundlage der Chemie schlechthin hervor. Er legte deren systematische Anwendung dar und brachte so mehr Klarheit in die bis dahin reichlich verschwommenen Begriffe wie Atomgewicht, Molekulargewicht und Moleküle. Er erhob im später sogenannten „Cannizzaro'schen Prinzip diese Hypothese zur Grundlage der Molekulargewichtsbestimmung von Gasen und Dämpfen. Parallel hierzu entwickelte August Kekulé (1829–1896) 1857 den Gedanken, daß das Kohlenstoffatom vierwertig sei und legte damit den Grundstein für die Strukturchemie. In einer weiteren Arbeit im gleichen Jahr äußerte er zum ersten Male die Vermutung, daß sich die Kohlenstoffatome untereinander zu Ketten verbinden können und damit die Atome innerhalb

Den Arbeiten von Stanislao Cannizzaro (1826–1910) ist es zu verdanken, daß die Avogadrosche Molekularhypothese und die in ihr enthaltene Möglichkeit zur exakten Berechnung relativer Atommassen von allen Chemikern als theoretische Grundlage der Chemie endlich anerkannt wurde. Der berühmte „Sunto di un corso di Filosofica Chimica" von Cannizzaro ist der Beginn der Chemie als exakter Naturwissenschaft.

eines Moleküles zu einer Struktur geordnet sind, die ihrerseits die Reaktivität des Moleküls bestimmen.

Auf Vorschlag Kekulés und auf Einladung von Weltzien kommt vom 3. bis 5. September 1860 in Karlsruhe der erste „Internationale Chemiker-Kongreß" zustande. Er wurde von 140 Chemikern besucht. Darunter so prominente wie Adolph Baeyer, Friedrich Beilstein, Robert Wilhelm Bunsen, Jean Baptiste Dumas, Charles Friedel, Heinrich Landolt, Demitri Mendelejew, Lothar Meyer und Adolph Wurtz. Behandelt wurden Nomenklaturfragen und das Problem der chemischen Grundbegriffe. Definitionen für Atom-, Molekular- und Äquivalentgewicht müssen beispielsweise gefunden werden. Der Kongreß diskutierte zwar über diese Probleme, konnte sich jedoch nicht dazu aufraffen, Beschlüsse zu fassen. Auch Cannizzaro trug seine Thesen vor – zunächst ohne sichtbaren Erfolg. Doch er verteilte seinen „Sunto" an die Kongreßteilnehmer. Hinterher empfanden die Beteiligten dessen Lektüre als die eigentliche Wende. Zwei der Teilnehmer wurden durch ihn zu einer weiteren Großtat angeregt. Lothar Meyer (1830–1895) und Dimitri Mendelejew (1834–1907) erhielten hier ihre entscheidenden Anregungen zur Entwicklung des Periodensystems. Erst jetzt war eine chemische Basis geschaffen, die wirklich tragbar war. So lagen etwa um 1860 jene Fundamente vor, auf denen dann in den folgenden Jahrzehnten die Chemie als eigenständige Wissenschaft und ebenso das riesige Gebäude der modernen technischen Chemie entstehen sollte.

Literaturnachweise

1 Demonstrir-Cabinet der Firma Memmert und Erdinger. Donauwörth 1805
2 *Glauber*, Johann Rudolph: Teutschlands Wohlfahrt. Teil 1. Amsterdam 1656, Einleitung
3 Vgl. 2
4 *Abraham* a Sancta Clara: Etwas fuer Alle, Das ist: Eine kurze Beschreibung allerley Stands- Ambts- und Gewerbspersonen. Wuertzburg 1699–1711

Naturkunde und Biologie in ihrer Wechselwirkung zur Technik

Brigitte Hoppe

In den technischen und biologischen Wissenschaften hat sich eine Fülle von wechselseitigen Beziehungen und Einflüssen herausgebildet, die für beide Seiten, für Biologie und Technik und für ihre Auswertung zur Erhaltung und Ausgestaltung menschlichen Lebens fruchtbar wurden. Einige dieser Wechselwirkungen, wie sie im zweiten Teil dargelegt werden, haben sich erst aufgrund der anhaltenden Entwicklung von Naturwissenschaften und Technik in den modernen Industriegesellschaften ausgeprägt. Dagegen förderten die gleich zu Anfang zu betrachtenden Einflüsse naturkundlicher und biologischer empirischer Kenntnisse auf die frühe Technik die menschliche Kultur seit langem oder ermöglichten diese erst. Wenn sich auch die ausgetauschten Inhalte und Methoden änderten, erhielten sich doch manche Formen der gegenseitigen Beziehungen, die auf die grundlegende, kulturschaffende Bedeutung der Wechselwirkungen hinweisen.

Naturkundliche Empirie in ihren Wechselwirkungen zur Technik

Seit den Anfängen der Menschwerdung brachte die zur Erhaltung der menschlichen Existenz notwendige Zufuhr von Energie Kenntnisse über Eigenschaften von Naturgegenständen mit sich. Aus der Fülle der zunächst roh aufgenommenen Naturalien – wie grüne Laubblätter und Sproßteile, Wurzelknollen, reife Früchte, Samen, kleine Tiere wie Fische, Lurche, Schaltiere, Eier von Vögeln und Reptilien – mußten diejenigen, die bekömmlich waren, ausgewählt werden. Der Übergang zu einer produzierenden Nahrungsbeschaffung in Pflanzengärten – seit dem Ausgang der Steinzeit in Vorderasien, Nord-Thailand, Mexiko und Nordafrika nachweisbar – setzte die Beobachtung der Beschaffenheiten und Lebensbedingungen der Kulturpflanzen in noch größerem Maße voraus. Auch die Lebensgewohnheiten der Tiere mußten beobachtet werden, die man – wie Hund, Ziege, Ren und Schaf schon vor dem Einsetzen des Ackerbaus gelegentlich in Gefan-

genschaft hielt. Das geschah in denselben Gegenden der Erde, in denen
man auch Rinder und Büffel domestizierte. Die Säugetiere lieferten
dem Menschen nicht nur Nahrungsenergie, sondern arbeiteten auch
für ihn durch ihre Muskelkraft, indem sie Lasten trugen und seine
Fortbewegungsmöglichkeiten verbesserten. Als natürliche, durch eigene Energieumsetzung sich erhaltende Arbeitsmaschinen benutzte er
sie zu zahlreichen Hilfsarbeiten und zum Antrieb von Geräten wie
Tretrad und Göpel. Schon die frühesten, vor dem endgültigen Seß-
haftwerden seit dem Jungpaläolithikum einsetzenden Erfindungen
von Werkzeugen und Mitteln zur Daseinserhaltung stützten sich auf
Erfahrungen über die Tauglichkeit und die Möglichkeiten, die Bestandteile von Pflanzen und Tieren zu gewinnen, zu reinigen und zu
bearbeiten. Neben Gesteinen und Mineralien dienten als feste, wider-
standsfähige Werkstoffe für Werkzeuge und Geräte tierische Knochen
und viele Holzarten, die sämtlich kunstfertig bearbeitet und auch
miteinander verbunden wurden. Als biegsame, mehr oder minder
haltbare Rohstoffe wurden Tierfelle, Tierhäute, Baumrinden, Pflan-
zenfasern, getrocknete Pflanzenteile und Moose zur Herstellung von
Kleidungsstücken und Behältern, zur Errichtung und Ausstattung von
Behausungen verwendet. Tierische Fette, in Stein- oder Tonschälchen
verbrannt, spendeten den Höhlenbewohnern Licht[1].

Um Werkstoffe zu gewinnen und zu bearbeiten und auch um Lebensmittel und Gebrauchsgegenstände zuzubereiten, erfand der Mensch
Hilfsmittel und Geräte, die mehreren oder einzelnen bestimmten
Zwecken dienen konnten und entsprechend ausgestaltet wurden.
Dazu mußten sowohl die Eigenschaften der Rohstoffe aus Naturalien
beachtet als auch die technischen Erfindungen nach den an den Naturgegenständen zu erzielenden Wirkungen ausgerichtet werden. Empirische Naturerfahrungen und technische Erzeugnisse traten in enge
Wechselbeziehungen zueinander.

Eines der frühesten Geräte zur Ernte und zur Bodenbearbeitung war
der *Grabstock*. Hier nutzte man die Härte verholzter Zweigstücke, von
denen sich zum Glätten die Rinde einfach abziehen ließ, und ihre sich
nach einer Seite verschmälernde, stockartige Gestalt zum Ausgraben
unterirdischer Pflanzenteile. Sobald man die Erfahrung gemacht hatte,
daß sich ausgesäte Keimpflanzen zu größeren Kräutern heranziehen
ließen, wenn sie in weiten Abständen voneinander gesetzt wurden,
konnte man den Stock als Setzholz verwenden. Nachdem man bei
einer beiläufigen Anwendung des Grabstocks wahrnehmen konnte,
daß sich nach Lockerung des Bodens die Sämereien leichter einbringen
ließen und heranwachsende Pflanzen durch Aussondern der „Unkräu-

ter" besser gediehen, konnte man den Grabstock gezielt zur Bodenbearbeitung als Hackstock verwenden und weitere Geräte wie Hacken davon ableiten[2]. Um die nährstoffreichen Körner aus den Ähren der Wildgräser wie Gerste, Weizen, Emmer, Spelt, Hafer und Roggen, von denen sich auch Vorräte anlegen ließen, zu gewinnen, mußten die zähen Grashalme abgerissen werden. Um diese mühsame Arbeit zu erleichtern und ganze Büschel abtrennen zu können, wurde schon vor dem Ackerbau die *Sichel* entwickelt. Zuerst besaß sie Feuersteinklingen, die in einen Knochenstiel eingelassen waren. Eine in Vorderasien gefundene Sichel bestand aus geschliffenen Silexstücken, die mit Pech in einen Schaft aus Holz eingefügt waren. Die zu Tierfang, Jagd und Tierhaltung dienenden Geräte mußten erst recht den Lebensgewohnheiten, der Größe und der Beweglichkeit der Tiere angepaßt werden. Das galt für Fallen, das Lasso, den Wurfspeer, Pfeil und Bogen und die Zackenharpune ebenso wie für Pferche, Käfige und Ställe. Die auf der ganzen Erde fortwährend weiterentwickelten Gerätschaften in Ackerbau, Viehzucht und Landwirtschaft wurden seit der Spätantike durch Metallteile aus Bronze und Eisen verbessert. Erst bei den modernen Maschinen wurde der Werkstoff Holz gänzlich aufgegeben[3]. Er behielt aber als Baumaterial und zur Herstellung von Möbeln noch die frühere Bedeutung. Gegenwärtig werden selbstverständlich auch bei Landwirtschaft und Gartenbau viele Geräte aus Kunststoffen eingesetzt. Bei vielen der modernen Geräte wurden trotz der veränderten Materialien die bewährten Formen beibehalten. Nach wie vor gilt der Grundsatz, daß bei der Gestaltung der Geräte die Eigenschaften der Organismen und ihrer Produkte, die dem Menschen nutzbar gemacht werden sollen, zu berücksichtigen sind.

Erweiterungen der Naturforschung regen technische Erfindungen an

Der Umgang mit der belebten Natur regte seit jeher die Menschen zur Erfindung vieler Geräte an. Neben den erwähnten Werkzeugen zur Beschaffung, Produktion und Aufbereitung der von Pflanzen und Tieren gewonnenen Nahrung, Kleidung, Hausrat und Wirtschaftsgegenstände erfand man seit den frühen Hochkulturen Hilfsmittel zur Kultivierung von Pflanzen, Tieren und ihren Produkten. Daher war die Vielfalt der Geräte bis um die Zeitenwende in der römischen Welt schon beträchtlich[4]. Nachdem sich die Formen und Zwecke der Werkzeuge bis etwa um 1700 weitgehend an die Tradition angeschlossen hatten, brachte die seit der Renaissance veränderte Einstellung der

Die Technik des Pflügens ist bereits auf babylonischen Rollsiegeln um 3000 v. Chr. belegt. In Europa kennt man Formen des Pfluges aus Felsbildern und durch Funde aus der Bronze- und älteren Eisenzeit. Der Hakenpflug der Römer war für die schwereren nordischen Böden ungeeignet, die Erfindung des Räderpfluges um Christi Geburt und die Verbesserung in Form des Beetpfluges im Mittelalter machten eine intensivere landwirtschaftliche Nutzung möglich. Das Kalenderbild ,,März'' aus einem der schönsten Stundenbücher des Mittelalters, den ,,Très Riches Heures'' des Herzogs von Berry, zeigt einen Bauern beim Pflügen mit dem Beetpflug; dieser Pflug mit Radvorgestell, Sech, Schar und Streichbrett war weit verbreitet.

Menschen zur Aneignung und Nutzung der Umwelt sowie die Erweiterung des Erfahrungsbereichs und der Methodik der Naturforschung eine bis zum 19. Jahrhundert anwachsende und sich seither verstärkende Wandlung der Hilfsmittel und der technischen Ausstattung mit sich.

Von den auf den Reisen in ferne Gegenden des Kontinents und nach überseeischen Gebieten entdeckten Pflanzen und Tieren versuchte man, nicht nur Beschreibungen und Abbildungen, sondern auch Produkte, haltbare Teile und schließlich die lebenden Gegenstände selbst in die Heimat zu bringen und sie dort möglichst lange aufzubewahren. Bereits in den frühen Hochkulturen Asiens, Europas und Mittelamerikas legte man Gärten und Tiergehege an. Seit der Renaissance pflegte man – besonders an Fürstenhöfen – Anlagen mit Pflanzen und Tieren aus der jeweiligen Gegend. Schließlich dienten die Sammlungen von Naturalien auch dazu, möglichst viele Exotika wie Tulpen, Palmen, Bananenstauden, Zitrusarten, Papageien, Goldfische (ab 1691 nach England und Europa gebracht) zu erlangen und zu bewahren. Zum Anlegen dieser Sammlungen mußten Gefäße zum Transport wie Käfige und Kästen mit Feuchtigkeit und Luft einlassenden Öffnungen, Anlagen zur Pflege und Haltung lebender Pflanzen und Tiere und Ausstattungen der Naturaliensammlungen und Museen erfunden werden[5]. Dabei stellte sich eine Fülle von technischen Aufgaben: Bewässerungsanlagen für Pflanzengärten, Reinhalte- und Lüftungsvorrichtungen für Tiergehege, Terrarien, Aquarien und schließlich Gebäude zur Tierhaltung und Tierausstellung. Besonders bei der Anlage von Aquarien waren zur Konstruktion geeigneter Becken, zur notwendigen Reinigung, Durchlüftung und Erneuerung des Wassers schwierige Probleme zu lösen[6].

In ähnlicher Weise entwickelten sich als besondere Einrichtungen zur Haltung von lebenden Pflanzen aus fremden, vor allem tropischen Klimazonen seit dem frühen 17. Jahrhundert die Warmhäuser, Orangerien und Gewächshäuser. Nach den ersten, teilweise abschlagbaren Gebäuden wurden sie mit wachsendem technischem Aufwand (Licht-, Temperaturregelung, Klimatisierung) unter Verwendung von damals neuartigen Baumaterialien und -teilen wie Glas, Eisenverstrebungen und -gerüsten und neuen Konstruktionsweisen der Architektur im 19. Jahrhundert hervorragend ausgestattet[7]. Nachdem die aus der naturkundlichen Erforschung fremder Länder sich herleitende Ergötzung und Schaulust den Anstoß zur Errichtung von Gewächshäusern, Aquarien und ähnlichen Anlagen gegeben hatten, und nur einzelne Naturforscher dabei auch wissenschaftliche Beobachtungen anstellten,

im 2. Jahrtausend v. Chr.	in Ägypten in Palastgärten Wasserbecken und Teiche mit Fischen (Abbildungen erhalten)
seit 8. Jahrhundert v. Chr.	in China Haltung und Züchtung von Fischen wie Goldfischen
um die Zeitenwende	im antiken Rom wahrscheinlich kurzfristige Haltung von Meerestieren in Wasserbecken
um 1500	in Mexiko im kaiserlichen Tierpark auch Wassertiere zur Schau gestellt
um 1665	Lienhardt Baldner in Straßburg hält und beobachtet wohl Wassertiere in Behältern
um 1675–1750	die Naturforscher Antony van Leeuwenhoek, Jan Swammerdam, Augustin Johann Roesel von Rosenhof, René Antoine Ferchault de Réaumur, Abraham Trembley halten kurzfristig und beobachten Wassertiere in Schalen, Kübeln und „Zuckergläsern"
1797	Johann Matthaeus Bechstein: „Naturgeschichte der Stubenthiere, Saeugethiere, Amphibien, Fische, Insecten, Würmer", erste ausführliche Aquarien- und Terrarienkunde beschreibt das Anlegen von Becheraquarien
1822	der Naturforscher Johann Christian Ehrenberg beobachtet Wassertiere in Schaugläsern
um 1845	der Chemiker Justus Liebig legt Becheraquarien mit Wassertieren und -pflanzen an, um ihren „Stoffhaushalt" zu studieren
1849	der englische Naturforscher Philip Henry Gosse nennt ein Schauglas mit Wasserlebewesen „Aquarium"
1849–1850	der englische Naturforscher Robert Warington richtet Zimmeraquarien aus Glasplatten mit Süß- und Meerwasser ein, die er mit Stichlingen und andern Fischen und mit in Sandboden eingesetzten Pflanzen versieht; sie werden als „Salonbecken" weit verbreitet
1853	William Alford Lloyd konstruiert in London das erste Seewasseraquarium mit künstlicher Durchlüftung
1857	Emil Adolf Roßmäßler trägt durch seine Anleitung zur Herstellung eines Süßwasseraquariums zur Verbreitung der Becheraquarien bei
1861	in Paris Errichtung eines großen Schauaquariums
1864	in Hamburg Einrichtung eines Gebäudes als Seewasseraquarium
1869	in Berlin durch den Zoologen Alfred Brehm und den Baumeister W. Lüer großes Aquarium erbaut
1872–1874	an der Zoologischen Station in Neapel werden Aquarien zur Forschung und in der „Villa Aquaria" ein Schauaquarium durch Anton Dohrn eingerichtet

wurden die neuen Einrichtungen seit der Mitte des 19. Jahrhunderts unentbehrliche Hilfsmittel zur Erforschung lebender Organismen. Die technischen Errungenschaften wirkten also reichlich auf die biologischen Wissenschaften zurück [8].

In entsprechender Weise entfaltete sich eine enge Wechselwirkung zwischen Biologie und Technik mit dem Aufblühen der Gewässerkunde und Ozeanographie im 19. Jahrhundert, durch die vorher unbekannte Erfahrungsbereiche für die Biologie erschlossen wurden. Da ihre Bedeutung eine große Anzahl von Naturforschern bis zur Ausrüstung von Expeditionen auf den Plan rief, entwickelten sich besondere Arbeitsmethoden und technische Hilfsmittel. Verschiedene Geräte zum Schöpfen, Sammeln und Fangen lebender Wassertiere wie Wasserschöpfer, Netze, Siebe, Schleppnetze, Bodenschöpfer und -greifer, die durch besondere Winden bewegt wurden, schließlich Planktonröhren, Planktonpumpe und Glaskammern zum Mikroskopieren von Wasser wurden erfunden.

Ferner wurde im 19. Jahrhundert endlich ein seit Jahrtausenden gehegter Wunsch verwirklicht: der Taucheranzug mit zugehörigen Geräten wurde zum Nutzen der wissenschaftlichen Forschung entwickelt. Als wagemutiger Forscher tauchte als einer der ersten Anton Dohrn (1840–1909) im Golf von Neapel zu zoologischen Beobachtungen. Für die Süßwasser- und Meeresbiologie wurden seit dem ausgehenden 19. Jahrhundert Boote, Schiffe, tauchfähige Kapseln bis zum Bojenlaboratorium von Jacques Yves Cousteau (geb. 1910) mit besonderen Ausrüstungen und Laboratorien ausgestattet. Sie brachten ebenso wie der fortwährende Ausbau der Forschungslaboratorien für alle Zweige der Biologie bis zur Verhaltensforschung, Genetik und Molekularbiologie eine Fülle von technischen Erfindungen mit sich [9].

Auswirkungen technischer Entwicklungen auf die Biologie

Von früher geschichtlicher Zeit an bis zur Neuzeit wirkten sich die verfügbaren Transport- und Verkehrsmittel nicht nur auf die Erweiterung der geographischen Kenntnisse, sondern auch auf die der naturkundlichen Erfahrungen aus. Schon die Ägypter brachten von ihren kriegerischen Fahrten auf dem See- und Landweg nach den Küstengebieten Vorderasiens fremde Pflanzen, Menschen und Tiere und nützliche Naturprodukte mit. Die technischen Errungenschaften, die den Griechen im 4. Jahrhundert v. Chr. zur Verfügung standen, wie Transportmittel zu Land und zu Wasser, Waffen und Kriegsausrüstung

Die Geschichte der Tauchtechnik.

1. Jahrtausend v. Chr.	Ägypter, Assyrer und Phöniker benützen mit Luft gefüllte Tierbälge als Atem- und Schwimmhilfen zur Fortbewegung unter Wasser (nach Abbildungen)
4. Jahrhundert v. Chr.	Alexander d. Gr. soll in einer geschlossenen Kapsel mit Fenstern Tauchversuche angestellt haben
um 1500	Leonardo da Vinci entwirft Atemgerät, Sehrohr und Flossen für Taucher
1551	der italienische Ingenieur Niccolò Tartaglia schlägt einen Helm für Taucher vor
1664	der Mathematiker und Physiker Caspar Schott beschreibt eine Taucherglocke
1680	der Physiker Giovanni Alfonso Borelli entwirft ein tragbares Atemgerät und flossenartige Schuhe zum Tauchen in flachem Gewässer
1692	Denis Papin macht Tauchversuche in der Fulda in einem mit Luftschlauch und Ventilator versehenen Apparat, den er 1691 beschreibt
1716	Edmond Halley, der sich schon 1691 einen Tauchapparat patentieren ließ, erfindet eine Taucherglocke
um 1775	David Bushnell plant eine Tauchkapsel „Turtle" (Schildkröte)
1825	der Engländer William Henry James erfindet einen ersten, noch schweren Taucheranzug mit komprimierter Luft
um 1830	August Siebe erfindet einen beweglicheren, geschlossenen Taucheranzug
1849–1864	der bayerische Offizier Wilhelm Bauer konstruiert und baut mehrere „Submarineapparate" und Unterseeboote
1879	Henry A. Fleuss entwickelt einen unabhängigen Taucheranzug mit geschlossenem Atemluftkreislauf
seit 1882	konstruiert der schwedische Ingenieur Thorsten Nordenfeldt Unterseeboote, die in mehreren europäischen Ländern eingesetzt werden
1926	Kommandant Yves le Pieur erfindet einen leichten Taucheranzug mit komprimierter Luft
1948	der erste „Bathyskaph" von Auguste Piccard taucht unbemannt bis auf 1400 m Tiefe
1953	in dem Bathyskaph „Trieste" erreichen Auguste und Jacques Piccard erstmals den Meeresboden in 1080 und über 3000 m Tiefe im Tyrrhenischen Meer
1960	Jacques Piccard und Don Walsh tauchen auf 11 000 m Tiefe im Pazifik in einem Bathyskaph von Auguste und Jacques Piccard
1963	USA und Frankreich lassen schwimmende submarine Beobachtungstürme mit Wohn- und Laboratoriumsblock für längeren Aufenthalt einrichten

ermöglichten Alexander dem Großen die weiten Feldzüge von den Balkanländern bis nach Indien. Dabei erkundeten einige seiner Begleiter auch die Fauna und Flora der fremden Länder. Ihre Berichte gingen in die naturhistorischen Schriften von Aristoteles (384–322) und Theophrastos von Eresos (371–287) ein und führten zu ersten Einsichten in biogeographische Gegebenheiten[10]. Die naturhistorischen Kenntnisse der Antike wurden im Mittelalter unter dem Einfluß der islamischen Kultur nur um einzelne Beobachtungen vermehrt. Nachdem man mit größeren, seetüchtigen Segelschiffen den Atlantik überqueren, Afrika umschiffen und schließlich die Welt umsegeln konnte, gingen mit den Entdeckungen ferner Länder auch naturhistorische Forschungen von Europa aus einher[11]. Die systematische Erforschung aller Gegenden der Erde schuf den biologischen Wissenschaften eine neue empirische Grundlage, die vor allem die Begründung und Bestätigung der Evolutionstheorie – auf der vierjährigen Weltreise sammelte Charles Robert Darwin (1809–1882) wesentliche Materialien und Einsichten – und viele Gebiete der Biologie förderte[12]. Die zahlreichen Gruppen der Meerespflanzen (Algen und Pilze) und Tiere (von Fischen über zahlreiche Vertreter der Wirbellosen bis zu den Protozoen) wurden größtenteils erst seit dem 19. Jahrhundert entdeckt[13], als Schiffbau und Navigation sowie Geräte zur Bestimmung der Meerestiefen und zur Bergung von Meeresorganismen weiterentwickelt wurden[14].

Als Folge technischer Entwicklungen hatten naturkundliche empirische Entdeckungen sämtliche Gebiete der Biologie wesentlich bereichert. Aber eine technische Erfindung und ihre Weiterentwicklung führte sogar zu einer neuen Grundlage der Biologie. Die Erfindung des Mikroskops erschloß vorher nicht geahnte Feinstrukturen der Organismen. Die noch mit optischen Mängeln behafteten, schwierig zu benutzenden frühen Lichtmikroskope wurden anfangs nur selten zu planmäßiger Forschung eingesetzt und dienten mehr beiläufig der „Mikroskopischen Gemüths- und Augen-Ergötzung" (Martin Frobenius Ledermüller 1760). Erst die systematische Anwendung der verbesserten Instrumente im 19. Jahrhundert veränderte die Biologie grundlegend[15]. Nachdem die vergleichende Beschreibung der pflanzlichen und tierischen Gewebe die allgemeine Verbreitung der zellulären Strukturen (Gabriel Gustav Valentin 1835/36) und die Bedeutung der Zelle als strukturelle Entwicklungseinheit erwiesen hatte, begründeten Matthias Jakob Schleiden 1838 und Theodor Schwann 1839 die Zellentheorie als eine neue einheitliche Grundlage der Biologie[16]. Von da an galt, wie Schleiden in den vierziger Jahren feststellte: „Dass

an keine gründliche Bearbeitung der Naturwissenschaften in irgend
einer Disciplin und besonders in der Lehre von den Organismen
fernerhin zu denken ist, als mit Hülfe des Mikroskops, sollte nach den
Belehrungen der letzten 30 Jahre auch nicht einmal der Erwähnung
mehr bedürfen. Wer Botaniker oder Zoolog werden will ohne Mikroskop, ist mindestens ein eben so grosser Thor, als wer den Himmel
beobachten will ohne Fernrohr. Ich erspare mir deshalb die völlig
überflüssige Mühe, über den Werth dieses Instruments noch etwas zu
sagen"[17].

Gegen den Ausgang des 19. Jahrhunderts hatte die mikroskopische
Forschung die Biologie gründlich gewandelt. Das ohne dieses Instru-
ment unmögliche Eindringen in die Entwicklungsvorgänge der
Organismen hatte nicht nur Einsichten in die Strukturen von frühen
Entwicklungsstadien und in Abläufe wie den Generationswechsel einzelner Formen, sondern auch in die Zusammenhänge zwischen den
Entwicklungsvorgängen von Organismenreihen erschlossen. Diese
Erkenntnisse trugen zur Begründung der Darwinschen Evolutionstheorie bei. In der Botanik hatte die Bemühung, die beschreibende
Gewebelehre in eine kausal erklärende überzuführen, zur Verknüpfung früher getrennter Gebiete und zur Ausbildung der „physiologischen Pflanzenanatomie" geführt, die sich besonders auf die „Mikro-
chemie" stützte[18]. Auch hinsichtlich der vergleichenden Tierana-
tomie und ihren Anwendungsmöglichkeiten in der Medizin, „errang
die Biologie im 19. Jahrhundert ihre grössten Siege auf dem Gebiete
der mikroskopischen Anatomie", nach dem Urteil eines ihrer Haupt-
vertreter um 1900, des Berliner Anatomen und Histologen Oscar
Hertwig (1849–1922). „Mit dem zusammengesetzten Mikroskop aus-
gerüstet, mit jener wunderbaren Waffe, welche ausgezeichnete Optiker zu dem höchsten Grade der Vollkommenheit gebracht haben,
waren jetzt die Anatomen in den Stand gesetzt, eine neue, früher nicht
geahnte Welt des Lebens zu entdecken". Außer der „Zellen- und
Protoplasmatheorie" hatte die Entdeckung der Welt der Mikroorganismen und ihrer einzigartigen Bedeutung in Physiologie und Patho-
logie die Biologie stark erweitert[19]. Die allmählich wachsende Einsicht in den Wert des Mikroskops bewog viele Biologen seit der Mitte
des 19. Jahrhunderts, Anleitungen zum rechten Gebrauch des Instruments zu veröffentlichen, wobei sie sich auch mit der Konstruktion
auseinandersetzten und manche technischen Verbesserungsvorschläge
machten[20]. Die Entwicklung der Instrumente und der Hilfsmittel zu
ihrer Anwendung und ihr wissenschaftlicher Einsatz wurden in einem
engen Austausch oft durch dieselben Personen vorangetrieben. [IV]

Zur Geschichte des Mikroskops.

um 1610	optische Instrumente mit mehreren Linsen in Italien und Holland als Mikroskope verwendet
1665	Robert Hooke konstruiert ein Auflichtmikroskop
1670–1723	Antony van Leeuwenhoek baut stark vergrößerte Lupen mit Objekthalter und Mikroskope
1695	David Gregory korrigiert die chromatische Aberration
1702–1711	James Wilson: Verbesserungen von Stativ und Spiegel am einfachen Mikroskop, baut „Universalmikroskop" und „Zirkelmikroskop"
1798	William und Samuel Jones vereinigen sämtliche optischen und mechanischen Verbesserungen in ihrem Universalmikroskop
1824	Jacques Louis Vincent Chevalier und Charles Louis Chevalier: verwenden mehrere Paare achromatischer Linsen
1829/30	Giovanni Battista Amici korrigiert achromatische Systeme, ab 1847 konstruiert er Wasser- und Ölimmersionen
ab 1830	baut Georg Oberhäuser in Paris (Nachfolger wird Edmund Hartnack) Mikroskope mit verbesserter mechanischer Ausstattung: Trommelstativ, 1848 Hufeisenform des Fußes
ab 1830	baut Simon Plößl in Wien Mikroskope
1868	Ernst Karl Abbe (1840–1905) berechnet die gesamte Mikroskop-Optik, veröffentlicht 1873 die Theorie der sekundären Bildentstehung
1878	Abbe und Carl Zeiss entwickeln in Jena eine homogene Ölimmersion
1886	Abbe und Zeiss bauen Apochromat-Objektive
1897	H. S. Greenough: Pläne für binokulare Lupen und Mikroskope
1904	Moritz von Rohr: Monochromate zur Mikrophotographie in UV-Licht
1913	Ernst Leitz in Wetzlar konstruiert ein großes binokulares Mikroskop
1929	Philipp Ellinger und August Hirt: intravitale Fluoreszenzmikroskopie
1941	nach physikalischen Vorarbeiten von Frits Zernike (bis 1932) Phasenkontrastmikroskopie eingeführt

Zu den wichtigsten Erfindungen, welche die Biologie auf eine völlig neue Grundlage stellte, gehört das Mikroskop. Es erschloß eine vorher nie geahnte Feinstruktur der Organismen. – Historische Mikroskope: Zusammengesetztes Mikroskop von Griendl von Ach um 1680; es war aus drei Paaren zu je einem System zusammengesetzter plankonvexer Linsen zusammengefügt und lieferte eine 100fache Vergrößerung. – Mikroskop von John Yarwell aus dem späten 17. Jahrhundert; gebaut aus Walnußholz, Pappe, Leder und Messing. – Erstes Zusammengesetztes Mikroskop von Carl Zeiss 1857.

Die Arbeiten zur Theorie der Mikroskop-Optik ließen um 1880 erkennen, daß die Fähigkeit des Lichtmikroskops, die Einzelteile des Präparats im Bild voneinander getrennt sichtbar zu machen, beschränkt ist. Sie wird durch die Wellenlänge des zur Abbildung verwendeten Lichts begrenzt. Als letzte mögliche Verbesserung entwikkelte August Köhler ab 1904 bei den Zeiss-Werken ein mit UV-Licht arbeitendes Mikroskop mit einer Auflösung bis zu fast 0,0001 mm, bei dem die Abbildungen nur durch Leuchtschirme oder Photoplatten sichtbar gemacht werden konnten. Doch die vermuteten sublichtmikroskopischen Feinstrukturen der Zellen und Mikroorganismen, die sich als höchst mannigfaltig und bedeutend erwiesen haben, konnten erst nach einer weiteren, auf einem neu entdeckten physikalischen Prinzip beruhenden technischen Entwicklung wahrnehmbar gemacht werden. Nachdem die „Linsenwirkung" (Hans Busch 1927) von magnetischen und elektrischen Feldern auf parallel zu einer Achse verlaufende Elektronenstrahlen sowie deren genügend kurze Wellenlänge und starke Wechselwirkungen mit Materieatomen erkannt worden waren, wurde bis 1931 das Elektronenmikroskop von Max Knoll und Ernst Ruska (1908–1989) entworfen. Das erste serienmäßig gebaute Elektronenmikroskop konnte 1939 außerhalb seiner Produktionsstätte in Betrieb genommen werden, das eine um drei Zehnerpotenzen höhere Auflösung als das Lichtmikroskop erreichen konnte. Da die Durchdringungsfähigkeit der Elektronen äußerst gering ist, wurde die Nützlichkeit des Elektronenmikroskops zuerst an kleinen und dünnen biologischen Objekten erwiesen, an Bakterien und Viren. Bevor das neue Gerät auch für die biologisch ebenso wichtigen Gebiete der Histologie und Zytologie nutzbar gemacht werden konnte, mußte außer den Präparations- und Färbeverfahren noch ein weiteres Hilfsmittel technisch verbessert werden[21]: das Mikrotom. Dieses wurde seit den vierziger Jahren nach und nach mit äußerst dünnen Messern, mit auch aus Kunststoffen gefertigten Halte- und Einlagerungsvorrichtungen für das Präparat und mit elektrischem Antrieb ausgestattet, um möglichst dünne Serienschnitte anfertigen zu können[22]. Am Elektronenmikroskop wurden bis zur Gegenwart Verfeinerungen angebracht. Sie weisen auf die hervorragende Bedeutung der Elektronenmikroskopie in der biologischen und medizinischen Forschung und Anwendung hin, aus der auch physikalische Untersuchungen und die technische Materialprüfung Nutzen zogen. In enger Auseinandersetzung mit den Anforderungen der biologischen Forschung wurden diese instrumentellen Hilfsmittel technisch ausgestaltet, deren Anwendung auf technische Gebiete zurückwirkte. [IV; VI]

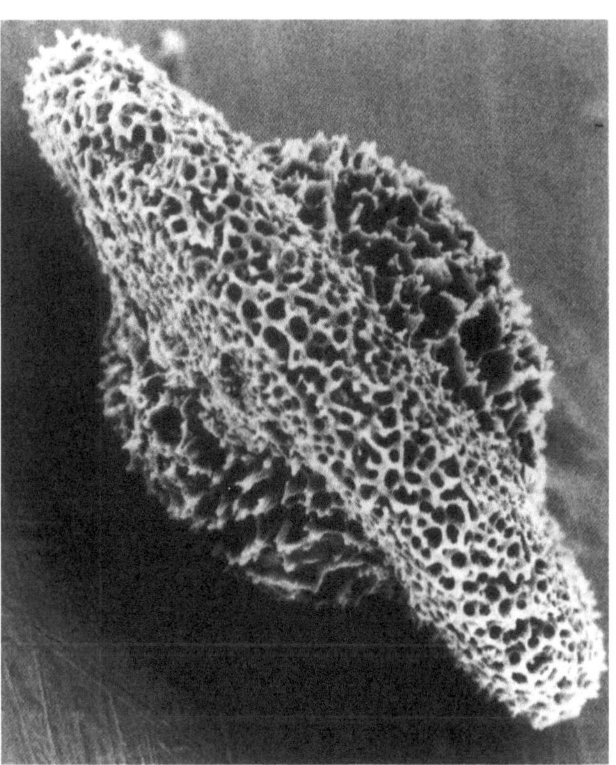

Ebenfalls aus Fragestellungen der Biowissenschaften entwickelte sich seit etwa 1920 ein nicht-optisches Verfahren, um in den sublicht-mikroskopischen Bereich vorzudringen: Die *Ultrazentrifuge* erlaubt als Forschungsgerät, gewisse Aussagen über die Existenz, Größe und Form von Biomolekülen und von in Kolloiden enthaltenen hochmolekularen Teilchen zu machen, dient also der Molekulargewichtsbestimmung. Das Gerät war schließlich eine den biologischen Objekten angepaßte Konstruktion. Damit konnten die Analyse der Fülle der in kolloidalen Lösungen in Organismen vorkommenden makromolekularen Biomoleküle, hauptsächlich der Proteine und Kohlenhydrate eingeleitet und die biochemischen Einsichten gründlich erweitert werden [23].

Die Anwendung der mittels hoch entwickelter physikalisch-mathematischer Erkenntnisse und technischer Fertigkeiten konstruierten optischen Instrumente und besonderen Geräte wie der Ultrazentrifuge in der modernen biologischen Forschung entspricht einer bestimmten Erkenntnistheorie und Naturanschauung. Naturwissenschaftlich-technische Mechanismen dienten seit der Antike als Hilfsmittel zur Erforschung und Erklärung biologischer Erscheinungen. Nachdem sich seit dem 17. Jahrhundert die mechanistische Naturauffassung mehr und mehr ausbreitete, drang die Anwendung technischer Prinzipien, Konstruktionen und Geräte auch in viele Gebiete der biologischen Forschung, in die Botanik, Zoologie und in die vergleichende Physiologie ein. Die im 20. Jahrhundert aufgekommenen Arbeitsrichtungen der „Biotechnik" und „Bionik", die biologische und technische Forschungen und Anwendungen miteinander in Verbindung bringen und füreinander fruchtbar machen wollen, werden in dem Band „Technik und Natur" dieses Werkes erörtert. [VI]

Förderung neuer Technologien durch die Biologie

Die Erweiterung der biologischen Wissenschaften seit dem 19. Jahrhundert wirkte sich auf die Anwendungsgebiete aus. Ein seit Jahrtausenden biologische Vorgänge empirisch nutzender Anwendungsbereich wurde wissenschaftlich begründet und zugleich ausgeweitet: die Fermentationstechnologie. Um die Mitte des 19. Jahrhunderts versuchte der Franzose Louis Pasteur (1822–1895) Gärungsvorgänge wie die Milchsäure-, Weinsäure-, Essigsäure- und alkoholische Gärung experimentell zu entschlüsseln. Er ermittelte, daß jede dieser Gärungen durch einen besonderen „Organismus" verursacht wird, der dabei ohne Sauerstoff vegetieren und auch durch gelinde Erwärmung zerstört werden kann (pasteurisieren), und daß Sauerstoff eine Gärung sogar vermindert (Pasteureffekt). Seine Einsichten versuchte er für verbesserte Herstellungsverfahren von Bier, Wein und Essig nutzbar zu machen. Damit begann die wissenschaftliche Bearbeitung der traditionellen Gärungsgewerbe.

Neue Anwendungsgebiete wurden erschlossen, als man die Bedeutung einzelner Biomoleküle als Wirkstoffe bei Fermentationen erkannte und sie zu isolieren lernte. Auf empirischer Grundlage begann die technische Anwendung von – zuerst durch Biosynthese gewonnenen – Enzymen in der Industrie. Aus Japan, wo seit Jahrhunderten mittels Schimmelpilzkulturen Lebensmittel hergestellt wurden, kam der „Koji", ein Gemisch von Schimmelpilzkulturen, das Fermentationsprozesse einzuleiten vermag, in westliche Länder. Der in den USA tätige Japaner Jokichi Takamine (1854–1922) stellte durch Kultivierung eines Pilzes das Enzym „Takadiastase" industriell her. Es diente als Ersatz für Gerstenmalz zur Gewinnung von Alkohol aus Mais und Getreide sowie zum Entfernen eines Stärkekleisters in der Weberei. Bis um 1920 ermittelte und gewann Takamine über 50 kommerziell verwendete Enzyme. Für die Gerberei entwickelte Otto Röhm seit 1907 eine Eiweiß zersetzende enzymhaltige Beize. Das traditionelle Verfahren zur Herstellung von Backhefe wurde zu industriellen Zwecken ausgebaut. Friedrich Hayduck in Berlin ließ 1915 das nach vier Jahren nochmals durch einen Dänen erfundene „Zulaufverfahren", das sich bald verbreitete, patentieren, bei dem die Nährstoffe dem Verbrauch durch die sich vermehrende Hefe entsprechend zugeführt werden. Anknüpfend an eine Beobachtung von 1916, daß ein an Aktivkohle oder Aluminiumoxid angelagertes Enzym Invertase noch wirksam ist, entwickelte besonders der israelische Biophysiker Aharon Katchalsky-Katzir (1914–1972) „immobilisierte" Biokatalysatoren (nun auch durch kovalente chemische Bindung an polymere Substanzen unlöslich gemacht) in den fünfziger Jahren. Jetzt werden auch Kolonien von ganzen Zellen immobilisiert gebraucht. Trägergebundene Enzyme werden in Durchflußreaktoren zur kontinuierlichen Stoffumwandlung eingesetzt bei der Gewinnung von L-Aminosäuren, bei der Spaltung von Penicillin zur Erzeugung von halbsynthetischen Penicillinen, die unterschiedlich wirksam sind, und zur Herstellung von fruktosehaltigen Sirupen[24]. [III-4.5]

Seit der Notzeit um 1915 begann sich ein Zweig der Biotechnologie – dem Gebiet der modernen Technik, auf dem biologische Prozesse bei technischen Verfahren und industriellen Produktionen eingesetzt werden – mit wachsender Bedeutung zu entwickeln, die Proteingewinnung zur Ernährung von Mensch und Tieren. Niedrige Organismen, die aus unbelebten chemischen Substanzen wie Zucker und Ammoniak durch Biosynthese hochwertiges Eiweiß aufbauen können, vermögen die Biomasse in kurzer Zeit zu vermehren. Durch Züchtung einer schnellwüchsigen Hefe wurden nach Max Delbrück ab etwa 1915 Futterhefe und Nährhefeflocken hergestellt. Nachdem man 1949 entdeckt hatte, daß sich diese Hefen auch auf Erdölfraktionen kultivieren lassen, wurde dieses Verfahren seit 1958 industriell genutzt (British Petrol Company). Weitere Verfahren wurden bis zur Gegenwart zur Gewinnung von Einzellerprotein (*Single Cell Protein*) unter Verwertung preisgünstiger Rohstoffe wie petrochemische Vorprodukte, bioorganische Abfallstoffe, Agrarprodukte und Algen ausgearbeitet. Neuerdings entstanden Verfahren zur biotechnologischen Energiegewinnung. Als Rohstoffe werden außer der natürlichen Ve-

1833	Anselme Payen und Jean Persoz gewinnen durch Zugabe von Alkohol zu Malzextrakt eine wasserlösliche Substanz, die Stärke verflüssigt und in Zucker umwandelt; sie nennen sie „Diastase".
1835/36	Theodor Schwann isoliert das erste, durch Johann Nepomuk Eberle 1834 nachgewiesene, Eiweiß zersetzende Enzym, das Pepsin.
1857	Lucien Corvisart entdeckt das Eiweiß spaltende Trypsin.
1860	Marcellin Berthelot extrahiert als „ferment glycosique" das 1846 entdeckte Enzym Invertase aus Hefe; Invertase spaltet Saccharose (Rohrzucker und Rübenzucker) hydrolytisch in Invertzucker.
1861	Ernst Wilhelm Brücke isoliert reines Pepsin.
1867, 1877	Wilhelm Friedrich Kühne stellt die Verdauungswirkung von Pankreassaft fest und gewinnt daraus das Verdauungsferment Trypsin.
1876	Kühne führt das Wort „Enzym" ein für aus Organen isolierbare Substanzen, die außerhalb des Organismus fermentativ wirken. Diese Wortbedeutung unterscheidet sich noch von der gegenwärtigen.
1897	Eduard Buchner weist nach, daß ein zellfreier Preßsaft aus Hefen einen die alkoholische Gärung bewirkenden Faktor „Zymase" enthält.
1902	Wilhelm Ostwald faßt Enzyme als stoffliche Katalysatoren der organischen Natur mit spezifischem Reaktionsvermögen auf.
1910−um 1920	Heinrich Wieland und Thorsten Thunberg nehmen in Studien zur biologischen Oxidation an, daß die Enzyme „Dehydrogenasen" als Wasserstoff übertragende Katalysatoren im intrazellulären Stoffwechsel mitwirken.
1924	Otto Warburg beschreibt das eisenhaltige Atmungsferment, dessen Wirkungsweise ihm aber unklar bleibt.
1925	David Keilin entdeckt wiederum die 1884−86 von Charles Alexander MacMunn in Muskelgewebe gefundenen Pigmente, die er „Cytochrome" nennt, und bestätigt die Bedeutung von intrazellulären Enzymen als Biokatalysatoren für biologische Oxidationen.
1926	James Batcheller Sumner gelingt es, als erstes Enzym die Urease kristallin darzustellen.
1930	erst als John Northrop auch Pepsin kristallisiert gewinnt, wird die chemische Deutung der Enzyme als Proteine endgültig anerkannt.

Zur Entdeckung der Enzyme und ihrer Wirkungen.

getation Kulturen mit ausgewählten höheren Pflanzen wie Zuckerrohr in tropischen Feuchtgebieten (Brasilien, Südafrika, Australien) und Holzpflanzen in Skandinavien und Nordamerika angelegt (Energy Farming) und Abfall- und Abwasserprodukte verwendet. Aus den Biomasse-Ausgangsstoffen werden Synthesegas, aus dem Methanol und Benzin hergestellt werden können, sowie durch Fermentation von Kohlenhydraten Ethanol gewonnen. Ferner wird durch Prozesse, an denen Mikroorganismen beteiligt sind, Biogas hervorgebracht. Neuerdings wird erstrebt, durch ausgedehnte Pflanzenkulturen und besondere Konstruktionen die Sonnenenergie direkt zur Klimatisierung einzelner Gebäude zu nutzen. [III-4.5; VI]

Viele der bisher erwähnten Prozesse der Biotechnologie beruhen auf den Erkenntnissen eines seit etwa 1875 neu entstandenen Gebietes: auf der Biologie der Mikroorganismen. Diese wurden in den siebziger Jahren des vorigen Jahrhunderts entdeckt und als eigentümliche Organismen mit besonderen morphologischen und physiologischen Eigenschaften erkannt. Unter ihnen ließen sich die Erreger von Infektionskrankheiten nachweisen. Wie aber konnten sie bekämpft werden? Die ersten Versuche, gleichzeitig entwickelte chemische Heilmittel anzuwenden, blieben zunächst erfolglos. Nur ein Mittel zeigte damals eine Wirkung gegen die Keime. Aus einer Kultur eines Bacillus isolierten 1899 Rudolf Emmerich und Oscar Loew (1844–1941) in München einen wirksamen Faktor, den sie für ein Enzym („Pyocyanase") hielten, das aber eigentlich das erste Antibiotikum war. Dessen Herstellung im großen und in Präparaten von gleicher Qualität war schwierig. Erst im Anschluß an die Isolierung von Penicillin, die 1928 Alexander Fleming (1881–1955) in London aus dem Schimmelpilz *Penicillium notatum* gelang, begann ab 1939 die planmäßige Entwicklung der bis jetzt über 400 ermittelten Antibiotika, von denen etwa 50 weltweit verwendet werden. Sie konnten erst allgemein angewandt werden, nachdem zur Herstellung in großen Mengen geeignete technische Verfahren erfunden worden waren. Bei Laboratoriumsuntersuchungen arbeitete man hauptsächlich mit Oberflächenkulturen, die bis zur Gegenwart bei der Darstellung von Interferonen nützlich sind, in denen die Bakterien aber verhältnismäßig schlecht wachsen. Dagegen brachte die Kultivierung von in Lösungen unter Sauerstoffzufuhr eigens gezüchteten Bakterienstämmen den entscheidenden Vorteil für die großtechnische Gewinnung der Antibiotika. Dabei mußten besondere technische Probleme gelöst werden, wie etwa große Mengen Luft steril in die Reaktionsgefäße einzublasen. Die seit den fünfziger Jahren ausgebildeten Verfahren können in verschiedenen mit Mikro-

PRODUKTE durch biotechnologische Verfahren mittels Mikroorganismen hergestellt	
vergorene Getränke:	Ethanol, Wein, Bier
Futtermittel:	Silage
Lebensmittel:	Milchprodukte Fleisch-, Wurstwaren Starter- und Reifungskulturen saure Gemüse asiatische Produkte wie Soja-Sauce, Soja-Paste Treibmittel für Backwaren: Hefe, Sauerteig fermentierte Genußmittel: Kaffee, Kakao, Tee, Tabak Speisepilze
primäre Stoffwechsel-produkte:	organische Säuren wie Citronen-, Essigsäure Aminosäuren Polysaccharide Vitamine und Provitamine Alkohole und organische Lösungsmittel Fette
Enzyme:	Vertreter sämtlicher Klassen der durch Enzyme katalysierten Reaktionstypen (Oxidoreduktasen, Transferasen, Hydrolasen, etc.) zur industriellen, therapeutischen und analytischen Anwendung
sekundäre Stoff-wechselprodukte	wie Antibiotika zur Anwendung in Medizin, Tierernährung und Pflanzenschutz
durch Biotransfor-mation hergestellte Organika	wie Aminosäuren, Vitamine, Carotinoide, Antibiotika, Steroide
mikrobiell gewonnene Biomasse:	hauptsächlich Futtermittel einige Lebensmittel und Zusätze technisch verwertbare Produkte für Papier-, Lederherstellung, etc.
Metallgewinnung durch mikrobielle Laugung von Erzen	
gereinigtes Abwasser und gereinigte Abluft in der Umweltbiotechnologie	

Übersicht über Produkte, die durch biotechnologische Verfahren von Mikroorganismen hergestellt werden.

organismen arbeitenden Prozessen etwa auch zur Erzeugung von Enzymen eingesetzt werden. [IV; VI]

Unter dem Einfluß medizinischer und hygienischer Fragestellungen bildete sich seit der Mitte des 19. Jahrhunderts in enger Wechselwirkung mit der aufkommenden Mikrobiologie die Wasser- und Umweltbiologie und -technologie heraus. Die schweren Choleraepidemien in Europa veranlaßten seit 1852 den Biologen Ferdinand Cohn zu mikroskopisch-biologischen Analysen von Trink- und Brauchwasser sowie von durch Industrieabwasser verunreinigten Gewässern. Anschließend forderte er schon 1853 eine regelmäßige chemische und biologische Prüfung von Brunnen- und Trinkwasser und schlug 1870 Richtlinien zur Ausführung vor. Aber erst seit den neunziger Jahren begann man in Deutschland, neben der chemischen auch eine biologische Wasseranalyse in größerem Umfang einzuführen, die nach der Gründung einer „Königlichen Versuchs- und Prüfungsanstalt für Wasserversorgung und Abwässerbeseitigung" für Preußen in Berlin seit 1901 verbreitet wurde. Die Untersuchungen der Veränderungen der Fauna und Flora des Wassers unter dem Einfluß von Verunreinigungen ließen Richard Kolkwitz und Maximilian Marsson (1908/09) nach in Berlin ausgeführten Analysen ein System über den Grad der Wasserverunreinigung aufstellen (bis um 1955 durch Hans Liebmann ausgebaut). Dadurch, daß neben den Lebensgemeinschaften die chemischen und physikalischen Größen des Stoffhaushalts der Gewässer untersucht wurden, war ihr Zustand zu beurteilen. Dabei wurden vier Qualitätsstufen unterschieden. Da sich im Gegensatz zu den chemisch-physikalischen Eigenschaften des Wassers die Zusammensetzung der Lebensgemeinschaften nach Beendigung einer Verunreinigung langsamer ändert, kann die biologische Analyse auch über vergangene Belastungen Aufschluß geben. Daher wird sie als unerläßlich angesehen. [XI]

Um das Wasser zum Gebrauch aufzubereiten, die Abwässer zu reinigen und die Hygiene der anwachsenden Städte und Industriegebiete zu verbessern, waren vielfältige technische Erfindungen notwendig. Nachdem zuerst mechanische und chemische Verfahren unter Aufnahme der traditionellen biologischen Reinigungseinrichtungen wie Sickergruben, Absatzbecken und Rieselfelder weiterentwickelt worden waren, wurden im 20. Jahrhundert im Anschluß an die mikrobiologischen und hygienischen sowie die besonderen biotechnologischen Forschungen in allen Klärbetrieben auch Anlagen zur „künstlichen biologischen" Reinigung des Wassers eingerichtet. Für die Entfernung von Verunreinigungen mittels Mikroorganismen dienen hauptsächlich das Tropfkörperverfahren mit seinen Abwandlungen wie die 1893 erfundenen belüfteten Tauchtropfkörper und das Belebtschlammsystem mit frei schwebender Biomasse zum oxidativen Abbau. Diese wurden 1912–14 durch den englischen Chemiker William Thomas Lockett und den Ingenieur Walter Jones entwickelt. Nutzen konnte man das Verfahren aber erst, nachdem die weitere Verarbeitung des Schlamms unter Luftausschluß im Faulturm zur Gewinnung von Gas und Humus durch Karl Imhoff sen. Ende der zwanziger Jahre eingeführt worden war. Sämtliche Verfahren machten eigene technische Erfindungen für die Einrichtung der Kläranlagen notwendig. Hierzu wurden die größten Bioreaktoren gebaut, deren Wirksamkeit durch zusätzliche Konstruktionen wie Einrichtungen zur Bewegung von Flüssigkeiten und Schlamm und zur Durchlüftung fortwährend verbessert wird. Besondere Reaktoren und Verfahren sind zur Aufbereitung von speziellen Abwässern wie von schwer zerstörbarem Problemmüll jeweils entsprechend den enthaltenen Substanzen zu entwickeln[25]. [III-4.5; VI]

Für sämtliche erwähnten Verfahren, in denen Mikroorganismen eingesetzt werden, und für die Gewinnung von einzelnen Biomolekülen erlangten zusätzlich zu den traditionellen Verfahren der Züchtung seit etwa 20 Jahren die Erkenntnisse und Methoden der modernen Genetik wachsende Bedeutung. Die zuerst in den USA und seit den fünfziger Jahren auch in Europa in der biologischen Grundlagenforschung entwickelten Methoden der gezielten Manipulation an genetischem Material begründeten die Möglichkeiten der Konstruktion von Mikroorganismen oder Kulturen einzelner Zellen mit bestimmten Eigenschaften. Diesen kann etwa durch Gentransfer die Fähigkeit zu bestimmten Biosynthesen, aus denen primäre und sekundäre Stoffwechselprodukte zu gewinnen sind, übertragen werden. Durch die moderne Genetik wurde ein sich fortwährend erweiterndes Feld der Biotechnologie eröffnet. Die Erkenntnisse der Grundlagenforschung bedürfen stets einer zusätzlichen Entwicklung bis sie in Produktionsvorgänge umgesetzt werden können. Diese müssen dann ständig überwacht und bei veränderten Anforderungen abgewandelt werden. [VI]

Die Erkenntnisgewinnung und industrielle Auswertung der Biotechnologie fordert besonders die Verfahrenstechnik heraus. Als biologische Verfahren wurden unter anderem Submersverfahren, bei denen Mikroorganismen und einzelne Gewebezelltypen in Nährlösungen kultiviert werden, mit zahlreichen, meist steril arbeitenden Belüftungssystemen und kontinuierlich ablaufende Zuchtverfahren entwickelt. Ferner wurden Methoden zur Aufarbeitung der oft nur in

Mechanisch-biologische Kläranlage in Metzingen. Von dem in der Kläranlage ankommenden Abwasser werden zunächst in einer mechanischen Stufe Sand, grobe Bestandteile, schlammige und aufschwimmende Stoffe zurückgehalten. Das sind 20 bis 30% der Schmutzstoffe. – Die anschließende biologische Stufe ist meist eine Schlammbelebungsanlage. Im Belebungsbecken dienen die noch im Abwasser zurückgebliebenen Stoffe als Nahrung für Bakterien und andere Kleinlebewesen; sie werden von diesen in absetzbaren Schlamm umgewandelt. Dieser ,,belebte'' Schlamm setzt sich im nachfolgenden Abklärbecken am Boden ab, während das Klarwasser aus dem oberen Teil des Beckens wieder abfließt.

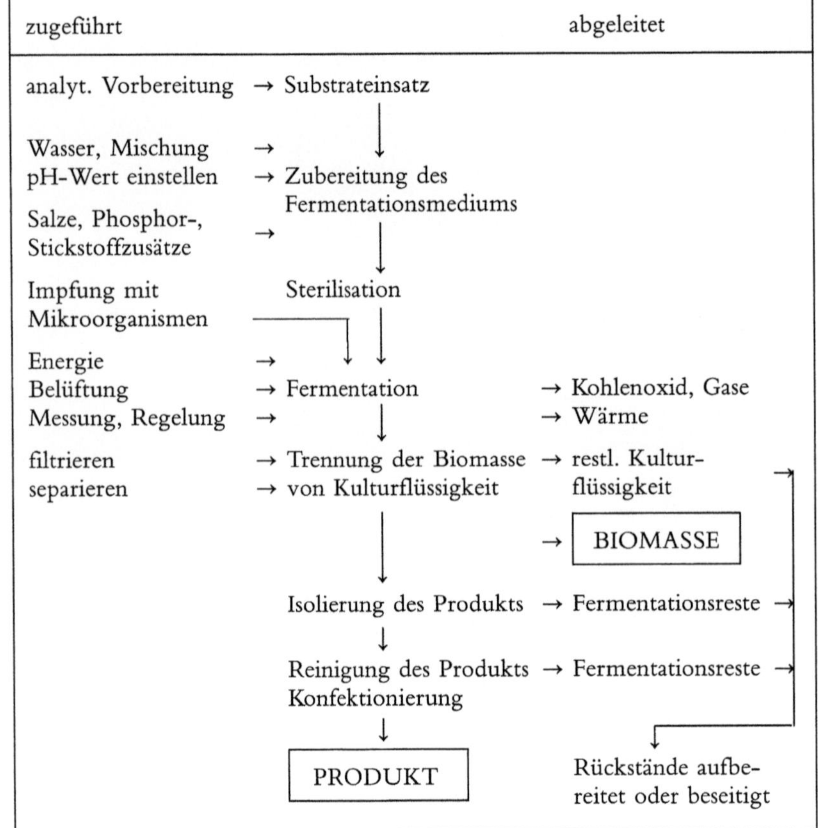

Hauptschritte biotechnologischer Verfahren.

geringen Mengen auftretenden Produkte und Systeme für biochemische Energiezellen ausgearbeitet. Dabei waren auch Grundprobleme der Verfahrenstechnik wie Fragen des Stoffüberganges, etwa des Überganges von Sauerstoff in Lösungen und in die Mikroorganismenzellen, der Rührtechnik sowie der Übertragung der Ergebnisse aus kleinen in große Ansätze zu lösen. Die industrielle Auswertung der biologischen Verfahren machte die Konstruktion von Behältern und Apparaten mit vielen neu erfundenen Bauteilen notwendig: die Technik der Bioreaktoren. Nachdem schon seit den zwanziger Jahren Reaktionsgefäße für Fermentationen etwa für Brauerei und Lebensmittelzubereitung wie solche mit besonderen Rühreinrichtungen zur Verarbeitung von Kefir und weiteren Bakterien erfunden worden waren, wurden seither viele Fermenter eingerichtet. Ihre Gestaltung reicht vom ungerührten Gärtank und offenen Betonbecken über sterilisierbare geschlossene Rührkessel mit Regelung der Temperatur und des Gasaustauschs bis zu den mit Computern gesteuerten, mit fixierten Enzymen oder Zellen beschickten Kreislaufreaktoren. Ihre Größe schwankt von der Technikums- bis zur Produktionsstufe zwischen 1–5 l und 5000–20 000 l. Da das Volumen des Kulturmediums und die physikalischen Größen der Apparatur, von denen die chemischen und biologischen Vorgänge abhängen, in unterschiedlicher Weise wachsen, ist eine ähnliche Vergrößerung der Reaktoren nicht möglich. Dadurch entstehen besondere technische Aufgaben bei der Konstruktion von Bioreaktoren, die durch die komplexen Eigenschaften der eingesetzten biologischen Systeme bedingt sind. Ihre Erforschung und technische Lösung entspringt einem regen Gedankenaustausch zwischen Biologen, Chemikern, Ingenieuren und Verfahrenstechnikern[26]. [III-4.5]

Biologische Einsichten als Grundlagen der Arbeitstechnologie

Infolge der Einsichten, die seit der frühen Neuzeit durch die Arbeitsmedizin gewonnen wurden, führte man vorbeugende Schutzmaßnahmen für Arbeiter ein. Den bei manchen Berufstätigen, etwa beim Umgang mit toxischen Chemikalien wie Blei-, Schwefelverbindungen, starken Säuren und Alkalien oder mit hohen Temperaturen auftretenden Schädigungen versuchte man, mit Vorrichtungen zum Schutz gefährdeter Körperteile wie Schutzschilde, Gesichtsmasken, Brillen, Kleidungsstücken zu begegnen. Ferner regten den Arbeitsprozeß begleitende Einrichtungen wie Grubenlampen, Atemgeräte für Bergleute oder Schutzvorrichtungen an Maschinen den Erfindungsgeist an. Mit der wachsenden Industrialisierung, die immer mehr Menschen in die in viele einzelne Schritte aufgeteilten Produktionsvorgänge einsetzte, und mit den ausgeweiteten wirtschaftlichen und kommunalen Verwaltungen nahmen die Wirkungen der Arbeitsbedingungen auf die Gesundheit und auf die Arbeitsleistung der Menschen zu. Dementsprechend waren nicht mehr nur die durch außergewöhnliche Belastungen auftretenden Schädigungen, deren sich die Arbeitsmedizin annahm, zu beachten, sondern auch die vorausschauende Planung und Gestaltung von Arbeitsplätzen hinsichtlich ihrer physiologischen Wirkungen. Den Boden für die neuartige Betrachtungsweise bereiteten außer den im 19. Jahrhundert aufkommenden soziologischen Wissenschaften auch biologische Disziplinen, die gegenwärtig die Ergebnisse ihrer Analysen menschlicher Arbeit und ihrer Bedingungen in das übergeordnete Fachgebiet „Arbeitswissenschaft" einbringen. Als biologische Grunddisziplinen sind die Arbeitsphysiologie und -psychologie und die Humanethologie beteiligt. Ihre Forschungsergebnisse können sich auf die in technische Produktionsvorgänge eingeordneten Werkzeuge, Maschinen, Geräte bis zu Robotern und auf die Produktionsabläufe auswirken. Außerdem erstrebt man, die Architektur von Gebäuden und Räumen und die technischen Hilfsmittel der Arbeitsbereiche wie Beleuchtung, Klimaanlagen, Büromöbel, Sitzgelegenheiten und Computereinrichtungen der menschlichen Physiologie anzupassen. Da die gesamte menschliche Arbeitswelt einschließlich der Hauswirtschaft und weitere übliche Tätigkeiten betroffen sind, kann eine stärkere Aufnahme der Gesichtspunkte der Arbeitswissenschaft in Zukunft vielfältige Wirkungen auf die Technik ausüben[27]. Zur Lösung der Aufgabe, die technischen Systeme an die Leistungsfähigkeit des Menschen anzugleichen und zur Humanisierung der Arbeitswelt beizutragen, wirken sowohl biologisch als auch technisch geschulte Fachkräfte zusammen. [IV, VI; X]

Schlußbetrachtung

Das im 19. Jahrhundert begonnene, gegenwärtig ausgebaute, in der „Bionik" geübte Vorgehen, naturgegebene Strukturen, Bauteile, Materialien, Hilfsmittel und Verfahren, die Pflanzen und Tiere zu „technischen Leistungen" befähigen, planmäßig zu erforschen und unter Nachbildung der Mittel in technische Konstruktionen, Vorgänge und Systeme umzusetzen, wurde hier nicht ausführlich betrachtet. Methoden und Ergebnisse dieses neuen Wissenschaftszweiges werden unter dem Gesichtspunkt einer eigentümlichen Auseinandersetzung des Menschen mit der Natur dargelegt. [VI]

Die in den modernen Industriegesellschaften vielfältig zusammenwirkenden Wechselbeziehungen zwischen biologischen und technischen Wissenschaften und ihren Anwendungsgebieten entwickelten sich aus einem wohl einfachen, aber innigen Beziehungsgefüge zwischen naturkundlichen Erfahrungen, biologischen Erkenntnissen und ihrer technischen Auswertung. Dieses Gefüge regte von der Antike bis ins 19. Jahrhundert hinein sowohl das naturwissenschaftliche Denken als auch technische Erfindungen an. Als das technische Schaffen die rohe Empirie überwand und nach wissenschaftlichen Begründungen strebte, wurde schon anfangs unseres Jahrhunderts der „biologische Faktor in der Technik" erkannt[28]. Die Biologie entfaltete sich im Lauf

biologische Empirie und Erkenntnis	Ziel der Technik	technische Erfindungen
naturkundliche Erfahrungen biologische Erkenntnisse	→ Nutzung der Organismen, Energie, → wobei Naturgegebenheiten zu beachten sind	→ Geräte, Apparate, Maschinen ← Verfahren, besondere Geräte und Apparate der Biotechnologie
biologische und human- biologische Erkenntnisse	→ Humanisierung der Arbeits- und Lebenswelt	→ biologiegerechte Gestaltung der ← Geräte und der gesamten Umwelt
biologische Forschung	→ Unterstützung der biologischen ← Forschung	→ Forschungsgeräte, Hilfsmittel, ← Laboratoriumsausrüstungen
biologische Empirie und Erkenntnis	← Erweiterung der erfahrbaren Umwelt	→ Transportmittel und Hilfsgeräte ←
biologische Erkenntnis	← Erweiterung der menschlichen Wahrnehmungsfähigkeit	→ optische Instrumente, technische ← Hilfsmittel
mechanistische Interpretation biologischer Erscheinungen	← ausschließlich Zweck des technischen Gebildes	→ technische Konstruktionen mit ← Struktur- und Wirkungsprinzipien

Mögliche Wechselwirkungen zwischen Biologie und Technik.

des 20. Jahrhunderts unter Einbeziehung chemischer Erkenntnisse und physikalischer Methoden außerordentlich. Besonders die Mikrobiologie, Genetik und Molekularbiologie wirkten auf verschiedenen Gebieten auf technische Entwicklungen ein, die ihrerseits die Grundlagenforschung förderten. Diese Wechselwirkungen dürften sich in Zukunft noch ausweiten. Nun tritt auf den Anwendungsgebieten biologischer Erkenntnisse wie auch bei apparativen und maschinellen technischen Erfindungen ohne unmittelbare Einbeziehung von biologischen Strukturen die Bedeutung der Beziehung zwischen technischen und biologischen Systemen in der Technik verstärkt hervor.

Literaturnachweise

1 *Marshak,* Alexander: The Roots of Civilization. New York 1972
2 *Leser,* Paul: Entstehung und Verbreitung des Pfluges. In: Anthropos. Bd. 3. H. 3. Münster i. W. 1931; *Werth,* Emil: Grabstock, Hacke und Pflug. Ludwigsburg 1954
3 *Partridge,* Michael: Farm-Tools through the Ages. Reading, Berkshire 1973
4 *White,* K. D.: Agricultural Implements of the Roman World. Cambridge 1967
5 *Whittle,* Tyler: The plant hunters, being an examination of collecting with an account of the careers and the methods of a number of those who have

searched the world for wild plants. London 1970; Dt. Übers. v. Wiese, Ursula von. München 1971

6 *Krumbiegel,* Ingo: Beiträge zur Geschichte des Aquariums. In: Der Biologe. Jg. 9, 1940, S. 393–397; *Hamlin,* Christopher: Robert Warington and the Moral Economy of the Aquarium. In: Journal of the History of Biology. Jg. 19, 1986, Nr. 1, S. 131–153

7 *Tschira,* Arnold: Orangerien und Gewächshäuser. Ihre geschichtliche Entwicklung in Deutschland (Kunstwiss. Studien. Bd. 24). Berlin 1939; *Koppelskamm,* Stefan: Gewächshäuser und Wintergärten im 19. Jahrhundert. Stuttgart 1981

8 *Naumann,* Einar: Methoden der experimentellen Aquarienkunde. In: Abderhalden, Emil (Hrsg.): Handbuch der biologischen Arbeitsmethoden. Abt. IX, Teil 2, Hälfte 1. Berlin/Wien 1925, S. 621–652; Artikel: Methoden der Erforschung der Leistungen des tierischen Organismus. In: Abderhalden, Emil (Hrsg.): Handbuch der biologischen Arbeitsmethoden, Abt. IX, Teil 1, Hälfte 1. Berlin/Wien 1924; Artikel: Allgemeine Methoden. In: Abderhalden, Emil (Hrsg.): Handbuch der biologischen Arbeitsmethoden. Abt. IX, Teil 1, Hälfte 2, Bd. 1. Berlin/Wien 1928; Artikel: Spez. Methoden. In: Abderhalden, Emil (Hrsg.): Handbuch der biologischen Arbeitsmethoden. Abt. IX, Teil 7. Berlin/Wien 1938

9 Artikel: Methoden der Süßwasserbiologie. In: Abderhalden, Emil (Hrsg.): Handbuch der biologischen Arbeitsmethoden. Abt. IX, Teil 2, Hälfte 1. Berlin/Wien 1925–1936, S. 122–127, S. 148–211 (Planktontechnik), S. 463–498 (Fahrzeuge); Artikel: Methoden der Meerwasserbiologie. In: Abderhalden, Emil (Hrsg.): Handbuch der biologischen Arbeitsmethoden. Abt. IX, Teil 5 u. Teil 6. Bd. 1–2. Berlin/Wien 1933–1938; *Foex,* Jean-Albert: Der Unterwassermensch. Geschichte, Überlieferung, Moderne Unterwasserforschung. Stuttgart 1966

10 *Bretzl,* Hugo: Botanische Forschungen des Alexanderzuges. Leipzig 1903, ND 1972

11 *Bombard,* Alain (Hrsg.): Forscher, Krieger, Abenteurer: Geschichte der Entdeckungen. Bd. 1–10. Salzburg 1983–1985

12 *Darwin,* Charles R.: Reise eines Naturforschers um die Welt. Dt. Übers. v. Carus, Julius Victor. Stuttgart 1875, neu bearb. v. Bühler, Irma. Hrsg. v. Narciss, Georg A. (Bibl. klass. Reiseberichte). Stuttgart 1962

13 *Chun,* Karl: Aus den Tiefen der Weltmeere – Schilderungen von der deutschen Tiefsee-Expedition. Jena 1900

14 *Marshall,* William: Die Tiefsee und ihr Leben. Leipzig 1888, S. 87–112

15 *Clay,* Reginald S./*Court,* Thomas H.: The History of the Microscope. London 1932, ND 1976

16 *Hughes,* Arthur: A History of Cytology. London/New York 1959

17 *Schleiden,* Matthias Jakob: Die Botanik als inductive Wissenschaft (1842). Leipzig ²1845. Thl. 1, S. 89

18 *Schwendener,* Simon: Über Richtungen und Ziele der mikroskopisch-botanischen Forschung. Berlin 1887

19 *Hertwig,* Oscar: Die Entwicklung der Biologie im 19. Jahrhundert. Jena 1900, S. 5–10

20 Vgl. 17, Thl. 1, S. 89–120; *Schacht,* Hermann: 1851, ³1862; *Nägeli,* Carl Wilhelm/*Schwendener,* Simon: 1865–67, ²1877

21 *Ruska,* Ernst: Die frühe Entwicklung der Elektronenlinsen und der Elektronenmikroskopie (Acta Historica Leopoldina, Nr. 12). Halle/Saale 1979

22 *Bracegirdle,* Brian: A History of Microtechnique. Ithaca, N. Y. 1978

23 *Svedberg,* Theodor/*Pedersen,* Kai O.: Die Ultrazentrifuge. Theorie, Konstruktion und Ergebnisse (Handbuch der Kolloidwissenschaft in Einzeldarstellungen. Bd. 7). Dresden/Leipzig 1940

24 *Hesse,* Albert: Über die technische Verwendung von Enzymen. In: Österr. Chemiker-Zeitung, N. F. Jg. 37, 1934; Nr. 18, S. 154 f.; *Hesse,* Albert: Über Verwendung von Enzymen zu industriellen Zwecken. In: Chemiker-Zeitung. Jg. 58, 1934, Nr. 56, S. 569–572; Nr. 77, S. 780–782

25 *Wetzel,* Arno: Technische Hydrobiologie. Trink-, Brauch-, Abwasser. Leipzig 1969; *Habeck-Tropfke,* Hans-Hermann: Abwasserbiologie (Werner-Ingenieur-Texte, 60). Düsseldorf 1980; *Habeck-Tropfke,* Hans Hermann/*Habeck-Tropfke,* Lieselotte: Müll- und Abfalltechnik. Düsseldorf 1985

26 *Bogen,* Hans Joachim: Gezähmt für die Zukunft. Leistungen und Perspektiven der Biotechnik. München/Zürich 1973; Dechema (Hrsg.): Biotechnologie. Eine Studie über Forschung und Entwicklung. Frankfurt a. M. 1982; *Rehm,* Hans Jürgen: Biotechnologie 83, mikrobielle Stoffproduktion, Neuentwicklungen in der Biotechnologie, Gentechnik (Dechema-Monographien, 95). Weinheim 1984

27 *Schmidtke,* Heinz: Handbuch der Ergonomie. Steinebach, Wörthsee 1978; *Rutenfranz,* Joseph: Denkschrift zur Lage der Arbeitsmedizin und der Ergonomie in der Bundesrepublik Deutschland. Boppard 1980; *Laurig,* Wolfgang: Grundzüge der Ergonomie. Berlin, u. a. ²1982

28 *Ostwald,* Wilhelm: Der biologische Faktor in der Technik. In: VDI. Zeitschrift des Vereins Deutscher Ingenieure, Jg. 73, 1929, Nr. 33, S. 1149–1150

Naturwissenschaft und Technik in den letzten hundert Jahren

Walter Botsch
Armin Hermann

Für die Menschen im fin de siècle galt die Naturwissenschaft als die „Weltbesiegerin unserer Tage". Die von Emil Du Bois-Reymond 1872 gebrauchte[1] und für das Wilhelminische Zeitalter nicht untypische Metapher sollte zum Ausdruck bringen, daß die Naturwissenschaft in den zurückliegenden Jahrzehnten die „Grenzen ihrer Herrschaft" gewaltig erweitert hatte. „Der Sieg der naturwissenschaftlichen Anschauung", meinte Du Bois, werde „späten Zeiten als ebensolcher Abschnitt in der Entwicklung erscheinen, wie uns der Sieg des Monotheismus vor achtzehnhundert Jahren"[2].

In zwei verschiedenen Bereichen hatte die Naturwissenschaft tatsächlich prägenden Einfluß gewonnen: durch die von ihr entwickelten Denkstrukturen im Bewußtsein der Menschen – und zwar aller Menschen, nicht etwa nur der Fachgelehrten – und durch ihre technischen Anwendungen im Wirtschaftsleben.

Unser Interesse gilt hier den technischen Anwendungen. Wir möchten aber vorab kurz erwähnen, worin der prägende Einfluß der Naturwissenschaft auf das Bewußtsein des Menschen bestand und noch heute besteht: Die Naturwissenschaft ist der Hauptmotor in dem Intellektualisierungsprozeß, der schon vor Jahrtausenden eingesetzt hat und sich seit dem 18. Jahrhundert beschleunigt fortsetzt. Einen womöglich noch größeren Einfluß auf das Bewußtsein der Menschen besitzt seit jeher die Naturwissenschaft mittelbar durch einige ihrer technischen Anwendungen. Kommunikation ist die „universale Bedingung des Menschseins", hat der Philosoph Karl Jaspers (1883–1969) gesagt, und eben diese universale Bedingung des Menschseins wurde durch Telegraphie, Telephonie und Rundfunk fundamental verändert.

Wir kommen damit zu unserem eigentlichen Thema, dem Verhältnis der Naturwissenschaft zur Technik. Wenn wir bei der von Du Bois-Reymond gebrauchten und nicht unbedenklichen Metapher bleiben, können wir sagen: In der zweiten Hälfte des 19. Jahrhunderts eroberte sich die Naturwissenschaft auch das Feld der Technik. Das soll zweierlei bedeuten: Grundlegende wissenschaftliche Entdeckungen wie die der elektrischen Wellen erwiesen sich einer technischen Anwendung fähig. Als sogenannte „Basisinnovationen" wurden sie zur Grundlage neuer industrieller Aktivitäten.

Auch in der täglichen Praxis der gewerblichen und industriellen Tätigkeit gewann die Naturwissenschaft eine entscheidende Rolle. So gelangte Werner von Siemens (1816–1892) vor der Jahrhundertmitte zur Überzeugung, „daß naturwissenschaftliche Kenntnisse und wissenschaftliche Forschungsmethode berufen wären, die Technik zu einer noch gar nicht zu übersehenden Leistungsfähigkeit zu entwikkeln"[3].

Die neuen Industrien, die direkt aus der Wissenschaft hervorgegangen waren, und die schon länger bestehenden, aber nun durch den Einfluß der Wissenschaft aufblühenden Gewerbe wirkten beide ihrerseits wieder befördernd auf die Wissenschaft zurück, so daß Wissenschaft und Technik einander wechselseitig stimulierten. Bevor wir auf diese Wechselwirkung eingehen, wollen wir an Beispielen behandeln, wie sich die Wissenschaft der Technik als nützlich erweist.

Der Nutzen der Wissenschaft für die Technik

Anfang des 17. Jahrhunderts definierten die Gelehrten für die entstehende neuzeitliche Naturwissenschaft eine Doppelaufgabe: Einsicht zu gewinnen in Gottes Schöpfungsgeheimnis und zugleich, durch Anwendung der gefundenen Naturgesetze auf Maschinen und Gewerbe, die Lebensbedingungen der Menschen zu verbessern.

Die hier ausgesprochene Relevanz der Wissenschaft für das praktische Leben ist gegenüber Antike und Mittelalter etwas völlig Neues. In der Antike war es ausgesprochen verpönt, nach einer Nutzanwendung zu fragen. Seit Beginn des 17. Jahrhunderts aber sagte Francis Bacon: „Scientia est potentia" oder „Knowledge is Power". Mit Hilfe der Wissenschaft die Kräfte der Natur zu verstehen und sie sich dienstbar zu machen, das ist der neue Wille des abendländischen Menschen. [III-3.1; III-3.2; III-3.3]

An schönen Ergebnissen in der reinen Erkenntnis mangelte es nicht. Viel schwieriger waren die Erfolge in der Praxis. Die Pluspunkte wurden immer wieder verdunkelt von eklatanten Mißerfolgen. Noch 1822 hieß es in England: Die Festigkeit eines Gebäudes ist umgekehrt proportional der Gelehrsamkeit des Baumeisters.

Es hatte aber der Umschwung schon begonnen. 1791 wurde Nicolas Leblanc (1742–1806) in Paris ein Verfahren patentiert, um aus Kochsalz die in der Seifen- und Glasindustrie benötigte Soda zu gewinnen. Die Erfindung war nur möglich durch die Fortschritte der wissenschaftlichen Chemie in Frankreich, und sie erlangte außerordentliche wirtschaftliche Bedeutung. In Deutschland war es insbesondere Justus Liebig (1803–1873), der von etwa 1840 an die Bedeutung der Chemie für die Wohlfahrt des Staates betonte. [III-3.5]

Nach der Chemie war es die Physik, und hier insbesondere die Erforschung von Elektrizität und Magnetismus, die Anlaß gab zu wichtigen Basisinnovationen. Wir wollen fragen, wie physikalische Entdeckungen Ausgangspunkt neuer Industriezweige geworden sind: 1820 fand der dänische Physiker Hans Christian Oersted (1777–1851) den von ihm schon seit fast zwei Jahrzehnten gesuchten Zusammenhang von Elektrizität und Magnetismus: Ein elektrischer Strom übt auf eine benachbarte Magnetnadel eine Kraft aus. 1831 folgte Michael Faraday (1791–1867) in London mit der Entdeckung der elektromagnetischen Induktion. Auch in diesem Falle war der Forscher schon lange überzeugt gewesen, daß es einen solchen Effekt geben müsse, ehe er ihn nach mehreren Anläufen auch tatsächlich finden konnte.

Indem sie diese beiden Effekte zur Erzeugung und zum Nachweis von Signalen benutzten, konstruierten 1833 Carl Friedrich Gauß (1777–1855) und Wilhelm Weber (1804–1891) in Göttingen die erste elektromagnetische Telegraphenanlage der Welt. Vier Jahre später wurde in England die erste, 30 Meilen lange Eisenbahntelegraphenlinie in Betrieb genommen. „Dieses weltbedeutende Jahr, da zum erstenmal der Telegraph das bisher isolierte menschliche Erleben gleichzeitig macht, wird selten in unseren Schulbüchern vermerkt", schrieb Stefan Zweig, und er kritisierte (ganz in unserem Sinne), daß es die Schulbücher leider immer noch für wichtiger hielten, „von Kriegen und Siegen einzelner Feldherren und Nationen zu erzählen statt von den wahrhaften, weil gemeinsamen Triumphen der Menschheit"[4]. Carl Friedrich Gauß aber sagte zur Erfindung des Telegraphen lapidar: Die Theorie zieht die Praxis nach sich wie der Magnet das Eisen. [III-2.4]

Die beiden 1820 und 1831 entdeckten elektromagnetischen Effekte sind auch die Grundlage vom Elektromotor und vom Generator. Bereits 1821 führte Michael Faraday eine Versuchsanordnung vor, die im Prinzip einen Elektromotor darstellte. Von dieser Demonstration bis zur Konstruktion eines wirklich leistungsfähigen Motors und Generators aber vergingen noch Jahrzehnte. Den wirklichen Durchbruch erzielte erst Werner von Siemens mit seinem „dynamo-elektrischen Prinzip" im Jahre 1867. Im Hinblick auf die Bedeutung seines Prinzips für den Bau von Generatoren schrieb Siemens: „Der Technik sind gegenwärtig die Mittel gegeben, elektrische Ströme unbegrenzter Stärke auf billige und bequeme Weise überall zu erzeugen, wo Arbeitskraft disponibel ist. Diese Tatsache wird auf mehreren Gebieten derselben von wesentlicher Bedeutung werden"[5]. Nach dem Prinzip von Siemens konnten nun auch starke Elektromotoren gebaut werden. Damit begann die Starkstromtechnik.

1878 konstruierte Siemens seine erste elektrische Lokomotive. Auf der Berliner Gewerbeausstellung im folgenden Jahr war sie die große Attraktion. Die kleine Lokomotive zog drei Wägelchen mit insgesamt 18 Plätzen. 1881 lief im Berliner Vorort Lichterfelde die erste elektrische Straßenbahn auf einer zweieinhalb Kilometer langen Strecke.

Neben einem leistungsfähigen Motor und Generator war eine Voraussetzung für die Entwicklung der Starkstromelektrotechnik in große Dimensionen die Fähigkeit, elektrische Energie über größere Entfernungen zu übertragen, um auch dort Elektromotoren betreiben zu können, wo Arbeitskraft nicht disponibel war. Hätte man hundert Jahre zuvor von Ingenieuren verlangt, Tausende von Pferdestärken über große Entfernungen in Sekundenschnelle und praktisch verlustlos zu transportieren, wären sie an dieser Aufgabe verzweifelt. Jetzt aber, da man mit den Grundgesetzen des elektrischen Stromes vertraut war, ergab sich die Lösung gleichsam von selbst. Die Kraftübertragung von Lauffen am Neckar über 178 km nach Frankfurt am Main, demonstriert 1891 anläßlich der Internationalen Elektrotechnischen Ausstellung, wurde, wie die Times schrieb, „das bedeutendste und wichtigste Experiment in der technischen Elektrizität, seitdem diese geheimnisvolle Naturkraft dem Menschen dienstbar geworden ist"[6].

Halten wir fest: Der Mensch hatte das Rad erfunden, weil er Lasten transportieren mußte. Aber die Ablenkung der Magnetnadel durch den elektrischen Strom entdeckte er nicht deshalb, weil er telegraphieren oder einen Motor bauen wollte, sondern weil er wissen wollte, was die Welt „im Innersten zusammenhält". Ausdrücklich gab 1869 Hermann von Helmholtz (1821–1894) den Physikern den Rat, sich bei ihren Forschungen nur vom Erkenntnisinteresse leiten zu lassen, nicht aber vom Wunsch nach technischen Innovationen: Die Anwendungen kämen in der Regel dort zum Vorschein, wo man es am wenigsten vermutet hätte: „Ihnen nachzujagen, führt gewöhnlich nicht zu irgend einem Ziele"[7]. Adolf von Harnack (1851–1930), der erste Präsident

der Kaiser-Wilhelm-Gesellschaft, pflegte zu sagen: „Die Wissenschaft gießt oft dann ihren reichsten Segen über das Leben aus, wenn sie sich von demselben gleichsam zu entfernen scheint" [8].

Nach der elektrischen Nachrichtentechnik und der Starkstrom-elektrotechnik wurde das dritte große Gebiet technischer Aktivität, das in Folge der Erforschung des Elektromagnetismus entstand, die drahtlose Telegraphie, wozu die gesamte Rundfunktechnik gehört. Auch hier ging, was einmal ein ganzer Industriezweig werden sollte, auf die Entdeckung eines Physikers zurück. Und wieder waren es rein theoretische Fragestellungen, die diesen Physiker zur Entdeckung führten: Heinrich Hertz (1857–1894) hatte sich vorgenommen, die Maxwellschen Gleichungen, welche die gesamte Elektrodynamik be-schreiben sollten, zu bestätigen oder zu widerlegen. Nach seiner ma-thematischen Analyse, die entschieden für die Theorie sprach, erschien ihm mit Recht die Erzeugung einer im Raume forschreitenden Schwingung als das „experimentum crucis". Als er dann 1886 die elektromagnetischen Wellen entdeckt hatte, bezeichnete er den damit gelieferten Beweis für die zeitliche Ausbreitung einer vermeintlichen Fernkraft „den philosophischen, in gewissem Sinne zugleich den wichtigsten Gewinn der Versuche" [9].

In den letzten Jahrzehnten des 19. Jahrhunderts wurde klar, daß aus der Wissenschaft weitreichende Basisinnovationen hervorgehen. Her-mann von Helmholtz prüfte 1869, wie die wichtigsten Erfindungen zustandegekommen waren und stellte fest, daß jedenfalls die „neueren

Heinrich Hertz (1857–1894).

Erfindungen" zumeist Früchte der Wissenschaft seien. Philipp Lenard (1862–1947) konstatierte 1906, daß die wirklich bedeutsamen technischen Innovationen überhaupt nur aus der Wissenschaft kommen können. Es hänge daher die Entwicklungsgeschwindigkeit der Technik ab von der Entwicklungsgeschwindigkeit der Naturwissenschaft. Damit keine Unterbrechung der wirtschaftlichen Dynamik eintrete, sei es notwendig, „daß immer ein Vorrat rein wissenschaftlicher Funde des Naturforschers vorhanden sei, gleich dem Samen für neue, neuartige Pflanzungen und Ernten des Technikers"[10].

Auch die Chemiker machten entsprechende Erfahrungen. Es bewährte sich auf längere Sicht, wenn die an den Universitäten tätigen Professoren ihr Forschungsprogramm auf grundlegende wissenschaftliche Probleme konzentrierten. So ermöglichte erst der Aufbau der chemischen Thermodynamik Ende des 19. Jahrhunderts ein Verständnis dafür, welche chemischen Umsetzungen überhaupt ausführbar sind: Es zeigte sich, daß manche Reaktionen, die zu erzwingen die Chemiker große Mühe aufgewandt hatten, gar nicht stattfinden können.

Verglichen mit der Physik war aber die größere Nähe zur Anwendung unverkennbar. „Der praktische Nutzen war nicht das Ziel meiner Versuche", sagte Fritz Haber (1868–1934) über die von ihm ver-

Modell eines Ammoniak Syntheseofens von 1950 in den Sammlungen des Deutschen Museums.

wirklichte Synthese des Ammoniaks aus den Elementen Stickstoff und Wasserstoff: „Aber ich würde auf der anderen Seite diesen Gegenstand schwerlich so eingehend studiert haben, wenn ich nicht von der volkswirtschaftlichen Notwendigkeit eines chemischen Fortschrittes auf diesem Gebiet überzeugt und von dem Fichteschen Gedanken erfüllt gewesen wäre, daß der nächste Zweck der Wissenschaft in ihrer eigenen Entwicklung, der Endzweck aber in dem gestaltenden Einflusse gelegen ist, den sie zu rechter Zeit auf das allgemeine Leben und die ganze menschliche Ordnung der Dinge übt" [11]. Was die Ammoniakerzeugung in industriellem Maßstab betraf, lagen die Dinge ganz ähnlich wie in der Physik. Auch hier hatte das im Laboratorium demonstrierte Entstehen des Ammoniaks nur den Charakter eines Vorversuchs. Es bedurfte noch großer Anstrengungen, bis die Badische Anilin- und Sodafabrik aus der Synthese des Ammoniaks eine Großindustrie machen konnte. [III-4.5]

Wir haben geschildert, wie aus einzelnen wissenschaftlichen Entdeckungen ganz neue Industrien entstanden sind. Die Wissenschaft hat aber nicht nur einmal – beim Entstehen einer neuen Technik – eine singuläre Rolle gespielt, sondern sie hat ihre Bedeutung fortdauernd behalten. In seinen Lebenserinnerungen gibt uns Werner von Siemens dafür charakteristische Beispiele. So traten 1848 beim Bau der unterirdisch geführten Telegraphenleitung von Berlin nach Frankfurt unerklärliche Schwierigkeiten auf. Die Signale kamen ganz undeutlich und unbrauchbar zur Empfängerseite. Siemens erkannte, daß das eigentümliche Verhalten der unterirdischen Leitungen der elektrostatischen Aufladung zugeschrieben werden mußte, wobei der Draht die innere, der feuchte Erdboden die äußere Belegung einer Leidener Flasche bildet. Mit anderen Worten: Die Telegraphenleitung besitzt eine elektrische Kapazität, die berücksichtigt werden muß. Die Erkenntnis der physikalischen Vorgänge ermöglichte es, Abhilfe zu schaffen. – Die Bedeutung eines exakt-wissenschaftlichen Vorgehens erwies sich auch bei der Verlegung der ersten Tiefseekabel. Während der Kabellegung hängt das Kabel vom Heck des Schiffes nicht senkrecht zum Meeresboden herab, sondern in Form einer Kettenlinie. Die vielen Kilometer Kabel bewirken ungeheure Zugkräfte. Man muß die Bremsvorrichtungen an den Kabelrollen, die Halterungen und schließlich die Dampfkraft des Schiffes entsprechend auslegen. Es ist also auch hier ein wissenschaftliches Verständnis notwendig, ehe man hoffen kann, die gestellte Aufgabe praktisch zu lösen.

Was für die Nachrichtentechnik zutraf, galt aber ebenso für jeden anderen Industriezweig, ganz gleich, ob dieser nun neu aus der Wissenschaft entstanden war oder auf einer tradierten Praxis beruhte. Die Wissenschaft konnte immer, entsprechend eingesetzt, die Qualität der Produkte und die Effektivität des Herstellungsverfahrens wesentlich verbessern. Nehmen wir als Beispiel ein Gewerbe, das seit Anfang des 17. Jahrhunderts betrieben wurde, den Bau von Mikroskopen.

Mit seiner 1846 gegründeten optischen Werkstätte in Jena hatte sich Carl Zeiss (1816–1888) einen geachteten Namen geschaffen. Er war aber unzufrieden damit, wie man mangels einer besseren Methode bei der Zusammensetzung der Linsen vorging. Abwertend sprach er von der „Pröbelei", die er satt habe: Regelmäßig mußten Dutzende von Linsenkombinationen nach gewissen Erfahrungsregeln durchprobiert werden, bis man endlich eine geeignete Kombination gefunden hatte.

Wie ein Architekt ein Bauwerk, bevor eine Hand zur Ausführung sich rührt, schon im Geiste vollendet hat, dachte sich Zeiss, so müßte sich auch das komplizierte Gebilde von Glas und Metall nach einem vorbedachten Plan realisieren lassen[12]. 1866 wandte er sich an den in Jena tätigen Privatdozenten Ernst Abbe (1840–1905), und dieser unternahm es, bei der im Stile eines Handwerksbetriebes arbeitenden Optischen Werkstätte rationelle Fertigungsmethoden zur Anwendung zu bringen. In einer schwierigen und langjährigen Untersuchung gelang ihm bis 1873 die Formulierung der Abbeschen Abbildungstheorie. Es lag nun zutage, von welchen Faktoren das für die Qualität eines Mikroskops entscheidende Auflösungsvermögen abhängt. Mit Staunen konstatierte Abbe, daß die Optiker die bestehenden Möglichkeiten schon weit ausgeschöpft hatten. Der Wert der Erfahrung durfte also nicht unterschätzt werden. Es blieb aber der Wissenschaft doch noch Wesentliches zur Verbesserung. So führte die Zeißsche Werkstätte 1876 die sog. „homogene Immersion" ein, eine Flüssigkeit vor der Objektivlinse mit einem dem Glas nahekommenden Brechungsindex.

Abbe erkannte, daß die „fernere Vervollkommnung des Mikroskops" von den Fortschritten der Glasschmelzkunst abhängt. 1884 wurde in Jena das „Glastechnische Laboratorium Schott & Genossen" ins Leben gerufen, womit eine neue Epoche in der technischen Optik begann. „Jahrelang haben wir neben wirklicher Optik noch Phantasieoptik betrieben", erinnerte sich Abbe, „Konstruktionen in Erwägung gezogen mit hypothetischem Glas, das gar nicht existierte"[13]. Diese Zeiten waren nun glücklich überwunden. Jetzt konnte man das Glas, das man brauchte, auch wirklich herstellen. Und wieder war es die Wissenschaft – und diesmal die Chemie – der man den Fortschritt verdankte.

Die Gründung des Glastechnischen Laboratoriums wurde übrigens nur möglich durch einen Zuschuß des preußischen Staates von 60 000 Mark [14]. Auf die Gründe, die den Staat zu dieser Subvention veranlaßt haben, gehen wir in dem Band „Technik und Staat" genauer ein.

Die im „Glastechnischen Laboratorium Schott & Genossen" erschmolzenen Gläser ermöglichten es Abbe, eine alte Idee zu verwirklichen: eine Optik zu schaffen, die nicht nur – wie der Achromat – für zwei Spektrallinien korrigiert ist, sondern für drei Linien. Bei diesen „Apochromaten" war auch das schwache „sekundäre Spektrum" beseitigt. Hinzu kam, daß die Bauart des Apochromaten eine besonders hohe Auflösung im Sinne der Abbeschen Abbildungstheorie ermöglicht. Als die Jenaer Werkstätte 1886 mit den neuen Linsensystemen auf den Markt kam, geriet die Firma Ernst Leitz in Wetzlar in eine Krise. Alle Welt wollte nur noch Zeißsche Instrumente. Daraufhin stellte auch Leitz die Herstellung auf eine wissenschaftliche Grundlage, womit die wirtschaftlichen Schwierigkeiten gemeistert werden konnten.

Das Beispiel zeigt: Wenn irgendwo ein Gewerbeunternehmen die Wissenschaft in seinen Dienst stellte, gewann es einen Wettbewerbsvorteil. Auch die anderen Firmen dieser Branche müssen bei sich die Wissenschaft einführen, wenn sie überleben wollen. Die Verwissenschaftlichung der Technik ist ein unumkehrbarer Prozeß. Bei der 50-Jahr-Feier der Jenaer Optischen Werkstätte 1896 sagte Ernst Abbe, daß die „Verbindung von Wissenschaft und Technik uns durch ihre längst offenkundige Herrschaft auf vielen anderen Gebieten der Technik – wie dem Maschinenbau, dem Ingenieurwesen und anderen – schon so geläufig sei, daß sie fast als etwas Selbstverständliches erscheine" [15].

Tatsächlich gab es damals gerade in den von Abbe genannten Gebieten – dem Maschinenbau und dem Ingenieurwesen – durchaus noch Diskussionen, wie weit die theoretische Durchdringung praktischer Probleme getrieben werden sollte. Der berühmte Göttinger Mathematiker Felix Klein (1849–1925) sah eine wichtige wissenschaftspolitische Aufgabe darin, bei den Vertretern der Ingenieurwissenschaften an den Technischen Hochschulen Überzeugungsarbeit zu leisten: Auch auf ihren Gebieten sei die Suche nach einer Theorie und ihre mathematische Formulierung keine überflüssige Mühe. Felix Klein erreichte es, daß im Jahre 1900 sein Schüler Arnold Sommerfeld (1868–1951) – also ein Mathematiker – auf einen Lehrstuhl für Technische Mechanik nach Aachen berufen wurde. Hier gelang es ihm, wie er sagte, „der Macht des mathematisch-physikalischen Gedankens zum Siege zu verhelfen" [16].

Es gab Anfang des 20. Jahrhunderts aber doch noch manche Branchen, wie etwa den Bergbau, bei denen sich die Aktivitäten an den seit
Jahrhunderten gewonnenen Erfahrungen orientierte. In einer Rede
vor Reichstagsabgeordneten 1920 verglich Fritz Haber das Verhältnis
der Industrie zur Wissenschaft mit dem Verhältnis des Menschen zur
Religion: Der eine habe einen festen Glauben, der andere lebe und
sterbe als Heide: Zwischen beiden stehe ein großer Kreis von Menschen, die sich in guten Zeiten nicht viel um den Herrgott kümmerten,
in schweren Zeiten aber beteten in der Hoffnung, daß ihnen rasch
geholfen werde: ,,So gibt es Wirtschaftskreise – ich brauche nur an die
Farbenindustrie zu erinnern –, die ganz und gar durchtränkt sind von
Wissenschaft, und die ihren Erfolg in der Welt auf den engsten Zusammenhang mit der Wissenschaft begründet haben. Es gibt andere, die
an ein gutes Rezept und einen tüchtigen Werkmeister bei der Fabrikation glauben, der Wissenschaft aber fremd gegenüberstehen. Und

dazwischen ist eine große Gruppe, deren Einstellung schwankend ist. In guten Zeiten sehen sie in der Wissenschaft einen Schmuck, aber kein Bedürfnis, in schlechten sind sie geneigt, ein Opfer für die Wissenschaft zu bringen, aber unter der Bedingung, daß sie ein Wunder tut und durch eine Erfindung schleunigst über die Schwierigkeit weghilft, unter der sie gerade leiden"[17]. – Das war eine Bestandsaufnahme aus dem Jahre 1920. Die Verwissenschaftlichung der Technik ging seither mit Riesenschritten weiter, und heute ist die Forschung sozusagen allgegenwärtig in unserer Industrie.

Wir haben in einigen wenigen Beispielen gesehen, wie die Wissenschaft auf die Technik einwirkte. Ganz neue Industrien entstanden aus der Wissenschaft, so die Elektrotechnik und die Teerfarbenindustrie. Auch schon bestehende Gewerbe, wie die optische Industrie, profitierten gewaltig von der Wissenschaft und kamen durch sie erst richtig zur Blüte. Aber auch die Technik hatte Einfluß auf die Wissenschaft und stimulierte deren Entwicklung. Das soll das Thema des folgenden Abschnittes sein.

Die Wirkung der Technik auf die Wissenschaft

Um den Einfluß der Technik auf die Wissenschaft zu kennzeichnen, spricht man oft von der „Vertechnisierung der Wissenschaft". Dabei mag bei manchen Gelehrten eine gewisse Resignation über eine Entwicklung in der Wissenschaft mitspielen, die man für unvermeidlich hält, aber im Grunde doch bedauert. Wir wollen den Ausdruck wertfrei benutzen und darunter verstehen, daß die Instrumente und apparativen Hilfsmittel, die man letztlich der Technik verdankt, immer wichtiger für die wissenschaftliche Arbeit wurden. So konnte sich in der zweiten Hälfte des 19. Jahrhunderts die Zellenlehre zur wichtigsten und zentralen Disziplin innerhalb der Biologie entwickeln, weil Mikroskope mit dem entsprechend hohen Auflösungsvermögen gebaut werden konnten. Auch die Identifizierung bestimmter Bakterientypen als Erreger von Infektionskrankheiten – wie sie vor allem Robert Koch (1843–1910) in den achtziger Jahren des vorigen Jahrhunderts glückte und was dann zur Entstehung einer neuen wissenschaftlichen Disziplin führte, der Bakteriologie, – war nur möglich, weil Ernst Abbe in Jena die homogene Immersion und die Apochromate entwickelt hatte. „Wie oft habe ich", berichtete Robert Koch nach Jena, „mit Bewunderung . . . der Zeißschen optischen Werkstätte gedacht. Verdanke ich doch einen großen Teil der Erfolge, welche für die Wissenschaft mir zu erringen vergönnt war, Ihren ausgezeichneten Mikroskopen"[18]. Die Bedeutung der Mikroskope und der Fernrohre für die Wissenschaft hat Ende des 19. Jahrhunderts der heute kaum mehr gelesene amerikanische Schriftsteller und Philosoph John Fiske zugespitzt zum Ausdruck gebracht, indem er sagte: "All human science is but the increment of the power of the eye"[19].

Auch im 20. Jahrhundert haben neue optische Instrumente die Entwicklung neuer Erkenntnisse und Fähigkeiten ermöglicht. So hat sich seit Ende des Zweiten Weltkrieges die Mikrochirurgie als Teilgebiet verschiedener chirurgischer Disziplinen entwickelt. Die Grundlage war hier die Konstruktion von besonderen „Operationsmikroskopen". Ebenso Resultat leistungsfähiger optischer und feinmechanischer Hilfsmittel ist die heutzutage leidenschaftlich diskutierte Gentechnik. [I-3.6; IV; VI]

Bei neuen technischen Entwicklungen ließ sich oft nicht vorhersagen, welche wissenschaftliche Disziplin von ihnen am meisten profitieren würde. Wenn eine neue Technik aus einer speziellen Disziplin entstanden war und auch wieder einen befördernden Einfluß auf diese ausübte, wie es bei Elektrotechnik und Physik der Fall war, stimulierten Wissenschaft und Technik einander wechselseitig mit besonderer Stärke. Die neue Industrie bot vielen Menschen Arbeitsplätze; sie wirkte auch wieder zurück auf die Physik und forcierte ihre Weiterentwicklung. Der Einfluß der Elektrotechnik auf die Physik zeigte sich dabei in dreifacher Hinsicht:

1. Bei der Lösung von praktischen Aufgaben traten Fragestellungen von prinzipieller Bedeutung auf. So war es für die Glühlampenindustrie wichtig zu wissen, wie sich beim elektrisch geheizten Glühdraht die Energie auf das erwünschte sichtbare Licht und das unerwünschte unsichtbare Licht – Ultrarot und Ultraviolett – aufteilt. Dieses Problem wurde experimentell bei der 1887 gegründeten Physikalisch-Technischen Reichsanstalt in Berlin aufgegriffen. Auch der Theoretiker Max Planck (1858–1947) befaßte sich mit diesem Thema. Seine Arbeiten darüber führten bekanntlich zur Begründung der Quantentheorie, dem Beginn der großen Revolution in der Physik.

2. Die Elektrotechnik schuf preiswerte und leistungsfähige Meßgeräte. Schließlich wurde das sehr genaue und sehr schnelle elektrische Meßverfahren auch für nicht-elektrische Größen eingeführt und damit das gesamte physikalische Meßwesen umgestaltet.

3. Die Elektrotechnik befähigte den Menschen, gleichsam nach Belieben hohe elektrische und magnetische Feldstärken zu erzeugen und das Verhalten der Materie unter solchen Bedingungen im Laborato-

rium zu studieren. Damit gelang es, den Zeeman- und den Stark-Effekt, d. h. die Aufspaltung und Verschiebung der Spektrallinien in magnetischen und elektrischen Feldern, zu entdecken und Schlüsse auf die Struktur der Atome zu ziehen. Mit Hilfe hoher elektrischer Spannungen konnten in Entladungsröhren Strahlen von Elektronen, die Kathodenstrahlen, erzeugt werden. Diese wurden in elektrischen und magnetischen Feldern aus ihrer Richtung abgelenkt, und aus der Stärke der Ablenkung ließen sich die Eigenschaften des Elektrons bestimmen. 1895 entdeckte Wilhelm Conrad Röntgen (1845–1923), daß beim Aufprall von Kathodenstrahlen auf ein Hindernis die Röntgenstrahlen entstehen, die in der Physik große Bedeutung gewannen und in der Medizin die Diagnostik auf eine ganz neue Grundlage stellten.

Elektrotechnik und Physik gaben ein besonders eindrucksvolles Beispiel, aber eben nur ein Beispiel für ein ganz allgemeines Geschehen: Wissenschaft und Technik griffen Hand in Hand; immer rascher folgten Entdeckungen und Erfindungen aufeinander und schließlich gab es weder in der Naturwissenschaft noch in der Technik Gebiete, die davon nicht erfaßt gewesen wären. Victor F. Weisskopf sprach von einem gegenseitigen give and take[20]. Diese enge Wechselwirkung von Wissenschaft und Technik ging nicht irgendwann einmal zu Ende, sondern sie besteht bis heute fort. Sie ist es, die unserer heutigen Epoche ihr Gepräge gibt.

Die Wechselwirkung von Wissenschaft und Technik

Nach den letzten, mehr allgemeinen Ausführungen soll nun die Wechselwirkung von Wissenschaft und Technik an einem konkreten Beispiel gezeigt werden, an der Erfindung und Entwicklung des Transistors.

Als Heinrich Hertz die elektrischen Wellen entdeckte, war das ein Ergebnis reiner Grundlagenforschung. Anders gingen die Erfinder des Transistors vor. Ihre Arbeitsweise läßt sich am besten als ,,gezielte Grundlagenforschung" charakterisieren. William Shockley (geb. 1910), Walter H. Brattain (geb. 1902) und John Bardeen (1908–1991) waren mit einem festen Ziel angetreten: Es sollte ein Festkörpergerät entstehen, das sich an Stelle der bisher verwendeten Röhren in Funk- und Radioanlagen einsetzen ließ.

Elektronenröhren dienten in den ersten Jahrzehnten unseres Jahrhunderts nicht nur als Gleichrichter; in Form der Triode konnten sie

Die Erfinder des Transistors:
Walter H. Brattain, John Bardeen
und William Shockley (sitzend).

auch zur Steuerung und Verstärkung elektrischer Signale verwendet werden. Diese Röhren hatten aber auch erhebliche Nachteile: Sie waren relativ groß und unhandlich, verbrauchten viel Energie, waren teuer in der Herstellung und empfindlich im Gebrauch. Hört man, daß der erste auf elektronischer Basis arbeitende Rechner Eniac 18000 Elektronenröhren enthielt und rund 30 Tonnen wog und daß ein amerikanischer B29-Bomber der Nachkriegszeit in seiner elektronischen Ausrüstung annähernd 1000 Röhren mit in die Luft zu schleppen hatte, dann läßt sich erahnen, wie groß der Wunsch nach einem einfacheren und kleineren Ersatz war.

Auch die Bell Laboratories, die Arbeitsstätte von Shockley, Brattain und Bardeen, hatten dieses Ziel vor Augen. An die drei Forscher wurde es jedoch nur als ein „Traum", als Wunschziel, herangetragen; für die praktische Durchführung ihrer Forschungen hatten sie weitgehend freie Hand. „Nach jedem Arbeitsschritt versuchten wir zu verstehen, was auf der theoretischen Ebene vor sich gegangen war. Wenn ein Versuch anders ausfiel, als wir erwartet hatten, so versuchten wir herauszufinden, warum das so war. Es handelte sich nicht bloß darum, einen Germaniumblock entweder mit zwei oder nur mit einem Kontakt zu versehen." Diese Sätze aus einem Brief Bardeens[21] zeigen, daß die Wissenschaftler im Stil der Grundlagenforschung arbeiteten. Die freie Form der Forschung war es dann auch, die schließlich zum Erfolg führte: Der erste Transistor funktionierte nicht nach dem ursprünglich gedachten, aus der Funktion der Röhre abgeleiteten Prinzip. Er war vielmehr das Produkt von Versuchen, bei denen bestimmte Theorien der Forschergruppe experimentell bestätigt werden sollten.

Der Gedanke eines Festkörpersystems zur Signalverstärkung lag schon längere Zeit in der Luft. Bereits in den zwanziger Jahren war die Funktionsweise eines Transistors, 1936 der Bau theoretisch beschrieben worden. Nur funktionieren wollten die Geräte nicht. Dafür dürften zwei Gründe mitverantwortlich gewesen sein. Zum einen mangelte es noch an der Theorie: experimentelle Ergebnisse konnten mit dem theoretischen Stand der naturwissenschaftlichen Forschung nicht in Übereinstimmung gebracht werden. Zum anderen fehlte es an den geeigneten Substanzen. Das Material, mit dem man arbeitete, lief dank seiner besonderen Eigenschaften schon seit 1911 unter der Bezeichnung „Halbleiter": Es leitet den elektrischen Strom nur bei bestimmten Bedingungen. Eine praktische Nutzung dieses Materials scheiterte jedoch zunächst insbesondere daran, daß seine spezifischen Eigenschaften kaum reproduzierbar waren. Das Selen, einer der bekanntesten Halbleiter jener Zeit, mußte den Forschern wie ein Chamäleon vorkommen: Leitete das eine Stück Selen den elektrischen Strom recht gut, so besaß ein anderes Stück einen erheblich höheren elektrischen Widerstand. Solch unterschiedliche Eigenschaften konnten zunächst nicht verstanden werden. Und sie waren, da nicht reproduzierbar, auch technisch nicht zu nutzen.

Seit Ende der zwanziger Jahre gelang der theoretische Durchbruch: 1928 formulierte der längst vom Mathematiker zum Physiker gewordene Arnold Sommerfeld (1868–1951) die Elektronentheorie der Metalle und ihrer Leitfähigkeit. 1930 erkannte Bernhard Gudden (1892–1945), Experimentalphysiker an der Universität Erlangen, daß die Leitfähigkeit der Halbleiter insbesondere vom Grad ihrer Verunreinigung abhängig ist. 1931 erklärte Werner Heisenberg (1901–1976) die positive Leitfähigkeit als Auswirkung von Defektelektronen. Gegen Ende der dreißiger Jahre formulierte der theoretische Physiker Walther Schottky schließlich die Sperrschichttheorie für Halbleiter-Gleichrichter. Danach sollen die speziellen Eigenschaften durch eine dünne Randschicht bestimmt werden. Die praktische Anwendung der Halbleiter erhielt durch diese theoretischen Erkenntnisse kräftige Impulse. Das gilt nicht zuletzt auch für den Transistor selbst; seine Entdeckung erfolgte im Zusammenhang mit Experimenten, die der Schottkyschen Randtheorie gewidmet waren.

Alle Forschungen an Halbleitern kreisten um das Elektron, das als Ladungsträger oder, wenn es fehlt, als „Loch", seine Rolle spielt. Nun ist das Elektron als Materiebaustein sowohl für die physikalische wie auch für die chemische Forschung von grundlegender Bedeutung. So ist es nicht zu verwundern, daß sich Physiker wie Chemiker mit Halbleitern befaßten und die Halbleiterforschung zu einem gemeinsamen Arbeitsfeld für Chemie und Physik wurde. Das half nicht nur mit, die beiden Wissenschaften, die sich in Zielsetzung und Arbeitsmethoden auseinander entwickelt hatten, wieder zusammenzuführen, es hatte auch für die Halbleitertechnik selbst entscheidende Vorteile. Die außerordentlich rasche Entwicklung der modernen Elektronik wäre ohne enge Zusammenarbeit von physikalischer und chemischer Forschung nicht möglich gewesen.

Als sich William Shockley mit der Theorie der Halbleiter beschäftigte, konnte er reines Germanium benutzen. Die Chemiker hatten in den dreißiger Jahren Methoden zur Herstellung reiner Kristalle entwickelt. Das war nicht zuletzt im Blick auf die Halbleitertheorien geschehen. Nach einer von Shockley aufgestellten Theorie müßte ein passend gerichtetes elektrisches Feld als Steuer für den Elektronenstrom in einem Halbleiter geeignet sein. Eine benachbarte Kondensatorplatte sollte danach knapp unter der Halbleiteroberfläche die notwendige Ladung induzieren. Alle Versuche, einen solchen „Feldeffekttransistor" zu realisieren, schlugen jedoch fehl. Die beobachteten Effekte waren erheblich schwächer als theoretisch erwartet. Aber, so stellt Shockley fest: „Mißerfolge können . . . auf dem Weg zum Erfolg als Trittsteine verwendet werden"[22].

Zu jener Zeit, 1945, fehlte noch das wissenschaftliche Verständnis für die Grundphänomene des Transistors. Shockley und Bardeen versuchten, die rätselhaften Diskrepanzen zwischen Theorie und Experiment durch weitere theoretische Überlegungen aufzulösen. So stellte Bardeen im März 1946 eine neue Oberflächentheorie der Halbleitereigenschaften auf, die manche, bisher als ungewöhnlich betrachteten Eigenschaften der Randschicht erklären konnte. In der Folgezeit durchgeführte Experimente hatten das Ziel, diese Theorie zu bestätigen und ihr ein sicheres Fundament zu geben. Dabei kam man auch auf die Idee, sowohl Kondensatorplatte wie Halbleiter in einen Elektrolyten zu betten. Das geschah im November 1947. Tatsächlich wurde dabei ein deutlich besserer Effekt erzielt. Nun setzte eine intensive Forschungs- und Experimentiertätigkeit ein, die im Dezember

1947 in der Entdeckung des Spitzentransistors gipfelte. Die Forscher hatten den Elektrolyten durch ein gegen die Oberfläche isoliertes Metall ersetzt. Jetzt war bei Anlegen zweier sehr eng beieinanderliegender Kontakte ein deutlicher Verstärkereffekt zu beobachten. Man hatte den Feldeffekttransistor gesucht und den Spitzentransistor gefunden[23].

Bei aller Freude über die Entdeckung: Der erhaltene Transistor hatte erhebliche Nachteile. Er war schwer zu handhaben und teuer in der Herstellung, sein technischer Nutzen daher gering. Der Wert des Spitzentransistors bestand vor allem in den wissenschaftlichen Erkenntnissen, die mit seiner Hilfe gewonnen wurden. Technisch gesehen war er ein Mißerfolg, aber er war – um wieder mit Shockley zu sprechen – ein kreativer Mißerfolg. Tatsächlich hatte Shockley schon einen Monat später, im Januar 1948, die Idee, die beiden Metallkontakte durch Halbleitermaterialien zu ersetzen. Aus dem Spitzentransistor wurde dadurch ein Flächentransistor. Bis zur Realisierung dieser Idee vergingen allerdings weitere Jahre. Schwierig war insbesondere die Gewinnung der erforderlichen Materialien. Hierbei waren wieder Chemiker und Metallurgen gefragt. Es mußten Einkristalle von Germanium hergestellt und das Halbleitermaterial auch entsprechend dotiert, das heißt mit Fremdsubstanz versetzt werden. Dank der nun vorliegenden wissenschaftlichen Theorien konnte man aber bei der Suche nach geeigneten Stoffen zur Dotierung gezielt vorgehen. Mitte der fünfziger Jahre hatte der Flächentransistor seinen Vorgänger, den Spitzentransistor, praktisch völlig verdrängt.

In den fünfziger Jahren begann der Siegeszug des Transistors. Dank ihrer geringen Größe wurden Transistoren zunächst vor allem in Hörgeräten, später auch in Herzschrittmachern eingesetzt. Dann gelang es, sie auch in der Rundfunk- und Nachrichtentechnik zu verwenden. Aus dem Röhren- wurde das Transistorradio. Im Endeffekt löste der Transistor die Röhre auf praktisch allen Anwendungsgebieten ab. Die wissenschaftliche und technische Fortentwicklung ließ dabei eine Vielzahl spezifischer Transistorformen entstehen. Darunter war auch der ursprünglich von Shockley gesuchte Feldeffekttransistor, der 1957 erstmals vorgestellt wurde.

Zweckfreie und angewandte Forschung

Zu Anfang unseres Jahrhunderts gab es in Deutschland noch eine strenge Trennung zwischen der an den Hochschulen betriebenen phy-

sikalischen Grundlagenforschung und der anwendungsorientierten Industrieforschung. Der Göttinger Experimentalphysiker Robert Pohl
(1884–1976), der mit seinen Schülern wesentliche Grundlagen der
Festkörperphysik schuf und durch seine weitverbreiteten Lehrbücher
eine ganze Physikergeneration formte, war durchaus für diese scharfe
Trennung. Er lehnte für die Hochschule jede Art von anwendungsorientierter Forschung strikt ab.

Es kam häufig vor, daß technisch brauchbare Effekte theoretisch
nicht erklärt werden konnten. Das aus der Grundlagenforschung bekannte Wissen reichte dazu noch nicht aus. So konnte man die in der
anwendungsorientierten Forschung erhaltenen Ergebnisse nur dann
benutzen, wenn sie reproduzierbar waren. Nicht selten widersprachen
anwendungstechnische Ergebnisse auch der anerkannten Theorie. Als
Marconi 1901 erstmals mit elektromagnetischen Wellen den Nordat-
lantik überbrückte, stand das im Widerspruch zur gültigen Theorie.
Daß längere Wellen sich nicht geradlinig ausbreiten, sondern der Erd-
krümmung folgen, war noch nicht bekannt. Auch in der Transistor-
entwicklung traten Diskrepanzen zur Theorie auf: Die an bestimmten
Kristallen gemessenen Leitfähigkeiten schienen den damals gültigen
Gesetzmäßigkeiten der Elektrizitätslehre zu widersprechen. Man
mußte nach einer neuen, verbesserten Theorie suchen. So verwischte
sich die Grenze zwischen Grundlagenforschung und angewandter
Forschung: Einerseits schafft auch die gezielt zweckbedingt angesetzte
Forschung Grundlagenwissen, andererseits werden Erkenntnisse sogenannter Grundlagenforschung meist sehr rasch auch praktisch genutzt.

Damit kommt es zu einer engen Verflechtung von Wissenschaft
und Technik. Auch Shockley und Bardeen hatten versucht, beobachtete Versuchsergebnisse theoretisch zu deuten. Ihre Theorie sollte dann
im Experiment wissenschaftlich erhärtet werden – daraus erwuchs
schließlich das technisch nutzbare Ergebnis. Das Erfinden wird „ver-
wissenschaftlicht". Bei der Suche nach neuen Entwicklungen setzt
man gezielt an, aufbauend auf dem Grund einer soliden wissenschaftlichen Theorie.

Die Verwissenschaftlichung der Technik ist ohne Zweifel einer der
wichtigsten Gründe für die geradezu explosionsartige Weiterentwicklung von Wissenschaft und Technik. Der Weg von der Wissenschaft zur Technik ist keine Einbahnstraße. Wissenschaft und wissenschaftliche Theorie fördern die technische Entwicklung, aber
technische Entwicklung und Produkte der Technik haben umgekehrt
auch eine stimulierende Wirkung auf die Wissenschaft. Arnold Gehlen
(1904–1976) schreibt zum Verhältnis von Technik und Naturwissen-

schaft: „Die Technik gewann von dieser die vollwissenschaftliche Methode, die Naturwissenschaft von jener den Automatismus der Vollendung"[24]. [III-4.1; III-4.4]

Eine Rückwirkung technischer Erfolge wird auch bei der Entwicklung des Transistors deutlich. Die Arbeiten mit dem Spitzentransistor führten zu einer Weiterentwicklung wissenschaftlicher Theorien. Diese wiederum bildeten dann die Grundlage zur Erfindung anderer Transistortypen. Die Bedeutung technischer Produkte für die Wissenschaft ist heute evident. Was wäre der Biologe ohne Mikroskope, der Elementarteilchenphysiker ohne Beschleuniger, der Chemiker ohne die Vielzahl technischer Laborhilfsmittel. Kein Zweig der Naturwissenschaften kann heutzutage auf den Einsatz der von der Industrie hergestellten Computer verzichten; oft lassen sich wissenschaftliche Probleme überhaupt nur mit ihrer Hilfe lösen. Und diese Entwicklung greift von den Naturwissenschaften immer stärker auch auf die Geisteswissenschaften über.

Forschung mit dem Ziel einer technischen Anwendung der Ergebnisse fordert die Zusammenarbeit verschiedener Disziplinen. Das zeigt sich nicht zuletzt in der Geschichte des Transistors. Die theoretische Physik hatte die Gesetzmäßigkeiten der Halbleiterwirkung und des Transistoreffekts zu erarbeiten. In der physikalischen Chemie wurden Analysenmethoden entwickelt, mit deren Hilfe Verunreinigungen im Material festgestellt werden konnten. Die Metallurgie steuerte Verfahren zur Herstellung hochreiner Substanzen bei, die von den Chemikern dann gezielt dotiert wurden. Aus der Kristallographie stammt die Möglichkeit, Halbleiter in Form von Einkristallen zu erhalten. Und als die Transistoren später zu integrierten Schaltungen zusammengefaßt werden sollten, griff man auf Forschungsergebnisse der Photochemie zurück. Das Sich-Überlagern und Gegenseitig-Befruchten verschiedener Wissensgebiete führt zur Beschleunigung der technischen und wissenschaftlichen Entwicklung. Auch hierin liegt eine der Ursachen für die rasante technisch-wissenschaftliche Entwicklung unseres Jahrhunderts. [III-4.5]

Industrieforschung und Chip

Charakteristisch für unsere Zeit ist die starke Zunahme an Wissenschaftlern in allen Industrieländern. Neben die Universitätsinstitute sind staatliche Forschungseinrichtungen und Industrielaboratorien getreten.

Luftaufnahme der Großforschungs-anlage CERN in Genf. Hier arbeiten 12 westeuropäische Staaten auf dem Gebiet der Kern-, Hoch-energie- und der Elementarteilchenphysik zusammen. Im CERN Forschungszentrum befinden sich ein 28-GeV Protonensynchrotron, zwei Speicherringe und ein Teil-chenbeschleuniger mit Energien bis 300 GeV.

Werfen wir zunächst einen Blick auf die Kern- und Elementarteil-chenphysik. Bereits 1909 hatte Adolf von Harnack in seiner berühm-ten Denkschrift von der Atomphysik und radioaktiven Forschung gesagt, daß sie „eine Wissenschaft für sich" sei: Im Rahmen der Hoch-schule könne diese Disziplin nicht mehr untergebracht werden, sie verlange eigene Laboratorien. Mit der Gründung der Kaiser-Wil-helm-Gesellschaft 1911 entstanden diese universitätsunabhängigen La-boratorien in Form der Kaiser-Wilhelm-Institute.

Nach dem Ende des Zweiten Weltkrieges kam es dann nach dem Vorbild der Los Alamos Scientific Laboratories zunächst in den Verei-nigten Staaten und dann auch in Europa zur Gründung von Großfor-schungsanlagen sowohl für Kernphysik und Kerntechnik wie für die Elementarteilchenphysik. Die neuen Großforschungszentren über-nahmen die Forschung auf Gebieten, wo diese völlig den Rahmen einer Universität gesprengt hätte. Die Großforschungszentren waren deshalb auch keine Konkurrenz für die Universitäten, sondern auf

Kooperation mit den Universitäten angelegt. Wo an den traditionellen physikalischen Universitätsinstituten auf dem Gebiet der Elementarteilchenphysik gearbeitet wurde, bildeten sich „Teams", die mit Teams an anderen Universitäten und vor allem mit solchen an den Großforschungszentren zusammenarbeiteten. Die Durchführung und Auswertung von Experimenten erforderte oft die Zusammenarbeit vieler solcher Teams. – In den Fachzeitschriften sind immer häufiger Aufsätze zu finden, als deren Verfasser Mitarbeiter mehrerer Teams genannt sind. In den Physical Review Letters vom 6. Februar 1989 erschien zum Beispiel eine von 193 Mitarbeitern aus 17 Instituten gezeichnete Mitteilung. Die Aufzählung der Autoren füllte fast eine ganze Zeitschriftenseite.

Auf den Gebieten der Kern- und Elementarteilchenphysik sind es staatliche und halbstaatliche Forschungseinrichtungen, die neben den Universitätsinstituten Forschung betreiben. Auch auf dem Gebiete der Festkörperphysik gibt es staatliche Forschungseinrichtungen, wie die entsprechenden Max-Planck-Institute. Hier aber sind es vor allem die von der Industrie geschaffenen und finanzierten Institute, in denen ein großer Teil der Forschung durchgeführt wird.

Um die Jahrhundertwende konstatierte die General Electric, daß „weder an den amerikanischen Universitäten noch sonst im Lande" Grundlagenforschung auf dem Gebiet der Festkörperphysik getrieben werde: „Warum also sollte sich nicht General Electric auf diesem Gebiet engagieren?" Bereits 1904 zählte der Stab des General Electric Research Laboratory rund 50 Mitarbeiter[25].

Es war noch Werner von Siemens selbst, der das zentrale Forschungslaboratorium der Firma Siemens gründete. Seine Söhne legten 1914 den Grundstein zu einem modernen, großzügig geplanten Neubau in Berlin-Siemensstadt, der infolge der Kriegsereignisse erst 1919 bezogen werden konnte. Siemens besaß in jedem seiner Werke ein eigenes Werkslabor, das sich mit der Entwicklung der im betreffenden Werk hergestellten Erzeugnisse zu befassen hatte. Eine besondere „Zentralstelle für Forschungsarbeiten im Siemens-Konzern" hielt die Verbindung zwischen den einzelnen Werklabors und dem zentralen Forschungslabor. Letzteres sollte, das war der ausdrückliche Wunsch der Gründer, „zweckfrei" forschen. Aus dieser Forschung sind zwischen 1930 und 1945 nur zum Thema Magnetismus über 50 grundlegende Arbeiten von wissenschaftlichem Rang veröffentlicht worden[26].

Kommen wir zum Transistor zurück: Nicht nur die für seine Entwicklung wichtige Theorie der Halbleiter stammt aus einem Industrielabor, auch der Transistor selbst ist ein Kind der Industrieforschung. Shockley, Bardeen und Brattain arbeiteten in den Bell-Laboratories, einer hochqualifizierten Forschungseinrichtung der Privatindustrie. Welche Arbeitsmethode dort gepflegt wurde, zeigt der Arbeitsplan, der für die späteren Erfinder des Transistors aufgestellt worden war: „Die Forschungsarbeit in diesem Projekt soll neues Grundlagenwissen erzielen zur Nutzung in vollständig neuen und verbesserten Bauelement-Komponenten und Geräten für die Fernmeldesysteme (. . .). Wir sehen große Möglichkeiten, neue und nützliche Eigenschaften zu produzieren durch die Auffindung physikalischer und chemischer Methoden zur Kontrolle der Anordnung und des Verhaltens der Atome und Elektronen, die einen festen Körper aufbauen"[27].

Auch aus den Verleihungen des Nobelpreises läßt sich auf die teilweise Verlagerung der Forschung aus den Universitäts- in die Industrielabors schließen. 1986 wurden mit Heinrich Rohrer und Gerd Binnig zwei Mitarbeiter des IBM-Forschungslabors in Rüschlikon ausgezeichnet. Der dritte Preisträger dieses Jahres, Ernst Ruska (1908 bis 1989), hatte in den dreißiger Jahren bei Siemens & Halske gearbeitet. Der Preis für 1987 fiel an Alex Müller und Georg Bednorz für die Entwicklung eines neuen Hochtemperatur-Supraleiters. Sie hatten ihre Forschungen im IBM-Laboratorium Rüschlikon in enger Zusammenarbeit mit der ETH Zürich durchgeführt[28]. Gerade die Zusammenarbeit von Universität und Industrie wirkt befruchtend. In den Vereinigten Staaten entstanden in der Nähe renommierter Universitäten ganze Industrieparks. So hat die Stanford-University, im glücklichen Besitz größerer Ländereien, Bauplätze gezielt an ausgewählte Firmen verpachtet. Auf diese Weise entstand der Stanford Industrial Park, eine später unter dem Namen Silicon Valley bekannt gewordene High-tech-Industrielandschaft.

Mit Shockley, Bardeen und Brattain arbeitete in den Bell Laboratories eine ganze Gruppe von Forschern am gleichen Problem. Shockley, der „Boss", sprach vom „Transistor-Team". Die Teamarbeit ist eine Erscheinung unseres Jahrhunderts. Zu Zeiten eines Ferdinand Braun (1850–1918) oder Wilhelm Conrad Röntgen (1845–1923) hatten die Gelehrten weitgehend alleine, meist nur mit Unterstützung eines Assistenten geforscht. Braun stand in seinen Anfangsjahren nicht einmal ein Universitätsinstitut zur Verfügung. Die ersten Arbeiten erledigte er als Lehrer im Kabinett der Thomasschule in Leipzig. Insbesondere in der Industrieforschung entstanden im Lauf der Jahre immer mehr und immer größere Gruppen von Forschern, die jeweils

an einem bestimmten Projekt arbeiteten. Aus der Forschung einzelner wurde ein mehr oder weniger anonymes Werk einer Vielzahl von Fachleuten. Beispiel dafür ist das Projekt ,,Mega`` zur Herstellung extrem leistungsfähiger Chips.

Die ersten Transistoren arbeiteten mit reinem Germanium. Dieses Material hatte einige substanzbedingte Nachteile: Es ertrug zum Beispiel keine Betriebstemperaturen über 75 Grad Celsius. Die Suche nach besseren Materialien hatte rasch Erfolg. Ab 1952 stand ein weiteres Halbleitermaterial zur Verfügung: Silicium. Die Metallurgen der Bell Company hatten das Zonenschmelzverfahren entwickelt, mit dessen Hilfe dieses Element in hochreiner Form erhalten werden konnte. Reinstes Silicium besitzt einen hohen elektrischen Widerstand, der durch Dotierung – zum Beispiel mit Bor – sehr stark verändert werden kann. Dadurch ergibt sich die Möglichkeit, auf ein und demselben Stück Silicium nebeneinander elektrisch leitende und nichtleitende Abschnitte aufzubauen. Die angewandte Forschung machte davon sehr rasch Gebrauch. Schon 1954 wurde der erste Silicium-Transistor vorgestellt. 1958 gelang es dem amerikanischen Ingenieur John Kilby bei der Firma Texas Instruments, mehrere untereinander leitend verbundene Transistoren auf einer Siliciumscheibe unterzubringen. Der erste ,,Chip`` war geboren und mit ihm die

Möglichkeit, auf Silicium Informationen zu speichern und zu verarbeiten. Die technische Nutzung in großem Stil begann ab etwa 1966, nachdem man auf einem Chip rund 100 Komponenten unterbringen konnte. Die auf Computer und Rechner gestützte technische Revolution konnte beginnen. Schon kurz darauf kamen Chips von 8 mal 8 mm² Größe mit über 10 000 Komponenten auf den Markt.

Die Herstellung solcher integrierter Schaltungen war nur durch die enge Zusammenarbeit von physikalischer und chemischer Forschung möglich. Es war nicht nur notwendig, Verfahren zur Herstellung reinster Siliciumkristalle zu entwickeln, es mußte auch nach Möglichkeiten gesucht werden, dieses Silicium auf kleinstem Raum nebeneinander unterschiedlich zu dotieren. Hierzu verwendete man eine Fotoresist-Technik, die auf grundlegenden Forschungsarbeiten der vierziger Jahre in den Labors der Farbwerke Hoechst beruht. Die auf diese Weise hergestellten Schaltungen mit Tausenden von Komponenten auf engstem Raum sind sehr kompliziert. Sie lassen sich nur mit Hilfe von Computern aufstellen. Damit schließt sich der Kreis: Moderne Forschung und Produktentwicklung sind nur möglich, wenn eine adäquate Technik vorhanden ist[29].

Die fortschreitende Spezialisierung bei der Herstellung von Chips verlangte eine immer gezielter angesetzte Forschung. 1984 hoben die Firmen Siemens und Philips ein gemeinsames Projekt aus der Taufe, das sich mit der Entwicklung und Herstellung von Megabit-Chips befassen sollte, Chips mit Speicherkapazitäten im Bereich von Millionen Bit. Dieses Projekt „Mega" wurde von vornherein mit einem klaren, wirtschaftlich bedingten Ziel angesetzt, dem 4-Megabit-Speicher. Das Programm gab aber nicht nur dieses Ziel vor, es setzte auch den Termin, zu dem das Ziel erreicht werden sollte. Als Termin für den 4-Megabit-Speicher war 1989 vorgegeben. Darüber hinaus wurde die bisher für die Entstehung eines Produkts übliche Reihenfolge Forschung–Entwicklung–Fertigung verlassen. Siemens bereitete die Fertigung bereits zu einer Zeit vor, in der das zu fertigende Produkt noch gar nicht vorlag[30]. Auf der Forschung lastete damit Erfolgszwang. Entsprechend hoch war der Einsatz: Siemens rechnete beim Mega-Projekt mit Kosten in Höhe von 3 Milliarden DM und der Forscherkapazität von „mehr als tausend Mannjahren". Tatsächlich konnte die Firma 1988 die ersten Muster des 4-Megabit-Speichers auf dem Weltmarkt anbieten und 1989 mit der Serienfertigung beginnen. Was aber wahrscheinlich wichtiger ist: Die Forschung am Mega-Chip liefert das technische Wissen und die Erfahrungen, die in der weiteren Entwicklung, hin zu sogenannten Logik-Chips, erforderlich sind[31].

Die Forschung auf dem Gebiet der Kunststoffe

Die Wechselwirkung von Naturwissenschaft und Technik soll noch an einem Beispiel aus der Chemie betrachtet werden. Obwohl Produkte der Kunststoffchemie, ebenso wie die notwendigen Ausgangsstoffe, schon seit vielen Jahren bekannt sind, ist die Technologie der Kunststoffe ein noch relativ junger Zweig der Technik.

Im ausgehenden 19. Jahrhundert erhielt man die ersten technisch nutzbaren Kunstseidefäden, die als Reyon auf den Markt kamen. 1904 wurde das erste Kunsthorn, Galalith, aus dem Casein der Milch hergestellt, und 1909 produzierte der belgische Chemiker Leo Hendrik Baekeland den ersten vollsynthetischen Kunststoff, Bakelit[32]. Zu jener Zeit kannte man aber weder den molekularen Aufbau der betreffenden Substanzen, noch hatte man eine Vorstellung vom Ablauf der Reaktionen. Die Experimentatoren konnten daher nicht gezielt systematisch vorgehen, meist mußte nach dem Prinzip von „Versuch und Irrtum" gearbeitet werden. Die Entstehung eines technisch nutzbaren Produkts war nicht selten nur ein glücklicher Zufall. Ähnlich wie beim Transistor schlug auch die Stunde der Kunststoffe erst, als die entsprechende wissenschaftliche Theorie vorhanden war. Diese Theorie schuf der deutsche Chemiker Hermann Staudinger (1881–1965). Seiner Meinung nach bestehen sowohl Kunststoffe wie auch Cellulose, Stärke oder Kautschuk aus riesigen, kettenförmigen Molekülen. Staudinger sprach von Makromolekülen. Diese Moleküle sollten aus einer großen Zahl kleinerer Bausteine zusammengesetzt sein und daher auch aus diesen entstehen. Die Staudingersche Theorie war zu ihrer Zeit heftig umstritten. Noch 1928 mahnte ihn sein Fachkollege Professor Wieland: „Lieber Herr Kollege, lassen Sie doch die Vorstellung von den großen Molekülen. Organische Moleküle mit einem Molekulargewicht über 5000 gibt es nicht. Reinigen Sie Ihre Produkte, wie zum Beispiel den Kautschuk, dann werden diese kristallisieren und sich als niedermolekulare Stoffe erweisen"[33].

Erst Mitte der dreißiger Jahre war die Theorie der Makromoleküle allgemein anerkannt. Nun fanden die Forschungen Staudingers auch in der praktischen Nutzanwendung ein starkes Echo. Man mußte nicht mehr nach ‚Versuch und Irrtum' experimentieren, sondern konnte gezielt die der Theorie entsprechend richtigen Ausgangsprodukte wählen. Dies hatten Stoffe zu sein, deren Moleküle an zwei Enden reagieren können, denn nur so kann eine lange Molekülkette entstehen.

Bei der Firma DuPont in Wilmington, Delaware, machte sich das

Team von Wallace Hume Carothers (1896–1937) gezielt auf die Suche nach solchen Stoffen und Reaktionen. Auch hier wurde, ähnlich der Transistorgruppe bei Bell, im Stil der Grundlagenforschung gearbeitet. Carothers' Forschungen konzentrierten sich zunächst auf die Frage „Gibt es Makromoleküle oder gibt es sie nicht?" Er wollte versuchen, Makromoleküle herzustellen, um dadurch Staudingers Theorie zu bestätigen oder zu widerlegen. Tatsächlich erhielt Carothers – der Theorie entsprechend – einen Polyester. Technisch war das zunächst kein Erfolg; das Produkt war in der Praxis nicht zu verwenden. Aber die Theorie war bestätigt. Carothers vertraute auf sie und meldete bereits 1931, der Theorie folgend, das erste Patent auf ein Polyamid an. Bis zur technischen Reife vergingen allerdings noch einige Jahre: 1939 begann bei DuPont die großtechnische Produktion von Nylon[34].

Ebenfalls auf dem festen Grund der Staudingerschen Theorie arbeiteten bei der damaligen IG Farben die Chemiker Paul Schlack (geb. 1897) und Otto Bayer. Schlack versuchte es, genau wie Carothers, mit Polyamiden. Er verwendete jedoch ein anderes Ausgangsmaterial und eine andere Reaktionsweise und konnte so das Carotherssche Patent umgehen. 1938 wurde das Schlacksche Perluran, das spätere Perlon, patentiert. Otto Bayer (geb. 1902) dachte an völlig andere Ausgangsprodukte als Carothers und Schlack. Er wollte einen Kunststoff aus Isocyanaten herstellen. Dabei mußte er aber, da die Staudingersche Theorie zwei reagierende Stellen am Molekül verlangt, Diisocyanate einsetzen. Dieser Gedanke stieß zunächst auf völliges Unverständnis. „Wenn Sie jemals selbst ein Monoisocyanat hergestellt hätten, dann wären Sie nicht auf den verrückten Gedanken gekommen, Diisocyanate herstellen zu wollen", warf ihm einer seiner Mitarbeiter vor. Aber die Idee siegte über alle Bedenken. Trotz vieler technischer Schwierigkeiten entstanden aus der Bayerschen Forschung ab 1941 die Polyurethan-Kunststoffe. 1986 wurden davon weltweit rund 4 Millionen Tonnen produziert[35].

Der eigentliche Siegeszug der Kunststoffe begann erst mit dem Ende des Zweiten Weltkriegs. Jetzt waren die theoretischen Grundlagen zu Struktur und Entstehung der verschiedenartigen Kunststoffe weitgehend aufgeklärt. Bei der Suche nach neuartigen Produkten konnte überall gezielt vorgegangen werden. Darüber hinaus bestand ein gewaltiger Bedarf an einem Material, das einerseits verhältnismäßig billig war und andererseits außerordentlich vielseitig eingesetzt werden konnte. So stieg die Produktion an Kunststoffen nach dem Krieg sehr rasch an; wurden 1951 in der Bundesrepublik etwa 80 000

Tonnen Kunststoff produziert, so waren es 1960 bereits 610 000 und 1965 über 1,35 Millionen Tonnen [36].

Die Geschichte der Kunststoffe zeigt ein ganz ähnliches Bild wie die des Transistors: Hier wie dort wurde aus dem ursprünglich unverstandenen Experimentieren die auf der wissenschaftlichen Theorie aufbauende Weiterentwicklung. Die eigentlichen technischen Erfolge stellten sich erst ein, als eine fundierte wissenschaftliche Theorie vorhanden war. Die wichtigsten Erfolge erwuchsen und erwachsen aus freier, grundlagenorientierter Forschung. Wissenschaft und technische Erfolge befruchteten sich gegenseitig und führten zur Beschleunigung der wissenschaftlich-technischen Entwicklung. Es kam zu einem exponentiellen Anstieg in Herstellung und Verwendung der Produkte, das Gewicht der Forschungstätigkeit verlagerte sich in Richtung einer verstärkten Industrieforschung und eine Trennung in zweckfreie Grundlagenforschung und angewandte Forschung ist nicht mehr möglich und sinnvoll.

Das Verhältnis zwischen Grundlagenforschung und angewandter Forschung, ebenso wie das zwischen Hochschul- und Industrieforschung, ist in der Chemie immer etwas anders gewesen als in der Physik. Die Grenze zwischen zweckfreier und angewandter Forschung war nie so scharf wie in der Physik. Die auch in praktischer Laborarbeit ausgebildeten Universitätschemiker hielten Kontakt zur Industrie und deren Forschung. Die Farbstoffsparte der Firma Bayer stellte bereits für die Jahrhundertwende fest: „Die enge Wechselwirkung zwischen Universitäten und Industrie wurde zum Erfolgsrezept der deutschen Farbstoffindustrie und begründete ihren Vorsprung auf dem Gebiet der organischen Synthesen" [37].

Die Zusammenarbeit von Industrie und Universität brachte nicht nur bei den organischen Synthesen und der Herstellung von Farbstoffen Erfolge. Auch auf dem Gebiet der anorganischen Chemie betrat man gemeinsam Neuland. Ein Beispiel ist das schon erwähnte Haber-Bosch-Verfahren zur Gewinnung von Ammoniak. Das Verfahren wurde zum Vorreiter der Hochdrucksynthesen allgemein; in der Wissenschaft stimulierte es insbesondere die Forschungen auf dem Gebiet der Katalyse und der Katalysatoren. [III-4.5]

Literaturnachweise

1 *Du Bois-Reymond,* Emil: Reden. Bd. 1. Leipzig 1886, S. 105
2 Vgl. 1, S. 272
3 *Siemens,* Werner von: Lebenserinnerungen. Berlin [6]1901, S. 35
4 *Zweig,* Stefan: Sternstunden der Menschheit. Zwölf historische Miniaturen. Hier: Das erste Wort über den Ozean. Stuttgart und Hamburg o. J., S. 260
5 *Siemens,* Werner von: Über die Umwandlung von Arbeitskraft in elektrischen Strom ohne permanente Magnete. In: Siemens, Werner: Gesammelte Abhandlungen und Vorträge. Bd. 1. Berlin 1881, S. 300
6 Zit. n. *Matschoß,* Conrad: Große Ingenieure. München 1954, S. 372
7 *Helmholtz,* Hermann von: Vorträge und Reden. Bd. 1. Braunschweig 1896, S. 372
8 *Zahn-Harnack,* Agnes von: Adolf von Harnack. Berlin [2]1951, S. 330
9 *Hertz,* Heinrich: Untersuchungen über die Ausbreitung der elektrischen Kraft. Leipzig 1892, S. 20
10 *Philipp Lenard:* Denkschrift und Entwurf zu einem deutschen Institut für physikalische Forschung. Kiel, Dezember 1906. Unveröffentlicht
11 *Haber,* Fritz: Fünf Vorträge aus den Jahren 1920–1923. Berlin 1924, S. 2
12 *Abbe,* Ernst: Gesammelte Abhandlungen. Bd. 3. Jena 1921, S. 64 f.
13 Vgl. 12, S. 72
14 *Hermann,* Armin: Nur der Name war geblieben. Die abenteuerliche Geschichte der Firma Carl Zeiss. Stuttgart 1989, S. 92
15 Vgl. 12, S. 65
16 *Sommerfeld,* Arnold: Autobiographische Skizze. In: Geist und Gestalt. Biographische Beiträge zur Geschichte der Bayerischen Akademie. Bd. 2. München 1959, S. 100–109
17 Zit. n. *Zierold,* Kurt: Forschungsförderung in drei Epochen. Deutsche Forschungsgemeinschaft. Geschichte. Arbeitsweise. Kommentar. Wiesbaden 1968, S. 575 f.
18 Brief von Robert Koch an die Optische Werkstätte Carl Zeiss in Jena, 30. Juni 1904. Carl-Zeiss-Archiv Oberkochen
19 *Fiske,* John: The destiny of man viewed in the light of his origin. Boston 1895, S. 60
20 *Weisskopf,* Victor F.: Zukunftsperspektiven der Wissenschaft. In: Physikalische Blätter. Jg. 30, 1974, S. 481–489
21 *Antebi,* Elizabeth: Die Elektronik Epoche. Basel 1983, S. 88
22 *Shockley,* William: The Path of the Conception of the Junction Transistor. In: IEEE Transactions on Electron Devices ED-23, 1976, S. 598
23 Vgl. 22, 611
24 *Van der Pot,* Johan H. J.: Die Bewertung des technischen Fortschritts. Bd. 1. Assen/Maastricht 1985, S. 123
25 *Hawkins,* Laurence H.: Adventures in the Unknown. The first fifty years of the General Electric Research Laboratory. New York 1950, S. 3
26 *Siemens,* Georg: Der Weg der Elektrotechnik. Geschichte des Hauses Siemens. Bd. 2. Freiburg/München 1961, S. 59, S. 320

27 *Queisser*, Hans-Joachim: Kristallene Krisen: München/Zürich 1985, S. 116
28 Spektrum der Wissenschaft. Heft 12, 1986, S. 14 und Heft 12, 1987, S. 12
29 *Deker*, Uli: Der Mega-Chip. In: Bild der Wissenschaft Jg. 22, 1985, Heft 11, S. 41
30 *Deker*, Uli: Mega-Chip. In: Bild der Wissenschaft. Heft 7, 1986, S. 87
31 Siemens-Geschäftsbericht 1988, S. 34
32 *Schwahn*, Manfred: Kunststoffe, historisch betrachtet. In: Praxis der Naturwissenschaften – Chemie Jg. 37, 1988, Heft 6, S. 2
33 *Staudinger*, Hermann: Arbeitserinnerungen. Heidelberg 1961, S. 79
34 *Neubauer*, Alfred/*Bode*, Herbert: Die ersten Polyamidfasern. In: Wissenschaft und Forschung. Jg. 39, 1989, S. 115 f.
35 *Verg*, Eric u. a.: Meilensteine. 125 Jahre Bayer. Leverkusen 1988, S. 287 f.
36 *Hölscher*, Friedrich: Kautschuke, Kunststoffe, Fasern. BASF-Archiv 10. Ludwigshafen 1972, S. 134 f.
37 Vgl. 35, S. 47

TECHNIK UND TECHNIKWISSENSCHAFTEN

Was wollen die Technikwissenschaften?

Gerhard Zweckbronner

Die Lebenswelt der Industriegesellschaft wird zunehmend geprägt durch die enge Verflechtung von Wissenschaft und Technik, genauer: durch das Ineinandergreifen zweier sich gegenseitig ergänzender Prozesse – Verwissenschaftlichung der Technik und Technisierung von experimenteller Naturwissenschaft.

Systematischer Forschungs- und Entwicklungsarbeit in der Technik und ihrer starken Anbindung an naturwissenschaftliche Grundlagen steht die Erweiterung naturwissenschaftlicher Bereiche durch neue Beobachtungs- und Meßgeräte gegenüber.

Dieses Wechselspiel von naturwissenschaftlichem Erkennen und technischem Handeln wurzelt im neuzeitlichen Naturwissenschafts und Technikverständnis, wie es in der Renaissance sich andeutete und im frühen 17. Jahrhundert programmatisch formuliert wurde. Entsprechend dem Bild, das man sich von der Natur und von den Möglichkeiten menschlichen Eingreifens und Gestaltens machte, konnte und wollte man in der Natur durch Anwendung experimentell abgesicherter Naturgesetze willkürlich Prozesse in Gang setzen und in Bahnen lenken, die eine sich selbst überlassene Natur nicht eingeschlagen hätte. [III-3.3]

Dennoch wäre es eine unzulässige Verkürzung, Technik ausschließlich als angewandte Naturwissenschaft zu bezeichnen. Die neuzeitliche Naturwissenschaft liefert zwar Verfügungswissen über die Natur, aber ihr Erkenntnisinteresse bleibt doch im Kern auf die vom Menschen vorgefundene Natur gerichtet. Dabei bleibt zunächst unbeachtet, wie sehr diese Natur auch durch jedes Experiment in ihrem Gange gestört wird und daß sie fast nur noch als technisches Phänomen im Meßinstrument greifbar wird.

Der Techniker verarbeitet Wissen über die Natur, und gerade im Industrialisierungsprozeß baut er zunehmend auf naturwissenschaftliche Grundlagen etwa der Chemie, der Wärmetheorie oder der Elektrizitätslehre. Darüber hinaus sind aber Fragen der konkreten Ausführung funktionstüchtiger technischer Geräte und Verfahren zu klären.

Zum Titelblatt: Allegorische Darstellung der Mechanik – der Technik – von dem deutschen Baumeister Joseph Furttenbach (1591– 1667) aus der Mitte des 17. Jahrhunderts. Die theoretischen Grundlagen der Technik sind auf der linken Seite, die praktischen Disziplinen auf der rechten Seite angeordnet.

Außerdem kommen Formalwissenschaften wie die Regelungs- und Systemtheorie hinzu, die nicht aus den Naturwissenschaften heraus entstanden sind, sondern speziell für technische Vorgänge entwickelt wurden, etwa für die Drehzahlregelung bei Dampfmaschinen durch den Fliehkraftregler.

Wenn also von zunehmender Verwissenschaftlichung der Technik im Zuge der Industrialisierung die Rede ist, dann sind vornehmlich die Technikwissenschaften angesprochen: diejenigen Wissenschaften, deren Gegenstand – grob und vorläufig gesagt – vom Menschen geplante oder bereits geschaffene technische Gebilde und Verfahren sind.

Welche Merkmale haben die Technikwissenschaften? Wie lassen sich Gegenstandsbereich und Methode genauer fassen und abgrenzen gegenüber den Naturwissenschaften? Welche Erkenntnisinteressen verfolgt der Technikwissenschaftler im Gegensatz zum Naturwissenschaftler?

Beide befassen sich mit instrumentell meßbaren Phänomenen und mit den Gesetzmäßigkeiten der materiellen Welt; beide bedienen sich der quantitativ-experimentellen Methode. Aber der Naturwissenschaftler sucht letztlich nach naturgesetzlichen Wirkungszusammenhängen, der Technikwissenschaftler nach anwendungsgerechten Aussagen über eine vom Menschen geplante oder geschaffene technische Realität. Aus diesem Unterschied zwischen naturwissenschaftlicher Wahrheit und technischer Funktionalität, zwischen theoretischen und konstruktiven Interessen, ergeben sich inhaltliche und methodische Besonderheiten der Technikwissenschaften.

Hier geht es nicht nur um eine Umsetzung naturwissenschaftlicher Erkenntnisse in den korrespondierenden technischen Bereich, etwa in die Elektrotechnik, die Technische Thermodynamik, die Technische Strömungslehre oder die Technische Mechanik. Vielmehr kann ein und derselbe naturwissenschaftliche Effekt für unterschiedliche technische Lösungen eingesetzt werden, und das Verhalten eines einzigen komplexen technischen Gebildes kann erreicht werden durch Kombination sehr unterschiedlicher naturgesetzlicher Phänomene.

So hat die Technikwissenschaft beispielsweise bei der Behandlung des Verbrennungsmotors die thermodynamischen Gesetze zu berücksichtigen, die Chemie der Kraftstoffe, die Strömungsmechanik der Gase, die Dynamik des Kurbeltriebs, die thermische und dynamische Belastbarkeit der Werkstoffe und – nicht zuletzt – die speziellen Probleme, die sich aus dem Zusammenwirken dieser verschiedenartigen Bereiche ergeben.

Trotz des vielfältigen naturwissenschaftlichen Angebots kann sich der Technikwissenschaftler nicht durchweg auf wissenschaftlich geklärte Naturphänomene stützen. Gerade die komplizierten Strömungs- und Reaktionsabläufe in den Verbrennungsmotoren wären ein gutes Beispiel dafür, daß der Technikwissenschaftler manche Erscheinungen praktisch nutzt, die naturwissenschaftlich kaum geklärt sind. Weitere Beispiele ließen sich mühelos anfügen, etwa aus der mechanischen und der chemischen Verfahrenstechnik, aus der Werkstoffbearbeitung oder aus dem Problemfeld von Reibung und Verschleiß. [III-4.5]

Das Interesse des Technikwissenschaftlers konzentriert sich auf Vorhersage und Beherrschung des Verhaltens technischer Systeme und auf die Angabe von technischen Mitteln zur Erzielung gewünschter Wirkungen. Maßgebliche Kriterien sind dabei Wirkungsgrad, Haltbarkeit, Zuverlässigkeit, Sicherheit, Handhabbarkeit, Standardisierung und Kostenminimierung.

Entsprechend dieser Erkenntnisinteressen und der oben geschilderten Komplexität technischer Systeme sind die technikwissenschaftlichen Methoden recht vielgestaltig. Sie reichen von naturwissenschaftlichen Grundsätzen bis zu systematisch beschreibenden und vergleichenden Vorgehensweisen. Häufig befassen sie sich mit solchen Struktur- und Verhaltensgesetzen technischer Systeme, die mehrere Einzeldisziplinen übergreifen und technische Erfahrungswerte und bewährte Konstruktionsprinzipien mit einschließen können. Hinzu kommt in neuerer Zeit verstärkt die Untersuchung und Beschreibung des äußeren Verhaltens von „Black box"-Modellen mit den formalwissenschaftlichen Mitteln der Systemtheorie.

Die Entwicklung technischen Wissens vom „Gewußt wie" des Handwerkers bis zu den modernen technischen Wissenschaften des Industriezeitalters soll auf den folgenden Seiten in ihrem kulturgeschichtlichen Zusammenhang dargestellt werden.

Eine wichtige Zäsur bilden die Ansätze neuzeitlicher Technikwissenschaften in der Renaissance. Künstleringenieure wie Leonardo da Vinci führten handwerkliche Tradition, systematisches Experimentieren und mathematische Behandlung mit dem Ziel zusammen, Entwurf, Bau und Anwendung technischer Gegenstände auf feste Regeln zu gründen. Parallel zu diesem Bestreben, die Vielfalt technischer Effekte auf Grundprinzipien zurückzuführen, wurden wichtige Produktionsbereiche in ihrer Gesamtheit durch systematische Beschreibung wissenschaftlich erschlossen. So beschrieb Georg Agricola um die Mitte des 16. Jahrhunderts in zwölf Büchern umfassend und syste-

matisierend das berg- und hüttenmännische Erfahrungswissen seiner
Zeit. [III-3.3]

Diese verschiedenen Wege der Verwissenschaftlichung von Technik
führten durch die vor- und frühindustrielle Epoche ins Industriezeitalter herüber. Die wissenschaftlichen Inhalte und Methoden entwik-
kelten sich in unlösbarem Zusammenhang mit den wissenschafts-,
technik-, wirtschafts-, sozial- und bildungsgeschichtlichen Komponenten des Industrialisierungsprozesses.

Nicht von losgelöstem, abstraktem technischem Wissen soll deshalb
die Rede sein, sondern davon, wie dieses Wissen in seinem historischen
Umfeld entstand und historisch wirksam wurde bis in unsere Gegenwart.

Technisches Wissen in Antike und Mittelalter

Kurt Mauel

Technik ist so alt wie der Mensch selbst. Wo ein Gerät gefunden wurde, das zum wiederholten Gebrauch zugerichtet war, waren Menschen die Hersteller und Benutzer. Holz, Stein, Knochen und Horn wurden verwendet, bereits vor mehr als 600 000 Jahren. Vor wahrscheinlich 350 000 Jahren ist die erste Verwendung des Feuers gesichert, doch weiß man nicht, wann man zum ersten Male mit dem Feuerstein das Feuer künstlich entzünden konnte. Aus Flint wurden auch die Faustkeile und Klingen zum Schlagen, Schneiden, Schaben und Bohren hergestellt. Aus Stein, Horn und Knochen zusammengesetzte Geräte wurden, wie man aus Funden und Höhlenzeichnungen weiß, seit 80 000 bis 8000 v. Chr. verwendet. Beile mit Holzschaft, Speere mit Spitzen aus Flint, Lanzen, Pfeil und Bogen wurden gebraucht. In der mittleren Steinzeit, ca. 4000 v. Chr., wurden Beil und Hacke benutzt, es entstehen Gefäße aus Stein, Leder und Korbgeflecht. Schlitten, Einbaum, Angel und Bogen treten auf. Um 5000 v. Chr. beginnt der Mensch, der Natur stärker gestaltend gegenüberzutreten, aus Nomaden werden seßhafte Bauern, die Ackerbau und Viehzucht betreiben. Jetzt werden Beile und Hacken mit geschliffenen Schneiden gebraucht, Sicheln aus Feuerstein, es entsteht der Fidelbohrer, die Spindel mit der Wirtel zum Spinnen, ein einfacher Webstuhl, Reibmühle und Hakenpflug werden gebaut, zum ersten Male werden Zugtiere verwendet, Bergwerke haben Schächte bis 20 Meter Tiefe. Um 2000 v. Chr. tritt das Metallwerkzeug aus Kupfer, bald danach aus Bronze in Erscheinung, man entwickelt Verhüttungsverfahren für Kupfer und Zinn. Der Ackerbau wird durch den Bau großer Bewässerungsanlagen intensiviert. In den trockenen Gebieten um das Mittelmeer ist die Möglichkeit einer Ernte nur gegeben, wenn die Ländereien künstlich bewässert werden. Dies geschah überall, auch in China und den Ländern Asiens durch Überstauung an Flüssen, durch den Bau von Kanälen, Gräben und Deichen. Durch Schöpfräder und archimedische Schrauben konnte das Land am Fluß auch ohne Überflutung künstlich bewässert werden. Die Wasserversorgung der entstehenden Städte durch Brunnen und Zisternen war nicht mehr ausreichend, es kam zum Bau großer Wasserleitungen von abgefangenen Quellen über zum Teil große Entfernungen. Die Kunst des Nivellierens und der exakten Vermessung war Voraussetzung für den Bau. Die Vermessung von Land war für die jährlichen Überschwemmungen durch das Flußwasser zur Sicherung der früheren Grenzen von Bedeutung. Es gab zur Vermessung die Dioptra, eine Art Winkelhaken, eine Wasserwaage, das Gnomon zur Auffindung der Mittagslinie, Lineal und Zirkel. Die Ergebnisse der Messungen wurden in Karten eingetragen. Zum Transport schwerer Lasten entstand um 3000 v. Chr. in Mesopotamien das Räderfahrzeug, vorher schon die Töpferscheibe und ein Pflug. Um die gleiche Zeit lernte man das Brennen von Ziegeln und hatte damit einen künstlichen Stein von gewünschten Abmessungen. Im Bauwesen wurde der steinerne Bogen und das Gewölbe eingeführt, man lernte die Stützkraft und die Seitenkräfte abzufangen, man ist nicht mehr auf den Stein- oder Holzbalken angewiesen. Mit dem Segel wird die Kraft des Windes genutzt, 2600 v. Chr. entsteht die gleicharmige Waage zum Vergleich von Massen, der Mensch lernt die Technik des Glasschmelzens. [II-2.1; III-3.6]

Mit dem Errichten von Großbauten, so die Pyramiden, wird die Nutzung der schiefen Ebene, die Anwendung des Hebelgesetzes zum Transport großer Massen, der Kran und die Rolle eingesetzt. Um das Jahr 1000 v. Chr. wurden die noch jungen mittelmeerischen Kulturen von Kreta und Mykene von barbarischen Eroberern zerstört. Nach drei Jahrhunderten hatten sich die Neuangekommenen mit den Einwohnern der Insel um die Ägäis vermischt. Das Volk der Hellenen und Griechen entstand. Der Beginn einer nachweisbaren griechischen Geschichte fällt in das 7. Jahrhundert, zwischen 500 und 400 war der Höhepunkt der griechischen Kultur. In diese Zeit fallen die großen Fortschritte der Griechen in der Kunst, der Literatur, der Wissenschaft und der Philosophie. Die große Leistung der Griechen war die Entwicklung eines wissenschaftlichen Bewußtseins. Sie waren die ersten theoretisch denkenden Menschen. Ihr Leben galt der wissenschaftlichen Erkenntnis, die das Leben ihrerseits wieder in höherem Sinne formt. Das Griechentum bereitet der modernen Technik, die, wenn auch erst seit der Mitte des 18. Jahrhunderts, an die naturwissenschaftliche Forschung anknüpft, den Boden, in dem es mit der Betrachtung der Welt als einer mit dem Menschenverstand zugänglichen Ordnung und mit der Bildung von Theorien die Wissenschaft überhaupt erschuf. Die Technik mußte allerdings im Griechentum hinter der reinen Wissenschaft zurückstehen. Der platonische Realismus sah nicht die

Einzeldinge in der Nähe, sondern das ferne und unveränderliche Reich der Ideale als das Reale an. Die dingliche Welt war schattenhaft und daher ungeordnet. Daraus ist erklärbar, daß das Experiment des Wissenschaftlers und damit auch des Technikers keine wesentliche Rolle spielt. Dagegen stand die Geometrie um so höher, da ihre Begriffe der Ideenwelt nahestanden. Das Griechentum setzt neben die von ihm entwickelte mathematische Statik keine entsprechende Dynamik, d. h. keine Lehre von den Bewegungen und Kräften. Der Grund hierfür liegt in der Unveränderlichkeit und Unbeweglichkeit der Idee, der Form. Es war der Antike mit ihrem statischen Formbegriff nicht möglich, die Bewegung als Form oder Idee zu fassen. In der Statik gelangten die Griechen zu wesentlichen Erkenntnissen, weil das mathematische Sein als Gestaltungsprinzip der Ding-Welt betrachtet wurde. Der Schritt von der Theorie zur praktischen Anwendung wurde aber nicht oder nur ungern beschritten. Der freie Mann widmete sich dem Staat, der reinen Wissenschaft und der Literatur. Das technische Schaffen blieb eine Aufgabe für die Fremden und die Sklaven. [III-3.1; III-3.2]

Die technische Mechanik ist die Grunddisziplin, aus der sich die Verwissenschaftlichung der Technik entwickelt hat. Zur Zeit des Aristoteles (384–322) waren die Bewegungsformen der Mechanik Gegenstand der Untersuchungen von Naturforschern und Philosophen. Die Anschauungen über theoretische Mechanik waren aber mit ihrer Annahme natürlicher und erzwungener Bewegungen noch gänzlich fern von der realen Wirklichkeit. Sie wurden nicht in der Praxis überprüft und fanden daher keine technische Anwendung. Sie sprachen von Geschwindigkeiten, relativen Geschwindigkeiten und Widerstand, aber sie befaßten sich kaum mit der Beschleunigung oder Verzögerung. Von Trägheitsmoment oder kinetischer Energie hatten sie nur eine ungenaue Vorstellung. Sie beobachteten, daß ein Stein, wenn er die Hand des Werfers verlassen hatte, weiter durch die Luft flog, aber sie gaben nur völlig abwegige Erklärungen dafür.

Im Umkreis der alexandrinischen Mechaniker kam es zu einer Verbindung zwischen technischer Praxis und wissenschaftlicher Erkenntnis. Im 3. Jahrhundert v. Chr. begann die feinmechanische Kunst des Apparatebaus. Hier wirkte Ktesibios (3. Jahrhundert v. Chr.), der neben vielen spielerischen Dingen manches Praktische und auch manches der Wissenschaft dienende konstruierte. Eine Wasserorgel mit einer Luftpumpe und der Bau einer Kolbenpumpe mit Windkessel sind seine wesentlichen Erfindungen. Die Kolbenpumpe arbeitet als Saugdruckpumpe, wie sie auch in römischer Zeit vorkommt. Die

ΕΚ ΤΩΝ ΦΙΛΩΝΟΣ

ΒΕΛΟΠΟΙΙΚΩΝ

ΛΟΓΟΣ Δ.

EX OPERE PHILONIS

LIBER IV.

DE TELORUM CONSTRUCTIONE.

ΦΙΛΩΝ Ἀρίστωνι χαίρειν. ὁ μὲν διώτε-
ρος ἀποσταλεὶς πρὸς σὲ βιβλίον περιέχει
ἡμῖν τὰ λιμενοποιικά. νῦν δὲ καθήκει λέγειν,
καθ' ὅτι τὴν ἐξ ἀρχῆς διάταξιν ἐποιησάμεθα
πρὸς σὲ, περὶ τῆς βελοποιικῆς, ὑπὸ δὲ τινων
ὀργανοποιικῆς καλουμένων. εἰ μὲν οὖν συνέβαι-
νεν οὐσία μεθόδῳ κεχρῆσθαι πάντας τοὺς πρό-
τερον τι πραγματευομένοις περὶ τῶ μέρους τού-
του, τάχα ἂν οὐθενὸς ἄλλου προσεδεόμεθα, πλὴν
τῷ τὰς συντάξεις τῶν ὀργάνων ὁμολόγους οὔσας
* σαφηνίζειν· ἐπεὶ δὲ διενεχμένοις ὁρῶμεν οὐ
μόνον ἐν ταῖς πρὸς ἄλληλα τῶν μερῶν διαλο-
γίαις, ἀλλὰ καὶ ἐν τῷ πρώτῳ καὶ ἡγουμένῳ στοι-
χείῳ, λέγω δὴ τῷ τ τόπον μείζοντι δέχεσθαι ῥή-
ματι, καλῶς ἔχειν ἐπὶ * ὁ τὰς μὲν τῶν ἀρχαίων
ἀφεῖναι, τὰς δὲ τ ὑστέρων παραδιδομένας μεθό-
δοις, * τέχνας δυναμένας ἐπὶ τ ἔργων τὰ δέοντα
ποιήσειν ταύτας ἐμφανίζειν ὅτι μὲν οὖν συμβαίη
δυσθεώρητον ᾖ τοῖς πολλοῖς, καὶ ἀτέκμαρτον ἔχ τ
τέχνην, ὑπολαμβάνω μὴ ἀγνοεῖσι· πολλοὶ γοῦν
ἐγχειρήσαντες κατασκευῆ ὀργάνων ἰσομεγεθῶν,
ᾖ χρησάμενοι τῇ τι τοιαύτῃ συντάξει, ᾖ ξύλοις

Poliorcetica.

*ἐμφα-
ρίζειν

*ἀεὶ

*ἀεὶ τῆς
καθόλου
τέχνης

PHILO Aristoni salutem. Superior
quidem liber ad te missus ea comple-
ctitur quæ pertinent ad portuum constru-
ctionem. Nunc vero dicendum est juxta
ordinem quem tibi polliciti sumus, de te-
lorum, seu ut quidam vocant, machinarum fabricatione. Quod si omnes qui an-
te nos de hoc argumento scripserunt, si-
mili methodo usi essent, nulla alia re for-
tasse opus haberemus, quam ut instrumentorum constructiones quæ sunt ejusdem rationis ac proportionis explicare-
mus. Sed quoniam eos reperimus dissen-
tientes, non solum in partium ad se invi-
cem proportionibus, verum etiam in eo
quod primum ac præcipuum est elemen-
tum, in foramine scilicet quod funem ac-
cipere debet: consentaneum est veterum
quidem methodos omittere, eas vero pro-
ponere, quæ a recentioribus traditæ pos-
sunt in machinis perficere id quod inten-
ditur. Et artem quidem ipsam habere ali-
quid quod difficile comprehendi possit a
multis, nec facile conjectura percipi, te
ignorare non arbitror. Multi certe qui
instrumenta ejusdem magnitudinis insti-
tuerant, & eadem compositione, iisdem

G

*Erste Seite von Philons Abhand-
lungen über den Bau von Kriegsmaschinen. Sie ist aufgenommen
in: Melchisédech Thévenot (1620–
1692) „Veterum mathematicorum
opera graece et latine pleraque nun
primum edita ex manuscriptis codicibus Bibliothecae Regiae", Paris
1693.*

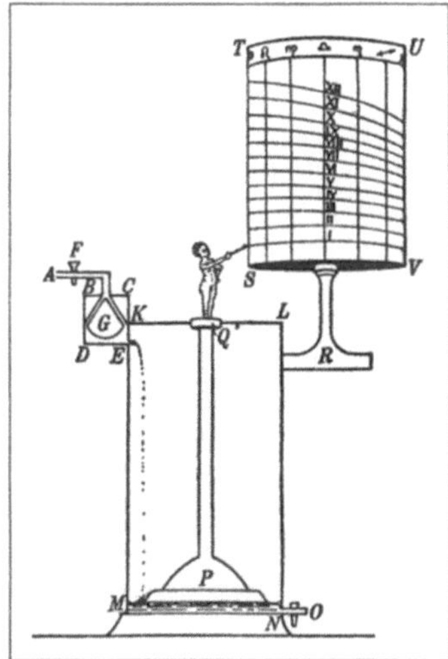

Rekonstruktion der Wasseruhr des Ktesebios aus dem 3. Jahrhundert v. Chr.

Saughebepumpe mit einem Ventil im Pumpenkolben erscheint erst später im 15. Jahrhundert. Ktesibios erfand auch die Feder aus elastischem Metall und eine Wasseruhr. Dadurch, daß er in seiner Pumpe Luft durch einen Kolben zusammenpreßte und ausstoßen konnte, bewies er, daß Luft ein Körper sein muß. Ktesibios gilt als der Begründer der heutigen Hydraulik, die damals Pneumatik genannt wurde. Philon von Byzanz (3. Jahrhundert v. Chr.), ein jüngerer Zeitgenosse des Ktesibios, beschreibt in seinem Werk über Pneumatik die Druckpumpe als eine zweizylindrige Kolbenpumpe mit automatisch arbeitenden, also nicht gesteuerten Ventilen. Aus dem 1. Jahrhundert n. Chr. ist der alexandrinische Mechaniker Heron (um 60 n. Chr.) zu nennen. In seiner Mechanik beschreibt er eine Vielzahl von Maschinen und Vorrichtungen, die wie die sogenannten Druckwerke den Druck von Wasserdampf oder von zusammengepreßter Luft oder erwärmter Luft anwenden. Die Geräte arbeiten mit gut gefertigten Hebern, Ventilen, Hähnen, Zahnrädern, Schrauben und Zylindern mit eingepaßten Kolben. Herons Automaten sind Vorrichtungen, bei denen Figuren ein Trinkopfer darbringen, wenn auf einem Altar ein Rauchopfer entzündet wird, oder die Weihwasser aussprengen, wenn eine Münze eingeworfen wird. Bei der von Heron gebauten Feuerspritze finden wir eine zweizylindrige Kolbenpumpe mit Klappenventilen und einer Spritzdüse. Bei einem automatischen Tempeltüröffner muß ein Opferfeuer entzündet werden, durch dessen Hitze Dampf erzeugt wird, der den Türmechanismus in Bewegung setzt. Herons Aeolipile ist der Vorläufer des späteren Reaktionsdampfrades. Eine hohle Kugel mit zwei gegenüberliegenden abgewinkelten Ausstoßrohren erhält durch eine Achse, um die sie drehbar ist, von einem darunterliegenden befeuerten Kessel Dampf, der durch die Reaktionswirkung beim Ausströmen die Kugel in Bewegung versetzt. Heron nennt im 2. Buch seiner Mechanik die fünf Einfachen Maschinen – die Winde, die Rolle, den Hebel, den Keil und die Schraube –, die er zutreffend als einen gewundenen Keil beschreibt, der nicht geschlagen, sondern durch einen Hebel bewegt wird. In den theoretischen Kapiteln seines Buches über die Mechanik beschreibt Heron zwei Anwendungen der Schraube, entweder in Verbindung mit einem Stift, der in das Schraubengewinde eingreift und in einem Einschnitt hin- und hergeleitet oder, wie bei der endlosen Schraube, in Verbindung mit einem Zahnrad. Von einer Schraubenmutter ist nichts erwähnt. Heron verwendet die endlose Schraube in der Dioptra und zur Untersetzung in seinem Wegstreckenmesser, dem Hodometer, einem Gerät, das durch Zählung der Radumdrehungen die von einem Wagen zurückgelegte

Eine der zahlreichen Erfindungen des genialen alexandrinischen Ingenieurs Heron (60 n. Chr.) ist die Aeolipile, ein Vorläufer des Reaktionsdampfrades. Sie wird auch noch in Lehrbüchern über den Dampf als Antriebskraft in der Mitte des 19. Jahrhunderts — wie hier in der Zeichnung einer Rekonstruktion von Dionysius Lardner — diskutiert. Da in der Abbildung nicht zu erkennen ist, wie der mit Wasser gefüllte kugelförmige Behälter erhitzt werden soll, ist etwas zweifelhaft, wie sich Lardner das Prinzip der Heronschen Erfindung vorgestellt hat.

Strecke mißt. In seiner Wasserwaage verwendet er Schraube und Stift zur Einstellung der Visiere. [II-2.2; III-3.2]

Die alexandrinischen Mechaniker der spätgriechischen Zeit waren Wissenschaftler und Techniker zugleich. Heron schrieb nicht nur über Automaten und feinmechanische Apparate, sondern auch über Geometrie und über wissenschaftliche Mechanik. Pappus, ein Mathematiker und Mechaniker des 3. Jahrhunderts n. Chr. schreibt über die Verbindung von Theorie und Praxis bei den alexandrinischen Mechanikern: „Die mechanische Wissenschaft wird von den Philosophen sehr hoch geachtet und von allen Mathematikern mit besonderem Eifer betrieben, weil sie uns zuerst in die Lehre von der Natur der

Materie und den Elementen der Welt einführt. Indem sie die Lage und Schwere der Körper und ihre Bewegung im Raume im allgemeinen bespricht, untersucht sie nicht nur die Ursachen, warum sich Körper von Natur bewegen, sondern lehrt auch, wie man ruhende Körper zur Bewegung aus ihrer Lage zwingt, die ihrer Natur zuwider ist, und um dies zu erreichen, macht sie von Lehrsätzen Gebrauch, welche die Materie selbst an die Hand gibt. Der eine Teil der Mechanik umfaßt die mathematischen Demonstrationen, jenen Teil, der rationell genannt wird, und Geometrie, Arithmetik, Astronomie und die physikalischen Demonstrationen umfaßt. Der andere, welcher die Handarbeiten umfaßt, soll die Kunst des Erz- und Eisenarbeiters, des Bauhandwerkers, des Holzarbeiters und alles, was Handarbeit betrifft, lehren. Von allen Künsten, welche auf der Mechanik beruhen, sind folgende für das praktische Leben am wichtigsten: Die Kunst der Flaschenzugmacher, nach den Alten auch Mechaniker genannt. Diese heben große Lasten, welche von Natur aus unbeweglich sind, in die Höhe, indem sie sie durch kleinere Kräfte bewegen; dann die Kunst derer, welche Wurfmaschinen bauen, wie sie im Krieg nötig sind, welche auch Mechaniker genannt werden, denn Geschosse von Stein, Eisen oder anderem Material werden durch katapultartige Maschinen auf weite Entfernungen geworfen. Schließlich die Kunst derer, welche eigentlich Maschinenbauer genannt werden, denn durch Maschinen, welche diese zum Wasserschöpfen bauen, wird das Wasser aus großer Tiefe sehr leicht in die Höhe gehoben"[1].

Aus mechanischen Erfahrungen entwickelte sich mechanisch technisches Wissen. Mechanische Bewegungsformen waren Gegenstand der Untersuchungen von Naturforschern und Philosophen. Wissenschaftliche Ansätze zur Lösung mechanischer Probleme finden sich bei den Autoren der Antike nur sporadisch. Der bedeutendste und weit über den Erkenntnisstand seiner Zeit herausragende Gelehrte war Archimedes (287-212), der als Mathematiker und Erfinder Großes leistete. Ihm werden die Erfindung der Hebelwaage, einer Winde mit Untersetzung, der Wasserschnecke oder archimedischen Spirale und der endlosen Schraube zugeschrieben. Es gibt keinen Nachweis dafür, daß Archimedes die Schraubenlinie theoretisch behandelt, aber sowohl in der Wasserschnecke wie in der endlosen Schraube werden die Eigenschaften der Schraubenlinie für einen praktischen Zweck genützt. Seine frühen Schriften über die Waage und über Hebel sind nicht erhalten, aber seine Arbeit über das Gleichgewicht ebener Figuren enthält eine Darlegung der mathematischen Theorie des Gleichgewichts des Hebels und eine allgemeine Theorie des Gleichgewichtes. Zentraler Be-

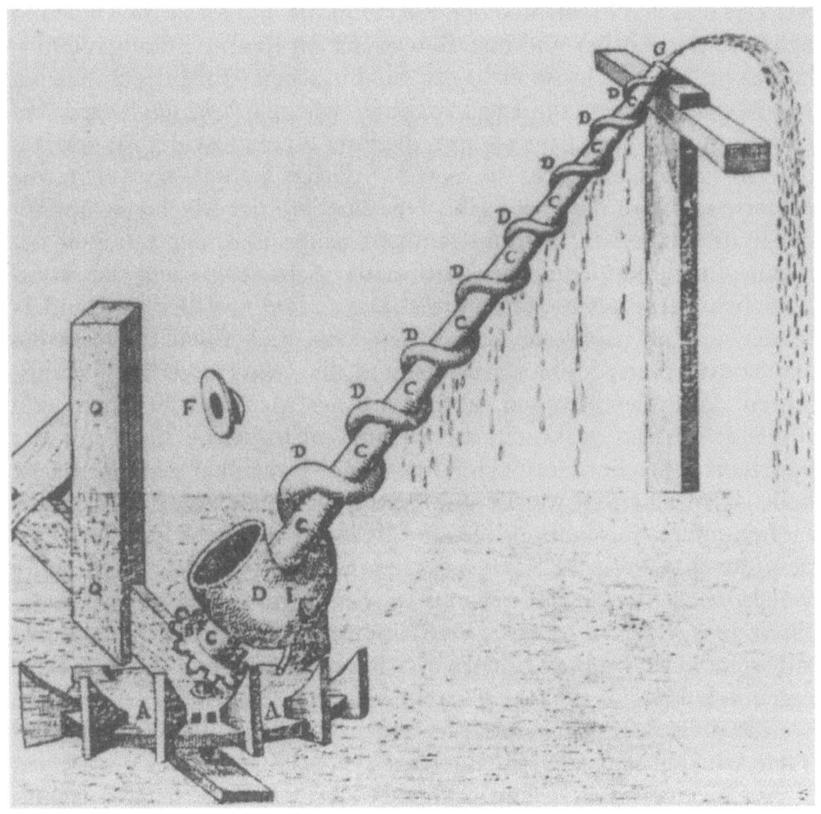

Die archimedische Schraube nach einer Zeichnung aus Robert Fludds (1574–1637) ,,Utrius que cosmi maioris scilicet et minoris, metaphysica, physica atque technia historia'' von 1617.
Betätigt man über eine Kurbel das Zahnrad, dann fördert die spiralförmige Schraube Wasser auf eine höher gelegene Ebene.

griff in dieser Abhandlung ist der Schwerpunkt. Archimedes bestimmt den Schwerpunkt einer Reihe ebener Figuren, des Dreiecks, des Trapezes und anderer. In einer späteren weiteren Schrift über das Gleichgewicht (de aequiponderibus) nimmt er Bezug auf Schwerpunkte von Körpern wie Kreis, Zylinder, Prisma, Kegel und Drehparaboloid. Über den Schwerpunkt sagt Archimedes: ,,Als den Schwerpunkt eines Körpers bezeichnen wir einen in seinem Inneren gelegenen Punkt, der die Eigenschaft hat, daß der schwere Körper, wenn man ihn in Gedanken daran aufhängt, in Ruhe bleibt und seine vorherige Lage beibehält'' [2]. [III-3.3]

Mit seiner Arbeit über schwimmende Körper schuf er die mathematische Grundlage einer neuen Wissenschaft, der Hydrostatik. Die Flüssigkeit stellt er als eine Gesamtheit von aneinander anliegenden

*Archimedes (287–212 v. Chr.)
mit Gelehrtenhut und Krone bei
seinem berühmten Untersuchungen
zum Auftrieb.
Holzschnitt aus Vitruvius
„De architecura libri decem"
in einer Ausgabe von 1511.*

Partikeln dar, von denen die weniger komprimierten von den später
komprimierten verdrängt werden, wobei jede einzelne Partikel von
der senkrecht über ihr befindlichen Flüssigkeit komprimiert wird.
Daraus leitet Archimedes einige Schlußfolgerungen ab, beispielsweise,
daß die freie Oberfläche des Wassers, das die Erde umgibt, sphärische
Gestalt hat, wobei das Zentrum dieser Kugel mit dem Mittelpunkt der
Erde zusammenfällt. In weiteren Lehrsätzen behandelt er die Frage des
Gleichgewichtes und der Stabilität von in Flüssigkeit getauchten Körpern, er formuliert das archimedische Prinzip, daß ein Körper in einer
Flüssigkeit so viel an Gewicht verliert wie die verdrängte Flüssigkeits-
menge wiegt. Nach diesem Prinzip ermittelt er den Anteil der verschiedenen Metalle in einer Krone, die er auf den Goldgehalt untersu-
chen soll. Die archimedische Spirale beschreibt er so: „Wenn sich eine
Strecke in einer Ebene um einen ihrer Endpunkte mit gleichförmiger

Geschwindigkeit dreht und sich auf ihr ein Punkt mit gleichförmiger Geschwindigkeit bewegt, so beschreibt dieser Punkt eine Spirale"[3].

Die Technik der Römer fußte zu einem wesentlichen Teil auf der der Griechen. Darüber hinaus entwickelten die Römer eine ausgesprochene Staatstechnik, die große technische Leistungen vollbrachte, aber im allgemeinen mit einfachen technischen Mitteln. Im Bau von Straßen, Brücken, Wasserleitungen, Kriegsmaschinen und im Hochbau wurden hervorragende Werke geschaffen. Im römischen Kaiserreich gab es an die 300000 km gute und ausgebaute meist befestigte Straßen. Die Wasserleitungen zur Versorgung Roms mit zeitweise 1 Million Einwohnern hatten eine Gesamtlänge von 458 km, davon 50 km auf Arkaden verlegt. Der Bau der Leitungen setzte eine exakte Vermessung voraus, für diese Bauwerke wurden wasserdichte offene und abgedeckte Gerinne, über große Strecken gewaltige Aquädukte verlegt. Für die Verteilung des Wassers gab es ein System von Wasserschlössern und Wassertürmen und einen geregelten Zulauf zu den einzelnen unterschiedlich wichtigen Verbrauchern. Die Zusammenhänge von Druckhöhe, Gefälle, Widerstand, Wassergeschwindigkeit und Ausflußmenge waren bekannt und genau berechnet. Obwohl die Römer das den Druckleitungen zugrundeliegende Prinzip der kommunizierenden Röhren gekannt haben, verwendeten sie stets einfache Gefälleleitungen. Unter den Bauleistungen der Römer ragen die Gewölbe der großen Thermen besonders heraus. Die Badeanlagen mit Heißwasser-, Heißluft- und Kaltbädern enthielten Hypokausten, Fußbodenheizungen, erfunden um 89 v. Chr. und ein Hohlziegelsystem in den Wänden, Anlagen, die alle Vorteile einer Strahlungsheizung hatten. Die großen Badehallen hatten auch Glasfenster mit gegossenen Scheiben, eine Erfindung des 1. Jahrhunderts n. Chr. Die Römer verwendeten den Bogen als Tragwerk, schufen Gewölbe für Torbögen und Räume, Brücken und Aquädukte, das Pantheon in Rom aus dem 2. Jahrhundert n. Chr. hatte eine Kuppel mit 43,5 m Spannweite. Eine Berechnung der Trag- und Schubkräfte von Bögen und Gewölben war noch nicht möglich, doch war der Verlauf der Kräfte geometrisch bekannt und der Bau von Widerlagern und Stützen zeigt Kenntnis der Kräfteverhältnisse.

Die Römer übernahmen die Kunst des Bergbaus von den Griechen und den Eisenbergbau von den Etruskern. In Spanien betrieben sie Silberbergbau und holten das Erz aus mehr als 200 m Tiefe. Mit archimedischen Schrauben, von Sklaven bewegt, beförderten sie das Grundwasser zutage, für je 1,5 m Höhe war eine archimedische Schraube von 5 m Länge erforderlich. Im ersten Jahrhundert v. Chr.

kannten die Römer bereits das unterschlächtige Wasserrad mit horizontaler Welle. Über ein Kammrad-Stockgetriebe wurde ein Mühlstein angetrieben. Solange es Sklaven gab, wurden die Mühlen von Menschen über Göpel bewegt, größere Mühlen von Eseln oder Maultieren. Nach der Überwindung der Sklaverei unter dem Einfluß des Christentums wurde die Wassermühle notwendig.

Nach dem Untergang des Römischen Reiches verlagerte sich die Kultur langsam nach dem Norden. Erbe des wenigen aus der Antike übernommenen Wissens und eines Teiles der handwerklichen und technischen Fertigkeiten des Altertums waren zunächst die Klöster. Im Gegensatz zur Antike wiesen die christlichen Institutionen des Mittelalters der handwerklichen Arbeit einen besonders hohen Wert zu. [II-4.5]

Mit den aufstrebenden Städten seit dem 11. und 12. Jahrhundert entwickelte sich ein leistungsfähiges selbstverantwortliches Handwerkertum. Eine Reihe technischer Neuerungen wurden im Mittelalter bis zum Ende des 13. Jahrhunderts eingeführt, die darauf hinauslaufen, die Kräfte des Tieres, des bewegten Wassers und des Windes stärker für die technische Arbeit heranzuziehen. Für das Pferd wurde das Kummetgeschirr eingeführt, mit dem das Tier wesentlich höhere Zugleistungen vollbringen konnte, ebenso das Hufeisen mit Nägeln und der Steigbügel, durch dessen Gebrauch der Lanzenreiter seinem Gegner ohne Bügel überlegen wurde. Das Wasserrad breitete sich rasch aus, die im Altertum noch unbekannte Windmühle zog in Europa ein. Mit dem hintenliegenden drehbaren Steuerruder für Schiffe wurde die Manövrierfähigkeit erhöht, die Segelschiffe erhielten eine verbesserte Takelung, der Kompaß mit Nadel, Windrose und Gehänge kam in Gebrauch. Das Spinnrad und der einfache Trittwebstuhl erschienen, zur Bearbeitung von Holz und Metall wurde die Wippendrehbank erfunden. Für das Metallhüttenwesen war die Entdeckung der starken Säuren, der Schwefelsäure und der Salpetersäure sehr wichtig und nützlich. Die Brille und die Räderuhr mit Gewichtsantrieb wurden im 13. Jahrhundert erfunden. Der Bau von Gewölben wurde mit dem Aufblühen des romanischen Stiles wieder für große Bauaufgaben herangezogen, in der Gotik wurden Strebpfeiler und Strebbogen entwickelt. Im späten Mittelalter zählen der europäische Eisenguß, der Hochofenbetrieb, das Schießpulvergeschütz und im 15. Jahrhundert der Buchdruck mit beweglichen Lettern zu den großen technischen Fortschritten. In der Wissenschaft nahm die Hochscholastik des 13. Jahrhunderts trotz mancher Widerstände die aristotelische Philosophie und Naturwissenschaft im Sinne eines christlichen Aristotelismus in den Umkreis des kirchlichen Wissens auf. Dadurch war in den kirchlichen Kreisen die Möglichkeit geschaffen, auch am aristotelischen Naturalismus weiterzuarbeiten. Die Spätscholastik des 14. Jahrhunderts kam dann zu tiefgreifenden Änderungen der klassischen aristotelischen Physik, in denen schon die Keime zu den neuen Entwicklungen lagen, die dann im 17. Jahrhundert zur klassischen Physik führten. [III-3.3]

Literaturnachweise

1 *Pappus:* Mathematicae collectiones. Hrsg. v. Hultsch, Friedrich: Berlin 1876, Buch 8, Vorrede
2 *Archimedes:* Aequiponderantium Libri II. Pisa 1588. Werke mit modernen Bezeichnungen. Deutsche Ausgabe. Hrsg. v. Heath, Th. Berlin 1914, S. 44
3 Vgl. 2, S. 86

Technologie als Wissenschaft im 18. und frühen 19. Jahrhundert

Ulrich Troitzsch

Das Wort „Technologie" gehört heute zum allgemeinen Sprachschatz, wobei es häufig auch als Synonym für Technik verwandt wird. Ingenieure, Naturwissenschaftler, Sozialwissenschaftler, Ökonomen und Politiker benutzen diesen Begriff gleichermaßen, allerdings – und das führt gelegentlich zu Mißverständnissen – mit teilweise recht unterschiedlichem Bedeutungsinhalt. So versteht man beispielsweise bei den Ingenieuren unter Technologie einerseits „die Kenntnis von den Gesetzmäßigkeiten der Stoffgewinnungs-, Stoffumwandlungs- und der Stoffverar- und -bearbeitungsverfahren"[1], andererseits meint man damit aber auch Techniktheorie, unter der alle technischen Spezialdisziplinen subsumiert sind. In der Ökonomie dagegen begreift man darunter „technisches Wissen als Gesamtheit von technischen Kenntnissen, Fähigkeiten und Möglichkeiten"[2]. Für den Technikphilosophen Hans Lenk schließlich sind Technologien „methodisch-rationale Verfahren der Systemsteuerung oder einer optimalen bzw. optimierenden Organisation zielgerichteter Transformationsprozesse"[3]. Nur wenigen Benutzern des Begriffes Technologie ist aber bekannt, daß dieser Terminus im letzten Drittel des 18. Jahrhunderts den Namen für eine neue Wissenschaftsdisziplin abgab, die in Deutschland ihren Ursprung hatte.

Schon Francis Bacon (1561–1626) hatte in seinen Schriften die Auffassung vertreten, daß die materiellen Lebensumstände durch den geplanten Einsatz von naturwissenschaftlichen Kenntnissen und einer stärker wissenschaftsbezogenen Technik verbessert werden könnten. Erste Ansätze in dieser Richtung bei der Londoner Royal Society sowie der Französischen Akademie der Wissenschaften zeitigten allerdings nur bescheidene Erfolge. So erschienen beispielsweise die von der Französischen Akademie bereits um 1695 angeregten Beschreibungen von Produktionsprozessen und Produktionsmitteln der Handwerke als „Descriptions des Arts et Métiers" erst ab 1761, also zu einer Zeit, als die große, von Denis Diderot (1713–1784) und Jean le Rond d'Alembert (1717–1783) herausgegebene „Encyclopédie ou

Dictionnaire raisonné des Sciences, des Arts et des Métiers" bereits zu einem Drittel ihres endgültigen Umfanges von 35 Bänden vorlag. In diesem bürgerliche Gesellschaftsentwurf, der den geistigen Sprengstoff für die Revolution von 1789 lieferte, erscheint die materielle Kultur als tragender Pfeiler.

Auch in den deutschen, absolutistisch regierten Territorien, wo erst in den dreißiger Jahren des 18. Jahrhunderts die Verluste an Menschen und Material, die der Dreißigjährige Krieg hervorgebracht hatte, endgültig ausgeglichen waren, forderten Gelehrte wie Gottfried Wilhelm Leibniz (1646–1716) und der Mathematiker und Aufklärungsphilosoph Christian Wolff (1679–1754) eine engere Verbindung von Wissenschaft und gewerblicher Produktion. So sollte beispielsweise die von Leibniz angeregte und 1700 in Berlin errichtete Akademie der Wissenschaften ausdrücklich „Theoria cum praxi" verbinden. Auch die Kameralisten, die in theoretischen Schriften und als wirtschaftspolitische Praktiker der staatlich gelenkten Wirtschaft eine Hebung des Wohlstandes, der Landesherr und Untertan gleichermaßen zugutekommen sollte, anstrebten, schenkten der Weiterentwicklung der Technik zunehmend Beachtung. Zu einem systematischen Zugriff, der sich ausschließlich auf die gewerbliche Produktionssphäre beschränkte, kam es jedoch noch nicht, da auch bei den Vertretern der kameralwissenschaftlichen Lehrstühle, die seit 1727, zunächst in Preußen und dann auch in anderen deutschen Territorien, eingerichtet worden waren, die Behandlung der „Ökonomie", d. h. der Landwirtschaft, im Vordergrund stand.

Erst in dem Göttinger Gelehrten Johann Beckmann (1739–1811) fand sich – fast am Ende der kameralistischen Epoche – jene Persönlichkeit, die, wohl auch unter dem Eindruck der Französischen Enzyklopädie, das Wissen seiner Zeit über die landwirtschaftliche und die handwerkliche Produktion sammelte und systematisierte und so zum Schöpfer mehrerer wissenschaftlicher Disziplinen wurde. In Hoya an der Weser geboren, studierte Beckmann ab 1759 in Göttingen zunächst Theologie, wandte sich dann aber bald der Mathematik, den Naturwissenschaften und der Ökonomie zu. Noch während seines Studiums unternahm er zwei Studienreisen ins Braunschweigische und in die Niederlande, wobei er auch gewerbliche Produktionsstätten besichtigte. Von 1763 bis 1765 wirkte er als Lehrer am deutschen Gymnasium in St. Petersburg, dem sich ein einjähriger Studienaufenthalt in Schweden anschloß. Längere Zeit weilte er dabei bei dem Botaniker Carl von Linné (1707–1778). Dies war insofern von Bedeutung, als Beckmann das von Linné entwickelte Klassifizierungssystem

Johannes Beckmann (1739–1811)
nach einem Stich von 1779.

und dessen binäre Nomenklatur (Benennung der Pflanzen nach Art und Gattung) später den von ihm neubegründeten bzw. erstmals systematisierten Wissenschaftszweigen (Landwirtschaftswissenschaft, Technologie, Warenkunde) zugrunde legen sollte. [I-1.2]

Kurz nach seiner Rückkehr aus Schweden wurde Beckmann als außerordentlicher Professor der Weltweisheit an die Universität Göttingen berufen. 1770 erhielt er dort einen neueingerichteten Lehrstuhl für Ökonomie. Seine ökonomischen Vorlesungen, in die er auch Chemie, Physik, Geologie und Mineralogie als Hilfswissenschaften einbezog, ergänzte Beckmann durch Vorführung von Mineralien, Pflanzen, Fertigprodukten, technischen Modellen sowie durch Besichtigungen von Gewerbebetrieben. Entsprechend seinem schon frühzeitig entwickeltem Konzept, die Gewinnung und Verwandlung der von der Natur gebotenen Rohstoffe durch den Menschen und die dazu erforderlichen technischen Hilfsmittel wissenschaftlich zu beschreiben, veröffentlichte Beckmann zunächst 1769 „Grundsätze der teutschen Landwirthschaft" und damit das erste Lehrbuch der Landwirtschaftswissenschaften. Ihm folgte 1777 die erste systematische Gewerbekunde unter dem Titel „Anleitung zur Technologie, oder zur Kenntniß der Handwerke, Fabriken und Manufacturen, vornehmlich derer, die mit der Landwirthschaft, Polizey und Cameralwissenschaft in nächster Verbindung stehen. Nebst Beyträgen zur Kunstgeschichte." Inwieweit Beckmann bei seinem Begriff „Technologie" von ähnlich lautenden Wörtern aus dem Lateinischen (technologia = Kunstwörterlehre) oder dem Französischen angeregt wurde, ist bisher noch ungeklärt. Fest steht aber, daß er ihm eine bestimmte Bedeutung zuwies: „Technologie ist die Wissenschaft, welche die Verarbeitung der Naturalien, oder die Kenntniß der Handwerke lehrt. Anstat daß in den Werksteten nur gewiesen wird, wie man zur Verfertigung der Waaren, die Vorschriften und Gewohnheiten des Meisters befolgen soll, giebt die Technologie, in systematischer Ordnung, gründliche Anleitung, wie man zu eben diesem Endzwecke, aus wahren Grundsätzen die Mittel finden, und die bey der Verarbeitung vorkommenden Erscheinungen erklären und nutzen soll."[4]. In Form einer tabellarischen Übersicht hat Beckmann insgesamt 324 Gewerbe aufgeführt, wobei er immer jene Gewerbe zu einer Gruppe zusammenfaßte, „deren vornehmsten Arbeiten eine Gleichheit oder Ähnlichkeit in dem Verfahren selbst und in den Gründen, worauf sie beruhen, haben (. . .)"[5]. Den Hauptteil der „Anleitung zur Technologie" bilden 32 Beschreibungen von Gewerben aus der näheren Umgebung Göttingens, an denen Beckmann exemplarisch Aussagefähigkeit und

Methode seines systematischen Ansatzes zu demonstrieren suchte. Es sind keine technischen Beschreibungen im engeren Sinne oder Produktionsanleitungen, da sie in erster Linie, wie es ja auch der Untertitel der „Anleitung" besagt, als Information für Verwaltungsbeamte und Leute in leitenden Positionen gedacht sind. Diese sollen durch die Kenntnis der Gewerbe befähigt werden, die richtigen Maßnahmen zu deren Förderung zu treffen. Insofern ist es auch folgerichtig, daß er sich nicht nur auf die qualitative Beschreibung der Produktionsprozesse beschränkt, sondern auch sozioökonomische und politische Aspekte wie Preisbildung, Standortwahl, Transportwege, die Wechselbeziehungen zwischen Staat und Technik sowie die geschichtliche Entwicklung von Handwerk und Technik mit einbezieht. Im wesentlichen ging es Beckmann also darum, mit Hilfe der neuen Wissenschaft Technologie die Effizienz der zu seiner Zeit in Deutschland vorhandenen Gewerbe sowie der staatlichen Wirtschaftspolitik zu erhöhen, ohne jedoch die bestehenden politischen Strukturen und die handwerkliche Sozialverfassung in Frage zu stellen. Die Beckmannsche Technologie läßt sich deshalb mit guten Gründen auch als „Lenkungswissenschaft des spätabsolutistischen Staates" kennzeichnen[6].

Wenn man Beckmann Jahrzehnte später den – teilweise berechtigten – Vorwurf gemacht hat, daß er den mit der beginnenden Industrialisierung einsetzenden Wandel in den Produktionsstrukturen sowie den zunehmenden Einsatz von Maschinen nicht hinreichend erkannt und daher unberücksichtigt gelassen habe, so beruht das allerdings auf einer Unterschätzung der Schwierigkeiten, vor die sich Beckmann als „Technologe", wie er sich selbst bezeichnete, seinerzeit gestellt sah: So gestaltete sich allein das Sammeln von Fakten für die Beschreibung der Produktionsverfahren als äußerst schwierig, da Handwerker aus Furcht vor Konkurrenz ihre Produktionsverfahren und die dabei verwendeten Produktionsmittel geheimzuhalten suchten und deshalb häufig den Zutritt zu den Werkstätten verwehrten. Hinzu kam ein natürliches Mißtrauen der Praktiker gegenüber den Gelehrten, deren Tun man als eher unnütz und spekulativ einschätzte. Noch problematischer war die Tatsache, daß es keine einheitliche Fachsprache gab und daher selbst gleichartige Werkzeuge und Arbeitsvorgänge sowohl von Handwerk zu Handwerk wie auch noch von Region zu Region verschiedene Bezeichnungen trugen. Der Wunsch nach einer einheitlichen deutschen technischen Fachsprache wird von Beckmann und seinen Nachfolgern darum immer wieder geäußert.

Daß Beckmann trotz dieser Schwierigkeiten mit seinem Technologie-Begriff einem bereits latent vorhandenen Bedürfnis entgegenkam, zeigt sich an der raschen Ausbreitung dieses Begriffes und des damit verbundenen Konzeptes in Deutschland. In rascher Folge wird die Technologie als neue Teildisziplin an zahlreichen Universitäten in die Kameralwissenschaften integriert bzw. es werden spezielle Lehrstühle dafür geschaffen. Bedeutende Vertreter der Technologie sind unter anderem Johann Heinrich Jung (1740–1817), Georg Friedrich von Lamprecht (1760–1820), Siegmund Friedrich Hermbstädt (1760–1833) sowie der Beckmann-Schüler Johann Heinrich Moritz von Poppe (1776–1854). Bei Beckmann selbst studierten später so berühmte Persönlichkeiten wie Wilhelm von Humboldt (1767–1835), Alexander von Humboldt (1769–1859), Karl vom und zum Stein (1750–1831), Karl August von Hardenberg (1750–1822) und der Volkswirt Johann Heinrich von Thünen (1783–1850). Bis 1820 erschienen über zwanzig technologische Lehr- und Handbücher, die im wesentlichen der Beckmannschen Systematik folgten, sowie zahlreiche neue Zeitschriften mit den Bezeichnungen Technologie bzw. technologisch im Titel. Erwähnt sei in diesem Zusammenhang die von Johann Georg Krünitz (1723–1796) 1773 begonnene „Oekonomische Encyclopädie, oder allgemeines System der Staats-, Stadt-, Haus- und Landwirthschaft", die ab 1784 unter dem Titel „Ökonomisch-technologische Encyclopädie" fortgeführt wird und 1858 schließlich 242 Bände umfaßt.

Spätestens seit dem Beginn des 19. Jahrhunderts scheint Beckmann gespürt zu haben, daß der mit der „Anleitung" beschrittene Weg insofern nur eine Teillösung darstellte, als dabei die Handwerke jeweils gesondert voneinander behandelt wurden, was einen Vergleich der dabei angewandten Arbeitsmethoden und Produktionsmittel erschwerte. Im Jahre 1806 veröffentlicht er unter dem Titel „Entwurf der algemeinen Technologie" einen Aufsatz, in dem er die bisherige (spezielle) Technologie durch eine allgemeine Technologie ergänzt. Er fordert dazu „ein Verzeichniß aller der verschiedenen Absichten, welche die Handwerker und Künstler bey ihren verschiedenen Arbeiten haben, und daneben ein Verzeichniß aller der Mittel, durch welche sie jede derselben zu erreichen wissen"[7]. Eine solche allgemeine Technologie „würde lehren, auf wie mancherley Weise, und mit wie vielerley Werkzeugen die Körper der verschiedenen Arten geglättet, gerauhet, zerkleinert, benetzet, getrocknet, gerade gemacht, gebogen, gehärtet, gesteifet, verdichtet, aufgelockert, verdünnet, gesiebt, erwärmt oder erkältet werden und durchsichtiger oder undurchsichtiger, elastischer, biegsamer u.s.w. gemacht werden; ferner durch welche Mittel flüssige

Körper gekläret, entfärbt, verdünstet, geschmeidiger gemacht werden"[8].

Obwohl Beckmann mit diesem Beitrag „erste Voraussetzungen für ein neues spezifisch technikwissenschaftliches Herangehen (schuf)"[9], das die Vergleichung produktionstechnischer Vorgänge hinsichtlich gemeinsamer Zwecke und gleichartiger Verwendung von Werkzeugen ermöglicht hätte, fand dieser kaum Resonanz. Nach dem Zusammenbruch des alten Reiches gab der Staat allmählich die reglementierende Wirtschaftslenkung auf und öffnete sich zunehmend den wirtschaftsliberalen Ideen aus England. Damit verloren die Kameralwissenschaften und somit auch das Lehrfach Technologie ihre wichtigste Klientel, die Beamtenschaft, die nunmehr vorwiegend in den juristischen Fächern ausgebildet wurde. Obwohl die Technologie innerhalb der Staatswissenschaften noch einige Zeit dahinkümmerte, verschwand sie schließlich ganz.

Noch entscheidender aber war wohl, daß die qualitative Beschreibung, wie sie für die Technologie Beckmannscher Prägung kennzeichnend gewesen war, die durch die beginnende Industrialisierung neu aufgekommenen betrieblichen Organisationsformen und die damit verbundene neue Technik nicht mehr adäquat zu erfassen vermochte. Die Konstruktion und Fertigung von paßgenauen Konstruktionselementen für die Herstellung von eisernen Werkzeug- und Arbeitsmaschinen war fortan nur mit Hilfe quantifizierender Methoden möglich. Die präzise technische Zeichnung auf der Grundlage der von Gaspard Monge (1746–1818) entwickelten darstellenden Geometrie trat an die Stelle der verbalen Beschreibung. [III-4.4]

In Deutschland entstanden im frühen 19. Jahrhundert in zahlreichen Residenzstädten sogenannte polytechnische Schulen, in denen der technische Nachwuchs herangezogen wurde. Im Zuge der zunehmenden Verwissenschaftlichung der Technik erreichten diese Anstalten, die von den Repräsentanten der Universitäten lange Zeit als reine Stätten der „Ausbildung" diskriminiert wurden, gegen Ende des Jahrhunderts schließlich den Status von – den Universitäten gleichgestellten – Technischen Hochschulen. In den Formen der chemischen Technologie und der etwas später aufkommenden mechanischen Technologie als speziell technische Verfahrenslehren wirkt der Ansatz von Beckmann, nun jedoch aller gesellschaftlichen Bezugselemente entkleidet, an den technischen Bildungsanstalten bis heute fort.

Die eingangs dargestellte Vieldeutigkeit des Begriffes Technologie in der Gegenwart hängt wohl wesentlich mit der Tatsache zusammen, daß wir uns in zunehmendem Maße darüber klar werden, daß Technik und Gesellschaft sich wechselseitig beeinflussende Elemente eines soziotechnischen Systems sind, die gar nicht mehr getrennt voneinander erfaßt werden können. Wenn in jüngster Zeit systemtheoretisch orientierte Technikwissenschaftler unter ausdrücklicher Berufung auf den ganzheitlichen Ansatz von Johann Beckmann erneut die Etablierung einer Allgemeinen Technologie fordern, so bestätigt dies eindrucksvoll die trotz ihrer Zeitgebundenheit zukunftsweisende Pionierleistung des Technologen Beckmann.

Literaturnachweise

1 *Ahlhaus,* Otto: Auffassungen und Interpretationen zum Begriff „Technologie". In: Forum Ware 11, 1983, S. 28
2 Vgl. 1
3 zit. n. Ahlhaus, Otto (Vgl. 1), S. 28
4 *Beckmann,* Johann: Anleitung zur Technologie, oder zur Kentniß der Handwerke, Fabriken und Manufacturen, vornehmlich derer, die mit der Landwirthschaft, Polizey und Cameralwissenschaft in nächster Verbindung stehn. Nebst Beyträgen zur Kunstgeschichte. Göttingen 1777, Einleitung, S. XV
5 Vgl. 4, Einleitung, S. XVII
6 *Weber,* Wolfhard: Technik zwischen Wissenschaft und Handwerk. Die Technologie des 18. Jahrhunderts als Lenkungswissenschaft des spätabsolutistischen Staates. In: Wirtschaft, Technik und Geschichte. Beiträge zur Erforschung der Kulturbeziehungen in Deutschland und Osteuropa. Festschrift für Albrecht Timm zum 65. Geburtstag herausgegeben von Schmidtchen, Volker/Jäger, Eckhard. Berlin 1980, S. 137–154
7 *Beckmann,* Johann: Entwurf der algemeinen Technologie. In: Vorrath kleiner Anmerkungen über mancherley gelehrte Gegenstände. Drittes Stück. Göttingen 1806, S. 465
8 Vgl. 7, S. 465 f.
9 *Richter,* Siegfried H.: Technikwissenschaftliche Ansätze in der Beckmannschen Technologie. In: Dresdner Beiträge zur Geschichte der Technikwissenschaften, Heft 5. TU Dresden 1982, S. 71

Technische Wissenschaften im Industrialisierungsprozeß bis zum Beginn des 20. Jahrhunderts

Gerhard Zweckbronner

Ein Blick in die Vorlesungsverzeichnisse der Technischen Hochschulen und auf die ingenieurwissenschaftliche Fachliteratur an der Wende zum 20. Jahrhundert zeigt eine ganze Reihe technischer Grundlagen- und Spezialdisziplinen wie Technische Mechanik, Technische Thermodynamik, Elastizitäts- und Festigkeitslehre, Maschinenelemente, Kinematik, Technologie, Wasser-, Dampf-, Gas- und Ölmotorenbau, Straßen-, Wasser-, Brücken-, Erd- und Eisenbahnbau oder Elektrotechnik. Diese Fächer aus dem Bau-, Maschinen- und Elektroingenieurwesen waren im Zuge der Industrialisierung entstanden und hatten in Deutschland vor allem an den Technischen Hochschulen in der zweiten Hälfte des 19. Jahrhunderts ihre institutionelle und inhaltliche Konsolidierung erfahren. [III-3.7]

Daß Technik sich nicht reduzieren ließ auf angewandte Naturwissenschaft und Mathematik, sondern daß sie einen spezifischen Gegenstand technikwissenschaftlicher Forschung und Lehre an den eigens dazu ausgebauten Technischen Hochschulen darstellte – das war für das Selbstverständnis dieser Hochschulen und der Ingenieurwissenschaftler in jenen Jahren standespolitischer Auseinandersetzungen besonders wichtig. Der Herausgeber des Sammelbandes „Die Technischen Hochschulen im Deutschen Reich" brachte dies zum Ausdruck: „Die moderne Technik benutzt nicht nur Mathematik und Naturwissenschaft als Hilfswissenschaften, sie besitzt auch einen eigenen wissenschaftlichen Geist, eine eigene wissenschaftliche Methode der Stellung und der Lösung ihrer Probleme"[1].

Ein Hauptmerkmal dieser technikwissenschaftlichen Methode war aus der Sicht der Ingenieure, daß sie sich im Gegensatz zu den „reinen" Naturwissenschaftlern gerade mit den „so lästigen, die Ergebnisse verwickelnden „Nebenbedingungen" der Probleme, z.B. der sich aus den Materialeigenschaften ergebenden," besonders eingehend beschäftigen mußten. Dies lasse den dafür aufgekommenen Begriff einer

„technischen Wissenschaft" in vollem Umfang berechtigt erscheinen [2].

Frühgeschichte der Technikwissenschaften

Blicken wir zurück auf die Entwicklung der technischen Wissenschaften, dann fallen zwei Epochen ins Auge: die Ansätze neuzeitlicher Technikwissenschaften in der Renaissance und ihre deutlichere Herausbildung im Zeitalter der industriellen Revolution. [III-3.3]

Die sogenannten Künstleringenieure der Renaissance verknüpften handwerklich-praktische Erfahrung, systematisches Beobachten und Experimentieren und den Gebrauch von elementarer Mathematik und Geometrie. Ihr Ziel war, feste Regeln zu finden für Entwurf, Bau und Anwendung von Techniken auf den Gebieten des zivilen und militärischen Bau- und Maschinenwesens.

Der Kriegsingenieur Buonaiuto Lorini (geb. 1540) formulierte 1597 ganz klar den Unterschied, „der zwischen einem rein spekulativen Mathematiker und einem praktischen Mechaniker besteht. Dieser Unterschied liegt darin begründet, daß Beweise und Verhältnisse, die von Linien, Flächen und bloß eingebildeten, materielosen Körpern abgeleitet werden, nicht mehr genau gelten, wenn man sie auf materielle Gegenstände anwendet, weil die geistigen Vorstellungen des Mathematikers nicht jenen Hinderungen unterworfen sind, die von Natur aus der Materie eigen sind, mit der der Mechaniker arbeitet" [3].

Die Tradition dieser erstaunlich vielseitigen Ingenieure war noch bei Galileo Galilei (1564–1642), dem Mitbegründer der neuzeitlichen Naturwissenschaft, lebendig. Nicht von ungefähr war einer der zwei neuen Wissenszweige, die er 1638 in seinen „Unterredungen und mathematischen Demonstrationen" entwickelte, grundlegend für die Entwicklung der Festigkeitslehre: die Herleitung der Bruchfestigkeit eines einseitig eingespannten starren Balkens. Seine Ergebnisse waren zwar nicht auf Anhieb richtig, aber sie waren Grundlage für die weiterführenden baustatischen Untersuchungen des 18. und 19. Jahrhunderts. Gleichzeitig mit diesem frühen Bestreben, die vielfältigen technischen Phänomene auf Regeln und Grundprinzipien zurückzuführen, wurden wichtige Bereiche der mechanischen und Produktion – zum Beispiel in den Werken von Georg Agricola und von Vanoccio Biringuccio systematisch und umfassend beschrieben. [III-3.3; III-3.4]

Hier, in der frühen Neuzeit, zeichnen sich bereits zwei Haupt-Entwicklungslinien technischen Wissens ab: die systematische Darstellung von Instrumenten, Maschinen, Verfahren und von handwerklich-technischem Erfahrungswissen und die mathematisch-naturwissenschaftliche Fundierung technischer Sachverhalte.

Als im 18. Jahrhundert, in der Aufklärungszeit, Erfahrung und Vernunft in engere Verbindung traten, kam dieser empirische Rationalismus auch der rationalen Durchdringung wichtiger Bereiche technischen Schaffens zugute. Deutlich wird dies etwa bei Jacob Leupold (1674–1727) und Leonhard Euler (1707–1783).

Mit dem Leipziger Mechaniker, Maschinenbauer und Bergwerkskommissar Leupold begann eine neue Phase der beschreibenden Maschinenkunde. In seinem mehrbändigen „Theatrum machinarum" aus den 1720er Jahren stellte er nahezu alle Gebiete der Maschinen-, Instrumenten- und Bautechnik seiner Zeit samt fachsprachlicher Definitionen dar. Aus den teilweise mit Zierrat überladenen Darstellungen der älteren Maschinenliteratur schälte er das technisch Wesentliche heraus. Er bemühte sich um eine sachlich-nüchterne bildliche Darstellung, zerlegte die technischen Gebilde sozusagen in Maschinenelemente, wie dies Leonardo da Vinci angebahnt hatte, und beurteilte Funktion und Zweckmäßigkeit ihres Zusammenwirkens anhand von Rechnung und Versuch. Maßgebliches Kriterium für die Beurteilung vorhandener Maschinen und für die Konstruktion neuer war für ihn der Wirkungsgrad, also der Grad der Ausnutzung zugeführter Energie in Kraft- und Arbeitsmaschinen. Als einer der ersten forderte Leupold damit eine möglichst effektive Auslegung von Maschinen. Praktisch bedeutete das in erster Linie, beim Bau der Maschinen die Reibungsverluste zu vermindern.

Von typisch ingenieurmäßigen Fragen des Wirkungsgrades ließ sich kurze Zeit danach auch der schweizerische Mathematiker Euler leiten, als er seine Theorie der Wasserturbinen entwickelte. Hiermit und mit seinen Arbeiten zur Mechanik starrer Körper, zur Balkenbiegetheorie, zum Knickproblem und zur Kreiseltheorie griff er grundlegende Probleme der Technischen Mechanik auf. Er begann also, die mathematisch-naturwissenschaftliche Disziplin Mechanik an Gebiete technischer Praxis heranzuführen – ein Prozeß, der in der französischen Schule der Technischen Mechanik seine Fortsetzung fand.

Wissenschaftliche Technik und industrielle Revolution

Frankreich war dem empirischen Rationalismus des 18. Jahrhunderts besonders aufgeschlossen. In Großbritannien dagegen kamen mehr die

Titelblatt von Jacob Leupolds berühmtem ,,Theatrum machinarum" von 1724. Der geschickte Leipziger Mechaniker, Maschinenbauer und Bergwerkskommissar, der in glücklicher Weise wissenschaftlichen Sinn und praktische Fertigkeit verband, beschrieb in seinem umfassenden Werk den Apparatebau und die Maschinentechnik seiner Zeit.

handwerklich-technische Erfahrung und das organisatorisch-unternehmerische Talent zum Tragen und machten die Insel zum Ausgangspunkt der industriellen Revolution. Verkürzt ist deshalb oft die Rede davon, in Großbritannien habe das Werkstattprinzip vorgeherrscht und Frankreich sei die Hochburg der Wissenschaft gewesen – ganz so, als gelte das „historische Gesetz für die beiden großen westlichen Gesellschaften, nach dem die Franzosen formulieren, was die Briten einfach tun"[4].

Wenn auch Frankreich das Mutterland der technischen Wissenschaften wurde, so darf man doch eines nicht übersehen: Die technische Entwicklung in Großbritannien am Beginn der industriellen Revolution war nicht allein das Ergebnis handwerklich-erfahrungsmäßigen Vorgehens, sondern auch die Folge wissenschaftlicher Einflüsse.

Wissenschaftler und Fabrikanten trafen sich in den zahlreichen wissenschaftlichen Gesellschaften der Provinz und zeigten damit die enge utilitaristische Interessenverknüpfung zwischen Naturwissenschaft und Industrie. Experimente, Modelluntersuchungen und Erstellung systematischer Meßreihen kennzeichnen zum Beispiel das Vorgehen von Ingenieuren wie John Smeaton (1724–1792) und James Watt (1736–1819) bei der Entwicklung der Dampfmaschine. Smeaton variierte systematisch jede Einflußgröße, die sich auf die Maschinenleistung auswirkte, optimierte auf diese Weise die Newcomensche Dampfmaschine und steigerte ihren Wirkungsgrad beträchtlich. Eine grundlegende Neuerung – der vom Arbeitszylinder getrennte Kondensator – kam von Watt: Er benützte bei der Konstruktion seiner Dampfmaschine physikalische Kenntnisse über die Eigenschaften des Wasserdampfes.

Trotz dieses Einflusses naturwissenschaftlicher Kenntnisse und quantitativer experimenteller Methoden in Großbritannien setzte die Entwicklung der technischen Wissenschaften zu eigenständigen Disziplinen nicht in Großbritannien, sondern in Frankreich ein. Seit Mitte des 18. Jahrhunderts entstanden hier ingenieurwissenschaftliche Spezialschulen, die schließlich 1794 in der Pariser École Polytechnique ihre gemeinsame mathematisch-naturwissenschaftliche Grundlage fanden. Gerade diese polytechnische Leitidee eines gemeinsamen lehrbaren mathematisch-naturwissenschaftlichen Fundaments für alle Zweige der Technik wirkte nachhaltig. Sie prägte die Gründung der polytechnischen Schulen in Deutschland und Österreich seit dem frühen 19. Jahrhundert. [V-3.5]

Zunächst aber kennzeichnet die französische polytechnische Leitidee den Stil der Arbeiten, die im Kreis der École Polytechnique entstanden: Technik wurde vorwiegend als mathematische und physikalische Disziplin behandelt, technische Wissenschaften als angewandte Mathematik.

Eine solche Einstellung lag durchaus nahe; es war ja ein Grundgedanke des neuzeitlichen Naturwissenschafts- und Technikverständnisses, daß man mit Hilfe mathematisch-instrumentell gewonnener Naturerkenntnis in der Natur nicht nur willkürlich Prozesse auslösen, sondern diese auch in solche Bahnen lenken könne, die die Natur von sich aus nicht eingeschlagen hätte. Technisches Handeln folgte nach dieser Vorstellung im Prinzip denselben mathematisch formulierbaren Gesetzen wie die Naturvorgänge.

Technische Mechanik in Frankreich

Diese Vorstellung kam zuerst jener technischen Wissenschaft zugute, die am meisten mit dem neuzeitlichen mechanistischen Natur- und Weltbild korrespondierte, der Technischen Mechanik. Die dazugehörige naturwissenschaftliche Basisdisziplin Mechanik hatte Isaac Newton (1643–1727) in seinen 1687 erschienenen „Mathematischen Prinzipien der Naturlehre" begründet; aber diese Prinzipien ließen sich nicht unmittelbar auf technische Systeme anwenden. Euler hatte die Mechanik an die technisch bedeutsamen Gebiete der Hydraulik, der starren und der elastischen Körper herangeführt.

Aber als die eigentlichen Begründer der Technischen Mechanik gelten die Franzosen Charles Augustin Coulomb (1736–1806), Louis Marie Henri Navier (1785–1836), Gaspard Gustave de Coriolis (1792–1843) und Jean Victor Poncelet (1788–1867).

Coulomb begründete die Baustatik. Ihm gelang es, mit seiner Gewölbe- und Balkenbiegetheorie, mit seiner Bestimmung des Erddrucks gegen Futtermauern und mit dem nach ihm benannten Reibungsgesetz, bautechnisch wichtige Probleme wissenschaftlich und zugleich anschaulich zu lösen.

Navier griff die Untersuchungen Coulombs und anderer Vorgänger auf und fügte sie zu einem Lehrgebäude zusammen. Sein Hauptwerk von 1826 „Résumé des Leçons données à l'École des Ponts et Chaussées sur l'Application de la Mécanique à l'Etablissement des Constructions et des Machines" bildet bis heute die Grundlage der Baustatik und Festigkeitslehre für Ingenieure. Navier schälte aus der Gesamtheit der Eigenschaften technischer Objekte die für das vorliegende technische Problem relevanten Eigenschaften heraus, setzte sie zueinander in mathematische Beziehung und gab, wo er keine geschlossenen Lösungen aufstellen konnte, Näherungslösungen an, die

Charles Augustin Coulomb (1736–1806).

auf der sicheren Seite lagen – ein für Technikwissenschaftler charakteristisches Vorgehen.

Während Coulomb und Navier mit diesen Arbeiten vorwiegend die Untersuchungsmethoden und den Kenntnisstand bezüglich des Tragverhaltens von Baukonstruktionen förderten, traten bei Coriolis und Poncelet die dynamischen Probleme der Technischen Mechanik in den Vordergrund. Dynamische Probleme bereitete beispielsweise die Übertragung der Wasserkraft in Wasserrädern und Turbinen oder das Wirken von Trägheitskräften in rotierenden oder hin- und hergehenden Maschinenteilen wie man sie etwa in Dampfmaschinen antrifft. Eine Frage der Dynamik und zugleich ein zentrales Problem im Industrialisierungsprozeß war auch, den Wirkungsgrad ganzer Maschinen zu erfassen und Bedingungen für seine Steigerung anzugeben.

Ein wichtiges Hilfsmittel zur Lösung der angedeuteten Probleme war das Prinzip der lebendigen Kräfte. Unter der lebendigen Kraft eines Körpers verstand man zunächst – seit Leibniz diesen Begriff geprägt hatte – das Produkt aus seiner Masse und dem Quadrat seiner Geschwindigkeit, dann im Laufe des 19. Jahrhunderts die Hälfte dieses Produktes, also das, was heute kinetische Energie oder Bewegungsenergie genannt wird. Das Prinzip der lebendigen Kräfte beschreibt den Zusammenhang zwischen lebendiger Kraft und mechanischer Arbeit: Die Zunahme oder Abnahme der lebendigen Kräfte eines Massensystems entspricht der zugeführten oder abgeführten mechanischen Arbeit. Es handelt sich also bei diesem Prinzip um die mechanische Form des Erhaltungssatzes der Energie.

Mit Hilfe dieses Prinzips ließen sich Übertragungen und Umwandlungen mechanischer Energie in beliebigen Maschinen berechnen, gleichgültig ob in ihnen Arbeitsleistungen von Mensch, Tier, Wasser, Wind, Schießpulver oder von Speicherelementen – wie gespannten Federn – umgesetzt wurden. Man konnte, modern gesprochen, mechanische Energiebilanzen aufstellen und Bedingungen für den höchstmöglichen Maschinen-Wirkungsgrad ableiten. Damit wurde der Blick für unterschiedlich bedingte Verluste an lebendiger Kraft in Maschinen geschärft, also für Verluste durch Reibung und unelastische Stöße, durch Entweichen ungenutzter lebendiger Kräfte oder durch Erzeugung überschüssiger Bewegungen. Das Prinzip der lebendigen Kräfte hing also eng mit dem Streben nach technischer Effizienz zusammen. Seit dem frühen 19. Jahrhundert war das Prinzip im Kreis der École Polytechnique etabliert und spielte in den maschinendynamischen Arbeiten von Coriolis und Poncelet eine tragende Rolle.

Erwähnt seien noch die beiden mathematisch-formalen Funda-

Der Aufbau einer umfassenden Baustatik geht auf die weitreichenden Arbeiten von Louis Marie Henri Navier (1785–1836) zurück. Navier, der als Pionier der Arbeit moderner Bauingenieure angesehen werden kann, hat während seiner Tätigkeit nicht nur die positiven Erlebnisse erfolgreich vollendeter Bauten erlebt, sondern auch die Verantwortung und Problematik kühner Bauwerke: Die Zeichnung zeigt den Entwurf Naviers für eine Hängebrücke über die Seine in Paris, in der die Verankerung der Rückhaltekette zu erkennen ist. Das Bauwerk mußte kurz vor seiner Vollendung wieder abgebrochen werden. Obwohl Navier keine Schuld traf, überschattete dieser Mißerfolg viele Jahre seines Lebens.

Gaspard Monge (1746–1818), der Begründer der darstellenden Geometrie, verwendete geometrische Methoden auch in der Statik und der Maschinenlehre.

mente der wissenschaftlich betriebenen Technik französischer Prägung: die Infinitesimalrechnung und die Darstellende Geometrie.

Die Infinitesimalrechnung – bereits ein bewährtes Werkzeug zur Behandlung statischer und dynamischer Probleme der naturwissenschaftlichen Mechanik – wurde zunehmend auch in den technischen Wissenschaften angewandt. Erstmals hatte sie Bernard Forest de Bélidor (1697–1761) in seiner „Architecture hydraulique" (1737–1753) benutzt, einem für Techniker bestimmten Werk über mechanische Prinzipien, Hydraulik, Maschinentechnik und Wasserbau. Und Gaspard Monge (1746–1818), der Mitbegründer der École Polytechnique, schuf mit seiner „Géométrie descriptive" ein Konstruktions- und Veranschaulichungsmittel, das für die künftigen Ingenieurgenerationen unentbehrlich wurde. Aufgabe dieser Darstellenden Geometrie war es, dreidimensionale Gegenstände wie beispielsweise Bauten, Maschinenteile oder ganze Maschinen auf zweidimensionale Zeichenebenen so abzubilden, daß Zeichnung und Gegenstand einander eindeutig zugeordnet werden konnten. [III-2.1]

Verwissenschaftlichung der Technik im deutschsprachigen Raum

Wie die Grundideen der École Polytechnique, so fanden – wenn auch mit Verzögerung – die Arbeiten der französischen Polytechniker Eingang in Deutschland und Österreich. Mit Verzögerung deshalb, weil hier zum einen noch kaum hinreichend wissenschaftlich qualifizierte Techniker vorhanden waren, denen die auf naturwissenschaftliche Prinzipien gegründete und mit Infinitesimalrechnung operierende Darstellungsweise vertraut gewesen wäre, und zum anderen, weil in den französischen Werken etwas einseitig Technik vorwiegend als mathematische und physikalische Disziplin behandelt wurde und weil man sich diesem hohen Theoretisierungsniveau bewußt nicht anschließen wollte.

In Deutschland suchte man nach einer Synthese aus dem empirischen Vorgehen der britischen Ingenieure und dem theoriegeleiteten Vorgehen der französischen Polytechniker. Ein Blick in die Ingenieurliteratur der ersten Hälfte des 19. Jahrhunderts zeigt dies. Die französischen Arbeiten fanden Resonanz, aber von höherer Mathematik oder von der Gründung auf mechanische Prinzipien wie dem der lebendigen Kräfte wurde nur zögernd Gebrauch gemacht.

Beispiele für diese Zurückhaltung lieferte Julius Weisbach (1806–1871) von der Bergakademie in Freiberg mit seinem „Handbuch der

Bergmaschinenmechanik" (1835–1836) und dem „Lehrbuch der Ingenieur- und Maschinen-Mechanik" (1845–1860). Sorge um breite Verständlichkeit bei Theoretikern und Praktikern und das Bemühen, die Theorie stärker an praktische Bedürfnisse heranzuführen, prägten Weisbachs Werke. Zugleich zählte Weisbach zu jenen Ingenieuren, die – wie Gaspard F. C. M. Riche de Prony (1755–1839) von der École Polytechnique und Johann Albert Eytelwein (1764–1848) von der Berliner Bauakademie – neben der theoretischen Hydraulik der Mathematiker und Physiker eine praktische Hydraulik schufen. Diese praktische Hydraulik war auf den Bedarf des Wasserbau-Ingenieurs zugeschnitten und behandelte die Wasserbewegung in Flüssen, Kanälen, Wehren, Schleusen, Rohren und Gefäßen.

Begründung des wissenschaftlichen Maschinenbaus

Einen entscheidenden Schritt hin zur Verbindung von Theorie und Praxis unternahm in den Maschinenwissenschaften Ferdinand Redtenbacher (1809–1863), der als Begründer des wissenschaftlichen Maschinenbaus in Deutschland gilt. Er wirkte von 1841 bis zu seinem Tod an der polytechnischen Schule in Karlsruhe als Professor für Mechanik und Maschinenlehre. Durch seine Veröffentlichungen, durch seine Lehrtätigkeit und durch seine vielfältigen persönlichen Kontakte prägte er nachhaltig die Gestaltung des Maschinenunterrichts an den polytechnischen Schulen.

Redtenbacher setzte sich mit Erfolg für eine selbständige Maschinenlehre ein, in der die Mathematik nur Hilfswissenschaft war und in der die Rolle der mechanischen Prinzipien von den Vorkenntnissen der Zuhörer und vom zu erreichenden praktischen Ziel abhing. Vor allem im Erfinderisch-Konstruktiven hatte für Redtenbacher die Wirksamkeit der mechanischen Prinzipien, so notwendig sie auch sein mochten, ihre Grenzen: „Mit den Prinzipien der Mechanik erfindet man keine Maschine, denn dazu gehört, nebst dem Erfindungstalent, eine genaue Kenntniss des mechanischen Prozesses, welchem die Maschine dienen soll. Mit den Prinzipien der Mechanik bringt man keinen Entwurf einer Maschine zu Stande, denn dazu gehört Zusammensetzungssinn, Anordnungssinn und Formensinn. Mit den Prinzipien der Mechanik kann man keine Maschine wirklich ausführen, denn dazu gehören praktische Kenntnisse der zu verarbeitenden Materialien und eine Gewandtheit in der Handhabung der Werkzeuge und Behandlung der Hülfsmaschinen. Mit den Prinzipien der Mechanik betreibt man kein industrielles Geschäft, denn dazu gehört eine charakterkräftige Persönlichkeit und gehören commerzielle Geschäftskenntnisse. Man sieht, die Prinzipien der Mechanik sind für die mannigfaltigen technischen Thätigkeiten überall nicht zureichend, aber gleichwohl leisten sie, bei vollständigem Gebrauch, vortreffliche Dienste, denn sie geben doch überall an, was geschehen soll, bestimmen oftmals die wichtigsten Abmessungen und führen zu einem richtigen Urtheil; aber das Erfinden, das Zusammensetzen, Anordnen, Formgeben und das praktische Arbeiten mit der Feile und mit dem Drehstahl ist nicht ihre Sache"[5].

Dennoch: eine gesunde wissenschaftliche Grundlage besaß nach Redtenbachers Vorstellung ein Techniker dann, wenn er in den Geist der Prinzipien der Mechanik eingedrungen war. Wie wichtig ihm, der gegen den „Wischiwaschi der Empiriker"[6] ankämpfte, wissenschaftliche Grundlagen in Verbindung mit praktischem Verstand waren, spricht auch aus seiner Hoffnung, „den Leuten noch den Beweis unter die Nase zu halten, dass die Mathematik kein Luxus ist, und dass man mit derselben in dem Maschinenbau etwas leisten kann, vorausgesetzt, dass man vom Praktischen was versteht und genau weiss was für's Leben nothwendig ist"[7]. Planen, Entwerfen, Konstruieren und letztlich das gezielte Hervorbringen von Neuem waren für Redtenbacher die Schwerpunkte der Ingenieurtätigkeit, an denen er die Angemessenheit der theoretischen und praktischen Mittel überprüfte.

Eine zentrale Rolle im Konstruktionsprozeß spielte die technische Zeichnung: „Das Zeichnen ist für den Mechaniker ein Mittel, wodurch derselbe seine Gedanken und Vorstellungen mit einer Klarheit, Schärfe und Uebersichtlichkeit darzustellen vermag, die nichts zu wünschen übrig lässt. Eine gezeichnete Maschine ist gleichsam eine ideale Verwirklichung derselben, aber mit einem Material, das wenig kostet und sich leichter behandeln lässt, als Eisen und Stahl"[8]. Redtenbacher verwies auf die Vorteile der technischen Zeichnung im Stadium des Entwurfs von Maschinen oder ganzer Anlagen, wo bereits die Zeichnung Grundlage kritischer Beurteilung sein kann und Abänderungen noch leicht vorgenommen werden können. Im Stadium der Ausführung geht es dann darum, das in der bemaßten Zeichnung Dargestellte „mit dem Constructionsmaterial identisch nachzubilden"[9].

Gerade diese Stärke der technischen Zeichnung brachte Redtenbacher mit der arbeitsteiligen fabrikindustriellen Produktionsweise in Verbindung: „Jeder Maschinenbestandtheil kann im Allgemeinen unabhängig von allen andern ausgeführt werden, und dadurch ist es

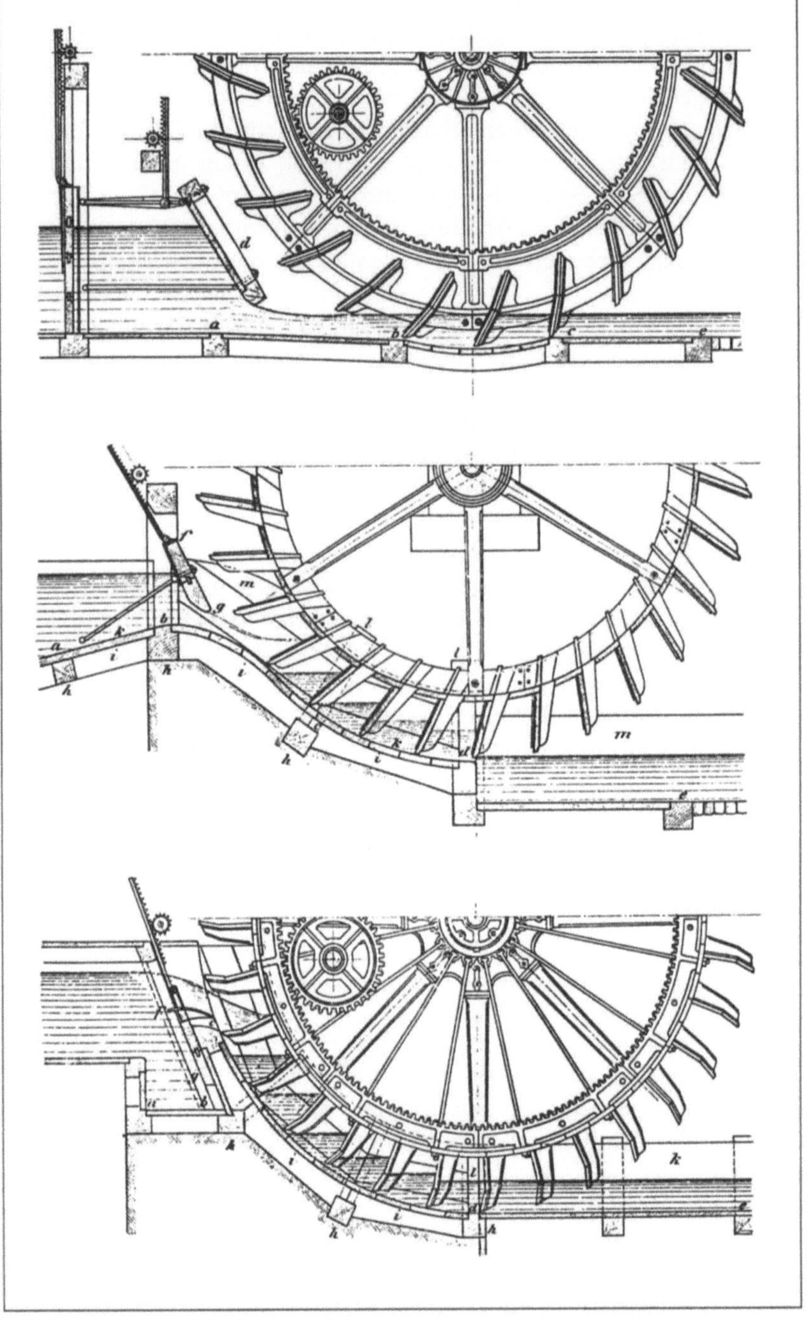

Ferdinand Redtenbacher (1809 bis 1863) begründete in Karlsruhe um die Mitte des vorigen Jahrhunderts den wissenschaftlichen Maschinenbau. Seine Form einer selbständigen Maschinenlehre wurde Vorbild für andere polytechnische Schulen. — In einer einzigartigen Werktrilogie behandelte er fast alle Themen des Maschinenbaus, zum Beispiel auch Wasserräder. Die Zeichnung stammt aus dem zweiten Teil seines großen Werkes („Der Maschinenbau" 1862/65) und beschreibt verschiedene Formen von Wasserrädern: das unterschlächtige Rad, das Kropfrad und das Schaufelrad mit Überfalleinlauf.

möglich, die Gesammtheit der Arbeiten unter eine grosse Anzahl von Arbeitern zu vertheilen, und das ganze Geschäft der Ausführung in der Weise zu organisiren, dass alle Arbeiten zur rechten Zeit, am geeignetsten Orte, mit dem geringsten Aufwand von Zeit und Kosten und Material und endlich mit einer Genauigkeit und Zuverlässigkeit ausgeführt werden können, die kaum etwas zu wünschen übrig lassen"[10].

Das Zusammenwirken technischer und wirtschaftlicher Faktoren machte die Grenzen der Berechenbarkeit neu zu entwickelnder Konstruktionen deutlich – Grenzen, auf die Redtenbacher immer wieder hinwies. Zweckmäßigkeit war für ihn nicht ausschließlich eine Frage des technischen Wirkungsgrades, sondern auch der Betriebswirtschaftlichkeit. In seine Regeln zur Wahl zwischen hölzernen Wasserrädern, eisernen Wasserrädern und Turbinen beispielsweise führte er neben den technischen Größen Gefälle, Wassermenge und Nutzeffekt auch das verfügbare Baukapital als für die Entscheidung wichtige Größe ein.

Redtenbacher begründete eine Schule des wissenschaftlichen Maschinenbaus in Deutschland, aus der nicht nur etliche bedeutende Industrielle und Techniker hervorgingen, sondern auch Technikwissenschaftler, die in späteren Jahren selbst als technische Hochschullehrer tätig waren.

Technische Thermodynamik

Zwar umfaßte Redtenbachers Lehre den gesamten Maschinenbau, also auch die Wärmekraftmaschinen, aber schulbildend speziell auf dem Gebiet der Technischen Thermodynamik wurde nach der Jahrhundertmitte ein anderer Hochschullehrer: Gustav Anton Zeuner (1828–1907), der am Eidgenössischen Polytechnikum in Zürich, an der Bergakademie in Freiberg und ab 1873 am Polytechnikum in Dresden wirkte.

Daß die Dampfmaschine des 18. Jahrhunderts nicht ausschließlich das Produkt handwerklich-empirischen Vorgehens war, wurde bereits gesagt. Dennoch: Von einer Theorie der Dampfmaschine, geschweige denn einer allgemeinen Theorie der maschinellen Umwandlung von Wärme in mechanische Arbeit kann bis zur Mitte des 19. Jahrhunderts kaum die Rede sein. Der Franzose Sadi Carnot (1796–1832) verwies 1824 in seiner Schrift „Die bewegende Kraft des Feuers" auf die zunehmende Bedeutung der Dampfmaschine für Produktion und Verkehr in den aufstrebenden Industriegesellschaften. Zugleich betonte er, das „Phänomen der Erzeugung von Bewegung durch Wärme" sei noch nicht unter einem „hinlänglich allgemeinen Gesichtspunkt" betrachtet worden. Und um das „Prinzip der Erzeugung von Bewegung durch Wärme in seiner ganzen Allgemeinheit" zu betrachten, müsse man Überlegungen durchführen, „welche ihre Anwendung nicht nur auf Dampfmaschinen haben, sondern auf jede denkbare Wärmemaschine, welches auch der angewandte Stoff sei, und in welcher Art man auf ihn einwirkt"[11]. Solche Überlegungen, verbunden mit Gedankenexperimenten über den idealen umkehrbaren Kreisprozeß, führten ihn zur Einsicht in die Bedingungen für das Arbeitsmaximum in beliebigen Wärmekraftmaschinen – einer Einsicht von grundlegender und richtungsweisender Bedeutung in der weiteren Entwicklung hin zur Technischen Thermodynamik.

Sadi Carnot (1796–1832) schuf mit seinen „Betrachtungen über die bewegende Kraft des Feuers und die zur Entwicklung dieser Kraft geeigneten Maschinen" die physikalischen Grundlagen der damals schon weit verbreiteten Dampfmaschine.

Ein wichtiger Schritt auf diesem Weg war zweifellos die Formulierung des Satzes über die Äquivalenz von Wärme und mechanischer Arbeit und die Ermittlung der zahlenmäßigen Beziehung zwischen diesen beiden Energieformen durch Julius Robert Mayer (1814–1878) und andere Forscher der 1840er Jahre; ebenso bedeutsam war die anschließende Formulierung der beiden Hauptsätze der Wärmetheorie durch Rudolf Clausius (1822–1888).

Auf diese physikalischen Grundlagen, auf weitere Veröffentlichungen über Experimente und Messungen von Stoffeigenschaften und auf eigene Untersuchungen stützte sich Zeuner, als er 1859 mit seinen „Grundzügen der mechanischen Wärmetheorie" die Aufmerksamkeit der Mechaniker für diese Theorie zu gewinnen trachtete. Er bot eine ingenieurgerechte Aufarbeitung der verstreuten physikalischen Forschungsergebnisse und schuf damit die Grundlage für eine Technische Thermodynamik – für eine Ingenieurwissenschaft, in der auch die Fülle wärmetechnischer Phänomene der Praxis in Tabellen und Diagrammen festgehalten war und die zur Beurteilung bereits hergestellter Maschinen ebenso diente wie zum Berechnen und Entwerfen neuer Geräte und Anlagen.

Welche Möglichkeiten die Zeunersche Schule der Technischen Thermodynamik für die konstruierende Praxis eröffnete, sei am Beispiel des Zeuner-Schülers Carl Linde (1842–1934) und des Linde-Schülers Rudolf Diesel (1858–1913) kurz angedeutet.

Linde wandte in den 1870er Jahren die Technische Thermodynamik auf die Untersuchung, Beurteilung und Verbesserung der Arbeitsvorgänge in Kältemaschinen an. Er untersuchte „1. welches Verhältnis zwischen entzogener Wärmemenge (Kälteproduktion) und aufgewendeter Energie als das naturgesetzlich höchst erreichbare zu be-

trachten, 2. welcher Arbeitsvorgang zur Erreichung solcher Höchst-
leistung auszuführen sei, und 3. wie sich die verschiedenen bestehenden Kältemaschinen hierzu verhalten"[12]. Als Ergebnis zeigte sich
ein so großer Unterschied zwischen naturgesetzlich möglicher und
technisch erreichter Ausnutzung der zugeführten Energie, daß er sich
an den Bau eigener Kühl- und Eismaschinen machte, die in der Tat
eine erhebliche Steigerung des Wirkungsgrades brachten.

In den thermodynamischen Vorlesungen Lindes am Münchener
Polytechnikum hörte Diesel, zu welch geringem Grade Dampfmaschinen die Brennstoffwärme in mechanische Arbeit umsetzten. Von
der theoretisch abgeleiteten Vorstellung thermodynamischer Ideal-
prozesse ausgehend, entwickelte er in den 1890er Jahren seinen neuen
wirtschaftlichen Verbrennungsmotor, gestützt auch auf eigene oder
von ihm geleitete Versuche mit festen, flüssigen und gasförmigen
Brennstoffen.

Elektrotechnik

War bisher nur von solchen technischen Wissenschaften die Rede,
deren naturwissenschaftliche Grundlagen mechanischer oder thermi-
scher Art waren, so soll nun der Blick auf eine Wissenschaft gelenkt
werden, die einen weiteren Bereich der Naturwissenschaften praktisch
nutzbar machte: die Wissenschaft von der Elektrotechnik.

Seit Mitte des 19. Jahrhunderts hatte die Telegrafie den praktischen
Nutzen der Elektrizitätslehre öffentlich unter Beweis gestellt. Zu diesem Zweig der Schwachstromtechnik mit spezifisch technischen Problemen wie der Übertragung von Signalen über große Entfernungen
trat im letzten Drittel des Jahrhunderts die Starkstromtechnik, wesentlich gegründet auf Werner Siemens' (1816–1892) Dynamomaschine
von 1866, einen nach dem dynamoelektrischen Prinzip arbeitenden
Stromerzeuger. [III-3.7]

Im Rahmen der naturwissenschaftlichen Fächer waren an den polytechnischen Schulen bereits Veranstaltungen angeboten worden wie
Theorie der Elektrizität und des Galvanismus, Elektromagnetismus
im Dienste der Verkehrsanstalten, Telegrafie. Nun, in den frühen
80er Jahren, bildete sich die Elektrotechnik als eigenständiges,
Schwachstrom- und Starkstromtechnik umfassendes Fachgebiet heraus. Die ersten Fachvertreter, die ihre elektrotechnische Lehrtätigkeit
an den Technischen Hochschulen 1882 aufnahmen, waren Wilhelm
Dietrich (1852–1930) in Stuttgart, Erasmus Kittler (1852–1929) in

Darmstadt und der später als Pionier der Funktechnik bekannt gewordene Adolf Slaby (1849–1913) in Berlin.

Der Schwerpunkt in diesem Verwissenschaftlichungsprozeß war die Starkstromtechnik. Die Grundprinzipien der Konstruktion von Dynamomaschinen waren teilweise empirisch gefunden worden. In den 80er Jahren des vergangenen Jahrhunderts wurden auf der Basis der Maxwellschen Elektrodynamik als naturwissenschaftlichem Fundament und auf der Basis von Messungen an Maschinen technikwissenschaftliche Theorien entwickelt. Sie erlaubten es, elektrische Maschinen zu berechnen, die Konstruktionen systematisch zu verbessern, kurz: den Elektromaschinenbau auf eine solide theoretisch und experimentell abgesicherte Grundlage zu stellen.

In den 80er und 90er Jahren bereits entwickelte sich die wissenschaftliche Disziplin Elektrotechnik zu beträchtlichem Umfang – in dem Maße wie sich die elektrotechnische Praxis entwickelte und die Elektrizität in nahezu alle Bereiche der industriellen Produktions- und Alltagswelt eindrang: durch Errichtung elektrischer Zentralanlagen und Fernübertragung elektrischer Energie, durch Elektromotoren als kleine aber leistungsfähige Antriebsmaschinen, durch elektrische Straßen- und Eisenbahnen, durch Telefoneinrichtungen oder durch elektrische Beleuchtung und Heizung. Aufgabe der elektrotechnischen Wissenschaft war es, dieses schnell sich ausweitende, in der Hochindustrialisierungsepoche wirtschaftlich bedeutende technische Neuland mit Methoden zu bearbeiten, die nicht mehr ausschließlich diejenigen der Naturwissenschaft oder des Maschinenbaus sein konnten.

Mechanische und chemische Technologie

Nachdem es bis jetzt überwiegend um solche technischen Wissenschaften ging, die mehr oder weniger eng mit einer naturwissenschaftlichen Basisdisziplin wie Mechanik, Wärmelehre oder Elektrizitätslehre zusammenhingen, soll nun auf jene Disziplinen eingegangen werden, die sich beschreibend und systematisierend mit den Verfahren der mechanischen und chemischen Produktion befassen: die technologischen Disziplinen.

Die genannten Produktionsverfahren beruhen zwar letztlich alle auf physikalischen oder chemischen Vorgängen. Aber abgesehen davon, daß die Naturgesetze dieser Vorgänge lange Zeit gar nicht vollständig bekannt waren, setzen sich mechanische und chemische Produktionsabläufe aus einer Vielzahl von Schritten zusammen. Und jeder einzelne ist eine Kombination recht unterschiedlicher naturgesetzlicher Phänomene. Deshalb läßt sich in der Regel ein technologischer Prozeß nicht nur von einer einzigen naturwissenschaftlichen Basisdisziplin her untersuchen, und die Komplexität der Vorgänge legt zunächst die Methode der Beschreibung und Systematisierung von Produktionsverfahren nahe.

Als akademisches Lehrfach kam die Technologie ab Mitte des 18. Jahrhunderts an die deutschen Universitäten, genauer: als Hilfswissenschaft der Kameralistik im Rahmen der staatswissenschaftlichen Ausbildung. Johann Beckmann (1739–1811) formulierte zwar für die Technologie den hohen Anspruch, sie gebe im Gegensatz zu den „Vorschriften und Gewohnheiten des Meisters" in „systematischer Ordnung" eine „gründliche Anleitung", wie man aus „wahren Grundsätzen" und „zuverlässigen Erfahrungen" die Mittel zur Herstellung von Waren finde [13]. Aber dies blieb vorerst ein Programm, das mit systematischen Beschreibungen einzelner Gewerbzweige und ihrer Materialien, Werkzeuge und Verfahren kaum zu realisieren war. [III-4.2]

Von dieser Methode der Beschreibung ging Beckmann 1806 in seinem Konzept einer allgemeinen Technologie über zur Methode des Vergleichs – ein Vorgehen, das nicht an den Universitäten, sondern an den polytechnischen Schulen des 19. Jahrhunderts weiterentwickelt wurde in Richtung einer praktikablen Technikwissenschaft.

Im Zuge dieser Entwicklung wurden mechanische und chemische Technologie voneinander getrennt. Die chemische Technologie erfaßte die Gesetze der chemisch-technischen Verfahren und entwickelte ab den 1860er Jahren über die analytischen Methoden der naturwissenschaftlichen Chemie hinausgehend eigenständige analytische Methoden. Hinzu kamen Fragen der chemisch-technischen Prozeßführung, also des Energie- und Stofftransports und der apparativen Ausstattung der Anlagen.

Vollzogen wurde die Trennung zwischen mechanischer und chemischer Technologie zuerst am polytechnischen Institut in Wien, einem bedeutenden Ausgangspunkt wissenschaftlicher Entwicklung auf technologischem Gebiet. Den Ruf der sogenannten Wiener technologischen Schule begründeten Johann Josef Prechtl (1778–1854), Georg Altmütter (1787–1858) und Karl Karmarsch (1803–1879).

Prechtl, der Organisator und erste Direktor des Wiener Instituts und Herausgeber der 20bändigen „Technologischen Encyklopädie" ab 1830, und Altmütter, der Begründer der mechanischen Technologie, waren die Lehrer von Karmarsch. Ihn ernannte man 1831 zum ersten Direktor der polytechnischen Anstalt in Hannover. Er betrieb hier 45 Jahre lang vor allem mechanische Technologie.

Kritisch-vergleichend bearbeitete Karmarsch dieses umfangreiche Gebiet. Seine Ergebnisse bestimmten nicht nur die technologische Literatur und die wissenschaftliche Ingenieurausbildung bis zum Ende des 19. Jahrhunderts; seine Suche nach Ähnlichkeiten, Verwandtschaften und gemeinsamen Grundsätzen führte ihn zu einer Einteilung in Hauptverfahrensgruppen der Formgebung und Bearbeitung von Metallen, die auch die heutige Fertigungstechnik noch kennt. Durch Karmarsch wurde die mechanische Technologie zu einer eigenständigen technikwissenschaftlichen Disziplin und etablierte sich ab Mitte des Jahrhunderts an den Polytechnika.

So fruchtbar die kritisch-vergleichende Methode von Karmarsch auch war, im letzten Drittel des 19. Jahrhunderts machte die großindustrielle Ausweitung der Produktionsprozesse eine methodische Ergänzung erforderlich, nämlich in Richtung experimenteller und quantifizierender Untersuchungen. Pioniere bei der Einführung des wissenschaftlichen Experiments in die technologische Forschung und Lehre jener Jahrzehnte waren Ernst Hartig (1836–1900) und Friedrich Kick (1840–1915).

Hartig, Professor für mechanische Technologie an der polytechnischen Schule in Dresden, führte Kraft- und Arbeitsmessungen an Textil- und Werkzeugmaschinen in Industriebetrieben durch und benutzte dazu Meß- und Anzeigegeräte, die er selbst entwickelt hatte.

Kick, Professor für mechanische Technologie am polytechnischen Institut in Prag, sah in der Mechanik der Formänderung von Werkstoffen die Hauptaufgabe der Technologie. Formänderungsversuche an festen Körpern führten ihn zu gesetzmäßigen Zusammenhängen, die er an Beispielen spanloser und spanabhebender Bearbeitungsverfahren in der Fertigungstechnik prüfte.

Wenn sich Hartig und Kick im letzten Jahrhundertdrittel für die experimentelle Technologie einsetzten und für die Errichtung technologischer Laboratorien, so lag dies im Zuge der allgemeinen technikwissenschaftlichen Entwicklung. Der Ruf nach Experimenten und Laboratorien in den Technikwissenschaften war eine Antwort darauf, daß die technisch-industrielle Praxis vielfach den traditionellen handwerklichen Bereich verlassen hatte und neue Orientierungshilfen für die Lösung praktisch-konstruktiver Probleme suchte.

Karl Karmarschs (1803–1879) Arbeiten hatten entscheidenden Anteil an der Entwicklung der mechanischen Technologie zu einer Disziplin der Technikwissenschaften. In seinem Handbuch gibt er eine systematische Darstellung aller in der mechanischen Technologie auftretenden Werkzeuge, Geräte und Verfahren.

Handbuch

der

mechanischen

Technologie.

Von

Karl Karmarsch,

Dr. ph., erstem Direktor und Professor an der polytechnischen Schule zu Hannover 2c. 2c.

Inhaber des königl. hannoverschen Guelphenordens vierter Klasse, des königl. preußischen Rothen-Adler-Ordens dritter Klasse, des Ritterkreuzes des königl. sächsischen Verdienstordens und des Ritterkreuzes des königl. bairischen St. Michaels-Ordens; Ehrenmitgliede der königl. Landwirthschafts-Gesellschaft zu Celle, des großherzogl. hessischen Gewerbvereins, des Vereins zur Ermunterung des Gewerbsgeistes in Böhmen, des polytechnischen Vereins für das Königreich Bayern, des Gewerbe-Vereins für das Herzogthum Nassau, der frankfurtischen Gesellschaft zur Beförderung der nützlichen Künste und ihrer Hülfswissenschaften, des polytechnischen Vereins zu Würzburg, des Gewerbvereins zu Dresden, des Apothekervereins im nördlichen Deutschland, der polytechnischen Gesellschaft zu Leipzig, des sächsischen Ingenieur-Vereins, des Lokal-Gewerbvereins zu Hannover, des Gewerbvereins zu Göttingen; Korrespondenten der k. k. geologischen Reichsanstalt zu Wien; korrespondirendem Mitgliede des niederösterreichischen Gewerbvereins; auswärtigem Mitgliede der pfälzischen Gesellschaft für Pharmazie und Technik; korrespondirendem Ehrenmitgliede der naturforschenden Gesellschaft zu Emden; u. s. w.

Dritte vermehrte Auflage.

Erster Band.

Hannover.

Helwing'sche Hof-Buchhandlung.

1857.

Neue Methoden der Baustatik

Eisenbahnunfälle, Dampfkesselexplosionen oder Brückeneinstürze, die auf Materialversagen zurückzuführen waren, machten drastisch klar, daß man in technischem Neuland kaum auf historisch gewachsene Erfahrungen zurückgreifen konnte. Probleme, wie sie bei Dauerbelastungen, dynamischen Massenwirkungen oder in Bereichen hoher Temperaturen und Drücke auftraten, forderten grundlegende Untersuchungen auf dem Gebiet der Werkstoffherstellung, -verarbeitung und -festigkeit.

Gerade der Eisenbahnbau spielte eine besondere Rolle für die Entwicklung der technischen Wissenschaften, denn er stellte Bauingenieurwesen und Maschinenbau gleichermaßen vor neue Aufgaben der statischen und dynamischen Berechnung und des Experiments.

Im Zusammenhang mit dem Eisenbahnbau und dem damit verbundenen Brücken- und Bahnhofshallenbau begann das Eisen die traditionellen Baustoffe Holz und Stein zu verdrängen. Deshalb versuchte man etwa seit Mitte des Jahrhunderts, systematisch mit Hilfe der wissenschaftlichen Baumechanik Tragwerke zu entwickeln, die den neuen Anforderungen des Eisenbahnwesens ebenso gerecht wurden wie den Materialeigenschaften des neuen Baustoffs Eisen.

Lange, gewalzte Eisenstäbe begünstigten die Herausbildung und zunehmende Anwendung einer speziellen Tragwerkform: des sogenannten Fachwerks. Zur statischen Untersuchung dieser neuen Fachwerkkonstruktionen boten sich wegen der Umständlichkeit herkömmlicher analytischer Methoden zunächst geometrisch-graphische Betrachtungsweisen an. Statt mit algebraischen Formeln, analytischer Geometrie und Differentialrechnung zu operieren, verfolgte die Graphische Statik den zeichnerischen Lösungsweg mit Zirkel, Lineal und Maßstab.

Solch eine Graphische Statik entwickelten ab der Jahrhundertmitte beispielsweise Carl Culmann (1821–1881) in der Schweiz, Otto Christian Mohr (1835–1918) in Deutschland und Luigi Cremona (1830 bis 1903) in Italien. Durch Begriffe wie Culmannsche Gerade, Mohrscher Spannungskreis oder Cremona-Plan sind ihre Namen bis in die jüngste Zeit so geläufig geblieben wie ihre graphischen Methoden. Wegen der Anschaulichkeit und Eleganz solcher Methoden wurde die Graphische Statik zu einem unentbehrlichen theoretischen Hilfsmittel des Ingenieurs.

Um dieselbe Zeit entstand noch ein zweiter, diesmal wieder analytischer Methodenkomplex der statischen Berechnung elastischer

Systeme: Man wandte die Erkenntnis an, daß Kräfte, die von außen auf ein elastisches System einwirken, dort Formänderungsarbeit leisten. Mit dem Minimalprinzip, nach dem diese Formänderungsarbeit immer so klein wie möglich ist, ließen sich vor allem statisch unbestimmte Systeme, wie sie gerade in Fachwerken häufig vorlagen, berechnen. Diese Art der Anwendung des mechanischen Energiesatzes auf elastische Körper, die ansatzweise bis ins 18. Jahrhundert zurückreicht, brachte der Italiener Carlo Alberto Castigliano (1847–1884) in den noch heute nach ihm benannten Lehrsätzen auf eine praktikable technikwissenschaftliche Form.

Heinrich Müller-Breslau (1851–1925), zunächst Professor an der Hannoveraner, dann an der Berliner Technischen Hochschule, entwickelte beide Methodenkomplexe der Baustatik, den graphischen und den analytischen, weiter und stellte sie systematisch dar in seinen beiden Hauptwerken „Die graphische Statik der Baukonstruktionen" (1881) und „Die neueren Methoden der Festigkeitslehre und der Statik der Baukonstruktionen, ausgehend von den Gesetzen der virtuellen Verschiebung und den Lehrsätzen über die Formänderungsarbeit" (1886).

Kinematik und Maschinendynamik

Nicht nur neue statische Fragen warfen Eisenbahnbau und Hochindustrialisierung auf. Auch gravierende kinematische und dynamische Probleme brachte diese Entwicklung mit sich.

Aufgabe der Kinematik ist die Analyse und Synthese von Bewegungsmechanismen, die mechanisch geführte Zwangsbewegungen in der Ebene oder im Raum vollziehen. Im Anschluß an Monges Darstellende Geometrie hatten Jean Nicolas Pierre Hachette (1769–1834) und André-Marie Ampère (1775–1836) im ersten Drittel des 19. Jahrhunderts eine rein geometrische Kinematik konzipiert. Mit dem Ziel einer umfassenden Theorie des Maschinenwesens legte 1875 Franz Reuleaux (1829–1905), Schüler Redtenbachers und Maschinenbauprofessor in Berlin, den ersten Band seiner „Theoretischen Kinematik" vor, eines vielbeachteten und heftig umstrittenen Werkes. Er betrachtete alle Maschinen als Zusammensetzung von Mechanismen, kinematischen Ketten und letztlich Paaren von aufeinander wirkenden Maschinenelementen. Zur Analyse bereits vorhandener Mechanismen und vor allem zur planvollen Synthese neuer entwickelte er eine kinematische Zeichensprache. Wenn er auch sein hoch gestecktes Ziel, „die Maschinenwissenschaft der Deduktion zu gewinnen"[14], nicht erreichte, so legte er mit seiner Kinematik doch ein tragfähiges Fundament für die moderne Getriebelehre.

Während die Kinematik nur Bewegungsabläufe untersucht und nicht die bewegenden Kräfte und die hervorgerufenen Massenwirkungen, sind genau diese Kraft- und Massenprobleme Gegenstand der Maschinendynamik. Zwar hatten Coriolis und Poncelet in der ersten Hälfte des 19. Jahrhunderts die dynamischen Probleme der Technischen Mechanik in den Vordergrund gerückt; aber der Bau von Lokomotiven und schnell-laufenden Dampfmaschinen mit entsprechend rasch hin- und hergehenden massebehafteten Teilen stellte den konstruierenden Ingenieur in der zweiten Jahrhunderthälfte vor Schwierigkeiten, die er mit dem gewohnten technikwissenschaftlichen Rüstzeug nicht meistern konnte.

Selbst Redtenbacher als Mitbegründer des wissenschaftlichen Maschinenbaus in Deutschland gab in seinen „Resultaten für den Maschinenbau" 1848 dem Anwender seiner statisch begründeten Konstruktionsregeln lediglich den Rat: Wenn Massenwirkungen ins Spiel kämen, brauche man nur gleich von vorneherein die Zapfen und Wellen hinreichend stark, zum Beispiel um ein Viertel oder um die Hälfte stärker als gewöhnlich zu nehmen, und dann würden auch alle anderen Dimensionen, wenn man sie mit den Verhältniszahlen bestimme, hinreichend stark. Wenn Stöße vorkämen, müsse man noch überdies die gegeneinander stoßenden Teile mit Masse versehen, damit sie eine bedeutende lebendige Kraft in sich aufnehmen könnten, ohne daß die Molekularvibrationen zu heftig würden[15].

Zweckmäßig, einfach, wenn auch unvollkommen nannte Redtenbacher diese Regeln. Immerhin legte er 1855 seine „Gesetze des Lokomotiv-Baues" vor und befaßte sich hier auch mit dynamischen Problemen der Lokomotivenbewegung: mit dem Zucken und Schlingern, mit dem Gaukeln, Wanken, Wogen und Nicken, also mit allen möglichen Schwingungserscheinungen fahrender Lokomotiven. Trotzdem waren in der normalen Praxis des Maschinenkonstrukteurs die einfachen Regeln und die Methode der Verhältniszahlen von Redtenbacher noch bis weit in die zweite Jahrhunderthälfte hinein anzutreffen.

In den 1860er Jahren setzte die Entwicklung schnell-laufender Dampfmaschinen ein. Was bedeutete schnell-laufend? Die Wattsche Dampfmaschine aus dem 18. Jahrhundert machte 10 bis 20 Hübe in der Minute. Um die Mitte des 19. Jahrhunderts liefen Dampfmaschinen mit 50 bis 60 Umdrehungen pro Minute. Die sogenannten schnell-laufenden Dampfmaschinen liefen mehr als doppelt so schnell. Aus gutem Grund galten hohe Geschwindigkeiten im Dampfmaschinenbetrieb als gefährlich, denn nach den Kesselexplosionen waren Schwungradbrüche die gefürchtetste Gefahrenquelle. Um so mehr Aufsehen erregten auf der Pariser Weltausstellung 1867 amerikanische Porter-Allen-Dampfmaschinen. Sie liefen mit 200, zeitweise mit 500 Umdrehungen in der Minute und trieben unter anderem elektrische Generatoren an – künftig ein Hauptanwendungsgebiet für schnell-laufende Dampfmaschinen bis zum Aufkommen der Dampfturbinen.

Die maschinendynamischen Überlegungen und Berechnungen, die solchen schnell-laufenden Maschinen zugrundelagen, arbeitete Johann Friedrich Radinger (1842–1901) vom Polytechnischen Institut in Wien aus. Als österreichischer Berichterstatter hatte er diese Dampfmaschinen auf der Pariser Ausstellung gesehen und sich dadurch zu seinen Studien anregen lassen. Bereits 1870 trat er mit seinem Buch über „Dampfmaschinen mit hoher Kolbengeschwindigkeit" an die technisch-interessierte Öffentlichkeit: „Da es aber nicht der Dampf oder die Steuerung ist, welcher die Einführung größerer Kolbengeschwindigkeiten unmöglich macht, so können es nur die Massen der Maschine sein, welche bei höheren Geschwindigkeiten durch Vibrationen und Stöße so oft Anlass zu ernsten Befürchtungen geben mögen, dass man ihnen zur Rücksicht mit der Geschwindigkeit niedrig bleibt, und den Kolben selbst vor dem hohen Druck nur langsam führt"[16]. Diese „erfahrungsmäßigen" Grenzen der Kolbengeschwindigkeit wollte Radinger überwinden. Zweck seiner auf graphische Methoden und Diagramme gestützten Untersuchung war, „die Grenzen zu finden, bis zu welchen man mit der Geschwindigkeit im äußersten Falle gehen kann, ohne Stöße im Organismus der Maschine wachzurufen, und die Geschwindigkeiten, bis zu welchen man gehen soll, weil bei ihnen der größte Gleichgang herrscht"[17]. Doch nicht nur mit der Frage nach maximalen und optimalen Kolbengeschwindigkeiten stationärer Dampfmaschinen setzte sich Radinger auseinander, sondern auch mit dem Lauf von Schiffsmaschinen und Lokomotiven und mit jenen verwickelten Problemen, die bei Lokomotivfahrten über Brücken auftraten.

Fachkollegen stuften Radingers Werk als epochemachend ein, zumal er, an Ponceletsche Bemühungen anknüpfend, der Maschinendynamik einen der Statik gleichrangigen Platz einräumte. Ihm schrieb der Physiker Arnold Sommerfeld (1868–1951), der sich selbst intensiv mit Problemen der Technischen Mechanik befaßte, das große Verdienst zu, „das dynamische Gewissen des Technikers geweckt zu haben. Er entdeckte im Maschinenbau den Newtonschen Grundsatz von neuem, wonach Masse mal Beschleunigung gleich Kraft ist"[18].

Materialprüfung und Ingenieurlaboratorium

Wie groß die berechneten oder graphisch ermittelten statischen und dynamischen Beanspruchungen in technischen Systemen waren und ob diese Systeme solche Belastungen aushielten, blieb wesentlich eine Frage der Materialeigenschaften. Diese festzustellen und letztlich zu prüfen, ob die theoretisch ermittelten Belastungswerte mit den gemessenen hinreichend gut übereinstimmten, war Aufgabe des Materialprüfungswesens.

Auch auf diesem Gebiet hatte der Eisenbahnbau wichtige Anstöße gegeben. Veranlaßt durch die anfangs recht häufigen Achsenbrüche an Eisenbahnfahrzeugen unternahm August Wöhler (1819–1914) Versuche über die Einwirkung der Schienenstöße auf die Radachsen und über die Biegung und Verdrehung der Eisenbahnachsen während der Fahrt. Mit seinen Dauerfestigkeitsversuchen von 1856 bis 1870 schuf er die empirische Basis für weitere theoretische und experimentelle Untersuchungen auf den Gebieten der ruhenden, schwellenden und wechselnden Belastung.

Die technische Kommission des Vereines Deutscher Eisenbahn-Verwaltungen verfaßte 1877 eine „Denkschrift über die Einführung einer staatlich anerkannten Classification von Eisen und Stahl". Hier kam zum Ausdruck, wie notwendig nicht nur für die Eisenbahn, sondern für alle Gewerbezweige ein systematisches Materialprüfungswesen geworden war. Die Erarbeitung wissenschaftlicher Grundlagen wurde gefordert zur „Bestimmung der für die Dauerhaftigkeit günstigsten Formen und Verbindungen, bzw. zur genauen Feststellung der Inanspruchnahme des Materials bei verschiedenen Formen und Verbindungen, bei festen und bei bewegten Constructionen, für schwankende und für constante Anspannungen, Erschütterungen und Stösse, für den Einfluss der Temperatur und starker Schwankungen derselben, wie sie z. B. bei Dampfkesseln vorkommen, also fast für alles das, was den Constructeur in den Stand setzt, ohne Materialverschwendung in alle Theile eines grossen Bauwerkes, einer Maschine oder sonstiger Construction die gleiche oder überhaupt eine scharf bestimmte Sicherheit zu legen"[19].

Damit war zugleich der Aufgabenbereich der Materialprüfungsanstalten umrissen, die ab 1870 – beginnend mit dem „Mechanisch-

Ingenieurlaboratorien an den Polytechniken und Technischen Hochschulen – die Abbildung zeigt die Innenansicht des 1900 in Betrieb genommenen Ingenieurlaboratoriums an der TH Stuttgart – dienten vor allem der Untersuchung von Kraft- und Arbeitsmaschinen; sie prüften, ob die für die theoretischen Ansätze vorgegebenen Idealisierungen in der Realisierung zulässig waren oder nicht.

Technischen Laboratorium" von Johann Bauschinger (1834–1893) in München – an den Polytechniken entstanden. Dort untersuchte man in der Folgezeit alle wichtigen Konstruktionsmaterialien des Bau- und Maschinenwesens und überprüfte mit Hilfe der ermittelten Werte die Ergebnisse der Elastizitäts- und Festigkeitslehre. Parallel hierzu entstanden Ingenieurlaboratorien an den Polytechniken oder Technischen Hochschulen, wie sie sich nun zunehmend nannten. Diese Laboratorien dienten der Untersuchung von Kraft- und Arbeitsmaschinen, zunächst insbesondere von Dampfmaschinen und Dampfkesseln, dann auch der neu entwickelten Motoren mit innerer Verbrennung. In den Laborexperimenten zeigte sich, ob die Idealisierungen, auf denen jeder theoretische Ansatz beruht, zulässig waren oder nicht. Um die theoretischen Modellvorstellungen hinreichend gut an die technische Realität heranzuführen, brauchte man Erfahrungszahlen beispielsweise über das Werkstoffverhalten, über Wärmeleitung, über das Verhalten von Gasen und Dämpfen in Wärmekraftmaschinen oder über den Kraftbedarf von Arbeitsmaschinen.

Technikwissenschaften und experimentelle Forschung

Hinter dieser Vorgehensweise steckte ein neues Wissenschaftsverständnis. Die Ingenieurwissenschaftler vollzogen im letzten Viertel des 19. Jahrhunderts eine deutlichere Abgrenzung der technischen Wissenschaften von den Naturwissenschaften und der Mathematik bezüglich Gegenstand und Methode. Verbunden war damit eine Abkehr von jener Richtung, die sich seit den 60er Jahren bemühte, den Anspruch auf Wissenschaftlichkeit der polytechnischen Schulen und auf Anerkennung ihres Hochschulcharakters zu rechtfertigen durch stärkere Hinwendung zu mathematisch-naturwissenschaftlichen Methodenidealen. Franz Grashof (1826−1893) ist dieser Richtung zuzuordnen, vor allem aber Reuleaux, der in seiner Kinematik die Grundzüge einer „das ganze Maschinenwesen umfassenden Theorie" aufzeigen wollte mit dem Ziel einer „wahrhaft deduktiven Behandlung der Maschine"[20]. So wichtig und fruchtbar die Kinematik für den Maschinenbau auch war − das von Reuleaux propagierte deduktive Methodenideal für das gesamte Maschinenwesen konnte sich nicht durchsetzen.

Statt dessen entwickelten die Ingenieure in den Laboratorien und Materialprüfungsanstalten der Technischen Hochschulen spezifisch technikwissenschaftliche experimentelle Forschungsmethoden. Praktische Notwendigkeit und Wirksamkeit rechtfertigten dieses Vorgehen, zumal in sicherheitstechnischen Fragen auch öffentliche Interessen berührt waren. Außerdem sahen Technische Hochschule, Industrie und Staatsbehörden einen engen Zusammenhang zwischen technikwissenschaftlicher Forschung und industrieller Konkurrenzfähigkeit auf dem Weltmarkt. Hochschul- und standespolitisch gesehen galt nicht mehr das mathematisch-naturwissenschaftliche Methodenideal, sondern die Forschungstätigkeit als Ausweis von Wissenschaftlichkeit und verlieh den Forderungen der Technischen Hochschulen nach offizieller Gleichstellung mit den Universitäten Nachdruck. [V-3.5]

Maßgeblich mitgewirkt an der Begründung dieser neuen experimentellen Technikwissenschaft hat Carl Bach (1847−1931), von 1878 bis 1922 Professor für Maschinenbau an der Technischen Hochschule Stuttgart. Er schuf eine ins 20. Jahrhundert weiterführende Schule der Technikwissenschaften, indem er theorie- und praxisbezogene Strömungen zusammenführte. Gestützt auf die Dauerfestigkeitsversuche von Wöhler suchte er gleich zu Beginn seiner Lehr- und Forschungstätigkeit Ordnung in die Vielzahl der für Werkstoffe zulässigen Belastungen zu bringen, indem er ruhende, schwellende und wechselnde

Belastungen als Hauptfälle unterschied und die jeweiligen Beanspruchungen zueinander ins Verhältnis setzte. Bach untersuchte alle Materialien des Bau- und Maschinenwesens, förderte die Entwicklung des neu aufkommenden Eisenbetonbaus, prüfte Schweiß-, Löt- und Nietverbindungen und erforschte den Einfluß der Formgebung, etwa die Wirkung scharfer Übergänge, auf die Belastbarkeit von Bauteilen. Zum Zwecke der besseren Wärmeausnutzung im Dampfmaschinen- und Verbrennungsmotorenbau befaßte er sich auch mit den Festigkeitseigenschaften bei höheren Temperaturen. Statt sämtliche Abmessungen einer Maschine durch Verhältniszahlen auf eine oder wenige Hauptgrößen zu beziehen, legte Bach Wert darauf, daß alle Abmessungen einer Konstruktion unmittelbar aus den wirkenden Kräften bestimmt wurden[21].

Entgegentreten wollte er aber auch dem ebenfalls noch verbreiteten, jedoch irreführenden Eindruck, „ein Prozess, eingekleidet in das Gewand der exakten Wissenschaft, der Mathematik, sei ergründet, sei wahr im vollen Umfange, den das mathematische Kleid bestimmt"[22]. Deshalb förderte er die neue Richtung, welche, wie er sagte, zwar auch die Gesetzmäßigkeit der Vorgänge zu ergründen und in das Gewand der Mathematik zu kleiden suche, welche jedoch bestrebt sei, dies erst dann zu tun, nachdem sie durch den Versuch die Erfahrungsgrundlagen für die Rechnungen nach Möglichkeit sichergestellt habe; welche es ablehne, die gefundenen Ergebnisse zu verallgemeinern, so lange das vorliegende Versuchsmaterial hierzu ungenügend erscheine, und welche einen Hauptwert auf die „lebendige Anschauung von den thatsächlichen Vorgängen" lege[23]. Solche experimentell gefundenen Ergebnisse wollte er für den Ingenieur anwendungsgerecht aufbereiten und strebte deshalb bei der Wahl rechnerischer Mittel größte Einfachheit an.

Zugrunde lag dieser neuen erfahrungswissenschaftlichen Richtung ein Theorie-Praxis-Verständnis, wie Bach es selbst formuliert hat: „Zwischen den wissenschaftlichen Grundlagen eines Gebietes und der Praxis kann kein Gegensatz bestehen, wenn die wissenschaftlichen Grundlagen tatsächlich das sind, was man von ihnen erwarten muß. Versteht man unter der Wissenschaft die systematische Anordnung aller Erkenntnisse, die wir über einen Gegenstand besitzen, so kann kein Gegensatz mit den tatsächlichen Verhältnissen vorhanden sein; es kann höchstens etwas noch nicht Bekanntes, noch nicht Aufgeklärtes vorliegen, aber kein Gegensatz"[24].

Wissenschaft als systematische Anordnung aller Erkenntnisse, die wir über einen Gegenstand besitzen, unter Verwendung eines rechnerischen Apparates von möglichster Einfachheit: dieses pragmatische, ja positivistische Wissenschaftsverständnis zielte auf Beschreibung und Ordnung phänomenologischer, durch systematische Meßreihen ermittelter Befunde. Angewandt auf technische Gegenstandsbereiche führte dies zu spezifisch technischen Gesetzmäßigkeiten, die auf den Bedarf des planenden, entwerfenden und konstruierenden Ingenieurs zugeschnitten waren und deren Gültigkeit zunächst nur innerhalb der Grenzen des Versuchsfeldes als gesichert galt. Experimentelle Absicherung und unmittelbare praktische Anwendbarkeit wurden hier zum Prüfstein für die Wahrheit theoretischer Aussagen, gleichsam zum Maßstab und Ausweis wissenschaftlichen Vorgehens in der Technik.

Seit der frühen Neuzeit hatten sich die Technikwissenschaften im Spannungsfeld von Theorie und Praxis entwickelt. Mit dem Bestreben, technische Vielfalt auf mathematisch formulierbare Regeln zurückzuführen und mit dem systematischen Beschreiben ganzer Technikbereiche wurden dabei zwei bis in die Gegenwart reichende Wege der Verwissenschaftlichung beschritten. Im Deutschland des 19. Jahrhunderts suchte man nach einer Synthese aus den mathematisch-naturwissenschaftlich geprägten Methoden der französischen Polytechniker und dem eher empirischen Vorgehen der britischen Ingenieure. So entstand schließlich im Zeitalter der Hochindustrialisierung jener streng erfahrungswissenschaftliche Ansatz, dessen wirkungsvoller Repräsentant Bach war. Dieser Ansatz prägte die Technikwissenschaften bis weit über die Jahrhundertwende hinaus und bestimmte ihr Verhältnis zu Naturwissenschaften und Mathematik. In diesen Zusammenhang gehören die eingangs zitierten Äußerungen, die moderne Technik benutze nicht nur Mathematik und Naturwissenschaft als Hilfswissenschaften, sie besitze auch einen eigenen wissenschaftlichen Geist, eine eigene wissenschaftliche Methode der Stellung und der Lösung ihrer Probleme – eine Einschätzung, die den Begriff „technische Wissenschaft" rechtfertigte.

Literaturnachweise

1 *Lexis*, W. (Hrsg.): Das Unterrichtswesen im Deutschen Reich. Bd. IV. Das Technische Unterrichtswesen. Tl. 1. Die Technischen Hochschulen. Berlin 1904, S. V

2 *Weyrauch*, Robert: Die Technik. Ihr Wesen und ihre Beziehungen zu anderen Lebensgebieten. Stuttgart 1922, S. 116

3 Zit. n. *Klemm*, Friedrich: Technik. Eine Geschichte ihrer Probleme. Freiburg/ München 1954, S. 157 f.

4 *Gillispie*, Charles C.: Die Naturgeschichte der Industrie. In: Musson, A. E. (Hrsg.): Wissenschaft, Technik und Wirtschaftswachstum im 18. Jahrhundert. Frankfurt a. M. 1977, S. 151

5 *Redtenbacher*, Ferdinand: Resultate für den Maschinenbau. Heidelberg ^{5}1869, S. V f. (Vorrede zur ersten Auflage 1848)

6 Brief Redtenbachers an Autenheimer, ziemlich sicher datiert auf 1855, zit. bei *Redtenbacher*, Rudolf: Ferdinand Redtenbacher. Biografische Skizze. In: Redtenbacher, Rudolf (Hrsg.): Geistige Bedeutung der Mechanik und Geschichtliche Skizze der Entdeckung ihrer Principien. Vortrag gehalten im Herbst 1859 von Ferdinand Redtenbacher. Biographische Skizze und Festbericht. München 1879, S. 58

7 Brief Redtenbachers an Raabe, 1842, zit. bei *Redtenbacher*, Rudolf (Vgl. 6), S. 39

8 *Redtenbacher*, Ferdinand: Principien der Mechanik und des Maschinenbaues. Mannheim ^{2}1859, S. 312

9 Vgl. 8

10 Vgl. 8

11 Zit. n. *Klemm*, Friedrich (Vgl. 3), S. 281

12 *Linde*, Carl: Aus meinem Leben und von meiner Arbeit. München o. J. (1916), S. 35

13 *Beckmann*, Johann: Anleitung zur Technologie. Göttingen ^{2}1780. ND Leipzig 1970, S. 17

14 *Reuleaux*, Franz: Theoretische Kinematik. Grundzüge einer Theorie des Maschinenwesens. Braunschweig 1875, S. 26

15 Vgl. 5 (Vorrede zur 1. Aufl.), S. VIII

16 *Radinger*, Johann: Ueber Dampfmaschinen mit hoher Kolbengeschwindigkeit. Wien ^{3}1892 (Vorrede zur 1. Aufl. 1870), S. XII f.

17 Vgl. 16, S. XIII (Vorrede zur 1. Aufl.)

18 *Sommerfeld*, Arnold: Die naturwissenschaftlichen Ergebnisse und die Ziele der modernen technischen Mechanik (Vortrag 1903). In: Sommerfeld, Arnold: Gesammelte Schriften. Bd. 1. Braunschweig 1968, S. 450

19 Denkschrift über die Einführung einer staatlich anerkannten Classification von Eisen und Stahl. In: Zeitschrift des Vereines deutscher Ingenieure. Bd. 21, 1877, Sp. 522

20 *Reuleaux*, Franz. (Vgl. 14), S. VIII

21 *Bach*, Carl: Mein Lebensweg und meine Tätigkeit. Berlin 1926, S. 44 (Vorwort 1860 zur 1. Aufl. seiner „Maschinenelemente")

22 *Bach*, Carl: Besprechung des Werkes von L. Tetmajer: Die angewandte Elastizitäts- und Festigkeitslehre (Zürich 1889). In: Zeitschrift des Vereines deutscher Ingenieure. Bd. 33, 1889, S. 452
23 Vgl. 22
24 Vgl. 21, S. 29

Technikwissenschaften im Wandel

Heinz Blenke

Hinführung

Gegenwärtige Entwicklungen der Technikwissenschaften ergeben sich aus den erkennbaren zukünftigen Anforderungen und dem bisherigen Werden und Wirken. Deshalb zunächst ein kurzer Rückblick. Die Gesamtbetrachtung konzentriert sich exemplarisch auf Maschinentechnik im weitesten Sinn, weil diese die vielfältigsten Bereiche umfaßt und die Entwicklungsphasen am deutlichsten aufzeigt.

Im Begriff Technikwissenschaft verbinden sich zwei selbständige Entfaltungsbereiche menschlicher Aktivität und Kreativität, nämlich Technik und Wissenschaft. Der Rückblick muß deshalb zunächst bis zu ihrer „Synthese" beide Bereiche getrennt betrachten. [III-4.1; III-4.4]

Seit Auftreten der ersten Vollmenschen vor etwa 600 000 Jahren gibt es Technik, aber erst seit 300 Jahren exakte Naturwissenschaften und damit die zweite Voraussetzung zur Entstehung der Technikwissenschaften. Technik wird zwar begründet und begrenzt durch Naturgesetze; aber der Mensch hat diese über hunderttausende von Jahren praktisch angewandt, bevor er sie theoretisch erfassen, experimentell bestätigen und mathematisch formulieren konnte.

Wolfgang Schadewaldt, Tübinger Graecist und Altphilologe kennzeichnet Technik so: „Die Technik in ihrem Wesen und ihren ersten Ursprüngen hat ihren unbezweifelbaren menschlichen Ort. Sie ist ein Urhumanum, so alt wie der Mensch und mit dessen erstem Heraufkommen mitgesetzt. Der Mensch, der nicht wie das Tier von Natur in eine Umwelt eingepaßt ist, sieht sich, um in seiner Sonderart als Mensch überhaupt bestehen zu können, darauf angewiesen, seine spezifisch menschliche ‚Welt' der elementaren Natur abzugewinnen und sie zu gestalten. Das Mittel dieser menschlichen Weltgestaltung ist die Technik (. . .), die ‚Kultur' erst eigentlich ermöglicht und die, sofern sie sich recht versteht, auch an sich selber ein Teil der Kultur ist" [1].

Mit dem Ende der letzten Eiszeit vor etwa 10 000 Jahren vollzog sich ein entscheidender Wandel für die Entwicklung der Menschheit und ihrer Technik: Aus nomadisierenden Jägern und Sammlern wurden seßhafte Hirten und Bauern. Mit der Arbeitsteilung kamen dazu die Handwerker und mit der Aufteilung in Produzenten und Konsumenten die Händler. Zur Technik trat die Wirtschaft. Zunehmende Spezialisierung brachte entscheidende Fortschritte der handwerklichen Technik [2].

Mit Arbeitsteilung und der Sicherheit geordneter Gemeinwesen wurden auch Kräfte frei für Besinnlichkeit und geistige Entfaltung. Hochkulturen und Großreiche entstehen und vergehen. Im östlichen Mittelmeer findet das Aufleuchten menschlichen Geistes nach dem animalischen Lebenskampf der frühen Jahrhunderttausende strahlende Höhepunkte in der griechischen Philosophie. Sokrates (470–399), Platon (427–347) und insbesondere Aristoteles (384–322) schufen in der hypothetischen *Naturphilosophie* ein geistiges Bild der Welt, das über 2000 Jahre weitgehend das abendländische Denken beherrschte und weit über die materielle Welt hinaus in zunehmend vergeistigte Wirklichkeitsferne führte. Friedrich Dessauer (1881–1963) sagte dazu: „Das stolze Gedankengebäude, das man errichtet hat und das die Bibliotheken füllt, bildet den Kosmos nicht ab (. . .). In der Tat ist bis zu Galilei kein großes Naturgesetz richtig gefunden und mathematisch formuliert worden"[3]. Freilich gab es auch in der Antike schon eindrucksvolle technische Leistungen, wie das Zusammenwirken von Bautechnik und Kunst in den „Sieben Weltwundern" demonstriert[4]. [III-3.2; III-4.2]

Dagegen war die Entwicklung der Maschinentechnik jedoch gering, abgesehen von wenigen herausragenden Einzelleistungen. Das ergab sich im wesentlichen aus der krassen Trennung, welche die idealistische Philosophie zwischen der hohen Sphäre des Geistigen und der niederen des Materiellen zog. Kennzeichnend dafür sind Plutarchs (45– um 125) Worte über Archimedes (um 287–212), wonach dessen technische Arbeiten nur „Nebenprodukte einer spielerischen Geometrie" seien, weil auch er das „Konstruieren von Instrumenten, wie überhaupt jede Tätigkeit, die des praktischen Nutzens wegen ausgeübt wird, niedrig und unedel fand"[5]. Auffallend gleichsinnig und gleichlautend fordert noch Wilhelm von Humboldt (1767–1835), man müsse „die Bildung von irgendeinem Bezug zum praktischen Leben und seinen Zwängen zur Nützlichkeit und Zweckmäßigkeit entschieden abgrenzen"[6].

So wird die Maschinentechnik praktisch ohne Hilfe der wissenschaftlichen Kräfte vom Handwerk getragen. In den mittelalterlichen Gilden und Zünften des 14. Jahrhunderts gelangt die handwerkliche Technik zu „meisterhafter" Vollkommenheit. [III-3.2; III-4.2]

Wie Kunst und Technik schon in der antiken Baukunst zusammenwirkten, nähern sich nun noch etwas zaghaft auch Kunst und Maschinentechnik. Der Durchbruch erfolgt in der Renaissance. Sie bedeutet „das Auftauchen des Menschen aus dem Dunkel mittelalterlichen Glaubens und Aberglaubens und seine Rückkehr ins Licht der Vernunft"[7]. Der herausragende Repräsentant dieser Zeit ist Leonardo da Vinci (1452–1519). In ihm verbinden sich Kunst und Technik in einmaliger Vollendung. Mit konstruktiv-gestalterischer Phantasie und Akribie und einer Vielseitigkeit, die fast schon alle Fachgebiete moderner Technikwissenschaften betrifft, greift er genial visionär seiner Zeit weit voraus. Zur experimentellen und theoretischen Erarbeitung allgemein gültiger natur- und technikwissenschaftlicher Gesetze und Grundlagen drangen die Künstler-Ingenieure der Renaissance allerdings noch nicht vor. Dazu bedurfte es noch vieler weiterer Aktivitäten über mehr als ein Jahrhundert. [III-3.3]

Endlich setzt im 17. Jahrhundert, der dynamischen Zeit des Barock, der grundlegende geistige Wandel ein von rein spekulativen Hypothesen zu exakter wissenschaftlicher Forschung. Das deduktive Denken der Naturphilosophie wird weitgehend ersetzt durch induktive Methoden der Naturwissenschaften, die von exakten Erfahrungen, Beobachtungen und Versuchen ausgehen und gesicherte Ergebnisse mit möglichst weitreichender mathematischer Formulierung hinführen zu gültigen Naturgesetzen.

Galileo Galilei (1564–1642) setzt dieses Prinzip mit seinem „interrogare naturam" durch gezielte physikalische Experimente wegweisend in die Tat um. Diese „Galilei'sche Wende"[8] ist für die Entwicklung der Menschheit bedeutungsvoller als alle politischen und militärischen Ereignisse, auch wenn die historische Wertung darauf noch kaum hindeutet. [III-3.3; III-3.4]

Die Technik kann die nun gewonnenen gültigen Erkenntnisse der Naturwissenschaften anwenden und damit auch ihrerseits den Naturwissenschaften immer bessere Versuchseinrichtungen bieten, deren Ergebnisse wiederum der Technik zugute kommen. In der Symbiose mit Naturwissenschaft und Mathematik wächst die Technik schnell aus der handwerklichen Enge heraus. Schließlich verbinden sich alle Komponenten in fortschreitender Synthese zu den Technikwissenschaften[9].

Auswirkungen früher Technikwissenschaften

Einer der ersten Ingenieure der neuen wissenschaftlichen Arbeitsweise ist Otto von Guericke (1602–1686), der auch allen heutigen Ingenieuren aus dem Herzen spricht mit den Worten: „Bei Fragen der Naturforschung hat es gar keinen Wert, schön reden und gut diskutieren zu können. Wo man Tatsachen reden lassen kann, braucht man keine gekünstelten Hypothesen". Er gilt mit Recht als Begründer der Wärmekraftmaschinen, die der Menschheit zwei völlig neue Energiequellen erschließen, nämlich zunächst die latente chemische Verbrennungsenergie regenerativer und fossiler Primärenergieträger wie Holz, Kohle, Erdöl, Erdgas und in jüngster Zeit die latente physikalische Kernenergie von Kernspaltungs- sowie in fernerer Zukunft von Kernfusionsreaktionen.

Es beginnt mit wohldurchdachten Versuchen zum Vakuum. Der bedeutendste ist der mit den „Magdeburger Halbkugeln" (1660). Auf diesem demonstrativen, bahnbrechenden Beweis der Kraftwirkung einer Druckdifferenz auf eine Fläche bauen direkt die „Atmosphärischen Dampfmaschinen" des englischen Grobschmieds Thomas Newcomen (1663–1729) auf. Sie wurden als „Feuermaschinen" ab 1712 zur Entwässerung von Bergwerken eingesetzt, wozu die Engländer noch recht kritisch feststellten: „Will man ein Bergwerk mit einer Feuermaschine entwässern, braucht man eine Erzgrube, um sie zu bauen und eine Kohlengrube, um sie zu betreiben"[10]. Die erste wirtschaftliche Kolbendampfmaschine schuf in systematischer Weiterentwicklung erst der Feinmechaniker und Konstrukteur mathematischer Instrumente an der Universität Glasgow, James Watt (1736–1819). Bei ihr wirkt zusätzlich zu dem Unterdruck, der unter dem Kolben durch Kondensation von Wasserdampf erzeugt wird noch der Überdruck gespannten Dampfes auf der oberen Kolbenseite. Das führt zu höherer Druckdifferenz und Kolbenkraft und damit größerer Leistung bei gleichen Abmessungen und Kolbenbewegungen.

Mit der Dampfmaschine beginnt um 1800 das Industriezeitalter, das alle Lebensbereiche tiefgreifend verändert. Man denke nur an die umwälzenden Fortschritte im Verkehrswesen mit „Dampfern" auf Flüssen, Seen und Transatlantik-Routen und mit Dampflokomotiven für Eisenbahnen. Hier gelang George Stephenson (1781–1848) der entscheidende Durchbruch mit der 1814 gebauten Dampflokomotive „Blücher" und seiner Lokomotivfabrik in Newcastle, die den Eisenbahnverkehr eröffnete. In schneller Folge entstanden Eisenbahnlinien

In seinen berühmten Schauversuchen mit den Magdeburger Halbkugeln führte Otto von Guericke (1602–1686) nicht nur den Nachweis für die Existenz eines Vakuums sondern auch für die daraus folgende Kraftwirkung einer Druckdifferenz. Die Versuche Guerickes waren der unmittelbare Ausgangspunkt für die spätere Entwicklung der „Atmosphärischen Dampfmaschine" von Thomas Newcomen (1663–1729).

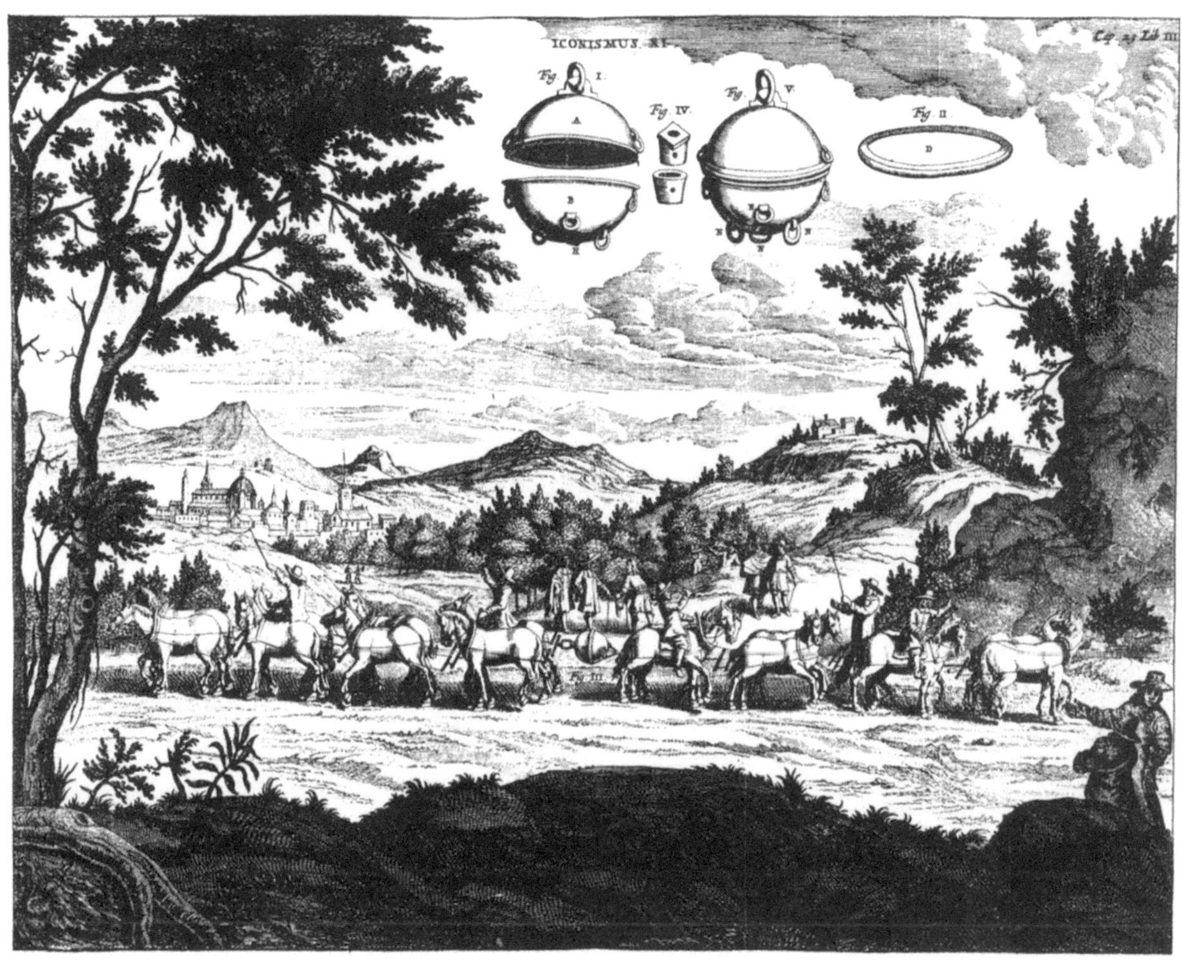

zwischen den bedeutendsten Städten Englands. Die Wechselwirkung
mit dem stürmischen industriellen Aufschwung, der ebenfalls mit der
Dampfmaschine eingeleitet wurde, ergab einen Synergieeffekt, der
England für ein Jahrhundert zum führenden Industrieland machte.
Der bedeutende Nationalökonom Friedrich List (1789−1846), erstrebte ein entsprechendes Eisenbahnnetz für Deutschland und Europa
mit realistischen wirtschaftlichen Erwartungen aber auch idealistischen politischen Einigungshoffnungen. Am 7. Dezember 1835 wurde
die erste 6,1 km lange deutsche Eisenbahnstrecke zwischen Nürnberg

Mit dem Bau von Dampfmaschinen beginnt auch das Zeitalter der Eisenbahn mit einschneidenden Wirkungen auf Wirtschaft und Verkehrswesen. – Die Lokomotive „Adler" der ersten deutschen Eisenbahnlinie zwischen Nürnberg und Fürth wurde von Stephenson selbst geliefert, sie erreichte schon Geschwindigkeiten von etwa 60 km/h.

und Fürth eröffnet mit der noch von Stephenson gebauten Lokomotive „Adler" und dem englischen Lokomotivführer William Wilson – mit Gehrock und Zylinder[11]. 1840 hatte Deutschland 580 km Eisenbahnstrecken, 1850 schon 5470 km und um 1900 nochmals etwa zehnmal so viel. Ein phantastischer technisch-wirtschaftlicher Erfolg. [VIII]

Die idealistischen Hoffnungen, die man an das Eisenbahnwesen (1843) knüpfte, wurden leider nicht in gleichem Maße erfüllt, nämlich „(...) daß sich die Eisenbahnunternehmungen immer allgemeiner über Mitteleuropa werden verbreiten können; was nicht nur für Handel und Verkehr von größter Wichtigkeit ist, sondern auch (...) weil die sociale Verbindung der Völker (...) am meisten dazu beitragen wird, den Weltfrieden in Europa zu erhalten und die nationale Eifersucht zwischen den einzelnen Völkern immer mehr auszugleichen. Aus diesem Grunde machen die Eisenbahnen sogar ein großes moralisches Gewicht geltend; sie dienen also nicht allein den materiellen Interessen, sondern legen auch inhaltsschwere geistige Momente in die Cultur-Waagschale der Völker"[12].

Die zweite Hälfte des 19. Jahrhunderts gilt als die Epoche stürmischer Industrialisierung in fast allen Produktionsbereichen, mit grandioser Entfaltung von Natur- und Technikwissenschaften und umwälzenden humanen, sozialen, wirtschaftlichen, gesellschaftlichen und politischen Auswirkungen. Sie wird ausgelöst und zunächst getragen von der Dampfmaschine als einziger an beliebigem Ort einsetzbarer leistungsfähiger Kraftmaschine sowie ortsbeweglicher Antriebsmaschine des für die Industrialisierung unerläßlichen Massentransportwesens mit Dampfschiffahrt und Eisenbahn.

Hinzu kommen im Zuge der Mechanisierung viele neue Arbeitsmaschinen und für die stark wachsenden Ansprüche der Fertigungstechnik präzisere Werkzeugmaschinen. Verbesserte Dampfmaschinen mit Schwungrad und Leistungsabgabe an eine rotierende Welle treiben über Transmissionen viele Maschinen in Fabriken und Großwerkstätten [13]. Das verwirrende Durcheinander zahlreicher mechanischer Riemenantriebe über mehrere Transmissionswellen zum zentralen Antrieb der verschiedenartigsten, unübersichtlich aufgestellten Maschinen wurde erst in neuerer Zeit ersetzt durch systematische Anordnung von Maschinengruppen, Produktionsstraßen und Fließbändern mit direkten Einzelantrieben durch Elektromotore.

Entwicklungen und Auswirkungen neuer Technikwissenschaften

Um 1900 gab es in Deutschland etwa 125 000 ortsfeste Kolbendampfmaschinen mit insgesamt rund 4,5 Millionen PS. Um diese Zeit begannen aber schon Verbrennungskraftmaschinen, insbesondere für kleinere Leistungen, den Dampfmaschinen im Industrieeinsatz Konkurrenz zu machen. Diese neuartigen Kolbenkraftmaschinen integrieren die Verbrennung in den Zylinder und werden direkt von den Verbrennungsgasen angetrieben, benötigen also nicht die voluminösen Dampfkessel mit Feuerungen und den zwischengeschalteten Energieträger Wasserdampf.

Es beginnt mit der Gasmaschine, die vor allem von dem Kaufmann Nikolaus August Otto (1832–1891) und dem Ingenieur Eugen Langen (1833–1895) zur industriellen Reife entwickelt wird. 1867 erhalten sie die Goldmedaille auf der Pariser Weltausstellung für den Gasmotor ihrer 3 Jahre zuvor gegründeten Fabrik. Als daraus 1872 die „Gasmotoren-Fabrik Deutz AG" hervorging, hatten sie schon 1000 Maschinen verkauft, vor allem an kleinere Gewerbebetriebe. Sie sahen darin nicht nur den wirtschaftlichen Erfolg, sondern schrieben (1889), daß ihre Maschinen mithelfen mögen, „der überhandnehmenden willkürlichen Macht des Kapitals einen Damm entgegenzusetzen, die

Kleinindustrie zu stählen zum schweren Kampfe des wirtschaftlichen Lebens und die Produktionsweise wieder in Bahnen zu lenken, welche eine ruhige Weiterentwicklung der Kultur gewährleisten"[14]. Diese Äußerungen bekunden, wie verantwortungsbewußte Repräsentanten der Technikwissenschaften schon gegen Ende des 19. Jahrhunderts über das Fachliche hinaus soziale, humane, gesellschaftliche und kulturelle Wirkungen ihrer Arbeit beachteten.

Aus der Deutz AG gingen die Ingenieure Gottlieb Daimler (1834–1900) und Wilhelm Maybach (1824–1929) hervor, die in ihrer kleinen Cannstatter Werkstatt 1883 einen Viertakt-Benzinmotor mit Glühkerzenzündung bauen und 1885 damit das erste eisenbereifte Motorrad mit 0,5 PS bei 900 Upm antreiben. Zwei Jahre zuvor hatte der Ingenieur Carl Benz (1844–1929) das erste dreirädrige Motorfahrzeug mit einem 0,75-PS-Benzinmotor den staunenden Mannheimern vorgeführt. Das erste vierrädrige Kraftfahrzeug mit Benzinmotor bringt 1887 Gottlieb Daimler auf die Straße. Um 1900 entstehen die ersten Motorschlepper mit Benzinmotor für die nordamerikanische Großfelderwirtschaft; ab 1906 „Tractors" genannt. Vor allem aber schufen die leichten Benzinmotoren nun auch die Voraussetzung zur Entwicklung von Flugzeugen und damit zur Erfüllung eines uralten Menschheitstraums.

Viele Erfinder, Tüftler und Ingenieure haben zur Entwicklung der Verbrennungskraftmaschinen beigetragen. Hier zeigt sich aber auch die zunehmend wissenschaftliche Zielsetzung und Methodik der neuen Maschinentechnik und -industrie, wie die beiden folgenden Beispiele verdeutlichen.

Die Entwicklung der Dampfmaschine ging zwar von den experimentellen Erkenntnissen der Kraftwirkung einer Druckdifferenz auf eine Fläche aus – ursprünglich evakuierte „Magdeburger Halbkugeln", dann bewegte Kolben. Aber weder Newcomen noch Watt wußten etwas von den thermodynamischen Gesetzen des Wärmekraftprozesses, den sie erfinderisch verwirklichten; denn erst über 50 Jahre später (1824) veröffentlichte der Ingenieuroffizier Sadi Carnot (1796–1832) seine grundlegenden Arbeiten zur Umwandlung von Wärme in mechanische Arbeit. Er leitete den Carnot-Prozeß als Idealprozeß aller Wärmekraftmaschinen theoretisch her. [III-4.4]

Als wieder etwa 50 Jahre später Carl von Linde (1842–1934) in seiner Thermodynamik-Vorlesung an der Technischen Hochschule München den Carnot-Prozeß behandelt, ist der Ingenieurstudent Rudolf Diesel (1858–1913) davon so begeistert, daß er später darüber schreibt: „Der Wunsch nach Verwirklichung des Carnot-Prozesses beherrschte fortan mein Dasein"[15]. So entstand in zielstrebiger technikwissenschaftlicher Forschung und Entwicklung der Dieselmotor. Naturgemäß konnte er den angestrebten Idealprozeß nicht verwirklichen, aber durch systematische „Carnotisierung" den höchsten thermischen Wirkungsgrad von 42% (Umwandlung von Verbrennungsenergie in mechanische Energie) aller bisherigen Verbrennungskraftmaschinen erreichen.

Auch in kinematisch und fertigungstechnisch äußerst anspruchsvoller Entwicklung geht der Wankelmotor von der technikwissenschaftlichen Zielsetzung des Ingenieurs Felix Wankel (1902–1989) aus, das Prinzip der Kolbenkraftmaschine mit direkter Drehbewegung des Kolbens zu verbinden. Es gelingt 1957 mit seinem Drehkolben-Verbrennungsmotor. Aber auch der unterliegt noch den prinzipbedingten niedrigen Leistungsgrenzen aller Kolbenmaschinen bei einigen 100 Kilowatt je Einheit. Hier gelingt der Durchbruch mit der rein technikwissenschaftlich entwickelten neuartigen Maschinengattung der Turbinen, die direkt harmonische Drehbewegung und sehr große Leistung erzeugen. Es beginnt mit der Verwirklichung von Wasserturbinen, die etwa 200 Megawatt (MW) = 200 000 Kilowatt (KW) Einzelleistung erbringen.

Ihnen folgten in der hier betrachteten Entwicklung die Dampfturbinen, die heute in allen kohle- und ölbefeuerten Wärmekraftwerken und in den Kernkraftwerken direkt gekuppelte Elektrogeneratoren antreiben zur öffentlichen und industriellen Stromversorgung. Sie erreichen Einheitsleistungen von etwa 1300 MW und durch „Carnotisierung" Gesamtwirkungsgrade der Stromerzeugung von rund 45%. Zu den bedeutendsten Pionieren der Dampfturbinen gehören Carl Gustav Patrik de Laval (1845–1913) als Schöpfer der „Aktionsturbinen" und der „Lavaldüse" zur Erzeugung von Überschallgeschwindigkeit sowie Sir Charles Parsons (1854–1931) mit seiner vielstufigen „Reaktionsturbine"[16]. Dazu kommen viele andere Ingenieure unserer Zeit. Moderne Dampfturbinen repräsentieren eindrucksvoll den hohen Leistungsstand der Energie- und der Fertigungstechnik, wobei sich höchste Drücke, Temperaturen, Leistungen und Wirkungsgrade verbinden mit extremen thermischen und mechanischen Werkstoffbeanspruchungen sowie Schwermaschinenbau mit feinmechanischer Präzision[17].

Auch hier folgten – wie bei den Kolbenmaschinen – den Dampfturbinen die in Aufbau und Betrieb wesentlich einfacheren Gasturbinen allerdings mit niedrigeren Leistungen und Wirkungsgraden. Die folgenreichsten Fortschritte brachten sie als Strahltriebwerke in der Luft-

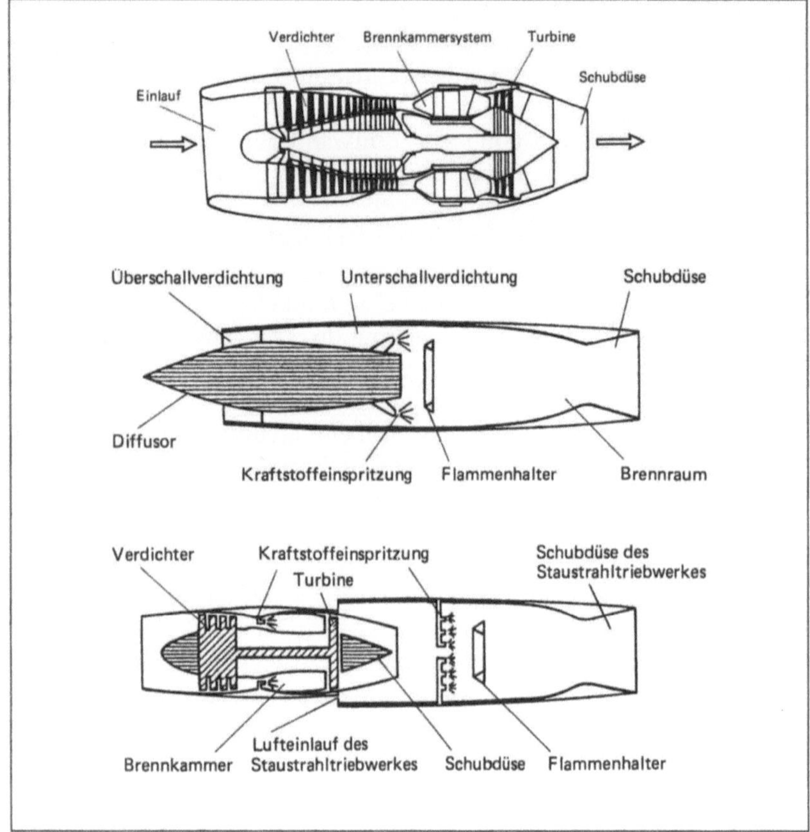

Verschiedene Strahltriebwerke:
(a) Turbinen-Luft-Triebwerk für reinen Strahlantrieb von Flugzeugen. Es besteht aus Gehäuse mit Einlauf und Schubdüse, Brennkammern, Gasturbine und Turboverdichter.
(b) Staustrahltriebwerk für Flug bei Überschallgeschwindigkeit. Es besteht aus Gehäuse mit Diffusor im Einlauf und Schubdüse, Kraftstoffeinspritzung und Flammenhalter.
(c) Kombination von Staustrahltriebwerk und Turbinen-Luft-Triebwerk. Es erzeugt die Überschall-Fluggeschwindigkeit.

fahrt, und zwar hinsichtlich Transportkapazität, Flughöhe und -geschwindigkeit bis zur mehrfachen Schallgeschwindigkeit[18, 19]. Der Verdichter fördert die in großen Flughöhen sehr „dünne" Luft komprimiert in die Brennkammern, wo mit dem Luftsauerstoff der eingespritzte Treibstoff verbrannt wird. Die hocherhitzten verdichteten Brenngase erzeugen bei ihrer Entspannung zunächst in der Gasturbine die Leistung zum direkten Antrieb des auf der gleichen Welle angeordneten axial wirkenden Turboverdichters und dann durch die Rückstoßwirkung des mit sehr hoher Geschwindigkeit aus der Schubdüse strömenden Gasstrahls den eigentlichen „Strahlantrieb" des Flugzeugs. Man kann in der Gasturbine auch mehr Leistung erzeugen als der Verdichter verbraucht und damit einen üblichen Propeller auf der gleichen Welle vor dem Strahltriebwerk antreiben („Turboprop-Antrieb"). Andererseits drückt beim Überschallflug der Staudruck die Luft so stark in den „Einlauf" des Strahltriebwerks, daß der Kompressor überflüssig wird. Dann erübrigt sich auch die Gasturbine. Ein solches „Staustrahltriebwerk" besteht nur noch aus dem Triebwerksgehäuse mit Diffusor, Kraftstoffeinspritzung und Flammenhalter. Allerdings muß es erst auf die hohe Geschwindigkeit gebracht werden mit Raketen oder einem kombinierten TL-Strahltriebwerk. Nach dem gleichen Prinzip des Strahlantriebs arbeiten „Raketentriebwerke" der Raumfahrzeuge. Nur entfällt dabei auch noch der „Einlauf" für die Luft, weil es im Weltraum keine gibt. Damit erübrigen sich auch hier Verdichter und Gasturbine. Dafür enthält die vorn geschlossene Rakete in sich Brennstoff und Sauerstoff zur Erzeugung eines wie zuvor mit hoher Geschwindigkeit aus der „Schubdüse" strömenden Gasstrahls für den prinzipiell gleichen Strahlantrieb. Jeder kennt sie en miniature als Feuerwerksraketen. Staustrahl- und Raketentriebwerke sind zweifellos die einfachsten „Wärmekraftmaschinen". Alle erfolgreichen technischen Entwicklungen führen in der Regel vom Komplizierten zum Einfachen.

Die bisher beispielhaft betrachtete Entwicklung von den Kolbendampfmaschinen bis hin zu modernsten Strahl- und Raketentriebwerken der Luft- und Raumfahrt ist kausal verbunden durch die Grundgesetze aller Wärmekraftmaschinen. Eine andersartige und weitergehende Aufteilung der Technikwissenschaften zeigt sich am Beispiel der völlig neu entstehenden Elektrotechnik. Viel später als die Nutzung der anschaulich erkennbaren mechanischen Kräfte in der Maschinentechnik gelang es, den geheimnisvollen unsichtbaren Naturkräften Elektrizität und Magnetismus auf die Spur zu kommen und sie gezielt zu nutzen. So ist Elektrotechnik eine reine Schöpfung der Technikwissenschaften ohne handwerklich-technische Vorläufer. Auf den fundamentalen Experimenten, insbesondere von Hans Christian Oersted (1777–1851) zu Wechselwirkungen zwischen Elektrizität und Magnetismus, von Louis Josef Gay-Lussac (1778–1850) zur elektrischen Magnetisierung von Eisen sowie von Michael Faraday (1791–1867) zur Erzeugung von „Induktionsstrom" durch Relativbewegung zwischen elektrischem Leiter und Magnetfeld, beruhen die gezielten technikwissenschaftlichen Entwicklungen von Dynamo und Elektromotor des Elektroingenieurs und Industriellen Werner von Siemens (1816–1892). Er verwirklicht damit das von ihm 1866 formulierte „dynamoelektrische Prinzip". [III-3.7]

1881 schafft von Siemens den ersten Direktantrieb eines Generators durch eine Dampfmaschine – die für die Industrialisierung entscheidende Verbindung von Dampfkraft und Elektrizität. Thomas Alva Edison (1847–1931) baut 1882 das erste Elektrizitätswerk der Welt in New York, zunächst zur Stromversorgung der von ihm 1879 eingeführten elektrischen Kohlefaden-Glühlampen. 1884 wurde auch der erste Elektromotor angeschlossen. Er verwirklicht das dynamoelektrische Prinzip wie der Dynamo nur in umgekehrter Richtung: Hier wird elektrische Energie in mechanische umgewandelt.

Beide völlig neuartigen Maschinen der Elektrotechnik brachten industrielle Fortschritte ungeahnten Ausmaßes. Nun konnte in Großkraftwerken mit Turbogeneratoren Strom erzeugt und in Hochspannungs-Verbundnetzen weiträumig hingeleitet werden zu allen öffentlichen und industriellen Stromverbrauchern. Das führte zur ökonomisch und ökologisch günstigen Elektrifizierung der Eisenbahn, zum Entstehen der Elektrochemie mit Großverbrauchern wie Elektrolysen, Elektrophoresen und Galvanotechnik und zu Elektroöfen und -heizungen sowie zu elektromotorischen Einzelantrieben in Industrie, Gewerbe und Haushalten. Das kommt vor allem kleineren Gewerbebetrieben zugute und führt auch zu der Vielfalt von Hausgeräten, die einfach mit „Strom aus der Steckdose" betrieben werden. Dynamo und Elektromotor begründen die Elektrotechnik, die zum Maschinenwesen gehört, wie symbolhaft die direkte Kupplung von Turbine und Generator in jedem Kraftwerk (Elektrizitätswerk) verdeutlicht.

Anders ist es mit dem jüngsten Teilgebiet der Elektrotechnik, nämlich der Elektronik. Sie beginnt mit dem nach vielen grundlegenden Forschungsarbeiten 1948 technisch verwirklichten Transistor [20]. Darin verbinden sich die fundamentale elektromagnetische Feldtheorie, die ebenfalls grundlegende Theorie der elektrischen Schaltungen und die Halbleitertechnik. [III-3.7]

Das einfache Bauelement Transistor ermöglicht – zu hunderttausenden auf Siliziumplättchen von weniger als 1 cm² photolithographisch hergestellt (Mikrochips) und in „Integrierten Schaltungen" verbunden – die Digitaltechnik. Diese wirkt weit über die verschiedenartigsten Anwendungen von Digitalrechnern (Computern) hinaus, insbesondere zur digitalen Übertragung und Verarbeitung aller Nachrichten als Zahlen, Sprache, Schrift, Bild, Film, Musik usw.

Die bisher betrachtete zunehmende Aufteilung der neuzeitlichen Technikwissenschaften durch Wachstum und Vertiefung zeigt sich auch in den Hochschulen. So wurde zum Beispiel 1970 in der Universität Stuttgart die Fakultät Maschinenwesen aufgeteilt in Fakultäten für Energietechnik, Fertigungstechnik, Verfahrenstechnik, Elektrotechnik, Luft- und Raumfahrttechnik. Diese 5 Nachfolge-Fakultäten umfassen rund 50 Institute für eigenständige technikwissenschaftliche Fachgebiete mit annähernd 100 wissenschaftlichen Abteilungen für Teilgebiete der Forschung und Lehre, 10 Studiengänge und insgesamt etwa 125 Professoren. Dabei ist zu bedenken, daß einige technikwissenschaftliche Bereiche, die ganz oder teilweise zum Maschinenwesen im weitesten Sinn gehören, hier nicht vorhanden sind, wie Schiffbau, Lokomotivbau, Bergbau, Hüttenwesen, Landtechnik, Lebensmitteltechnik. Außerdem ist das als Beispiel betrachtete Maschinenwesen nur ein Teil der Technikwissenschaften. Deren weit verzweigte „Zerteilung" der jüngsten Entwicklungen ergibt sich zwangsläufig aus ihrer geradezu explosionsartigen Ausweitung und ihrer immer intensiveren, also zunehmend spezialisierten Forschung und Entwicklung. Sie ist aber an den Hochschulen auch begründet durch die große Zahl der Studiengänge und die enorm gestiegenen Studentenzahlen und durch die damit entsprechend höheren Anforderungen an die Lehre. All diese entwicklungsbedingten Teilungen in eine Vielzahl eigenständiger Disziplinen erfordern nun aber um so dringender vielseitige Kooperation zur Bearbeitung vernachlässigter interdisziplinärer Gebiete und neuartiger fachübergreifender Arbeitsbereiche wie Medizintechnik, Biotechnik, Wasserstofftechnik.

Ein zweifach aufschlußreiches Beispiel bietet die am weitesten fortgeschrittene Chemietechnik und die daraus entstandene junge technikwissenschaftliche Grunddisziplin Verfahrenstechnik.

Die Entwicklung begann in der vor etwa 125 Jahren entstandenen chemischen Industrie. Die zunächst noch relativ einfachen technischen Apparaturen wurden von Handwerkern in Kupfer- und Kesselschmieden gebaut und in den Produktionsstätten der Chemie montiert und gewartet.

Das änderte sich grundlegend, als Carl Bosch (1874–1940) in der BASF die Aufgabe erhielt, aus der Laborapparatur, mit der Fritz Haber (1868–1934) an der Technischen Hochschule Karlsruhe am 2. Juli 1909 die Synthese von Ammoniak (NH_3) vorgeführt hatte, eine großtechnische Produktionsanlage zu entwickeln für etwa 1000 t NH_3 pro Monat. Bereits 4 Jahre danach kam am 9. September 1913 die erste Ammoniakfabrik der Welt nach dem Haber-Bosch-Verfahren im Oppauer Werksteil der BASF in Betrieb. Eine überwältigende Leistung, denn die Reaktion nach der Brutto-Umsatzgleichung

$$N_2 + 3\,H_2 = 2\,NH_3$$

erfordert 250 bis 300 at und 500° bis 600 °C, also beginnende Rotglut

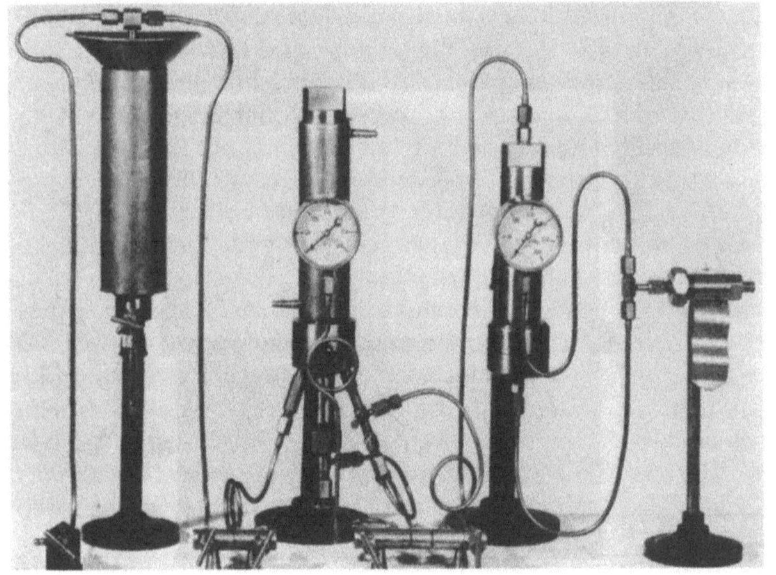

des Reaktormaterials. Der Stand der von Dampfkraftmaschinen geprägten damaligen Technik lag hingegen bei 15 at und 320 °C.

Über die faszinierende Leistung der jungen Chemietechnik hinaus kommt der Ammoniaksynthese fundamentale Bedeutung zu in der Sicherung der menschlichen Ernährungsbasis. Das mit N_2 aus der Luft und H_2 aus Wasser gewonnene NH_3 bildet die Grundlage von Stickstoff-Düngemitteln. In Verbindung mit Phosphaten und Kali werden allein mit dieser Volldüngung die Hektarerträge an Getreide vervierfacht. Insgesamt wurde in Deutschland durch Fortschritte in Pflanzenzucht, Agrartechnik, Düngung und Schädlingsbekämpfung die durchschnittliche Ertragskraft des Bodens seit dem Jahr 1800 verzehnfacht. Jonathan Swift sagte: „Wer bewirkt, daß dort, wo bisher ein Halm wuchs, deren zwei wachsen, hat mehr für sein Volk getan als der Feldherr, der eine Schlacht gewann."

Weil Carl Bosch selbst nicht nur Chemie, sondern auch Hüttenwesen und Maschinenbau studiert hatte, erkannte er, daß die ihm gestellte Aufgabe nur zu lösen war, wenn auch wissenschaftlich ausgebildete Ingenieure daran mitwirkten. Zu der Zeit gab es noch keine Studiengänge für Verfahrenstechnik (nicht einmal den Begriff) an den Technischen Hochschulen. So zogen ab 1910 überwiegend Maschinenbauingenieure in die Chemiebetriebe ein und begründeten in enger

Links: Bei dem Laboratoriumsversuch, mit dem Fritz Haber 1909 die erste chemische Hochdrucksynthese vorführte, wurden nur grammweise synthetischer Ammoniak (NH_3) erzeugt.
Rechts: 1913 lieferte der unter der Leitung von Carl Bosch entwickelte Hochdruckreaktor – die Abbildung zeigt die Montage –, etwa 1000 Tonnen Ammoniak pro Monat nach dem Haber-Bosch-Verfahren.

Zusammenarbeit mit Chemikern den fachübergreifenden Arbeitsbereich „Chemietechnik". Beide standen vor fast unlösbaren Aufgaben. Zu den extremen Druck- und Temperaturanforderungen kamen völlig unerklärliche Werkstoffschäden. Rohre und Reaktoren barsten nach Stunden, längstens Tagen, obgleich sie festigkeitsmäßig ausreichend bemessen waren. „Man dachte sofort an chemischen Angriff (. . .) Wasserstoff schien zunächst harmlos; Stickstoff war schon verdächtiger, da sich Eisennitrid bilden konnte (. . .)"[21]. Aber es war wie so oft: Der harmlos Erscheinende war der „Täter". Ionisierter Wasserstoff diffundierte in den Stahl ein, bildete mit dort vorhandenem Kohlenstoff Methan CH_4, was einerseits durch Entkohlung des Stahls die Festigkeit minderte und anderseits interkristallin das Gefüge lokkerte.

Nachdem die Ursachen erkannt waren, behob man sie auf zwei Wegen, nämlich durch neuartige Konstruktionen und Fertigungstechniken wie das Schierenbeck-Wickelverfahren der BASF, sowie durch die Entwicklung hochlegierter Stähle, die den hohen Druck- und Temperaturanforderungen und dem Wasserstoffangriff standhielten. Das führte zu vielen neuen Werkstoffen und damit zu neuen technischen Möglichkeiten; es entstand so das weite Feld der Materialprüfung und damit eine zunehmende Betriebssicherheit[22]. Die Kooperation von Maschineningenieuren und Chemikern in der Chemietechnik verlief so erfolgreich, daß man zunächst weder in der Industrie noch an den Hochschulen die Notwendigkeit für ein eigenes technikwissenschaftliches Fachgebiet sah.

Das änderte sich jedoch mit den schnell weiterwachsenden technikwissenschaftlichen Ansprüchen vor allem in der chemischen Industrie, der Erdöl- und Kohleindustrie und der Lebensmittelindustrie. So bilden sich in den dreißiger Jahren in wissenschaftlichen Verbänden, Technischen Hochschulen und im Fachschrifttum bahnbrechende – leider durch den Krieg beeinträchtigte – Ansätze der neuen Grundlagendisziplin Verfahrenstechnik[23].

Sie ist die Technikwissenschaft, die sich mit der technischen Durchführung aller Verfahren befaßt, die Stoffe nach Art, Eigenschaft oder Zusammensetzung gezielt verändern. Kurz: Verfahrenstechnik ist Stoffwandlungstechnik. Sie ist eine technikwissenschaftliche Grunddisziplin so verschiedenartiger Anwendungsgebiete wie Erdöl- und Kohleindustrie, Energietechnik, Wasserstofftechnik, Hüttenwesen, Steine und Erden, Glas, Keramik, Holz, Zellstoff, Papier, Chemische und Pharmazeutische Industrie, Nahrungs- und Genußmittel, Landtechnik, Biotechnik, Umwelttechnik, Meerwasserentsalzung, verfahrenstechnischer Maschinen-, Apparate- und Anlagenbau. Die Verfahrenstechnik trägt in Industrieländern zu etwa 50% der Industrieproduktion bei.

Daß sich die Verfahrenstechnik zur wissenschaftlichen Grunddisziplin vielfältiger Anwendungsgebiete und Industriebereiche entwickkelte, ist nur möglich, weil sie von Anbeginn die unübersehbare Vielfalt des Speziellen systematisch nach dem Prinzipiellen strukturiert hat. In diesem Sinn handelt es sich um grundsätzlich gleiche Vorgänge („Grundverfahren") und technische Einrichtungen zu ihrer Durchführung (Maschinen und Apparate) beim Mahlen von Zement oder Getreide, beim Zentrifugieren zum Entrahmen von Milch oder zum Trennen gasiger Uranisotope, beim Trocknen von Kunststoffen oder Lebensmitteln, beim Dialysieren zur Blutreinigung (künstliche Niere) oder zur Meerwasserentsalzung.

Die verfahrenstechnische Forschung und Entwicklung befaßt sich mit über sechzig derartigen Grundverfahren, ihrer physikalisch-chemischen Erfassung, mathematischen Formulierung und optimalen technischen Durchführung. Damit kann sie dann in günstigster Kombination gezielt technisch-wirtschaftlich optimale, betriebssichere und umweltverträgliche Prozesse und Anlagen entwickeln, planen, bauen und betreiben für die verschiedenartigsten Produktionsbereiche. Einer der bedeutendsten ist nach wie vor der Ursprungsbereich Chemietechnik, in dem nun überwiegend Verfahrensingenieure anstelle von Maschineningenieuren mit Chemikern zusammenarbeiten[24]. Hinzu kommen zum Beispiel Eisenhüttenwesen, Landwirtschaft, Lebensmittelindustrie[25]. Heute gibt es an allen deutschen Universitäten, die Technische Hochschulen waren oder sind bzw. die technische Fakultäten haben, meist mehrere Lehrstühle und Institute, zum Teil sogar eigene Fakultäten für Verfahrenstechnik.

Beiträge der Technikwissenschaften zu menschlicher Zukunftssicherung

Bleiben wir bei der Verfahrenstechnik. Ihre Aktivitäten wenden sich jetzt zunehmend fachübergreifenden Einsatzgebieten zu wie Lebensmittel-, Bio-, Medizin-, Umwelttechnik, chemische Energiesysteme, mathematische Modellierung und Simulierung von Prozessen und Anlagen. So trägt die Verfahrenstechnik, die sich selbst gerade erst in den letzten Jahrzehnten aus der fachübergreifenden Chemietechnik heraus zu einer eigenständigen außerordentlich weiten technikwissenschaftlichen Grunddisziplin entwickelte, nun ihrerseits dazu bei, vernachlässigte interdisziplinäre und fachübergreifende Kooperationsgebiete der Technikwissenschaften zu entwickeln. Sie sind für die absehbare Zukunft der Menschheit von existentieller Bedeutung vor allem hinsichtlich der globalen Wechselwirkungen zwischen Mensch, Natur und Technik und ihre Auswirkungen auf die menschliche Kultur, was hier nur skizzenhaft angedeutet werden kann [26]. [I-2; VI]

Die weitaus älteste Komponente in diesem Wirkungskomplex ist die Natur. Nach vorherrschender Meinung der Kosmologie hat sich unsere Erde als Teil unseres Sonnensystems vor etwa 5 Milliarden Jahren aus kreisenden Urnebeln zusammengeballt. Vor 3 Milliarden Jahren dürften in warmen Gewässern die ersten Lebewesen, nämlich thermophile Bakterien entstanden sein; „niedere Protisten" (Erstlinge, Urwesen) oder auch „Prokaryonten" genannt. Diese „Einzeller" aus der Frühzeit organismischer Evolution sind gekennzeichnet durch sehr einfachen Aufbau und daher hohe Anpassungsfähigkeit. Deshalb sind diese ältesten Lebewesen die wichtigsten für die sehr junge fachübergreifende Biotechnik. Die Entstehung der wesentlich strukturierteren „höheren Protisten" oder „Eukaryonten", zum Beispiel Hefen, wird als „die größte Diskontinuität in der Evolution der Organismen" angesehen [27]. Ihr Zellaufbau entspricht dem von Pflanzen und Tieren, die sich auch zunächst im Wasser entwickeln und vor etwa 400 Millionen Jahren „an Land gehen".

Ablagerungen von Meerestieren aus dem Silur und Devon bildeten unser kostbares Erdöl; fossile Reste der Riesenwälder des Karbon und folgender Epochen unsere ebenso wertvollen Stein- und Braunkohlenflöze. Vor etwa 600 000 Jahren beginnt die Menschheitsgeschichte, die von Anbeginn geprägt ist durch Wechselwirkungen zwischen Mensch, Natur und Technik.

Unser heutiger Lebensraum stellt nach 600 000 Jahren begrenzter technischer und 300 Jahren weitreichender technikwissenschaftlicher Einwirkungen, ein mixtum compositum dar aus ursprünglicher Natur und technischen Schöpfungen wie Felder, Kanäle, Brücken, Städte, Straßen, Verkehrsmittel, Industriebetriebe. Und alle Spannungen zwischen Mensch, Natur und Technik erwachsen aus der ambivalenten Situation des Menschen, in die er hineingestellt ist: Einerseits ist und bleibt er als Lebewesen Teil der urwüchsigen Natur; andererseits greift er mit seiner Technik zunehmend in die Natur ein, was zu gewollten und ungewollten, günstigen und ungünstigen Rückwirkungen auf ihn selbst als Teil der Natur führt. Dramatisch gesteigert hat sich das Spannungsverhältnis vor allem durch die explosive Zunahme der Weltbevölkerung von etwa 500 Millionen auf über 5 Milliarden in den

300 Jahren technik- und naturwissenschaftlichen Wirkens und damit verbundener Fortschritte der Medizin. [VI]

Nach neuesten UNO-Prognosen könnte die Bevölkerung sich in 100 Jahren etwa verdreifachen, wobei 90% des Zuwachses aus Entwicklungsländern käme. Allein dadurch müssen der Natur immer mehr begrenzt vorhandene Stoffe und Energien abverlangt, sowie stoffliche und energetische Rückstände aufgebürdet werden. Hinzu kommen die berechtigten Hoffnungen und Wünsche zunehmender Milliarden Menschen in Entwicklungs- und Schwellenländern, durch Technisierung und Industrialisierung ihr Leben zu verbessern und zu verlängern. Der globale Antagonismus zwischen den Bedürfnissen der weiter wachsenden Menschheit und der begrenzten Ergiebigkeit und Belastbarkeit der Natur ist nur auszugleichen durch weltweit schnell greifende Bevölkerungspolitik, Mäßigung der Ansprüche *aller* Menschen und beschleunigte Entwicklung und Anwendung naturschonender Techniken.

Zu der letztgenannten, diesen Rahmen betreffenden Aufgabe seien pars pro toto einige Beispiele kurz behandelt, die fundamentale Bereiche menschlicher Existenz betreffen, nämlich Umwelt, Rohstoffe, Energien, Ernährung, Gesundheit. Aufgrund ihrer Aktualität und eigener Fachzuständigkeit wurden sie gewählt aus den interdisziplinären Bereichen Energieverfahrenstechnik, chemische Energiesysteme, Biotechnik, Medizintechnik, wobei Umwelttechnik immer einbezogen ist.

Die Energieerzeugung durch *Verbrennung fossiler Primärenergieträger* hat drei entscheidende Nachteile:

1. Der maximal mögliche thermische Wirkungsgrad der Umwandlung von Wärme in mechanische Energie ist durch den Carnot-Prozeß naturgesetzlich begrenzt auf derzeit etwa 65%. Die effektiven Gesamtwirkungsgrade der Stromerzeugung in modernen Großkraftwerken nähern sich mit rund 45% zwar schon beachtlich der naturgesetzlichen Obergrenze; aber immerhin geht noch über die Hälfte der gesamten Brennstoffenergie verloren. Das mindert die Nutzung der ohnehin knappen fossilen Primärenergieträger Kohle, Erdöl, Erdgas doch erheblich und belastet letztlich die Umwelt. Deshalb kommt der Wirkungsgrad-Steigerung nicht nur technisch-wirtschaftliche sondern auch erhebliche ökologische Bedeutung zu, vor allem wegen des bei C-Verbrennung unvermeidlichen CO_2 und seiner klimatischen Auswirkungen.

2. Die fossilen Primärenergieträger entstanden aus nachwachsenden Biomassen (Pflanzen und Meerestiere) früherer Erdepochen. Sie haben

nicht nur den wertvollen Kohlenstoff C sondern auch Schwefel S, Stickstoff N und andere Elemente aus der Umwelt von damals chemisch eingebunden. Alle diese Stoffe werden bei jetziger Verbrennung wieder freigesetzt und zum Beispiel als Kohlenoxide (CO, CO_2), Kohlenwasserstoffe (C_nH_m, Schwefeldioxid (SO_2), Stickoxide (NO_x) zusätzlich dem derzeitigen Stoffkreislauf unserer Umwelt aufgebürdet und erhöhen dort kumulativ ihre Konzentrationen. Wenn auch noch nicht alle Wirkungszusammenhänge geklärt sind, ist doch mit großer Wahrscheinlichkeit anzunehmen, daß diese Umweltbelastungen zu Klimaveränderungen („Treibhauseffekt"), Waldsterben („saurer Regen") und Gesundheitsschäden beitragen.

3. Die fossilen Rohstoffe sind wegen ihrer Doppelwertigkeit als Primärenergieträger und als Chemierohstoffe von besonderer Bedeutung. Die Energieerzeugung durch Verbrennung fossiler Rohstoffe kann weitgehend ersetzt werden durch Kernenergie (überbrückend), nachwachsende Rohstoffe (ergänzend) und Sonnenenergie (endgültig), wie im folgenden gezeigt wird. Diese Entwicklungen sind mit allem Nachdruck voranzutreiben, um nachkommenden Generationen fossile Rohstoffe als unersetzliche Kohlenstoffquelle der Chemie zu erhalten, statt sie jetzt unwiederbringlich zu verfeuern!

Wenn derzeit noch rund 70% des Primärenergieverbrauchs in einem Industrieland wie unserem durch fossile Brennstoffe gedeckt werden, kommt der Reduzierung dadurch verursachter Umweltschäden hohe Bedeutung zu.

Dabei geht es in erster Linie um Entschwefelung der Abgase. Wegen seiner korrosiven Wirkung und Umweltschädigung des bei der Verbrennung entstehenden Schwefeldioxids SO_2 muß es in Rauchgasentschwefelungsanlagen (REA) entfernt und unschädlich gebunden werden. Das kann zum Beispiel durch Rauchgaswäsche mit wässeriger Kalksteinsuspension in „Absorbertürmen" erfolgen. Dabei binden suspendierte kleine Kalksteinpartikel (CaO) das vom Wasser absorbierte SO_2 und bilden mit dem ebenfalls absorbierten O_2 Gips nach der Umsatzgleichung

$$CaO + SO_2 + \tfrac{1}{2}O_2 = CaSO_4$$

Derartige Rauchgasentschwefelung verwirklicht das anzustrebende Ziel aller stofflichen Entsorgungen: Rest- und Schadstoffe einer Produktionsanlage sollten nicht als „Abfälle" aufwendig beseitigt, sondern als Rohstoffe wieder oder weiter genutzt werden! Hier geschieht das durch die Erzeugung von „Rauchgasgips", der sich wie Natur-

und Chemiegips zur Weiterverarbeitung in der Gips-, Baustoff- oder Zement-Industrie eignet.

Ebenso wichtig ist die Reduzierung von Stickoxiden NO_x, die im heißen Flammenbereich durch Oxidation des mit der Verbrennungsluft (thermisches NO_x) und mit dem Brennstoff (Brennstoff-NO_x) eingebrachten Stickstoffs entstehen.

Das kann bei bestehenden Anlagen in nachgeschalteter „Selective Catalytic Reduction" (SCR) erfolgen, durch Zusatz von Ammoniak und katalytische Umwandlung von NO_x zu N_2 und H_2O. Im Prinzip ähnlich wirken Abgaskatalysatoren bei Kraftfahrzeugen. Der Verkehr trug schon 1982 mit über 25 Millionen Personenwagen, die rund 23 Millionen Tonnen Benzin und 13 Millionen Tonnen Dieselkraftstoff verbrannten, erheblich zur Umweltbelastung bei. Das gilt für das Atemgift CO, das zum sauren Regen beitragende SO_2 und die zum Teil krebserregenden Kohlenwasserstoffe (KW) sowie die 3000 t/a Blei aus dem Antiklopfmittel Bleitetraethyl des Benzins. Abhilfe schaffen hier Abgaskatalysatoren von Kraftfahrzeugen und Kraftwerken. Sie fördern die Verbrennung von CO und KW mit Luft und die Reaktion von NO_x zum Beispiel gemäß

$$2NO_2 + 4NH_3 + O_2 = 3N_2 + 6H_2O.$$

Insgesamt entstehen so CO_2, H_2O, N_2, also natürliche Bestandteile der Luft, wobei jedoch die CO_2-Zunahme bedenklich ist. Die Katalysatorwirkung (Reaktionsvermittlung) wird mit Platinmetallen erreicht, die von Bleiverbindungen im Benzin „vergiftet" (passiviert) werden. Der dadurch bedingte Zwang zum bleifreien Benzin verhütet auch indirekt noch die Emission dieses giftigen Schwermetalls.

Ein weiteres Beispiel bieten umweltfreundliche neue Kohlekraftwerke. Im Bundesgebiet wird zur Zeit fast jede dritte Kilowattstunde Strom aus Steinkohlekraftwerken geliefert. Das Luftbild zeigt links vom rechten Kamin den neuen 700 MW-Block 7 des Heizkraftwerks Heilbronn der Energieversorgung Schwaben. Der eigentlichen Energieerzeugung dient lediglich der 125 m hohe Baukomplex des Kessel- und Maschinenhauses. Alle rechts davon 14 befindlichen Anlagen dienen der vielfältigen Rauchgasreinigung. Das unter die gesetzlich vorgeschriebenen Grenzwerte gereinigte Rauchgas gelangt über den 250 m hohen linken Kamin in die Atmosphäre; ebenso die unvermeidlich anfallende Abwärme über den 140 m hohen Kühlturm, was eine Aufwärmung des daran vorbeifließenden Neckars vermeidet.

Die hier gekoppelte Erzeugung von Strom und Fernwärme ergibt einen Brennstoff-Nutzungsgrad der Gesamtanlage bis über 60%. Mit der Fernwärme können über 30 000 t Heizöl jährlich für Einzelfeuerungen eingespart und die dort sonst entstehenden Abgase vermieden werden.

Die Gesamtinvestitionen allein für die Abgasreinigung liegen bei 150 Mio DM und die jährlichen Betriebskosten dafür bei 30 Mio DM. Das würde den Strompreis um 4 Pfennig je Kilowattstunde verteuern, was aber durch Mischkalkulation mit dem niedrigen Strompreis aus Kernkraftwerken auf etwa ein Drittel gesenkt werden kann.

Die besprochenen Maßnahmen bei fossil befeuerten Dampfkraftwerken sind Beispiele für *nachgeschalteten* (sekundären) Umweltschutz. Das Schema läßt den beachtlichen technischen Aufwand erkennen. Er erfordert nicht nur hohe Investitions- und Betriebskosten, sondern auch zusätzlich große Mengen an Werkstoffen und Energie. Deren Produktion verursacht wiederum Umweltbelastungen in Bergbau, Hüttenwesen, Maschinen- und Apparatebau und in Kraftwerken selbst. Man muß also diese Umweltbelastungen, die auch andernorts durch Bau und Betrieb von Umweltschutz-Anlagen entstehen, in den Gesamtbilanzkreis einbeziehen, der weit über das hier gerade betrachtete Kraftwerk hinausgeht. So ergeben sich nicht nur ökonomische sondern auch ökologische Grenzen für nachgeschalteten Umweltschutz. Deshalb strebt man bei allen technischen Neuentwicklungen zusätzlich *integrierten* (primären) Umweltschutz an, der die Entstehung von Reststoffen und -energien von vornherein vermeidet oder mindert. Bei Kohlekraftwerken ist ein Beispiel dafür die ,,Zirkulierende Wirbelschichtfeuerung" (ZWSF), eine bedeutende Entwicklung, die mit der Entdeckung der ,,Wirbelschicht" 1921 durch Fritz Winkler (1888–1950) und dem in der BASF entwickelten ,,Winkler-Generator" in der Chemietechnik begann. Sie integriert die Rauchgasreinigung in die ZWSF, zum Beispiel im Kraftwerk Gaisburg der Technischen Werke Stuttgart (TWS) [28].

Alle zuvor behandelten stofflichen Umweltschutzmaßnahmen bei Kraftwerken und Kraftfahrzeugen auf fossiler Energiebasis sind der Energieverfahrenstechnik zuzuordnen, stellen also Gemeinschaftsleistungen von Energie- und Verfahrenstechnik dar. In gleichem Sinn enthalten neuzeitliche chemische Fabriken eine Vielzahl energietechnischer Anlagenteile [29]. In einer modernen Ammoniakfabrik wird zum Beispiel durch interne Nutzung von Hochtemperatur-Prozeßwärme zur Dampferzeugung für direkten Antrieb von Turboverdichtern und Kreiselpumpen mit Dampfturbinen ein praktisch energieautarker Betrieb erreicht. Ein Musterbeispiel für direkte Wieder- und Weiterverwertung anfallender Energien im gleichen Prozeß, also integrierten Umweltschutz [30].

Bei einer solchen Anlage, die eine hier primär gewollte stoffliche Leistung von 50 t/h Ammoniak erbringt, dabei als energetisches Nebenprodukt 200 t/h Dampf erzeugt und damit dem gleichen Prozeß intern 170 000 kW liefert, kann man wirklich fragen: Ist das eine Ammoniakfabrik oder ein Kraftwerk? Sie ist beides zugleich und demonstriert so – wie das zuvor behandelte Steinkohle-Kraftwerk – den kooperativen Verbund der zunächst auseinandergewachsenen Disziplinen Energie- und Verfahrenstechnik und den dadurch erzielten Nutzen einerseits nachgeschalteten und andererseits integrierten stofflichen und energetischen Umweltschutzes, wobei letzterer sogar noch zu erhöhter Wirtschaftlichkeit führt.

Zur Zukunftssicherung der exponentiell weiter wachsenden Menschheit gehört unverzichtbar die zumindest überbrückende Nutzung von *Kernenergie*. Sie verbraucht keine knapp begrenzten fossilen Rohstoffe und belastet infolgedessen die Umwelt nicht mit deren schädlichen Verbrennungsprodukten, die selbst bei modernsten konventionellen Wärmekraftwerken nur mit sehr großem technisch-wirtschaftlichen Aufwand reduziert aber nicht ganz verhütet werden können [I-3.6; X]

Ein Kernkraftwerk ist nichts anderes als ein konventionelles Wärmekraftwerk, in dem die Feuerung zur Verbrennung fossiler Brennstoffe Kohle, Erdöl, Erdgas ersetzt ist durch den Kernreaktor zur Spaltung von „Kernbrennstoffen" Uran 235 und 233 sowie Plutonium 239, wie die schematische Schnittzeichnung des Druckwasserreaktors KKP2 zeigt[31]. Der eigentliche Kernreaktor (Core) befindet sich im dichten Reaktordruckbehälter 1. Die im Kernreaktor erzeugte Wärme wird über den in sich dicht geschlossenen Primärkreislauf innerhalb der Betonabschirmung 5 (Strahlenschutz und mechanischer Schutz) über den Dampferzeuger 2 übertragen auf den äußeren Sekundärkreislauf, der mit dem Wasser-Dampf-Kreislauf konventioneller Dampfkraftwerke identisch ist. Die stählerne Sicherheitshülle 7 umschließt druckfest und gasdicht die gesamte Reaktoranlage und verhindert den Austritt radioaktiver Stoffe. Sie wird von außen geschützt – zum Beispiel vor einem abstürzenden Flugzeug – durch die starke Stahlbetonhülle 8, die zugleich als zusätzliche Strahlenabschirmung dient. Für alle denkbaren Betriebsstörungen sind selbsttätige Sicherheitsmaßnahmen und -einrichtungen vorgesehen, auf deren Beschreibung hier verzichtet wird. Mit den mehrfachen druckfesten und dichten Abschirmungen 1, 5, 7, 8 gegen austretende Radioaktivität und mechanische Einwirkungen von außen und mit allen betrieblichen Sicherheitseinrichtungen bieten diese neuen Kernkraftwerke ein Höchstmaß an Betriebssicherheit und integriertem Umweltschutz.

Natururan enthält nur ca. 0,7% spaltbares U 235. Der Rest ist U 238, das jedoch im Neutronenfluß des Kernreaktors zum spaltbaren Plutonium Pu 239 „konvertiert" werden kann. Das geschieht in Konversions- und Brutprozessen, wobei letztere mehr spaltbares Material erzeugen als verbrauchen. So können die begrenzten Ressourcen der Kernbrennstoffe geschont und sogar erweitert werden. Das erfordert allerdings die verfahrenstechnisch sehr anspruchsvolle Wiederaufarbeitung gebrauchter Brennelemente. Sie hat im wesentlichen folgende Aufgaben zu erfüllen[32]:

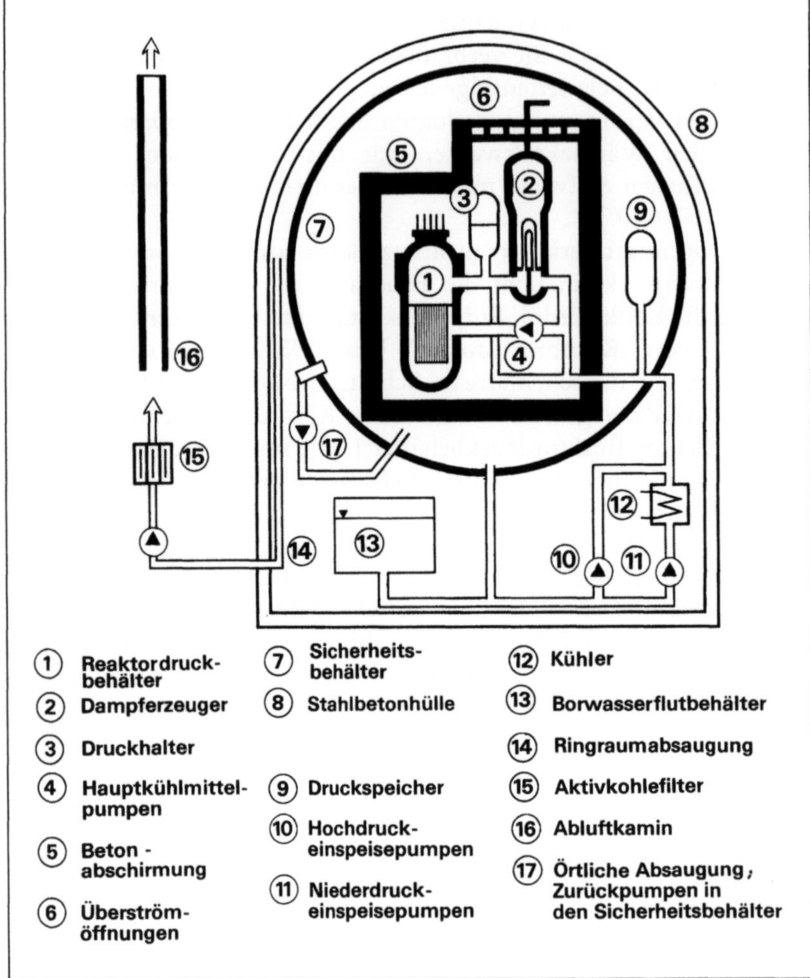

Schematischer Aufbau eines Druck-wasserreaktors (KKP 2) mit Sicherheitseinrichtungen im Block 2 des Kernkraftwerkes Philippsburg.

1. Abtrennen und Reinigen des nicht verbrauchten eingesetzten und erzeugten Kernbrennstoffs zum Wiedereinsatz im Kernreaktor.

2. Konzentrieren der hochaktiven Spaltprodukte und Begleitstoffe auf möglichst kleines Volumen, gegebenenfalls Einbindung in Feststoffe wie in Glas oder Zement und schließlich Endlagerung, so daß sie auf unbegrenzte Zeit keine Gefahr für Menschen und Natur bilden können.

3. Reinigen und Verdünnen radioaktiver Reststoffe in Flüssigkeiten

und Gasen, die dann ohne Gefahr für Mensch und Umwelt direkt an die natürliche Umgebung abgegeben werden können.

Die gefährliche energiereiche Strahlung radioaktiver Substanzen wird gekennzeichnet durch „Aktivität" und „Dosis". Die „Aktivität" gibt die Zahl der Kernzerfälle in irgendeiner radioaktiven Substanz beliebiger Menge an, und zwar in Curie (c). Dabei bedeutet 1 c = 3,7 · 10^{10} Zerfälle pro Sekunde. Das ist etwa die Aktivität von 1 g Radium 226, also ein sehr hoher Wert. Für Strahlenbelastungen, denen Mensch und Tier in der Natur ausgesetzt sind, gibt man die Aktivität in Becquerel (Bq) an mit 1 Bq = 1 Zerfall pro Sekunde = 2,7 · 10^{-11} c. Das bezieht man in der Regel auf eine Mengeneinheit, wie kg Masse eines Lebens- oder Futtermittels oder m^2 radioaktiv verseuchter Flächen.

Die Aktivität sagt gar nichts aus über Art, Energie und Wirkung der Strahlung. Sie kennzeichnet gleichsam die Kampfkraft einer militärischen Einheit durch die abgefeuerte Schußzahl pro Sekunde. Für die Wirkung in der getroffenen Materie ist es aber in diesem Vergleich doch sehr wichtig, ob es sich um Gewehr- oder Artilleriegeschosse handelt.

In diesem Sinn kennzeichnet die „Dosis" die Energie beliebiger Strahlung und für ihre Wirkung in beliebiger bestrahlter Materie den darin absorbierten Anteil durch die radiation absorbed dose (rad). Es gilt 1 rad = 100 erg/g = 10^{-7} Ws/g. Für Strahlenschäden beim Menschen ist schließlich 1 rem (röntgen equivalent men) die entscheidende Größe. Es ist die Dosis irgendeiner Strahlung, die im Organismus denselben biologischen Effekt erzeugt wie 1 rad einer Röntgenstrahlung. 1 rem berücksichtigt also die „relative biologische Wirksamkeit" (RBW) der verschiedenen Strahlenarten. Es gilt: Dosis in rem = RBW × Dosis in rad.

Da definitionsgemäß für Röntgenstrahlung gilt 1 rem = 1 rad, beträgt für sie sowie für γ- und β-Strahlen (energiereiche Wellen- und Elektronenstrahlen) RBW = 1; α-Strahlen (Heliumkerne) sind hingegen zehnmal so schädlich, das heißt für sie gilt RBW = 10.

Die Strahlenbelastungen des Menschen und die zulässigen Grenzwerte werden meist angegeben in Millirem pro Jahr (mrem/a). Die natürlichen Strahlungsbelastungen pro Person und Jahr schwanken örtlich, zeitlich und wetterbedingt sehr stark und betragen in der Bundesrepublik Deutschland im Durchschnitt 125 mrem/a. Vergleicht man sie mit den mittleren zivilisatorischen Strahlenbelastungen, so sind die Zusatzbelastungen durch kerntechnische Anlagen mit rund 1 mrem/a doch relativ gering. Als zulässiger Wert für Ganzkörperbestrahlung pro Person der Gesamtbevölkerung gilt derzeit 300 mrem/a. Keine dieser Dosen führte nach bisherigen Erfahrungen zu akuten Schäden. Wie es mit genetischen aussieht, zeigt sich aber möglicherweise erst nach Generationen.

Es gilt deshalb, wie grundsätzlich für jede Technik, für die Kerntechnik insbesondere, daß Gefahren und Belastungen für den Menschen und seine Umwelt mit allen erdenklichen Sicherheitsvorkehrungen – also mit Hilfe der Technik – so gering wie möglich gehalten werden.

Bei den Gefahren der urwüchsigen Natur ist das nur sehr begrenzt möglich[33]. Man denke an Erdbeben, Vulkanausbrüche, Wirbelstürme, Dürrekatastrophen, Überschwemmungen, Blitz und Hagelschlag; aber auch an früher sich unaufhaltsam ausbreitende Epidemien wie Cholera, Typhus, Lepra, Pocken. Allein die Pest raffte zwischen 1348 und 1352 ein Drittel der Bevölkerung Europas qualvoll dahin. Angesichts so verheerender Katastrophen in der ursprünglichen Natur – das heißt für viele Menschen in der göttlichen Schöpfung – kann man doch nicht erwarten, daß das menschliche Machwerk Technik völlig risikolos und unfallfrei funktioniert. Das gilt auch für die Kerntechnik. Trotzdem muß sie mit höchster Verantwortung für die Menschheit zur Schonung der begrenzten fossilen Primärenergieträger und zur Minderung der durch ihre Verbrennung verursachten kumulativen Umweltschäden zumindest überbrückend eingesetzt werden. [I-3.6; X]

Daneben müssen jedoch mit größtmöglichem Einsatz natur- und technikwissenschaftliche Forschung und Entwicklung neue gefahrlose Energiequellen erschließen. Einige Entwicklungen in dieser Richtung seien im folgenden aufgezeigt.

Betrachten wir als nächstes die *Wasserstofftechnik*. Wasserstoff (H_2) ist das häufigste und leichteste Element im Universum. Auf der Erde ist es in unerschöpflichen Mengen im Wasser und in unzähligen organischen Substanzen enthalten. Es ist einer der bedeutendsten Rohstoffe für Chemie und Hüttenwesen. Darüber hinaus gewinnt es zunehmend Bedeutung als chemischer Energieträger mit dem höchsten bekannten chemischen Energieinhalt von 142 MJ/kg = 34 000 kcal/kg. Im Bereich der chemischen Energiesysteme bietet die Wasserstofftechnik besonders günstige Zukunftsmöglichkeiten; denn

1. H_2 ergibt bei Verbrennung mit O_2 reines H_2O, das keinerlei Umweltbelastung bringt, sondern sogar als Trinkwasser benutzt werden kann;

2. H_2 kann im Gegensatz zu mechanischer und elektrischer Energie

latente chemische Energie einfach, in großen Mengen und über lange Zeit speichern (Untergrundspeicher, Druckflaschen, chemische Speicher wie Metallhydride);

3. H_2-Transport über Pipelines, die weitgehend vorhanden sind, bietet keine Schwierigkeiten und ist billiger als Transport elektrischen Stroms in Hochspannungs-Überlandleitungen;

4. H_2 ist vielseitig nutzbar als Rohstoff, zum Beispiel in Chemie und Hüttenwesen und als Kraftstoff in Verbrennungsmotoren oder Brennstoffzellen;

5. H_2 kann derzeit schon ohne Verbrauch fossiler Rohstoffe durch Elektrolyse aus Wasser mit elektrischem Strom von Wasser- oder Kernkraftwerken gewonnen werden. Für die Zukunft strebt man „Photovoltaik" und direkte „Photolyse" der Wassermoleküle durch Sonnenstrahlung an.

Elektrolytische Wasserstofferzeugung bietet verfahrenstechnisch noch beachtliche Verbesserungsmöglichkeiten, benötigt aber elektrischen Strom, also die hochwertigste Energieart. Wenn H_2 fossile Primärenergieträger substituieren soll, ist es sinnlos, ihn mit Strom aus fossil befeuerten Kraftwerken zu gewinnen, wobei bestenfalls 40% der Brennstoffenergie in elektrische überführt werden. Deshalb sind Elektrolysen zu wirtschaftlicher H_2-Erzeugung nur geeignet mit Wasserkraft- oder Kernkraft-Strom.

In der Zukunft dürfte neben der „Photovoltaik" die „Photolyse" die günstigste H_2-Erzeugung ermöglichen [34]. Sie strebt technisch an, was in den Pflanzen natürlich geschieht, nämlich die direkte Spaltung der Wassermoleküle mit Sonnenlicht, dort katalysiert durch Chlorophyll als „Photokatalysator". Da Wasser nicht selbst hinreichend Sonnenlicht absorbiert, müsen das in der Photolyse technische Photokatalysatoren übernehmen. Sie geben die aufgenommene Energie der Sonnenstrahlung dann möglichst verlustarm an H_2O-Moleküle weiter, so daß diese in H_2 und O_2 zerteilt werden. Erreicht wurden im Labormaßstab bereits Umwandlungswirkungsgrade der eingestrahlten Sonnenenergie in erzeugte H_2-Energie von etwa 5%.

Es bedarf sicher noch großen Aufwandes, um die Photolyse zur technisch-wirtschaftlichen H_2-Erzeugung einsetzen zu können. Doch liegt das Ziel wohl nicht ferner als die großtechnische Realisierung der Kernfusion. Und demgegenüber hat Photolyse den unschätzbaren Vorteil, direkt den 150 Millionen km entfernten natürlichen „Kernfusionsreaktor" Sonne zu nutzen, nur H_2O zu verbrauchen und bei der Rekombination von H_2 und O_2 wieder nur reines Wasser als „Verbrennungsprodukt" zu liefern.

Die wohl beste H_2-Nutzung bieten Elektrochemische Brennstoffzellen (EBZ), weil sie seinen hohen chemischen Energieinhalt durch „kalte Verbrennung" direkt und ohne den Umweg über einen Wärmekraftprozeß – also auch ohne Carnot'sche Wirkungsgrad-Begrenzung – in elektrischen Strom umwandeln. Die Abbildung veranschaulicht schematisch den Vorgang der direkten Energiekonversion latenter chemischer Energie des H_2 in elektrische Energie [35]. Die EBZ besteht im Prinzip (ähnlich einer elektrischen Batterie) aus zwei Elektroden (Anode und Kathode), die aufgebaut sind aus porösen katalytischen Metallegierungen. Dazwischen befindet sich hier eine sauere Elektrolytflüssigkeit, die als solche einen Überschuß an H^+-Ionen aufweist, die im elektrischen Feld durch den Elektrolyten zur Kathode „wandern" (griechisch ion = wandernd). In der EBZ erfolgt die Ionisierung von H_2 zu $2\,H^+$ (Wasserstoffkerne) und $2\,e^-$ (Hüllenelektronen) durch katalytische Dissoziation an der Dreiphasengrenze der katalytisierenden Metallegierung, der Elektrolytflüssigkeit und des zugeführten H_2 in der porösen Anode nach der darunter angegebenen einfachen Umsatzgleichung. Sie ist bezogen auf ein Molekül H_2, weil H_2 sowie O_2 als Gas molekular und nicht atomar auftreten.

Die entstehenden $2\,H^+$ wandern durch den Elektrolyten zur Kathode; die $2\,e^-$ fließen als elementare Ladungsträger des elektrischen Stroms über den äußeren Stromkreis mit Stromnutzern („Last") – wie in jedem Stromnetz – zur Kathode. Dort treffen sie an der Dreiphasengrenze in der porösen katalytischen Kathode die H^+-Ionen der Elektrolytflüssigkeit wieder und zusätzlich den hier zugeführten Sauerstoff O_2. Damit die Stöchiometrie bezogen auf 1 Molekül H_2 stimmt, ist hier $\frac{1}{2}\,O_2$, also ein O-Atom des dissoziierten Moleküls, eingetragen. Nun rekombinieren die drei Partner katalytisch gemäß der unter der Kathode angegebenen Gleichung. Ganz unten steht die sehr einfache resultierende stoffliche Umsatzgleichung der direkten Energiekonversion von H_2 in der EBZ.

Da die katalytische Dissoziation in der Anode „von selbst", das heißt ohne Energiezufuhr, stattfindet, wird in der EBZ im Idealfall verlustfreier Vorgänge der gesamte chemische Energieinhalt von H_2 direkt in elektrische Energie überführt; genau genommen sogar die hier etwa gleich große „freie Reaktionsenthalpie". Als stoffliches Produkt entsteht nur reines Wasser. Die EBZ ist also das einfachste und effizienteste „Elektrizitätswerk" mit theoretisch annähernd 100% thermischem Wirkungsgrad und keinerlei Umweltbelastung sondern statt dessen noch Reinstwassererzeugung. In Raumfahrzeugen, wo sich die EBZ bereits vielfach als Bordstromaggregat bewährt hat,

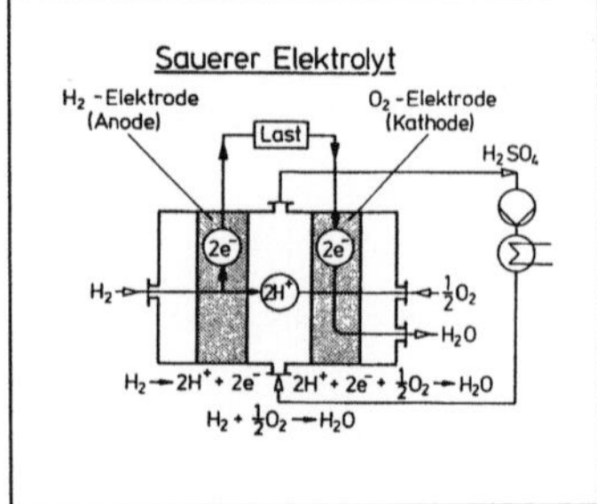

Prinzip einer elektrochemischen Brennstoffzelle (EBZ) zur direkten Konversion der chemischen Energie von Wasserstoff H_2 mit Sauerstoff O_2 im elektrischen Strom unter Bildung von reinem Wasser. Diese EBZ ersetzt Dampfkessel mit Feuerung und Abgasreinigung, Dampfturbine und Elektrogenerator. Sie verursacht keine Umweltbelastung und liefert neben elektrischem Strom noch reines Wasser. Sie ist das einfachste Elektrizitäts- und Wasserwerk in einem.

wirkt sich die Nutzung des Verbrennungsprodukts als Trinkwasser der Astronauten raum- und gewichtsparend aus. EBZ bieten aber auch ideale Möglichkeiten für gekoppelte Strom- und Trinkwasserversorgung zum Beispiel in U-Booten, entlegenen Stationen oder auch im kommunalen Bereich! Man hofft, den effektiven Wirkungsgrad der Stromerzeugung in EBZ von derzeit rund 50% im nächsten Jahrzehnt auf etwa 85% erhöhen zu können. In USA und Japan sind bereits EBZ-Kraftwerke mit mehreren Megawatt (MW) Leistung in Betrieb. Noch innerhalb dieses Jahrzehnts sollen 500-MW-Kraftwerke auf EBZ-Basis ans Netz gehen.

Vorteile der EBZ:

1. Direkte Energiekonversion mit höchsten Wirkungsgraden, die sich effektiv an 100% annähern lassen.

2. Einfachste Apparatur ohne bewegte Teile; wartungsfreier, sicherer Betrieb über lange Zeit.

3. Umweltfreundlichste Stromerzeugung mit Wasserstoffzelle, da als Reaktionsprodukt nur Reinwasser anfällt, das als Trinkwasser verwendet werden kann, was also eine Koppelung von Kraftwerk und Wasserwerk ohne Umweltbelastung oder -belästigung mitten in Siedlungszentren ermöglicht.

4. Wenn EBZ betrieben werden mit H_2, der über Elektrolyse mit Strom aus Wasser- oder Kernkraftwerken oder über Photovoltaik gewonnen wird, werden keinerlei fossile Primärenergieträger verbraucht. Sie bleiben damit als C-Basis der Chemie erhalten und ergeben keine Umweltbelastung durch Verbrennungsprodukte. Gelingt es der Gemeinschaftsforschung von Verfahrens-, Energie- und Elektrotechnik, die Photolyse zur direkten H_2-Erzeugung aus Sonnenenergie großtechnisch zu realisieren und mit weiterentwickelten EBZ zur direkten Erzeugung von elektrischem Strom und Reinwasser zu verbinden, so wäre das die Optimallösung jeglicher Energieerzeugung auf der naturgegebenen Grundlage der Sonnenenergie.

Biotechnik umfaßt aus heutiger Sicht den Kooperationsbereich von Biologie, Chemie und Verfahrenstechnik, der ausgerichtet ist auf industrielle Nutzung biologischer Wirkungen unter den Maximen von Ökonomie und Ökologie (nicht Ökoideologie!). Aus dem Angelsächsischen direkt übernommen spricht man auch von Biotechnologie. Biotechnik ist nicht als technikwissenschaftliches Fachgebiet wie Fertigungs-, Energie- oder Verfahrenstechnik zu verstehen, sondern per definitionem als natur- und technikwissenschaftlicher Kooperationsbereich, vergleichbar der Chemietechnik. Aufgrund dieser Wesensverwandtschaft lassen sich auch viele Erkenntnisse und Erfahrungen

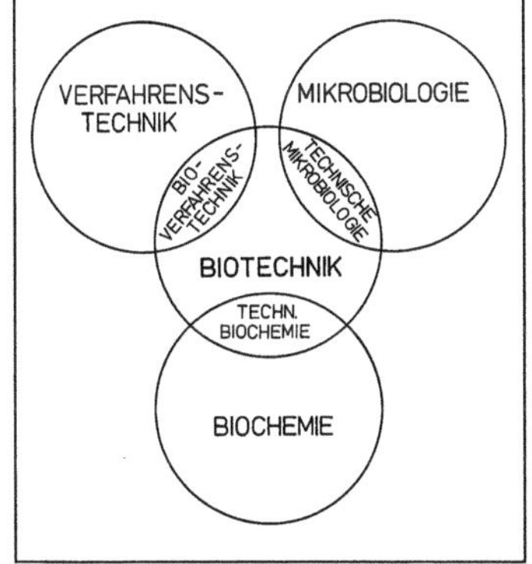

Biotechnik entsteht aus der Verknüpfung der Biochemie, Mikrobiologie und Verfahrenstechnik. Diese neue – zukunftsweisende – Disziplin entsteht nicht durch eine weitere Differenzierung eines bestimmten Gebietes der Technikwissenschaften, sondern ist nur durch die fächerübergreifende Zusammenführung von Kenntnissen aus verschiedenen Gebieten möglich.

der Chemietechnik prinzipiell – also verfahrenstechnisch – für Entwicklung, Planung, Bau und Betrieb biotechnischer Prozesse und Anlagen nutzen [36]. [III-3.6; VI]

Empirisch praktizierte Biotechnik dient – wie die meisten Produktionstechniken – dem Menschen schon seit vielen tausend Jahren. Zu den ersten Produkten, möglicherweise schon den paläolitischen Jägern und Sammlern bekannt, dürfte wohl Ethanol gehören, das sich „von selbst" durch alkoholische Gärung bei der Aufbewahrung zuckerhaltiger Früchte bildete. Ebenso reicht auch die Essigerzeugung aus vergorenen Säften und Bierherstellung aus gesammelten Grassamen sicherlich tief in die Vorzeit zurück, ferner wohl auch Sauerteigbrot sowie zahlreiche Sauermilchprodukte und Käsearten. Schon in dieser frühen Biotechnik nutzten die Menschen unbewußt Wirkungen der ältesten Lebewesen, nämlich der einzelligen Prokaryonten und Eukaryonten, vornehmlich Bakterien und Hefen.

Gerade die ältesten Lebewesen, also die Bakterien, sind wegen ihrer Einfachheit, Anpassungsfähigkeit, Kleinheit, damit großer spezifischer Oberfläche und Stoffübertragungsleistung, besonders geeignet für die jüngsten Entwicklungen der wissenschaftlichen Biotechnik. Andererseits schuf eben wegen dieser kleinen Abmessungen erst das Elektronenmikroskop vor etwa 40 Jahren die entscheidenden Voraussetzungen für die wissenschaftliche und damit auch die industrielle Mikrobiologie und Biotechnik. Wenige Beispiel mögen andeuten, wie Biotechnik als „sanfte" Technik besonders umweltfreundliche Beiträge liefern kann zur globalen Sicherung menschlichen Lebens. Außerdem ist sie ein weiteres Beispiel für die Bedeutung fachübergreifender Kooperation in der Weiterentwicklung der Technikwissenschaften. [III-3.6; VI]

Wir betrachten zunächst die zukunftsträchtige Nutzung nachwachsender Biomasse in agrarindustriellen Koppelproduktionen [37]. Die endgültige enge Begrenzung der fossilen Biomassen als Primärenergieträger und als Chemierohstoff geben ihrer zumindest partiellen Substitution durch regenerative Biomasse besondere Dringlichkeit. Dabei handelt es sich um Nutzung von Agrar- und Forstprodukten durch stoffliche und energetische Umwandlung (Biokonversion).

Aus CO_2 der Luft und H_2O des Bodens und Mineralstoffen wachsen durch Photosynthese jährlich rund 200 Mrd t Biomasse mit einem Energiewert von etwa 100 Mrd t „Steinkohleeinheiten" (SKE); das ist das 10fache des derzeitigen Weltenergieverbrauchs. Von dieser ständig nachwachsenden Biomasse werden aber nur knapp 3% land- und forstwirtschaftlich genutzt, wovon 40% Rückstände übrig bleiben.

Sie werden letztlich von den in der Natur reichlich vorhandenen Mikroorganismen abgebaut und als CO_2 und H_2O dem natürlichen Kreislauf zurückgegeben. Ebenso durchlaufen alle anderen Elemente der nachwachsenden Biomasse den Gleichgewichtskreislauf der Natur, den die Abbildung im Prinzip zeigt [38]. Daran ändert sich grundsätzlich nichts, wenn regenerative Biomasse oder ihre Rückstände gezielt in Bioreaktoren umgesetzt werden zu nutzbaren Produkten wie Nahrungsmittel, Ethanol, Biogas, Biopolymere oder Enzyme. Jede technische Nutzung nachwachsender Biomasse bedeutet demnach zweifachen Umweltschutz: Schonung begrenzter fossiler Ressourcen und Vermeidung zusätzlicher Schadstoffbelastung der Natur.

Agrarindustrielle Produktionen werden aber nur wirtschaftlich sein bei Totalverarbeitung geeigneter Pflanzen in gekoppelten Parallel- und Folgeproduktionen beispielsweise zu Fasern, Zellulose, Stärke, Zucker, Ölen und Fetten, Eiweiß, Pharmaka, Farbstoffen, Ethanol, Biogas. Das erfordert auf der landwirtschaftlichen Seite Züchtung oder genetische Veränderung und Anbau bzw. Wiederanbau von Pflanzen, die sich für vielseitige industrielle Verarbeitbarkeit zu Produkten hoher Wertschöpfung und Marktakzeptanz eignen, wie Getreide einschließlich Mais; Kartoffeln, Rüben; Körnerleguminosen wie Erbse, Ackerbohne, Buschbohne; Zichorie, Zuckerhirse, Topinambur; Flachs, schilf- und bambusartige Einjahrespflanzen. Die landwirtschaftlichen Entwicklungen wären forstwirtschaftlich zu ergänzen durch Schnellwuchsplantagen, z. B. mit Pappeln, Weiden, Aspen. Industriepflanzenanbau bietet so viele weitreichende gesamtwirtschaftliche, umweltschonende und gesellschaftliche Vorteile, daß man unverzüglich zu konkreten Realisierungen übergehen sollte.

Ein Beispiel agrarindustrieller Koppelproduktionen ist die Verarbeitung von Weizen zu Glucosesirup mit dem Nebenprodukt Gluten (Kleber) [39]. Als „Abfallprodukt" bleibt B-Stärke übrig, die mit Faserstoffen, Proteinen und Lipiden verunreinigt ist, so daß sie sich weder zur Erzeugung von Glucose noch zur Verwertung als Stärke eignet. Jedoch gelang es nach enzymatischer Verzuckerung dieser Abfallstärke, die dabei gewonnene Glucose mit dem Bacterium Zymomonas mobilis zu Ethanol zu vergären. Da die Schlempe der Ethanoldestillation neben der Bakterienbiomasse auch nicht vergärbare Fasern, Proteine und Fette enthält, werden diese organischen Reststoffe weiter anaerob zu Biogas ($CH_4 + CO_2$) umgesetzt. Das Methan (CH_4) läßt sich zur Beheizung der Ethanol-Destillation nutzen, also ganz im anzustrebenden Sinn möglichst direkter Wieder- und Weiterverwendung von Stoffen und Energien.

Ein solches Konzept der Bioalkohol-Gewinnung aus Nebenprodukten oder Reststoffen agrarindustrieller Koppelproduktionen mit überwiegend hoher Wertschöpfung läßt Wettbewerbsfähigkeit als Chemierohstoff und als Kraftstoffzusatz (nicht -ersatz!) von vorzugsweise 5% Ethanol zum Benzin („kompatibles Zumischkonzept" der EG) erwarten.

In einem weiteren biotechnischen Entwicklungsgebiet, nämlich industrieller Biomasseproduktion kommt dem Einzeller-Eiweiß (Single Cell Protein SCP) in der Zukunft sicher wachsende Bedeutung vor allem in Entwicklungsländern zu [40]. Im Prinzip handelt es sich dabei um das Gegenteil der zuvor besprochenen industriellen Nutzung von Agrarprodukten, nämlich hier um industrielle Produktion eines Grundnahrungsmittels zur Ergänzung der agrarwirtschaftlichen. Für die menschliche Ernährung ist Eiweiß wegen seiner essentiellen Aminosäuren unersetzlich, es kann hingegen seinerseits Kohlenhydrate und Fette ersetzen.

Bei allen Möglichkeiten zur Intensivierung und Extensivierung landwirtschaftlicher Nahrungsmittelproduktion behält diese doch die Nachteile: Abhängigkeit von Boden, Klima und Jahreszeit; hoher Aufwand für Lagerung, Transport, Konservierung; Vernichtung von 30 bis 40% der Ernte durch Schädlinge; Verbrauch von Agrarprodukten, die auch zur Ernährungsbasis des Menschen gehören (Kartoffeln, Rüben), durch tierische Eiweißproduzenten.

Grundlegende Abhilfe und neuartige Möglichkeiten bietet die industrielle Produktion von SCP. Man ersetzt dabei sozusagen – verglichen mit tierischer Eiweißproduktion –

1. Großtiere (Rinder, Schweine, Schafe, Geflügel, Fische) durch Mikroorganismen, wie das Bakterium Methylomonas clara oder die Hefe Candida lipolytica;

2. Ställe, Weiden und Gewässer durch Bioreaktoren, und zwar in der Regel Schlaufenreaktoren (Loop Reactors) [41];

3. landwirtschaftliche Futtermittel durch industrielle „Substrate", hier Methanol, Ammoniak, Phosphorsäure, Mineralsalze.

Trotzdem handelt es sich bei der SCP-Produktion nicht um eine chemische Eiweißsynthese, sondern um natürliches Wachstum mikrobieller Biomasse unter technisch geschaffenen günstigsten Lebensbedingungen für die Mikroorganismen. Daraus wird das Bioprotein dann in der Aufarbeitung isoliert und gereinigt zu Futter- oder weitergehend auch zu Lebensmittelzusatz. Während ein Rind von 500 kg in 24 h etwa 0,5 kg Eiweiß bildet, produziert die gleiche Masse von Hefezellen 50 t, also 100 000mal so viel, Bakterien noch wesentlich mehr [42].

Globaler und menschlicher Kohlen-stoff-Kreislauf. Durch Photosynthese bildet sich mit Hilfe der eingestrahlten Sonnenenergie pflanzliche Biomasse, zum Beispiel Zucker:

Kohlendioxyd + Wasser + Energie

$$\underset{Atmung}{\overset{Photosynthese}{\rightleftharpoons}} \; Zucker + Sauerstoff$$

Das Gleichgewicht von Photosynthese und Atmung ist die Basis der Koexistenz von Pflanzen, Tieren und Menschen. Während die technische Nutzung fossiler Rohstoffe dieses Gleichgewicht stört, ist das bei regenerativer Biomasse nicht der Fall.

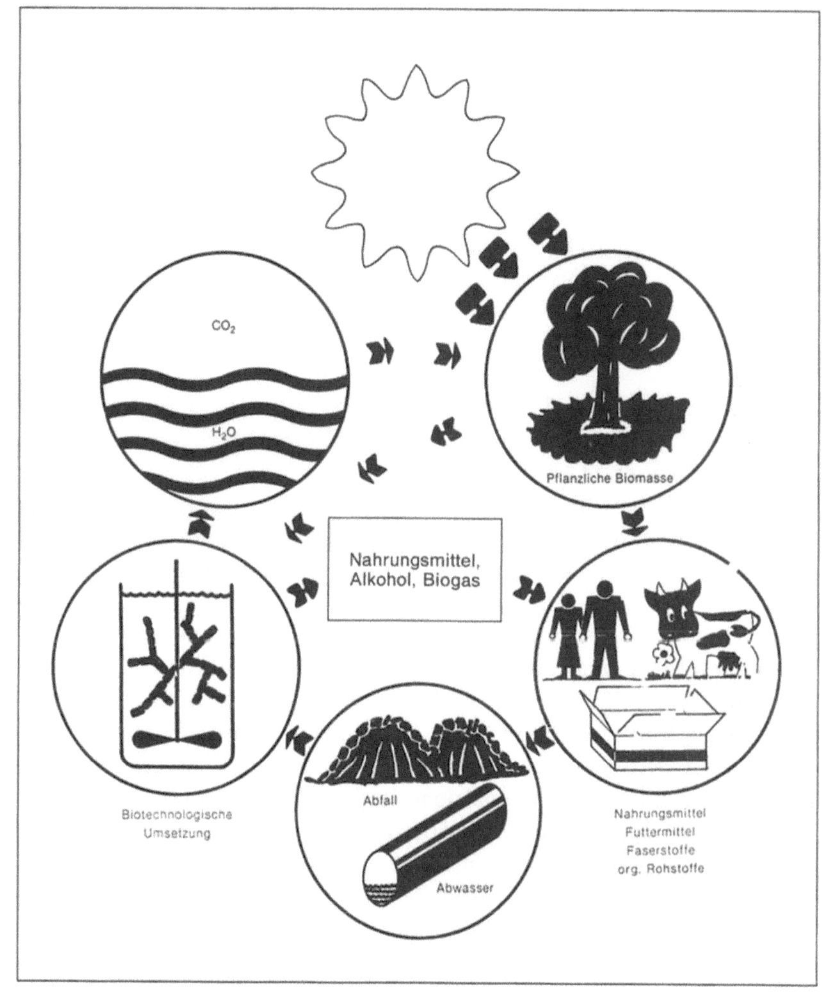

Die Entwicklungen von SCP-Prozessen brachten darüber hinaus viele grundlegende Fortschritte hinsichtlich der Bioreaktoren und der Aufarbeitung von Bioprodukten. So läßt sich der SCP-Schlaufenreaktor direkt zur Produktion von Biopolymeren verwenden[43]. Diese werden beispielsweise vom Bakterium Alcaligenes eutrophus intracellulär als Reservestoff für „schlechte Zeiten" bis zu einem Anteil von 80% der Zelltrockenmasse angelegt. Für das daraus gewonnene „Biopol" sieht man aufgrund seiner biologischen Abbaubarkeit vielseitige zukünftige Einsatzgebiete.

1. Herstellung von künstlichen Implantaten, chirurgischen Nägeln und Fäden sowie Kapseln für Langzeitmedikamente (z. B. Insulin) oder von Colostemiebeuteln in der Medizin. [IV]

2. Produktion von Hygieneartikeln und Verpackungsmaterialien für Lebens- und Genußmittel.

3. Anwendungen in der Landwirtschaft zur Verkapselung von Düngemitteln und Pestiziden, die mit der Saat ausgestreut und erst allmählich freigesetzt werden, ohne Nachspritzen und -düngen. Dadurch lassen sich Übermengen, die das Grundwasser schädigen, vermeiden.

Das folgende Beispiel der neuesten Entwicklung von *Biosensoren* soll vor allem die vielseitige Anwendbarkeit biotechnischer Entwicklungen kennzeichnen [44].

Man spricht von Biosensoren im weitesten Sinn bei allen Sensoren (Meßfühlern) zur Erfassung von Einflußgrößen in den meist sehr schwierigen mehrphasigen Biosystemen. Die hier betrachteten Biosensoren im engeren Sinn arbeiten mit Biomaterialien, die auf „Biochips" von etwa 1/10 mm² fixiert sind und in Kontakt mit dem zu messenden Stoff eine spezifische Reaktion bewirken. Sie löst ein elektrisches Signal aus, das als elektrische Anzeige oder in einem Mikroprozessor-Computer erfaßt wird. Mit solcher Kombination eines Enzym-Feldeffekttransistors (Bio-FET) können bereits etliche Substanzen in komplexen Gemischen quantitativ erfaßt werden wie Zucker, Alkohole, Ammoniak, Aminosäuren, Antibiotika.

Viele Einsatzgebiete sieht man auch in der Medizin (Diagnostik, Therapie, Prothetik) zum Beispiel bei der in-situ-Analyse von Körperflüssigkeiten, bei Organfunktionstests, Verfolgung pathologischer Reaktionen, Überwachung und Steuerung implantierter Organe. Das weist nochmals auf die Bedeutung der Biotechnik für die Medizintechnik hin.

Die zuvor behandelten Beispiele mögen in gebotener Kürze wenigstens andeuten, wie das oligodisziplinäre Kooperationsgebiet der Biotechnik in Zukunft zur Schonung begrenzter fossiler Ressourcen und zur Sicherung von Ernährung, Gesundheit und Umwelt beitragen kann.

Weitere *direkte* Beiträge der Biotechnik zum Umweltschutz erbringen die hier nicht behandelten neuartigen aeroben und anaeroben Verfahren und Anlagen zu kommunaler und industrieller Abwasserreinigung sowie zu Abluftreinigung und biologischem Abbau fester

Stoffe[45]. Eng verwandt mit der Biotechnik ist die *Biomedizinische Technik* (BMT). Der Begriff wurde Ende der sechziger Jahre in Deutschland übernommen von Biomedical Engineering, das sich in Großbritannien und den USA früher entfaltete als hier. Gemeint ist damit aber überwiegend *Medizintechnik*. Das erste Institut für BMT wurde 1969/70 auf Initiative des Verfassers an der Universität Stuttgart gegründet; ebenso zu gleicher Zeit die Gesellschaft für BMT e. V. und zwei Jahre später der Stuttgarter Ausstellungskongreß „Medizin-Technik". Dieses junge, fachübergreifende Kooperationsgebiet zeigt besonders deutlich, wie Technikwissenschaften – hier im Verbund mit Medizin und Naturwissenschaften – direkt den Menschen dienen, indem sie dazu beitragen, ihnen ein gesundes langes Leben zu ermöglichen. Und wer wünscht sich das nicht?

Da den Beziehungen zwischen Medizin und Technik ein eigener Band gewidmet ist, seien hier nur noch wenige Grundgedanken im Sinne dieses Beitrags angedeutet. [IV]

Medizintechnik greift, wie jeder schon persönlich erfahren hat, direkt in das Leben des Menschen ein. Zweifellos werden ihre Fortschritte die mittlere Lebensdauer weiter erhöhen. Das trägt zu weiterem Bevölkerungswachstum und damit zur Verschärfung der Wechselwirkungen zwischen Mensch, Natur und Technik bei. Auch der relative Anteil Kranker wird weiter zunehmen, da sie mit immer wirksameren und aufwendigeren technischen Einrichtungen immer länger am Leben erhalten werden. So erreichen auch immer mehr Erbkranke das Fortpflanzungsalter.

Schließlich wird der wirtschaftliche Aufwand für immer kostspieligere Geräte zu der schweren Frage führen, wo die Möglichkeiten der Gesellschaft Grenzen erreichen und wann künstliche Lebensverlängerung eines nur noch zwischen Schläuchen, Meßgeräten und Apparaturen „eingebauten" unheilbaren Patienten nicht mehr menschlich ist. Fragen voller religiöser, ethischer, sozialer, humaner, rechtlicher Implikationen, die gewiß nicht von Ärzten, Biologen und Ingenieuren zu beantworten oder gar zu verantworten sind. Ihre Arbeit muß darauf ausgerichtet sein und bleiben, alle Möglichkeiten der Medizin und der Natur- und Technikwissenschaften zu erschließen, die der Gesundheit und Lebensfähigkeit des Menschen dienen können, unabhängig davon, wieweit diesen Möglichkeiten irgendwann irgendwelche Grenzen zu setzen sind[46]. Hier muß wie in allen anderen Einsatzgebieten die Maxime gelten, daß Technik ein Urhumanum, ein Mittel menschlicher Weltgestaltung und ein Teil menschlicher Kultur ist. [I-3.6; IV; VI]

Prinzipielle Wandlungen der Technikwissenschaften

Den folgereichsten Wandel in allen Lebensbereichen brachte wohl der
Übergang vom diskontinuierlichen zum kontinuierlichen Prinzip.
Die ursprüngliche natürliche Bewegungs- und Arbeitsweise ist dis-
kontinuierlich. Das zeigen die Lauf-, Spring-, Schwimm- oder
Schlängelbewegungen aller Tiere und Menschen. Auch die frühen
technischen Erzeugnisse der Paläolithiker wie Faustkeil, Keule, Stein-
beil, Speer, sind hinsichtlich ihrer Herstellung und Anwendung (Be-
hauen, Stoßen, Stechen, Stampfen, Hacken) Beispiele für Diskontinuität. Erst das Neolithikum brachte mit Seßhaftigkeit und Arbeitsteilung Voraussetzungen für die Entdeckung, Entwicklung und Nutzung
des kontinuierlichen Prinzips. Das gilt im qualitativen Sinn, beispielsweise durch Übergang von behauenen zu geschliffenen Steinen und
im quantitativen Sinn, wie Rad und Pflug zeigen. Sie setzen Wege und
Felder – also Seßhaftigkeit – voraus und ermöglichen es, stärkere Tiere
„einzuspannen" und später auch die quasi-lebendigen Kräfte der
Wind- und Wasserbewegung zu nutzen mit Segeln (schon 1500
v. Chr.), Wasserrädern (im 2. Jahrhundert n. Chr.) und Windmühlen
(um 1000 n. Chr.). Rad und Straße lassen sich technisch vereinigen in
Kettenfahrzeugen, die zwei endlose Stahlgliederketten direkt vor ihre
Räder legen, dahinter wieder abheben und stetig rezirkulieren. Das
ermöglicht zum Beispiel Panzern die Fahrt in „unwegsamem" Gelände. Rad und Pflug demonstrieren, daß technische „Entdeckungen",
„Erfindungen" oder „Entwicklungen" – wie sprachlich treffend ausgedrückt – auch ohne Wissenschaft empirisch, intuitiv und mit „handwerklichem" Geschick Möglichkeiten realisieren, die es in der Natur
nicht gibt, wenn sie nur den Naturgesetzen entsprechen. Ferner verdeutlichen sie, daß technische Neuerungen in der Regel entsprechenden Bedarf voraussetzen (hier Ackerbau und Transport), und ihre
Anwendung an vorhandene Möglichkeiten gebunden sind (hier Felder, Straßen und handwerkliches Können).

Schließlich zeigen Rad und Pflug mit ihrer stetigen Rotations- und
Translationsbewegung am klarsten, daß Kontinuität das Prinzip
großer Leistungen ist. Man vergleiche die Transportleistung von Pfer-
debahn und Tragtier. Und jedermann weiß, daß der Pflug ein Arbeits-
gerät für große Felder und nicht für Kleingärten ist.

Weitere Beispiele für leistungssteigernden Übergang zu kontinuier-
licher (stetiger) Arbeitsweise gibt es in großer Zahl. Man denke hier
nur an einige fundamentale wie: Getreidestampfe, Drehmühle –
Handformen, Töpferscheibe – Beil, Säge, Kreis- oder Bandsäge –

Paddel, Ruder, Schaufelrad, Schiffsschraube – Chargenprozeß, Fließ-prozeß (vor allem in der Verfahrenstechnik).

Die Bedeutung dieser fundamentalen technischen Entwicklungen wird offensichtlich, wenn man sich alle kontinuierlichen Bewegungs- und Arbeitseinrichtungen aus unserer Welt wegdenkt, beispielsweise alle Räder.

Ein weiterer grundlegender Wandel ist der Übergang von Maschinen zu Apparaten. Als Maschinen bezeichnet man technische Gebilde mit funktionell bewegten Teilen wie Kolben, Räder, Wellen, Gelenke, Hebel. Beispiele: Kraft-, Arbeits-, Werkzeugmaschinen; Förder- und Verkehrsmaschinen. Apparate sind hingegen technische Gebilde, in denen Vorgänge stattfinden durch funktionelle Eigenbewegung oder Wirkung der zu behandelnden Stoffe selbst. Dafür kann der ruhende Apparat entsprechende feste Einbauten oder Teile enthalten wie Strö-mungsleitflächen, Siebe, Glockenböden, Füllkörper. Außerdem schafft er in sich günstige „technische Umweltbedingungen", wie Druck, Temperatur, Dichtheit, Sterilität, Korrosionsbeständigkeit. Beispiele sind (bio-)chemische und kerntechnische Reaktoren; Rektifi-kations-, Extraktions-, Absorptionskolonnen; Zyklone; Wärmeüber-trager; Lagerbehälter.

In der gegenwärtigen Technik zeigen sich viele Übergänge von Maschinen zu Apparaten oder Geräten, was in der Regel auch bedeu-tet, von komplizierten zu einfachen Wirkungsweisen. Als Beispiele mögen hier genügen:

1. In der Luft- und Raumfahrt: Entwicklung der Antriebe von Benzinmotoren mit Propeller über Strahltriebwerke zu Staustrahl- und Raketentriebwerken.

2. In der Elektrotechnik: Ersatz von mechanisch bewegtem Schalter durch „gedruckte" integrierte Schaltungen der Elektronik.

3. In der Energietechnik: Ergänzung von Turbo-Generator-Ma-schinensätzen (mit vorgeschaltetem Apparat Dampfkessel oder Kern-reaktor) durch elektrochemische Brennstoffzellen.

4. In der Verfahrenstechnik: Übergang von Begasungsrührkesseln zu Gasliftapparaten, bei denen durch eingebaute Leiteinrichtungen das in Flüssigkeit aufsteigende Gas selbst Durchmischung und Dispergie-rung bewirkt, zum Beispiel in Schlaufenreaktoren oder Gasliftkaska-den[47].

In den letzten Jahren bemüht man sich ferner immer mehr, von extremen zu naturnahen Betriebsbedingungen zu gelangen. Als Bei-spiel für extreme Betriebsbedingungen hinsichtlich Druck, Tempera-tur und Korrosion sei auf die klassische Ammoniaksynthese verwiesen, aus der Chemietechnik, die Hochdrucktechnik und die Werkstoffwissenschaften mit ihren Entwicklungen korrosions-, erosions- und temperaturbeständiger hochlegierter Werkstoffe hervorgingen. Noch extremer sind die Betriebsbedingungen in Kernreaktoren, wo zu Druck, Temperatur und Korrosion noch die hohe Radioaktivität und extreme Sicherheitsanforderungen kommen.

Demgegenüber benötigt die Biotechnik (auch als „sanfte" Technik bezeichnet), weil sie Mikroorganismen als Lebewesen oder Enzyme als empfindliche Naturprodukte einbezieht, möglichst schonende naturnahe Betriebsbedingungen. Auch in chemischen Produktionen kann der Einsatz intensiver und selektiver Biokatalysatoren die sonst erforderlichen Betriebsbedingungen mildern.

Diese Tendenzen tragen wirksam zur Erhöhung der Wirtschaftlichkeit, zur Harmonisierung von Technik und Natur und zur einfacheren Verwirklichung des unerläßlichen Umweltschutzes bei. [VI]

Entscheidend für weitestgehende Schonung der Natur, in die der Mensch unentrinnbar eingebunden ist, wirkt sich der unerläßliche Übergang von fossilen zu regenerativen Rohstoff- und Energiequellen aus. Hier stehen die Technikwissenschaften vor den schwierigsten, vielseitigsten und brennendsten Forschungs- und Entwicklungsaufgaben ihrer Geschichte. Sie entscheiden über das Schicksal der weiter wachsenden Menschheit, die schon in 100 Jahren verdreifacht unser „Raumschiff Erde" bedrohlich überlasten wird. Das bedeutet für die Technik im weitesten Sinn die größte Herausforderung, sich als Mittel menschlicher Weltgestaltung zu bewähren.

Für die Technikwissenschaften der Zukunft zeichnet sich mit all dem auch ein fundamentaler Wandel der Arbeitsweise und der Arbeitsgebiete ab, worauf in diesem Beitrag immer wieder hingewiesen wurde. Er betrifft die Ergänzung fachlicher Spezialisierung und Vertiefung durch weite fachübergreifende Kooperation. Die Technikwissenschaften begannen mit der systematischen Entwicklung der ersten leistungsfähigen Dampfmaschine. Sie führte direkt zu umwälzenden Entwicklungen des Verkehrswesens und zur Industrialisierung. In unserem Jahrhundert setzen dann in allen Gebieten der Technikwissenschaften unübersehbar viele neue Entwicklungen ein, die zwangsläufig zu ihrer immer stärkeren Aufteilung führen.

Sicher wird das in Forschung und Entwicklung zur Erzielung weiterer Fortschritte in Teilgebieten bei zunehmender Verwissenschaftlichung der Technik auch weiterhin unerläßlich sein. Es bedarf aber um so mehr der fachübergreifenden Kooperation. Das gilt für die im Trend der Spezialisierung bisweilen vernachlässigten, für die Zukunft aber entscheidenden interdisziplinären und fachübergreifenden Kooperationsbereiche, wie an den behandelten Beispielen gezeigt wurde.

Der Zwang zu produktiver Zusammenarbeit hochqualifizierter Fachleute verschiedener Ausbildung erfordert über gründliches Fachwissen und Können hinaus geistige Aufgeschlossenheit und vorurteilsfreie Anerkennung von Fachkollegen anderer Disziplinen; Kompromißbereitschaft zur Erzielung optimaler Gesamtlösungen verbunden mit Klarheit, Selbstvertrauen und sachlicher Überzeugungskraft; Gemeinschaftssinn, Tatkraft und Verantwortungsbereitschaft. So verstärken sich in der Technik die persönlichkeitsbildenden Werte, die zur Förderung harmonischen menschlichen Zusammenlebens und -arbeitens gerade in hochtechnisierten und industrialisierten Gesellschaften vor allem bei Führungspersönlichkeiten für die Zukunft entscheidend sind. [I-3.4]

Ausblick

Die Betrachtung möge zeigen, daß die Technik, die als „Urhumanum" dem Menschen von Anbeginn hilft, auch in Zukunft mit all ihren handwerklichen, erfinderischen und wissenschaftlichen Kräften dazu beitragen wird, der weiter wachsenden Weltbevölkerung menschliche Entfaltung in lebensfreundlicher Umwelt zu sichern.

Mit Umwelt ist dabei nicht nur die Natur mit ihren technischen Ergänzungen und Eingriffen gemeint, sondern auch die menschliche Gesellschaft.

„Dazu ist es notwendig, daß die Geisteswissenschaftler in der Technik nicht nur das Materielle, das sogenannte Zivilisatorische, sehen, sondern ihr Bildungswerte zubilligen, und daß umgekehrt die Techniker und Naturwissenschaftler nicht die großen geistigen Verpflichtungen vergessen, denen sie als Kulturteilhaber verbunden sind. Es ist unerläßlich, das gesamte geistige Tun des Menschen als Gesamtkulturleistung zu sehen, also eine Kultursynthese anzustreben"[48].

Literaturnachweise

1 *Schadewaldt*, Wolfgang: Die Anforderungen der Technik an die Geisteswissenschaften. Berlin/Frankfurt 1957, S. 10f.

2 *Blenke*, Heinz: Wesen, Entwicklung und Auswirkungen der Technik. Bern 1961

3 *Dessauer*, Friedrich: Begegnungen zwischen Naturwissenschaften und Theologie. Rede anläßlich der Verleihung der theol. Ehrendoktorwürde durch die Julius-Maximilian-Universität Würzburg. Frankfurt a. M. 1952

4 *Khuon*, Ernst von: Die sieben Weltwunder. Stuttgart/Zürich/Wien 1969

5 *Klinckowstroem*, Carl Graf von: Geschichte der Technik. München/Zürich 1959, S. 55

6 *Schelsky*, Helmut: Bildung in der wissenschaftlichen Zivilisation. Frankfurt a. M. 1964

7 *Reti*, Ladislao: Leonardo. Künstler, Forscher, Magier. Frankfurt a. M. 1979, S. 11

8 *Dessauer*, Friedrich: Der Fall Galilei und wir. Frankfurt a. M. 1951

9 *Blenke*, Heinz: Zur Synthese von Wissenschaft und Technik. Vortrag bei der Jahrestagung der Deutschen Forschungsgemeinschaft (DFG) 1966. Mitteilungen der DFG Nr. 4/66, 1966

10 Vgl. 5, S. 153f.

11 Forum der Technik. Bd. 2. Zürich 1964, Tafel 63

12 Vgl. 5, S. 210

13 *Ludwig*, Walter: Aus 40 Jahren in der chemischen Industrie. Verfahrenstechnisches Kolloquium. Stuttgart 1977, S. 40

14 *Klemm*, Friedrich: Technik, eine Geschichte ihrer Probleme. Freiburg/München 1954, S. 97

15 Zit. n. *Diesel*, Eugen: Diesel, der Mensch, das Werk, das Schicksal. Stuttgart 1948, S. 97

16 *Dietzel*, Fritz: Dampfturbinen. München/Wien 1980

17 *Loschge*, August/*Blenke*, Heinz/*Rüger*, Karl: Konstruktionen aus dem Dampfturbinenbau. Berlin/Heidelberg/New York 1967

18 *Hünecke*, Klaus: Flugtriebwerke, ihre Technik und ihre Funktion. Stuttgart 1977

19 *Brockhaus Enzyklopädie*. Bd. 18. Wiesbaden [17]1973, S. 188

20 *Paturi*, Felix: Chronik der Technik. Dortmund 1988, S. 416, 432, 447, 464, 509

21 *Bosch*, Carl: Über die Entwicklung der chemischen Hochdrucktechnik bei dem Aufbau der neuen Ammoniak-Industrie. Nobelpreisvortrag. Stockholm 1931. In: Stickstoff (Schriftenreihe der BASF) Nr. 3, S. 26

22 *Raichle*, Ludwig/*Blenke*, Heinz: Fortschritte in der Technik durch die Beherrschung hoher Drücke. Bern 1960

23 *Blenke*, Heinz: Vom Werden und Wirken neuer Disziplinen. Antrittsrede als Rektor der Universität Stuttgart 1969

24 *Blenke*, Heinz/*Dialer*, Kurt: Hochschulausbildung in Chemietechnik in der Bundesrepublik Deutschland. Deutscher Beitrag in der europäischen Konferenz zu ‚Chemical Engineering Education'. Cambridge (U.K.) 1968

25 Die Bedeutung der Verfahrenstechnik für Wissenschaft und Wirtschaft. Plenarvorträge zum Jahrestreffen der Verfahrensingenieure. VDI-Berichte 115. Hamburg 1967

26 *Blenke*, Heinz: Der Mensch im Spannungsfeld von Natur und Technik. Vortragsreihe ‚Naturwissenschaft im Rathaus'. Stuttgart 1985

27 *Schlegel*, Hans G.: Allgemeine Mikrobiologie. Stuttgart 1984, S. 2

28 *Brüderlin*, Heinz: Persönliche Mitteilungen der Technischen Werke Stuttgart (TWS) zu Kraftwerk Gaisburg. 1990

29 *Blenke*, Heinz: Kraft- und Wärmewirtschaft in der Verfahrenstechnik. München 1961

30 *Blenke*, Heinz: Energie- und Verfahrenstechnik. Vortrag an der Universität Stuttgart. Verfahrenstechnisches Kolloquium 1983

31 Sicherheitstechnische Einrichtungen eines Druckwasserreaktors. Kernkraftwerk Philippsburg 1979

32 *Blenke*, Heinz: Ingenieuraufgaben in der Kerntechnik. In: technia Nr. 5. Basel 1961, S. 294–296

33 *Fuchs*, Sir Vivian (Hrsg.): Naturgewalten. Frankfurt a. M. 1978

34 *Wendt*, Hartmut/*Bauer*, Gottfried: Verfahren zur Wasserspaltung. In: Winter, Carl-Jochen/Nitsch, Joachim (Hrsg.): Wasserstoff als Energieträger. Berlin/Heidelberg/New York 1989

35 Vgl. 26

36 *Blenke*, Heinz: Verfahrenstechnische Beiträge zur Entwicklung von Bioreaktoren. Heidelberg 1988

37 *Blenke*, Heinz: Perspektiven der Biotechnik. Stuttgart 1987

38 *Sahm*, Hermann/*Schoberth*, Siegfried Michael: Mikrobielle Umsetzung von pflanzlichen Rückständen. KfA Jahresbericht 55–64. Jülich 1978/79, S. 55

39 *Sahm*, Hermann/*Bringer-Mayer*, Stephanie: Ethanolherstellung mit Bakterien. Weinheim 1987

40 *Blenke*, Heinz: Industrielle Eiweißproduktion, eine Nahrungsquelle der Zukunft. In: Brennpunkte der Forschung. Stuttgart 1981

41 *Blenke*, Heinz: Biochemical Loop Reactors. In: Biotechnology. Vol. 2. Weinheim 1985

42 Vgl. 27, S. 11

43 Vgl. 37

44 Vgl. 37

45 *Präve*, Paul u. a.: Handbuch der Biotechnologie. Wiesbaden 1982, S. 528 f.; Vgl. 37

46 *Blenke*, Heinz: Hoffnungen auf Biomedizinische Technik. In: Ingenieurausbildung und soziale Verantwortung. München 1972

47 Vgl. 36

48 *Planck*, Rudolf: Kultur und Zivilisation. In: Humanismus und Technik. Bd. 10. H. 1, 1965

Literaturanhang (LA)

1. Was ist Wissenschaft?
   Alwin Diemer
   Gert König

Albert, Hans: Die Wissenschaft und die Fehlbarkeit der Vernunft. Tübingen 1982

Bayertz, Kurt: Wissenschaft als historischer Prozeß. Die antipositivistische Wende in der Wissenschaftstheorie. München 1980

Bayertz, Kurt: GenEthik. Probleme der Technisierung menschlicher Fortpflanzung. (Rowohlts Enzyklopädie 450). Reinbek b. Hamburg 1987

Dierse, Ulrich: Enzyklopädie. Zur Geschichte eines philosophischen Begriffs. In: Archiv f. Begriffsgeschichte. Suppl. H. 2. Bonn 1977

Diemer, Alwin: Was heißt Wissenschaft? Meisenheim am Glahn 1964

Diemer, Alwin (Hrsg.): Der Wissenschaftsbegriff. Historische und systematische Untersuchungen (Studien zur Wissenschaftstheorie. Band 4). Meisenheim am Glahn 1970

Good, Paul (Hrsg.): Von der Verantwortung des Wissens. Positionen der neueren Philosophie der Wissenschaft. (Edition Suhrkamp 1122) Frankfurt a. M. 1982

Heinekamp, Albert (Hrsg.): Der Wissenschaftsbegriff in den Natur- und und in den Geisteswissenschaften (studia leibnitiana. Sonderheft 5). Wiesbaden 1975

Holzkamp, Klaus: Wissenschaft als Handlung. Versuch einer neuen Grundlegung der Wissenschaftslehre. Berlin 1968

Klüver, Jürgen: Die Konstruktion der sozialen Realität Wissenschaft: Alltag und System. Braunschweig/Wiesbaden 1988

Kröber, Günther/*Krüger*, Hans-Peter (Hrsg.): Wissenschaft – das Problem ihrer Entwicklung. Band 1: Kritische Studien zu bürgerlichen Wissenschaftskonzeptionen. Berlin 1987; Band 2: Komplementäre Studien zur marxistisch-leninistischen Wissenschaftstheorie. Berlin 1988

Lay, Rupert: Grundzüge einer komplexen Wissenschaftstheorie. Band 1: Grundlagen und Wissenschaftslogik. Frankfurt a. M. 1971

Lenk, Hans/*Ropohl*, Günter: Technik und Ethik (Universal-Bibliothek Nr. 8395). Stuttgart 1987

Markl, Hubert: Wissenschaft zur Rede gestellt. Über die Verantwortung der Forschung. (Serie Piper 1039). München/Zürich 1989

Mittelstraß, Jürgen: Die Möglichkeit von Wissenschaft (Suhrkamp Taschenbuch Wissensch. 62). Frankfurt a. M. 1974

Radnitzky, Gerard/*Andersson*, Gunnar (Hrsg.): Voraussetzungen und Grenzen der Wissenschaft. Tübingen 1981

Rescher, Nicholas: Die Grenzen der Wissenschaft. (Universal-Bibliothek Nr. 8095). Stuttgart 1985

2. Technik und Geisteswissenschaften

2.1 Technik und Mathematik
Christoph J. Scriba
Bertram Maurer

Culmann, Carl: Die graphische Statik. Zürich 1866

Drachmann, A. G.: Große griechische Erfinder. Zürich 1967

Gille, Bertrand: Ingenieure der Renaissance. Wien/Düsseldorf 1968

Graef, Martin (Hrsg.): 350 Jahre Rechenmaschinen. München 1973

Jähns, Max: Geschichte der Kriegswissenschaften Bde 1–3. 1889–1891. ND Hildesheim 1966

Klein, Felix (Hrsg.): Encyklopädie der mathematischen Wissenschaften. Herausgegeben im Auftrag der Akademie der Wissenschaften in Göttingen. Leipzig 1898–1935

Klemm, Friedrich: Technik. Eine Geschichte ihrer Probleme. Freiburg/München 1954

Klemm, Friedrich: Zur Kulturgeschichte der Technik. Aufsätze und Vorträge 1954–1978. Darmstadt 1982

Klemm, Friedrich: Geschichte der Technik. Der Mensch und seine Erfindungen im Bereich des Abendlandes. Reinbek 1983

Krafft, Fritz: Das Selbstverständnis der Physik im Wandel der Zeit. Weinheim 1982

Krafft, Fritz (Hrsg.): Große Naturwissenschaftler. Biographisches Lexikon. Düsseldorf ^{2}1986

Mandelbrot, Benoit B.: Die fraktale Geometrie der Natur. Basel 1988

Nedoluha, Alois: Kulturgeschichte des technischen Zeichens. Wien 1960

Otte, Michael: Mathematiker über die Mathematik. Berlin/Heidelberg/New York 1974

Peitgen, Heinz-Otto/*Richter*, Peter H.: The Beauty of Fractals. Images of Complex Dynamical Systems. Berlin/Heidelberg/New York/Tokyo 1986

Petrow, Nicolaus/*Reynolds*, Osborne/*Sommerfeld*, Arnold/*Michell*, A. G. M.: Abhandlungen über die Hydrodynamische Theorie der Schmiermittelreibung (Ostwald's Klassiker der Exakten Wissenschaften Nr. 218). Leipzig 1927

Rühlmann, Moritz: Vorträge über Geschichte der technischen Mechanik und der damit in Zusammenhang stehenden mathematischen Wissenschaften. Leipzig 1885

Schimank, Hans: Der Ingenieur. Köln 1961

Schneider, Ivo: Archimedes. Ingenieur, Naturwissenschaftler und Mathematiker. Darmstadt 1979

Scriba, Christoph J.: Die mathematischen Wissenschaften im mittelalterlichen Bildungskanon der Sieben Freien Künste. Acta historica Leopoldina Nr. 16 (1985), 25–54

Straub, Hans: Die Geschichte der Bauingenieurkunst. Ein Überblick von der Antike bis in die Neuzeit. Basel, Stuttgart ^{3}1975

Struik, Dirk J.: Abriß der Geschichte der Mathematik. Berlin ^{7}1980

Treue, Wilhelm/*Mauel*, Kurt (Hrsg.): Naturwissenschaft, Technik und Wirtschaft im 19. Jahrhundert. Göttingen 1976

Troitzsch, Ulrich/*Weber*, Wolfhard (Hrsg.): Die Technik. Von den Anfängen bis zur Gegenwart. Braunschweig 1982

van der Waerden, Bartel Leendert: Erwachende Wissenschaft. Ägyptische, babylonische und griechische Mathematik. Basel/Stuttgart 1956

Vitruv (Marcus Vitruvius Pollio): Zehn Bücher über Architektur. Übers. v. Fensterbusch, Curt. Darmstadt 1976

Vogel, Kurt: Vorgriechische Mathematik. 2 Bde. Hannover/Paderborn 1958/1959

Wittkower, Rudolf: Grundlagen der Architektur im Zeitalter des Humanismus. München 1969

Wolff, Christian: Mathematisches Lexicon. Leipzig. 1716, ND. Gesammelte Werke. I. Abteilung, Hrsg. v. Hofmann, Joseph Ehrenfried. Bd. 11. Hildesheim 1965

Wolff, Christian: Anfangs-Gründe aller Mathematischen Wissenschaften. Halle 1750–1757. ND Gesammelte Werke. I. Abteilung Hrsg. v. Hofmann, Joseph Ehrenfried. Bd. 12–14. Hildesheim, New York 1973

Wußing, Hans (Hrsg.): Geschichte der Naturwissenschaften. Leipzig 1983

2.2 Technik und Archäologie
Ernst Pernicka

Szabadváry, Ferenc: Geschichte der analytischen Chemie. Braunschweig 1966

Niemeyer, Hans Georg: Einführung in die Archäologie. Darmstadt 1968

Daniel, Glyn: A hundred years of archaeology. London 1950

Aitken, Martin J.: Physics and archaeology. Oxford 1974

Tite, Michael S.: Methods of physical examination in archaeology. London/New York 1972

Brothwell, Donald, *Higgs*, Eric (eds.): Science in Archaeology. London 1969

Doran, J. E./*Hodson*, F. R.: Mathematics and Computers in Archaeology. Edinburgh, 1975

2.3 Technik als Hilfsmittel in den Geschichtswissenschaften
Heinrich Best
Manfred Thaller

Best, Heinrich/ *Mann*, Reinhard (Hrsg.): Quantitative Methoden in der historisch-sozialwissenschaftlichen Forschung. Stuttgart 1977. Historisch-sozialwissenschaftliche Forschungen. Bd. 3. Stuttgart 1977

Best, Heinrich: Histoire sociale et méthodes quantitatives en Allemagne fédérale. In: Histoire moderne et contemporaine informatique. 1985, Nr. 7, S. 3–28

Bick, Wolfgang/*Mann*, Reinhard/*Müller*, Paul J. (Hrsg.): Sozialforschung und Verwaltungsdaten. Stuttgart 1983

Clubb, Jerome M./*Scheuch*, Erwin K. (Hrsg.): Historical Social Research. The Use of Historical and Process-Produced Data. Stuttgart 1980

Floud, Roderick: Einführung in quantitative Methoden für Historiker. Stuttgart 1980

Jarausch, Konrad (Hrsg.): Quantitative History International Perspective. Themenheft von Social Science History. Jg. 8, 1984, S. 123–215

King, Thimothy J.: The Use of Computers for Storing Records in Historical Research. In: Historical Methods. Nr. 17, 1984, S. 68–74

Millet, Hélène (Hrsg.): Informatique et Prosopographie. Paris 1985

Ruloff, Dieter: Numerische Datenverarbeitung für Historiker. Wien 1982

Ruloff, Dieter: Historische Sozialforschung. Stuttgart 1985

Schröder, Wilhelm Heinz: Kollektive Biographien in der historischen Sozialforschung. Ein Überblick. In: Schröder, Wilhelm Heinz (Hrsg.): Lebenslauf und Gesellschaft. Stuttgart 1985

Thaller, Manfred: Automation on Parnassus. CLIO – A Databank orientated System for Historians. In: Historical Social Research/Historische Sozialforschung. Nr. 15, 1980, S. 40–65

Thaller, Manfred: Datenbanken und Datenverwaltungssysteme als Werkzeug historischer Forschung. St. Katharinen, 1986

2.4 Technik und Geschichtswissenschaft
Rolf-Jürgen Gleitsmann

Aagard, Herbert/*Bayerl*, Günter/*Gleitsmann*, Rolf-Jürgen: Die technologische Literatur des 18. Jahrhunderts als historische Quelle. In: Deutsche Gesellschaft für die Erforschung des achtzehnten Jahrhunderts (Hrsg.): Das achtzehnte Jahrhundert. Jg. 4, H. 1. Wolfenbüttel 1980, S. 31–61

Calließ, Jörg (Hrsg.): Technik und ihre Geschichte. Loccumer Protokolle 19/1980. Loccum 1980

Hammerstein, Notker (Hrsg.): Deutsche Geschichtswissenschaft um 1900. Stuttgart 1988

Hausen, Karin/*Rürup*, Reinhard (Hrsg.): Moderne Technikgeschichte. Köln 1975

Heggen, Alfred: Moderne Geschichtswissenschaft und Technik. In: Aus Politik und Zeitgeschichte. B 30/79. Bonn 28. Juni 1979, S. 31–54

Horwitz, Hugo Theodor: Forschungsgang und Unterrichtslehre der Geschichte der Technik (Methodologie der Technohistorie). In: Technik und Kultur 20 (1929), S. 214–220

Ludwig, Karl-Heinz: Technikgeschichte als Beitrag zur Strukturgeschichte. In: Technikgeschichte. Bd. 33 (1966), Nr. 2. Düsseldorf 1966, S. 105–120

Ludwig, Karl-Heinz: Entwicklung, Stand und Aufgaben der Technikgeschichte. In: Archiv für Sozialgeschichte. Bd. 20 (1978). Hannover 1978, S. 502–523

Mcran, Josef: Theorien in der Geschichtswissenschaft. Göttingen 1985

Rürup, Reinhard: Die Geschichtswissenschaft und die moderne Technik. In: Kurze, Dietrich (Hrsg.): Aus Theorie und Praxis der Geschichtswissenschaft (Festschrift für Hans Herzfeld). Berlin 1972, S. 49–85

Rüsen, Jörn: Technik und Geschichte in der Tradition der Geisteswissenschaften – Geistesgeschichtliche Anmerkungen zu einem theoretischen Problem. In: Historische Zeitschrift 211 (1970), S. 529–555

Stahlschmidt, Rainer: Quellen und Fragestellungen einer deutschen Technikgeschichte des frühen 20. Jahrhunderts bis 1945. Göttingen 1977

Timm, Albrecht: Einführung in die Technikgeschichte. Berlin/New York 1972

Treue, Wilhelm (Hrsg.): Deutsche Technikgeschichte. Vorträge vom 31. Historikertag am 24. September 1976 in Mannheim. Studien zu Naturwissenschaft, Technik und Wirtschaft im Neunzehnten Jahrhundert. Bd. 9, Göttingen 1977

Troitzsch, Ulrich: Zu den Anfängen der deutschen Technikgeschichtsschreibung um die Wende vom 18. zum 19. Jahrhundert. In: Technikgeschichte. Bd. 40 (1973). Düsseldorf 1973, S. 33–57

Wehler, Hans-Ulrich (Hrsg.): Deutsche Historiker. 5 Bde. Göttingen 1971 ff.

2.5 Technik und Wirtschaftswissenschaften
Hans-Joachim Braun

Ambirajan, S.: The Engineer as Economist. Department of Economic History. The University of New South Wales, Working Paper in Economic History 1/1979

André, Doris: Indikatoren des technischen Fortschritts. Göttingen 1971

Berg, Maxine: The Machinery Question and the Making of Political Economy 1815–1848. Cambridge 1980

Bress, Ludwig: Das Verhältnis von Wirtschaft und Technik aus der Sicht der Wirtschaftswissenschaften. In: Technikgeschichte. Jg. 43, 1976, S. 135–151

Brockhoff, Klaus: Technischer Fortschritt II: im Betrieb. In: Handwörterbuch der Wirtschaftswissenschaften. Bd. VII. Stuttgart 1977, S. 583–609

Brusberg, Helmut: Der Entwicklungsstand der Unternehmensforschung mit besonderer Berücksichtigung der Bundesrepublik Deutschland. Wiesbaden 1965

Ergang, Carl: Untersuchungen zum Maschinenproblem in der Volkswirtschaftslehre. Eine dogmengeschichtliche Studie mit besonderer Berücksichtigung der klassischen Schule (Freiburger volkswirtschaftliche Abhandlungen. Bd. 1). Karlsruhe 1911

Fleck, Florian H.: Die ökonomische Theorie des technischen Fortschritts und seine Identifikation. Meisenheim am Glan 1973

Harrod, Roy Forbes: Dynamische Wirtschaft. Wien/Stuttgart 1949

Heertje, Arnold: Economics and Technical Change. London 1977

Heseler, Heiner: Technischer Fortschritt, Kapitalakkumulation und Kapitalentwertung. Frankfurt am Main/New York 1980

Hicks, John Richard: The Theory of Wages. London 1932

Kähler, Alfred: Die Theorie der Arbeitsfreisetzung durch die Maschine. Eine gesamtwirtschaftliche Abhandlung des modernen Technisierungsprozesses. Diss. rer. pol. Kiel. Greifswald 1933

Lesemann, Klaus-Jürgen: Rechengeräte zur Lösung volkswirtschaftlicher Regelungsprobleme. In: Geyer, H./Oppelt, W. (Hrsg.): Volkswirtschaftliche Regelungsvorgänge im Vergleich zu Regelungsvorgängen der Technik. München 1957, S. 115–143

Lindner, Rudolf/*Wohak*, Bertram/*Zeltwanger*, Holger: Planen, Entscheiden, Herrschen. Vom Rechnen zur elektronischen Datenverarbeitung (Kulturgeschichte der Naturwissenschaften und der Technik). Reinbek bei Hamburg 1984

Löffelholz, Josef: Repertorium der Betriebswirtschaftslehre. Wiesbaden [6]1980

MacKenzie, Donald: Marx and the Machine. In: Technology and Culture. Jg. 25, 1984, S. 473–502

Mansfield, Edwin: The Economics of Technological Change. New York 1968

Mayr, Otto: Adam Smith und das Konzept der Regelung. Ökonomisches Denken und Technik in Großbritannien im 18. Jahrhundert. In: Ulrich Troitzsch/ Gabriele Wohlauf (Hrsg.): Technik-Geschichte (Suhrkamp Taschenbuch Wissenschaft 319). Frankfurt a. M. 1980, S. 241–268

Mensch, Gerhard: Das technologische Patt. Innovationen überwinden die Depression. Frankfurt a. M. 1975

Müller-Merbach, Heiner: Operations Research – Methoden und Modelle der Optimalplanung. Berlin, Frankfurt a. M. [3]1974

Nelson, Richard R.: Innovation. In: International Encyclopedia of the Social Sciences. Bd. 7. New York 1968, S. 339–345

Neumann, John von/*Morgenstern*, Oskar: Theory of Games and Economic Behaviour. Princeton 1944. Deutsch: Spieltheorie und wirtschaftliches Verhalten. Würzburg 1961

O'Brien, D. P. O.: The Classical Economists. Oxford 1975

Ott, Alfred E.: Technischer Fortschritt. In: Handwörterbuch der Sozialwissenschaften. Bd. X, Stuttgart, Tübingen 1959, S. 302–316

Ott, Alfred E.: Zur ökonomischen Theorie des technischen Fortschritts. In: Verein Deutscher Ingenieure (Hrsg.): Wirtschaftliche Auswirkungen des technischen Fortschritts. Düsseldorf 1971, S. 7–28

Pfeiffer, Werner: Allgemeine Theorie der technischen Entwicklung als Grundlage einer Planung und Prognose des technischen Fortschritts. Göttingen 1971

Ricardo, David: On the Principles of Political Economy and Taxation. London 1821

Rogers, Everett M.: Diffusion of Innovations. New York, London 1983

Rosenberg, Nathan (Hrsg.): The Economics of Technological Change. Harmondsworth 1971

Rothschild, Kurt W.: Technischer Fortschritt in dogmenhistorischer Sicht. In: Bombach, Gottfried/Gahlen, Bernhard/Ott, Alfred E. (Hrsg.): Technologischer Wandel – Analyse und Fakten (Schriftenreihe des Wirtschaftswissenschaftlichen Seminars Ottobeuren, Bd. 15). Tübingen 1986, S. 23–40

Schumpeter, Joseph Alois: Business Cycles. 2 Bde. New York/London 1939

Schumpeter, Joseph Alois: Theorie der wirtschaftlichen Entwicklung. Leipzig 1912

Solow, Robert M.: Technical Change and the Aggregate Production Function. In: The Review of Economics and Statistics. Jg. 39, 1957, S. 312–320

Van der Pot, Johan Hendrik: Die Bewertung des technischen Fortschritts. Eine systematische Übersicht der Theorien. 2 Bde. Assen 1985

Walter, Helmut: Technischer Fortschritt I: In der Volkswirtschaft. In: Handwörterbuch der Wirtschaftswissenschaften. Bd. VII. Stuttgart 1977, S. 569–583

Weizsäcker, Carl Christian von: Zur ökonomischen Theorie des technischen Fortschritts. Göttingen 1966

2.6 Technik und Rechtswissenschaft
Udo Kornblum

Gross, Hans/*Geerds*, Friedrich: Handbuch der Kriminalistik. Bd. 1. Berlin [10]1977

Pieper, Helmut/*Breunung*, Leonie/*Stahlmann*, Günther: Sachverständige im Zivilprozeß. München 1982

Haft, Fritjof: Elektronische Datenverarbeitung im Recht (EDV und Recht. Bd. 1).
Berlin 1970

Heggen, Alfred: Erfindungsschutz und Industrialisierung in Preußen (Studien zur
Naturwissenschaft, Technik und Wirtschaft im neunzehnten Jahrhundert.
Bd. 5). Göttingen 1975

Hummler, Konrad: Automatisierte Rechtsanwendung und Rechtsdokumentation
(Computer und Recht. Bd. 12). Zürich 1982

Nirk, Rudolf: Gewerblicher Rechtsschutz. Urheber- und Geschmacksmusterrecht, Erfinder-, Wettbewerbs-, Kartell- und Warenzeichenrecht (Kohlhammer
Studienbücher Rechtswissenschaft). Stuttgart, Berlin, Köln, Mainz 1981

Seegers, Hermann/*Haft*, Fritjof (Hrsg.): Rechtsinformatik in den achtziger Jahren
(Arbeitspapiere Rechtsinformatik. Heft 20). München 1984

3   Technik und Naturwissenschaften

3.1 Was wollen die Naturwissenschaften?
Armin Hermann

Cassirer, Ernst: Die Philosophie der Aufklärung. Tübingen [3]1971

Hermann, Armin: Wie die Wissenschaft ihre Unschuld verlor. Macht und Ohnmacht der Forscher. Stuttgart 1982

Hooykaas, Reijer: Das Verhältnis von Physik und Mechanik in historischer Hinsicht (= Beiträge zur Geschichte der Wissenschaft und der Technik. Heft 7).
Wiesbaden 1963

Jaspers, Karl: Die Atombombe und die Zukunft des Menschen. München 1958

Klemm, Friedrich: Galilei und die Technik. In: Technikgeschichte. Bd. 37, 1970,
S. 13–26

Maier, Anneliese: Zwischen Philosophie und Mechanik. Rom 1958

Pietschmann, Herbert: Das Ende des naturwissenschaftlichen Zeitalters. Wien 1980

Weizsäcker, Carl Friedrich von: Der bedrohte Friede. Politische Aufsätze 1945–
1981. München 1981

Wild, Wolfgang: Naturwissenschaft und Gesellschaft. Aspekte eines zunehmend
problematischen Verhältnisses. In: Schriften der Georg-Agricola-Gesellschaft.
Nr. 7/1981

3.2 Technik und Naturwissenschaften in Antike und Mittelalter
Fritz Krafft

Fiedler, Wilfried: Analogiemodelle bei Aristoteles. Untersuchungen zu den Vergleichen zwischen den einzelnen Wissenschaften und Künsten (Studien zur antiken Philosophie, Bd. 9). Amsterdam 1978

Heinimann, Felix: Eine vorplatonische Theorie der τέχνη. In: Museum Helveticum. Jg. 18, 1961, S. 105–130

Hooykaas, Reijer: Das Verhältnis von Physik und Mechanik in historischer Hinsicht. (Beiträge zur Geschichte der Wissenschaft und der Technik, Heft 7) Wiesbaden 1963

Krafft, Fritz: Die Anfänge einer theoretischen Mechanik und die Wandlung ihrer Stellung zur Wissenschaft von der Natur. In: Baron, Walter (Hrsg.): Beiträge zur Methodik der Wissenschaftsgeschichte. (Beiträge zur Geschichte der Wissenschaft und der Technik, Heft 9) Wiesbaden 1967, S. 12–33

Krafft, Fritz: Die Stellung der Technik zur Naturwissenschaft in Antike und Neuzeit. In: Technikgeschichte. Jg. 37, 1970, S. 189–209; erweitert wiederabgedruckt in: Krafft, Fritz: Das Selbstverständnis der Physik im Wandel der Zeit. Vorlesungen zum Historischen Erfahrungsraum physikalischen Erkennens. Weinheim 1982, S. 37–74

Krafft, Fritz: Dynamische und statische Betrachtungsweise in der antiken Mechanik (Boethius, Bd. 10). Wiesbaden 1970

Krafft, Fritz: Heron von Alexandria. In: Fassmann, Kurt u. a. (Hrsg.): Die Großen der Weltgeschichte. Bd. 2. Zürich 1982, S. 333–379; revidierter Wiederabdruck in: Exempla historica. Epochen der Weltgeschichte in Biographien. Bd. 10: Imperium Romanum und frühes Mittelalter – Forscher und Gelehrte. Frankfurt a. M. 1985, S. 41–101, S. 225–228

Krafft, Fritz/*Mainzer,* Klaus: Mechanik. In: Historisches Wörterbuch der Philosophie. Bd. 5. Basel/Stuttgart 1980, Sp. 950–959

Rossi, Paolo: Philosophy, Technology and the Arts in the Early Modern Era. New York 1970

Schadewaldt, Wolfgang: Natur, Technik, Kunst. Drei Beiträge zum Selbstverständnis der Technik in unserer Zeit. Göttingen 1960

Sternagel, Peter: Die artes mechanicae im Mittelalter. Begriffs- und Bedeutungsgeschichte bis zum Ende des 13. Jahrhunderts. Kallmünz 1966

Stöcklein, Ansgar: Leitbilder der Technik. Biblische Tradition und technischer Fortschritt. München 1969

Wolff, Michael: Geschichte der Impetustheorie. Untersuchungen zum Ursprung der klassischen Mechanik. Frankfurt a. M. 1978

3.3 Renaissance – Naturwissenschaften und Technik
zwischen Tradition und Neubeginn
Charlotte Schönbeck

Abels, Joscijka Gabriele: Erkenntnis der Bilder. Die Perspektive in der Kunst der Renaissance. Frankfurt a. M. 1985

Boas, Marie: Die Renaissance der Naturwissenschaften. Darmstadt 1965

Brüche, Ernst (Hrsg.): Sonne steh still. 400 Jahre Galileo Galilei. Mosbach 1964

Buck, August (Hrsg.): Zum Begriff und Problem der Renaissance (Wege der Forschung Bd. 204). Darmstadt 1969

Buck, August: Studia humanitatis. Hrsg. v. Guthmüller, Bodo/Kohut, Karl/Roth, Oskar. Wiesbaden 1981

Buck, August: Die italienische Renaissance aus der Sicht des 20. Jahrhunderts. In: Sitzungsberichte der Wissenschaftlichen Gesellschaft an der Johann Wolfgang Goethe-Universität Frankfurt a. M. Bd. 24. Nr. 2. Wiesbaden 1988

Burke, Peter: Die Renaissance in Italien. Berlin 1984

Bramly, Serge: Leonardo de Vinci. Paris 1988

Burckhardt, Jacob: Die Kultur der Renaissance in Italien. (Kröner Taschenausgabe Bd. 53) Stuttgart ^{10}1976

Cianchi, Marco: Les Machines de Léonard de Vinci. Florence 1988

Fanelli, Giovanni: Brunelleschi. Firenze 1980

Garin, Eugenio (Hrsg.): Der Mensch der Renaissance. Frankfurt a. M. 1990

Gerl, Hanna-Barbara: Einführung in die Philosophie der Renaissance. Darmstadt 1989

Gille, Bertrand: Ingenieure der Renaissance. Wien/Düsseldorf 1968

Harig, Gerhard: Physik und Renaissance (Ostwalds Klassiker der exakten Wissenschaften 260). Leipzig 1984

Heller, Agnes: Der Mensch der Renaissance. Frankfurt a. M. 1988

Hermann, Armin: Das Verhältnis von Naturwissenschaft und Technik in historischer Sicht. In: Technikgeschichte. Bd. 43. 1976, S. 116–124

Hooykaas, Reijer: Das Verhältnis von Physik und Mechanik in historischer Hinsicht. In: Beiträge zur Geschichte der Wissenschaft und der Technik. H. 1. Wiesbaden 1963

Huizinga, J.: Das Problem der Renaissance (Reihe Libelli. Bd. 6) Darmstadt 1971

Klemm, Friedrich: Zur Kulturgeschichte der Technik. München 1979

Koyré, Alexandro: Galilei. Die Anfänge der neuzeitlichen Wissenschaft. (Kleine kulturwissenschaftliche Bibliothek. Bd. 8) Berlin 1988

Krämer-Badoni, Rudolf: Galileo Galilei. Berlin 1983

Krafft, Fritz: Renaissance und Naturwissenschaften – Naturwissenschaften der Renaissance. In: Humanismusforschung seit 1945, Kommission für Humanismusforschung, Mitteilung II. Boppard 1975

Kristeller, Paul O.: Humanismus und Renaissance. Bd. 1 u. Bd. 2. (Uni Taschenbücher 914 u. 915) München o. Jg.

Krohn, Wolfgang: Wissenschaft und Technik in der Renaissance. In: Deutschland. Portrait einer Nation. Bd. 5. Gütersloh 1985, S. 167–172

Leonardo da Vinci, artist, scientist, inventor. Catalogue of an exhibition at the Hayward Gallery. London 1989

Parsons, William Barclay: Engineers and Engineering in the Renaissance. Cambridge, Massachusetts 1968

Redondi, Pietro: Galilei der Ketzer. München 1989

Romanao, Ruggiero/*Tenenti*, Alberto: Die Grundlegung der modernen Welt. (Fischers Weltgeschichte Bd. 12). Frankfurt a. M. 1967

Olschki, Leonardo: Die Literatur der Technik und der angewandten Wissenschaften vom Mittelalter bis zur Renaissance. Bd. 1−3. Heidelberg 1919. ND Vaduz 1965

Skalweit, Stephan: Der Beginn der Neuzeit. Epochengrenze und Epochenbegriff. Darmstadt 1982

Schimank, Hans: Naturwissenschaft und Technik im 16. Jahrhundert. In: Technikgeschichte. Bd. 30. 1941, S. 99−106

Wendel, Günter (Hrsg.): Wissenschaft in Mittelalter und Renaissance (Beiträge zur Wissenschaftsgeschichte) Berlin 1987

Zilsel, Edgar: Die sozialen Ursprünge der neuzeitlichen Wissenschaft (suhrkamp taschenbuch wissenschaft 152). Frankfurt a. M. ²1985

3.4 Technik und Naturwissenschaften im 17. und 18. Jahrhundert
Andreas Kleinert

Aschoff, Volker: Geschichte der Nachrichtentechnik. Berlin und Heidelberg 1985

Bircmbaut, Arthur: Réaumur et l'élaboration des produits ferreux. In: La vie et l'oeuvre de Réaumur (1683−1757). Paris 1962

Ergang, Carl: Die Maschine von Marly. In: Beiträge zur Geschichte der Technik und Industrie. Bd. 3, 1911, S. 131−146

Gallon, Jean-Gaffin (Hrsg.): Machines et inventions approuvées par l'Académie Royale des Sciences. Paris 1735

Gillispie, Charles C.: The Montgolfier Brothers and the Invention of Aviation 1783−1784. Princeton 1983

Hahn, Roger: The Anatomy of a Scientific Institution. The Paris Academy of Sciences, 1666−1803. Berkeley u. a. 1971

Kleinert, Andreas: Mathematik und anorganische Naturwissenschaften. In: Vierhaus, Rudolf (Hrsg.): Wissenschaften im Zeitalter der Aufklärung. Göttingen 1985, S. 218−248

Mathias, Peter: Who unbound Prometheus? Science and Technical Change 1600−1800. In: Mathias (Hrsg.): Science and Society 1600−1800. Cambridge 1972, S. 54−80. Deutsch in: Hausen, Karin/Rürup, Reinhard (Hrsg.): Moderne Technikgeschichte. Köln 1975, S. 73−95

Michelet, Henri: L'inventeur Isaac de Rivaz (1752−1828). Martigny 1965

Osteroth, Dieter: Soda, Teer und Schwefelsäure. Der Weg zur Großchemie (Kulturgeschichte der Naturwissenschaften und Technik). Reinbek b. Hamburg 1985

Ronchi, Vasco: La nuova ricostruzione della invenzione del cannocchiale. In: Nel quarto centenario della nascita di Galileo Galilei. (Pubblicazioni dell'Università Cattolica del Sacro Cuore. Serie terza. Scienze storiche 8). Mailand 1966, S. 191−206

Rossi, Paolo: I filosofi e le macchine 1400–1700. Mailand 1962

Troitzsch, Ulrich/*Weber*, Wolfhard (Hrsg.): Die Technik. Von den Anfängen bis zur Gegenwart. Braunschweig 1982

3.5 Anfänge der technischen Chemie
   Otto Krätz

Bergmann, T.: Geschichte des Wachstums und der Erfindungen in der Chemie der ältesten und mittleren Zeit. Übers. v. Wiegleb, J. Ch. Berlin/Stettin 1792

Binz, A.: Ursprung und Entwicklung der chemischen Industrie. Berlin 1910

Ferber, J. J.: Nachrichten und Beschreibungen einiger chemischer Fabriken. Halberstadt 1793

Fester, G.: Die Entwicklung der chemischen Technik bis zu den Anfängen der Grossindustrie. Berlin 1923

Fittig, R.: Ziele und Erfolge der wissenschaftlichen Forschung. Straßburg 1916

Glauber, Johann Rudolph: Operis Mineralis. T. 3. Frankfurt a. M. 1651

Glauber, Johann Rudolph: Teutschlands Wohlfahrt. T. 1. Amsterdam 1656

Hermbstädt, Sigismund Friedrich: Grundriß der experimentellen Kameralchemie. Berlin 1808

Hermbstädt, Sigismund Friedrich: Grundriß der Technologie. Berlin 1814

Hoffman, G. A.: Chymischer Manufacturier und Fabricant. Gotha 1758

Just, J. H. G. von: Vollständige Abhandlung von denen Manufacturen und Fabriken. Kopenhagen 1758

Karmarsch, Karl: Geschichte der Technologie seit der Mitte des 18. Jahrhunderts. München 1872

Panning, G.: Zur Geschichte der Chemie und der chemischen Industrie in Deutschland. Berlin 1959

Schmauderer, Eberhard: J. R. Glaubers Einfluß auf die Frühformen der chemischen Technik. In: Chemie-Ingenieurs-Technik. Jg. 42, 1970, S. 687–696

Schmauderer, Eberhard (Hrsg.): Der Chemiker im Wandel der Zeiten. Skizzen zur geschichtlichen Entwicklung des Berufsbildes. Weinheim 1973

Schneider, W.: Aus der Geschichte der deutschen pharmazeutischen Industrie im 19. Jahrhundert. Münster 1960

Schultze, H.: Die Entwicklung der chemischen Industrie Deutschlands. Halle 1908

Singer, Charles: The Earliest Chemical Industry. London 1948

Smith, J. G.: The Origins and early development of the heavy chemical industry in France. Oxford 1979

Stahl, Georg Ernst: Fundamenta Chymiae et experimentalis. Nürnberg 1723

Vershofen, W.: Die Anfänge der chemisch-pharmazeutischen Industrie. Eine wirtschaftshistorische Studie. Berlin/Stuttgart 1949

Welsch, F.: Geschichte der chemischen Industrie. Abriß der Entwicklung ausgewählter Zweige der chemischen Industrie von 1800 bis zur Gegenwart. Berlin 1981

Williams, T. I.: The chemical Industry. Past and Present. London 1953

3.6 Naturkunde und Biologie in ihrer Wechselwirkung zur Technik
Brigitte Hoppe

Bull, Alan T./*Holt*, Geoffrey/*Lilly*, Malcolm D.: Biotechnologie. Internat. Trends und Perspektiven. Köln 1984

Feustel, Rudolf: Technik der Steinzeit (Veröffentlichung des Museums für Ur- und Frühgeschichte Thüringens, Bd. 4). Weimar 1973

Freund, Hugo/*Berg*, Alexander (Hrsg.): Geschichte der Mikroskopie. Leben und Werk großer Forscher. Bd. 1 Biologie, Bd. 2 Medizin, Bd. 3 Angewandte Naturwissenschaften und Technik. Frankfurt a. M. 1963–1966

Gerhardt, Joachim: Arbeitswissenschaft als Mittel zur humanitären und wirtschaftlichen Arbeitsgestaltung. Diss. rer. oec. TU Berlin 1983

Giessler, Alf: Biotechnik. Leipzig 1939

Hertwig, Oscar: Die Entwicklung der Biologie im 19. Jahrhundert. Jena 1900

Hesse, Albert: Enzymatische Technologie der Gärungsindustrien (Die Fermente und ihre Wirkungen. Bd. 4, 1. Halbbd.). Leipzig 1929, S. 1–357

Liebmann, Hans: Handbuch der Frischwasser- und Abwasserbiologie. 2 Bde. München 1951–1960, ^{2}1962

Mölbert, Friedrich: Wechselbeziehungen zwischen Biologie und Technik (Veröffentlichungen der Arbeitsgemeinschaft für Forschung des Landes Nordrhein-Westfalen, Natur-, Ingenieur- und Gesellschaftswissenschaften, H. 169). Köln/Opladen 1967, S. 7–18

Parias, Louis-Henri (Hrsg.): Histoire universelle des explorations. Vol. 1–4. Paris 1955–1956

Petri, R. J.: Das Mikroskop. Von seinen Anfängen bis zur jetzigen Vervollkommnung für alle Freunde dieses Instruments. Berlin 1896

Phelps, C. F., *Clarke*, P. H. (Hrsg.): Biotechnology (Biochemical Society Symposium No. 48, London 1982). London 1983

Präve, Paul/*Faust*, Uwe/*Sittig*, Wolfgang/*Sukatsch*, Dieter A. (Hrsg.): Handbuch der Biotechnologie. Studienausg. München 1982, ^{2}1984

Rehm, Hans-Jürgen: Industrielle Mikrobiologie. Berlin/Heidelberg/New York 1967, ^{2}1980

Rehm, Hans-Jürgen/*Reed*, G. (Hrsg.): Biotechnology. Vol. 1–6. Weinheim/Basel, etc. 1981–1985

Schuegerl, Karl: Bioreaktionstechnik: Reaktionstechnik mit Mikroorganismen und Zellen. Bd. 1: Grundlagen. Frankfurt a. M. 1985

Smith, John E.: Einstieg in die Biotechnologie. Dt. Ausg. v. Faust, Uwe. München, Wien 1983

3.7 Naturwissenschaft und Technik in den letzten hundert Jahren
Walter Botsch
Armin Hermann

Antébi, Elizabeth: Die Elektronik Epoche. Basel 1983

Böhme, Gernot u. a.: Die gesellschaftliche Orientierung des wissenschaftlichen Fortschritts (Edition Suhrkamp 877). Frankfurt a. M. 1978

Borscheid, Peter: Naturwissenschaft, Staat und Industrie in Baden (1848–1914). Stuttgart 1976

Buchholz, Arnold: Die große Transformation. Stuttgart 1968

Eckert, Michael/*Osietzki*, Maria: Wissenschaft für Macht und Markt. Kernforschung und Mikroelektronik in der Bundesrepublik Deutschland. München 1989

Gimbel, John: Science, Technology and Reparations. Stanford 1990

Hölscher, Friedrich: Kautschuke, Kunststoffe, Fasern (Schriftenreihe des Firmenarchivs der BASF. Bd. 10). Ludwigshafen 1972

Hughes, Thomas P.: The Development of Western Technology since 1500. New York 1964

Kranzberg, Melvin/*Pursell*, Caroll Co. jr.: Technology in Western Civilisation. 2 Bde. New York 1967

Kreibich, Rolf: Die Wissenschaftsgesellschaft. Von Galilei zur High-Tech-Revolution. Frankfurt a. M. 1986

Lundgreen, Peter (Hrsg.): Zum Verhältnis von Wissenschaft und Technik (Report Wissenschaftsforschung 7). Bielefeld 1976

Mann, Gunter/ *Winau*, Rolf (Hrsg.): Medizin, Naturwissenschaft und das Zweite Kaiserreich. Göttingen 1977

Meetings on Technology Arising from High-Energy Physics. Proceedings (CERN Publications 74-9). 2 Bde. Genf 1974

Nitschke, August u. a. (Hrsg.): Jahrhundertwende. Der Aufbruch in die Moderne. 1880–1930. 2 Bde. Reinbek b. Hamburg 1990

Van der Pot, Johan Hendrik Jacob: Die Bewertung des technischen Fortschritts. 2 Bde. Van Gorcum/Assen/Maastricht 1985

Queisser, Hans: Kristallene Krisen. Mikroelektronik – Wege der Forschung, Kampf um Märkte. München 1985

Roche, Marcel: Facteurs de régulation dans le developpement scientifique et technique dans d'un Pays. In: Scientia. Vol. 11, 1976, S. 51–63

Special Issue: Historical Notes on Important Tubes and Semiconductor Devices. In: IEEE Transactions on Electron Devices. Jg. 1976, Nr. 7, S. 597–790

Staudinger, Hermann: Die hochmolekularen organischen Verbindungen – Kautschuk und Cellulose. Berlin/Göttingen/Heidelberg 1960

Teichmann, Jürgen: Wechselwirkungen zwischen Wissenschaft und Technik in der Geschichte. In: Traebert, Wolf Ekkehard (Hrsg.): Naturwissenschaft und Technik im Unterricht (Technik als Schulfach Bd. 4). Düsseldorf 1981, S. 137–158

Treue, Wilhelm/*Mauel*, Kurt (Hrsg.): Naturwissenschaft, Technik und Wirtschaft im 19. Jahrhundert. Acht Gespräche der Georg-Agricola-Gesellschaft. 2 Bde. Göttingen 1976

Verg, Erik: Meilensteine. 125 Jahre Bayer. Leverkusen 1988

Woller, Reinhard: Aufbruch ins Heute. Frankfurt a. M. 1977

4 Technik und Technikwissenschaften

4.1 Was wollen die Technikwissenschaften?
Gerhard Zweckbronner

Böhme, Gernot/*van den Daele*, Wolfgang/*Krohn*, Wolfgang: Die Verwissenschaftlichung von Technologie. In: Starnberger Studien. Bd. 1. Die gesellschaftliche Orientierung des wissenschaftlichen Fortschritts (edition suhrkamp 877). Frankfurt a. M. 1978, S. 339–375

Lenk, Hans: Zur Sozialphilosophie der Technik (suhrkamp taschenbuch wissenschaft 414). Frankfurt a. M. 1982, S. 47–54

Mittelstrass, Jürgen: Das Wirken der Natur. Materialien zur Geschichte des Naturbegriffs. In: Rapp, Friedrich (Hrsg.): Naturverständnis und Naturbeherrschung. Philosophiegeschichtliche Entwicklung und gegenwärtiger Kontext (Kritische Information 102). München 1981, S. 36–69

Moser, Simon: Kritik der traditionellen Technikphilosophie. In: Lenk, Hans/Moser, Simon (Hrsg.): Techne, Technik, Technologie. Philosophische Perspektiven (Uni-Taschenbücher 289). Pullach 1973, S. 11–81

Rapp, Friedrich: Technik und Naturwissenschaften – eine methodologische Untersuchung. In: Lenk, Hans/Moser, Simon (Hrsg.): Techne, Technik, Technologie. Philosophische Perspektiven (Uni-Taschenbücher 289). Pullach 1973, S. 108–132

Ropohl, Günter: Eine Systemtheorie der Technik. Zur Grundlegung der Allgemeinen Technologie. München, Wien 1979

Rumpf, Hans: Gedanken zur Wissenschaftstheorie der Technikwissenschaften. In: Lenk, Hans/Moser, Simon/Schönert, Klaus (Hrsg.): Technik zwischen Wissenschaft und Praxis. Technikphilosophische und techniksoziologische Schriften aus dem Nachlaß von Hans Rumpf. Düsseldorf 1981, S. 147–177

Rumpf, Hans: Über die zukünftige Forschungsentwicklung an der Hochschule und das Verhältnis Hochschule zu Industrie. In Lenk, Hans/Moser, Simon/Schönert, Klaus (Hrsg.): Technik zwischen Wissenschaft und Praxis. Technikphilosophische und techniksoziologische Schriften aus dem Nachlaß von Hans Rumpf. Düsseldorf 1981, S. 289–311

4.2 Technisches Wissen in Antike und Mittelalter
Kurt Mauel

Beck, Theodor: Beiträge zur Geschichte des Maschinenbaues. Berlin 1900

Blümner, Hugo: Technologie und Terminologie der Gewerbe und Künste bei Griechen und Römern. Leipzig 1875–1887

Crombie, A. C.: Augustine to Galilei. The history of science A. D. 400–1650. London 1953

Diels, Hermann: Antike Technik. Berlin [3]1924

Drachmann, A. G.: Ktesibios, Philon and Heron. Kopenhagen 1948

Drachmann, A. G.: Große griechische Erfinder. Zürich 1967

Feldhaus, Franz Maria: Die Technik der Antike und des Mittelalters.
  Potsdam 1931
Forbes, R. J.: Studies in ancient technology. Leiden 1963
Klemm, Friedrich: Technik, eine Geschichte ihrer Probleme. Freiburg 1954
Landels, John Gray: Die Technik in der antiken Welt. München 1980
Lloyd, G. E. R.: Early Greek Science, Thales to Aristotle, and Greek Science after
  Aristotle. London 1970
Mach, Ernst: Die Mechanik. Prag 1883. ND Darmstadt 1963
Merckel, Curt: Die Ingenieurtechnik im Altertum. Berlin 1899
Neuburger, A.: Die Technik des Altertums. Leipzig 1921
Singer, Charles/*Holmyard*, E. J./*Hall*, A. R.: A History of Technology. Vol. 1.
  Oxford 1954
Sprague de Camp, L.: Ingenieure der Antike. Düsseldorf 1964
White, Lynn: Die mittelalterliche Technik und der Wandel der Gesellschaft.
  München 1969

4.3 Technologie als Wissenschaft im 18. und frühen 19. Jahrhundert
Ulrich Troitzsch

Ahlhaus, Otto: Auffassungen und Interpretationen zum Begriff „Technologie".
  In: Forum Ware 11, 1983, S. 27–29
Beckert, Manfred: Johann Beckmann (Biographien hervorragender Naturwissen-
  schaftler, Techniker und Mediziner, Bd. 68). Leipzig 1983
Beckmann, Johann: Anleitung zur Technologie, oder zur Kentniß der Handwerke,
  Fabriken und Manufacturen, vornehmlich derer, die mit der Landwirthschaft,
  Polizey und Cameralwissenschaft in nächster Verbindung stehn. Nebst Beyträ-
  gen zur Kunstgeschichte. Göttingen 1777; ⁶1809
Beckmann, Johann: Entwurf der algemeinen Technologie. In: Vorrath kleiner
  Anmerkungen über mancherley gelehrte Gegenstände. Drittes Stück. Göttin-
  gen 1806, S. 463–633
Krug, Klaus: Die Herausbildung der Technologie als Wissenschaft – Vorperiode
  der Verfahrenstechnik. In: Dresdner Beiträge zur Geschichte der Technikwis-
  senschaften, Heft 5. TU Dresden 1982, S. 11–41
Krug, Klaus: Johann Beckmann und die chemische Technologie. In: Wissenschaft-
  liche Zeitschrift der Technischen Hochschule Magdeburg 30, Heft 4, 1986,
  S. 105–110
Richter, Siegfried H.: Technikwissenschaftliche Ansätze in der Beckmannschen
  Technologie. In: Dresdner Beiträge zur Geschichte der Technikwissenschaften,
  Heft 5, TU Dresden 1982, S. 55–83
Sebestik, Jan: The rise of the technological science. In: History and Technology,
  1983, Vol. 1, S. 25–44
Seibicke, Wilfried: Von Christian Wolff zu Johann Beckmann. Fachsprache im
  18. Jahrhundert. In: Kimpel, Dieter: Mehrsprachigkeit in der deutschen Auf-
  klärung. Hamburg 1985, S. 42–51

Sonnemann, Rolf/*Richter*, Siegfried H.: Johann Beckmann als Begründer der Wissenschaft Technologie. In: Wissenschaftliche Zeitschrift der Technischen Hochschule Magdeburg, 30, 1986, Heft 4, S. 99−104

Timm, Albrecht: Die Technologie im Rahmen der Staatswissenschaft des 18. Jahrhunderts. In: Jahrbücher für Nationalökonomie und Statistik 174, 1962, S. 481−491

Troitzsch, Ulrich: Ansätze technologischen Denkens bei den Kameralisten des 17. und 18. Jahrhunderts (Schriften zur Wirtschafts- und Sozialgeschichte, Bd. 5). Berlin 1966

Troitzsch, Ulrich: Landwirtschaftslehre, Technologie, Warenkunde und Technikgeschichte als neue Wissenschaften im späten 18. Jahrhundert: Neuere Forschungen zu Johann Beckmann (1739−1811). In: Festschrift für Wolfgang von Stromer, Bd. 3. 1987, S. 1149−1176

Weber, Wolfhard: Technik zwischen Wissenschaft und Handwerk. Die Technologie des 18. Jahrhunderts als Lenkungswissenschaft des spätabsolutistischen Staates. In: Wirtschaft, Technik und Geschichte. Beiträge zur Erforschung der Kulturbeziehungen in Deutschland und Osteuropa. Festschrift für Albrecht Timm zum 65. Geburtstag hrsg. v. Schmidtchen, Volker und Jäger, Eckhard. Berlin 1980, S. 137−154

Weber, Wolfhard: Technologie und Technik in Preußen im 18. und 19. Jahrhundert. Albrecht Timm (13. 12. 1915−5. 11. 1981) zum Gedenken. In: Philosophie und Wissenschaft in Preußen. Kolloquium an der Technischen Universität Berlin, WS 1981/82. Hrsg. v. Rapp, Friedrich und Schütt, Hans-Werner (TUB Dokumentation Kongresse und Tagungen. Heft 14). Berlin 1982, S. 175−200

4.4 Technische Wissenschaften im Industrialisierungsprozeß bis zum Beginn des 20. Jahrhunderts
Gerhard Zweckbronner

Artz, Frederick B.: The Development of Technical Education in France 1500−1850. Massachusetts 1966

Baumann, R.: Das Materialprüfungswesen und die Erweiterung der Erkenntnisse auf dem Gebiet der Elastizität und Festigkeit in Deutschland während der letzten vier Jahrzehnte. In: Beiträge zur Geschichte der Technik und Industrie. Bd. 4, 1912, S. 147−195

Braun, Hans-Joachim: Methodenprobleme der Ingenieurwissenschaft, 1850 bis 1900. In: Technikgeschichte. Bd. 44, 1977, S. 1−18

Buchheim, Gisela/*Sonnemann*, Rolf (Hrsg.): Lebensbilder von Ingenieurswissenschaftlern. Eine Sammlung von Biographien aus zwei Jahrhunderten. Leipzig 1989

Dresdener Beiträge zur Geschichte der Technikwissenschaften. H. 1, 1980 ff.

Hertwig, A.: Die Entwicklung der Statik der Baukonstruktionen im 19. Jahrhundert. In: Technikgeschichte. Bd. 30, 1941, S. 82−98

Klemm, Friedrich: Die Rolle der Mathematik in der Technik des 19. Jahrhunderts. In: Treue, Wilhelm/Mauel, Kurt (Hrsg.): Naturwissenschaft, Technik und Wirtschaft im 19. Jahrhundert. Tl. 2 (Studien zu Naturwissenschaft, Technik und Wirtschaft im Neunzehnten Jahrhundert. Bd. 3). Göttingen 1976. S. 736–755

Klemm, Friedrich: Zur Kulturgeschichte der Technik – Aufsätze und Vorträge (Kulturgeschichte der Naturwissenschaften und Technik. Bd. 1). München 1979

König, Wolfgang: Elektrotechnik – Entstehung einer wissenschaftlichen Disziplin. In: Berichte zur Wissenschaftsgeschichte. Bd. 10. 1987, S. 83–93

Krankenhagen, Gernot/*Laube*, Horst: Wege der Werkstoffprüfung. Von Explosionen, Brüchen und Prüfungen (Kulturgeschichte der Naturwissenschaften und der Technik. Bd. 3). München 1979

Lindner, Helmut: Strom. Erzeugung, Verteilung und Anwendung der Elektrizität. Reinbek b. Hamburg 1985

Lorenz, Hans: Lehrbuch der Technischen Physik. 4 Bde. München 1902–1913

Lorenz, Hans: Die Entwicklung der Maschinentheorie im 18. und 19. Jahrhundert. In: Technikgeschichte. Bd. 29, 1940, S. 1–14

Manegold, Karl-Heinz: Technische Forschung und Promotionsrecht. In: Technikgeschichte. Bd. 36, 1969, S. 291–300

Mauel, Kurt: Das technische Lehr- und Fachbuch im Maschinenbau des 19. Jahrhunderts. In: Schmauderer, Eberhard (Hrsg.): Buch und Wissenschaft (Technikgeschichte in Einzeldarstellungen. Nr. 17). Düsseldorf 1969, S. 165–186

Mauel, Kurt: Die Aufnahme naturwissenschaftlicher Erkenntnisse und Methoden durch die Ingenieure im 19. Jahrhundert. In: Treue, Wilhelm/Mauel, Kurt (Hrsg.): Naturwissenschaft, Technik und Wirtschaft im 19. Jahrhundert. Tl. 1 (Studien zu Naturwissenschaft, Technik und Wirtschaft im Neunzehnten Jahrhundert. Bd. 2). Göttingen 1976. S. 330–350

Matschoss, Conrad: Die Entwicklung der Dampfmaschine. Bd. 2. Berlin 1908. ND Moers 1983

Mayr, Otto: Von Charles Talbot Porter zu Johann Friedrich Radinger: Die Anfänge der schnellaufenden Dampfmaschine und der Maschinendynamik. In: Technikgeschichte. Bd. 40, 1973, S. 1–32

Rieppel, A. V./*Freytag*, L.: Beiträge zur Entwicklungsgeschichte der technischen Mechanik. In: Beiträge zur Geschichte der Technik und Industrie. Bd. 7, 1917, S. 25–40

Rühlmann, M.: Vorträge über Geschichte der Technischen Mechanik und Theoretischen Maschinenlehre. Tl. 1. Vorträge über Geschichte der Technischen Mechanik. Leipzig 1885. ND Hildesheim, New York 1979

Ruske, Walter: 100 Jahre Materialprüfung in Berlin. Ein Beitrag zur Technikgeschichte. Berlin 1971

Schimank, Hans: Theoretiker und Praktiker in Naturwissenschaft und Technik im 19. Jahrhundert. In: Treue, Wilhelm, Mauel, Kurt (Hrsg.): Naturwissenschaft, Technik und Wirtschaft im 19. Jahrhundert (Studien zu Naturwissenschaft, Technik und Wirtschaft im Neunzehnten Jahrhundert. Bd. 3). Göttingen 1976, S. 919–945

Straub, Hans: Die Geschichte der Bauingenieurkunst. Basel ²1964

4.5 Technikwissenschaften im Wandel
Heinz Blenke

Bähr, H. W. (Hrsg.): Wo stehen wir heute? Gütersloh/Wien 1971

Dessauer, Friedrich: Streit um die Technik. Frankfurt a. M. 1959

Deutsches Museum München (Hrsg.): Große Forscher und Erfinder. Düsseldorf 1978

Kreuzer, Helmut (Hrsg.): Literarische und naturwissenschaftliche Intelligenz. Stuttgart 1969

Khuon, Ernst von: Abenteuer unseres Jahrhunderts. Oldenburg 1960

Matschoß, Conrad/*Lindner*, Werner (Hrsg.): Technische Kulturdenkmale. Düsseldorf 1984

Pörtner, Rudolf (Hrsg.): Sternstunden der Technik. Düsseldorf/Wien 1971

Rehm, Hans-Jürgen: Industrielle Mikrobiologie. Berlin/Heidelberg/New York 1980

Samhaber, Ernst: Erfindungen, Meilensteine in die Zukunft. Heidelberg 1971

Snow, C. P.: Die zwei Kulturen. Stuttgart 1959

Strandh, Sigvard: Die Maschine – Geschichte, Elemente, Funktion. Freiburg/Basel/Wien 1980

Streit, Kurt W./ *Taylor*, John W. R.: Geschichte der Luftfahrt. Künzelsau 1975

Troitzsch, Ulrich/*Weber*, Wolfhard: Die Technik – Von den Anfängen bis zur Gegenwart. Braunschweig 1982

Vester, Frederic: Neuland des Denkens. Stuttgart 1980

Winter, Karl-Jochen/*Nitsch*, Joachim (Hrsg.): Wasserstoff als Energieträger. Berlin/Heidelberg/New York 1989

Personenregister

Carnot, Sadi (1796–1832) 411, 436
Carother, Wallce Hume (1896–1937) 371
Cassiodorus, Flavius Magnus Aurelius (um 485–um 580) 15
Cassirer, Ernst (1874–1945) 3, 124
Cassini, Jean-Dominique (1625–1712) 284
Castigliano, Carlo Alberto (1847–1884) 419
Cavalieri, Bonaventura (1598–1647) 213
Cavendish, Henry (1731–1810) 282
Celsius, Anders (1701–1744) 279
Chappe, Claudel (1762–1805) 292
Chaptal, Jean Antoine Claude (1756–1832) 308
Charles, Jacques (1746–1823) 293
Clausius, Rudolf (1822–1888) 412
Cohn, Ferdinand (1828–1898) 337
Colbert, Jean Baptiste (1619–1683) 137, 283, 286, 288
Commandino, Federigo (1509–1575) 263
Comtes, Auguste (1798–1857) 19
Coriolis, Gaspard Gustave de (1792–1843) 405, 406, 420
Cosimo de Medici (1389–1464) 46
Coulomb, Charles Augustin (1736–1806) 405, 406
Cousteau, Jacques Yves (geb. 1910) 325
Cranach, Lucas (1472–1553) 242
Cremona, Luigi (1830–1903) 418
Culmann, Carl (1821–1881) 62, 63, 418

Daimler, Gottlieb (1834–1900) 436
Dalibert, Thomas Francois (1703–1799) 291
Dalton, John (1766–1844) 317
Darby, Abraham (1711–1763) 311
Dareios (522–486 v. Chr.) 233
Darwin, Charles (1809–1882) 164
Davy, Humphrey (1778–1829) 79
Delbrück, Max (geb. 1906) 333
Demokrit (um 460–um 370 v. Chr.) 33, 221, 222
Descartes, René (1596–1650) 6, 23, 49, 214
Desormes, Charles Bernard (1777–1857) 305
Diderot, Denis (1713–1784) 17, 112, 289, 393
Diemer, Alwin (1920–1986) 24
Diesel, Rudolf (1858–1913) 412, 436
Dietrich, Wilhelm (1852–1930) 413
Dilthey, Wilhelm (1833–1911) 21
Döbereiner, Johann Wolfgang (1780–1849) 293
Dohrn, Anton (1840–1909) 324, 325
Dorndorf, August (1754–1837) 113
Droysen, Johann Gustav (1808–1884) 118, 128
Du Bois-Reymond, Emil (1818–1896) 346
Dühringer, Karl Eugen (1833–1921) 277

Bildquellennachweis

Seite   1: aus: Franke, Peter R. / Hörner, Max: Die Griechische Münze.
            München 1964.
Seite   8: Editions Houvet, Chartres.
Seite 11: aus: Aristoteles: Naturwissenschaftliche Schriften. Rom 1457. Cod.
            phil. gr. 64, Bl. 8v.
Seite 13: aus: Alexander, J. J. G.: Italian Renaissance Illumination. London
            1977, S. 74.
Seite 16: aus: Herrad von Landsperg: Hortus deliciarum. Faks. Ausgabe
            Straßburg 1879/89 Pl XI bis. Bildstelle Deutsches Museum
            München Nr. 4549.
Seite 29: Federzeichnung von K. Fuchs, 1890. Stadtarchiv Stuttgart.
Seite 33: aus: Ebers, G.: Ägypten in Bild und Wort. Bd. 2. Stuttgart 1880,
            S. 372.
Seite 35: British Museum London.
Seite 39: Städelsches Kunstinstitut Frankfurt a. M.
Seite 43: aus: Vitruv: Zehen Bücher von der Architectur und künstlichem
            Bawen (Buch eins). Nürnberg 1548.
Seite 46/47: Holzschnitte aus Rodericus Zamorensis: Spiegel des mensch-
            lichen Lebens. Augsburg um 1477. Bl. 24, 25, 26, 21, 27, 30, 29
            nach dem Faks. Druck München 1908.
Seite 51: Niedersächsische Landesbibliothek Hannover.
Seite 53: aus: Huyghens, Christiaan: Horologium. Haag 1668. In: Huyghens,
            Christiaan: Oevres complètes. Haag 1668.
Seite 54: aus: Faulhaber, Johann: Ingenieurs-Schul. Nürnberg ²1637.
Seite 55: Titelblatt von: Sturm, Johann Christoph: Kurzgefasste Mathesis.
            1717.
Seite 60: Titelblatt von: Monge, Gaspard: Géometrie descriptive. Paris 1799.
Seite 65: Bildstelle Deutsches Museum München. Portraitsammlung.
Seite 70: Bildstelle Deutsches Museum München.
Seite 72: aus: Peitgen, Heinz-Ott / Richter, Peter: The Beauty of Fractals.
            Heidelberg 1986, Fig. 33, S. 60.
Seite 77: Titelblatt von: Winckelmann, Johann: Sendschreiben von den Her-
            culanischen Entdeckungen. Dresden 1762 – Zeichnung des Hercu-
            laner Tors aus: Cort, Egon Cäsar Conte: Untergang und Auferste-
            hung von Pompeji und Herculaneum. München 1944, S. 28.
Seite 82: Freig. v. Reg. Präs. Düsseldorf. Nr. 43K 1099.
Seite 81, 84, 85, 87: Zeichnung Ernst Pernicka.
Seite 94, 95: NW Staatsarchiv Münster.
Seite 103: Graphik Heinrich Best.
Seite 104: aus: Best, Heinrich / Mann, Reinhard (Hrsg.): Quantitative Metho-
            den in der historisch-sozial-wissenschaftlichen Forschnung. (Histo-
            risch-sozialwissenschaftliche Analysen von historisch und Prozeß-
            orientierten Daten. Bd. 3) Stuttgart 1977, S. 82.
Seite 115: Bibliothek der TU Berlin.

Seite 116: Archiv Gerstenberg.
Seite 117: Zeppelin Museum Friedrichshafen.
Seite 118: Ölgemälde von Julius Friedrich Anton Schrader um 1860.
Seite 119: Stahlstich von Heinrich Bürkel von 1856.
Seite 120: Bibliothek der TU Berlin.
Seite 121: Kölnische Zeitung 1818.
Seite 140: Titelblatt von Süßmilch, Johann Peter: Die göttliche Ordnung in den Veränderungen des menschlichen Geschlechts, aus der Geburt, Tod und Fortpflanzung desselben. Speyer 1741.
Seite 144: Ausschnitt aus einem zeitgenössischen Schabkunstblatt.
Seite 145: Titelblatt von Smith, Adam: An Inquiry into the Nature and Causes of the Wealth of Nations. Vol. 1. London 1776.
Seite 148: Ausschnitt aus einem Ölgemälde v. George Frederick Watts um 1865. National Gallery London.
Seite 161: aus: Harris, Seymor E. (Ed.): Schumpeter, social Scientist. Cambridge Massachusetts 1951, Foto 1947.
Seite 169: aus: Bonus, H.: Die Ausbreitung des Fernsehens in der Bundesrepublik. Meisenheim/Glan 1968, S. 137 – Zeichnung aus: OECD. Gaps in Technology; Electronic Computers. Paris 1969, S. 75.
Seite 173: aus: Kemeny, John G. / Schleifer, jr., Arthur / Snell, J. Laurie / Thompson, Gerald L.: Mathematik für die Wirtschaftspraxis. Berlin 1966, Abb. 17, S. 81.
Seite 188: aus: Kohler, Joseph / Scheel, Willy: Die Carolina und ihre Vorgängerinnen. Bd. 2. Halle 1902. ND 1968, S. 1.
Seite 189: Holzschnitt aus: Petrarca's Trostspiegel. Augsburg 1539.
Seite 190: aus: Groß, Hans / Geerds, Friedrich: Handbuch der Kriminalistik. Bd. 1. Berlin 1977, S. 453.
Seite 197: aus: Kegel (VDI): Von der Anmeldung bis zum Patent. Pössneck ca. 1944.
Seite 198: aus: Zimmermann, Paul A.: Patentwesen in der Chemie. Ludwigshafen 1965.
Seite 209: Leibniz' Skizze der Horizontalwindkunst: Hannover NLB, LH XXXVIII, Bl. 313 – Rekonstruktionsmodell: Zeichnung H.-J. Boyke, Clausthal.
Seite 211: Signet von Leibniz: Akademie Verlag Berlin.
Seite 213: nach einem Gemälde von 1841. Bildstelle Deutsches Museum München Nr. 31380.
Seite 223: Bildstelle Deutsches Museum München Pl. Slg. P 7I 1932–1990.
Seite 224: Gültige Fünf-Drachmen-Münze aus Griechenland.
Seite 232: aus: Krafft, Fritz: Dynamische und statische Betrachtungsweise in der antiken Mechanik (Boethius. Bd. 10). Wiesbaden 1970, S. 133.
Seite 236: Kupferstich von Theodor de Bry 1597. Aus: Balss, Heinrich: Albertus Magnus. Stuttgart 1947.
Seite 248: Titelblatt von Georgii Agricolae: De re metallica libri XII. Basileae 1556. Innentitelblatt von: Georg Agricola: Zwölf Bücher vom Berg- und Hüttenwesen. Faks. Druck d. dritten Auflage der Georg-Agricola-Gesellschaft. Düsseldorf ⁵1978.

Seite 249: Generallandesarchiv Karlsruhe J-N-B/7.
Seite 253: aus: Fanelli, Giovanni: Brunelleschi. Firenze 1980.
Seite 254: Staatliche Graphische Sammlung. München Nr. 21268.
Seite 256: Rekonstruktion: Montreal Museum of Fine Arts – Skizze in: Madrid I, f. 20 V.
Seite 257: Codex Atlanticus f. 74 r.
Seite 264: Stich von 1744. Aus: Galluzzi, Paolo: Galileo. Firenze 1988, S. 118.
Seite 273: Titelblatt von Galileo Galilei: Il Saggiatore. Roma 1623.
Seite 275: Bildstelle Deutsches Museum München. Portrait-Sammlung C 5175 b.
Seite 276: Französische Briefmarke.
Seite 280: Bildstelle Deutsches Museum München Nr. 2386.
Seite 285: aus: Huyghens, Christiaan: Oevres complètes. Haag 1668.
Seite 287: Bildstelle Deutsches Museum München Nr. 9998.
Seite 290: Bildstelle Deutsches Museum München Nr. 44527.
Seite 300: Titelblatt von: Stahl, Georg Ernst: Zufällige Gedanken und nützliche Bedenken über den Streit von dem so genannten Sulphure. 1718.
Seite 301: Bildstelle Deutsches Museum München.
Seite 302: Bildstelle Deutsches Museum München Nr. 6031.
Seite 306: Bildstelle des Deutschen Museums München Nr. 12120.
Seite 314: Briefmarke der ehem. DDR.
Seite 322: aus: Très Riches Heures des Duc de Berry. Anfang 15. Jahrhundert.
Seite 328: Mikroskope von Griendl von Ach, John Yarwell, Carl Zeiss (1857).
Seite 331: Foto des ersten Elektronenmikroskopes mit Ernst Ruska. Aus: Ruska, Ernst: Die frühe Entwicklung der Elektronenlinsen und der Elektronenmikroskopie. Halle 1979. In: Acta Historica Leopoldina Nr. 12. 1979, S. 30 – Rasterelektronenmikroskopische Aufnahme einer Radiolarie vom Laboratorium CNR Alpi Centrali Milano.
Seite 339: aus: Umweltschutz in Baden-Württemberg. Informationen des Ministeriums für Ernährung, Landwirtschaft und Umwelt.
Seite 350: Originalapparate von Heinrich Hertz: Bildstelle Deutsches Museum München Nr. 43334. – Heinrich Hertz: Bildstelle Deutsches Museum München Nr. 1932.
Seite 351: Bildstelle Deutsches Museum München.
Seite 355: Karikatur zum 10jährigen Jubiläum der „Göttinger Vereinigung".
Seite 359: Bell Laboratories (Murray Hill).
Seite 365: aus: Jacob, M.: 25 years of Physics (Physics Reports Reprint Book Series) Vol. 4. Amsterdam/New York/Oxford 1981, S. 222.
Seite 368: C. O'Rear / West Light / Focus (Hamburg).
Seite 384: Titelblatt zu Philons Abhandlung über den Bau von Kriegsmaschinen. In: Veterum mathematicorum (...) opera graece et latine pleraque nunc primum edita ex manuscriptis codicibus Bibliothecae Regiae. Hrsg. v. Melchisedech Thévenot. Paris 1693.
Seite 385: Bildstelle Deutsches Museum München.
Seite 386: aus: Bernal, J. D.: Science in History. Vol. 1. Cambridge (Massachusetts) [7]1986.

Seite 388: aus: Robert Fludd: Utriusque cosmi maioris scilicet et minoris, methaphysica, physica atque technica historia. Oppenheim 1617.

Seite 389: aus: Vitruvius Pollio, Marcus: De architectura libri decem. Venedig 1511, Pl. 86.

Seite 394: Bildstelle Deutsches Museum München Nr. 4960.

Seite 403: Titelblatt von Leupold, Jacob: Theatrum machinarum. Leipzig 1724.

Seite 405: Gemälde von Êmile Lecomte. Versailler Museum.

Seite 406: aus: Navier, Louis Marie Henri: Mémoire sur les ponts suspendus.

Seite 407: Punktierstich von Francois-Louis Couché. 1805.

Seite 410: aus: Redtenbacher, Ferdinand: Der Maschinenbau. Bd. 2. Mannheim 1863, Tafel III.

Seite 412: Zeichnung von Boilly. Aus: Leprince-Ringuet, Louis: Die berühmten Erfinder. Genf 1951.

Seite 417: Titelblatt von: Karmarsch, Karl: Handbuch der mechanischen Technologie. Bd. 1. Hannover 1857.

Seite 423: Jahresbericht der Königlich Technischen Hochschule in Stuttgart für das Studienjahr 1900/01.

Seite 433: VDI Verlag Düsseldorf.

Seite 434: aus: Forum der Technik, Bd. 2. Zürich 1964, Tafel 63.

Seite 442: Bildstelle Deutsches Museum München – Montage: BASF Ludwigshafen.

Seite 449: Energie-Versorgung Schwaben AG.

Seite 452: Energie-Versorgung Schwaben AG.

Seite 461: aus: Sahm, Hermann / Schoberth, Siegfried Michael: Mikrobielle Umsetzung von pflanzlichen Rückständen. KfA Jahresbericht 55−64. Jülich 1978/79.

Inhaltsübersicht des Gesamtwerkes